粒计算研究丛书

三支决策：复杂问题求解方法与实践

Three-Way Decisions: Methods and Practices for Complex Problem Solving

于　洪　王国胤　李天瑞
梁吉业　苗夺谦　姚一豫　著

科学出版社
北　京

内 容 简 介

决策是人类生产和生活中的普遍行为。当人们在接受、拒绝、暂不做决定三者之间权衡利弊时，便自发地运用了一种三支策略。为了系统地研究计算机科学、医学、管理学、心理学、认知科学中普遍存在的三支策略和方法，一种新的用于复杂问题求解的三支决策计算方法逐渐得到广大学者的关注，并逐渐形成其理论体系。近年来，该理论已应用于决策分析、不确定性分析、聚类分析、信息过滤、多标签分类、多维决策模型和 Web 支持系统等领域的研究工作中。本书主要介绍三支决策理论、模型与方法，以及在工程、管理等领域中的实践，并力图展现三支决策的最新研究成果。

本书可供信息科学技术、计算机科学与技术、智能科学与技术、自动化、控制科学与工程、管理科学与工程和应用数学等专业的教师、研究生、高年级本科生和科研人员、工程技术人员参考。

图书在版编目 (CIP) 数据

三支决策：复杂问题求解方法与实践/于洪等著．—北京：科学出版社，2015.7
(粒计算研究丛书)
ISBN 978-7-03-045229-0

Ⅰ.①三… Ⅱ.①于… Ⅲ.①决策支持系统—研究 Ⅳ.①TP399

中国版本图书馆 CIP 数据核字(2015)第 166785 号

责任编辑：任　静 / 责任校对：郭瑞芝
责任印制：徐晓晨 / 封面设计：华路天然

科 学 出 版 社出版
北京东黄城根北街 16 号
邮政编码：100717
http://www.sciencep.com

北京凌奇印刷有限责任公司印刷
科学出版社发行　各地新华书店经销
*
2015 年 7 月第　一　版　开本：720×1 000 1/16
2020 年 5 月第五次印刷　印张：22 1/4
字数：423 000

定价：199.00元

(如有印装质量问题，我社负责调换)

《粒计算研究丛书》编委会

名誉主编：李德毅　张　钹

主　　编：苗夺谦　王国胤　姚一豫

副 主 编：梁吉业　吴伟志　张燕平

委　　员：（按拼音排序）

陈德刚　代建华　高　阳　胡清华

胡学钢　黄　兵　李德玉　李凡长

李进金　李天瑞　刘贵龙　刘　清

米据生　史开泉　史忠植　王飞跃

王　珏　王熙照　徐久成　杨　明

姚静涛　叶东毅　于　剑　张　铃

张文修　周献忠　祝　峰

秘　　书：王睿智　张清华

丛 书 序

粒计算是一个新兴的、多学科交叉的研究领域。它既融入了经典的智慧，也包括信息时代的创新。通过十多年的研究，粒计算逐渐形成了自己的哲学、理论、方法和工具，并产生了粒思维、粒逻辑、粒推理、粒分析、粒处理、粒问题求解等诸多研究课题。值得骄傲的是，中国科学工作者为粒计算研究发挥了奠基性的作用，并引导了粒计算研究的发展趋势。在过去几年里，科学出版社出版了一系列具有广泛影响的粒计算著作，包括《粒计算：过去、现在与展望》、《商空间与粒计算——结构化问题求解理论与方法》、《不确定性与粒计算》等。为了更系统、全面地介绍粒计算的最新研究成果，推动粒计算研究的发展，科学出版社推出了《粒计算研究丛书》。本丛书的基本编辑方式为：以粒计算为中心，每年选择该领域的一个突出热点为主题，邀请国内外粒计算和该主题方面的知名专家、学者就此主题撰文，来介绍近期相关研究成果及对未来的展望。此外，其他相关研究者对该主题撰写的稿件，经丛书编委会评审通过后，也可以列入该系列丛书。本丛书与每年的粒计算研讨会建立长期合作关系，丛书的作者将捐献稿费购书，赠给研讨会的参会者。中国有句老话，“星星之火，可以燎原”，还有句谚语，“众人拾柴火焰高”。《粒计算研究丛书》就是基于这样的理念和信念出版发行的。粒计算还处于婴儿时期，是星星之火，在我们每个人的爱心呵护下，一定能够燃烧成燎原大火。粒计算的成长，要靠大家不断地提供营养，靠大家的集体智慧，靠每一个人的独特贡献。这套丛书为大家提供了一个平台，让我们可以相互探讨和交流，共同创新和建树，推广粒计算的研究与发展。本丛书受益于粒计算研究每一位同仁的热心参与，也必将服务于从事粒计算研究的每一位科学工作者、老师和同学。《粒计算研究丛书》的出版得到了众多学者的支持和鼓励，同时也得到了科学出版社的大力帮助。没有这些支持，也就没有本丛书。我们衷心地感谢所有给予我们支持和帮助的朋友们！

《粒计算研究丛书》编委会

2012 年 7 月

前　言

三支决策现象在人类社会生活中普遍存在。比如，当人们在接受、拒绝、暂不做决定三者之间权衡利弊时，便自发地运用了一种三支策略。朴素的三支策略思想简单、方法有效，却没有系统的、完善的理论支撑，始终被视为一种常识或经验。为了系统地研究计算机科学、医学、管理学、心理学、认知科学中普遍存在的三支策略和方法，并建立一个新的三支计算框架，姚一豫教授提出了三支决策。三支决策主要思想是将整体分为三个独立的部分，对不同部分采用不同的处理方法，为复杂问题求解提供一种有效的策略与方法。

近几年来，关于三支决策的研究引起了国内外学者的广泛关注。2013 年，三支决策与粒计算（Three-way Decisions and Granular Computing）国际研讨会在成都召开；2014 年与 2015 年在第九届与第十届国际粗糙集与知识技术学会上（Rough Sets and Knowledge Technology）相继举办了三支决策、不确定性与粒计算国际研讨会（Three-way Decisions，Uncertainty and Granular Computing）。第一届决策粗糙集研讨会作为中国 Rough 集与软计算学术会议（CRSSC2011）的专题讨论会在南京召开，引起了与会学者特别是众多青年学者的广泛关注，相关主题成为会议讨论热点。随后，在合肥召开的 CRSSC2012 会议上举办了第二届决策粗糙集研讨会。三支决策拓展了决策粗糙集的思想，因此，第三届研讨会更名为三支决策研讨会，在漳州 CRSSC2013 会议中举办；第四届与第五届三支决策研讨会于 2014 年和 2015 年相继在昆明与唐山召开的 CRSSC 会议上举办。

关于三支决策的理论、模型与应用研究获得了一定的进展，例如，决策分析与不确定性、三支决策聚类分析、垃圾邮件过滤、三支决策空间、代价敏感三支决策、三支决策与博弈论、多粒度三支决策、序列三支决策、动态三支决策、三支概念分析、三支决策与逻辑、基于 Web 的应用、多标准的分类和多视角的决策模型等。自 2011 年以来，李华雄等编著了《决策粗糙集理论及其研究进展》、贾修一等编著了《三支决策理论与应用》、刘盾等编著了《三支决策与粒计算》，这些著作极大地推动了三支决策的发展。国际知名 SCI 期刊《Knowledge-Based Systems》、《International Journal of Approximate Reasoning》和《Fundamenta Informaticae》等也先后出版相关专刊推动该领域的发展。为了让更多的学者了解三支决策的理论与应用，进一步促进该领域的发展，本书汇集了三支决策研究团队的最新成果。

全书共 18 章。第 1 章为三支决策概述，由姚一豫和于洪撰写；第 2 章为三支决策空间，由胡宝清撰写；第 3 章为基于概率粗糙集的动态三支决策方法，由罗川、李天瑞和陈红梅撰写；第 4 章为基于区间数决策粗糙集的三支决策，由梁德翠和刘盾撰写；第 5 章为构造型的多粒度三支决策模型，由陈洁、张燕平和赵姝撰写；第 6 章为三支决策聚类，由于洪和王国胤撰写；第 7 章为基于三支决策的多粒度文本情感分类，由张志飞、王睿智和苗夺谦撰写；第 8 章为基于三支决策的高利润项集增量挖掘，由闵帆、张智恒、李瑶和张恒汝撰写；第 9 章为代价敏感序贯三支决策在图像识别中的应用，由张里博、李华雄、周献中和黄兵撰写；第 10 章为基于基尼目标函数的三支决策域确定，由张燕和姚静涛撰写；第 11 章为基于三支决策的中文文本情感分析，由周哲、贾修一和商琳撰写；第 12 章为基于三支决策的支持向量机增量学习方法，由徐久成、刘洋洋、杜丽娜和孙林撰写；第 13 章为基于自反概率模糊粗糙集的三支决策，由马建敏撰写；第 14 章为三支决策的集对分析数学模型及应用，由刘保相和李言撰写；第 15 章为基于直觉模糊集和区间集的三支决策研究，由张红英和杨淑云撰写；第 16 章为基于三支决策的微博主观文本识别研究，由朱艳辉和田海龙撰写；第 17 章为形式概念的三支表示，由祁建军、魏玲和姚一豫撰写；第 18 章为模糊三支决策，由杨海龙撰写。

本书的出版得到了国家自然科学基金项目（项目编号：61379114、61272060、61175047）、重庆市自然科学基金项目（项目编号：CSTC2013jjB40003）和中央财政支持地方高校发展专项资金项目的资助。在这里，对国家自然科学基金委员会、重庆市科学技术委员会和国家财政部表示诚挚的感谢。本书是国内外三支决策研究领域学者共同努力的结果，没有这些支持，本书不可能出版。同时，也要感谢管延勇、徐伟华、张楠、王洪凯、郎广名、徐菲菲、张清华、胡峰、曾宪华、刘群、周应华、杨勇等专家为书稿审稿所付出的辛勤劳动。感谢每一位为本书编写和出版付出努力的同仁，正是由于你们的辛勤劳动和大力支持，本书才得以顺利出版。

最后，欢迎广大学者参与三支决策研究，您可以访问三支决策主页（http://www2.cs.uregina.ca/~twd/）获取更多的信息。对书中的不足之处，恳请批评指正（联系方式：yuhong@cqupt.edu.cn或 hongyu.cqupt@gmail.com）。

于　洪
2015 年 6 月

目　录

第 1 章　三支决策概述

An Introduction to Three-Way Decisions

姚一豫[1]　于　洪[2]

1．里贾纳大学计算机科学系

2．重庆邮电大学计算智能重庆市重点实验室

过犹不及。

——《论语·先进》

尽信书，则不如无书。

——《孟子·尽心章句下》

1.1　三支决策思想

为了对概率粗糙集和决策粗糙集的三个域提供一个合理的语义解释，姚一豫提出了三支决策的概念[1-3]。进一步研究发现，三支决策不局限于粗糙集，而是一种更一般的、有效的决策和信息处理模式，有必要建立一个新的体系[4]。

三支决策的主要思想是将整体分为三个独立的部分，对不同的部分采用不同的处理方法，为复杂问题求解提供了一种有效的策略与方法。近年来，众多学者都在思考怎样将朴素的三支决策思想转换为一个理论系统、信息处理模式和计算方法。关于三支决策的理论、模型与应用研究获得了一定的进展，如决策分析与不确定性[5-8]、三支聚类分析[9, 10]、垃圾邮件过滤[11, 12]、三支决策空间[13]、代价敏感三支决策[14-16]、三支决策与博弈论[17-19]、多粒度三支决策[20-22]、序列三支决策[23-25]、动态三支决策[26-28]、三支概念分析[29]、三支决策与逻辑[30]、基于 Web 的应用[31-34]、多标准的分类和多视角的决策模型等[35-41]。更多的研究成果请参考附录：三支决策理论与应用已有成果文献。

1.1.1　中庸与三支决策

中国传统文化中的中庸之道博大精深，既适用于修身养性、为人处世，也适用于科学研究、复杂问题求解和信息处理。三支决策思想和中庸思想有密切关系，它们的一个共同点是基于“度”将一个问题“一分为三”[42-44]，即两个端点和一个中间点。“中”可以理解为“合适”或“恰如其分”，中庸思想给出的一个策略是“执两用中”，强调中间点。另外，对于不同的实际问题，三支决策强调的重点不同，有时强调一个或两个端点，有时强调中间点。

下面列举两个与中庸思想相关的例子。

孔子的学生子贡问孔子，他的同学子张和子夏哪个更贤明一些。孔子说，子张常常超过周礼的要求，子夏则常常达不到周礼的要求。子贡又问，子张能超过是不是好一些，孔子回答说超过和达不到的效果是一样的。“过”和“不及”是做事的两个极端，而“及”可以看成这两个极端的折中点。孔子说“过”和“不及”其实效果是一样的，都是不可取的。做事情既不要做过，也不要达不到，而是要做到恰如其分。

孟子用《尚书》作为例子，探讨了读书方法。孟子说，完全相信《尚书》，那还不如没有《尚书》。就《武成》这一篇来说，也只可信其中的一部分。这里，“尽信”和“无书”是两个极端，而“信”是中间点。后人引申为“尽信书不如无书”。给出了读书的真谛：既不要“尽信书”，也不要“不信书”；既不要“滥读书”，也不要“不读书”。与孔子讲的做事如出一辙，读书中的“度”也体现了恰如其分的重要性。

从这两个故事，可以看出三支决策涉及的两个主要方面：首先，将一个整体分为三部分；其次，基于三部分进行处理。如何将一个整体分为三部分，需要衡量“过”和“不及”以及“尽信”和“无书”。显然，这其中蕴涵“度”的问题。超过某个“度”就“过”了，没有达到某个“度”，就是“不及”。这就是通常说的做事情做到恰如其分。“分”，就是合适的界限或分寸的意思。通过“不及”和“及”、“过”和“无书”、“信”和“尽信”给出了做事和读书的三种境界。中庸强调中间（点）的重要性，可以看成三支决策的一类应用；而某些问题求解强调的是两个极端（点）的重要性，也是三支决策的一类应用。三支决策将整体分为三部分，对于具体问题，三支决策的问题求解和信息处理侧重于三部分中的一部分、两部分或全部。

1.1.2　三支决策复杂问题求解实例

接下来，列举几个应用三支决策思想解决复杂问题的实例。

1. 患者三支分类

在紧急医疗服务系统中，人们常常使用 Triage 患者分类系统。Triage 这个术语可能产生于拿破仑战争时期，是一个对患者进行分类、用于决定哪些患者优先治疗的分类方法[45]。

第一次世界大战中，在医生、医疗物资贫乏的情况下，法国医生根据 Triage 原则来决策哪些伤员优先治疗。具体说来，Triage 就是将患者（伤员）分为三类[45]。

（1）Those who are likely to live, regardless of what care they receive。

（2）Those who are likely to die, regardless of what care they receive。

（3）Those for whom immediate care might make a positive difference in outcome。

战地医院对到来的伤员，首先根据其伤势判断：第一类伤员不管是否接受治疗，他肯定能活下去，如一般的轻伤；第二类伤员不管接受哪种治疗，他肯定会死亡，如伤及关键部位；第三类伤员如果马上采取治疗措施，对其未来影响重大。医疗机构首先基于伤员受伤的严重程度确定其需要的治疗方法，在这个基础上对伤员进行分类。显然，医生会首先关注第三类伤员。当医疗资源不足时，这种分类方法发挥了重大作用。目前，基于这种原则的患者分类方案在紧急医疗服务系统中广泛使用。

2. 学生三支分类

雷夫·艾斯奎斯（Rafe Esquith）自 1984 年以来任教于美国洛杉矶霍伯特小学。该校九成学生家庭贫困，且多出自非英语系的移民家庭。从教以来，他一直担任五年级教师，在 56 号教室创造了轰动全美的教育奇迹。他的学生成绩高居全美标准化测试（AST）前 5%。他们谦逊有礼而且诚实善良，很多学生顺利进入哈佛、普林斯顿、斯坦福等名校就读。他因此荣获“全美杰出教师”等多项荣誉。

2012 年 3 月 6 日，雷夫受邀到北京大学百年讲堂进行专场演讲。在回答关于如何对待好学生和差学生的问题时，他谈到[46]：“在我眼里，学生分三种，我称为孩子一、孩子二、孩子三。孩子一是天才，聪明、爱上学、爱老师、出身好，有他们在我的班级里真的很幸福。孩子三，不喜欢上学、每次考试都不及格、非常憎恨老师，父母也不配合老师。大部分老师都把时间花在孩子一和孩子三身上，因为孩子一聪明、学得快，不用花很多时间就能教会。对于孩子三，如果不花时间，他就会毁了你的生活，给你带来很多麻烦。而我呢，就把时间花在普通的孩子二身上，他们普通、平凡，数学不是最好，写作文不是最好，其他也一般，但是他们不捣乱，老师不会在他们身上花太多精力。我把大部分精力放在他们身上，让他们做得更好。我看到一个小女孩，我会告诉她，你的声音很好听，我最幸运的一件事就是有你在我的班级，我迫不及待等着你的成功。她就会非常兴奋，就会转化成孩子一的行为，当孩子三在那里找麻烦的时候，他们就会找不到捣乱的伴。让孩子二来影响班级，就会形成良好的班风，安静、和谐。对于孩子三，老师的任何办法都不会奏效，只有为他们创造更有趣的课程，让他们产生兴趣，才能改变他们。”

雷夫对学生分类，和处理患者分类的 Triage 系统有共同之处，但又有许多不同之处。一方面学生不是如人们常见的称为“好学生”“差学生”和“中等学生”，而是称为“孩子一”“孩子二”和“孩子三”。显然，在第二种称呼中，不具有明显的感情好恶，至少在心理上减少了教师对孩子喜恶感的暗示。另一方面，在关注这些孩子的重点上是不一样的，很多教育者的重点是关注“极端”孩子，而雷夫关注的重点是中间域的“孩子二”，以及如何实现他们的转化，即如何关注“孩子二”使其成为“孩子一”；而对于“孩子三”，在已有课程体系不奏效的情况下，他提出创造新课程实质上就是一种引进新信息从而帮助解决问题的方法。

3. 基于频率的词分类

语言学家齐夫（Zipf）在对文献词频规律的研究中发现，若把一篇较长的文章中每个词出现的频率从高到低进行排列，则每个词出现的频率与它的名次的常数次幂存在简单的反比关系，这种分布就称为 Zipf 定律[47]。在图 1.1 中[48, 49]，横坐标表示词的排队序号（words by rank order），纵坐标表示词出现的次数（frequency of words），词的排队序号和词频之间存在着类似双曲线的关系。Zipf 定律表明，在英语单词中，只有极少数的词被经常使用，而绝大多数词很少被使用。实际上，包括汉语在内的许多语言都有这种特点。Zipf 定律应用于情报检索用的词表编制和情报检索系统中文档结构的设计。研究词频分布对编制词表、制定标引规则、进行词汇分析与控制和分析作者著述特征具有一定意义。

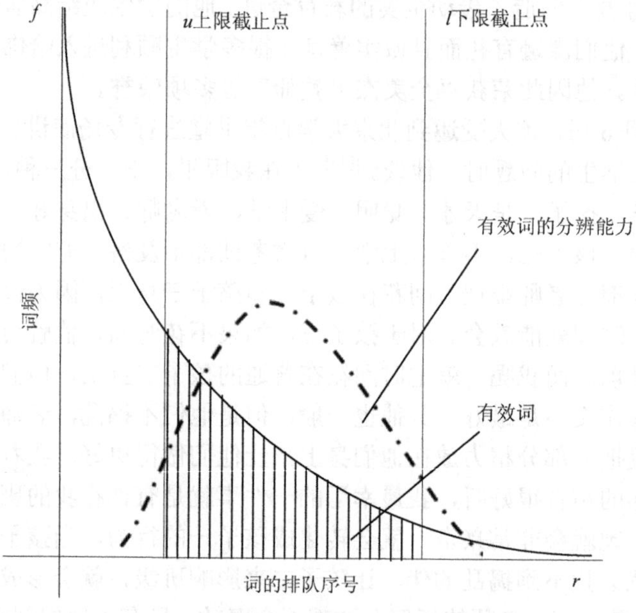

图 1.1 词频和词的排队序号曲线[48, 49]

在文献自动分类等工作中，大家很自然地将词分为了三类：高频词、中频词和低频词。经验表明，中频词往往包含大量有检索意义的关键词。而一篇文献全文输入计算机后，计算机是很容易检索出中频词的。因此，词频分布也是文献自动分类、自动标引的研究对象。一种很重要的自动摘要算法就是基于词频统计法设计的[50]。基于 Zipf 定律，卢恩（Luhn）[49]给出了词的三支分类方法及其在自动文本分析中的应用。如图 1.1 所示，虚线表示不同词描述文本的能力，线上有一个峰点，向两侧渐趋近于零。直线 u 和 l 分别表示上限阈值和下限阈值。处于这两个阈值点之间的词就是重要词/有效词，即在一篇文档中使用较多的词，也就是通常意义上的中频词。词频高于 u 的词是常见词（高频词），词频低于 l 的词是罕见词/生僻词（低频词），这些词对文章内容的贡献不大。

在这个文本分析的例子中，实际上也融合了三支决策思想。文本分析关注的重点往往是那些中频词，而中频词的界定需要借助于两个阈值 u 和 l。

4. 基于两个阈值的医疗决策模型

医生进行医疗决策时，需要考虑到诊断的不确定性。在基于概率推理的医疗决策中，可使用概率来表示这种不确定性；当获得新信息时，使用贝叶斯理论来更新概率评估值。根据诊断测试的准确度和患者可能患有某种疾病的概率，可以用两个阈值作出治疗、不治疗和继续诊断测试的三支决策模型[51-53]。

图 1.2 给出了基于阈值的医疗决策模型示意图，两个阈值分别是检测阈值和检测-治疗阈值。根据患者患病的验前概率将患者分为三种情况，然后采取不同的处理措施。当验前概率低于检测阈值时，医生既不治疗也不用考虑对患者作进一步的诊断测试；当概率超过检测-治疗阈值时，医生根本就不需要给患者进行检测，直接进行相应的治疗；当概率处于两个阈值之间时，医生作出让患者进行继续诊断测试/检测的决策。

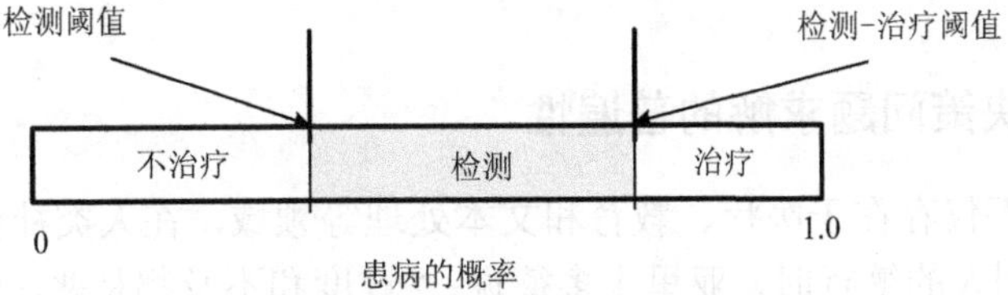

图 1.2　基于阈值的医疗决策模型示意图[51-53]

根据患者患某种病的可能性，将患者分为三类：一类患者患病的可能性非常低，肯定不需要治疗；一类患者完全可以确定已经患病，应该马上接受治疗；而处于中间域的一类患者，需要进行进一步的测试，从而提供新的信息来帮助医生判断其是否真的患了某种疾病。

5. 儿童压力的三种类型

美国国家儿童发展科学委员会（The National Scientific Council On The Developing Child）根据其研究结果，提出儿童的压力有三种类型[54]。

（1）正压力（positive stress）。这种压力导致的不良反应是短暂的。当儿童进入一个新的托儿所，遇到新的人，或者喜爱的玩具被别人拿走时，他们都会感受到压力。这种压力会导致轻微的生理变化，包括增加心脏速率和激素水平的变化。但是，随着成年人充满爱心的关怀，他们可以学习如何管理和克服这种压力。这种类型的压力被认为是正常的，并被认为是一个人成长过程中的重要部分。

（2）可以忍受的压力（tolerable stress）。这种不良体验更激烈，但还是比较短暂的。例如，所爱的人的死亡、自然灾害、一个可怕的事故、父母分居或离婚等。如果一个儿童能得到成年人足够的关爱，这种可以忍受的压力通常可以克服。在许多情况下，可以忍受的压力可以转变成正压力，有利于儿童的发育。然而，如果儿童缺乏足够的关爱，可以忍受的压力就变为有害压力，并导致对身心健康长期的负面影响。

（3）有害压力（toxic stress）。激烈不良反应导致的有害压力可能随着时间的推移持续数周、几个月甚至几年的一个长时期。虐待和忽视都是有害压力的例子。儿童无法自行有效地管理这种类型的压力。其导致的结果就是压力反应系统长期处于紧张状态，这可能会严重影响儿童大脑的发育成长。成年人的关爱会减少有害压力的负面影响。成年人适当的支持和干预能帮助儿童应激反应系统恢复到正常基线。

对于这三种类型的压力，心理学工作者、教育者或家长等成年人的态度、处理方式是不一样的。正压力是儿童成长过程中的重要组成部分，当正压力在儿童身上发生时，成年人的帮助体现在教儿童学会如何管理和克服这种压力。当可以忍受的压力发生时，成年人的适当帮助会使这种压力转变为正压力；如果成年人的关爱不够，这种压力就有可能变为有害压力。当有害压力产生时，儿童无法自行有效地管理这种类型的压力，这时候成年人的正面干预是最需要的，而且影响力会更明显，也更重要。

1.1.3 三支决策问题求解的普遍性

三支现象不仅存在于医疗、教育和文本处理等领域，在人类社会生活中也普遍存在。例如，谈到人的德行时，亚里士多德说："过度和不及都是恶，中道才是德行，是最高的善和极端的正确。"他进而列举：在怯懦与鲁莽之间是勇敢；在放纵和拘谨之间是节制；在吝啬和挥霍之间是慷慨；在矫情和好名之间是淡泊；在戏谑和木讷之间是机智等[55]。

三支决策的思想显然是二支决策的一种推广，是在两种端点/极端情况下引入了第三种情况。对于广泛存在的三支现象，可以从不同的视角来理解。

（1）空间（spatial）。有上（top）、中/不上不下（middle）、下（bottom）的说法；有前（front）、中/不前不后（middle）、后（back）的位置的不同；也有左（left）、中/不左不右（center）、右（right）的相对关系。

（2）时间（temporal）。小粒度上的划分，有昨天（yesterday）、今天（today）、明天（tomorrow）；更大粒度上的划分，有过去（past）、现在（present）、将来（future）。

（3）尺寸和体积（size and volume）。有长（long）、不长不短（medium）、短（short）的区别；有高（high）、不高不低（medium）、低（low）的差别；也有大（large）、不大不小（medium）、小（small）的度量。

（4）态度（attitude）。对事物的看法可能是赞成（positive）、中立（neutral）或者反对（negative）的；也可能对一个决策持接受（accept）、不承诺（non-commitment）或拒绝（reject）的态度。

（5）评价（evaluation）。是/对（yes/right）、可能/不明确（maybe）、非/否/错（no/wrong）；高（upper/top）、不高不低（middle）、低（lower/bottom）；好（good）、不好不坏（so-so）、坏（bad）。

事实上，三支决策已经广泛地应用于多个学科和领域，包括医疗诊断[51-53,56]、社会判断理论[57]、统计学中的假设检验[58]、管理学[59-61]和论文评审[62]。例如，Wald[58]介绍并研究了一个基于三支决策的序列假设验证框架。在该项工作中，三支决策用于实验的任何阶段，即接受被检验的假设、拒绝假设和通过进一步验证再下结论。如果能够接受或拒绝被验证假设，则过程终止；否则继续进行实验；实验过程直到得出接受或拒绝时结束。

1.2　三支决策的认知基础及意义

虽然三支现象广泛存在，三支决策的思想也自古就有，但将其形成一个理论并进行系统深入的研究还很缺乏。近年来，众多华人学者参与了这一新学术领域的研究，期望能将三支决策系统化、模型化和理论化。

下面，从心理学和认知科学的角度来说明人们选择进行三支决策研究是合理的。

人类在认识这个世界时，总是倾向于进行分类或归类。分类，是指按照种类、等级或性质分别归类。这是因为人的信息处理能力总是有限的，如何高效、低成本地获取信息一直是人类的追求。心理学领域已有研究成果表明，人类在认知世界的过程中，倾向于去组织各种事物，分类是必不可少的，这些组织活动的结果很可能就是一些典型的结构[63]。在三支决策活动中，这一典型结构就是三个域。

认知心理学最重要的贡献之一就是探索人脑能够同时存储和处理信息的局限性。1956 年，Miller[64]最早对短期记忆能力进行了定量研究。通过实验，他观察到年轻人的记忆广度大约为 7 个单位（阿拉伯数字、字母、单词或其他单位）。因此，Miller 提出魔力数字 7 的概念，指出人类处理信息的能力是有限的，也就是说人脑能够同时处理的信息组块数目在 7 的基础上加减 2 这个范围内是比较合适的，这也称为米勒定律。后来的研究显示广度与组块的类别有关，如阿拉伯数字为 7 个，字母为 6 个，单词为 5 个，而较长词汇的记忆广度低于较短词汇的记忆广度。

随后，心理学家、认知生物学家、认知科学家等对于人类能够处理信息的局限性进行了大量研究工作。1986 年，Clermont[65]结合认知心理学，对诉讼程序过程进行了研究，指出数字 3 是这个过程中的魔力数字。例如，在诉讼过程中，若双方当事人所列举的证据都不足以证明案件事实，法官就可以考虑采用优势证据制度，而典型的证明标准有三种：优势证据、明显优势证据、排除合理怀疑的证据。2001 年，Cowan[66]进一步的研究结论指出：年轻人的工作记忆能力为 4 个组块更合理；对于儿童和老人，这个值会低于 4。认知生物学家 Kováč[67]在 2009 年进行了一项关于因果推理的调查研究工作，发现人们普遍认为一个事件或者现象发生的原因是 3，而不是像预期那样地认为是 Miller 提出的数字 7。

从人类认知规律来看：一方面，将事物简单化，更有利于认知；另一方面，人类处理信息的能力是有限的。科学研究总是希望用简单的模型来解决复杂的问题。认知科学的结论也告诉人们，人类处理信息的能力是有限的，以 4 左右的组块数为宜。尽管也可以研究四支、五支或六支决策等，但以模型简化为目的，三支决策有其优势。此外，三支更易于转换为二支，这样也有利于基于二值逻辑的计算机系统的实现。

人类总是倾向于从万物、历史、数学中寻找解决问题的方法。古往今来，很多学者都提到三分法解决问题的有效性。在一些平面设计中，数字 3 让页面分割操作变得简洁，让信息变得更加有层次，能够突出特点，创造出令人印象深刻的作品。常数π（3.14159…）和 e（2.71828…）是数学、工程应用中非常重要的两个常数，数字 3 是最接近它们的整数。尽管人们讨论抽象高维空间，而三维空间才是人类可以感知的一个具体实例。

在现有的三支决策应用中，往往都采用定性的和非形式化的描述模型。因此，本书提出三支决策理论，希望建立起一个统一的、独立的三支决策理论框架，深入系统地研究三支决策基本理论概念、分析和处理许多领域中用到的三个选项。

1.3 三 支 决 策

作者曾经在以前的工作中就决策问题分类、三支决策的几何描述等进行了阐述[39-41]。本节将首先给出三支决策形式化描述，然后讨论在基于评价函数的三支决策研究中面临的一些问题。

1.3.1 三支决策描述

三支决策的主要思想就是将整体分为三个独立的部分，对不同部分采用不同的处理方法，其基本思想可以用图 1.3 来描述。设 $U=\{x_1,\cdots,x_n\}$ 是有限、非空实体（对象）集，C 是有限条件集。三部分分别称为 L-域（L-region）、M-域（M-region）和 R-域（R-region），简记为 L、M 和 R。

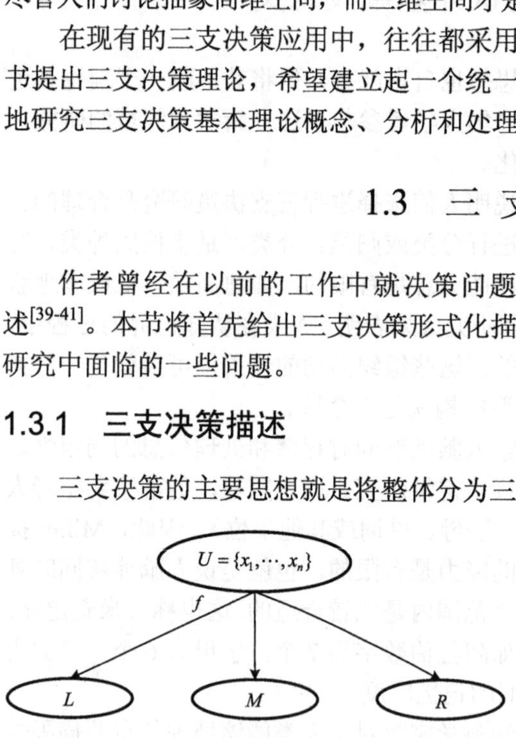

图 1.3　三支决策的三个域

定义 1.1　基于条件集 C，三支决策通过映射 f 将实体集 U 分为三个两两互不相交的 L-域、M-域和 R-域，即

$$U\xrightarrow{f}\{L,M,R\} \tag{1.1}$$

L、M 和 R 是 U 的子集，具有关系 $U=L\cup M\cup R$，并且 $L\cap M=\varnothing$，$L\cap R=\varnothing$，$R\cap M=\varnothing$。但是，因为某些域有可能是空集，所以，严格意义上讲，$\{L,M,R\}$ 不一定是 U 的一个划分。为了讨论方便，在不引起歧义的前提下，仍称 $\{L,M,R\}$ 为 U 的一个划分。对应于这三个域，它们的补集构造如下

$$\begin{aligned} L^c &= M\cup R \\ M^c &= L\cup R \\ R^c &= L\cup M \end{aligned} \tag{1.2}$$

根据映射 f 的不同情况，分为定性的三支决策与定量的三支决策。定性的三支决策模型中，许多实际应用没有显式的映射函数，实体集被定性地分为三个域。定量的三支决策模型中，映射是一个关于对象的函数，通过映射函数，实体集被定量地分为三个域。映射 f 可以基于条件集量化，用评价函数来刻画。评价函数反映了某种目标，也称为目标函数。例如，在三支决策聚类中，评价函数可以是决策风险函数，也可以是类簇之间的相似度函数。

1.3.2　基于评价函数的三支决策

接下来，以基于评价函数的三支决策模型为例，讨论在研究工作中应该关注的一些问题。

1. *评价函数的构造与解释*

为了实现三支决策，首先，需要引入实体的评价函数，也称为决策函数，它的值称为决策状态值。其次，需要引入阈值，这样基于阈值和决策状态值就可以将所有实体划分到三个域中，即 L-域、M-域和 R-域。基于这三个域，可以构造相应的三支决策动作，即 L 决策规则、M 决策规则和 R 决策规则。对于映射到三个域的实体，也可以使用相应的决策规则来进行描述。

实体评价函数的构造因具体应用需求的不同而有所不同，如代价、风险、错误、利润、效益、用户满意度和投票等。评价函数既可以是单评价函数，即 $f=v(x)$；也可以是双评价函数；或者是多评价函数，即 $f=\{v_1(x),v_2(x),\cdots,v_V(x)\}$。对于不同域的决策，既可以采用相同的评价函数，也可以采用不同的评价函数。此外，评价函数的构造还应该考虑条件集 C。

2. *评价函数值域的构造与解释*

通过实体评价函数可以对实体所处的状态进行估计和比较。实体评价函数的取值代表了实体满足条件集 C 的程度，并且其取值是具有可比性的。通常情况下，可以在实体评价函数的值域上建立某种序的关系。例如，评价函数的值域可以是全序集（如整数、实数集合和有限个等级等），也可以是偏序集或格。

3. *三个域的构造与解释*

在基于全序的单评价函数三支决策中，通过引入一对阈值 (α,β) 就可以将决策状态值映射到三个域，即 L-域、M-域和 R-域。不失一般性，这里假设 $\alpha\geqslant\beta$。一种简单的三支决策规则就可以如下构造：如果实体的决策状态值小于阈值 β，即 $v(x)<\beta$，则其属于 L-域；如果实体的决策状态值介于两个阈值之间，即 $\beta\leqslant v(x)\leqslant\alpha$，则其属于 M-域；如果实体的决策状态值大于阈值 α，即 $v(x)>\alpha$，则其属于 R-域。图 1.4 为基于单评价函数的三支决策示意图。

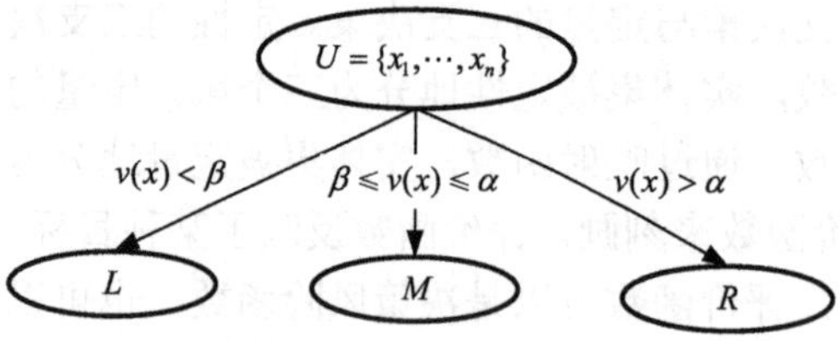

图 1.4 基于单评价函数的三支决策示意图

下面来看一个例子，世界银行根据 Atlas 计算方法[68]得到人均国民总收入（GNI per capita），从而将全世界的经济体分为三类。2015 发布的财政年度数据显示[69]，2013 年人均国民总收入（GNI per capita）低于 1045 美元的是低收入经济体，人均国民总收入为 1045～12746 美元的是中等收入经济体，而人均国民总收入高于 12746 美元的是高收入经济体。显然，这是一个典型的基于单评价函数的三支决策计算模型的应用。在这个例子中，各个经济体就是研究的实体，两个阈值分别为$\alpha=12746$、$\beta=1045$，评价函数就是 Atlas 用以计算人均国民总收入的计算方法。

考虑到三个域的互补关系（见式（1.2）），也可以只构造其中的两个域。例如，因为$M=(L\cup R)^c$，就可以只构造 L 和 R。由于决策状态值反映了实体满足条件集 C 的程度，所以决策规则的构造应使决策结果满足单调性。即当实体 x 的决策状态值 $v(x)$ 落在 L 时，决策状态值小于或等于 $v(x)$ 的实体也应落在 L；当实体 x 的决策状态值 $v(x)$ 落在 R 时，决策状态值大于或等于 $v(x)$ 的实体也应落在 R。

4. 三个域的应用

应用研究是领域相关的，因此，三个域的应用研究应结合具体的应用领域。研究重点既可以只关注其中某个域，也可以关注其中的某些域；同时，也应该关注各个域的转换问题。例如，在商业营销中，营销对象可能分为忠实粉丝（R-域）、观望者（M-域）、不感兴趣者（L-域）。通常人们会认为，营销重点应该是在那些观望者中，如果能将他们变为 R-域，显然会增加盈利。可能存在这种情况：某些目前处于 L-域的个体，需要付出一定的代价使其变为 R-域中的对象；但是，一旦他们变为 R-域中的对象，带来的价值会远远超过你的“付出”。显然，这样的转换问题也是值得研究的。

简而言之，三支决策就是研究如何将整体分为三部分和如何用这三部分的问题。“分”的过程中涉及评价函数、标准、度量等问题，“用”的过程中涉及关注域的不同或者域的转换等问题。

1.4 基于集合论构造三支决策

集合论是常用的描述概念的有效工具。本节结合区间集、三值逻辑、多值逻辑、模糊集、阴影集和粗糙集等集合理论说明如何构造三支决策并给出其语义解释。

1.4.1 区间集与三支决策

区间集提供了一种描述部分已知概念的方法[70, 71]。一方面，其假设一个对象可以确定地被判断为是否是某个概念的实例；另一方面，由于信息与知识的不完整性或不确定性，只有一部分对象可以被确定其是否为这个概念的实例。也就是说，通过上界和下界来描述部分概念。设 U 为非空有限集合，则下列闭区间为空间 2^U 上的一个子集

$$[A_l, A_u] = \{A \in 2^U \mid A_l \subseteq A \subseteq A_u\} \tag{1.3}$$

式中，A_l、A_u 分别称为下界和上界，并且 $A_l \subseteq A_u$。

区间集与 Kleene 三值逻辑[72]也有联系，三值逻辑在标准的二值逻辑中加入了第三值逻辑。第三值可描述为不可知或不可确定。令 $L = \{F, I, T\}$ 为一个真值集合，且满足全序关系 $F \leqslant I \leqslant T$。则区间集 $[A_l, A_u]$ 可等价地由如下接受-拒绝评价函数定义

$$v_{[A_l, A_u]}(x) = \begin{cases} F, & x \in (A_u)^c \\ I, & x \in A_u - A_l \\ T, & x \in A_l \end{cases} \tag{1.4}$$

尽管基于全序关系的评估函数要求严格，但这种评估函数具有运算上的优势。即可以通过与一对阈值进行比较而得到三个区域。假设接受与拒绝由一对阈值(T, F)定义，那么根据定义 1.1，则有如下基于区间集表示的三支决策

$$\begin{aligned} R_{(T,F)}([A_l, A_u]) &= \{x \in U \mid v_{[A_l, A_u]}(x) \geqslant T\} = A_l \\ L_{(T,F)}([A_l, A_u]) &= \{x \in U \mid v_{[A_l, A_u]}(x) \leqslant F\} = (A_u)^c \\ M_{(T,F)}([A_l, A_u]) &= \{x \in U \mid F < v_{[A_l, A_u]}(x) < T\} = A_u - A_l \end{aligned} \tag{1.5}$$

通过评估函数与阈值 (T, F) 就决定了 L-域、M-域和 R-域。区间集的下界 A_l 就是 R，上界的补集就是 L，而上下界的差就构成了 M。

1.4.2　粗糙集与三支决策

Pawlak 粗糙集采用可定义集来近似说明不确定性概念[73]。设 $E \subseteq U \times U$ 是 U 上的一个等价关系，具有自反性、对称性和传递性。包含对象 x 的等价类记为 $[x]_E = [x] = \{y \in U \mid xEy\}$。$E$ 的所有等价类称为由 E 产生的商集，记为 U/E。

对于 $A \subseteq U$，A 的上下近似定义为

$$\begin{aligned} \overline{\text{apr}}(A) &= \{x \in U \mid [x] \cap A \neq \varnothing\} \\ &= \{x \in U \mid \neg([x] \subseteq A^c)\} \\ \underline{\text{apr}}(A) &= \{x \in U \mid [x] \subseteq A\} \end{aligned} \tag{1.6}$$

基于上下近似的定义，Pawlak 粗糙集中的正域、负域和边界域表示为

$$\begin{aligned} \text{POS}(A) &= \underline{\text{apr}}(A) \\ &= \{x \in U \mid [x] \subseteq A\} \\ \text{NEG}(A) &= U - \overline{\text{apr}}(A) \\ &= \{x \in U \mid [x] \subseteq A^c\} \end{aligned}$$

$$\begin{aligned}\mathrm{BND}(A)&=\overline{\mathrm{apr}}(A)-\underline{\mathrm{apr}}(A)\\&=\{x\in U\mid\neg([x]\subseteq A^c)\wedge\neg([x]\subseteq A)\}\\&=(\mathrm{POS}(A)\bigcup\mathrm{NEG}(A))^c\end{aligned}\tag{1.7}$$

设 $L_a=L_r=\{F,T\}$ ，$F\leqslant T$ ，$L_a^+=L_a^-=\{T\}$ 。在同一个等价类的对象具有相同的描述。那么基于对象的描述，就有如下的接受-拒绝评价函数

$$\begin{aligned}v_{(a,A)}(x)&=\begin{cases}T, & [x]\subseteq A\\F, & \neg[x]\subseteq A\end{cases}\\v_{(r,A)}(x)&=\begin{cases}T, & [x]\subseteq A^c\\F, & \neg([x]\subseteq A^c)\end{cases}\end{aligned}\tag{1.8}$$

根据定义 1.1，对于 $A\subseteq U$ ，就可以有如下基于经典 Pawlak 粗糙集表示的三支决策

$$\begin{aligned}\mathrm{POS}_{(\{T\},\{T\})}(A)&=\{x\in U\mid v_{(a,A)}(x)\in\{T\}\wedge v_{(r,A)}(x)\notin\{T\}\}\\&=\{x\in U\mid v_{(a,A)}(x)=T\}\\&=\{x\in U\mid[x]\subseteq A\}\\\mathrm{NEG}_{(\{T\},\{T\})}(A)&=\{x\in U\mid v_{(a,A)}(x)\notin\{T\}\wedge v_{(r,A)}(x)\in\{T\}\}\\&=\{x\in U\mid v_{(r,A)}(x)=T\}\\&=\{x\in U\mid[x]\subseteq A^c\}\\\mathrm{BND}_{(\{T\},\{T\})}(A)&=(\mathrm{POS}(v_a,v_r)\bigcup\mathrm{NEG}(v_a,v_r))^c\\&=\{x\in U\mid\neg([x]\subseteq A)\wedge\neg([x]\subseteq A^c)\}\end{aligned}\tag{1.9}$$

很明显，接受是因为条件 $[x]\subseteq A$ 为真，拒绝是因为条件 $[x]\subseteq A^c$ 为真。利用这两个条件，接受和拒绝的决策是没有错误的。当对象既不能确定在正域，也不能确定在负域时，这就是一个非承诺决策。在这里，正域 POS 就是 *R*-域，负域 NEG 就是 *L*-域，边界域 BND 就是 *M*-域。

1.4.3 概率粗糙集与三支决策

概率粗糙集模型的近似由决策粗糙集模型给出[74-76]。定义评估函数为条件概率 $v_A(x)=\Pr(A\mid[x])$，概率值为 0～1，是可以比较大小的数值，可以定义基于概率粗糙集表示的三支决策。给定一对阈值 (α,β)，$0\leqslant\beta<\alpha\leqslant1$，则根据定义 1.1，对于 $A\subseteq U$ ，构造出如下基于概率粗糙集表示的三支决策[77]

$$\begin{aligned}\mathrm{POS}_{(\alpha,\beta)}(A)&=\{x\in U\mid v_A(x)\geqslant\alpha\}\\&=\{x\in U\mid\Pr(A\mid[x])\geqslant\alpha\}\\\mathrm{NEG}_{(\alpha,\beta)}(A)&=\{x\in U\mid v_A(x)\leqslant\beta\}\\&=\{x\in U\mid\Pr(A\mid[x])\leqslant\beta\}\\\mathrm{BND}_{(\alpha,\beta)}(A)&=\{x\in U\mid\beta<v_A(x)<\alpha\}\\&=\{x\in U\mid\beta<\Pr(A\mid[x])<\alpha\}\end{aligned}\tag{1.10}$$

基于概率粗糙集的三支决策不再像经典 Pawlak 粗糙集表示下的正域和负域决策是无错误的，此时，有可能发生错误的接受决策和错误的拒绝决策。而且，接受决策的错误率由 $\Pr(A^c \mid [x])$ 决定，$\Pr(A^c \mid [x]) = 1 - \Pr(A \mid [x]) \leqslant 1-\alpha$；也就是说，接受决策的错误率最高为 $1-\alpha$；同理，拒绝决策的错误率为 $\Pr(A \mid [x]) \leqslant \beta$；也就是说，拒绝决策的错误率最高为 β。可见，阈值 (α,β) 的语义可以解释为错误的容忍度。

1.4.4 模糊集与三支决策

一个模糊集 A 的特点是从 U 映射到区间 $[0,1]$，即 $\mu_A: U \to [0,1]$。$\mu_A(x)$ 反映了 $x \in U$ 的隶属程度[78]。模糊集可以视为一种多值逻辑。借鉴多值逻辑的三值近似，可以马上得到模糊集的三值近似。关于这点，Zadeh [78]在提出模糊集的同时，也说明了其与 Kleene 三值逻辑的关系。

给定一对阈值 (α,β) 与 $0 \leqslant \beta < \alpha \leqslant 1$，指定接受和拒绝值域分别为 $L^+ = \{a \in [0,1] \mid \alpha \leqslant a\}$ 和 $L^- = \{b \in [0,1] \mid b \leqslant \beta\}$。根据定义 1.1，如果一个模糊隶属度函数 μ_A 作为接受和拒绝的评价函数，即 $v_{\mu_A} = \mu_A$。那么，就得到如下形式的用模糊集表示的三支决策

$$
\begin{aligned}
R_{(\alpha,\beta)}(\mu_A) &= \{x \in U \mid v_{\mu_A}(x) \geqslant \alpha\} \\
&= \{x \in U \mid \mu_A(x) \geqslant \alpha\} \\
L_{(\alpha,\beta)}(\mu_A) &= \{x \in U \mid v_{\mu_A}(x) \leqslant \beta\} \\
&= \{x \in U \mid \mu_A(x) \leqslant \beta\} \\
M_{(\alpha,\beta)}(\mu_A) &= \{x \in U \mid \beta < v_{\mu_A}(x) < \alpha\} \\
&= \{x \in U \mid \beta < \mu_A(x) < \alpha\}
\end{aligned}
\tag{1.11}
$$

Zadeh[78]给出了上述模糊集的三值近似的解释：①如果 $\mu_A(x) \geqslant \alpha$，则 x 属于 A；②如果 $\mu_A(x) \leqslant \beta$，则 x 不属于 A；③如果 $\beta < \mu_A(x) < \alpha$，则 x 相对于 A 的状态是不确定的。这种解释明确地使用了接受和拒绝的概念，与本书的三支决策思想是一致的。

1.4.5 阴影集与三支决策

一个阴影集 A 定义为一个从 U 到三个真值集合的映射[79]，即 $S_A: U \to \{0,[0,1],1\}$，三个真值具有关系 $0 \leqslant [0,1] \leqslant 1$。值 $[0,1]$ 表示了阴影集中在阴影中的对象的隶属度。与区间集代数类似，阴影集代数与 Kleene 三值逻辑也有联系。阴影集也给出了一种三支决策。

与区间集不同的是，阴影集由一个模糊集 $\mu_A: U \to [0,1]$ 构造

$$
S_A(x) = \begin{cases} 0, & \mu_A(x) \leqslant \tau \\ [0,1], & \tau < \mu_A(x) < 1-\tau \\ 1, & \mu_A(x) \geqslant 1-\tau \end{cases}
\tag{1.12}
$$

式中，$0 \leqslant \tau < 0.5$。

给出一对阈值(1,0)，真值集合为{0,[0,1],1}，由定义 1.1 和式（1.11）与式（1.12），可得到如下基于阴影集表示的三支决策

$$\begin{aligned}R_{(1,0)}(S_A)&=\left\{x\in U\middle|v_{S_A}(x)\geqslant 1\right\}\\&=\left\{x\in U\middle|\mu_A(x)\geqslant 1-\tau\right\}\\&=RR_{(1-\tau,\tau)}(\mu_A)\\L_{(1,0)}(S_A)&=\left\{x\in U\middle|v_{S_A}(x)\leqslant 0\right\}\\&=\left\{x\in U\middle|\mu_A(x)\leqslant \tau\right\}\\&=RL_{(1-\tau,\tau)}(\mu_A)\\M_{(1,0)}(S_A)&=\left\{x\in U\middle|0<v_{S_A}(x)<1\right\}\\&=\left\{x\in U\middle|\tau<\mu_A(x)<1-\tau\right\}\\&=RM_{(1-\tau,\tau)}(\mu_A)\end{aligned}\tag{1.13}$$

可见，阴影集是模糊集在$(\alpha,\beta)=(1-\tau,\tau)$时的一种三值近似。类似地，也可以考虑在模糊集$\mu_A$上，用一对阈值$(\alpha,\beta)$来得到阴影集。

文献[79]和文献[80]指出，构建阴影集的阈值τ可以通过最小化下列方程来得到

$$\Omega(\tau)=\text{abs}\left(\Omega_r(\tau)+\Omega_e(\tau)-\Omega_s(\tau)\right)\tag{1.14}$$

式中，abs( )表示绝对值；$\Omega_r(\tau)=\sum_{\{x\in U|\mu_A(x)\leqslant\tau\}}\mu_A(x)$；$\Omega_e(\tau)=\sum_{\{y\in U|\mu_A(y)\geqslant 1-\tau\}}(1-\mu_A(y))$；$\Omega_s(\tau)=\text{card}(\{z\in U|\tau<\mu_A(z)<1-\tau\})$。$\Omega(\tau)$最小化等价于为式（1.14）求解（如果解存在）。尽管阈值τ的求解方法形式简单，但这个方程的含义不甚明确，需要进一步的研究。

1.5　本章小结

三支决策的主要思想是将整体分为三个独立的部分，对不同部分采用不同的处理方法，为复杂问题求解提供一种有效的策略与方法。三支决策思想已广泛地应用在医疗科学、商业管理学、心理学、认知科学、计算机科学、工程科学等复杂问题中的决策和信息处理中。本章就三支决策思想的起源、为什么要研究三支决策理论、三支决策描述和其理论研究中的一些问题进行了探讨；基于集合论的观点，以区间集、粗糙集和模糊集等为例说明了如何构造三支决策并给出了相关语义解释。

致　谢

感谢同济大学的王睿智、陕西师范大学的杨海龙和佛山科学技术学院的黄国顺对本章内容、格式和文字等方面所提出的宝贵意见。

参考文献

[1] Yao Y Y. The superiority of three-way decisions in probabilistic rough set models. Information Sciences, 2011, 181(6): 1080-1096.

[2] Yao Y Y. Three-way decisions with probabilistic rough sets. Information Sciences, 2010, 180: 341-353.

[3] Yao Y Y. Three-way decision: An interpretation of rules in rough set theory// Proceedings of Rough Sets and Knowledge Technology: 4th International Conference, RSKT 2009, Gold Coast, Australia, 2009: 642-649.

[4] Yao Y Y. An outline of a theory of three-way decisions// Proceedings of Rough Sets and Knowledge Technology: 7th International Conference, RSKT 2009, Chengdu, China, 2012: 1-17.

[5] Liu D, Li T R, Liang D C. Three-way government decision analysis with decision-theoretic rough sets. International Journal of Uncertainty, Fuzziness and Knowledge-Based Systems, 2012, 20(1): 119-132.

[6] Zhang X Y, Miao D Q. Three-way weighted entropies and three-way attribute reduction// Proceedings of Rough Sets and Knowledge Technology: 9th International Conference, RSKT 2014, Shanghai, China, 2014: 707-719.

[7] Jia X Y, Liao W H, Tang Z M, et al. Minimum cost attribute reduction in decision-theoretic rough set models. Information Sciences, 2013, 219: 151-167.

[8] Zhang Z F, Wang R Z. Applying three-way decisions to sentiment classification with sentiment uncertainty// Proceedings of Rough Sets and Knowledge Technology: 9th International Conference, RSKT 2014, Shanghai, China, 2014: 720-731.

[9] Yu H, Wang Y, Jiao P. A three-way decisions approach to density-based overlapping clustering// Transactions on Rough Sets XVIII, Springer Berlin Heidelberg, 2014: 92-109.

[10] Yu H, Liu Z G, Wang G Y. An automatic method to determine the number of clusters using decision-theoretic rough set. International Journal of Approximate Reasoning, 2014, 55(1): 101-115.

[11] Zhou B, Yao Y Y, Luo J G. Cost-sensitive three-way email spam filtering. Journal of Intelligent Information Systems, 2014, 42(1): 19-45.

[12] Jia X Y, Zheng K, Li W W, et al. Three-way decisions solution to filter spam email: an empirical study// Proceedings of Rough Sets and Current Trends in Computing: 8th International Conference, RSCTC 2012, Chengdu, China, 2014: 287-296.

[13] Hu B Q. Three-way decisions space and three-way decisions. Information Sciences, 2014, 281: 21-52.

[14] Zhang H R, Min F, He X, et al. A hybrid recommender system based on user-recommender interaction. Mathematical Problems in Engineering, 2015.

[15] Zhang Z, Li Y, Chen W, et al. A three-way decision approach to incremental frequent itemsets mining. Journal of Information and Computational Science, 2014, 11: 3399-3410.

[16] Zhang Y P, Zou H J, Chen X, et al. Cost-sensitive three-way decisions model based on CCA// Proceedings of Rough Sets and Current Trends in Computing: 9th International Conference, RSCTC 2014, Granada and Madrid, Spain, 2014: 172-180.

[17] Yao J T, Azam N. Web-based medical decision support systems for three-way medical decision making with game-theoretic rough sets. IEEE Transactions on Fuzzy Systems, 2014, 23(1): 3-15.

[18] Azam N, Yao J T. Game-theoretic rough sets for recommender systems. Knowledge-Based Systems, 2014(72): 96-107.

[19] Yang X P, Yao J T. Modelling multi-agent three-way decisions with decision-theoretic rough sets. Fundamenta Informaticae, 2012, 115(2-3): 157-171.

[20] Qian Y H, Zhang H, Sang Y L, et al. Multigranulation decision-theoretic rough sets. International Journal of Approximate Reasoning, 2014, 55(1): 225-237.

[21] Wang B L, Liang J Y. A novel intelligent multi-attribute three-way group sorting method based on dempster-shafer theory// Proceedings of Rough Sets and Knowledge Technology: 9th International Conference, RSKT 2014, Shanghai, China, 2014: 789-800.

[22] Zhao S, Zhang L, Xu X, et al. Hierarchical description of uncertain information. Information Sciences, 2014, 268: 133-146.

[23] Li H X, Zhou X Z, Huang B, et al. Cost-sensitive three-way decision: A sequential strategy// Proceedings of Rough Sets and Knowledge Technology: 8th International Conference, RSKT 2013, Halifax, Canada, 2013: 325-337.

[24] Zhang L B, Li H X, Zhou X Z, et al. Cost-sensitive sequential three-way decision for face recognition. RSEISP, 2014: 375-383.

[25] Yao Y Y. Granular Computing and Sequential Three-Way Decisions// Proceedings of Rough Sets and Knowledge Technology: 8th International Conference, RSKT 2013, Halifax, Canada, 2013: 16-27.

[26] Liu D, Li T R, Liang D C. Three-way decisions in dynamic decision-theoretic rough sets// Proceedings of Rough Sets and Knowledge Technology: 8th International Conference, RSKT 2013, Halifax, Canada, 2013: 291-301.

[27] Luo C, Li T, Chen H. Dynamic maintenance of approximations in set-valued ordered decision systems under the attribute generalization. Information Sciences, 2014, 257: 210-228.

[28] Yu H, Zhang C, Hu F. An incremental clustering approach based on three-way decisions// Proceedings of Rough Sets and Current Trends in Computing: 9th International Conference, RSCTC 2014, Granada and Madrid, Spain, 2014: 152-159.

[29] Qi J J, Wei L, Yao Y Y. Three-Way Formal Concept Analysis// Proceedings of Rough Sets and Knowledge Technology: 9th International Conference, RSKT 2014, Shanghai, China, 2014: 732-741.

[30] She Y H. On determination of thresholds in three-way approximation of many-valued NM-Logic// Proceedings of Rough Sets and Knowledge Technology: 9th International Conference, RSKT 2014, Shanghai, China, 2014:136-143.
[31] Liu Y L, Pan L, Jia X Y, et al. Three-way decision based overlapping community detection// Proceedings of Rough Sets and Knowledge Technology: 8th International Conference, RSKT 2013, Halifax, Canada, 2013: 279-290.
[32] Zhou Z, Zhao W B, Shang L. Sentiment analysis with automatically constructed lexicon and three-way decision// Proceedings of Rough Sets and Knowledge Technology: 9th International Conference, RSKT 2014, Shanghai, China, 2014: 777-788.
[33] Zhu Y H, Tian H L, Ma J, et al. An integrated method for micro-blog subjective sentence identification based on three-way decisions and naive bayes// Proceedings of Rough Sets and Knowledge Technology: 9th International Conference, RSKT 2014, Shanghai, China, 2014: 844-855.
[34] Yu H, Jiao P, Wang G Y, et al. Categorizing overlapping regions in clustering analysis using three-way decisions// Proceedings of the 2014 IEEE/WIC/ACM International Joint Conferences on Web Intelligence (WI) and Intelligent Agent Technologies (IAT)-Volume 02, Warsaw, Poland, 2014: 350-357.
[35] 贾修一, 李伟, 商琳, 等. 一种自适应求三枝决策中决策阈值的算法. 电子学报, 2011, 39(11): 2520-2525.
[36] Liu D, Liang D C. An overview of function based three-way decisions// Proceedings of Rough Sets and Knowledge Technology: 9th International Conference, RSKT 2014, Shanghai, China, 2014: 812-823.
[37] Ma X A, Wang G Y, Yu H, et al. Decision region distribution preservation reduction in decision-theoretic rough set model. Information Sciences, 2014: 614-640.
[38] Li W W, Huang Z, Jia X. Two-phase classification based on three-way decisions// Proceedings of Rough Sets and Knowledge Technology: 8th International Conference, RSKT 2013, Halifax, Canada, 2013: 338-345.
[39] 贾修一, 商琳, 周献忠, 等. 三支决策理论与应用. 南京：南京大学出版社，2012.
[40] 刘盾, 李天瑞, 苗夺谦, 等. 三支决策与粒计算. 北京：科学出版社，2013.
[41] 李华雄, 周献中, 李天瑞, 等. 决策粗糙集理论及其研究进展. 北京：科学出版社，2011.
[42] 庞朴. 一分为三论. 上海：上海古籍出版社，2003.
[43] Marinoff L. The Middle Way: Finding Happiness in a World of Extremes. New York: Sterling Publishing, 2007.
[44] 殷业. 三支决策与中庸决策. CRSSC-CWI-CGrC2014 联合学术会议三支决策 Workshop 手稿.
[45] Triage. http://en.wikipedia.org/wiki/Triage#Conventional_classifications [2015-02-09].
[46] 周钧辑. 美国小学教师雷夫·艾斯奎斯（Rafe Esquith）对中国同行 16 个问题的回答. http://blog.sina.com.cn/s/blog_61b9226d0101m7uu.html[2015-02-09].

[47] Zipf G K. Human Behavior and the Principle of Least Effort: An Introduction to Human Ecology. Oxford, England: Addison-Wesley Press, 1949.
[48] Rijsbergen C J V. Information Retrieval. 2nd ed. London: Butterworths, 1979.
[49] Luhn H P. The automatic creation of literature abstracts. IBM Journal of Research and Development, 1958, 2(2): 159-165.
[50] Das D, Martins A F T. A survey on automatic text summarization. Literature Survey for the Language and Statistics II course at CMU, 2007, 4: 192-195.
[51] Pauker S G, Kassirer J P. The threshold approach to clinical decision making. The New England Journal of Medicine, 1980, 302(20): 1109-1117.
[52] Lurie J D, Sox H C. Principles of medical decision making. Spine, 1999, 24(5): 493-498.
[53] Cahan A, Gilon D, Manor O, et al. Probabilistic reasoning and clinical decision-making: Do doctors overestimate diagnostic probabilities? QJM: An International Journal of Medicine, 2003, 96(10): 763-769.
[54] Middlebrooks J S, Audage N C. The effects of childhood stress on health across the lifespan. Atlanta (GA): Centers for Disease Control and Prevention, National Center for Injury Prevention and Control，2008.
[55] 庞朴. 一分为三. 深圳：海天出版社，1995.
[56] Schechter C B. Sequential analysis in a bayesian model of diastolic blood pressure measurement. Medical Decision Making, 1988, 8(3): 191-196.
[57] Sherif M, Hovland C I. Social Judgment: Assimilation and Contrast Effects in Communication and Attitude Change. New Haven: Yale University Press, 1961.
[58] Wald A. Sequential tests of statistical hypotheses. The Annals of Mathematical Statistics, 1945, 16: 117-186.
[59] Forster M R. Key concepts in model selection performance and generalizability. Journal of Mathematical Psychology, 2000, 44: 205-231.
[60] Woodward P W, Naylor J C. An application of bayesian methods in SPC. The Statistician, 1993, 42: 461-469.
[61] Goudey R. Do statistical inferences allowing three alternative decisions give better feedback for environmentally precautionary decision-making? Journal of Environmental Management, 2007, 85: 338-344.
[62] Weller A C. Editorial Peer Review: Its Strengths and Weaknesses. Medford, NJ: Information Today, Inc., 2001.
[63] Pinker S. How the Mind Works. New York: WW Norton &Company, 1997.
[64] Miller G A. The magical number seven, plus or minus two: Some limits on our capacity for processing information. Psychological Review, 1956, 63(2): 81.
[65] Clermont K M. Procedure's magical number three psychological bases for standards of decision.

Cornell L Rev, 1986, 72: 1115.

[66] Cowan N. The magical number 4 in short-term memory: A reconsideration of mental storage capacity. Behavioral and Brain Sciences, 2001, 24, 87-114.

[67] Kováč L. Causal reasoning: The “magical number” three. EMBO reports, 2009, 10(5): 418-418.

[68] World Bank Atlas Method. http://econ.worldbank.org/WBSITE/EXTERNAL/DATASTATISTICS/0,contentMDK:20452009~pagePK:64133150~piPK:64133175~theSitePK:239419,00.html [2015-02-09].

[69] Country and Lending Groups. http://data.worldbank.org/about/country-and-lending-groups [2015-02-08].

[70] Yao Y Y. Interval-set algebra for qualitative knowledge representation// Proceedings of the 5th International Conference on Computing and Information, Sudbury, Ontario, Canada, 1993: 370-374.

[71] Yao Y Y. Interval sets and interval-set algebras// Proceedings of the 8th IEEE International Conference on Cognitive Informatics, Hong Kong, 2009: 307-314.

[72] Kleene S C. Introduction to Mathematics. New York: Groningen, 1952.

[73] Pawlak Z. Rough sets. International Journal of Computer and Information Sciences, 1982, (11): 341-356.

[74] Yao Y Y. Probabilistic approaches to rough sets. Expert Systems, 2003, 20: 287-297.

[75] Yao Y Y, Wong S K M, Lingras P. A decision-theoretic rough set model// Ras Z W, Zemankova M, Emrich M L Methodologies for Intelligent Systems 5. North-Holland, New York, 1990:17-24.

[76] Yao Y Y. Probabilistic rough set approximations. International Journal of Approximation Reasoning, 2008, (49): 255-271.

[77] Yao Y Y, Deng X F. Sequential three-way decisions with probabilistic rough sets// Proceedings of the 10th IEEE International Conference on Cognitive Informatics & Cognitive Computing, Banff, Canada, 2011: 120-125.

[78] Zadeh L A. Fuzzy sets. Information and Control, 1965, 8(3): 338-353.

[79] Pedrycz W. Shadowed sets: Representing and processing fuzzy sets. Systems, Man, and Cybernetics, Part B: IEEE Transactions on Cybernetics, 1998, 28(1): 103-109.

[80] Pedrycz W. From fuzzy sets to shadowed sets: Interpretation and computing. International Journal of Intelligent Systems, 2009, 24(1): 48-61.

第 2 章 三支决策空间

Three-Way Decision Space

胡宝清 [1]

1. 武汉大学数学与统计学院

三支决策理论的决策用什么来度量？决策对条件如何选取？评价函数如何确定？三支决策空间理论系统回答了这些问题。本章总结了三支决策空间和在此空间上的各类三支决策，如基于模糊集的三支决策、基于随机集的三支决策、基于决策粗糙集的三支决策等都是三支决策空间的特例。本章还讨论了多粒度三支决策的转化、动态三支决策、多评价函数、各类决策参数方案等问题。这些对三支决策的研究会起到理论指导和推动作用。

2.1 引 言

三支决策理论由加拿大学者 Yao 首次提出，是传统二支决策理论的拓展[1,2]，它的基本思想来源于粗糙集[3,4]和概率粗糙集[5-14]研究，其主要目的是将粗糙集模型的正域、负域和边界域解释为接受、拒绝和不承诺三种决策的结果。除了这类粗糙不确定性作为三支决策的代表，还有其他不确定性，如模糊不确定性和随机不确定性[15]。目前三支决策的研究已经展开[13-23]，但三支决策理论仍存在一些问题。

（1）决策结论的度量问题。目前比较流行的是以[0, 1]为代表的全序关系集[2]。全序集$(L,\preceq)$是指$\preceq$表示L上的一个全序关系（或线性序关系），即满足以下条件：$\forall x,y\in L$，①自反性$x\preceq x$；②反对称性$x\preceq y, y\preceq x\Rightarrow x=y$；③传递性$x\preceq y, y\preceq z\Rightarrow x\preceq z$；④可比性$x,y\in L\Rightarrow x\preceq y$ 或$y\preceq x$。

但有些问题不一定能用一个线性序来决策。Yao 在文献[1]中使用了偏序集 L，并给出 L 的两个非空子集L^-和L^+（$L^-\cap L^+=\varnothing$），其中L^-表示拒绝，L^+表示接受。的确，三支决策问题都可以通过这两个集合给出，如何确定这两个集合是本章要解决的问题。本章用一个具有逆序对合对应的偏序集或完全分配格（Fuzzy 格）作为度量工具，这样应用就更加全面了。

（2）决策的条件问题。目前常用的决策条件是论域的一个子集或 Fuzzy 集[11,19,24]或区间值 Fuzzy 集[25-28]或直觉 Fuzzy 集[22]或阴影集[29,30]或区间集[15, 31-33]。本章将其统一为论域到偏序集或格的映射。

（3）决策的评价函数问题。评价函数是决策的关键，选择的评价函数不同，决策结果也就不同。当前流行的评价函数与条件概率公式有关。

以概率粗糙集为例[10]，代表模型有基于 Bayesian 风险分析的决策粗糙集（decision theoretic rough set, DTRS）[5-14]、变精度粗糙集（variable precision rough set, VPRS）[34]、Bayesian 粗糙集模型（Bayesian rough set, BRS）[35-37]、模糊概率粗糙集（fuzzy probabilistic rough set, FPRS）[38, 39]等。各模型使用的评价函数如表 2.1 所示。

表 2.1　各类概率粗糙集

概率粗糙集	决策的条件	决策的度量	决策评价函数
DTRS	子集 C	[0, 1]	概率 $\Pr(C\mid[x]_R)$ （R 是等价关系）
VPRS	子集 X	[0, 1]	$\dfrac{\lvert X\cap[x]_R\rvert}{\lvert[x]_R\rvert}$ （R 是等价关系）
BRS	子集 X	[0, 1]	条件概率 $\Pr(X\mid E)=\dfrac{\Pr(X\cap E)}{\Pr(E)}$
FPRS	子集 X	[0, 1]	$\Pr(X\mid[x]_{R_\lambda})$ （R 是 Fuzzy 等价关系）

这些已有的模型在决策的度量、决策的条件、决策的评价函数上都有共性，这是诱发人们给出公理化方法的动因之一。这些公理化方法对三支决策理论的发展提供了如下理论支撑。

（1）概率粗糙集在 Fuzzy 集、区间值 Fuzzy 集、直觉 Fuzzy 集、犹豫 Fuzzy 集等的推广可以统一到一个框架上。

（2）构造更多的评价函数，丰富三支决策理论。

本章详细安排如下，2.2 节将三支决策的度量规范在以[0, 1]为代表的偏序集或 Fuzzy 格上，给出了决策评价函数公理，建立了三支决策空间。2.3 节在三支决策空间上建立了三支决策理论，包括一般三支决策、由三支决策导出的上下近似、多粒度三支决策等。2.4 节将各类 Fuzzy 集的三支决策归结为三支决策空间的特例，包括基于一般 Fuzzy 集的三支决策、基于区间值模糊集的三支决策、基于 Fuzzy 关系的三支决策、基于阴影集的三支决策、基于区间集的三支决策。2.5 节讨论基于随机集的三支决策。2.6 节讨论基于粗糙集的三支决策，包括基于 Fuzzy 决策粗糙集和基于区间值 Fuzzy 决策粗糙集的三支决策。2.7 节考虑多粒度三支决策空间的转化问题，给出了加权平均多粒度三支决策和 max-min 平均多粒度三支决策转换方法。2.8 节在三支决策空间上给出了动态三支决策。2.9 节在三支决策空间上给出了基于双评价函数的三支决策。2.10 节讨论了三支决策空间上的其他三支决策。最后 2.11 节对本章进行了总结。

2.2　三支决策空间

在给定论域 U 上，本节将三支决策的度量统一为决策域 P_D，三支决策的条件统一为条件域 $\mathrm{Map}(V,P_C)$，公理化决策评价函数为 E，这样就可以建立三支决策空间 $(U,\mathrm{Map}(V,P_C),P_D,E)$。下面进行详细叙述。

2.2.1 三支决策的度量

现在三支决策流行的度量域是[0,1]，这与大部分实际问题是吻合的。考虑到三支决策应用的广泛性，还有其他的度量域值得研究。本章为了统一，将度量域放在偏序集上讨论。

为了研究方便，本章在偏序集$(P,\leqslant_P)$上考虑对合否算子或逆序对合算子。P 上的对合否算子N_P是一个映射$N_P:P\to P$，且满足：$\forall a,b\in P$，① $a\leqslant_P b\Rightarrow N_P(b)\leqslant_P N_P(a)$（逆序对应）；② $N_P(N_P(a))=a$（对合律或复原律）[40]。

在本章中，$(P,\leqslant_P)$是具有对合否算子N_P、最小元0_P和最大元1_P的偏序集，记为$(P,\leqslant_P,N_P,0_P,1_P)$。在本章中，$I=[0,1]$，$I^2=[0,1]\times[0,1]$，$I_s^2=\{(x,y)\in[0,1]\times[0,1]\mid 0\leqslant x+y\leqslant 1\}$，$I^{(2)}=\{a=[a^-,a^+]\mid 0\leqslant a^-\leqslant a^+\leqslant 1,a^-,a^+\in[0,1]\}$并且$\overline{a}=[a,a]$（$a\in[0,1]$）。

例 2.1 在$P=2^{[0,1]}-\varnothing$上定义下列运算和序关系：对所有$A,B\in 2^{[0,1]}-\varnothing$，① $A\sqcap B=\{x\wedge y\mid x\in A,y\in B\}$；② $A\sqcup B=\{x\vee y\mid x\in A,y\in B\}$；③ $N(A)=\{1-x\mid x\in A\}$；④ $A\sqsubseteq B$当且仅当$A\sqcap B=A$；⑤ $A\Subset B$当且仅当$A\sqcup B=B$；⑥ $A\trianglelefteq B$当且仅当$A\sqsubseteq B$并且$A\Subset B$。

则易知$(2^{[0,1]}-\varnothing,\sqsubseteq)$和$(2^{[0,1]}-\varnothing,\Subset)$是偏序集；$(2^{[0,1]}-\varnothing,\trianglelefteq)$是一个具有对合否算子$N$和最小元$\{0\}$和最大元$\{1\}$的偏序集。同样可以考虑$2^{I^{(2)}}-\varnothing$上的偏序集。

如果对于偏序集$(P,\leqslant_P,N_P,0_P,1_P)$，其代数$(P,\wedge_P,\vee_P,0_P,1_P)$是一个完备的有界分配格，称$(P,\wedge_P,\vee_P,0_P,1_P)$为 Fuzzy 格[20, 41]或软代数[15]。

文献[20]讨论了流行的 Fuzzy 格，如 Boolean 格$(\{0,1\},\wedge,\vee,\neg,0,1)$、$\{0,[0,1],1\}$（阴影集代数结构[29,30]，三值代数[42]）、$([0,1],\wedge,\vee,N,0,1)$（Fuzzy 集的代数结构[24]）、$(I^2,\wedge,\vee,N,(0,1),(1,0))$、$(I_s^2,\wedge,\vee,N,(0,1),(1,0))$（直觉 Fuzzy 集的代数结构[43, 44]）、$(I^{(2)},\wedge,\vee,N,\overline{0},\overline{1})$（区间值 Fuzzy 集的代数结构[25-28]）、$(I(2^U),\sqcap,\sqcup,\neg,\varnothing,\mathcal{U})$（区间集代数）。

2.2.2 三支决策的条件

设X、Y为两个论域，$\mathrm{Map}(X,Y)$表示X到Y的所有映射，即$\mathrm{Map}(X,Y)=\{f\mid f:X\to Y\}$。

设$(P,\leqslant_P,N_P,0_P,1_P)$是一个偏序集，如果$A\in\mathrm{Map}(U,P)$，则称$A$是$U$上的$P$-Fuzzy集。对于$a\in P$，$M\subseteq U$，$a_M$表示一个特殊的$P$-Fuzzy集，即

$$a_M(x)=\begin{cases}a, & x\in M\\ 0, & x\notin M\end{cases}$$

特别地，如果$A\in\mathrm{Map}(U,\{0,1\})$，则$A$是$U$的子集，实际上$\mathrm{Map}(U,\{0,1\})$是$U$的幂集，即$2^U$。如果$A\in\mathrm{Map}(U,I)$，则$A$是$U$的 Fuzzy 集[24]，实际上$\mathrm{Map}(U,I)$是$U$的 Fuzzy 幂集。如果$A\in\mathrm{Map}(U,I^{(2)})$，则$A$是$U$的区间值 Fuzzy 集[25-28]，实际上$\mathrm{Map}(U,I^{(2)})$是$U$的区间值 Fuzzy 幂集。区间值 Fuzzy 集A表示为$[A^-,A^+]$并且$A^{(m)}(x)=(A^-(x)+$

$A^+(x))/2$。如果 $A \in \mathrm{Map}(U, I_s^2)$，则 A 是 U 的直觉 Fuzzy 集[43,44]，实际上 $\mathrm{Map}(U, I_s^2)$ 是 U 的直觉 Fuzzy 幂集。直觉 Fuzzy 集 A 表示为 (μ_A, ν_A)。如果 $A \in \mathrm{Map}(U, 2^{[0,1]} - \varnothing)$，则 A 是 U 的犹豫 Fuzzy 集[45]。如果 $A \in \mathrm{Map}(U, 2^{I^{(2)}} - \varnothing)$，则 A 是 U 的区间值犹豫 Fuzzy 集[46]。如果 $A \in \mathrm{Map}(U, \mathrm{Map}(I, I))$，则 A 是 U 的二型 Fuzzy 集[47]。如果 $A \in \mathrm{Map}(U, \mathrm{Map}(I, I^{(2)}))$，则 A 是 U 的区间值二型 Fuzzy 集[48]。

设 $(P, \leqslant_P, N_P, 0_P, 1_P)$ 是一个偏序集，$A \in \mathrm{Map}(U, P)$，定义 $N_P(A)(x) = N_P(A(x))$，则 N_P 是 $\mathrm{Map}(U, P)$ 的一个对合否算子。对于 $A, B \in \mathrm{Map}(U, P)$，如果 $\forall x \in U$，$A(x) \leqslant_P B(x)$，则记为 $A \subseteq_P B$。这时 $(\mathrm{Map}(U, P), \subseteq_P, N_P, \varnothing, U)$ 是一个偏序集，其中 $\varnothing(x) = 0_P, \forall x \in U$，$U(x) = 1_P, \forall x \in U$。

设 $(P, \wedge_P, \vee_P, N_P, 0_P, 1_P)$ 是一个 Fuzzy 格，$A, B \in \mathrm{Map}(U, P)$，定义

$$(A \cap_P B)(x) = A(x) \wedge_P B(x), \quad (A \cup_P B)(x) = A(x) \vee_P B(x)$$

则 $(\mathrm{Map}(U, P), \cap_P, \cup_P, N_P, \varnothing, U)$ 是一个 Fuzzy 格。在不混淆的情况下，一般去掉下标 P。

2.2.3　三支决策的决策评价函数

设 $(P_C, \leqslant_{P_C} N_{P_C}, 0_{P_C}, 1_{P_C})$ 和 $(P_D, \leqslant_{P_D}, N_{P_D}, 0_{P_D}, 1_{P_D})$ 是两个偏序集。设 U 是一个要进行决策的非空论域，称为决策域，并且 V 是一个决策条件的非空论域，称为条件域。

定义 2.1　设 U 是一个决策域、V 是一个条件域，映射 $E: \mathrm{Map}(V, P_C) \to \mathrm{Map}(U, P_D)$ 满足下列条件。

（E1）最小元公理，$E(\varnothing) = \varnothing$，即 $E(\varnothing)(x) = 0_{P_D}, \forall x \in U$。

（E2）单调性公理，$A \subseteq_{P_C} B \Rightarrow E(A) \subseteq_{P_D} E(B), \forall A, B \in \mathrm{Map}(V, P_C)$，即

$$E(A)(x) \leqslant_{P_D} E(B)(x), \quad \forall x \in U$$

（E3）互补性公理，$N_{P_D}(E(A)) = E(N_{P_C}(A)), \forall A \in \mathrm{Map}(V, P_C)$，即

$$N_{P_D}(E(A))(x) = E(N_{P_C}(A))(x), \quad \forall x \in U$$

则称 $E(A)$ 为 U 上关于 A 的决策评价函数，$E(A)(x)$ 为 A 在 x 的决策值。

例 2.2[20]　表 2.2 列出了 $U = V$ 上基于各类 Fuzzy 集的决策评价函数例子。

表 2.2　各类 Fuzzy 集的决策评价函数

条件域 P_C	决策域 P_D	决策条件 $\mathrm{Map}(U, P_C)$	评价函数 $E(A)(x)$
[0,1]	[0, 1]	$\mathrm{Map}(U, [0,1])$	$A(x)$
[0,1]	{0, [0, 1], 1}	$\mathrm{Map}(U, [0,1])$	$E(A)(x) = \begin{cases} 1, & A(x) \geqslant \alpha \\ [0,1], & 1-\alpha < A(x) < \alpha, \quad \alpha \in (0.5, 1] \\ 0, & A(x) \leqslant 1-\alpha \end{cases}$
$I^{(2)}$	$I^{(2)}$	$\mathrm{Map}(U, I^{(2)})$	$A(x) = [A^-(x), A^+(x)]$

续表

条件域 P_C	决策域 P_D	决策条件 $\mathrm{Map}(U,P_C)$	评价函数 $E(A)(x)$
$I^{(2)}$	$[0,1]$	$\mathrm{Map}(U,I^{(2)})$	$A^{(m)}(x)$
$I^{(2)}$	$I^{(2)}$	$\mathrm{Map}(U,I^{(2)})$	$E(A)(x)=(A^-(x),(A^+)^c(x))$
I^2	I^2	$(\mu_A,\nu_A)\in\mathrm{Map}(U,I^2)$	$(\mu_A(x),\nu_A(x))$

例 2.3[20]　表 2.3 列出了有限论域 $U=V$ 上基于 Fuzzy 等价关系的决策评价函数例子。如果 A 是 U 上的 Fuzzy 集，则 $|A|=\sum_{x\in U}A(x)$。如果 R 是 U 上的等价关系，则 $[x]_R$ 是 x 的等价类。如果 R 是 U 上的 Fuzzy 关系，则 $[x]_R(y)=R(x,y)$，$\sum_{y\in U}R(x,y)\neq 0$，$y\in U$。

表 2.3　基于 Fuzzy 等价关系的决策评价函数

P_C	P_D	$\mathrm{Map}(U,P_C)$	$E(A)(x)$
$\{0,1\}$	$[0,1]$	$\mathrm{Map}(U,\{0,1\})$	$\dfrac{\lvert A\cap[x]_R\rvert}{\lvert[x]_R\rvert}$，$R$ 是 U 上的等价关系或 Fuzzy 等价关系
			$\dfrac{\lvert A\cap[x]_R\rvert}{\lvert[x]_R\rvert}$，$R$ 是 U 上的等价关系
$[0,1]$	$[0,1]$	$\mathrm{Map}(U,[0,1])$	$\dfrac{\sum_{y\in U}A(y)R(x,y)}{\sum_{y\in U}R(x,y)}$，$R$ 是 U 上的 Fuzzy 关系
$[0,1]$	$[0,1]$	$\mathrm{Map}(U,[0,1])$	$\dfrac{\lvert A\cap[x]_{R_\lambda}\rvert}{\lvert[x]_{R_\lambda}\rvert},\lambda\in(0,1)$，$R$ 是 U 上的 Fuzzy 等价关系
			$\dfrac{\lvert A^{(m)}\cap[x]_R\rvert}{\lvert[x]_R\rvert}$，$R$ 是 U 上的等价关系
$I^{(2)}$	$[0,1]$	$\mathrm{Map}(U,I^{(2)})$	$\dfrac{\lvert A^{(m)}\cap[x]_{R_\lambda}\rvert}{\lvert[x]_{R_\lambda}\rvert}$，$\lambda\in(0,1)$，$R$ 是 U 上的 Fuzzy 等价关系
$\{0,1\}$	$[0,1]$	$\mathrm{Map}(U,\{0,1\})$	$\dfrac{\lvert A\cap[x]_{R^-}\rvert}{\lvert[x]_{R^-}\rvert}$，$\dfrac{\lvert A\cap[x]_{R^+}\rvert}{\lvert[x]_{R^+}\rvert}$，$R=[R^-,R^+]$ 是 U 上的区间值 Fuzzy 等价关系
$I^{(2)}$	$[0,1]$	$\mathrm{Map}(U,I^{(2)})$	$\dfrac{\lvert A^{(m)}\cap[x]_{R_\lambda^-}\rvert}{\lvert[x]_{R_\lambda^-}\rvert}$ 和 $\dfrac{\lvert A^{(m)}\cap[x]_{R_\lambda^+}\rvert}{\lvert[x]_{R_\lambda^+}\rvert}$，$R$ 是 U 上的区间值 Fuzzy 等价关系
			$\left[\dfrac{\lvert A^-\cap[x]_R\rvert}{\lvert[x]_R\rvert},\dfrac{\lvert A^+\cap[x]_R\rvert}{\lvert[x]_R\rvert}\right]$，$R$ 是 U 上的等价关系
$I^{(2)}$	$I^{(2)}$	$\mathrm{Map}(U,I^{(2)})$	$\left[\dfrac{\sum_{y\in U}A^-(y)R(x,y)}{\sum_{y\in U}R(x,y)},\dfrac{\sum_{y\in U}A^+(y)R(x,y)}{\sum_{y\in U}R(x,y)}\right]$，$R$ 是 U 上的 Fuzzy 关系
			$\left(\dfrac{\lvert\mu_A\cap[x]_R\rvert}{\lvert[x]_R\rvert},\dfrac{\lvert\nu_A\cap[x]_R\rvert}{\lvert[x]_R\rvert}\right)$，$R$ 是 U 上的等价关系
I^2	I^2	$(\mu_A,\nu_A)\in\mathrm{Map}(U,I^2)$	$\left(\dfrac{\sum_{y\in U}\mu_A(y)R(x,y)}{\sum_{y\in U}R(x,y)},\dfrac{\sum_{y\in U}\nu_A(y)R(x,y)}{\sum_{y\in U}R(x,y)}\right)$，$R$ 是 U 上的 Fuzzy 关系

例 2.4[20]　设 $P_C=\{0,1\}$（对应的 $L_C=[0,1]$），$P_D=[0,1]$，U 是有限论域，并且 C 是 U 的一个覆盖，即 C 是 U 的有限个非空子集簇并且满足 $\bigcup C=U$。如果 x 是的 U 的任意元，那么下列集类

$$\mathrm{Md}(x)=\{K\in C: x\in K\wedge\forall S\in C(x\in S\wedge S\subseteq K\Rightarrow K=S)\}$$

称为对象 x 的最小描述[4]，对于 $A\in\mathrm{Map}(U,\{0,1\})$（或 $A\in\mathrm{Map}(U,[0,1])$）

$$E(A)(x)=\frac{\left|A\cap\left(\bigcup\mathrm{Md}(x)\right)\right|}{\left|\bigcup\mathrm{Md}(x)\right|}$$

是 U 的一个决策评价函数。

例 2.5[20]　取 $P_C=\{0,1\}$，$P_D=(\{0,[0,1],1\},\wedge_s,\vee_s,\neg_s,0,1)$，$\mathcal{A}\in I(2^U)$，定义

$$E(\mathcal{A},x)=\begin{cases}0, & x\in(A_u)^c\\ [0,1], & x\in A_u-A_l\\ 1, & x\in A_l\end{cases}$$

则 $E(\mathcal{A})(x)$ 是 U 的一个决策评价函数。

2.2.4　三支决策空间

有了前面对三支决策的条件域、决策域、评价函数的描述，下面可以给出三支决策空间的定义。

定义 2.2　给定论域 U，条件域为 $\mathrm{Map}(V,P_C)$，决策域为 P_D，决策评价函数为 E，则 $(U,\mathrm{Map}(V,P_C),P_D,E)$ 称为一个三支决策空间。设 $E_1,E_2,\cdots,E_n$ 是 U 上的 n 个决策评价函数，则 $(U,\mathrm{Map}(V,P_C),P_D,\{E_1,E_2,\cdots,E_n\})$ 称为一个多粒度三支决策空间。

2.3　三支决策空间上的三支决策

为了表述方便，在不混淆的情况下决策域 P_D 用 $(P_D,\leqslant,N,0,1)$ 或 $(P_D,\wedge,\vee,N,0,1)$ 表示。

2.3.1　三支决策

选择决策域上的两个参数，可以利用条件域中决策条件的决策评价函数将决策域划分为三个区域。

定义 2.3　设 $(U,\mathrm{Map}(V,P_C),P_D,E)$ 是一个三支决策空间，$A\in\mathrm{Map}(V,P_C)$，$\alpha,\beta\in P_D$ 并且 $0\leqslant\beta<\alpha\leqslant 1$，则三支决策如下。

（1）接受域：$\mathrm{ACP}_{(\alpha,\beta)}(E,A)=\{x\in U\mid E(A)(x)\geqslant\alpha\}$。

（2）拒绝域：$\mathrm{REJ}_{(\alpha,\beta)}(E,A)=\{x\in U\mid E(A)(x)\leqslant\beta\}$。

（3）不确定域：$\mathrm{UNC}_{(\alpha,\beta)}(E,A)=(\mathrm{ACP}_{(\alpha,\beta)}(E,A)\cup \mathrm{REJ}_{(\alpha,\beta)}(E,A))^c$。

如果 P_D 是线性序，显然有 $\mathrm{UNC}_{(\alpha,\beta)}(E,A)=\{x\in U \mid \beta < E(A)(x) < \alpha\}$。

可以在偏序集上类似文献[20]讨论三支决策的性质，这里省略。

如果反向给出上下近似的概念，可以得到很多粗糙集类似的性质。

定义 2.4　设 $A\in \mathrm{Map}(V,P_C)$，则分别称

$$\underline{\mathrm{apr}}_{(\alpha,\beta)}(E,A)=\mathrm{ACP}_{(\alpha,\beta)}(E,A),\quad \overline{\mathrm{apr}}_{(\alpha,\beta)}(E,A)=(\mathrm{REJ}_{(\alpha,\beta)}(E,A))^c$$

为 A 的下近似和上近似。

2.3.2 乐观多粒度三支决策

定义 2.5　设 $(U,\mathrm{Map}(V,P_C),P_D,\{E_1,E_2,\cdots,E_n\})$ 是一个多粒度三支决策空间，$A\in \mathrm{Map}(V,P_C)$，$\alpha,\beta\in P_D$ 并且 $0\leqslant\beta<\alpha\leqslant 1$，则乐观多粒度三支决策如下。

（1）接受域：$\mathrm{ACP}^{\mathrm{op}}_{(\alpha,\beta)}(E_{1\sim n},A)=\bigcup_{i=1}^{n}\mathrm{ACP}_{(\alpha,\beta)}(E_i,A)=\bigcup_{i=1}^{n}\{x\in U \mid E_i(A)(x)\geqslant\alpha\}$。

（2）拒绝域：$\mathrm{REJ}^{\mathrm{op}}_{(\alpha,\beta)}(E_{1\sim n},A)=\bigcap_{i=1}^{n}\mathrm{REJ}_{(\alpha,\beta)}(E_i,A)=\bigcap_{i=1}^{n}\{x\in U \mid E_i(A)(x)\leqslant\beta\}$。

（3）不确定域：$\mathrm{UNC}^{\mathrm{op}}_{(\alpha,\beta)}(E_{1\sim n},A)=(\mathrm{ACP}^{\mathrm{op}}_{(\alpha,\beta)}(E_{1\sim n},A)\cup \mathrm{REJ}^{\mathrm{op}}_{(\alpha,\beta)}(E_{1\sim n},A))^c$。

如果 P_D 是 Fuzzy 格，则

$$\mathrm{ACP}^{\mathrm{op}}_{(\alpha,\beta)}(E_{1\sim n},A)=\left\{x\in U \,\middle|\, \bigvee_{i=1}^{n}E_i(A)(x)\geqslant\alpha\right\},\quad \mathrm{REJ}^{\mathrm{op}}_{(\alpha,\beta)}(E_{1\sim n},A)=\left\{x\in U \,\middle|\, \bigvee_{i=1}^{n}E_i(A)(x)\leqslant\beta\right\}$$

如果 P_D 是线性序，则

$$\mathrm{UNC}^{\mathrm{op}}_{(\alpha,\beta)}(E_{1\sim n},A)=\left\{x\in U \,\middle|\, \beta<\bigvee_{i=1}^{n}E_i(A)(x)<\alpha\right\}$$

类似地，也可以讨论多粒度三支决策的上下近似。

定义 2.6　设 $A\in \mathrm{Map}(V,P_C)$，则分别称

$$\underline{\mathrm{apr}}^{\mathrm{op}}_{(\alpha,\beta)}(E_{1\sim n},A)=\mathrm{ACP}^{\mathrm{op}}_{(\alpha,\beta)}(E_{1\sim n},A),\quad \overline{\mathrm{apr}}^{\mathrm{op}}_{(\alpha,\beta)}(E_{1\sim n},A)=(\mathrm{REJ}^{\mathrm{op}}_{(\alpha,\beta)}(E_{1\sim n},A))^c$$

为 A 的乐观多粒度下近似和上近似。

很显然，如果 P_D 是线性序，则

$$\overline{\mathrm{apr}}^{\mathrm{op}}_{(\alpha,\beta)}(E_{1\sim n},A)=\left\{x\in U \,\middle|\, \bigvee_{i=1}^{n}E_i(A)(x)>\beta\right\}$$

2.3.3 悲观多粒度三支决策

定义 2.7　设 $(U,\mathrm{Map}(V,P_C),P_D,\{E_1,E_2,\cdots,E_n\})$ 是一个多粒度三支决策空间，$A\in \mathrm{Map}(V,P_C)$，$\alpha,\beta\in P_D$ 并且 $0\leqslant\beta<\alpha\leqslant 1$，则悲观多粒度三支决策如下。

（1）接受域：$\mathrm{ACP}^{\mathrm{pe}}_{(\alpha,\beta)}(E_{1\sim n},A)=\bigcap_{i=1}^{n}\mathrm{ACP}_{(\alpha,\beta)}(E_i,A)=\bigcap_{i=1}^{n}\{x\in U\mid E_i(A)(x)\geqslant\alpha\}$。

（2）拒绝域：$\mathrm{REJ}^{\mathrm{pe}}_{(\alpha,\beta)}(E_{1\sim n},A)=\bigcup_{i=1}^{n}\mathrm{REJ}_{(\alpha,\beta)}(E_i,A)=\bigcup_{i=1}^{n}\{x\in U\mid E_i(A)(x)\leqslant\beta\}$。

（3）不确定域：$\mathrm{UNC}^{\mathrm{pe}}_{(\alpha,\beta)}(E_{1\sim n},A)=(\mathrm{ACP}^{\mathrm{pe}}_{(\alpha,\beta)}(E_{1\sim n},A)\cup\mathrm{REJ}^{\mathrm{pe}}_{(\alpha,\beta)}(E_{1\sim n},A))^c$。

如果 P_D 是 Fuzzy 格，则

$$\mathrm{ACP}^{\mathrm{pe}}_{(\alpha,\beta)}(E_{1\sim n},A)=\left\{x\in U\mid \bigwedge_{i=1}^{n}E_i(A)(x)\geqslant\alpha\right\},\quad \mathrm{REJ}^{\mathrm{pe}}_{(\alpha,\beta)}(E_{1\sim n},A)=\left\{x\in U\mid \bigwedge_{i=1}^{n}E_i(A)(x)\leqslant\beta\right\}$$

如果 P_D 是线性序，则

$$\mathrm{UNC}^{\mathrm{pe}}_{(\alpha,\beta)}(E_{1\sim n},A)=\left\{x\in U\mid \beta<\bigwedge_{i=1}^{n}E_i(A)(x)<\alpha\right\}$$

定义 2.8　设 $A\in\mathrm{Map}(V,P_C)$，则分别称

$$\underline{\mathrm{apr}}^{\mathrm{pe}}_{(\alpha,\beta)}(E_{1\sim n},A)=\mathrm{ACP}^{\mathrm{pe}}_{(\alpha,\beta)}(E_{1\sim n},A),\quad \overline{\mathrm{apr}}^{\mathrm{pe}}_{(\alpha,\beta)}(E_{1\sim n},A)=(\mathrm{REJ}^{\mathrm{pe}}_{(\alpha,\beta)}(E_{1\sim n},A))^c$$

为 A 的悲观多粒度下近似和上近似。

很显然，当 P_D 是线性序时

$$\overline{\mathrm{apr}}^{\mathrm{pe}}_{(\alpha,\beta)}(E_{1\sim n},A)=\left\{x\in U\mid \bigwedge_{i=1}^{n}E_i(A)(x)>\beta\right\}$$

2.4　基于 Fuzzy 集的三支决策

由决策评价函数的定义易知，$A\in\mathrm{Map}(U,P_C)$ 本身也是 U 上的一个决策评价函数。下面针对一般 Fuzzy 集、区间值 Fuzzy 集、Fuzzy 关系、阴影集、区间集分别考虑相应的三支决策。

2.4.1　基于一般 Fuzzy 集的三支决策

设 A 是 U 的一个 Fuzzy 集[22]，$A(x)$ 是其隶属函数，取 $E(A)(x)=A(x)$，则 $(U,\mathrm{Map}(U,[0,1]),[0,1],E)$ 是 U 的一个三支决策空间。如果 $0\leqslant\beta<\alpha\leqslant1$，则三支决策如下。

（1）接受域：$\mathrm{ACP}_{(\alpha,\beta)}(E,A)=\{x\in U\mid E(A)(x)\geqslant\alpha\}$。

（2）拒绝域：$\mathrm{REJ}_{(\alpha,\beta)}(E,A)=\{x\in U\mid E(A)(x)\leqslant\beta\}$。

（3）不确定域：$\mathrm{UNC}_{(\alpha,\beta)}(E,A)=\{x\in U\mid \beta<E(A)(x)<\alpha\}$。

如果 $\beta=0$ 并且 $\alpha=1$，则接受域 $\mathrm{ACP}_{(1,0)}(E,A)$ 是 Fuzzy 集 A 的核；不确定域 $\mathrm{UNC}_{(1,0)}(E,A)$ 是 Fuzzy 集 A 的边界；接受域与不确定域的并集 $\mathrm{ACP}_{(1,0)}(E,A)\cup\mathrm{UNC}_{(1,0)}(E,A)$ 是 Fuzzy 集 A 的支集。

2.4.2 基于区间值 Fuzzy 集的三支决策

设 $A=[A^-,A^+]$ 是 U 的一个区间值 Fuzzy 集[25-28]，取 $E(A)(x)=A^{(m)}(x)$，则 $(U,\mathrm{Map}(U,I^{(2)}),[0,1],E)$ 是一个三支决策空间。如果 $0\leqslant\beta<\alpha\leqslant 1$，则三支决策如下。

（1）接受域：$\mathrm{ACP}_{(\alpha,\beta)}(E,A)=\{x\in U\mid A^{(m)}(x)\geqslant\alpha\}$。

（2）拒绝域：$\mathrm{REJ}_{(\alpha,\beta)}(E,A)=\{x\in U\mid A^{(m)}(x)\leqslant\beta\}$。

（3）不确定域：$\mathrm{UNC}_{(\alpha,\beta)}(E,A)=\{x\in U\mid \beta<A^{(m)}(x)<\alpha\}$。

设 $A=[A^-,A^+]$ 是 U 的一个区间值 Fuzzy 集，取 $E(A)(x)=A(x)$，则 $(U,\mathrm{Map}(U,I^{(2)}),I^{(2)},E)$ 是一个三支决策空间。如果 $\overline{0}\leqslant\beta<\alpha\leqslant\overline{1}$，$\alpha=[\alpha^-,\alpha^+],\beta=[\beta^-,\beta^+]\in I^{(2)}$，则区间值三支决策如下。

（1）接受域：$\mathrm{ACP}_{(\alpha,\beta)}(E,A)=\{x\in U\mid E(A)(x)\geqslant\alpha\}$。

（2）拒绝域：$\mathrm{REJ}_{(\alpha,\beta)}(E,A)=\{x\in U\mid E(A)(x)\leqslant\beta\}$。

（3）不确定域：$\mathrm{UNC}_{(\alpha,\beta)}(E,A)=(\{x\in U\mid E(A)(x)\geqslant\alpha\}\cup\{x\in U\mid E(A)(x)\leqslant\beta\})^c$。

2.4.3 基于 Fuzzy 关系的三支决策

由于 U 到 V 的 Fuzzy 关系是一个论域 $U\times V$ 的 Fuzzy 集，前面基于 Fuzzy 集的三支决策可应用到 Fuzzy 关系中。设 R 是 U 到 V 的 Fuzzy 关系，$R(x,y)$ 是其隶属函数，取 $E(R)(x,y)=R(x,y)$，则 $(U\times V,\mathrm{Map}(U\times V,[0,1]),[0,1],E)$ 是一个三支决策空间。如果 $0\leqslant\beta<\alpha\leqslant 1$，则三支决策如下。

（1）接受域：$\mathrm{ACP}_{(\alpha,\beta)}(E,R)=\{(x,y)\in U\times V\mid E(R)(x,y)\geqslant\alpha\}=R_\alpha$。

（2）拒绝域：$\mathrm{REJ}_{(\alpha,\beta)}(E,R)=\{(x,y)\in U\times V\mid E(R)(x,y)\leqslant\beta\}$。

（3）不确定域：$\mathrm{UNC}_{(\alpha,\beta)}(E,R)=\{(x,y)\in U\times V\mid \beta<E(R)(x,y)<\alpha\}$。

我们可以类似地建立基于区间值 Fuzzy 关系的三支决策空间 $(U\times V,\mathrm{Map}(U\times V,I^{(2)}),I^{(2)},E)$ 和三支决策。

2.4.4 基于阴影集的三支决策

设 A 是 U 的一个 Fuzzy 集，$A(x)$ 是其隶属函数，取

$$E_t(A)(x)=\begin{cases}1, & A(x)\geqslant t\\ 0, & A(x)\leqslant 1-t,\quad t\in(0.5,1]\\ [0,1], & 1-t<A(x)<t\end{cases}$$

则对任意 $t\in(0.5,1]$，$(U,\mathrm{Map}(U,[0,1]),\{0,[0,1],1\},E_t)$ 是 U 的一个三支决策空间。如果 $\alpha,\beta\in\{0,[0,1],1\}$，$0\leqslant\beta<\alpha\leqslant 1$，则三支决策如表 2.4 所示。

表 2.4　基于 Fuzzy 集的三支决策

α,β	$\mathrm{ACP}_{(\alpha,\beta)}(E_t,A)$	$\mathrm{REJ}_{(\alpha,\beta)}(E_t,A)$	$\mathrm{UNC}_{(\alpha,\beta)}(E_t,A)$
$\alpha=1,\beta=0$	A_t	$(A_{(1-t)+})^c$	$A_{(1-t)+}\bigcap(A_t)^c$
$\alpha=[0,1],\beta=0$	$A_{(1-t)+}$	$(A_{(1-t)+})^c$	$\varnothing$
$\alpha=1,\beta=[0,1]$	A_t	$(A_t)^c$	$\varnothing$

如果取 $E(A)(x)=A(x)$，则对任意 $t\in(0.5,1]$，在 $(U,\mathrm{Map}(U,[0,1]),[0,1],E)$ 上的 $\mathrm{ACP}_{(t,1-t)}(E,A)$、$\mathrm{REJ}_{(t,1-t)}(E,A)$ 和 $\mathrm{UNC}_{(t,1-t)}(E,A)$ 与 $(U,\mathrm{Map}(U,[0,1]),\{0,[0,1],1\},E_t)$ 上的 $\mathrm{ACP}_{(1,0)}(E_t,A)$、$\mathrm{REJ}_{(1,0)}(E_t,A)$ 和 $\mathrm{UNC}_{(1,0)}(E_t,A)$ 有下列关系。

（1）接受域：$\mathrm{ACP}_{(t,1-t)}(E,A)=\mathrm{ACP}_{(1,0)}(E_t,A)$。

（2）拒绝域：$\mathrm{REJ}_{(t,1-t)}(E,A)=\mathrm{REJ}_{(1,0)}(E_t,A)$。

（3）不确定域：$\mathrm{UNC}_{(t,1-t)}(E,A)=\mathrm{UNC}_{(1,0)}(E_t,A)$。

设 A 是 U 的一个 Shadowed 集[29, 30]，取 $E(A)(x)=A(x)$，则 $(U,\mathrm{Map}(U,\{0,[0,1],1\}),\{0,[0,1],1\},E)$ 是 U 的一个三支决策空间。如果 $0\leqslant\beta<\alpha\leqslant1$，则三支决策如表 2.5 所示。

表 2.5　基于 Shadowed 集的三支决策

α,β	$\mathrm{ACP}_{(\alpha,\beta)}(E,A)$	$\mathrm{REJ}_{(\alpha,\beta)}(E,A)$	$\mathrm{UNC}_{(\alpha,\beta)}(E,A)$
$\alpha=1,\beta=0$	$\{x\in U\mid A(x)=1\}$	$\{x\in U\mid A(x)=0\}$	$\{x\in U\mid A(x)=[0,1]\}$
$\alpha=[0,1],\beta=0$	$\{x\in U\mid A(x)\neq0\}$	$\{x\in U\mid A(x)=0\}$	$\varnothing$
$\alpha=1,\beta=[0,1]$	$\{x\in U\mid A(x)=1\}$	$\{x\in U\mid A(x)\neq1\}$	$\varnothing$

2.4.5　基于区间集的三支决策

设 $\mathcal{A}=[A_l,A_u]$ 是 U 的一个区间集[31-33]，取

$$E(\mathcal{A})(x)=\begin{cases}0, & x\in(A_u)^c\\ [0,1], & x\in A_u-A_l\\ 1, & x\in A_l\end{cases}$$

则 $(U,\mathrm{Map}(2^U,\{0,1\}),\{0,[0,1],1\},E)$ 是 U 的一个三支决策空间。如果 $0\leqslant\beta<\alpha\leqslant1$，则三支决策如表 2.6 所示。

表 2.6　基于区间集的三支决策

α,β	$\mathrm{ACP}_{(\alpha,\beta)}(E,A)$	$\mathrm{REJ}_{(\alpha,\beta)}(E,A)$	$\mathrm{UNC}_{(\alpha,\beta)}(E,A)$
$\alpha=1,\beta=0$	A_l	$(A_u)^c$	A_u-A_l
$\alpha=[0,1],\beta=0$	A_u	$(A_u)^c$	$\varnothing$
$\alpha=1,\beta=[0,1]$	A_l	$(A_l)^c$	$\varnothing$

2.5 基于随机集的三支决策

2.5.1 随机集

随机集，或可测多值映射，是随机变量的一个有用的推广。从数学上来说，随机集是取值为集合（而不是点）的随机变量。随机集数学理论由Matheron[49]给出，还可参看文献[50]～文献[54]。随机集的概念是有用的，如统计。事实证明,它在与各种类型不确定性度量的关系中扮演一个有趣的角色，并且已经成功地应用于不同领域。

设(Ω, A, P)表示一个概率空间，其中A是Ω的一个σ-代数，P是一个概率测度。(U, B)是另一个可测空间（称为目标空间）。如果映射$X:\Omega \to 2^U$是(A,B)可测的，即若对于任意$Y \in B$，有$\{\omega \in \Omega \mid X(\omega) \cap Y \neq \varnothing\} \in A$，则称映射$X$是一个随机集[20, 49-54]。

引入下逆和上逆的概念[52]。

设$X:\Omega \to 2^U$是一个多值映射。给定$A \in B$，则X的下逆是$X_*(A) = \{\omega \in \Omega \mid \varnothing \neq X(\omega) \subseteq A\}$，$X$的上逆为$X^*(A) = \{\omega \in \Omega \mid X(\omega) \cap A \neq \varnothing\}$。很显然

$$X^*(A) = (X_*(A^c))^c$$

如果对所有$A \in B, X_*(A), X^*(A) \in A$，多值映射$X:\Omega \to 2^U$是强可测的。

给定随机集$X:\Omega \to \mathrm{Map}(U,\{0,1\}) - \varnothing$，$A \in B$的上概率和下概率分别是

$$P_X^*(A) = \frac{P(X^*(A))}{P(X^*(U))}, \quad P_{*X}(A) = \frac{P(X_*(A))}{P(X_*(U))}$$

2.5.2 决策度量域为集代数的三支决策

设(Ω, A, P)是概率空间，(U, B)是另一个可测空间（U是非空集）并且$X:\Omega \to 2^U$是一个随机集，则$E(X)(\omega) = X(\omega)$是Ω的一个评价函数，同时$(\Omega, \mathrm{Map}(U, 2^U), 2^U, E)$是一个三支决策空间。如果$A, B \in 2^U, B \subseteq A$并且$B \neq A$，则$\Omega$的三支决策如下。

（1）接受域：$\mathrm{ACP}_{(A,B)}(E, X) = \{\omega \in \Omega \mid E(X)(\omega) \supseteq A\}$。

（2）拒绝域：$\mathrm{REJ}_{(A,B)}(E, X) = \{\omega \in \Omega \mid E(X)(\omega) \subseteq B\}$。

（3）不确定域：$\mathrm{UNC}_{(A,B)}(E, X) = (\mathrm{ACP}_{(A,B)}(E, X) \cup \mathrm{REJ}_{(A,B)}(E, X))^c$。

2.5.3 决策度量域为[0, 1]的三支决策

设(Ω, A, P)是一个概率空间，(U, B)是另一个可测空间（U是非空有限集）。设$A \in \mathrm{Map}(U,\{0,1\})$，$X:\Omega \to \mathrm{Map}(U,\{0,1\}) - \varnothing$是一个随机集，定义$E:\mathrm{Map}(U,\{0,1\}) \to \mathrm{Map}(\Omega,[0,1])$

$$E(A)(\omega)=\frac{|A\cap X(\omega)|}{|X(\omega)|}$$

则 $E(A)(\omega)$ 是 Ω 的一个评价函数，同时 $(\Omega,\mathrm{Map}(U,\{0,1\}),[0,1],E)$ 是一个三支决策空间。如果 $0\leqslant\beta<\alpha\leqslant 1$，则三支决策如下。

（1）接受域：$\mathrm{ACP}_{(\alpha,\beta)}(E,A)=\{\omega\in\Omega\mid E(A)(\omega)\geqslant\alpha\}$。

（2）拒绝域：$\mathrm{REJ}_{(\alpha,\beta)}(E,A)=\{\omega\in\Omega\mid E(A)(\omega)\leqslant\beta\}$。

（3）不确定域：$\mathrm{UNC}_{(\alpha,\beta)}(E,A)=\{\omega\in\Omega\mid\beta<E(A)(\omega)<\alpha\}$。

如果 $\alpha=1,\beta=0$，则其上、下近似分别就是随机集 A 的上、下逆[52]，即

$$\underline{\mathrm{apr}}_{(1,0)}(E,A)=\mathrm{ACP}_{(1,0)}(E,A)=\{\omega\in\Omega\mid E(A)(\omega)=1\}=\{\omega\in\Omega\mid\varnothing\neq X(\omega)\subseteq A\}=X_*(A)$$

$$\overline{\mathrm{apr}}_{(1,0)}(E,A)=(\mathrm{REJ}_{(1,0)}(E,A))^c=\{\omega\in\Omega\mid E(A)(\omega)>0\}=\{\omega\in\Omega\mid X(\omega)\cap A\neq\varnothing\}=X^*(A)$$

随机集 A 的上、下逆如图2.1所示。

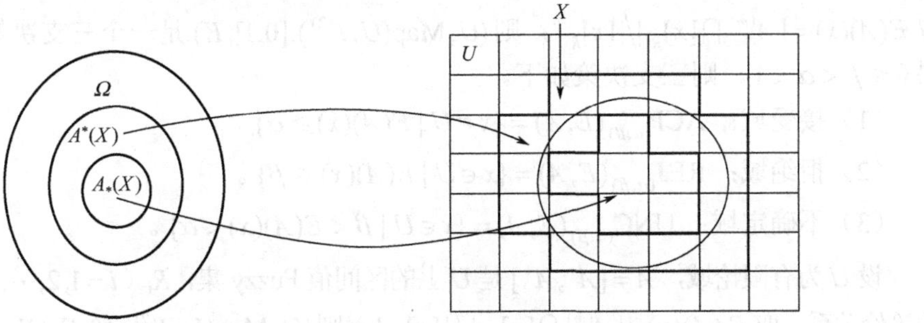

图2.1　随机集 A 的上、下逆

2.6　基于粗糙集的三支决策

2.6.1　基于Fuzzy决策粗糙集的三支决策

设 U 为有限论域，$A\subseteq U$（或 A 是 U 上的Fuzzy集），R 是 U 上的等价关系，取 $E(A)(x)=\dfrac{|A\cap[x]_R|}{|[x]_R|}$，则 $(U,\mathrm{Map}(U,\{0,1\}),[0,1],E)$（或 $(U,\mathrm{Map}(U,[0,1]),[0,1],E)$）是一个三支决策空间。如果 $0\leqslant\beta<\alpha\leqslant 1$，则三支决策如下。

（1）接受域：$\mathrm{ACP}_{(\alpha,\beta)}(E,A)=\{x\in U\mid E(A)(x)\geqslant\alpha\}$。

（2）拒绝域：$\mathrm{REJ}_{(\alpha,\beta)}(E,A)=\{x\in U\mid E(A)(x)\leqslant\beta\}$。

（3）不确定域：$\mathrm{UNC}_{(\alpha,\beta)}(E,A)=\{x\in U\mid\beta<E(A)(x)<\alpha\}$。

如果 $\alpha=1,\beta=0$，则三支决策由Pawlak粗糙集确定。如果 $\alpha\in(0.5,1],\beta=1-\alpha$，

则三支决策由变精度粗糙集确定。设 U 为有限论域，$A\subseteq U$，$R_i(i=1,2,\cdots,n)$ 是 U 上的等价关系，取 $E_i(A)(x)=\dfrac{|A\cap[x]_{R_i}|}{|[x]_{R_i}|}$，则 $(U,\mathrm{Map}(U,\{0,1\}),[0,1],\{E_1,E_2,\cdots,E_n\})$ 是一个多粒度三支决策空间。这里可以给出乐观和悲观多粒度三支决策。这说明多粒度三支决策[55, 56]也包含在本章的三支决策理论中。上面的结论可推广到 R 是 U 上的 Fuzzy 等价关系，选评价函数为 $E(A)(x)=\dfrac{|A\cap[x]_{R_\lambda}|}{|[x]_{R_\lambda}|}$ 或 $E(A)(x)=\dfrac{|A\cap[x]_R|}{|[x]_R|}$ 得到类似的三支决策。

2.6.2 基于区间值 Fuzzy 决策粗糙集的三支决策

1. $P_C=I^{(2)},P_D=[0,1]$

设 U 为有限论域，$A=[A^-,A^+]$ 是 U 上的区间值 Fuzzy 集，R 是 U 上的等价关系，取 $E(A)(x)=|A^{(m)}\cap[x]_R|/|[x]_R|$，则 $(U,\mathrm{Map}(U,I^{(2)}),[0,1],E)$ 是一个三支决策空间。如果 $0\leqslant\beta<\alpha\leqslant1$，则三支决策如下。

（1）接受域：$\mathrm{ACP}_{(\alpha,\beta)}(E,A)=\{x\in U\mid E(A)(x)\geqslant\alpha\}$。

（2）拒绝域：$\mathrm{REJ}_{(\alpha,\beta)}(E,A)=\{x\in U\mid E(A)(x)\leqslant\beta\}$。

（3）不确定域：$\mathrm{UNC}_{(\alpha,\beta)}(E,A)=\{x\in U\mid \beta<E(A)(x)<\alpha\}$。

设 U 为有限论域，$A=[A^-,A^+]$ 是 U 上的区间值 Fuzzy 集，R_i（$i=1,2,\cdots,n$）是 U 上的等价关系，取 $E_i(A)(x)=|A^{(m)}\cap[x]_{R_i}|/|[x]_{R_i}|$，则 $(U,\mathrm{Map}(U,I^{(2)}),[0,1],\{E_1,E_2,\cdots,E_n\})$ 是一个多粒度三支决策空间。同样也可以给出基于区间值 Fuzzy 集的乐观和悲观多粒度三支决策。

当 R 是 U 上的 Fuzzy 等价关系的，取 $E(A)(x)=|A^{(m)}\cap[x]_{R_\lambda}|/|[x]_{R_\lambda}|$。

2. $P_C=P_D=I^{(2)}$

设 U 为有限论域，$A=[A^-,A^+]$ 是 U 上的区间值 Fuzzy 集，R 是 U 上的等价关系，取 $E(A)(x)=\left[\dfrac{|A^-\cap[x]_R|}{|[x]_R|},\dfrac{|A^+\cap[x]_R|}{|[x]_R|}\right]$，则 $(U,\mathrm{Map}(U,I^{(2)}),I^{(2)},E)$ 是一个三支决策空间。如果 $\bar{0}\leqslant[\beta^-,\beta^+]<[\alpha^-,\alpha^+]\leqslant\bar{1}$，则三支决策如下。

（1）接受域：$\mathrm{ACP}_{([\alpha^-,\alpha],[\beta^-,\beta^+])}(E,A)=\{x\in U\mid E(A)(x)\geqslant[\alpha^-,\alpha^+]\}$。

（2）拒绝域：$\mathrm{REJ}_{([\alpha^-,\alpha],[\beta^-,\beta^+])}(E,A)=\{x\in U\mid E(A)(x)\leqslant[\beta^-,\beta^+]\}$。

（3）不确定域：$\mathrm{UNC}_{([\alpha^-,\alpha],[\beta^-,\beta^+])}(E,A)=(\mathrm{ACP}_{([\alpha^-,\alpha],[\beta^-,\beta^+])}(E,A)\cup\mathrm{REJ}_{([\alpha^-,\alpha],[\beta^-,\beta^+])}(E,A))^c$。

设 U 为有限论域，$A=[A^-,A^+]$ 是 U 上的区间值 Fuzzy 集，$R_i(i=1,2,\cdots,n)$ 是 U 上的等价关系，取 $E_i(A)(x)=\left[\dfrac{|A^-\cap[x]_{R_i}|}{|[x]_{R_i}|},\dfrac{|A^+\cap[x]_{R_i}|}{|[x]_{R_i}|}\right]$，则 $(U,\mathrm{Map}(U,I^{(2)}),I^{(2)},\{E_1,E_2,\cdots,E_n\})$ 是一个多粒度三支决策空间。可以给出基于区间值 Fuzzy 集的乐观和悲观多粒度三支决策。

当 R 是 U 上的 Fuzzy 等价关系时，取 $E(A)(x)=\left[\dfrac{|A^-\cap[x]_{R_\lambda}|}{|[x]_{R_\lambda}|},\dfrac{|A^+\cap[x]_{R_\lambda}|}{|[x]_{R_\lambda}|}\right]$。

3. $P_C=P_D=I^{(2)}$，$R=[R^-,R^+]$

设 U 为有限论域，$A=[A^-,A^+]$ 是 U 上的区间值 Fuzzy 集，$R=[R^-,R^+]$ 是 U 上的区间值 Fuzzy 等价关系并且 $|[x]_{R^-}|=|\sum\limits_{y\in U}R^-(x,y)|\neq 0$，$\forall x\in U$，取 $E(A)(x)=\left[\dfrac{\left|A^-\cap[x]_{R_\lambda^-}\right|}{\left|[x]_{R_\lambda^-}\right|},\dfrac{\left|A^+\cap[x]_{R_\lambda^+}\right|}{\left|[x]_{R_\lambda^+}\right|}\right]$，$\lambda\in[0,1]$，则 $E(A)$ 满足公理（E1）和公理（E2），但不满足公理（E3）。事实上

$$E(A^c)(x)=\left[\frac{|(A^+)^c\cap[x]_{R_\lambda^-}|}{|[x]_{R_\lambda^-}|},\frac{|(A^-)^c\cap[x]_{R_\lambda^+}|}{|[x]_{R_\lambda^+}|}\right]=\left[1-\frac{|A^+\cap[x]_{R_\lambda^-}|}{|[x]_{R_\lambda^-}|},1-\frac{|A^-\cap[x]_{R_\lambda^+}|}{|[x]_{R_\lambda^+}|}\right]$$
$$=\bar{1}-\left[\frac{|A^-\cap[x]_{R_\lambda^+}|}{|[x]_{R_\lambda^+}|},\frac{|A^+\cap[x]_{R_\lambda^-}|}{|[x]_{R_\lambda^-}|}\right]\neq\left(E(A)\right)^c(x)$$

这说明 $E(A)$ 不是决策评价函数，文献[20]中关于这个结论是错误的。下面进行如下修改，设 U 为有限论域，$A=[A^-,A^+]$ 是 U 上的区间值 Fuzzy 集，$R=[R^-,R^+]$ 是 U 上的区间值 Fuzzy 关系并且 $\sum\limits_{y\in U}R^{(m)}(x,y)=\sum\limits_{y\in U}\left(R^-(x,y)+R^+(x,y)\right)/2\neq 0$，$\forall x\in U$，取

$$E(A)(x)=\left[\frac{\sum\limits_{y\in U}A^-(y)R^{(m)}(x,y)}{\sum\limits_{y\in U}R^{(m)}(x,y)},\frac{\sum\limits_{y\in U}A^+(y)R^{(m)}(x,y)}{\sum\limits_{y\in U}R^{(m)}(x,y)}\right]$$

则 $(U,\mathrm{Map}(U,I^{(2)}),I^{(2)},E)$ 是一个三支决策空间。如果 $\bar{0}\leqslant[\beta^-,\beta^+]<[\alpha^-,\alpha^+]\leqslant\bar{1}$，则三支决策如下。

（1）接受域：$\mathrm{ACP}_{([\alpha^-,\alpha],[\beta^-,\beta^+])}(E,A)=\{x\in U\mid E(A)(x)\geqslant[\alpha^-,\alpha^+]\}$。

（2）拒绝域：$\mathrm{REJ}_{([\alpha^-,\alpha],[\beta^-,\beta^+])}(E,A)=\{x\in U\mid E(A)(x)\leqslant[\beta^-,\beta^+]\}$。

（3）不确定域：$\mathrm{UNC}_{([\alpha^-,\alpha],[\beta^-,\beta^+])}(E,A)=(\mathrm{ACP}_{([\alpha^-,\alpha],[\beta^-,\beta^+])}(E,A)\cup \mathrm{REJ}_{([\alpha^-,\alpha],[\beta^-,\beta^+])}(E,A))^c$。

同样可以给出基于区间值 Fuzzy 集的乐观和悲观多粒度三支决策。这说明区间值 Fuzzy 粗糙集[57, 58]可以考虑三支决策和多粒度三支决策。

2.7 多粒度三支决策空间的转化

本节给出从多粒度三支决策空间到单粒度三支决策空间的两个转换方法，即加权平均和最大最小平均多粒度三支决策。

2.7.1 加权平均多粒度三支决策

定理 2.1 设 $(U,\mathrm{Map}(V,P_C),[0,1],\{E_1,E_2,\cdots,E_n\})$ 是一个多粒度三支决策空间并且对 $A\in\mathrm{Map}(V,P_C)$ 定义 $E^{\mathrm{wa}}(A)(x)=\sum_{i=1}^{n}a_iE_i(A)(x)$， $x\in[0,1]$，其中 $a_1,a_2,\cdots,a_n\in[0,1]$，$\sum_{i=1}^{n}a_i=1$。则 $(U,\mathrm{Map}(V,P_C),[0,1],E^{\mathrm{wa}})$ 是一个三支决策空间。

这样在多粒度三支决策空间 $(U,\mathrm{Map}(V,P_C),[0,1],\{E_1,E_2,\cdots,E_n\})$ 上可以建立加权平均多粒度三支决策。接受域为 $\mathrm{ACP}^{\mathrm{wa}}_{(\alpha,\beta)}(E_{1\sim n},A)=\mathrm{ACP}_{(\alpha,\beta)}(E^{\mathrm{wa}},A)$；拒绝域为 $\mathrm{REJ}^{\mathrm{wa}}_{(\alpha,\beta)}(E_{1\sim n},A)=\mathrm{REJ}_{(\alpha,\beta)}(E^{\mathrm{wa}},A)$；不确定域为 $\mathrm{UNC}^{\mathrm{wa}}_{(\alpha,\beta)}(E_{1\sim n},A)=(\mathrm{ACP}^{\mathrm{wa}}_{(\alpha,\beta)}(E_{1\sim n},A)\cup\mathrm{REJ}^{\mathrm{wa}}_{(\alpha,\beta)}(E_{1\sim n},A))^c$。同理可以定义加权平均多粒度三支决策的下近似 $\underline{\mathrm{apr}}^{\mathrm{wa}}_{(\alpha,\beta)}(E_{1\sim n},A)=\mathrm{ACP}^{\mathrm{wa}}_{(\alpha,\beta)}(E_{1\sim n},A)$ 和上近似 $\overline{\mathrm{apr}}^{\mathrm{wa}}_{(\alpha,\beta)}(E_{1\sim n},A)=(\mathrm{REJ}^{\mathrm{wa}}_{(\alpha,\beta)}(E_{1\sim n},A))^c$。

下面讨论加权平均多粒度三支决策、下和上近似、加权平均多粒度三支决策的关系、乐观多粒度三支决策和悲观多粒度三支决策。

定理 2.2 设 $(U,\mathrm{Map}(V,P_C),[0,1],\{E_1,E_2,\cdots,E_n\})$ 是一个多粒度三支决策空间，$A\in\mathrm{Map}(V,P_C)$ 并且 $0\leqslant\beta<\alpha\leqslant1$，则下列成立。

（1）$\mathrm{ACP}^{\mathrm{pe}}_{(\alpha,\beta)}(E_{1\sim n},A)\subseteq\mathrm{ACP}^{\mathrm{wa}}_{(\alpha,\beta)}(E_{1\sim n},A)\subseteq\mathrm{ACP}^{\mathrm{op}}_{(\alpha,\beta)}(E_{1\sim n},A)$。

（2）$\mathrm{REJ}^{\mathrm{op}}_{(\alpha,\beta)}(E_{1\sim n},A)\subseteq\mathrm{REJ}^{\mathrm{wa}}_{(\alpha,\beta)}(E_{1\sim n},A)\subseteq\mathrm{REJ}^{\mathrm{pe}}_{(\alpha,\beta)}(E_{1\sim n},A)$。

定理 2.3 设 $(U,\mathrm{Map}(V,P_C),[0,1],\{E_1,E_2,\cdots,E_n\})$ 是一个多粒度三支决策空间，$A,B\in\mathrm{Map}(V,P_C)$ 并且 $0\leqslant\beta<\alpha\leqslant1$，则下列成立。

（1）$$\underline{\mathrm{apr}}^{\mathrm{pe}}_{(\alpha,\beta)}(E_{1\sim n},A)=\bigcap_{i=1}^{n}\underline{\mathrm{apr}}_{(\alpha,\beta)}(E_i,A)\subseteq\underline{\mathrm{apr}}^{wa}_{(\alpha,\beta)}(E_{1\sim n},A)\subseteq\bigcup_{i=1}^{n}\underline{\mathrm{apr}}_{(\alpha,\beta)}(E_i,A)=\underline{\mathrm{apr}}^{\mathrm{op}}_{(\alpha,\beta)}(E_{1\sim n},A)。$$

（2）
$$\overline{\mathrm{apr}}^{\mathrm{pe}}_{(\alpha,\beta)}(E_{1\sim n},A)=\bigcap_{i=1}^{n}\overline{\mathrm{apr}}_{(\alpha,\beta)}(E_i,A)\subseteq\overline{\mathrm{apr}}^{\mathrm{wa}}_{(\alpha,\beta)}(E_{1\sim n},A)\subseteq\bigcup_{i=1}^{n}\overline{\mathrm{apr}}_{(\alpha,\beta)}(E_i,A)$$
$$=\overline{\mathrm{apr}}^{\mathrm{op}}_{(\alpha,\beta)}(E_{1\sim n},A)。$$

2.7.2　max-min 平均多粒度三支决策

定理 2.4　设 $(U,\mathrm{Map}(V,P_C),[0,1],\{E_1,E_2,\cdots,E_n\})$ 是一个多粒度三支决策空间，$E^{\mathrm{ma}}(A)(x)=(\underset{i}{\wedge}E_i(A)(x)+\underset{i}{\vee}E_i(A)(x))/2$，$A\in\mathrm{Map}(V,P_C)$，$x\in[0,1]$。则 $(U,\mathrm{Map}(V,P_C),[0,1],E^{\mathrm{ma}})$ 是一个三支决策空间。

这样，在多粒度三支决策空间 $(U,\mathrm{Map}(V,P_C),[0,1],\{E_1,E_2,\cdots,E_n\})$ 上可定义 max-min 平均多粒度三支决策的接受域为 $\mathrm{ACP}^{\mathrm{ma}}_{(\alpha,\beta)}(E_{1\sim n},A)=\mathrm{ACP}_{(\alpha,\beta)}(E^{\mathrm{ma}},A)$、拒绝域为 $\mathrm{REJ}^{\mathrm{ma}}_{(\alpha,\beta)}(E_{1\sim n},A)=\mathrm{REJ}_{(\alpha,\beta)}(E^{\mathrm{ma}},A)$ 和不确定域为 $\mathrm{UNC}^{\mathrm{ma}}_{(\alpha,\beta)}(E_{1\sim n},A)=(\mathrm{ACP}^{\mathrm{ma}}_{(\alpha,\beta)}(E_{1\sim n},A)\cup\mathrm{REJ}^{\mathrm{ma}}_{(\alpha,\beta)}(E_{1\sim n},A))^c$。还可以定义 max-min 平均多粒度三支决策的下近似 $\underline{\mathrm{apr}}^{\mathrm{ma}}_{(\alpha,\beta)}(E_{1\sim n},A)=\mathrm{ACP}^{\mathrm{ma}}_{(\alpha,\beta)}(E_{1\sim n},A)$ 和上近似 $\overline{\mathrm{apr}}^{\mathrm{ma}}_{(\alpha,\beta)}(E_{1\sim n},A)=(\mathrm{REJ}^{\mathrm{ma}}_{(\alpha,\beta)}(E_{1\sim n},A))^c$。

下面讨论 max-min 平均多粒度三支决策、下和上近似、max-min 平均多粒度三支决策的关系、乐观多粒度三支决策和悲观多粒度三支决策。

定理 2.5　设 $(U,\mathrm{Map}(V,P_C),[0,1],\{E_1,E_2,\cdots,E_n\})$ 是一个多粒度三支决策空间，$A,B\in\mathrm{Map}(V,P_C)$，并且 $0\leqslant\beta<\alpha\leqslant1$，则下列成立。

（1）$\mathrm{ACP}^{\mathrm{pe}}_{(\alpha,\beta)}(E_{1\sim n},A)\subseteq\mathrm{ACP}^{\mathrm{ma}}_{(\alpha,\beta)}(E_{1\sim n},A)\subseteq\mathrm{ACP}^{\mathrm{op}}_{(\alpha,\beta)}(E_{1\sim n},A)$。

（2）$\mathrm{REJ}^{\mathrm{op}}_{(\alpha,\beta)}(E_{1\sim n},A)\subseteq\mathrm{REJ}^{\mathrm{ma}}_{(\alpha,\beta)}(E_{1\sim n},A)\subseteq\mathrm{REJ}^{\mathrm{pe}}_{(\alpha,\beta)}(E_{1\sim n},A)$。

（3）
$$\underline{\mathrm{apr}}^{\mathrm{pe}}_{(\alpha,\beta)}(E_{1\sim n},A)=\bigcap_{i=1}^{n}\underline{\mathrm{apr}}_{(\alpha,\beta)}(E_i,A)\subseteq\underline{\mathrm{apr}}^{\mathrm{ma}}_{(\alpha,\beta)}(E_{1\sim n},A)\subseteq\bigcup_{i=1}^{n}\underline{\mathrm{apr}}_{(\alpha,\beta)}(E_i,A)$$
$$=\underline{\mathrm{apr}}^{\mathrm{op}}_{(\alpha,\beta)}(E_{1\sim n},A)。$$

（4）
$$\overline{\mathrm{apr}}^{\mathrm{pe}}_{(\alpha,\beta)}(E_{1\sim n},A)=\bigcap_{i=1}^{n}\overline{\mathrm{apr}}_{(\alpha,\beta)}(E_i,A)\subseteq\overline{\mathrm{apr}}^{\mathrm{ma}}_{(\alpha,\beta)}(E_{1\sim n},A)\subseteq\bigcup_{i=1}^{n}\overline{\mathrm{apr}}_{(\alpha,\beta)}(E_i,A)$$
$$=\overline{\mathrm{apr}}^{\mathrm{op}}_{(\alpha,\beta)}(E_{1\sim n},A)。$$

2.8　三支决策空间的动态三支决策

2.8.1　动态二支决策

很多实际决策问题不是一次三支决策，而是由多次决策组成的。先看下面的例子。

例 2.6　中国硕士研究生的录取决策。

中国硕士研究生的录取工作要经过初试、分数线、复试多个决策环节。这些决策环节有一个共同特点，除最后一个环节确定接受域与拒绝域外，前面每一个环节都要决策出拒绝域和不确定域。录取过程如图 2.2 所示。在图中“有分数”“上线”是不确定域。“无分数”“未上线”“复试淘汰”是拒绝域。“录取”是接受域。

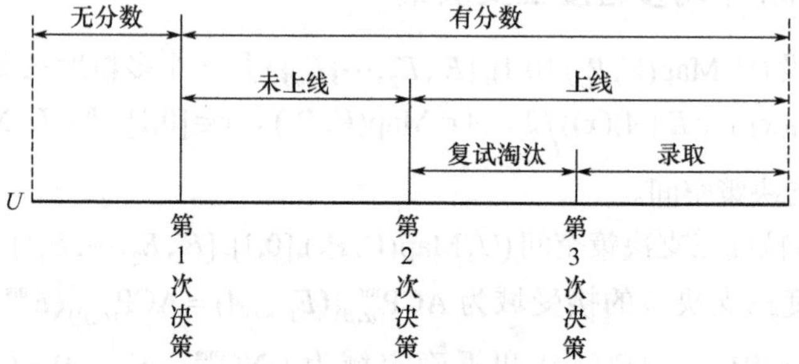

图 2.2　中国硕士研究生的录取决策过程

这样的例子很多，如基金项目的申请、工程项目的招投标、期刊论文的评审、工作应聘等。下面给出严格的定义。

定义 2.9　设 $(U,\mathrm{Map}(V,P_C),P_D,E)$ 为一个三支决策空间，$A\in\mathrm{Map}(V,P_C)$，$\alpha\in P_D$，则拒绝-不确定决策定义如下。

（1）拒绝域：$\mathrm{REJ}_\alpha(E,A)=\{x\in U\mid E(A)(x)<\alpha\}$。

（2）不确定域：$\mathrm{UNC}_\alpha(E,A)=(\mathrm{REJ}_\alpha(E,A))^c$。

接受-不确定决策定义如下。

（1）接受域：$\mathrm{ACP}_\alpha(E,A)=\{x\in U\mid E(A)(x)\geqslant\alpha\}$。

（2）不确定域：$\mathrm{UNC}_\alpha(F,A)=(\mathrm{ACP}_\alpha(F,A))^c$。

接受-拒绝决策定义如下。

（1）接受域：$\mathrm{ACP}_\alpha(E,A)=\{x\in U\mid E(A)(x)\geqslant\alpha\}$。

（2）拒绝域：$\mathrm{REJ}_\alpha(E,A)=(\mathrm{ACP}_\alpha(E,A))^c$。

拒绝-不确定决策和接受-不确定决策称为不确定二支决策，而接受-拒绝决策称为确定二支决策。

定义 2.10　设 $(U,\mathrm{Map}(V,P_C),P_D,E_i)$ 为 i 个三支决策空间，$A_i\in\mathrm{Map}(V,P_C)$，$\alpha_i\in P_D$，（$i=1,2,\cdots,n$），则动态二支决策定义如下。

（决策 1）　拒绝-不确定决策。

拒绝域：$\mathrm{REJ}_{\alpha_1}^{(1)}(E_1,A_1)=\{x\in U\mid E_1(A_1)(x)<\alpha_1\}$。

不确定域：$\mathrm{UNC}_{\alpha_1}^{(1)}(E_1,A_1)=(\mathrm{REJ}_{\alpha_1}^{(1)}(E_1,A_1))^c$。

（决策 2）　拒绝-不确定决策。

如果 $\mathrm{UNC}_{\alpha_1}^{(1)}(E_1,A_1)\neq\varnothing$，则决策如下。

拒绝域：$\mathrm{REJ}_{\alpha_2}^{(2)}(E_2,A_2)=\{x\in \mathrm{UNC}_{\alpha_1}^{(1)}(E_1,A_1)\mid E_2(A_2)(x)<\alpha_2\}$。

不确定域：$\mathrm{UNC}_{\alpha_2}^{(2)}(E_2,A_2)=\mathrm{UNC}_{\alpha_1}^{(1)}(E_1,A_1)-\mathrm{REJ}_{\alpha_2}^{(2)}(E_2,A_2)$。

$$\vdots$$

（决策 n–1）　拒绝-不确定决策。

如果 $\mathrm{UNC}_{\alpha_{n-2}}^{(n-2)}(E_{n-2},A_{n-2})\neq\varnothing$，则决策如下。

拒绝域：$\mathrm{REJ}_{\alpha_{n-1}}^{(n-1)}(E_{n-1},A_{n-1})=\{x\in \mathrm{UNC}_{\alpha_{n-2}}^{(n-2)}(E_{n-2},A_{n-2})\mid E_{n-1}(A_{n-1})(x)<\alpha_{n-1}\}$。

不确定域：$\mathrm{UNC}_{\alpha_{n-1}}^{(n-1)}(E_{n-1},A_{n-1})=\mathrm{UNC}_{\alpha_{n-2}}^{(n-2)}(E_{n-2},A_{n-2})-\mathrm{REJ}_{\alpha_{n-1}}^{(n-1)}(E_{n-1},A_{n-1})$。

（决策 n）　接受-拒绝决策。

如果 $\mathrm{UNC}_{\alpha_{n-1}}^{(n-1)}(E_{n-1},A_{n-1})\neq\varnothing$，则决策如下。

接受域：$\mathrm{ACP}_{\alpha_n}^{(n)}(E_n,A_n)=\{x\in \mathrm{UNC}_{\alpha_{n-1}}^{(n-1)}(E_{n-1},A_{n-1})\mid E_n(A_n)(x)\geqslant\alpha_n\}$。

拒绝域：$\mathrm{REJ}_{\alpha_n}^{(n)}(E_n,A_n)=\mathrm{UNC}_{\alpha_{n-1}}^{(n-1)}(E_{n-1},A_{n-1})-\mathrm{ACP}_{\alpha_n}^{(n)}(E_n,A_n)$。

称为淘汰型动态二支决策。

有些决策与定义 2.10 不一样，决策从接受域和不确定域开始。

例 2.7　中国大学生课程通过决策。

中国大学生课程通过决策要经过课程考试、重修、毕业前多个决策环节。这些决策环节有一个共同特点，除最后一个环节确定接受域与拒绝域外，前面每一个环节都要决策出接受域和不确定域。决策过程如图 2.3 所示。在图中“重修”“重修未通过”“毕业前考试未通过”是不确定域。“考试通过”“重修通过”“毕业前考试通过”“毕业后考试通过”是接受域。“毕业后考试未通过”是拒绝域。

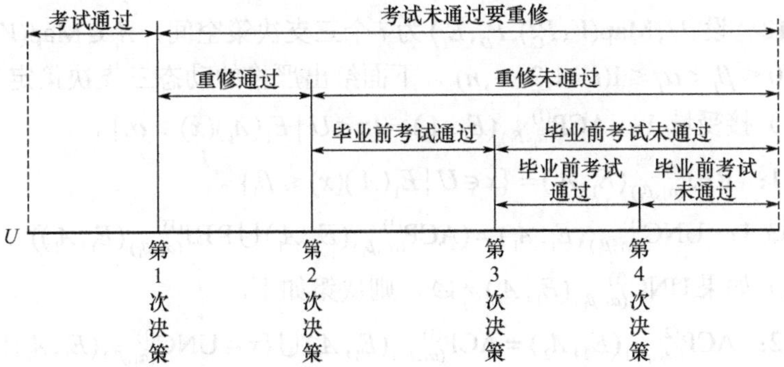

图 2.3　中国大学生课程通过决策过程

这样的例子很多，如职称评定等。下面给出严格的定义。

定义 2.11　设 $(U,\mathrm{Map}(V,P_C),P_D,E_i)$ 为 i 个三支决策空间，$A_i\in\mathrm{Map}(V,P_C)$，$\alpha_i\in P_D$，（$i=1,2,\cdots,n$），则动态二支决策定义如下。

（决策 1）　接受-不确定决策。

接受域：$\mathrm{ACP}_{\alpha_1}^{(1)}(E_1,A_1)=\{x\in U\mid E_1(A_1)(x)\geqslant\alpha_1\}$。

不确定域：$\mathrm{UNC}_{\alpha_1}^{(1)}(E_1,A_1)=(\mathrm{ACP}_{\alpha_1}^{(1)}(E_1,A_1))^c$。

（决策 2）　接受-不确定决策。

如果 $\mathrm{UNC}_{\alpha_1}^{(1)}(E_1,A_1)\neq\varnothing$，则决策如下。

接受域：$\mathrm{ACP}_{\alpha_2}^{(2)}(E_2,A_2)=\{x\in\mathrm{UNC}_{\alpha_1}^{(1)}(E_1,A_1)\mid E_2(A_2)(x)\geqslant\alpha_2\}$。

不确定域：$\mathrm{UNC}_{\alpha_2}^{(2)}(E_2,A_2)=\mathrm{UNC}_{\alpha_1}^{(1)}(E_1,A_1)-\mathrm{ACP}_{\alpha_2}^{(2)}(E_2,A_2)$。

$\vdots$

（决策 n–1）　接受-不确定决策。

如果 $\mathrm{UNC}_{\alpha_{n-2}}^{(n-2)}(E_{n-2},A_{n-2})\neq\varnothing$，则决策如下。

接受域：$\mathrm{ACP}_{\alpha_{n-1}}^{(n-1)}(E_{n-1},A_{n-1})=\{x\in\mathrm{UNC}_{\alpha_{n-2}}^{(n-2)}(E_{n-2},A_{n-2})\mid E_{n-2}(A_{n-2})(x)\geqslant\alpha_{n-2}\}$。

不确定域：$\mathrm{UNC}_{\alpha_{n-1}}^{(n-1)}(E_{n-1},A_{n-1})=\mathrm{UNC}_{\alpha_{n-2}}^{(n-2)}(E_{n-2},A_{n-2})-\mathrm{ACP}_{\alpha_{n-1}}^{(n-1)}(E_{n-1},A_{n-1})$。

（决策 n）　接受-拒绝决策。

如果 $\mathrm{UNC}_{\alpha_{n-1}}^{(n-1)}(E_{n-1},A_{n-1})\neq\varnothing$，则决策如下。

接受域：$\mathrm{ACP}_{\alpha_n}^{(n)}(E_n,A_n)=\{x\in\mathrm{UNC}_{\alpha_{n-1}}^{(n-1)}(E_{n-1},A_{n-1})\mid E_n(A_n)(x)\geqslant\alpha_n\}$。

拒绝域：$\mathrm{REJ}_{\alpha_n}^{(n)}(E_n,A_n)=\mathrm{UNC}_{\alpha_{n-1}}^{(n-1)}(E_{n-1},A_{n-1})-\mathrm{ACP}_{\alpha_n}^{(n)}(E_n,A_n)$。

称为选拔型动态二支决策。

三支决策可看成 n=2 的动态二支决策。

2.8.2　动态三支决策

定义 2.12　设 $(U,\mathrm{Map}(V,P_C),P_D,E_i)$ 为 i 个三支决策空间，$A_i\in\mathrm{Map}(V,P_C)$，$\alpha_i,\beta_i\in P_D$，并且 $0\leqslant\beta_i<\alpha_i\leqslant 1(i=1,2,\cdots,n)$，下面给出严格的动态三支决策定义。

（决策 1）接受域 1：$\mathrm{ACP}_{(\alpha_1,\beta_1)}^{(1)}(E_1,A_1)=\{x\in U\mid E_1(A_1)(x)\geqslant\alpha_1\}$。

拒绝域 1：$\mathrm{REJ}_{(\alpha_1,\beta_1)}^{(1)}(E_1,A_1)=\{x\in U\mid E_1(A_1)(x)\leqslant\beta_1\}$。

不确定域 1：$\mathrm{UNC}_{(\alpha_1,\beta_1)}^{(1)}(E_1,A_1)=(\mathrm{ACP}_{(\alpha_1,\beta_1)}^{(1)}(E_1,A_1)\cup\mathrm{REJ}_{(\alpha_1,\beta_1)}^{(1)}(E_1,A_1))^c$。

（决策 2）如果 $\mathrm{UNC}_{(\alpha_1,\beta_1)}^{(1)}(E_1,A_1)\neq\varnothing$，则决策如下。

接受域 2：$\mathrm{ACP}_{(\alpha_2,\beta_2)}^{(2)}(E_2,A_2)=\mathrm{ACP}_{(\alpha_1,\beta_1)}^{(1)}(E_1,A_1)\cup\{x\in\mathrm{UNC}_{(\alpha_1,\beta_1)}^{(1)}(E_1,A_1)\mid E_2(A_2)(x)\geqslant\alpha_2\}$。

拒绝域 2：$\mathrm{REJ}_{(\alpha_2,\beta_2)}^{(2)}(E_2,A_2)=\mathrm{REJ}_{(\alpha_1,\beta_1)}^{(1)}(E_1,A_1)\cup\{x\in\mathrm{UNC}_{(\alpha_1,\beta_1)}^{(1)}(E_1,A_1)\mid E_2(A_2)(x)\leqslant\beta_2\}$。

不确定域 2：$\mathrm{UNC}_{(\alpha_2,\beta_2)}^{(2)}(E_2,A_2)=(\mathrm{ACP}_{(\alpha_2,\beta_2)}^{(2)}(E_2,A_2)\cup\mathrm{REJ}_{(\alpha_2,\beta_2)}^{(2)}(E_2,A_2))^c$。

$\vdots$

（决策 n）　如果 $\mathrm{UNC}_{(\alpha_{n-1},\beta_{n-1})}^{(n-1)}(E_{n-1},A_{n-1})\neq\varnothing$，则决策如下。

接受域 n：$\mathrm{ACP}_{(\alpha_n,\beta_n)}^{(n)}(E_n,A_n)=\mathrm{ACP}_{(\alpha_{n-1},\beta_{n-1})}^{(n-1)}(E_{n-1},A_{n-1})\cup\{x\in \mathrm{UNC}_{(\alpha_{n-1},\beta_{n-1})}^{(n-1)}(E_{n-1},A_{n-1})\mid E_n(A_n)(x)\geqslant\alpha_n\}$。

拒绝域 n：$\mathrm{REJ}_{(\alpha_n,\beta_n)}^{(n)}(E_n,A_n)=\mathrm{REJ}_{(\alpha_{n-1},\beta_{n-1})}^{(n-1)}(E_{n-1},A_{n-1})\cup\{x\in \mathrm{UNC}_{(\alpha_{n-1},\beta_{n-1})}^{(n-1)}(E_{n-1},A_{n-1})\mid E_n(A_n)(x)\leqslant\beta_n\}$。

不确定域 n：$\mathrm{UNC}_{(\alpha_n,\beta_n)}^{(n)}(E_n,A_n)=(\mathrm{ACP}_{(\alpha_n,\beta_n)}^{(n)}(E_n,A_n)\cup \mathrm{REJ}_{(\alpha_n,\beta_n)}^{(n)}(E_n,A_n))^c$。

动态三支决策如图 2.4 所示。

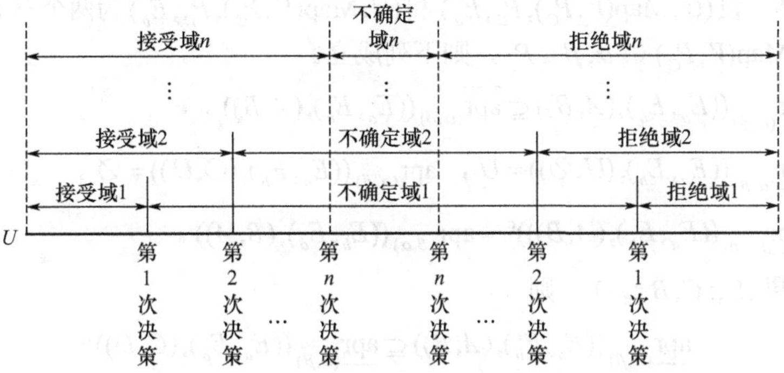

图 2.4　动态三支决策

2.9　三支决策空间的双评价函数三支决策

Yao[1, 13]根据所用评价函数的个数给出三支决策的两种评价模式：一种是单评价函数，另一种是双评价函数。前面讨论的三支决策基于一个评价函数，虽然多粒度使用了多个评价函数，但思想还是基于一个评价函数模式。下面给出基于双评价函数的三支决策。

定义 2.13　设 $(U,\mathrm{Map}(V,P_C),P_D,E_a)$ 和 $(U,\mathrm{Map}(V,P_C),P_D,E_b)$ 为两个三支决策空间，$A,B\in \mathrm{Map}(V,P_C)$，$\alpha,\beta\in P_D$，则三支决策如下。

（1）接受域为

$$\begin{aligned}\mathrm{ACP}_{(\alpha,\beta)}((E_a,E_b),(A,B))&=\{x\in U\mid E_a(A)(x)\geqslant\alpha\}\cap\{x\in U\mid E_b(B)(x)<\beta\}\\&=\mathrm{ACP}_\alpha(E_a,A)\cap \mathrm{REJ}_\beta(E_b,B)\}\end{aligned}$$

（2）拒绝域为

$$\begin{aligned}\mathrm{REJ}_{(\alpha,\beta)}((E_a,E_b),(A,B))&=\{x\in U\mid E_a(A)(x)<\alpha\}\cap\{x\in U\mid E_b(B)(x)\geqslant\beta\}\\&=\mathrm{REJ}_\alpha(E_a,A)\cap \mathrm{ACP}_\beta(E_b,B)\end{aligned}$$

（3）不确定域为

$$\mathrm{UNC}_{(\alpha,\beta)}((E_a,E_b),(A,B))=(\mathrm{ACP}_{(\alpha,\beta)}(E_a,E_b,A,B)\cup \mathrm{REJ}_{(\alpha,\beta)}(E_a,E_b,A,B))^c$$

定义 2.14　设 $(U,\mathrm{Map}(V,P_C),P_D,E_a)$ 和 $(U,\mathrm{Map}(V,P_C),P_D,E_b)$ 为两个三支决策空间，$A,B\in\mathrm{Map}(V,P_C)$，$\alpha,\beta\in P_D$，则

$$\underline{\mathrm{apr}}_{(\alpha,\beta)}((E_a,E_b),(A,B))=\mathrm{ACP}_{(\alpha,\beta)}((E_a,E_b),(A,B))$$

$$\overline{\mathrm{apr}}_{(\alpha,\beta)}((E_a,E_b),(A,B))=(\mathrm{REJ}_{(\alpha,\beta)}((E_a,E_b),(A,B)))^c$$

如果 P_D 是线性的，则

$$\overline{\mathrm{apr}}_{(\alpha,\beta)}((E_a,E_b),(A,B))=\{x\in U\mid E_a(A)(x)\geqslant\alpha\}\cup\{x\in U\mid E_b(B)(x)<\beta\}$$

定理 2.6　设 $(U,\mathrm{Map}(V,P_C),P_D,E_a)$ 和 $(U,\mathrm{Map}(V,P_C),P_D,E_b)$ 为两个三支决策空间，$A,B,C,D\in\mathrm{Map}(V,P_C)$，$\alpha,\beta\in P_D$，则下列成立。

（1）$\underline{\mathrm{apr}}_{(\alpha,\beta)}((E_a,E_b),(A,B))\subseteq\overline{\mathrm{apr}}_{(\alpha,\beta)}((E_a,E_b),(A,B))$。

（2）$\underline{\mathrm{apr}}_{(\alpha,\beta)}((E_a,E_b),(U,\varnothing))=U$，$\overline{\mathrm{apr}}_{(\alpha,\beta)}((E_a,E_b),(\varnothing,U))=\varnothing$。

（3）$(\underline{\mathrm{apr}}_{(\alpha,\beta)}((E_a,E_b),(A,B)))^c=\overline{\mathrm{apr}}_{(\beta,\alpha)}((E_b,E_a),(B,A))$。

（4）如果 $A\subseteq C,B\supseteq D$，则

$$\underline{\mathrm{apr}}_{(\alpha,\beta)}((E_a,E_b),(A,B))\subseteq\underline{\mathrm{apr}}_{(\alpha,\beta)}((E_a,E_b),(C,D))$$

$$\overline{\mathrm{apr}}_{(\alpha,\beta)}((E_a,E_b),(A,B))\subseteq\overline{\mathrm{apr}}_{(\alpha,\beta)}((E_a,E_b),(C,D))$$

（5）如果 P_C 是一个 Fuzzy 格，则

$$\underline{\mathrm{apr}}_{(\alpha,\beta)}((E_a,E_b),(A\cap B,C\cup D))\subseteq\underline{\mathrm{apr}}_{(\alpha,\beta)}((E_a,E_b),(A,C))\cap\underline{\mathrm{apr}}_{(\alpha,\beta)}((E_a,E_b),(B,D))$$

$$\overline{\mathrm{apr}}_{(\alpha,\beta)}((E_a,E_b),(A\cap B,C\cup D))\subseteq\overline{\mathrm{apr}}_{(\alpha,\beta)}((E_a,E_b),(A,C))\cap\overline{\mathrm{apr}}_{(\alpha,\beta)}((E_a,E_b),(B,D))$$

$$\underline{\mathrm{apr}}_{(\alpha,\beta)}((E_a,E_b),(A\cup B,C\cap D))\supseteq\underline{\mathrm{apr}}_{(\alpha,\beta)}((E_a,E_b),(A,C))\cup\underline{\mathrm{apr}}_{(\alpha,\beta)}((E_a,E_b),(B,D))$$

$$\overline{\mathrm{apr}}_{(\alpha,\beta)}((E_a,E_b),(A\cup B,C\cap D))\supseteq\overline{\mathrm{apr}}_{(\alpha,\beta)}((E_a,E_b),(A,C))\cup\overline{\mathrm{apr}}_{(\alpha,\beta)}((E_a,E_b),(B,D))$$

定理 2.7　设 $(U,\mathrm{Map}(V,P_C),P_D,E_a)$ 和 $(U,\mathrm{Map}(V,P_C),P_D,E_b)$ 为两个三支决策空间，$A,B\in\mathrm{Map}(V,P_C)$，则下列命题成立。

（1）如果 $0\leqslant\alpha\leqslant\alpha'\leqslant 1, 0\leqslant\beta'\leqslant\beta\leqslant 1$，则

$$\underline{\mathrm{apr}}_{(\alpha,\beta)}((E_a,E_b),(A,B))\supseteq\underline{\mathrm{apr}}_{(\alpha',\beta')}((E_a,E_b),(A,B))$$

$$\overline{\mathrm{apr}}_{(\alpha,\beta)}((E_a,E_b),(A,B))\supseteq\overline{\mathrm{apr}}_{(\alpha',\beta')}((E_a,E_b),(A,B))$$

（2）如果 $\alpha,\beta,\alpha',\beta'\in P_D$，$P_D$ 是一个格，则

$$\underline{\mathrm{apr}}_{(\alpha\vee\alpha',\beta\wedge\beta')}((E_a,E_b),(A,B))=\underline{\mathrm{apr}}_{(\alpha,\beta)}((E_a,E_b),(A,B))\cap\underline{\mathrm{apr}}_{(\alpha',\beta')}((E_a,E_b),(A,B))$$

$$\overline{\mathrm{apr}}_{(\alpha\wedge\alpha',\beta\vee\beta')}((E_a,E_b),(A,B))=\overline{\mathrm{apr}}_{(\alpha,\beta)}((E_a,E_b),(A,B))\cup\overline{\mathrm{apr}}_{(\alpha',\beta')}((E_a,E_b),(A,B))$$

2.10　三支决策空间上的其他三支决策

下面在偏序集上讨论了文献[20]中的两个问题。

（1）在三支决策空间中，$0 \leqslant \beta \leqslant \alpha \leqslant 1$ 变为 $0 \leqslant \beta \leqslant \alpha \leqslant 1$ 并且在拒绝域中不等式 $E(A)(x) \leqslant \beta$ 用 $E(A)(x) < \beta$ 来代替。

（2）在三支决策空间中不确定域用不等式 $\beta < E(A)(x) < \alpha$ 定义。

2.10.1　三支决策空间上 $0 \leqslant \beta \leqslant \alpha \leqslant 1$ 的三支决策

下面讨论第一个问题，当条件 $0 \leqslant \beta \leqslant \alpha \leqslant 1$ 变为 $0 \leqslant \beta \leqslant \alpha \leqslant 1$ 并且在拒绝域中不等式 $E(A)(x) \leqslant \beta$ 用 $E(A)(x) < \beta$ 来代替时，定义中的三支决策如何变化。

定义 2.15　设 $(U, \mathrm{Map}(V, P_C), P_D, E)$ 是一个三支决策空间，$A \in \mathrm{Map}(V, P_C)$，$\alpha, \beta \in P_D$ 并且 $0 \leqslant \beta \leqslant \alpha \leqslant 1$，则三支决策定义如下。

（1）接受域：$\mathrm{ACP1}_{(\alpha,\beta)}(E, A) = \{x \in U \mid E(A)(x) \geqslant \alpha\}$。

（2）拒绝域：$\mathrm{REJ1}_{(\alpha,\beta)}(E, A) = \{x \in U \mid E(A)(x) < \beta\}$。

（3）不确定域：$\mathrm{UNC1}_{(\alpha,\beta)}(E, A) = (\mathrm{ACP1}_{(\alpha,\beta)}(E, A) \cup \mathrm{REJ1}_{(\alpha,\beta)}(E, A))^c$。

对于定义 2.15，需要注意如下几点。

（1）如果 P_D 是一个线性序，则 $\mathrm{UNC1}_{(\alpha,\beta)}(E, A) = \{x \in U \mid \beta \leqslant E(A)(x) < \alpha\}$。

（2）如果 P_D 是一个线性序，$\alpha, \beta \in P_D$ 并且 $\alpha = \beta$，则 $\mathrm{UNC1}_{(\alpha,\beta)}(E, A) = \varnothing$。

（3）如果 $0 \leqslant \beta < \alpha \leqslant 1$，则 $\mathrm{REJ}_{(\alpha,\beta)}(E, A) = \mathrm{REJ1}_{(\alpha,\beta)}(E, A) \cup \{x \in U \mid E(A)(x) = \beta\}$。

值得注意的是该定义存在下列好处。

（1）二支决策是三支决策当 $\alpha = \beta$ 时的特例。

（2）用"$\geqslant$"表示接受，"$<$"表示拒绝，这与实际应用和语义是一致的。

（3）可以将双评价函数与单评价函数统一。基于双评价函数的三支决策可以看成基于单评价函数的三支决策的运算。

然而，该定义应用到概率粗糙集，这与流行的三支决策、下和上近似等存在差异。在拒绝域中，可以很清楚地看到

$$\lim_{\beta \to 0+} \mathrm{REJ1}_{(\alpha,\beta)}(E, A) = \lim_{\beta \to 0+} \{x \in U \mid E(A)(x) < \beta\} = \{x \in U \mid E(A)(x) = 0\}$$

在此 Pawlak 粗糙集可看成 $\beta \to 0^+$ 和 $\alpha = 1$ 的概率粗糙集。

本节，总设 $(U, \mathrm{Map}(V, P_C), P_D, E)$ 是一个三支决策空间，$\alpha, \beta \in P_D$ 和 $0 \leqslant \beta \leqslant \alpha \leqslant 1$。

定理 2.8　设 $A, B \in \mathrm{Map}(V, P_C)$，则下列成立。

（1）$\mathrm{REJ1}_{(\alpha,\beta)}(E, A) = \mathrm{ACP1}_{(N(\beta),N(\alpha))}(EE, N_{L_C}(A)) \setminus \{x \in U \mid E(A)(x) = \beta\}$；

$\mathrm{ACP1}_{(\alpha,\beta)}(E, A) = \mathrm{REJ1}_{(N(\beta),N(\alpha))}(EE, N_{L_C}(A)) \setminus \{x \in U \mid E(A)(x) = \alpha\}$。

（2）$\mathrm{ACP1}_{(\alpha,\beta)}(E,A)\cup\mathrm{UNC1}_{(\alpha,\beta)}(E,A)=\mathrm{ACP1}_{(\alpha,\beta)}(E,A)\cup(\mathrm{REJ1}_{(\alpha,\beta)}(E,A))^c$。

类似地，可以从定义 2.15 中的三支决策定义下和上近似概念。

定义 2.16　如果 $A\in\mathrm{Map}(V,P_C)$，则

$$\underline{\mathrm{apr1}}_{(\alpha,\beta)}(E,A)=\mathrm{ACP1}_{(\alpha,\beta)}(E,A),\quad \underline{\mathrm{apr1}}_{(\alpha,\beta)}(E,A)=(\mathrm{REJ1}_{(\alpha,\beta)}(E,A))^c$$

分别称为 A 的下和上近似。

对于定义 2.16，需要注意如下几点。

（1）如果 P_D 是线性序，则

$$\underline{\mathrm{apr1}}_{(\alpha,\beta)}(E,A)=\mathrm{ACP1}_{(\alpha,\beta)}(E,A)\cup\mathrm{UNC1}_{(\alpha,\beta)}(E,A)$$

（2）如果 P_D 是线性序，则

$$\underline{\mathrm{apr1}}_{(\alpha,\beta)}(E,A)=\{x\in U\mid E(A)(x)\geqslant\alpha\},\quad \underline{\mathrm{apr1}}_{(\alpha,\beta)}(E,A)=\{x\in U\mid E(A)(x)\geqslant\beta\}$$

这不同于 Wei 和 Zhang[59]在概念粗糙近似中对 $0<\beta\leqslant\alpha<1$ 的建议

$$\underline{\mathrm{apr}}_{(\alpha,\beta)}=\{x\in U\mid P(A\mid[x]>\alpha\},\quad \underline{\mathrm{apr}}_{(\alpha,\beta)}=\{x\in U\mid P(A\mid[x])\geqslant\beta\}$$

（3）如果 P_D 是一个线性序并且 $\alpha=\beta$，则

$$\underline{\mathrm{apr1}}_{(\alpha,\beta)}(E,A)=\underline{\mathrm{apr1}}_{(\alpha,\beta)}(E,A)=\{x\in U\mid E(A)(x)\geqslant\alpha\}$$

这不同于在概率粗糙集近似中，Yao 和 Wong[8]在 $\alpha=\beta\neq 0$ 情形下的定义

$$\underline{\mathrm{apr}}_{\alpha}=\{x\in U\mid P(A\mid[x]>\alpha\},\quad \overline{\mathrm{apr}}_{\alpha}=\{x\in U\mid P(A\mid[x])\geqslant\alpha\}$$

Yao 和 Wong 的上述定义是 0.5 概率近似的一个扩张。下面讨论定义 2.16 的性质。

定理 2.9　设 $A,B\in\mathrm{Map}(V,P_C)$，则下列成立。

$$\underline{\mathrm{apr1}}_{(\alpha,\beta)}(E,A)\subseteq\overline{\mathrm{apr1}}_{(\alpha,\beta)}(E,A)$$

特别地，$\overline{\mathrm{apr1}}_{(\alpha,\alpha)}(E,A)=\underline{\mathrm{apr1}}_{(\alpha,\alpha)}(E,A)\cup\{x\in U\mid E(A)(x)$ 与 α 关于 $\leqslant$ 没有序关系$\}$

$$\underline{\mathrm{apr1}}_{(\alpha,\beta)}(E,V)=U,\quad \underline{\mathrm{apr1}}_{(\alpha,\beta)}(E,\varnothing)=\begin{cases}\varnothing, & \alpha>0\\ U, & \alpha=0\end{cases}$$

$$\overline{\mathrm{apr1}}_{(\alpha,\beta)}(E,V)=U,\quad \overline{\mathrm{apr1}}_{(\alpha,\beta)}(E,\varnothing)=\begin{cases}\varnothing, & \beta>0\\ U, & \beta=0\end{cases}$$

$$A\subseteq_{P_C}B\Rightarrow\underline{\mathrm{apr1}}_{(\alpha,\beta)}(E,A)\subseteq\underline{\mathrm{apr1}}_{(\alpha,\beta)}(E,B),\quad \overline{\mathrm{apr1}}_{(\alpha,\beta)}(E,A)\subseteq\overline{\mathrm{apr1}}_{(\alpha,\beta)}(E,B)$$

$$\underline{\mathrm{apr1}}_{(\alpha,\beta)}(E,N_{P_C}(A))=(\overline{\mathrm{apr1}}_{(N(\beta),N(\alpha))}(E,A))^c\cup\{x\in U\mid E(A)(x)=N(\alpha)\}$$

$$\overline{\mathrm{apr1}}_{(\alpha,\beta)}(E,N_{P_C}(A))=(\underline{\mathrm{apr1}}_{(N(\beta),N(\alpha))}(E,A))^c\cup\{x\in U\mid E(A)(x)=N(\beta)\}$$

可以证明下列定理。

定理 2.10　设 $A \in \mathrm{Map}(V, P_C)$，则下列命题成立。

（1）如果 $0 \leqslant \beta \leqslant \beta' \leqslant \alpha' \leqslant \alpha \leqslant 1$，则

$$\underline{\mathbf{apr1}}_{(\alpha,\beta)}(E,A) \subseteq \underline{\mathbf{apr1}}_{(\alpha',\beta')}(E,A),\quad \overline{\mathbf{apr1}}_{(\alpha,\beta)}(E,A) \supseteq \overline{\mathbf{apr1}}_{(\alpha',\beta')}(E,A)$$

（2）如果 $\alpha, \beta \in P_D$，P_D 是 Fuzzy 格，则 $\forall t \in I_D, 0 \leqslant t \leqslant \alpha \leqslant \beta$

$$\underline{\mathbf{apr1}}(\alpha \vee \beta, t)(E,A) = \underline{\mathbf{apr1}}_{(\alpha,t)}(E,A) \cap \underline{\mathbf{apr1}}_{(\beta,t)}(E,A)$$

$$\forall t \in P_D, \alpha \vee \beta \leqslant t \leqslant 1$$

$$\overline{\mathbf{apr1}}_{(t,\alpha\wedge\beta)}(E,A) \supseteq \overline{\mathbf{apr1}}_{(t,\beta)}(E,A) \cup \overline{\mathbf{apr1}}_{(t,\beta)}(E,A)$$

当 P_D 是线性序时，等号成立。

也同样考虑在这种情况下多粒度三支决策空间的乐观和悲观多粒度三支决策、动态三支决策。

2.10.2　三支决策空间上含拒绝决策域的三支决策

第二个问题为如果在定义 2.3 中，不确定域由不等式 $\beta < E(A)(x) < \alpha$ 代替，三支决策如何变化。

定义 2.17　设 $(U, \mathrm{Map}(V, P_C), P_D, E)$ 是一个三支决策空间，$A \in \mathrm{Map}(V, P_C)$，$\alpha, \beta \in P_D$ 并且 $0 \leqslant \beta < \alpha \leqslant 1$，则三支决策的不确定域定义如下

$$\mathrm{UNC2}_{(\alpha,\beta)}(E,A) = \{x \in U \mid \beta < E(A)(x) < \alpha\}$$

如果 P_D 不是一个线性序，则 $\mathrm{ACP}_{(\alpha,\beta)}(E,A) \cup REJ_{(\alpha,\beta)}(E,A) \cup \mathrm{UNC2}_{(\alpha,\beta)}(E,A)$ 不一定等于 U。这时 $U - (\mathrm{ACP}_{(\alpha,\beta)}(E,A) \cup \mathrm{REJ}_{(\alpha,\beta)}(E,A) \cup \mathrm{UNC2}_{(\alpha,\beta)}(E,A))$ 称为一个拒绝决策域，记为 $\mathrm{REF}_{(\alpha,\beta)}(E,A)$。

由定义 2.17 直接得到，设 $(U, \mathrm{Map}(V, P_C), P_D, E)$ 是一个三支决策空间，$A \in \mathrm{Map}(V, P_C)$，$\alpha, \beta \in P_D$ 并且 $0 \leqslant \beta < \alpha \leqslant 1$，则可得出如下几点。

（1）$\mathrm{REF}_{(\alpha,\beta)}(E,A) = \varnothing$ 当且仅当 $\{E(A)(x), \alpha, \beta\}$ 是 P_D 的一个线性序子集。

（2）$\mathrm{REF}_{(\alpha,\beta)}(E,\varnothing) = \mathrm{REF}_{(\alpha,\beta)}(E,V) = \varnothing$。

（3）如果 L_D 是线性序，则 $\mathrm{REF}_{(\alpha,\beta)}(E,A) = \varnothing$。

也同样考虑在这种情况下多粒度三支决策空间的乐观和悲观多粒度三支决策、动态三支决策。

2.11　本 章 小 结

本章系统地总结了三支决策空间研究的成果，通过这些研究可以得到下列结论和研究建议。

（1）基于偏序集或 Fuzzy 格上的三支决策空间基本上涵盖了各类三支决策。常用的偏序集或 Fuzzy 格之间的关系如图 2.5 所示。

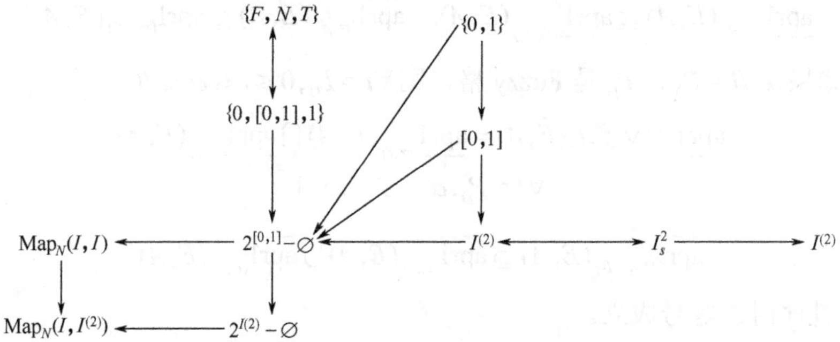

图2.5　各类偏序集之间的关系

（2）还可以建立基于犹豫 Fuzzy 集[45]、区间值犹豫 Fuzzy 集[46]、二型 Fuzzy 集[47]、区间值二型 Fuzzy 集[48]、软集[60]、Fuzzy 软集[61]、区间值 Fuzzy 软集[62]的三支决策。

（3）在粗糙集理论中由上、下近似给出三支决策，而在三支决策空间中直接由决策评价函数给出三支决策，然后可由三支决策给出上、下近似。图 2.6 是一般粗糙集导出的三支决策与三支决策空间的对比示意图。

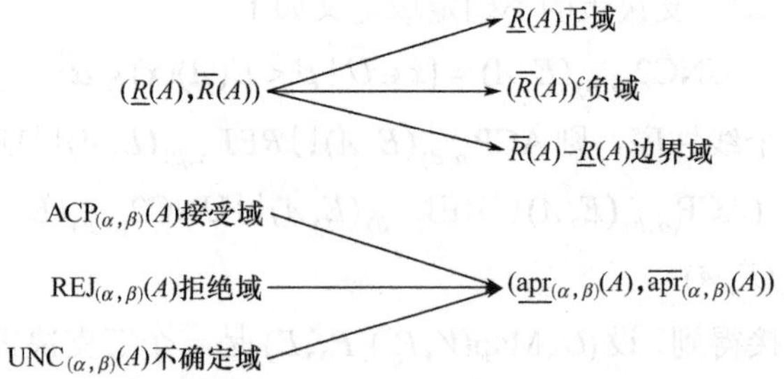

图 2.6　一般粗糙集导出的三支决策与三支决策空间的对比

（4）三支决策空间的建立对决策粗糙集的推广研究起到了理论作用，例如，当 A 是一个 Fuzzy 集并且 R 是一个 Fuzzy 关系时，在相应的概率粗糙集或决策粗糙集中可以利用

$$\frac{\sum_{y\in U} A(y)R(x,y)}{\sum_{y\in U} R(x,y)}$$

作为概率度量。这是一个决策评价函数，当 A 是经典集合、R 是等价关系时，它退化为 $|A\cap[x]_R|/|[x]_R|$。这样自然可以将概率粗糙集或决策粗糙集推广到 Fuzzy 集、区间值 Fuzzy 集、二型 Fuzzy 集、犹豫 Fuzzy 集等。

（5）Yao[63]从粗糙集理论的两方面——概念形式和计算形式，探讨了粗糙集的两个基本概念：近似与属性约简。我们能否借用 Yao 的思想在三支决策空间上也探讨这两个形式？能否通过三支决策引出的近似在三支决策空间引出属性约简呢？这将在后续研究中进行探讨。

致　谢

感谢周宁琳、赵雪荣和杜文胜参与本章的讨论并提出了宝贵意见。感谢 Yao 对本工作的支持和对本章提出的意见和建议。本章成果得到了国家自然科学基金项目（项目编号：61179038）的资助。

参 考 文 献

[1] Yao Y Y. An outline of a theory of three-way decisions// Proceedings of the 8th International RSCTC Conference, 2012，7413: 1-17.

[2] 姚一豫. 三支决策研究的若干问题// 刘盾，李天瑞，苗夺谦，等. 三支决策与粒计算. 北京：科学出版社，2013: 1-13.

[3] Pawlak Z. Rough sets. International Journal of Computer and Information Sciences, 1982, 11(5): 341-356.

[4] Pawlak Z. Rough Sets: Theoretical Aspects of Reasoning about Data. Dordrecht: Kluwer Academic Publishers, 1991.

[5] Yao Y Y, Wong S K M, Lin T Y. A review of rough set models// Lin T Y, Cercone N. Rough Sets and Data Mining: Analysis for Imprecise Data. Boston: Kluwer Academic Publishers, 1997: 47-75.

[6] Yao Y Y, Wong S K M, Lingras P. A decision-theoretic rough set model// Ras Z W. , Zemankova M, Emrich M L. Methodologies for Intelligent Systems. New York: North-Holland, 1990, 5: 17-24.

[7] Yao Y Y. Decision-theoretic rough set models. Rough Sets and Knowledge Technology, Lecture Notes in Computer Science, 2007, 4481: 1-12.

[8] Yao Y Y, Wong S K M. A decision theoretic framework for approximating concepts. International Journal of Man-machine Studies, 1992, 37: 793-809.

[9] Yao Y Y. Probabilistic approaches to rough sets. Expert Systems, 2003, 20: 287-297.

[10] Yao Y Y. Probabilistic rough set approximations. International Journal of Approximate Reasoning, 2008, 49: 255-271.

[11] Liang D, Liu D, Pedrycz W, et al. Triangular fuzzy decision-theoretic rough sets. International Journal of Approximate Reasoning, 2013, 54: 1087-1106.

[12] Liu D, Li T, Ruan D. Probabilistic model criteria with decision-theoretic rough sets. Information Sciences, 2011, 181: 3709-3722.

[13] Yao Y Y. Three-way decisions with probabilistic rough sets. Information Sciences, 2010, 180: 341-353.

[14] Yao Y Y. The superiority of three-way decisions in probabilistic rough set models. Information Sciences, 2011, 181: 1080-1096.

[15] 胡宝清. 基于区间集的三支决策粗糙集// 刘盾, 李天瑞, 苗夺谦, 等. 三支决策与粒计算. 北京: 科学出版社, 2013: 163-195.

[16] Liu D, Li T, Liang D. Three-way government decision analysis with decision-theoretic rough sets. International Journal of Uncertainty, Fuzziness and Knowledge-Based Systems, 2012, 20(1): 119-132.

[17] Liu D, Yao Y Y, Li T. Three-way investment decisions with decisiontheoretic rough sets. International Journal of Computational Intelligence Systems, 2011, 4: 66-74.

[18] Liang D, Liu D. Systemtic studies on three-way decisions with interval valued decision-theoretic rough sets. Information Sciences, 2014, 276: 186-203.

[19] Deng X, Yao Y. Decision-theoretic three-way approximations of fuzzy sets. Information Sciences, 2014, 279: 702-715.

[20] Hu B Q. Three-way decisions space and three-way decisions. Information Sciences, 2014, 281: 21-52.

[21] Zhao X R, Hu B Q. Fuzzy and interval-valued fuzzy decision-theoretic rough set approaches based on fuzzy probability measure. Information Sciences, 2015, 298: 534-554.

[22] Liang D, Liu D. Deriving three-way decisions from intuitionistic fuzzy decision-theoretic rough sets. Information Sciences, 2015, 300: 28-48.

[23] Liang D, Pedrycz W, Liu D, et al. Three-way decisions based on decision-theoretic rough sets under linguistic assessment with the aid of group decision making. Applied Soft Computing, 2015, 29: 256-269.

[24] Zadeh L A. Fuzzy sets. Information and Control, 1965, 8: 338-353.

[25] Zadeh L A. The concept of a linguistic variable and its applications in approximate reasoning (Ⅰ), (Ⅱ), (Ⅲ). Information Science, 1975, 8:199-249, 301-357; 9: 43-80.

[26] Hu B Q. Generalized interval-valued fuzzy variable precision rough sets determined by fuzzy logical operators. International Journal of General Systems, 2014, 16(4): 554-565.

[27] Hu B Q, Wong H. Generalized interval-valued fuzzy variable precision rough sets. International Journal of Fuzzy Systems, 2014, 16: 554-565.

[28] Hu B Q, Wong H. Generalized interval-valued fuzzy rough sets based on interval-valued fuzzy logical operators. International Journal of Fuzzy Systems, 2013, 15: 381-391.

[29] Pedrycz W. Shadowed sets: Representing and processing fuzzy sets. IEEE Transactions on Systems, Man and Cybernetics, Part B: Cybernetics, 1998, 28: 103-109.

[30] Pedrycz W. From fuzzy sets to shadowed sets: Interpretation and computing. International Journal of

Intelligent Systems, 2009, 24: 48-61.
[31] Yao Y Y. Interval-set algebra for qualitative knowledge representation// Proceedings of the 5th International Conference on Computing and Information, Sudbury, Canada, 1993: 370-374.
[32] Yao Y Y. Two views of the theory of rough sets in finite universes. International Journal of Approximation Reasoning, 1996, 15(4): 291-317.
[33] 姚一豫. 区间集// 王国胤, 李德毅, 姚一豫, 等. 云模型与粒计算. 北京: 科学出版社, 2012.
[34] Ziarko W. Variable precision rough sets model. Journal of Computer and Systems Sciences, 1993, 46: 39-59.
[35] Ziarko W. Probabilistic approach to rough sets. International Journal of Approximate Reasoning, 2008, 49: 272-284.
[36] Slezak D, Ziarko W. The investigation of the Bayesian rough set model. International Journal of Approximate Reasoning, 2005, 40: 81-91.
[37] Zhang H, Zhou J, Miao D, et al. Bayesian rough set model: A further investigation. International Journal of Approximate Reasoning, 2012, 53: 541-557.
[38] Hu Q, Yu D, Xie Z, et al. Fuzzy probabilistic approximation spaces and their information measures. IEEE Transactions on Fuzzy Systems, 2006, 14(2): 191-201.
[39] Yang H-L, Liao X, Wang S, et al. Fuzzy probabilistic rough set model on two universes and its applications. International Journal of Approximate Reasoning, 2013, 54: 1410-1420.
[40] 胡宝清. 模糊理论基础. 第 2 版. 武汉: 武汉大学出版社, 2010.
[41] Liu G. Generalized rough sets over fuzzy lattices. Information Sciences, 2008, 178: 1651-1662.
[42] Ciucci D, Dubois D. A map of dependencies among three-valued logics. Information Sciences, 2013, 250: 162-177.
[43] Atanassov K T. Intuitionistic fuzzy sets// Sequrev V. VII ITKR's Session, Sofia (deposed in Central Sci. and Techn. Library, Bulg. Academy of Sciences, 1697/84) (in Bulgarian), 1983.
[44] Atanassov K T. Intuitionistic fuzzy sets. Fuzzy Sets Systems, 1986, 20: 87-96.
[45] Torra V. Hesitant fuzzy sets. International Journal of Intelligent Systems, 2010, 25: 529-539.
[46] Chen N, Xu Z, Xia M. Correlation coefficients of hesitant fuzzy sets and their applications to clustering analysis. Applied Mathematical Modelling, 2013, 37: 2197-2211.
[47] Hu B Q, Kwong C K. On type-2 fuzzy sets and their t-norm operations. Information Sciences, 2014, 255: 58-81.
[48] Hu B Q, Wang C Y. On type-2 fuzzy relations and interval-valued type-2 fuzzy sets. Fuzzy Sets and Systems, 2014, 236: 1-32.
[49] Matheron G. Random Sets and Integral Geometry. New York: Wiley, 1975.
[50] Nguyen H T. Some mathematical structures for computational information. Information Sciences, 2000, 128: 67-89.
[51] Nguyen H T. Fuzzy and random sets. Fuzzy Sets and Systems, 2005, 156: 349-356.

[52] Miranda E, Couso I, Gil P. Random sets as imprecise random variables. Journal of Mathematics Analysis and Applications, 2005, 307: 32-47.

[53] Wu W-Z, Leung Y, Zhang W-X. Connections between rough set theory and Dempster-Shafer theory of evidence. International Journal of General Systems, 2002, 31(4): 405-430.

[54] 胡宝清. 云模型与相近概念的关系// 王国胤, 李德毅, 姚一豫, 等. 云模型与粒计算. 北京: 科学出版社, 2012.

[55] Qian Y H, Liang J Y. Rough set based on multi-granulations// Proceedings of 5th IEEE Conference on Cognitive Information, 2006: 968-304.

[56] Qian Y H, Liang J Y, Yao Y Y, et al. MGRS: A multi-granulation rough set. Information Sciences, 2010, 180: 949-970.

[57] Gong Z, Sun B, Chen D. Rough set theory for the interval-valued fuzzy information systems. Information Science, 2008, 178: 1968-1985.

[58] Sun B, Gong Z, Chen D. Fuzzy rough set theory for the interval-valued fuzzy information systems. Information Science, 2008, 178: 2794-2815.

[59] Wei L L, Zhang W X. Probabilistic rough sets characterized by fuzzy sets. International Journal of Uncertainty, Fuzziness and Knowledge-Based Systems, 2004, 12: 47-60.

[60] Molodtsov D. Soft set theory-first results. Computers and Mathematics with Applications, 1999, 37: 19-31.

[61] Maji P K, Roy A R. An application of soft sets in a decision making problem. Computers and Mathematics with Applications, 2002, 44: 1077-1083.

[62] Yang X, Yang T Y, Li Y. Combination of interval-valued fuzzy set and soft set. Computers and Mathematics with Applications, 2009, 58: 521-527.

[63] Yao Y Y. The two sides of the theory of rough sets. Knowledge-Based Systems, 2015, 80: 67-77.

第 3 章　基于概率粗糙集的动态三支决策方法

Dynamic Three-Way Decision Method Based on Probabilistic Rough Sets

罗川[1]　李天瑞[1]　陈红梅[1]

1. 西南交通大学信息科学与技术学院

实际应用中，数据的采集、分析是一个持续更新、不断优化的升级过程，数据随着时间的推移，产生得快、变化得快、折旧得也快。新数据的到达、旧数据的删改将导致原有信息粒、知识结构的动态变化，从而使得从旧数据中学习到的知识无法适应新数据。通过将延迟决策引入仅含接受域和拒绝域的传统二支决策理论中，三支决策理论为人们在信息不完全、认知不充分的情况下进行决策判断提供了一种符合人类认知能力的决策模型。本书针对动态变化的数据环境，提出了一种基于概率粗糙集的动态三支决策模型。考虑到信息系统中数据对象的动态插入，讨论、介绍了概率粗糙集模型中条件概率的动态估计策略，进而给出了概率三支近似的增量更新原理。在此基础上，根据数据对象动态变化的不同情况设计并提出了概率三支近似的增量更新求解算法。最后，通过实例分析进一步验证了算法的有效性。

3.1　引　言

三支决策理论是近年来发展起来的一种新的用于处理不精确、不完整信息的决策分析理论与方法[1-3]。作为传统二支决策理论的一种重要推广，三支决策理论考虑到决策过程中存在的不确定性因素，将不承诺决策或延迟决策作为当信息不足以决定接受或拒绝时的第三种决策行为。作为一种更符合人类认知模式的决策模型，三支决策已广泛应用于医疗诊断[4]、社会判断理论[5]、统计管理[6]和论文评审[7]等多个学科和领域中。

三支决策理论最初是由加拿大里贾纳大学的姚一豫在粒计算和粗糙集理论的研究基础上提出的，其主要目的是为粗糙集理论中的三个分类区域，即正域、负域和边界域，提供合理的决策语义解释。20 世纪 90 年代初，针对经典粗糙集理论在处理分类决策问题时缺乏容错能力和风险代价敏感性等问题，姚一豫提出了一种新的概率型粗糙集扩展模型——决策粗糙集[8, 9]。通过引入贝叶斯最小风险决策过程，决策粗糙集不仅为粗糙分类提供了合理的语义解释，也为概率型粗糙集扩展模型中概率阈值的确定问题提供了一套基于决策风险代价的数值计算方法体系。通过与基于概率粗糙集的二支决策模型和基于经典粗糙集的定性三支决策模型进行对比分析，姚一豫进一步阐述了基于概率粗糙集的三支决策模型在任何决策条件下都要优于以上两种决策模型[10-12]。Herbert 和 Yao[13, 14]提出了基于博弈粗糙集的三支决策模型，并通过分类区域的不确定性建立赛局以获取合理的三支决策域。李华雄等[15]提出了基于三支决策粗糙集的代价敏感分类方法。Liu 等[16]提出了基于 logistic 回归的多分类三支决策方法。Jia 等[17]研究了基于粗糙集理论的三支决策方法在垃圾邮件过滤中的应用。Liu 等[18]以政府石油风险投资为案例，探讨了三支决策理论在政策决策制定中的应用。Zhang 等[19]提出了一种构造性覆盖算法的三支决策学习策略。Liu 和 Liang 等[20, 21]讨论了决策代价损失函数满足随机性的不确定性问题，并提出了基于统计分布和区间集的三支决策模型。苗夺谦等[22]利用粒计算方法，探讨了基于知识粒化的三支决策分类区域的变迁不确定性问题。何富贵等[23]结合多粒度问题求解方法提出了一种基于商空间粒化模型的三支决策方法。Deng 等[24]提出了一种基于决策论的模糊集三支近似模型。Yu 等[25]针对聚类学习中类与类之间的重叠问题，提出了基于三支决策的重叠聚类方法。Zhao 等[26]提出了一种基于主题模型和三支决策理论的视频异常行为监测方法。

实际应用中随着各种各样的数据观测工具、实验设备和网络传感器的效率提高、性能增强，数据获取普遍呈现持续增长、不断更新的动态现象[27]。新数据的快速到达将会直接导致原有信息粒、知识结构的动态变化，时效性成为了动态数据环境中知识获取的关键问题[28, 29]。传统针对静态数据分析的批量式学习方法对时间和空间的需求会随着数据规模的不断增加而迅速增长，使得从旧数据中学习到的知识无法及时适应新增数据。数据的实时处理能力对于人们及时获得决策信息、作出有效反应是十分关键的前提条件。增量学习方法可充分利用已有的信息粒、知识结构进行渐进式知识更新，降低了数据快速增长时知识获取方法对时间和空间的需求[30, 31]。在针对动态决策环境中的三支决策理论与方法的研究中，Yao[32]提出了一种决策过程从粗粒度层次渐进到细粒度层次的序贯三支决策方法，其核心思想是通过对新增信息的不断采集，将位于边界域的延迟决策逐步转化为位于正域和负域的确定性决策。李华雄等[33]考虑到序贯决策过程中属性选择存在的误分类代价和测试代价，以决策总代价最小化为目标，提出了基于代价敏感学习的序贯三支决策算法。刘盾等[34]针对损失函数中决策代价的动态化特征，探讨了基于决策粗糙集模型的动态三支决策方法。本书针对决策系统中决策对象的动态变化，分析了概率粗糙集模型中条件概率的增量估计策略，并基于此给出了概率粗糙三支近似的增量更新原理，建立了基于概率粗糙集模型的动态三支决策模型。

3.2 基于概率粗糙集的三支决策模型

本节介绍了基于概率粗糙集的三支决策模型相关概念。

定义 3.1 一个决策表可以表示为一个四元组

$$S=(U,\mathrm{AT},\{V_a \mid a\in \mathrm{AT}\},\{I_a:U\to V_a \mid a\in \mathrm{AT}\}) \tag{3.1}$$

式中，$U=\{x_1,x_2,\cdots,x_n\}$ 为非空有限对象集；$\mathrm{AT}=C\cup D$ 为属性集合，C 和 D 分别称

为条件属性集和决策属性集，并且满足$C \cap D = \varnothing$；V_a是属性$a \in \mathrm{AT}$的属性值域；I_a是一个信息函数，它指定U中每个对象的属性取值，并记对象$x \in U$在属性$a \in \mathrm{AT}$上的属性取值为$a(x)$。

为了简便起见，后面的决策表记为$S = (U, \mathrm{AT})$。

定义 3.2　给定一个决策表S，对于任意的条件属性集合$A \subseteq C$，不可分辨关系定义为

$$\mathrm{IND}(A) = \{(x, y) \in U^2 \mid \forall a \in A, a(x) = a(y)\} \tag{3.2}$$

$\mathrm{IND}(A)$是U上的一个等价关系，它形成U的一个划分，记为$U / \mathrm{IND}(A)$。给定一个对象$x \in U$，$[x]_A$表示包含x的A等价类，即$[x]_A = \{y \in U \mid (x, y) \in \mathrm{IND}(A)\}$，简单起见，后面记为$[x]$。

粗糙集理论中，从一个决策表中分析得到的决策规则用$\mathrm{Des}([x]_C) \to \mathrm{Des}([x]_D)$进行描述，其中规则的前面部分表示为$\mathrm{Des}([x]_C) = \wedge(a, a(x))$，并且$a \in C$，$a(x) \in V_a$，规则的后面部分表示为$\mathrm{Des}([x]_D) = (d, d(x))$，$d(x) \in V_d$。

定义 3.3　给定一个决策规则$\mathrm{Des}([x]_C) \to \mathrm{Des}([x]_D)$，其规则置信度可用条件概率进行刻画，即

$$\mathrm{conf}(\mathrm{Des}([x]_C) \to \mathrm{Des}([x]_D)) = \Pr([x]_D \mid [x]_C) = \frac{|[x]_C \cap [x]_D|}{|[x]_C|} \tag{3.3}$$

式中，$|\cdot|$表示一个集合的势或基数。规则的置信度表示$\mathrm{Des}([x]_C)$发生的情况下，$\mathrm{Des}([x]_D)$发生的概率。

概率粗糙集模型采用条件概率，即决策规则的置信度作为三支决策的评估函数，并通过一对阈值(α, β)定义正域、负域和边界域的对象，进而区分属于目标概念、不属于目标概念和不确定是否属于目标概念的对象。

定义 3.4　设X为论域U的子集，即$X \subseteq U$，给定一对阈值(α, β)，并且满足$0 \leqslant \beta < \alpha \leqslant 1$，则$X$的$(\alpha, \beta)$-正域、负域和边界域可以定义为

$$\begin{aligned}
&\mathrm{POS}_{(\alpha,\beta)}(X) = \{x \in U \mid \Pr([x]_D \mid [x]_C) \geqslant \alpha\} \\
&\mathrm{BND}_{(\alpha,\beta)}(X) = \{x \in U \mid \beta < \Pr([x]_D \mid [x]_C) < \alpha\} \\
&\mathrm{NEG}_{(\alpha,\beta)}(X) = \{x \in U \mid \Pr([x]_D \mid [x]_C) \leqslant \beta\}
\end{aligned} \tag{3.4}$$

决策粗糙集模型通过引入贝叶斯决策步骤，利用决策损失函数对用于划分正域、负域和边界域的阈值对(α, β)进行解释和计算。决策损失函数如表 3.1 所示。

表 3.1　决策损失函数

	a_P	a_B	a_N
X	λ_{PP}	λ_{BP}	λ_{NP}
$\neg X$	λ_{PN}	λ_{BN}	λ_{NN}

表 3.1 中，a_P、a_B、a_N 分别表示将决策对象划分到正域、边界域和负域的三种决策行为。λ_{PP}、λ_{BP}、λ_{NP} 分别表示当对象 x 真实属于目标概念 X 时，作出 a_P、a_B、a_N 三种决策行为时所对应的风险代价；λ_{PN}、λ_{BN}、λ_{NN} 分别表示当对象 x 真实不属于目标概念 X 时，作出 a_P、a_B、a_N 三种决策行为时所对应的风险代价。

根据表 3.1 所示的决策损失函数，按照决策风险最小化原则，阈值 α 和 β 可表示为

$$\alpha = \frac{\lambda_{PN} - \lambda_{BN}}{(\lambda_{BP} - \lambda_{BN}) - (\lambda_{PP} - \lambda_{PN})} \tag{3.5}$$

$$\beta = \frac{\lambda_{BN} - \lambda_{NN}}{(\lambda_{NP} - \lambda_{NN}) - (\lambda_{BP} - \lambda_{BN})} \tag{3.6}$$

通过定义 3.4 中的 (α,β)- 正域、负域和边界域，可分别生成相应的接受、拒绝和延迟决策规则，表示如下

$$\mathfrak{R}_P([x]_D):\ \ \mathrm{Des}([x]_C) \to \mathrm{Des}([x]_D),\ \ [x]_C \subseteq \mathrm{POS}_{(\alpha,\beta)}([x]_D)$$
$$\mathfrak{R}_B([x]_D):\ \ \mathrm{Des}([x]_C) \to \mathrm{Des}([x]_D),\ \ [x]_C \subseteq \mathrm{BND}_{(\alpha,\beta)}([x]_D)$$
$$\mathfrak{R}_N([x]_D):\ \ \mathrm{Des}([x]_C) \to \mathrm{Des}([x]_D),\ \ [x]_C \subseteq \mathrm{NEG}_{(\alpha,\beta)}([x]_D)$$

对于接受规则 $\mathfrak{R}_P([x]_D)$，其错误分类率表示为 $\Pr(\neg[x]_D \mid [x]_C) = 1 - \Pr([x]_D \mid [x]_C) \leqslant 1-\alpha$；对于拒绝规则 $\mathfrak{R}_N([x]_D)$，其错误分类率可表示为 $\Pr([x]_D \mid [x]_C) \leqslant \beta$。

3.3 基于概率粗糙集的动态三支决策方法

概率粗糙集模型中采用条件概率作为三支决策的评价函数，给定一对决策阈值 (α,β)，通过条件概率的取值大小即可决定是否应该接受、拒绝或进一步检测待考察的决策对象是否属于目标决策概念。对于一个动态决策表，决策对象的动态变化将导致条件概率呈现非单调性变化，进而使得三支决策规则的动态变化。如何利用已有的决策知识，实现条件概率的增量式估计是基于概率粗糙集的动态三支决策方法中的关键步骤。

简便起见，本书所讨论的动态决策表主要集中于两个时刻：t 时刻（原始时刻）和 $t+1$ 时刻（更新时刻）。给定 t 时刻的一个决策表 $S^{(t)} = \{U^{(t)}, C \cup D\}$，其中 $U^{(t)}/C = \{E_1^{(t)}, E_2^{(t)}, \cdots, E_m^{(t)}\}$，$U^{(t)}/D = \{D_1^{(t)}, D_2^{(t)}, \cdots, D_n^{(t)}\}$。$t+1$ 时刻单个新增决策对象 $\overline{x}$ 加入 $S^{(t)}$ 后，原有决策对象的等价类和决策类将发生如下更新情况

$$E_i^{(t+1)} = \begin{cases} E_i^{(t)} \cup \{\overline{x}\}, & (x,\overline{x}) \in \mathrm{IND}(C),\ \ 1 \leqslant i \leqslant m \\ E_i^{(t)}, & (x,\overline{x}) \notin \mathrm{IND}(C),\ \ 1 \leqslant i \leqslant m \end{cases}$$

$$D_j^{(t+1)} = \begin{cases} D_j^{(t)} \cup \{\overline{x}\}, & d(x) = d(\overline{x}),\ \ 1 \leqslant j \leqslant n \\ D_j^{(t)}, & d(x) \neq d(\overline{x}),\ \ 1 \leqslant j \leqslant n \end{cases}$$

根据上式，$t+1$ 时刻，对于任意的等价类 $E_i^{(t+1)}$ 和决策类 $D_j^{(t+1)}$，$1\leqslant i\leqslant m$，$1\leqslant j\leqslant n$，条件概率 $\Pr(D_j^{(t+1)}\mid E_i^{(t+1)})$ 的变化趋势可以分为以下四种更新模式进行分析。

（1）$\overline{x}$ 属于等价类 $E_i^{(t+1)}$，$\overline{x}$ 属于决策类 $D_j^{(t+1)}$。

（2）$\overline{x}$ 属于等价类 $E_i^{(t+1)}$，$\overline{x}$ 不属于决策类 $D_j^{(t+1)}$。

（3）$\overline{x}$ 不属于等价类 $E_i^{(t+1)}$，$\overline{x}$ 属于决策类 $D_j^{(t+1)}$。

（4）$\overline{x}$ 不属于等价类 $E_i^{(t+1)}$，$\overline{x}$ 不属于决策类 $D_j^{(t+1)}$。

根据以上四种更新模式，当新增决策对象 $\overline{x}$ 添加到决策表后，可利用定理 3.1 对条件概率的变化趋势进行增量估计。

定理 3.1　给定 t 时刻决策表 $S^{(t)}$，$t+1$ 时刻新增决策对象 $\overline{x}$ 添加到 $S^{(t)}$ 后，对于任意的等价类 $E_i^{(t+1)}$ 和决策类 $D_j^{(t+1)}$，条件概率 $\Pr(D_j^{(t+1)}\mid E_i^{(t+1)})$ 的更新趋势如下。

（1）若 $\overline{x}$ 属于等价类 $E_i^{(t)}$，$\overline{x}$ 属于决策类 $D_j^{(t)}$，则有

$$\Pr(D_j^{(t)}\mid E_i^{(t)})\leqslant \Pr(D_j^{(t+1)}\mid E_i^{(t+1)})$$

（2）若 $\overline{x}$ 属于等价类 $[x]_C^{(t)}$，$\overline{x}$ 不属于决策类 $[x]_D^{(t)}$，则有

$$\Pr(D_j^{(t)}\mid E_i^{(t)}) > \Pr(D_j^{(t+1)}\mid E_i^{(t+1)})$$

（3）否则有

$$\Pr(D_j^{(t)}\mid E_i^{(t)})=\Pr(D_j^{(t+1)}\mid E_i^{(t+1)})$$

证明　根据上述条件概率的四种更新模式对定理 3.1 分别证明。

针对第一种情形，若新增决策对象 $\overline{x}$ 属于等价类 $E_i^{(t+1)}$ 并且 $\overline{x}$ 属于决策类 $D_j^{(t+1)}$，则有 $E_i^{(t+1)}=E_i^{(t)}\cup\overline{x}$，$D_j^{(t+1)}=D_j^{(t)}\cup\overline{x}$。$t+1$ 时刻，条件概率更新如下

$$\begin{aligned}\Pr(D_j^{(t+1)}\mid E_i^{(t+1)})&=\frac{|E_i^{(t+1)}\cap D_j^{(t+1)}|}{|E_i^{(t+1)}|}\\&=\frac{|(E_i^{(t)}\cup\{\overline{x}\})\cap(D_j^{(t)}\cup\{\overline{x}\})|}{|E_i^{(t)}\cup\{\overline{x}\}|}\\&=\frac{|E_i^{(t)}\cap D_j^{(t)}|+1}{|E_i^{(t)}|+1}\\&\geqslant\frac{|E_i^{(t)}\cap D_j^{(t)}|}{|E_i^{(t)}|}=\Pr(D_j^{(t+1)}\mid E_i^{(t+1)})\end{aligned}$$

以此类推，通过对条件概率四种更新模式的分析，定理 3.1 即可得证。

实际应用中，数据库中的数据往往以批量的形式进行动态更新，新增数据通常会成批地产生和到达，而不再是单个、逐步地增加。当一组新增数据添加到给定的决策表中后，可以通过分析原有决策对象的等价类和决策类的更新变化，去分析条件概率的增量估计策略。

给定 t 时刻的一个决策表 $S^{(t)}=\{U^{(t)},C\cup D\}$，其中 $U^{(t)}/C=\{E_1^{(t)},E_2^{(t)},\cdots,E_m^{(t)}\}$，$U^{(t)}/D=\{D_1^{(t)},D_2^{(t)},\cdots,D_n^{(t)}\}$。假设 $t+1$ 时刻，一组决策对象 ΔU 添加到决策表 $S^{(t)}$ 中，即 $U^{(t+1)}=U^{(t)}\cup\Delta U$，并且 $U^{(t)}\cap\Delta U=\varnothing$。新增决策对象集 ΔU 在条件属性集 C 和决策属性集 D 下的条件划分和决策分类分别为 $\Delta U/C=\{\Delta E_1,\Delta E_2,\cdots,\Delta E_{m'}\}$，$\Delta U/D=\{\Delta D_1,\Delta D_2,\cdots,\Delta D_{n'}\}$。

此时，对于更新后的决策论域 $U^{(t+1)}$，其在条件属性集 C 下的条件划分更新如下

$$U^{(t+1)}/C=\{E_1^{(t+1)},E_2^{(t+1)},\cdots,E_k^{(t+1)},E_{k+1}^{(t+1)},\cdots,E_m^{(t+1)},E_{m+1}^{(t+1)},\cdots,E_{m'-k}^{(t+1)}\}$$

式中，$E_i^{(t+1)}=\begin{cases}E_i^{(t)}\cup\Delta E_i, & 1\leqslant i\leqslant k\\ E_i^{(t)}, & k+1\leqslant i\leqslant m\\ \Delta E_i, & m+1\leqslant i\leqslant m'-k\end{cases}$。

类似地，$U^{(t+1)}$ 在决策属性集 C 下的决策分类更新如下

$$U^{(t+1)}/D=\{D_1^{(t+1)},D_2^{(t+1)},\cdots,D_q^{(t+1)},D_{q+1}^{(t+1)},\cdots,D_n^{(t+1)},D_{n+1}^{(t+1)},\cdots,D_{n'-q}^{(t+1)}\}$$

式中，$D_j^{(t+1)}=\begin{cases}D_j^{(t)}\cup\Delta D_j, & 1\leqslant j\leqslant q\\ D_j^{(t)}, & q+1\leqslant j\leqslant n\\ \Delta D_j, & n+1\leqslant j\leqslant n'-q\end{cases}$。

当一组新增决策对象添加到决策表后，根据上述决策对象等价类、决策类的更新变化，可利用以下定理对条件概率进行增量估计。

定理 3.2 给定 t 时刻决策表 $S^{(t)}=\{U^{(t)},C\cup D\}$，其中 $U^{(t)}/C=\{E_1^{(t)},E_2^{(t)},\cdots,E_m^{(t)}\}$，$U^{(t)}/D=\{D_1^{(t)},D_2^{(t)},\cdots,D_n^{(t)}\}$。$t+1$ 时刻新增决策对象集 ΔU 添加到 $S^{(t)}$ 后，并且 $\Delta U/C=\{\Delta E_1,\Delta E_2,\cdots,\Delta E_{m'}\}$，$\Delta U/D=\{\Delta D_1,\Delta D_2,\cdots,\Delta D_{n'}\}$。假设 $U^{(t+1)}/C=\{E_1^{(t+1)},E_2^{(t+1)},\cdots,E_k^{(t+1)},E_{k+1}^{(t+1)},\cdots,E_m^{(t+1)},E_{m+1}^{(t+1)},\cdots,E_{m'-k}^{(t+1)}\}$，$U^{(t+1)}/D=\{D_1^{(t+1)},D_2^{(t+1)},\cdots,D_q^{(t+1)},D_{q+1}^{(t+1)},\cdots,D_n^{(t+1)},D_{n+1}^{(t+1)},\cdots,D_{n'-q}^{(t+1)}\}$，则对于任意的 $1\leqslant i\leqslant k$，$1\leqslant j\leqslant q$，$t+1$ 时刻条件概率 $\Pr(D_j^{(t+1)}\mid E_i^{(t+1)})$ 的更新趋势如下。

（1）若 $\dfrac{|\Delta E_i\cap\Delta D_j|}{|\Delta E_i|}\geqslant\Pr(D_j^{(t)}\mid E_i^{(t)})$，则有

$$\Pr(D_j^{(t)}\mid E_i^{(t)})\leqslant\Pr(D_j^{(t+1)}\mid E_i^{(t+1)})$$

（2）否则有

$$\Pr(D_j^{(t)}\mid E_i^{(t)})>\Pr(D_j^{(t+1)}\mid E_i^{(t+1)})$$

证明 $t+1$ 时刻新增决策对象集 ΔU 添加到 t 时刻的决策表 $S^{(t)}$ 后，根据决策对象等价类和决策类的动态更新，对于任意的 $1\leqslant i\leqslant k$，$1\leqslant j\leqslant q$，可知 $E_i^{(t+1)}=E_i^{(t)}\cup\Delta E_i$，$D_j^{(t+1)}=D_j^{(t)}\cup\Delta D_j$，则条件概率 $\Pr(D_j^{(t+1)}\mid E_i^{(t+1)})$ 更新如下

$$\Pr(D_j^{(t+1)} \mid E_i^{(t+1)}) = \frac{|E_i^{(t+1)} \cap D_j^{(t+1)}|}{|E_i^{(t+1)}|}$$
$$= \frac{|(E_i^{(t)} \cup \Delta E_i) \cap (D_j^{(t)} \cup \Delta D_j)|}{|E_i^{(t)} \cup \Delta E_i|}$$
$$= \frac{|(E_i^{(t)} \cap D_j^{(t)}) \cup (E_i^{(t)} \cap \Delta D_j) \cup (D_j^{(t)} \cap \Delta E_i) \cup (\Delta E_i \cap \Delta D_j)|}{|E_i^{(t)} \cup \Delta E_i|}$$

由于 $E_i^{(t)}, D_j^{(t)} \subseteq U^{(t)}$，$M, N \subseteq \Delta U$，并且 $U^{(t)} \cap \Delta U = \varnothing$，所以可得 $E_i^{(t)} \cap N=\varnothing$，$D_j^{(t)} \cap M=\varnothing$。通过部分项化简，上述公式可计算为

$$\Pr(D_j^{(t+1)} \mid E_i^{(t+1)}) = \frac{|E_i^{(t)} \cap D_j^{(t)}| + |(\Delta E_i \cap \Delta D_j)|}{|E_i^{(t)}| + |\Delta E_i|}$$

基于上述分析，通过与 t 时刻的条件概率进行比较，可以得出以下结论，即如果 $\frac{|\Delta E_i \cap \Delta D_j|}{|\Delta E_i|} \geqslant \Pr(D_j^{(t)} \mid E_i^{(t)})$，则有 $\Pr(D_j^{(t)} \mid E_i^{(t)}) \leqslant \Pr(D_j^{(t+1)} \mid E_i^{(t+1)})$ 成立，否则有 $\Pr(D_j^{(t)} \mid E_i^{(t)}) > \Pr(D_j^{(t+1)} \mid E_i^{(t+1)})$。

定理 3.3　给定 t 时刻决策表 $S^{(t)}=\{U^{(t)}, C \cup D\}$，其中 $U^{(t)}/C = \{E_1^{(t)}, E_2^{(t)}, \cdots, E_m^{(t)}\}$，$U^{(t)}/D = \{D_1^{(t)}, D_2^{(t)}, \cdots, D_n^{(t)}\}$。$t+1$ 时刻新增决策对象集 ΔU 添加到 $S^{(t)}$ 后，并且 $\Delta U/C = \{\Delta E_1, \Delta E_2, \cdots, \Delta E_{m'}\}$，$\Delta U/D = \{\Delta D_1, \Delta D_2, \cdots, \Delta D_{n'}\}$。假设 $U^{(t+1)}/C = \{E_1^{(t+1)}, E_2^{(t+1)}, \cdots, E_k^{(t+1)}, E_{k+1}^{(t+1)}, \cdots, E_m^{(t+1)}, E_{m+1}^{(t+1)}, \cdots, E_{m'-k}^{(t+1)}\}$，$U^{(t+1)}/D = \{D_1^{(t+1)}, D_2^{(t+1)}, \cdots, D_q^{(t+1)}, D_{q+1}^{(t+1)}, \cdots, D_n^{(t+1)}, D_{n+1}^{(t+1)}, \cdots, D_{n'-q}^{(t+1)}\}$。则对于任意的 $1 \leqslant i \leqslant k$，$q+1 \leqslant j \leqslant n$，$t+1$ 时刻条件概率 $\Pr(D_j^{(t+1)} \mid E_i^{(t+1)})$ 的更新趋势如下

$$\Pr(D_j^{(t)} \mid E_i^{(t)}) > \Pr(D_j^{(t+1)} \mid E_i^{(t+1)})$$

证明　$t+1$ 时刻新增决策对象集 ΔU 添加到 t 时刻的决策表 $S^{(t)}$ 后，根据决策对象等价类和决策类的动态更新，对于任意的 $1 \leqslant i \leqslant k$，$q+1 \leqslant j \leqslant n$，可知 $E_i^{(t+1)} = E_i^{(t)} \cup \Delta E_i$，$D_j^{(t+1)}=D_j^{(t)}$，则条件概率 $\Pr(D_j^{(t+1)} \mid E_i^{(t+1)})$ 更新如下

$$\Pr(D_j^{(t+1)} \mid E_i^{(t+1)}) = \frac{|E_i^{(t+1)} \cap D_j^{(t+1)}|}{|E_i^{(t+1)}|}$$
$$= \frac{|(E_i^{(t)} \cup \Delta E_i) \cap D_j^{(t)}|}{|E_i^{(t)} \cup \Delta E_i|}$$
$$= \frac{|E_i^{(t)} \cap D_j^{(t)}|}{|E_i^{(t)} \cup \Delta E_i|}$$
$$< \frac{|E_i^{(t)} \cap D_j^{(t)}|}{|E_i^{(t)}|} = \Pr(D_j^{(t)} \mid E_i^{(t)})$$

定理 3.4 给定 t 时刻决策表 $S^{(t)}=\{U^{(t)},C\cup D\}$，其中 $U^{(t)}/C=\{E_1^{(t)},E_2^{(t)},\cdots,E_m^{(t)}\}$，$U^{(t)}/D=\{D_1^{(t)},D_2^{(t)},\cdots,D_n^{(t)}\}$。$t+1$ 时刻新增决策对象集 ΔU 添加到 $S^{(t)}$ 后，并且 $\Delta U/C=\{\Delta E_1,\Delta E_2,\cdots,\Delta E_{m'}\}$，$\Delta U/D=\{\Delta D_1,\Delta D_2,\cdots,\Delta D_{n'}\}$。假设 $U^{(t+1)}/C=\{E_1^{(t+1)},E_2^{(t+1)},\cdots,E_k^{(t+1)},E_{k+1}^{(t+1)},\cdots,E_m^{(t+1)},E_{m+1}^{(t+1)},\cdots,E_{m'-k}^{(t+1)}\}$，$U^{(t+1)}/D=\{D_1^{(t+1)},D_2^{(t+1)},\cdots,D_q^{(t+1)},D_{q+1}^{(t+1)},\cdots,D_n^{(t+1)},D_{n+1}^{(t+1)},\cdots,D_{n'-q}^{(t+1)}\}$。则对于任意的 $k+1\leqslant i\leqslant m$，$1\leqslant j\leqslant n$，$t+1$ 时刻条件概率 $\Pr(D_j^{(t+1)}\mid E_i^{(t+1)})$ 的更新趋势如下

$$\Pr(D_j^{(t)}\mid E_i^{(t)})=\Pr(D_j^{(t+1)}\mid E_i^{(t+1)})$$

证明 $t+1$ 时刻新增决策对象集 ΔU 添加到 t 时刻的决策表 $S^{(t)}$ 后，根据决策对象等价类和决策类的动态更新，可知对于任意的 $k+1\leqslant i\leqslant m$，$E_i^{(t+1)}=E_i^{(t)}$。而当 $1\leqslant j\leqslant n$ 时，决策类存在两种变化情形。

（1）若 $1\leqslant j\leqslant q$，则有 $D_j^{(t+1)}=D_j^{(t)}\cup\Delta D_j$。那么，条件概率 $\Pr(D_j^{(t+1)}\mid E_i^{(t+1)})$ 更新如下

$$\begin{aligned}\Pr(D_j^{(t+1)}\mid E_i^{(t+1)})&=\frac{|E_i^{(t+1)}\cap D_j^{(t+1)}|}{|E_i^{(t+1)}|}\\&=\frac{|E_i^{(t)}\cap(D_j^{(t)}\cup\Delta D_j)|}{|E_i^{(t)}|}\\&=\frac{|E_i^{(t)}\cap D_j^{(t)}|}{|E_i^{(t)}|}=\Pr(D_j^{(t)}\mid E_i^{(t)})\end{aligned}$$

（2）若 $q+1\leqslant j\leqslant n$，则有 $D_j^{(t+1)}=D_j^{(t)}$。此时，由于等价类、决策类均保持不变，所以，条件概率保持不变，即 $\Pr(D_j^{(t+1)}\mid E_i^{(t+1)})=\Pr(D_j^{(t)}\mid E_i^{(t)})$ 成立。

通过定理 3.1～定理 3.4 中条件概率的增量估计策略，可知当一组新增决策对象添加到决策表后，对于原有条件划分和决策分类中的等价类和决策类，其条件概率的变化趋势仅需要通过对新增决策对象集的局部计算即可实现快速的增量估计，进而可以避免对原有决策对象的重复学习，提高条件概率的计算效率。而对于 $t+1$ 时刻新增决策对象集中新产生的等价类和决策类，由于在 t 时刻没有相关的先验知识，所以对其条件概率的估计无法通过增量式的方式进行学习，仍然需要按照定义 3.3 进行计算。

通过以上分析，可以看出随着决策表中决策对象的动态变化，条件概率将产生非单调性的变化，而通过对新增数据的局部计算可实现条件概率变化趋势的快速估计。下面，将分别针对条件概率的增大和减小的更新情况，分析概率粗糙三支近似，即 (α,β)-正域、负域和边界域的增量更新机制。

前面提到，条件概率的增量估计策略仅针对于 t 时刻决策表中原有的决策类，而对于 $t+1$ 时刻由新增决策对象集所产生的新决策类，即 $D_j^{(t+1)}\in U^{(t+1)}/D$，并且 $n+1\leqslant j\leqslant n'-q$，由于在 t 时刻没有相关先验决策知识，所以无法通过增量的学习方式对其条件概率进行估

计。那么，后面的概率粗糙三支近似的增量更新机制主要针对于 t 时刻决策表中已存在的决策类进行讨论，即 $D_j^{(t+1)} \in U^{(t+1)}/D$，并且$1 \leqslant j \leqslant n$。

首先针对条件概率增大的变化趋势，即 $\Pr(D_j^{(t)} \mid E_i^{(t)}) \leqslant \Pr(D_j^{(t+1)} \mid E_i^{(t+1)})$ 成立时，概率粗糙三支近似的增量更新机制如下。

定理 3.5　给定 t 时刻决策表 $S^{(t)}=\{U^{(t)}, C \cup D\}$，$t+1$ 时刻新增决策对象集 ΔU 添加到 $S^{(t)}$ 后，有 $E_i^{(t+1)} = E_i^{(t)} \cup \Delta E_i$，$D_j^{(t+1)} = D_j^{(t)} \cup \Delta D_j$，假设 $\Pr(D_j^{(t)} \mid E_i^{(t)}) \leqslant \Pr(D_j^{(t+1)} \mid E_i^{(t+1)})$，若 $E_i^{(t)} \subseteq \mathrm{POS}_{(\alpha,\beta)}(D_j^{(t)})$，则概率粗糙三支近似更新如下

$$\mathrm{POS}_{(\alpha,\beta)}(D_j^{(t+1)}) = \mathrm{POS}_{(\alpha,\beta)}(D_j^{(t)}) \cup \Delta E_i$$

证明　给定新增决策对象集 ΔU，并且 $\Delta U/C = \{\Delta E_1, \Delta E_2, \cdots, \Delta E_{m'}\}$。对于 t 时刻任意的等价类 $E_i^{(t)} \in U^{(t)}/C$，决策类 $D_j^{(t)} \in U^{(t)}/D$，其中$1 \leqslant i \leqslant m$，$1 \leqslant j \leqslant n$，若 $E_i^{(t)} \subseteq \mathrm{POS}_{(\alpha,\beta)}(D_j^{(t)})$，根据定义 3.4 可知条件概率满足 $\Pr(D_j^{(t)} \mid E_i^{(t)}) \geqslant \alpha$。$t+1$ 时刻新增决策对象集 ΔU 添加到 t 时刻的决策表 $S^{(t)}$ 后，由于条件概率的增大，即 $\Pr(D_j^{(t)} \mid E_i^{(t)}) \leqslant \Pr(D_j^{(t+1)} \mid E_i^{(t+1)})$，所以可以得到 $t+1$ 时刻 $\Pr(D_j^{(t+1)} \mid E_i^{(t+1)}) \geqslant \alpha$ 恒成立，即 $E_i^{(t+1)} \subseteq \mathrm{POS}_{(\alpha,\beta)}(D_i^{(t+1)})$ 成立，又因为 $E_i^{(t+1)} = E_i^{(t)} \cup \Delta E_i$，所以 $\mathrm{POS}_{(\alpha,\beta)}(D_j^{(t+1)}) = \mathrm{POS}_{(\alpha,\beta)}(D_j^{(t)}) \cup \Delta E_i$。

定理 3.6　给定 t 时刻决策表 $S^{(t)} = \{U^{(t)}, C \cup D\}$，$t+1$ 时刻新增决策对象集 ΔU 添加到 $S^{(t)}$ 后，有 $E_i^{(t+1)} = E_i^{(t)} \cup \Delta E_i$，$D_j^{(t+1)} = D_j^{(t)} \cup \Delta D_j$，假设 $\Pr(D_j^{(t)} \mid E_i^{(t)}) \leqslant \Pr(D_j^{(t+1)} \mid E_i^{(t+1)})$，若 $E_i^{(t)} \subseteq \mathrm{BND}_{(\alpha,\beta)}(D_j^{(t)})$，则概率粗糙三支近似更新如下。

（1）若 $\Pr(D_i^{(t+1)} \mid E_i^{(t+1)}) \geqslant \alpha$，则有

$$\mathrm{POS}_{(\alpha,\beta)}(D_j^{(t+1)}) = \mathrm{POS}_{(\alpha,\beta)}(D_j^{(t)}) \cup E_i^{(t+1)}$$
$$\mathrm{BND}_{(\alpha,\beta)}(D_j^{(t+1)}) = \mathrm{BND}_{(\alpha,\beta)}(D_j^{(t)}) - E_i^{(t)}$$

（2）若 $\beta < \Pr(D_i^{(t+1)} \mid E_i^{(t+1)}) < \alpha$，则有

$$\mathrm{BND}_{(\alpha,\beta)}(D_j^{(t+1)}) = \mathrm{BND}_{(\alpha,\beta)}(D_j^{(t)}) \cup \Delta E_i$$

证明　证明过程与定理 3.3 类似，此处略。

定理 3.7　给定 t 时刻决策表 $S^{(t)}=\{U^{(t)}, C \cup D\}$，$t+1$ 时刻新增决策对象集 ΔU 添加到 $S^{(t)}$ 后，有 $E_i^{(t+1)} = E_i^{(t)} \cup \Delta E_i$，$D_j^{(t+1)} = D_j^{(t)} \cup \Delta D_j$，假设 $\Pr(D_j^{(t)} \mid E_i^{(t)}) \leqslant \Pr(D_j^{(t+1)} \mid E_i^{(t+1)})$，若 $E_i^{(t)} \subseteq \mathrm{NEG}_{(\alpha,\beta)}(D_j^{(t)})$，则概率粗糙三支近似更新如下。

（1）若 $\Pr(D_i^{(t+1)} \mid E_i^{(t+1)}) \geqslant \alpha$，则有

$$\mathrm{POS}_{(\alpha,\beta)}(D_j^{(t+1)}) = \mathrm{POS}_{(\alpha,\beta)}(D_j^{(t)}) \cup E_i^{(t+1)}$$
$$\mathrm{NEG}_{(\alpha,\beta)}(D_j^{(t+1)}) = \mathrm{NEG}_{(\alpha,\beta)}(D_j^{(t)}) - E_i^{(t)}$$

（2）若 $\beta < \Pr(D_i^{(t+1)} \mid E_i^{(t+1)}) < \alpha$，则有

$$\mathrm{BND}_{(\alpha,\beta)}(D_j^{(t+1)})=\mathrm{BND}_{(\alpha,\beta)}(D_j^{(t)})\cup E_i^{(t+1)}$$
$$\mathrm{NEG}_{(\alpha,\beta)}(D_j^{(t+1)})=\mathrm{NEG}_{(\alpha,\beta)}(D_j^{(t)})-E_i^{(t)}$$

（3）若 $\Pr(D_i^{(t+1)}\mid E_i^{(t+1)})\leqslant\beta$，则有

$$\mathrm{NEG}_{(\alpha,\beta)}(D_j^{(t+1)})=\mathrm{NEG}_{(\alpha,\beta)}(D_j^{(t)})\cup\Delta E_i$$

证明 证明过程与定理 3.3 类似，此处略。

接下来针对条件概率减小的变化趋势，即 $\Pr(D_j^{(t)}\mid E_i^{(t)})\geqslant\Pr(D_j^{(t+1)}\mid E_i^{(t+1)})$ 成立时，概率粗糙集模型中三支近似的增量更新机制。

定理 3.8 给定 t 时刻决策表 $S^{(t)}=\{U^{(t)},C\cup D\}$，$t+1$ 时刻新增决策对象集 ΔU 添加到 $S^{(t)}$ 后，有 $E_i^{(t+1)}=E_i^{(t)}\cup\Delta E_i$，$D_j^{(t+1)}=D_j^{(t)}\cup\Delta D_j$，假设 $\Pr(D_j^{(t)}\mid E_i^{(t)})\geqslant\Pr(D_j^{(t+1)}\mid E_i^{(t+1)})$，若 $E_i^{(t)}\subseteq\mathrm{POS}_{(\alpha,\beta)}(D_j^{(t)})$，则概率粗糙三支近似更新如下。

（1）若 $\Pr(D_i^{(t+1)}\mid E_i^{(t+1)})\geqslant\alpha$，则有

$$\mathrm{POS}_{(\alpha,\beta)}(D_j^{(t+1)})=\mathrm{POS}_{(\alpha,\beta)}(D_j^{(t)})\cup\Delta E_i$$

（2）若 $\beta<\Pr(D_i^{(t+1)}\mid E_i^{(t+1)})<\alpha$，则有

$$\mathrm{POS}_{(\alpha,\beta)}(D_j^{(t+1)})=\mathrm{POS}_{(\alpha,\beta)}(D_j^{(t)})-E_i^{(t)}$$
$$\mathrm{BND}_{(\alpha,\beta)}(D_j^{(t+1)})=\mathrm{BND}_{(\alpha,\beta)}(D_j^{(t)})\cup E_i^{(t+1)}$$

（3）若 $\Pr(D_i^{(t+1)}\mid E_i^{(t+1)})\leqslant\beta$，则有

$$\mathrm{POS}_{(\alpha,\beta)}(D_j^{(t+1)})=\mathrm{POS}_{(\alpha,\beta)}(D_j^{(t)})-E_i^{(t)}$$
$$\mathrm{NEG}_{(\alpha,\beta)}(D_j^{(t+1)})=\mathrm{NEG}_{(\alpha,\beta)}(D_j^{(t)})\cup E_i^{(t+1)}$$

证明 证明过程与定理 3.3 类似，此处略。

定理 3.9 给定 t 时刻决策表 $S^{(t)}=\{U^{(t)},C\cup D\}$，$t+1$ 时刻新增决策对象集 ΔU 添加到 $S^{(t)}$ 后，有 $E_i^{(t+1)}=E_i^{(t)}\cup\Delta E_i$，$D_j^{(t+1)}=D_j^{(t)}\cup\Delta D_j$，假设 $\Pr(D_j^{(t)}\mid E_i^{(t)})\geqslant\Pr(D_j^{(t+1)}\mid E_i^{(t+1)})$，若 $E_i^{(t)}\subseteq\mathrm{BND}_{(\alpha,\beta)}(D_j^{(t)})$，则概率粗糙三支近似更新如下。

（1）若 $\beta<\Pr(D_i^{(t+1)}\mid E_i^{(t+1)})<\alpha$，则有

$$\mathrm{BND}_{(\alpha,\beta)}(D_j^{(t+1)})=\mathrm{BND}_{(\alpha,\beta)}(D_j^{(t)})\cup\Delta E_i$$

（2）若 $\Pr(D_i^{(t+1)}\mid E_i^{(t+1)})\leqslant\beta$，则有

$$\mathrm{BND}_{(\alpha,\beta)}(D_j^{(t+1)})=\mathrm{BND}_{(\alpha,\beta)}(D_j^{(t)})-E_i^{(t)}$$
$$\mathrm{NEG}_{(\alpha,\beta)}(D_j^{(t+1)})=\mathrm{NEG}_{(\alpha,\beta)}(D_j^{(t)})\cup E_i^{(t+1)}$$

证明 证明过程与定理 3.3 类似，此处略。

定理 3.10 给定 t 时刻决策表 $S^{(t)}=\{U^{(t)},C\cup D\}$，$t+1$ 时刻新增决策对象集 ΔU 添加到 $S^{(t)}$ 后，有 $E_i^{(t+1)}=E_i^{(t)}\cup\Delta E_i$，$D_j^{(t+1)}=D_j^{(t)}\cup\Delta D_j$，假设 $\Pr(D_j^{(t)}\mid E_i^{(t)})\geqslant\Pr(D_j^{(t+1)}\mid E_i^{(t+1)})$，若 $E_i^{(t)}\subseteq\mathrm{NEG}_{(\alpha,\beta)}(D_j^{(t)})$，则概率粗糙三支近似更新如下。

$$\mathrm{NEG}_{(\alpha,\beta)}(D_j^{(t+1)})=\mathrm{NEG}_{(\alpha,\beta)}(D_j^{(t)})\cup\Delta E_i$$

证明　证明过程与定理 3.3 类似，此处略。

通过以上分析，可以看出当决策表中的决策对象动态更新时，在已知条件概率变化趋势的基础上，对于概率粗糙三支近似的计算与构造并不依赖于全量数据，而仅需通过局部决策对象的更新计算即可实现概率粗糙三支近似的快速更新维护。

3.4　基于概率粗糙集的增量式三支决策算法

根据 3.3 节中概率粗糙三支近似的增量更新原理，可分别针对概率粗糙集模型中条件概率增大、减小时，设计相应的概率粗糙三支近似增量更新算法，具体步骤如算法 3.1 和算法 3.2 所示。

算法 3.1　条件概率增大时概率粗糙三支近似的增量更新算法

输入：（1）$\mathrm{POS}_{(\alpha,\beta)}(D_j^{(t)})$、$\mathrm{BND}_{(\alpha,\beta)}(D_j^{(t)})$、$\mathrm{NEG}_{(\alpha,\beta)}(D_j^{(t)})$。

（2）$E_i^{(t+1)}=E_i^{(t)}\cup\Delta E_i, D_j^{(t+1)}=D_j^{(t)}\cup\Delta D_j$。

输出：$\mathrm{POS}_{(\alpha,\beta)}(D_j^{(t+1)})$、$\mathrm{BND}_{(\alpha,\beta)}(D_j^{(t+1)})$、$\mathrm{NEG}_{(\alpha,\beta)}(D_j^{(t+1)})$。

开始：

（1）If ($E_i^{(t)}\subseteq\mathrm{POS}_{(\alpha,\beta)}(D_j^{(t)})$) then　　//根据定理 3.5 对概率粗糙三支近似进行更新

（2）　$\mathrm{POS}_{(\alpha,\beta)}(D_j^{(t+1)})=\mathrm{POS}_{(\alpha,\beta)}(D_j^{(t)})\cup\Delta E_i$;

（3）ElseIf ($E_i^{(t)}\subseteq\mathrm{BND}_{(\alpha,\beta)}(D_j^{(t)})$) then　　//根据定理 3.6 对概率粗糙三支近似进行更新

（4）　If ($\Pr(D_j^{(t+1)}\mid E_i^{(t+1)})\geqslant\alpha$) then

（5）　　$\mathrm{POS}_{(\alpha,\beta)}(D_j^{(t+1)})=\mathrm{POS}_{(\alpha,\beta)}(D_j^{(t)})\cup E_i^{(t+1)}$;

（6）　　$\mathrm{BND}_{(\alpha,\beta)}(D_j^{(t+1)})=\mathrm{BND}_{(\alpha,\beta)}(D_j^{(t)})-E_i^{(t)}$;

（7）　ElseIf ($\beta<\Pr(D_j^{(t+1)}\mid E_i^{(t+1)})<\alpha$) then

（8）　　$\mathrm{BND}_{(\alpha,\beta)}(D_j^{(t+1)})=\mathrm{BND}_{(\alpha,\beta)}(D_j^{(t)})\cup\Delta E_i$;

（9）　EndIf

（10）Else　　//根据定理 3.7 对概率粗糙三支近似进行更新

（11）　If ($\Pr(D_j^{(t+1)}\mid E_i^{(t+1)})>\beta$) then

（12）　　$\mathrm{NEG}_{(\alpha,\beta)}(D_j^{(t+1)})=\mathrm{NEG}_{(\alpha,\beta)}(D_j^{(t)})-E_i^{(t)}$;

（13）　　If ($\beta<\Pr(D_j^{(t+1)}\mid E_i^{(t+1)})<\alpha$) then

（14）　　$\mathrm{BND}_{(\alpha,\beta)}(D_j^{(t+1)}) = \mathrm{BND}_{(\alpha,\beta)}(D_j^{(t)}) \cup E_i^{(t+1)}$；

（15）　ElseIf ($\Pr(D_j^{(t+1)} \mid E_i^{(t+1)}) \geqslant \alpha$) then

（16）　　$\mathrm{POS}_{(\alpha,\beta)}(D_j^{(t+1)}) = \mathrm{POS}_{(\alpha,\beta)}(D_j^{(t)}) \cup E_i^{(t+1)}$；

（17）　EndIf

（18）Else

（19）　$\mathrm{NEG}_{(\alpha,\beta)}(D_j^{(t+1)}) = \mathrm{NEG}_{(\alpha,\beta)}(D_j^{(t)}) \cup \Delta E_i$；

（20）EndIf

（21）EndIf

（22）输出：$\mathrm{POS}_{(\alpha,\beta)}(D_j^{(t+1)})$，$\mathrm{BND}_{(\alpha,\beta)}(D_j^{(t+1)})$，$\mathrm{NEG}_{(\alpha,\beta)}(D_j^{(t+1)})$；

结束

算法 3.1 是针对位于不同区域，即正域、负域和边界域中的等价类，假设其条件概率增大时，根据定理 3.5～3.7 所设计的概率粗糙三支近似的增量更新算法。

算法 3.2　条件概率减小时概率粗糙三支近似的增量更新算法

输入：（1）$\mathrm{POS}_{(\alpha,\beta)}(D_j^{(t)})$、$\mathrm{BND}_{(\alpha,\beta)}(D_j^{(t)})$、$\mathrm{NEG}_{(\alpha,\beta)}(D_j^{(t)})$。

（2）$E_i^{(t+1)} = E_i^{(t)} \cup \Delta E_i, D_j^{(t+1)} = D_j^{(t)} \cup \Delta D_j$。

输出：$\mathrm{POS}_{(\alpha,\beta)}(D_j^{(t+1)})$、$\mathrm{BND}_{(\alpha,\beta)}(D_j^{(t+1)})$、$\mathrm{NEG}_{(\alpha,\beta)}(D_j^{(t+1)})$。

开始：

（1）If ($E_i^{(t)} \subseteq \mathrm{POS}_{(\alpha,\beta)}(D_j^{(t)})$) then　//根据定理 3.8 对概率粗糙三支近似进行更新

（2）　If ($\Pr(D_j^{(t+1)} \mid E_i^{(t+1)}) < \alpha$) then

（3）　　$\mathrm{POS}_{(\alpha,\beta)}(D_j^{(t+1)}) = \mathrm{POS}_{(\alpha,\beta)}(D_j^{(t)}) - E_i^{(t)}$；

（4）　　If ($\beta < \Pr(D_j^{(t+1)} \mid E_i^{(t+1)}) < \alpha$) then

（5）　　　$\mathrm{BND}_{(\alpha,\beta)}(D_j^{(t+1)}) = \mathrm{BND}_{(\alpha,\beta)}(D_j^{(t)}) \cup E_i^{(t+1)}$；

（6）　　ElseIf ($\Pr(D_j^{(t+1)} \mid E_i^{(t+1)}) \leqslant \beta$) then

（7）　　　$\mathrm{NEG}_{(\alpha,\beta)}(D_j^{(t+1)}) = \mathrm{NEG}_{(\alpha,\beta)}(D_j^{(t)}) \cup E_i^{(t+1)}$；

（8）　　EndIf

（9）　Else

（10）　　$\mathrm{POS}_{(\alpha,\beta)}(D_j^{(t+1)}) = \mathrm{POS}_{(\alpha,\beta)}(D_j^{(t)}) \cup \Delta E_i$；

（11）　EndIf

（12）ElseIf ($E_i^{(t)} \subseteq \mathrm{BND}_{(\alpha,\beta)}(D_j^{(t)})$) then　//根据定理 3.9 对概率粗糙三支近似进行更新

（13）　If ($\Pr(D_j^{(t+1)} \mid E_i^{(t+1)}) \leqslant \beta$) then

（14）　　$\mathrm{BND}_{(\alpha,\beta)}(D_j^{(t+1)}) = \mathrm{BND}_{(\alpha,\beta)}(D_j^{(t)}) - E_i^{(t)}$；

（15）　　$\mathrm{NEG}_{(\alpha,\beta)}(D_j^{(t+1)}) = \mathrm{NEG}_{(\alpha,\beta)}(D_j^{(t)}) \cup E_i^{(t+1)}$；

（16）　ElseIf ($\beta < \Pr(D_j^{(t+1)} \mid E_i^{(t+1)}) < \alpha$) then

（17）　　$\mathrm{BND}_{(\alpha,\beta)}(D_j^{(t+1)}) = \mathrm{BND}_{(\alpha,\beta)}(D_j^{(t)}) \cup \Delta E_i$；

（18）　EndIf

（19）Else　　　　　　　　//根据定理 3.10 对概率粗糙三支近似进行更新

（20）　$\mathrm{NEG}_{(\alpha,\beta)}(D_j^{(t+1)}) = \mathrm{NEG}_{(\alpha,\beta)}(D_j^{(t)}) \cup \Delta E_i$；

（21）EndIf

（22）输出：$\mathrm{POS}_{(\alpha,\beta)}(D_j^{(t+1)})$，$\mathrm{BND}_{(\alpha,\beta)}(D_j^{(t+1)})$，$\mathrm{NEG}_{(\alpha,\beta)}(D_j^{(t+1)})$；

结束

算法 3.2 是针对位于不同区域，即正域、负域和边界域中的等价类，假设其条件概率减小时，根据定理 3.8～3.10 所设计的概率粗糙三支近似的增量更新算法。

随着决策表中决策对象的动态变化，概率粗糙集模型中分类的条件概率将产生非单调性的变化，而通过对新增数据的局部计算可实现条件概率变化趋势的快速估计。下面根据定理 3.2～3.4 中条件概率的增量估计策略，并根据条件概率增大和减小的不同情况，利用算法 3.1 和算法 3.2 设计动态决策表中基于概率粗糙集的增量式三支决策算法，具体步骤如算法 3.3 所示。

算法 3.3　基于概率粗糙集的增量式三支决策算法

输入：（1）t 时刻决策表：$S^{(t)} = \{U^{(t)}, C \cup D\}$。

（2）t 时刻决策表的条件划分和决策分类

$$U^{(t)}/C = \{E_1^{(t)}, E_2^{(t)}, \cdots, E_m^{(t)}\},\quad U^{(t)}/D = \{D_1^{(t)}, D_2^{(t)}, \cdots, D_n^{(t)}\}$$

（3）t 时刻概率粗糙三支近似

$$\mathrm{POS}^{(t)}=\{\mathrm{POS}_{(\alpha,\beta)}(D_1^{(t)}), \mathrm{POS}_{(\alpha,\beta)}(D_2^{(t)}), \cdots, \mathrm{POS}_{(\alpha,\beta)}(D_n^{(t)})\}$$

$$\mathrm{BND}^{(t)}=\{\mathrm{BND}_{(\alpha,\beta)}(D_1^{(t)}), \mathrm{BND}_{(\alpha,\beta)}(D_2^{(t)}), \cdots, \mathrm{BND}_{(\alpha,\beta)}(D_n^{(t)})\}$$

$$\mathrm{NEG}^{(t)}=\{\mathrm{NEG}_{(\alpha,\beta)}(D_1^{(t)}), \mathrm{NEG}_{(\alpha,\beta)}(D_2^{(t)}), \cdots, \mathrm{NEG}_{(\alpha,\beta)}(D_n^{(t)})\}$$

（4）$t+1$ 时刻新增决策对象集 ΔU。

输出：$t+1$ 时刻概率粗糙三支近似，即 $\mathrm{POS}^{(t+1)}$、$\mathrm{BND}^{(t+1)}$、$\mathrm{NEG}^{(t+1)}$。

开始：

（1）计算新增对象集 ΔU 的条件划分和决策分类：

$$\Delta U/C = \{\Delta E_1, \Delta E_2, \cdots, \Delta E_{m'}\},\quad \Delta U/D = \{\Delta D_1, \Delta D_2, \cdots, \Delta D_{n'}\}$$

（2）通过合并得到 $t+1$ 时刻 $U^{(t+1)}$ 的条件划分和决策分类

$$U^{(t+1)}/C = \{E_1^{(t+1)}, E_2^{(t+1)}, \cdots, E_k^{(t+1)}, E_{k+1}^{(t+1)}, \cdots, E_m^{(t+1)}, E_{m+1}^{(t+1)}, \cdots, E_{m'-k}^{(t+1)}\}$$

式中

$$E_i^{(t+1)}=\begin{cases}E_i^{(t)}\cup\Delta E_i, & 1\leqslant i\leqslant k\\ E_i^{(t)}, & k+1\leqslant i\leqslant m\\ \Delta E_i, & m+1\leqslant i\leqslant m'-k\end{cases}$$

$$U^{(t+1)}/D=\{D_1^{(t+1)},D_2^{(t+1)},\cdots,D_q^{(t+1)},D_{q+1}^{(t+1)},\cdots,D_n^{(t+1)},D_{n+1}^{(t+1)},\cdots,D_{n'-q}^{(t+1)}\}$$

式中

$$D_j^{(t+1)}=\begin{cases}D_j^{(t)}\cup\Delta D_j, & 1\leqslant j\leqslant q\\ D_j^{(t)}, & q+1\leqslant j\leqslant n\\ \Delta D_j, & n+1\leqslant j\leqslant n'-q\end{cases}$$

（3）For $(1\leqslant j\leqslant q)$ Do // 根据定理 3.2，对条件概率 $\Pr(D_j^{(t+1)}\mid E_i^{(t+1)})$ 进行增量估计

（4）　For $(1\leqslant i\leqslant k)$ Do

（5）　　If $\left(\dfrac{|\Delta E_i\cap\Delta D_j|}{|\Delta E_i|}\geqslant \Pr(D_j^{(t)}\mid E_i^{(t)})\right)$ then

（6）　　　调用算法 3.1 对目标决策 $D_j^{(t)}$ 的概率粗糙三支近似进行更新；

（7）　　Else

（8）　　　调用算法 3.2 对目标决策 $D_j^{(t)}$ 的概率粗糙三支近似进行更新；

（9）　　EndIf

（10）　EndFor

（11）　For $(m+1\leqslant i\leqslant m'-k)$ Do

（12）　　根据定义 3.4 计算等价类 $E_i^{(t+1)}$ 的分类区域；

（13）　EndFor

（14）EndFor

（15）For $(q+1\leqslant j\leqslant n)$ Do

（16）　For $(1\leqslant i\leqslant k)$ Do //根据定理 3.3，可知条件概率 $\Pr(D_j^{(t+1)}\mid E_i^{(t+1)})$ 呈减小趋势

（17）　调用算法 3.2 对目标决策 $D_j^{(t)}$ 的概率粗糙三支近似进行更新；

（18）　EndFor

（19）　For $(m+1\leqslant i\leqslant m'-k)$ Do

（20）　　根据定义 3.4 计算等价类 $E_i^{(t+1)}$ 的分类区域；

（21）　EndFor

（22）EndFor

（23）For $(n+1\leqslant j\leqslant n'-q)$ Do

（24）　　根据定义 3.4 计算等价类 $E_i^{(t+1)}$ 的分类区域；

（25）EndFor

（26）输出：$t+1$ 时刻概率粗糙三支近似，即 $\mathrm{POS}^{(t+1)}$、$\mathrm{BND}^{(t+1)}$、$\mathrm{NEG}^{(t+1)}$；
结束

算法 3.3 是针对决策表中决策对象动态增加时，根据条件划分和决策分类中条件类和决策类的不同更新模式所设计的概率粗糙三支近似的增量更新算法。该算法的基本思想是针对条件类和决策类的不同更新模式首先利用定理 3.2～定理 3.4 对条件概率的变化趋势进行增量估计，进而针对不同分类区域的等价类根据定理 3.5～3.10 中概率粗糙三支近似的增量更新原理，即利用算法 3.1 和算法 3.2 分别针对条件概率增大和减小的变化趋势对更新后决策表中目标决策概念的概率粗糙三支近似进行增量计算。

3.5 实 例 分 析

下面通过一个实例分析基于概率粗糙集的增量式三支决策算法的有效性。

例 3.1 给定 t 时刻的信息系统 $S^{(t)}=\{U^{(t)},C\cup D\}$ 如表 3.2 所示，其中 $U^{(t)}=\{x_1,x_2,x_3,x_4,x_5,x_6,x_7\}$，$C=\{a_1,a_2,a_3,a_4\}$，$D=\{d\}$。

表 3.2　t 时刻的信息系统

U	a_1	a_2	a_3	a_4	d
x_1	1	0	1	0	1
x_2	0	1	0	0	0
x_3	0	1	0	0	1
x_4	1	0	1	0	1
x_5	1	0	0	1	0
x_6	1	0	1	0	1
x_7	1	0	1	0	0

经计算可得 t 时刻的信息系统 $S^{(t)}=\{U^{(t)},C\cup D\}$ 在条件属性集 C 和决策属性 d 下的条件划分和决策分类分别如下

$$U^{(t)}/C=\{E_1^{(t)},E_2^{(t)},E_3^{(t)}\}$$

式中，$E_1^{(t)}=\{x_1,x_4,x_6,x_7\}$；$E_2^{(t)}=\{x_2,x_3\}$；$E_3^{(t)}=\{x_5\}$。

$$U^{(t)}/D=\{D_1^{(t)},D_2^{(t)},D_3^{(t)}\}$$

式中，$D_1^{(t)}=\{x_2,x_5,x_7\}$；$D_2^{(t)}=\{x_1,x_3,x_4,x_6\}$。

根据定义 3.3 可计算信息系统分类的条件概率如下

$$\Pr(D_1^{(t)}\mid E_1^{(t)})=1/4,\quad \Pr(D_1^{(t)}\mid E_2^{(t)})=1/2,\quad \Pr(D_1^{(t)}\mid E_3^{(t)})=1$$

$$\Pr(D_2^{(t)}\mid E_1^{(t)})=3/4,\quad \Pr(D_2^{(t)}\mid E_2^{(t)})=1/2,\quad \Pr(D_2^{(t)}\mid E_3^{(t)})=0$$

给定概率阈值 (α,β)=(0.81,0.58)，根据定义 3.4 可得 t 时刻目标决策概念 $D_1^{(t)}$、$D_2^{(t)}$ 的概率粗糙三支近似分别为

$$\mathrm{POS}_{(\alpha,\beta)}(D_1^{(t)})=E_3^{(t)},\quad \mathrm{BND}_{(\alpha,\beta)}(D_1^{(t)})=\varnothing,\quad \mathrm{NEG}_{(\alpha,\beta)}(D_1^{(t)})=E_1^{(t)}\cup E_2^{(t)}$$

$$\mathrm{POS}_{(\alpha,\beta)}(D_2^{(t)})=\varnothing，\mathrm{BND}_{(\alpha,\beta)}(D_2^{(t)})=E_1^{(t)}，\mathrm{NEG}_{(\alpha,\beta)}(D_2^{(t)})=E_2^{(t)}\cup E_3^{(t)}$$

例 3.2　给定新增决策对象 $\Delta S=\{\Delta U,C\cup D\}$ 如表 3.3 所示，其中 $\Delta U=\{x_8,x_9,x_{10},x_{11},x_{12}\}$，$C=\{a_1,a_2,a_3,a_4\}$，$D=\{d\}$。

表 3.3　t+1 时刻的新增决策对象

U	a_1	a_2	a_3	a_4	d
x_8	1	0	0	1	0
x_9	0	1	0	0	0
x_{10}	0	1	0	0	1
x_{11}	1	0	1	0	1
x_{12}	0	1	0	1	0

假设 $t+1$ 时刻，$\Delta U=\{x_8,x_9,x_{10},x_{11},x_{12}\}$ 加入 t 时刻信息系统 $S^{(t)}=\{U^{(t)},C\cup D\}$ 中，则根据算法 3.3，概率粗糙三支近似更新如下。

首先计算新增对象集的条件划分和决策分类如下

$$\Delta U/C=\{\Delta E_1,\Delta E_2,\Delta E_3\}$$

式中，$\Delta E_1=\{x_{11}\}$；$\Delta E_2=\{x_9,x_{10},x_{12}\}$；$\Delta E_3=\{x_8\}$。

$$\Delta U/D=\{\Delta D_1,\Delta D_2\}$$

式中，$\Delta D_1=\{x_8,x_9,x_{12}\}$；$\Delta D_2=\{x_{10},x_{11}\}$。

将 $U^{(t)}$ 和 ΔU 的等价类和决策类进行合并从而得到 $t+1$ 时刻信息系统的条件划分和决策分类如下

$$U^{(t+1)}/C=\{E_1^{(t+1)},E_2^{(t+1)},E_3^{(t+1)}\}$$

式中，$E_1^{(t+1)}=E_1^{(t)}\cup\Delta E_1$；$E_2^{(t+1)}=E_2^{(t)}\cup\Delta E_2$；$E_3^{(t+1)}=E_3^{(t)}\cup\Delta E_3$。

$$U^{(t+1)}/D=\{D_1^{(t+1)},D_2^{(t+1)},D_3^{(t+1)}\}$$

式中，$D_1^{(t+1)}=D_1^{(t)}\cup\Delta D_1$；$D_2^{(t+1)}=D_2^{(t)}\cup\Delta D_2$。

这里仅通过目标决策概念 $D_1^{(t+1)}$ 的概率粗糙三支近似，阐述本书所提增量算法的执行过程。

首先对 $t+1$ 时刻条件概率的变化趋势进行增量估计。

通过对新增决策对象的计算可得

$$|\Delta E_1\cap\Delta D_1|/|\Delta E_1|=0<\Pr(D_1^{(t)}\mid E_1^{(t)})$$

$$|\Delta E_2\cap\Delta D_1|/|\Delta E_2|=2/3\geqslant\Pr(D_1^{(t)}\mid E_2^{(t)})$$

$$|\Delta E_3\cap\Delta D_1|/|\Delta E_3|=1\geqslant\Pr(D_1^{(t)}\mid E_3^{(t)})$$

根据定理 3.2 可得条件概率的变化趋势如下

$$\Pr(D_1^{(t)}\mid E_1^{(t)})>\Pr(D_1^{(t+1)}\mid E_1^{(t+1)})$$

$$\Pr(D_1^{(t)} \mid E_2^{(t)}) \leqslant \Pr(D_1^{(t+1)} \mid E_2^{(t+1)})$$
$$\Pr(D_1^{(t)} \mid E_3^{(t)}) \leqslant \Pr(D_1^{(t+1)} \mid E_3^{(t+1)})$$

根据定理 3.8，由于 $E_1^{(t)} \subseteq \mathrm{NEG}_{(\alpha,\beta)}(D_1^{(t)})$，并且 $\Pr(D_1^{(t)} \mid E_1^{(t)}) > \Pr(D_1^{(t+1)} \mid E_1^{(t+1)})$，可得

$$\mathrm{NEG}_{(\alpha,\beta)}(D_1^{(t+1)}) = \mathrm{NEG}_{(\alpha,\beta)}(D_1^{(t)}) \cup \Delta E_1 = E_1^{(t+1)} \cup E_2^{(t)}$$

根据定理 3.5，由于 $E_2^{(t)} \subseteq \mathrm{NEG}_{(\alpha,\beta)}(D_1^{(t)})$，$\Pr(D_1^{(t)} \mid E_2^{(t)}) \leqslant \Pr(D_1^{(t+1)} \mid E_2^{(t+1)})$，所以 $E_2^{(t+1)}$ 的分类需重新计算 $t+1$ 时刻的条件概率。由于 $\beta < \Pr(D_1^{(t+1)} \mid E_2^{(t+1)}) = 3/5 < \alpha$，所以可得

$$\mathrm{BND}_{(\alpha,\beta)}(D_1^{(t+1)}) = \mathrm{BND}_{(\alpha,\beta)}(D_1^{(t)}) \cup E_2^{(t+1)} = E_2^{(t+1)}$$
$$\mathrm{NEG}_{(\alpha,\beta)}(D_1^{(t+1)}) = \mathrm{NEG}_{(\alpha,\beta)}(D_1^{(t)}) - E_2^{(t)} = E_1^{(t+1)}$$

根据定理 3.3，由于 $E_3^{(t)} \subseteq \mathrm{POS}_{(\alpha,\beta)}(D_1^{(t)})$，$\Pr(D_1^{(t)} \mid E_3^{(t)}) \leqslant \Pr(D_1^{(t+1)} \mid E_3^{(t+1)})$，可得

$$\mathrm{POS}_{(\alpha,\beta)}(D_1^{(t+1)}) = \mathrm{POS}_{(\alpha,\beta)}(D_1^{(t)}) \cup \Delta E_3 = E_3^{(t+1)}$$

通过以下分析可以看出，新增决策对象加入信息系统后对于概率粗糙三支近似的构造，等价类 $E_2^{(t+1)}$ 在 $t+1$ 时刻需要重新计算条件概率对其分类，而对于等价类 $E_1^{(t+1)}$ 和 $E_3^{(t+1)}$，仅需通过对新增决策对象的局部计算即可实现其在 $t+1$ 时刻的分类，从而减少了数据变化后构造概率粗糙三支近似的计算量。

3.6 本章小结

数据动态化成为了现实应用中数据的一个重要特征。动态数据处理与分析是数据挖掘研究领域中一个非常普遍的问题。针对动态决策系统，本章提出了一种面向决策对象变化的动态三支决策方法。通过对新增或待删决策对象集的局部运算，可实现概率粗糙集模型中条件概率的增量估计，基于此提出了概率粗糙三支近似的增量更新策略。最后，根据决策系统中插入决策对象的不同情况，设计了基于概率粗糙集模型的增量式三支决策算法，该算法可以有效利用原有信息系统中所获得的粒度结构和知识结果，实现概率粗糙三支近似的快速更新求解。

致　谢

感谢加拿大里贾纳大学的姚一豫在本章编写过程中提出的宝贵意见。本章工作获得了国家自然科学基金项目（项目编号分别为 61175047、71201133、6110017、61262058）、NSAF 联合基金（项目编号：U1230117）、中央高校基本科研业务费专项资金专题研究项目（项目编号：SWJTU12CX091、SWJTU12CX117）、四川省科技创新苗子工程培育项目（项目编号：2014-046）、西南交通大学博士研究生创新基金项目（项目编号：2014LC）的资助。

参考文献

[1] 李华雄, 周献中, 李天瑞, 等. 决策粗糙集理论及其研究进展. 北京: 科学出版社, 2011.

[2] 贾修一, 商琳, 周献中, 等. 三支决策理论与应用. 南京: 南京大学出版社, 2012.

[3] 刘盾, 李天瑞, 苗夺谦, 等. 三支决策与粒计算. 北京: 科学出版社, 2013.

[4] Lurie J D, Sox H C. Principles of medical decision making. Spine, 1999, 24: 493-498.

[5] Sherif M, Hovland C I. Social Judgment: Assimilation and Contrast Effects in Communication and Attitude Change. New Haven: Yale University Press, 1961.

[6] Woodward P W, Naylor J C. An application of Bayesian methods in SPC. The Statistician, 1993, 42: 461-469.

[7] Weller A C. Editorial Peer Review: Its Strengths and Weakness. Medford, NJ: Information Today, Inc., 2001.

[8] Yao Y Y, Wong S K M. A decision theoretic framework for approximating concepts. International Journal of Man-machine Studies, 1992, 37(6): 793-809.

[9] Yao Y Y, Wong S K M, Lingras P. A decision-theoretic rough set model// Proceedings of the 5th International Symposium on Methodologies for Intelligent Systems, 1990: 17-25.

[10] Yao Y Y. The superiority of three-way decisions in probabilistic rough set models. Information Sciences, 2011, 181: 1080-1096.

[11] Yao Y Y. Three-way decisions with probabilistic rough sets. Information Sciences, 2010, 180: 341-353.

[12] Yao Y Y. Three-way decision: An interpretation of rules in rough set theory// Proceedings of the 4th International Conference on Rough Sets and Knowledge Technology, 2009: 642-649.

[13] Herbert J P, Yao J T. Game-theoretic risk analysis in decision-theoretic rough sets// Proceedings of the 3rd International Conference on Rough Sets and Knowledge Technology, 2008: 132-139.

[14] Yao J T, Herbert J P. A game-theoretic perspective on rough set analysis// Proceedings of the 2008 International Forum on Knowledge Technology, 2008, 20(3): 291-298.

[15] 李华雄, 周献中, 黄兵, 等. 决策粗糙集与代价敏感分类. 计算机科学与探索, 2013, 7(2): 126-135.

[16] Liu D, Li T R, Liang D C. Incorporating logistic regression to decision-theoretic rough sets for classifications. International Journal of Approximate Reasoning, 2014, 55: 197-210.

[17] Jia X Y, Zheng K, Li W W, et al. Three-way decisions solution to filter spam email: an empirical study// Proceedings of the 8th International Conference on Rough Sets and Current Trends in Computing, 2012: 287-296.

[18] Liu D, Yao Y Y, Li T R. Three-way investment decisions with decision-theoretic rough sets. International Journal of Computational Intelligence Systems, 2011, 4(1): 66-74.

[19] Zhang Y P, Xing H, Zou H J, et al. A three-way decisions model based on constructive covering

algorithm// Proceedings of the 8th International Conference on Rough Sets and Knowledge Technology, 2013, 8171: 346-353.

[20] Liu D, Li T R, Liang D C. Three-way decisions in stochastic decision-theoretic rough sets// LNCS Transactions on Rough Sets, 2014, 18: 110-130.

[21] Liang D C, Liu D. Systematic studies on three-way decisions with interval-valued decision-theoretic rough sets. Information Sciences, 2014, 276: 186-203.

[22] 苗夺谦, 张贤勇. 知识粒化中的三支区域变迁不确定性// 刘盾, 李天瑞, 苗夺谦, 等. 三支决策与粒计算. 北京: 科学出版社, 2013.

[23] 何富贵, 赵姝, 张燕平. 商空间粒化模型的三支决策方法// 刘盾, 李天瑞, 苗夺谦, 等. 三支决策与粒计算. 北京: 科学出版社, 2013.

[24] Deng X F, Yao Y Y. Decision-theoretic three-way approximations of fuzzy sets. Information Science, 2014, 279: 702-715.

[25] Yu H, Wang Y, and Jiao P. A three-way decisions approach to density-based overlapping clustering// Peters J F. Transactions on Rough Sets XVIII, LNCS 8449, Berlin: Springer Berlin Heidelberg, 2014: 92-109

[26] Zhao L, Shang L, Gao Y, et al. Video behavior analysis using topic models and rough sets. IEEE Computational Intelligence Magazine, 2013, 8(1): 56-67.

[27] Li T R, Ruan D, Geert W, et al. A rough sets based characteristic relation approach for dynamic attribute generalization in data mining. Knowledge Based Systems, 2007, 20:485-494.

[28] Luo C, Li T R, Chen H M. Dynamic maintenance of approximations in set-valued ordered decision systems under the attribute generalization. Information Sciences, 2014, 257: 210-228.

[29] Luo C, Li T R, Chen H M, et al. Incremental approaches for updating approximations in set-valued ordered information systems. Knowledge-Based Systems, 2013, 50: 218-233.

[30] Chen H M, Li T R, Luo C, et al. A rough set-based method for updating decision rules on attribute values' coarsening and refining. IEEE Transactions on Knowledge and Data Engineering, 2014, 26(12): 2886-2899.

[31] Zhang J B, Wong J S, Pan Y, et al. A parallel matrix-based method for computing approximations in incomplete information systems. IEEE Transactions on Knowledge and Data Engineering, 2015, 27(2): 326-339.

[32] Yao Y Y, Granular computing and sequential three-way decisions// Proceedings of the 8th International Conference on Rough Sets and Knowledge Technology, 2013, 8171: 16-27.

[33] Li H X, Zhou X, Huang B, et al. Cost-sensitive three-way decision: A sequential strategy// Proceedings of the 8th International Conference on Rough Sets and Knowledge Technology, 2013, 8171: 325-337.

[34] Liu D, Li T, Liang D. Three-way decisions in dynamic decision-theoretic rough sets// Proceedings of the 8th International Conference on Rough Sets and Knowledge Technology, 2013, 8171: 291-301.

第 4 章 基于区间数决策粗糙集的三支决策

Three-Way Decisions with Interval-Valued Decision-Theoretic Rough Sets

梁德翠[1] 刘 盾[2]

1．电子科技大学经济与管理学院

2．西南交通大学经济管理学院

对于经典决策粗糙集研究中损失函数的取值，给定一个确切的实数。随着研究对象的复杂性提高，如决策环境的不确定性、时间的紧迫性、信息获取的不完备性、决策者所具备知识的有限性等，损失函数越来越难以精确化评估，使得决策者不自觉地使用一些模糊形式。区间数是模糊数的一种表达形式，属于不确定性定量评估的常用方法，往往给出的是一种实数范围，一般认为每个数值都是等可能的。在现实生活中也有较多实例，如观察数据的误差范围[1]、统计学中的置信区间、股票的波动范围等。本章考虑损失函数值为区间数，拟将区间数引入决策粗糙集模型中，扩展决策粗糙集的应用范围。在文献[2]～文献[4]的研究基础上，深入探讨区间数决策粗糙集的决策方法。确定性排序方法[5, 6]和可能度排序方法[6-9]是区间分析方法的两种常规方法。借助以上两种常规区间分析方法，本章先推导出区间数决策粗糙集的决策规则。然后，总结出常规方法在处理区间数决策粗糙集时的机制，再从信息粒扩展视角，设计出一种基于区间数决策粗糙集的优化方法。最后，通过实验对比分析，得出决策者选取合适的区间分析方法的优先准则。

4.1 区间数决策粗糙集的基础模型

基于刘盾等[2]提出的理论基础，本节先构建出区间决策粗糙集的基础模型。然后，对决策粗糙集和区间决策粗糙集这两个模型进行异同点分析。

4.1.1 区间数决策粗糙集的基本理论模型

根据决策粗糙集的基础内容和贝叶斯决策过程，本节重点讨论区间数决策粗糙集的基本理论模型构建。根据贝叶斯决策过程，这里有状态集$\Omega=\{C,\neg C\}$，分别表示对象属于 C 和对象不属于 C。行动集，记为$A=\{a_P,a_B,a_N\}$，其中a_P、a_B和a_N代表在对一个对象 x 分类时所采取的三种行动，依次为决定$x\in \mathrm{POS}(C)$、决定 x 需要进一步研究（延迟或者不承诺）$x\in \mathrm{BND}(C)$和决定$x\in \mathrm{NEG}(C)$。此时，$\mathrm{POS}(C)$、$\mathrm{BND}(C)$和$\mathrm{NEG}(C)$分别代表接受决策、延迟决策和拒绝决策，即三支决策。那么，不同状态下采取不同行动所对应的损失值，在区间数不确定的环境下，其评估结果如表 4.1 所示。

表 4.1　不同状态下采取不同行动所对应的区间数损失值

	$C(P)$	$\neg C(N)$
a_P	$\widetilde{\lambda_{PP}}=[\lambda_{PP}^-,\lambda_{PP}^+]$	$\widetilde{\lambda_{PN}}=[\lambda_{PN}^-,\lambda_{PN}^+]$
a_B	$\widetilde{\lambda_{BP}}=[\lambda_{BP}^-,\lambda_{BP}^+]$	$\widetilde{\lambda_{BN}}=[\lambda_{BN}^-,\lambda_{BN}^+]$
a_N	$\widetilde{\lambda_{NP}}=[\lambda_{NP}^-,\lambda_{NP}^+]$	$\widetilde{\lambda_{NN}}=[\lambda_{NN}^-,\lambda_{NN}^+]$

在表 4.1 中，$\lambda_{\bullet\bullet}^-$ 和 $\lambda_{\bullet\bullet}^+$ 分别表示 $\widetilde{\lambda_{\bullet\bullet}}$ 的下界和上界 $(\bullet=P,B,N)$。$\widetilde{\lambda_{PP}}$、$\widetilde{\lambda_{BP}}$ 和 $\widetilde{\lambda_{NP}}$ 表示当对象属于 C 时，分别采取行动 a_P、a_B 和 a_N 所对应的损失值。同理，$\widetilde{\lambda_{PN}}$、$\widetilde{\lambda_{BN}}$ 和 $\widetilde{\lambda_{NN}}$ 表示当对象属于 $\neg C$ 时，分别采取行动 a_P、a_B 和 a_N 所对应的损失值。根据决策粗糙集的基本条件，这里假定有以下关系

$$\lambda_{PP}^- \leqslant \lambda_{BP}^- < \lambda_{NP}^- \tag{4.1}$$

$$\lambda_{PP}^+ \leqslant \lambda_{BP}^+ < \lambda_{NP}^+ \tag{4.2}$$

类似地，假定满足以下关系

$$\lambda_{NN}^- \leqslant \lambda_{BN}^- < \lambda_{PN}^- \tag{4.3}$$

$$\lambda_{NN}^+ \leqslant \lambda_{BN}^+ < \lambda_{PN}^+ \tag{4.4}$$

对于一个对象 x，采取不同行动所对应的期望损失值 $\widetilde{R(a_i\,|\,[x])}$ 可以表达为

$$\begin{aligned}
\widetilde{R(a_P\,|\,[x])} &= \widetilde{\lambda_{PP}}\Pr(C\,|\,[x]) + \widetilde{\lambda_{PN}}\Pr(\neg C\,|\,[x]) \\
&= [\lambda_{PP}^-,\lambda_{PP}^+]\Pr(C\,|\,[x]) + [\lambda_{PN}^-,\lambda_{PN}^+]\Pr(\neg C\,|\,[x]) \\
\widetilde{R(a_B\,|\,[x])} &= \widetilde{\lambda_{BP}}\Pr(C\,|\,[x]) + \widetilde{\lambda_{BN}}\Pr(\neg C\,|\,[x]) \\
&= [\lambda_{BP}^-,\lambda_{BP}^+]\Pr(C\,|\,[x]) + [\lambda_{BN}^-,\lambda_{BN}^+]\Pr(\neg C\,|\,[x]) \\
\widetilde{R(a_N\,|\,[x])} &= \widetilde{\lambda_{NP}}\Pr(C\,|\,[x]) + \widetilde{\lambda_{NN}}\Pr(\neg C\,|\,[x]) \\
&= [\lambda_{NP}^-,\lambda_{NP}^+]\Pr(C\,|\,[x]) + [\lambda_{NN}^-,\lambda_{NN}^+]\Pr(\neg C\,|\,[x])
\end{aligned} \tag{4.5}$$

由于 $\Pr(C\,|\,[x]) + \Pr(\neg C\,|\,[x]) = 1$，再由 Moore[10]区间数运算法则，式（4.5）可以进一步计算得

$$\begin{aligned}
\widetilde{R(a_P\,|\,[x])} = [&\lambda_{PP}^-\Pr(C\,|\,[x]) + \lambda_{PN}^-(1-\Pr(C\,|\,[x])), \\
&\lambda_{PP}^+\Pr(C\,|\,[x]) + \lambda_{PN}^+(1-\Pr(C\,|\,[x]))] \\
\widetilde{R(a_B\,|\,[x])} = [&\lambda_{BP}^-\Pr(C\,|\,[x]) + \lambda_{BN}^-(1-\Pr(C\,|\,[x])), \\
&\lambda_{BP}^+\Pr(C\,|\,[x]) + \lambda_{BN}^+(1-\Pr(C\,|\,[x]))] \\
\widetilde{R(a_N\,|\,[x])} = [&\lambda_{NP}^-\Pr(C\,|\,[x]) + \lambda_{NN}^-(1-\Pr(C\,|\,[x])), \\
&\lambda_{NP}^+\Pr(C\,|\,[x]) + \lambda_{NN}^+(1-\Pr(C\,|\,[x]))]
\end{aligned} \tag{4.6}$$

根据贝叶斯决策过程，表达决策规则，其内容具体如下。

(P′) 如果 $\widetilde{R(a_P\,|\,[x])} \preceq \widetilde{R(a_B\,|\,[x])}$ 和 $\widetilde{R(a_P\,|\,[x])} \preceq \widetilde{R(a_N\,|\,[x])}$ 成立，则有 $x \in \mathrm{POS}(C)$。

(B′) 如果 $\widetilde{R(a_B\,|\,[x])} \preceq \widetilde{R(a_P\,|\,[x])}$ 和 $\widetilde{R(a_B\,|\,[x])} \preceq \widetilde{R(a_N\,|\,[x])}$ 成立，则有 $x \in \mathrm{BND}(C)$。

(N′) 如果 $\widetilde{R(a_N\,|\,[x])} \preceq \widetilde{R(a_P\,|\,[x])}$ 和 $\widetilde{R(a_N\,|\,[x])} \preceq \widetilde{R(a_B\,|\,[x])}$ 成立，则有 $x \in \mathrm{NEG}(C)$。

规则 (P′) ～决策规则 (N′) 可看成一种三支决策，它具体包含三个区域：$\mathrm{POS}(C)$、$\mathrm{BND}(C)$ 和 $\mathrm{NEG}(C)$。在上述规则中，符号“$\preceq$”记为区间数间的小于或等于关系。而这些规则的判别结果则取决于期望损失值的比较，即 $\widetilde{R(a_P\,|\,[x])}$、$\widetilde{R(a_B\,|\,[x])}$ 和 $\widetilde{R(a_N\,|\,[x])}$。从本质上来看，$\widetilde{R(a_P\,|\,[x])}$、$\widetilde{R(a_B\,|\,[x])}$ 和 $\widetilde{R(a_N\,|\,[x])}$ 是区间数，它们的比较需借助区间数比较或者排序方法。利用区间数排序方法，本章将进一步挖掘区间数决策粗糙集的决策规则。

4.1.2 区间数决策粗糙集与决策粗糙集的比较

根据决策粗糙集基本原理和前面的研究内容，这里进一步对比分析区间数决策粗糙集和决策粗糙集。这两种模型的相似性，具体体现在以下几点。

（1）决策粗糙集和区间数决策粗糙集都是基于贝叶斯决策理论建立起来的。因此，贝叶斯决策过程为以上两种模型提供了坚实的理论基础。

（2）从模型的基本要素来看，决策粗糙集和区间数决策粗糙集都是由条件概率和损失函数构成的。

（3）决策粗糙集和区间数决策粗糙集的最终目的都是为决策者提供决策规则。决策粗糙集中的决策规则和区间数决策粗糙集中的决策规则 (P′) ～决策规则 (N′) 都阐述了这一目的。

决策粗糙集和区间数决策粗糙集的不同点，可以总结如下。

（1）决策粗糙集中的各损失值不同于区间数决策粗糙集。决策粗糙集中的各损失函数值是精确的，而区间数决策粗糙集中的损失函数值是不精确的。区间数，这一形式也在一定程度上符合实际情景，如在群决策中，区间数可用于收集专家的评估信息[2]。

（2）在模型的构造过程中，区间数决策粗糙集采用的是区间数运算法则，而决策粗糙集，遵循的则是实数运算法则。

（3）在区间数决策粗糙集的基本模型中，期望损失值是不确定的。从式（4.5）和式（4.6）可以看出期望损失的表达是区间数，这体现了一定的容忍性。从这一点可以看出，区间数决策粗糙集模型也是不同于决策粗糙集的。为了进一步获取决策规则，还需要借助一些关于区间数的对比或者排序方法，如确定性排序方法和可能度排序方法等。

总之，决策粗糙集是区间数决策粗糙集的基础。如果区间数决策粗糙集中每一个损失值变成一个精确的值，那么区间数决策粗糙集则转换成了经典的决策粗糙集模型。

4.2 基于确定性排序方法的区间数决策粗糙集决策机制

正如前面所述，如果把区间数决策粗糙集付诸实践，决策者需要先比较各期望损失值，然后才能确定决策规则 (P′) ～决策规则 (N′)。对于区间数的比较，一些学者倾向于对区间数进行去区间化，进而开发出一种确定性排序方法。本节将使用确定性排序方法来研究基于区间数决策粗糙集的决策规则。与此同时，讨论出对应的决策机制。

关于区间数的排序，孙海龙和姚卫星[6]列出了一些代表性的确定性排序方法并且对它们进行了对比分析。根据他们的研究结果，发现由刘进生等[5]提出的θ排序方法适合于对比区间数。这种方法的特点是，先采用转换函数把区间数转换为实数去区间化，然后根据实数大小进行比较。这里，转换函数具体描述如下。

定义 4.1[5] 假设一个区间数$\tilde{\lambda}=[\lambda^-,\lambda^+]$，$\theta\in[0,1]$，那么$\tilde{\lambda}$的转换函数为

$$m_\theta(\tilde{\lambda})=(1-\theta)\lambda^-+\theta\lambda^+ \tag{4.7}$$

式中，$m_\theta(\tilde{\lambda})$是转换的结果；$\theta$反映出决策者的风险态度。

从式(4.7)可以看出，$m_\theta(\tilde{\lambda})$是一个实数。在损失函数背景下，如果$\theta$值越大，$m_\theta(\tilde{\lambda})$的值也越大，这意味着决策者越悲观。特别地，当$\theta=0$和$\theta=1$时，$m_\theta(\tilde{\lambda})$的值分别表示一个乐观决策者和悲观决策者的转换结果。当$\theta=0.5$时，$m_\theta(\tilde{\lambda})$的值表示一个中性决策者的转换结果。因此，$m_\theta(\tilde{\lambda})$包含了刘盾等[2]提到的乐观和悲观两类风险态度。

定义 4.2[5] 给定两个区间数$\widetilde{\lambda_1}=[\lambda_1^-,\lambda_1^+]$和$\widetilde{\lambda_2}=[\lambda_2^-,\lambda_2^+]$，令$\theta$是一个常数。如果$m_\theta(\widetilde{\lambda_1})\leqslant m_\theta(\widetilde{\lambda_2})$，那么有$\widetilde{\lambda_1}\preceq\widetilde{\lambda_2}$，反之亦然。

从定义 4.2 中可以看出，区间数的比较在确定性排序中，最终比较依靠的是由转换函数转化来的实数。为了便于理解，下面采用一个例子来阐述定义 4.1 和定义 4.2。

例 4.1 假设有两个区间数$\widetilde{\lambda_1}=[1,2]$和$\widetilde{\lambda_2}=[3,4]$，这里假定$\theta=0$。那么，根据定义 4.1，在决策者风险态度为乐观的情况下，两个区间数$\widetilde{\lambda_1}$和$\widetilde{\lambda_2}$的转换结果分别为

$$m_\theta(\widetilde{\lambda_1})=(1-0)\times1+0\times2=1$$

$$m_\theta(\widetilde{\lambda_2})=(1-0)\times3+0\times4=3$$

再根据定义 4.2，可以进一步比较$m_\theta(\widetilde{\lambda_1})$和$m_\theta(\widetilde{\lambda_2})$的大小。由于$m_\theta(\widetilde{\lambda_1})\leqslant m_\theta(\widetilde{\lambda_2})$，所以，此时可得$\widetilde{\lambda_1}\preceq\widetilde{\lambda_2}$成立。

命题 4.1 基于定义 4.1 和式（4.1）～式（4.4），可得

$$m_\theta(\widetilde{\lambda_{PP}})\leqslant m_\theta(\widetilde{\lambda_{BP}})<m_\theta(\widetilde{\lambda_{NP}}) \tag{4.8}$$

$$m_\theta(\widetilde{\lambda_{NN}})\leqslant m_\theta(\widetilde{\lambda_{BN}})<m_\theta(\widetilde{\lambda_{PN}}) \tag{4.9}$$

证明 根据定义 4.1，$m_\theta(\widetilde{\lambda_{PP}})=(1-\theta)\lambda_{PP}^-+\theta\lambda_{PP}^+$，$m_\theta(\widetilde{\lambda_{BP}})=(1-\theta)\lambda_{BP}^-+\theta\lambda_{BP}^+$。对

比 $m_\theta(\widetilde{\lambda_{PP}})$ 和 $m_\theta(\widetilde{\lambda_{BP}})$ 的大小，这里基于式（4.1）和式（4.2）可得 $m_\theta(\widetilde{\lambda_{PP}}) \leqslant m_\theta(\widetilde{\lambda_{BP}})$。根据上述分析，同理可得 $m_\theta(\widetilde{\lambda_{PP}}) \leqslant m_\theta(\widetilde{\lambda_{BP}}) < m_\theta(\widetilde{\lambda_{NP}})$ 和 $m_\theta(\widetilde{\lambda_{NN}}) \leqslant m_\theta(\widetilde{\lambda_{BN}}) < m_\theta(\widetilde{\lambda_{PN}})$，证毕。

本节继续采用 θ 排序方法，选其作为典型的确定性排序方法来详细阐述。根据定义 4.1 和定义 4.2，决策规则 (P′)～决策规则 (N′) 可以进一步表达如下。

(P1) 如果 $m_\theta(\widetilde{R(a_P \mid [x])}) \leqslant m_\theta(\widetilde{R(a_B \mid [x])})$ 和 $m_\theta(\widetilde{R(a_P \mid [x])}) \leqslant m_\theta(\widetilde{R(a_N \mid [x])})$ 成立，则有 $x \in \mathrm{POS}(C)$。

(B1) 如果 $m_\theta(\widetilde{R(a_B \mid [x])}) \leqslant m_\theta(\widetilde{R(a_P \mid [x])})$ 和 $m_\theta(\widetilde{R(a_B \mid [x])}) \leqslant m_\theta(\widetilde{R(a_N \mid [x])})$ 成立，则有 $x \in \mathrm{BND}(C)$。

(N1) 如果 $m_\theta(\widetilde{R(a_N \mid [x])}) \leqslant m_\theta(\widetilde{R(a_P \mid [x])})$ 和 $m_\theta(\widetilde{R(a_N \mid [x])}) \leqslant m_\theta(\widetilde{R(a_B \mid [x])})$ 成立，则有 $x \in \mathrm{NEG}(C)$。

其中

$$
\begin{aligned}
m_\theta(\widetilde{R(a_P \mid [x])}) &= (1-\theta)(\lambda_{PP}^{-}\Pr(C \mid [x]) + \lambda_{PN}^{-}(1-\Pr(C \mid [x]))) + \theta(\lambda_{PP}^{+}\Pr(C \mid [x]) \\
&\quad + \lambda_{PN}^{+}(1-\Pr(C \mid [x]))) \\
&= \Pr(C \mid [x])((1-\theta)\lambda_{PP}^{-} + \theta\lambda_{PP}^{+}) + (1-\Pr(C \mid [x]))((1-\theta)\lambda_{PN}^{-} + \theta\lambda_{PN}^{+}) \\
&= \Pr(C \mid [x]) m_\theta(\widetilde{\lambda_{PP}}) + (1-\Pr(C \mid [x])) m_\theta(\widetilde{\lambda_{PN}})
\end{aligned}
$$

$$
\begin{aligned}
m_\theta(\widetilde{R(a_B \mid [x])}) &= (1-\theta)(\lambda_{BP}^{-}\Pr(C \mid [x]) + \lambda_{BN}^{-}(1-\Pr(C \mid [x]))) + \theta(\lambda_{BP}^{+}\Pr(C \mid [x]) \\
&\quad + \lambda_{BN}^{+}(1-\Pr(C \mid [x]))) \\
&= \Pr(C \mid [x])((1-\theta)\lambda_{BP}^{-} + \theta\lambda_{BP}^{+}) + (1-\Pr(C \mid [x]))((1-\theta)\lambda_{BN}^{-} + \theta\lambda_{BN}^{+}) \\
&= \Pr(C \mid [x]) m_\theta(\widetilde{\lambda_{BP}}) + (1-\Pr(C \mid [x])) m_\theta(\widetilde{\lambda_{BN}})
\end{aligned}
$$

$$
\begin{aligned}
m_\theta(\widetilde{R(a_N \mid [x])}) &= (1-\theta)(\lambda_{NP}^{-}\Pr(C \mid [x]) + \lambda_{NN}^{-}(1-\Pr(C \mid [x]))) + \theta(\lambda_{NP}^{+}\Pr(C \mid [x]) \\
&\quad + \lambda_{NN}^{+}(1-\Pr(C \mid [x]))) \\
&= \Pr(C \mid [x])((1-\theta)\lambda_{NP}^{-} + \theta\lambda_{NP}^{+}) + (1-\Pr(C \mid [x]))((1-\theta)\lambda_{NN}^{-} + \theta\lambda_{NN}^{+}) \\
&= \Pr(C \mid [x]) m_\theta(\widetilde{\lambda_{NP}}) + (1-\Pr(C \mid [x])) m_\theta(\widetilde{\lambda_{NN}})
\end{aligned}
$$

进一步地，考虑命题 4.1 中的两个条件，此时三支决策的决策规则 (P1)～决策规则 (N1) 可简化为如下形式。

(P1) 如果 $\Pr(C \mid [x]) \geqslant \alpha_1$ 和 $\Pr(C \mid [x]) \geqslant \gamma_1$ 成立，则有 $x \in \mathrm{POS}(C)$。

(B1) 如果 $\Pr(C \mid [x]) \leqslant \alpha_1$ 和 $\Pr(C \mid [x]) \geqslant \beta_1$ 成立，则有 $x \in \mathrm{BND}(C)$。

(N1) 如果 $\Pr(C \mid [x]) \leqslant \beta_1$ 和 $\Pr(C \mid [x]) \leqslant \gamma_1$ 成立，则有 $x \in \mathrm{NEG}(C)$。

其中，阈值 $(\alpha_1, \beta_1, \gamma_1)$ 为

$$
\alpha_1 = \frac{(m_\theta(\widetilde{\lambda_{PN}}) - m_\theta(\widetilde{\lambda_{BN}}))}{(m_\theta(\widetilde{\lambda_{PN}}) - m_\theta(\widetilde{\lambda_{BN}})) + (m_\theta(\widetilde{\lambda_{BP}}) - m_\theta(\widetilde{\lambda_{PP}}))}
$$

$$\beta_1=\frac{(m_\theta(\widetilde{\lambda_{BN}})-m_\theta(\widetilde{\lambda_{NN}}))}{(m_\theta(\widetilde{\lambda_{BN}})-m_\theta(\widetilde{\lambda_{NN}}))+(m_\theta(\widetilde{\lambda_{NP}})-m_\theta(\widetilde{\lambda_{BP}}))} \tag{4.10}$$

$$\gamma_1=\frac{(m_\theta(\widetilde{\lambda_{PN}})-m_\theta(\widetilde{\lambda_{NN}}))}{(m_\theta(\widetilde{\lambda_{PN}})-m_\theta(\widetilde{\lambda_{NN}}))+(m_\theta(\widetilde{\lambda_{NP}})-m_\theta(\widetilde{\lambda_{PP}}))}$$

此时，对比式（4.10）中阈值的新表达式，可确定具体的决策规则。鉴于 Yao[11-15]的讨论结果，首先考虑决策规则（B1）中存在$\alpha_1>\beta_1$的情况，即

$$\frac{m_\theta(\widetilde{\lambda_{BP}})-m_\theta(\widetilde{\lambda_{PP}})}{m_\theta(\widetilde{\lambda_{PN}})-m_\theta(\widetilde{\lambda_{BN}})}<\frac{m_\theta(\widetilde{\lambda_{NP}})-m_\theta(\widetilde{\lambda_{BP}})}{m_\theta(\widetilde{\lambda_{BN}})-m_\theta(\widetilde{\lambda_{NN}})}$$

那么，该条件蕴涵着$0\leqslant\beta_1<\gamma_1<\alpha_1\leqslant1$。此时，通过权衡可以得到以下简化规则。

（P11）如果$\Pr(C\,|\,[x])\geqslant\alpha_1$成立，则有$x\in\mathrm{POS}(C)$。

（B11）如果$\beta_1<\Pr(C\,|\,[x])<\alpha_1$成立，则有$x\in\mathrm{BND}(C)$。

（N11）如果$\Pr(C\,|\,[x])\leqslant\beta_1$成立，则有$x\in\mathrm{NEG}(C)$。

此外，为了保证研究的完备性，另外考虑决策规则(B1)中存在的互补情况，即

$$\frac{m_\theta(\widetilde{\lambda_{BP}})-m_\theta(\widetilde{\lambda_{PP}})}{m_\theta(\widetilde{\lambda_{PN}})-m_\theta(\widetilde{\lambda_{BN}})}\geqslant\frac{m_\theta(\widetilde{\lambda_{NP}})-m_\theta(\widetilde{\lambda_{BP}})}{m_\theta(\widetilde{\lambda_{BN}})-m_\theta(\widetilde{\lambda_{NN}})}$$

此时，该条件蕴涵着$0\leqslant\alpha_1\leqslant\gamma_1\leqslant\beta_1\leqslant1$。此种情况下，通过权衡可以得到以下简化规则。

（P12）如果$\Pr(C\,|\,[x])\geqslant\gamma_1$成立，则有$x\in\mathrm{POS}(C)$。

（N12）如果$\Pr(C\,|\,[x])<\gamma_1$成立，则有$x\in\mathrm{NEG}(C)$。

根据决策规则（P11）～决策规则（N11）和决策规则（P12）～决策规则（N12），给定θ的值和各区间数损失值，可以判断出各对象的决策行动。下面利用一个例子来阐述基于确定性排序方法的区间数决策粗糙集决策机制。

例4.2　对于一个决策问题，决策者根据表4.1评估出损失函数矩阵中的各损失值，假设结果如下：$\widetilde{\lambda_{PP}}=[1.5334,3.1545]$、$\widetilde{\lambda_{BP}}=[2.4087,3.3474]$、$\widetilde{\lambda_{NP}}=[3.2707,4.5747]$、$\widetilde{\lambda_{PN}}=[3.3798,5.7363]$、$\widetilde{\lambda_{BN}}=[2.4496,3.3673]$和$\widetilde{\lambda_{NN}}=[0.7668,3.1200]$。任意给定一个$\theta$值，根据式（4.10），可以计算出阈值$(\alpha_1,\beta_1,\gamma_1)$。考虑$\theta$值不断变化的情况下，相应阈值的变化情况，如图 4.1 所示。

由图 4.1 可以看出，决策者的风险态度会影响各阈值的取值，进而影响到决策规则。当$0\leqslant\alpha_1\leqslant\gamma_1\leqslant\beta_1\leqslant1$时，决策规则采取的是一种二支决策（P12）和（N12）。否则当$0\leqslant\beta_1<\gamma_1<\alpha_1\leqslant1$时，决策规则采取的是一种三支决策（P11）～（N11）。

假设风险态度θ的值取 0.5，那么根据式（4.7），表 4.1 中各损失值的转换结果为$m_{0.5}(\widetilde{\lambda_{PP}})=2.3440$、$m_{0.5}(\widetilde{\lambda_{BP}})=2.8781$、$m_{0.5}(\widetilde{\lambda_{NP}})=3.9227$、$m_{0.5}(\widetilde{\lambda_{PN}})=4.5581$、$m_{0.5}(\widetilde{\lambda_{BN}})=2.9085$和$m_{0.5}(\widetilde{\lambda_{NN}})=1.9434$。根据式（4.10），阈值的取值可以计算得到：

$\alpha_1 = 0.7554$、$\beta_1 = 0.4802$ 和 $\gamma_1 = 0.6235$。因此，$0 \leqslant \beta_1 < \gamma_1 < \alpha_1 \leqslant 1$。此时，该决策问题采取的决策规则，具体描述如下。

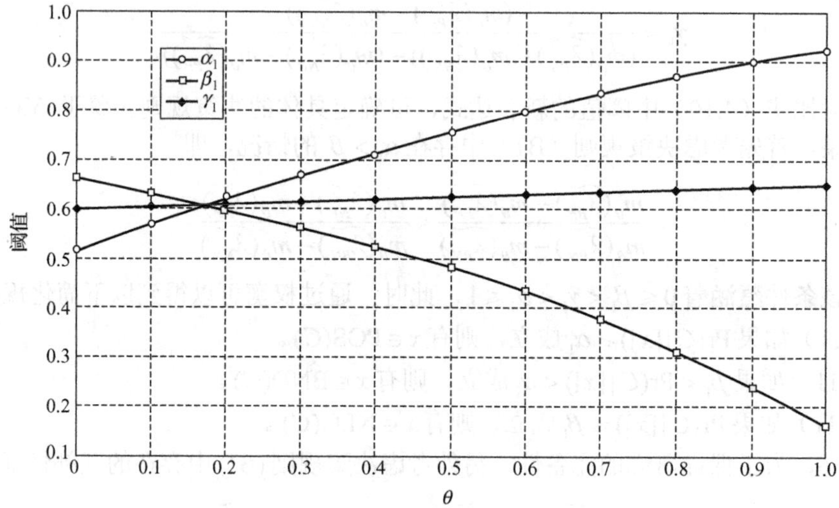

图 4.1　阈值随 θ 变化的情况

（P11）如果 $\Pr(C\,|\,[x]) \geqslant 0.7554$ 成立，则有 $x \in \mathrm{POS}(C)$。

（B11）如果 $0.4802 < \Pr(C\,|\,[x]) < 0.7554$ 成立，则有 $x \in \mathrm{BND}(C)$。

（N11）如果 $\Pr(C\,|\,[x]) \leqslant 0.4802$ 成立，则有 $x \in \mathrm{NEG}(C)$。

从以上规则可以看出，只要估算出对象属于 C 的条件概率 $\Pr(C\,|\,[x])$，就可以判定该对象的具体规则。

4.3　基于可能度排序方法的区间数决策粗糙集决策机制

除了确定性排序方法，还有部分学者在研究区间数的比较中提出了一种基于可能度的排序方法[6-9,16,17]。可能度排序方法，认为区间数的比较（排序）是不确定的，应当考虑区间内所有满足比较条件的数据点。基于区间数比较的可能度观点，本节将使用可能度排序方法来研究基于区间数决策粗糙集的决策规则。与此同时，生成了对应的决策机制。

4.3.1　基于可能度排序方法的决策规则

关于区间数可能度的排序方法，目前很多学者对此进行了讨论，如 Jiang 等[16]、Sengupta 和 Pal[17]、Xu 和 Da[7]、孙海龙和姚卫星[6]等。其中，由 Xu 和 Da[7]提出的一种可能度排序方法被广泛使用，该方法实现了把区间数的比较转换到可能度上，本节将采用该方法进行分析。该方法可能度的定义如下。

定义 4.3[7]　给定两个区间数 $\widetilde{\lambda_1}=[\lambda_1^-,\lambda_1^+]$ 和 $\widetilde{\lambda_2}=[\lambda_2^-,\lambda_2^+]$，那么 $\widetilde{\lambda_1}\geqslant\widetilde{\lambda_2}$ 的可能度定义为

$$p(\widetilde{\lambda_1}\geqslant\widetilde{\lambda_2})=\max\left\{1-\max\left(\frac{\lambda_2^+-\lambda_1^-}{l(\widetilde{\lambda_1})+l(\widetilde{\lambda_2})},0\right),0\right\} \tag{4.11}$$

类似地，$\widetilde{\lambda_2}\geqslant\widetilde{\lambda_1}$ 的可能度定义为

$$p(\widetilde{\lambda_2}\geqslant\widetilde{\lambda_1})=\max\left\{1-\max\left(\frac{\lambda_1^+-\lambda_2^-}{l(\widetilde{\lambda_1})+l(\widetilde{\lambda_2})},0\right),0\right\} \tag{4.12}$$

式中，$l(\widetilde{\lambda_1})=\lambda_1^+-\lambda_1^-$ 和 $l(\widetilde{\lambda_2})=\lambda_2^+-\lambda_2^-$。这里，可能度也可称为偏好度。

从定义 4.3 可以看出，$p(\widetilde{\lambda_1}\geqslant\widetilde{\lambda_2})$ 有三种情况：$\dfrac{\lambda_2^+-\lambda_1^-}{l(\widetilde{\lambda_1})+l(\widetilde{\lambda_2})}\geqslant 1$、$0<\dfrac{\lambda_2^+-\lambda_1^-}{l(\widetilde{\lambda_1})+l(\widetilde{\lambda_2})}<1$ 和 $\dfrac{\lambda_2^+-\lambda_1^-}{l(\widetilde{\lambda_1})+l(\widetilde{\lambda_2})}\leqslant 0$。每种情况，$p(\widetilde{\lambda_1}\geqslant\widetilde{\lambda_2})$ 对应产生不同的值。因此，$p(\widetilde{\lambda_1}\geqslant\widetilde{\lambda_2})$ 可以表示为分段函数，其具体的表达形式为

$$p(\widetilde{\lambda_1}\geqslant\widetilde{\lambda_2})=\begin{cases}0, & \dfrac{\lambda_2^+-\lambda_1^-}{l(\widetilde{\lambda_1})+l(\widetilde{\lambda_2})}\geqslant 1\\ 1-\dfrac{\lambda_2^+-\lambda_1^-}{l(\widetilde{\lambda_1})+l(\widetilde{\lambda_2})}, & 0<\dfrac{\lambda_2^+-\lambda_1^-}{l(\widetilde{\lambda_1})+l(\widetilde{\lambda_2})}<1\\ 1, & \dfrac{\lambda_2^+-\lambda_1^-}{l(\widetilde{\lambda_1})+l(\widetilde{\lambda_2})}\leqslant 0\end{cases} \tag{4.13}$$

同理，$p(\widetilde{\lambda_2}\geqslant\widetilde{\lambda_1})$ 可以按照 $p(\widetilde{\lambda_1}\geqslant\widetilde{\lambda_2})$ 的方式进行类似处理。

根据定义 4.3，Xu 和 Da[7]总结出来可能度的相关性质，如下所示。

（1）$0\leqslant p(\widetilde{\lambda_1}\geqslant\widetilde{\lambda_2})\leqslant 1$，$0\leqslant p(\widetilde{\lambda_2}\geqslant\widetilde{\lambda_1})\leqslant 1$。

（2）$p(\widetilde{\lambda_1}\geqslant\widetilde{\lambda_2})+p(\widetilde{\lambda_2}\geqslant\widetilde{\lambda_1})=1$。

（3）$p(\widetilde{\lambda_1}\geqslant\widetilde{\lambda_1})=p(\widetilde{\lambda_2}\geqslant\widetilde{\lambda_2})=\dfrac{1}{2}$。

为了对各区间数进行排序比较，Xu 和 Da[7]进一步构造出偏好互补矩阵，然后对每行元素进行加和，并以此作为判断依据进行排序。在此思想指导下，本书先基于决策规则 (P′)～决策规则 (N′) 中的期望损失值 $\widetilde{R(a_i\,|\,[x])}$ 构造偏好互补矩阵，然后在区间数决策粗糙集的背景下进行排序并生成决策规则。首先，构造出互补矩阵，如表 4.2 所示。

表 4.2　关于期望损失值间偏好度的互补矩阵

$\boldsymbol{P}$	$\widetilde{R(a_P\|[x])}$	$\widetilde{R(a_P\|[x])}$	$\widetilde{R(a_P\|[x])}$
$\widetilde{R(a_P\|[x])}$	$p_{11}=p(\widetilde{R(a_P\|[x])}\succeq\widetilde{R(a_P\|[x])})$	$p_{12}=p(\widetilde{R(a_P\|[x])}\succeq\widetilde{R(a_B\|[x])})$	$p_{13}=p(\widetilde{R(a_P\|[x])}\succeq\widetilde{R(a_N\|[x])})$
$\widetilde{R(a_P\|[x])}$	$p_{21}=p(\widetilde{R(a_B\|[x])}\succeq\widetilde{R(a_P\|[x])})$	$p_{22}=p(\widetilde{R(a_B\|[x])}\succeq\widetilde{R(a_B\|[x])})$	$p_{23}=p(\widetilde{R(a_B\|[x])}\succeq\widetilde{R(a_N\|[x])})$
$\widetilde{R(a_P\|[x])}$	$p_{31}=p(\widetilde{R(a_N\|[x])}\succeq\widetilde{R(a_P\|[x])})$	$p_{32}=p(\widetilde{R(a_N\|[x])}\succeq\widetilde{R(a_B\|[x])})$	$p_{33}=p(\widetilde{R(a_N\|[x])}\succeq\widetilde{R(a_N\|[x])})$

基于表 4.2 的互补矩阵，关于期望损失值间偏好度的互补矩阵 $\boldsymbol{P}$，这里可描述成矩阵形式为

$$\boldsymbol{P}=\begin{bmatrix} p_{11} & p_{12} & p_{13} \\ p_{21} & p_{22} & p_{23} \\ p_{31} & p_{32} & p_{33} \end{bmatrix}$$

根据可能度的性质，有 $p_{ij}\geqslant 0$，$p_{ij}+p_{ji}=1$，$p_{ii}=0.5(i,j=1,2,3)$。考虑互补矩阵中元素 p_{12}、p_{13} 和 p_{23}，互补矩阵 $\boldsymbol{P}$ 可简化为

$$\boldsymbol{P}=\begin{bmatrix} 0.5 & p_{12} & p_{13} \\ 1-p_{12} & 0.5 & p_{23} \\ 1-p_{13} & 1-p_{23} & 0.5 \end{bmatrix}$$

根据互补矩阵 $\boldsymbol{P}$，进一步对矩阵中的每一行元素汇总得

$$p_1=0.5+p_{12}+p_{13} \tag{4.14}$$

$$p_2=1.5+p_{23}-p_{12} \tag{4.15}$$

$$p_3=2.5-p_{13}-p_{23} \tag{4.16}$$

式中，p_1 是 $\widetilde{R(a_P|[x])}$ 的总偏好度；p_2 是 $\widetilde{R(a_B|[x])}$ 的总偏好度；p_3 是 $\widetilde{R(a_N|[x])}$ 的总偏好度 $(0.5\leqslant p_1,p_2,p_3\leqslant 2.5)$。从式（4.14）～式（4.16）可以看出，$p_1$、$p_2$ 和 p_3 的值取决于 p_{12}、p_{13} 和 p_{23}。根据 Xu 和 Da[7]的研究成果，区间数排序是由每个区间数的总偏好度来决定的。基于此前提条件，决策规则 (P′)～决策规则 (N′) 可以表达为如下形式。

（P2）如果 $p_1\leqslant p_2$ 和 $p_1\leqslant p_3$ 成立，则有 $x\in \mathrm{POS}(C)$。

（B2）如果 $p_2\leqslant p_1$ 和 $p_2\leqslant p_3$ 成立，则有 $x\in \mathrm{BND}(C)$。

（N2）如果 $p_3\leqslant p_1$ 和 $p_3\leqslant p_1$ 成立，则有 $x\in \mathrm{NEG}(C)$。

此时，决策规则（P2）～决策规则（N2）对应了一种三支决策。

4.3.2　决策规则准则

根据式（4.13），$p(\widetilde{\lambda_1}\geqslant\widetilde{\lambda_2})$ 有三种可能的结果：(i) 0；(ii) $0<1-\dfrac{\lambda_2^+-\lambda_1^-}{l(\widetilde{\lambda_1})+l(\widetilde{\lambda_2})}<1$；(iii) 1。因此，这里总结出 p_{12}、p_{13} 和 p_{23} 结果的所有可能性组合，如表 4.3 所示。

表 4.3　关于 p_{12}、p_{13} 和 p_{23} 结果的所有可能性组合情况

编号	p_{12}	p_{13}	p_{23}	编号	p_{12}	p_{13}	p_{23}	编号	p_{12}	p_{13}	p_{23}
1	(i)	(i)	(i)	10	(ii)	(i)	(i)	19	(iii)	(i)	(i)
2	(i)	(i)	(ii)	11	(ii)	(i)	(ii)	20	(iii)	(i)	(ii)
3	(i)	(i)	(iii)	12	(ii)	(i)	(iii)	21	(iii)	(i)	(iii)
4	(i)	(ii)	(i)	13	(ii)	(ii)	(i)	22	(iii)	(ii)	(i)
5	(i)	(ii)	(ii)	14	(ii)	(ii)	(ii)	23	(iii)	(ii)	(ii)
6	(i)	(ii)	(iii)	15	(ii)	(ii)	(iii)	24	(iii)	(ii)	(iii)
7	(i)	(iii)	(i)	16	(ii)	(iii)	(i)	25	(iii)	(iii)	(i)
8	(i)	(iii)	(ii)	17	(ii)	(iii)	(ii)	26	(iii)	(iii)	(ii)
9	(i)	(iii)	(iii)	18	(ii)	(iii)	(iii)	27	(iii)	(iii)	(iii)

注：表中 (•)(• = i, ii, iii) 表示可能度的结果类型

对于 p_{12}，如果 $p_{12}=0$，那么它的前提条件如下。

（c1）$\lambda_{PP}^{+}\Pr(C|[x])+\lambda_{PN}^{+}(1-\Pr(C|[x]))\leqslant\lambda_{BP}^{-}\Pr(C|[x])+\lambda_{BN}^{-}(1-\Pr(C|[x]))$。

如果 $0<p_{12}<1$，p_{12} 为

$$p_{12}=1-\frac{(\lambda_{BP}^{+}\Pr(C|[x])+\lambda_{BN}^{+}(1-\Pr(C|[x])))-(\lambda_{PP}^{-}\Pr(C|[x])+\lambda_{PN}^{-}(1-\Pr(C|[x])))}{l(\widetilde{R(a_P|[x])})+l(\widetilde{R(a_B|[x])})} \tag{4.17}$$

式中

$$l(\widetilde{R(a_P|[x])})=(\lambda_{PP}^{+}\Pr(C|[x])+\lambda_{PN}^{+}(1-\Pr(C|[x])))-(\lambda_{PP}^{-}\Pr(C|[x])+\lambda_{PN}^{-}(1-\Pr(C|[x])))$$

$$l(\widetilde{R(a_B|[x])})=(\lambda_{BP}^{+}\Pr(C|[x])+\lambda_{BN}^{+}(1-\Pr(C|[x])))-(\lambda_{BP}^{-}\Pr(C|[x])+\lambda_{BN}^{-}(1-\Pr(C|[x])))$$

此种情况下，它的前提条件如下。

（c2.1）$\lambda_{PP}^{-}\Pr(C|[x])+\lambda_{PN}^{-}(1-\Pr(C|[x]))<\lambda_{BP}^{+}\Pr(C|[x])+\lambda_{BN}^{+}(1-\Pr(C|[x]))$。

（c2.2）$\lambda_{BP}^{-}\Pr(C|[x])+\lambda_{BN}^{-}(1-\Pr(C|[x]))<\lambda_{PP}^{+}\Pr(C|[x])+\lambda_{PN}^{+}(1-\Pr(C|[x]))$。

如果 $p_{12}=1$，那么它的前提条件如下。

（c3）$\lambda_{BP}^{+}\Pr(C|[x])+\lambda_{BN}^{+}(1-\Pr(C|[x]))\leqslant\lambda_{PP}^{-}\Pr(C|[x])+\lambda_{PN}^{-}(1-\Pr(C|[x]))$。

对于 p_{13}，如果 $p_{13}=0$，那么它的前提条件如下。

（c4）$\lambda_{PP}^{+}\Pr(C|[x])+\lambda_{PN}^{+}(1-\Pr(C|[x]))\leqslant\lambda_{NP}^{-}\Pr(C|[x])+\lambda_{NN}^{-}(1-\Pr(C|[x]))$。

如果 $0<p_{13}<1$，p_{13} 为

$$p_{13}=1-\frac{(\lambda_{NP}^{+}\Pr(C|[x])+\lambda_{NN}^{+}(1-\Pr(C|[x])))-(\lambda_{PP}^{-}\Pr(C|[x])+\lambda_{PN}^{-}(1-\Pr(C|[x])))}{l(\widetilde{R(a_P|[x])})+l(\widetilde{R(a_N|[x])})} \tag{4.18}$$

式中

$$l(\widetilde{R(a_P|[x])})=(\lambda_{PP}^{+}\Pr(C|[x])+\lambda_{PN}^{+}(1-\Pr(C|[x])))-(\lambda_{PP}^{-}\Pr(C|[x])+\lambda_{PN}^{-}(1-\Pr(C|[x])))$$

$$l(\widehat{R(a_N\,|\,[x])}) = (\lambda_{NP}^{+}\Pr(C\,|\,[x]) + \lambda_{NN}^{+}(1-\Pr(C\,|\,[x]))) - (\lambda_{NP}^{-}\Pr(C\,|\,[x]) + \lambda_{NN}^{-}(1-\Pr(C\,|\,[x])))$$

此种情况下，它的前提条件如下。

（c5.1）$\lambda_{PP}^{-}\Pr(C\,|\,[x]) + \lambda_{PN}^{-}(1-\Pr(C\,|\,[x])) < \lambda_{NP}^{+}\Pr(C\,|\,[x]) + \lambda_{NN}^{+}(1-\Pr(C\,|\,[x]))$。

（c5.2）$\lambda_{NP}^{-}\Pr(C\,|\,[x]) + \lambda_{NN}^{-}(1-\Pr(C\,|\,[x])) < \lambda_{PP}^{+}\Pr(C\,|\,[x]) + \lambda_{PN}^{+}(1-\Pr(C\,|\,[x]))$。

如果 $p_{13}=1$，那么它的前提条件如下。

（c6）$\lambda_{NP}^{+}\Pr(C\,|\,[x]) + \lambda_{NN}^{+}(1-\Pr(C\,|\,[x])) \leqslant \lambda_{PP}^{-}\Pr(C\,|\,[x]) + \lambda_{PN}^{-}(1-\Pr(C\,|\,[x]))$。

对于 p_{23}，如果 $p_{23}=0$，那么它的前提条件如下。

（c7）$\lambda_{BP}^{+}\Pr(C\,|\,[x]) + \lambda_{BN}^{+}(1-\Pr(C\,|\,[x])) \leqslant \lambda_{NP}^{-}\Pr(C\,|\,[x]) + \lambda_{NN}^{-}(1-\Pr(C\,|\,[x]))$。

如果 $0<p_{23}<1$，p_{23} 为

$$p_{23} = 1 - \frac{(\lambda_{NP}^{+}\Pr(C\,|\,[x]) + \lambda_{NN}^{+}(1-\Pr(C\,|\,[x]))) - (\lambda_{BP}^{-}\Pr(C\,|\,[x]) + \lambda_{BN}^{-}(1-\Pr(C\,|\,[x])))}{l(\widehat{R(a_B\,|\,[x])}) + l(\widehat{R(a_N\,|\,[x])})} \tag{4.19}$$

式中

$$l(\widehat{R(a_B\,|\,[x])}) = (\lambda_{BP}^{+}\Pr(C\,|\,[x]) + \lambda_{BN}^{+}(1-\Pr(C\,|\,[x]))) - (\lambda_{BP}^{-}\Pr(C\,|\,[x]) + \lambda_{BN}^{-}(1-\Pr(C\,|\,[x])))$$

$$l(\widehat{R(a_N\,|\,[x])}) = (\lambda_{NP}^{+}\Pr(C\,|\,[x]) + \lambda_{NN}^{+}(1-\Pr(C\,|\,[x]))) - (\lambda_{NP}^{-}\Pr(C\,|\,[x]) + \lambda_{NN}^{-}(1-\Pr(C\,|\,[x])))$$

此种情况下，它的前提条件如下。

（c8.1）$\lambda_{BP}^{-}\Pr(C\,|\,[x]) + \lambda_{BN}^{-}(1-\Pr(C\,|\,[x])) < \lambda_{NP}^{+}\Pr(C\,|\,[x]) + \lambda_{NN}^{+}(1-\Pr(C\,|\,[x]))$。

（c8.2）$\lambda_{NP}^{-}\Pr(C\,|\,[x]) + \lambda_{NN}^{-}(1-\Pr(C\,|\,[x])) < \lambda_{BP}^{+}\Pr(C\,|\,[x]) + \lambda_{BN}^{+}(1-\Pr(C\,|\,[x]))$。

如果 $p_{23}=1$，那么它的前提条件如下。

（c9）$\lambda_{NP}^{+}\Pr(C\,|\,[x]) + \lambda_{NN}^{+}(1-\Pr(C\,|\,[x])) \leqslant \lambda_{BP}^{-}\Pr(C\,|\,[x]) + \lambda_{BN}^{-}(1-\Pr(C\,|\,[x]))$。

表 4.3 中总共有 27 种组合，下面依次分析出每种组合的前提条件，其结果如表 4.4 所示。

表 4.4　在表 4.3 中每种组合的前提条件

编号	p_{12}				p_{13}				p_{23}			
	(c1)	(c2.1)	(c2.2)	(c3)	(c4)	(c5.1)	(c5.2)	(c6)	(c7)	(c8.1)	(c8.2)	(c9)
1	√				√				√			
2	√				√					√	√	
3	√				√							√
4	√					√	√		√			
5	√					√	√			√	√	
6	√					√	√					√
7	√							√	√			
8	√							√		√	√	
9	√							√				√

续表

编号	p_{12}				p_{13}				p_{23}			
	(c1)	(c2.1)	(c2.2)	(c3)	(c4)	(c5.1)	(c5.2)	(c6)	(c7)	(c8.1)	(c8.2)	(c9)
10		√	√		√				√			
11		√	√		√					√	√	
12		√	√		√							√
13		√	√			√	√		√			
14		√	√			√	√			√	√	
15		√	√			√	√					√
16		√	√					√	√			
17		√	√					√		√	√	
18		√	√					√				√
19				√	√				√			
20				√	√					√	√	
21				√	√							√
22				√		√	√		√			
23				√		√	√			√	√	
24				√		√	√					√
25				√				√	√			
26				√				√		√	√	
27				√				√				√

注：表中“√”，表示每种组合的前提条件

借鉴 Zhou[18]的研究成果，假定决策者对决策规则（P2）～决策规则（N2）有这样一个偏好序：$\mathrm{POS}(C) \succ \mathrm{BND}(C) \succ \mathrm{NEG}(C)$。也就是说，从语义角度来看，决策者不轻易地作出拒绝决策，即 $\mathrm{NEG}(C)$。在这个偏好序中，决策者认为接受决策 $\mathrm{POS}(C)$ 是最佳的，而不承诺或者延迟决策 $\mathrm{BND}(C)$ 其次。下面考虑决策者对决策规则（P2）～决策规则（N2）的这一偏好序，求出每种组合对应的决策规则，结果如表 4.5 所示。

表 4.5　在表 4.3 中每种组合的决策规则

编号	确定性规则			不确定性规则			
	POS(*C*)	BND(*C*)	NEG(*C*)	POS(*C*)∨NEG(*C*)	POS(*C*)∨BND(*C*)	BND(*C*)∨NEG(*C*)	POS(*C*)∨BND(*C*)∨NEG(*C*)
1	√						
2	√						
3	√						
4	√						
5				√			
6				√			
7	√						
8			√				
9			√				

续表

编号	确定性规则			不确定性规则			
	POS(*C*)	BND(*C*)	NEG(*C*)	POS(*C*)∨NEG(*C*)	POS(*C*)∨BND(*C*)	BND(*C*)∨NEG(*C*)	POS(*C*)∨BND(*C*)∨NEG(*C*)
10					√		
11					√		
12			√				
13					√		
14							√
15				√			
16		√					
17						√	
18			√				
19		√					
20		√					
21	√						
22		√					
23						√	
24			√				
25		√					
26						√	
27			√				

注：表中“√”，表示每种组合的可能性规则

从表 4.5 可以看出，决策规则可以分成两类，一类是确定性规则，另一类是不确定性规则。其中，确定性规则有 POS(*C*)、BND(*C*) 和 NEG(*C*)。不确定性规则包括 POS(*C*)∨NEG(*C*)、POS(*C*)∨BND(*C*)、BND(*C*)∨NEG(*C*) 和 POS(*C*)∨BND(*C*)∨NEG(*C*)。以编号 1 为例，它满足前提条件(c1)、(c4)和(c7)，即 $p_{12}=0$、$p_{13}=0$ 和 $p_{23}=0$。此时，根据式（4.14）～式（4.16），可依次求得 $p_1=0.5$、$p_2=1.5$ 和 $p_3=2.5$。再根据决策规则（P2）～决策规则（N2），编号 1 的决策规则应该是 POS(*C*)。

此外，对于表 4.5 中不确定性规则的组合，为了便于实际决策，这里进一步探索其具体的判断规则，详细结果如表 4.6 所示。

表 4.6　在表 4.5 中具有不确定性规则组合的具体判断规则

编号	具体判断规则
5	如果 $2p_{13}+p_{23}\leqslant 2$，则有 $x\in \mathrm{POS}(C)$；否则 $x\in \mathrm{NEG}(C)$
6	如果 $p_{13}\leqslant 1/2$，则有 $x\in \mathrm{POS}(C)$；否则 $x\in \mathrm{NEG}(C)$
10	如果 $p_{12}\leqslant 1/2$，则有 $x\in \mathrm{POS}(C)$；否则 $x\in \mathrm{BND}(C)$
11	如果 $2p_{12}-p_{23}\leqslant 1$，则有 $x\in \mathrm{POS}(C)$；否则 $x\in \mathrm{BND}(C)$
13	如果 $(2p_{12}+p_{13})\leqslant 1\wedge(p_{12}+2p_{13})\leqslant 2$，则有 $x\in \mathrm{POS}(C)$ 如果 $1\leqslant(2p_{12}+p_{13})\wedge(p_{13}-p_{12})\leqslant 1$，则有 $x\in \mathrm{BND}(C)$

续表

编号	具体判断规则
14	如果 $(2p_{12}+p_{13}-p_{23})\leqslant 1\wedge(p_{12}+2p_{13}+p_{23})\leqslant 2$，则有 $x\in \mathrm{POS}(C)$ 如果 $1\leqslant(2p_{12}+p_{13}-p_{23})\wedge(p_{13}-p_{12}+2p_{23})\leqslant 1$，则有 $x\in \mathrm{BND}(C)$ 如果 $2\leqslant(p_{12}+2p_{13}+p_{23})\wedge 1\leqslant(p_{13}-p_{12}+2p_{23})$，则有 $x\in \mathrm{NEG}(C)$
15	如果 $(2p_{12}+p_{13})\leqslant 2\wedge(p_{12}+2p_{13})\leqslant 1$，则有 $x\in \mathrm{POS}(C)$ 如果 $1\leqslant(p_{12}+2p_{13})\wedge(p_{12}-p_{13})\leqslant 1$，则有 $x\in \mathrm{NEG}(C)$
17	如果 $(2p_{23}-p_{12})\leqslant 0$，则有 $x\in \mathrm{BND}(C)$；否则 $x\in \mathrm{NEG}(C)$
23	如果 $(2p_{23}+p_{13})\leqslant 2$，则有 $x\in \mathrm{BND}(C)$；否则 $x\in \mathrm{NEG}(C)$
26	如果 $p_{23}\leqslant 0.5$，则有 $x\in \mathrm{BND}(C)$；否则 $x\in \mathrm{NEG}(C)$

从表 4.6 可以看出，增加一些新的前提条件，可以对表 4.5 中不确定性规则的组合作出确定性规则。下面将通过一个例子，详细阐述利用可能度排序方法来获取区间数决策粗糙集的决策规则。

例 4.3　表 4.1 中的各损失值继续沿用例 4.2 中的值。一个概念 C 的概率分布信息，采用 Deng 和 Yao[19]所述。根据式（4.6），各期望损失值可以计算为

$$\begin{aligned}
\widetilde{R(a_P\mid[x])}&=[-1.8464\Pr(C\mid[x])+3.3798,-2.5818\Pr(C\mid[x])+5.7363]\\
\widetilde{R(a_B\mid[x])}&=[-0.0409\Pr(C\mid[x])+2.4496,-0.0199\Pr(C\mid[x])+3.3673]\\
\widetilde{R(a_N\mid[x])}&=[2.5039\Pr(C\mid[x])+0.7668,1.4547\Pr(C\mid[x])+3.1200]
\end{aligned}\tag{4.20}$$

根据 Deng 和 Yao[19]所述，条件等价类记为 $\pi_{\mathrm{AT}}=\{X_1,X_2,\cdots,X_{15}\}$ 并列出了其相应的条件概率。根据式（4.20）和条件概率值，可以计算出每一个条件等价类的期望损失值，其结果如表 4.7 所示。

表 4.7　条件等价类的各期望损失值

X_i	$\Pr(C\mid X_i)$	$\widetilde{R(a_P\mid X_i)}$	$\widetilde{R(a_B\mid X_i)}$	$\widetilde{R(a_N\mid X_i)}$
X_1	1.000	[1.5334, 3.1545]	[2.4087, 3.3474]	[3.2707, 4.5747]
X_2	1.000	[1.5334, 3.1545]	[2.4087, 3.3474]	[3.2707, 4.5747]
X_3	1.000	[1.5334, 3.1545]	[2.4087, 3.3474]	[3.2707, 4.5747]
X_4	1.000	[1.5334, 3.1545]	[2.4087, 3.3474]	[3.2707, 4.5747]
X_5	0.9000	[1.7180, 3.4127]	[2.4128, 3.3494]	[3.0203, 4.4292]
X_6	0.8000	[1.9027, 3.6709]	[2.4169, 3.3514]	[2.7699, 4.2838]
X_7	0.8000	[1.9027, 3.6709]	[2.4169, 3.3514]	[2.7699, 4.2838]
X_8	0.6000	[2.2720, 4.1872]	[2.4251, 3.3514]	[2.2691, 3.9928]
X_9	0.5000	[2.4566, 4.4454]	[2.4292, 3.3574]	[2.0188, 3.8474]
X_{10}	0.4000	[2.6412, 4.7036]	[2.4332, 3.3593]	[1.7684, 3.7019]
X_{11}	0.4000	[2.6412, 4.7036]	[2.4332, 3.3593]	[1.7684, 3.7019]
X_{12}	0.2000	[3.0105, 5.2199]	[2.4414, 3.3633]	[1.2676, 3.4109]

续表

X_i	$\Pr(C\mid X_i)$	$\widetilde{R(a_P\mid X_i)}$	$\widetilde{R(a_B\mid X_i)}$	$\widetilde{R(a_N\mid X_i)}$
X_{13}	0.1000	[3.1952, 5.4781]	[2.4455, 3.3653]	[1.0172, 3.2655]
X_{14}	0	[3.3798, 5.7363]	[2.4496, 3.3673]	[0.7688, 3.1200]
X_{15}	0	[3.3798, 5.7363]	[2.4496, 3.3673]	[0.7688, 3.1200]

依据表 4.4 中的前提条件、表 4.5～表 4.7 的结论，可以判断出每个条件等价类所属的情况和决策结果。具体的判定过程如表 4.8 所示。

表 4.8　条件等价类的决策结果

X_i	前提条件	对应编号	决策结果
X_1	$((c2.1)\wedge(c2.2))\wedge(c4)\wedge((c8.1)\wedge(c8.2))$	11	POS(C)
X_2	$((c2.1)\wedge(c2.2))\wedge(c4)\wedge((c8.1)\wedge(c8.2))$	11	POS(C)
X_3	$((c2.1)\wedge(c2.2))\wedge(c4)\wedge((c8.1)\wedge(c8.2))$	11	POS(C)
X_4	$((c2.1)\wedge(c2.2))\wedge(c4)\wedge((c8.1)\wedge(c8.2))$	11	POS(C)
X_5	$((c2.1)\wedge(c2.2))\wedge((c5.1)\wedge(c5.2))\wedge((c8.1)\wedge(c8.2))$	14	POS(C)
X_6	$((c2.1)\wedge(c2.2))\wedge((c5.1)\wedge(c5.2))\wedge((c8.1)\wedge(c8.2))$	14	POS(C)
X_7	$((c2.1)\wedge(c2.2))\wedge((c5.1)\wedge(c5.2))\wedge((c8.1)\wedge(c8.2))$	14	POS(C)
X_8	$((c2.1)\wedge(c2.2))\wedge((c5.1)\wedge(c5.2))\wedge((c8.1)\wedge(c8.2))$	14	BND(C)
X_9	$((c2.1)\wedge(c2.2))\wedge((c5.1)\wedge(c5.2))\wedge((c8.1)\wedge(c8.2))$	14	BND(C)
X_{10}	$((c2.1)\wedge(c2.2))\wedge((c5.1)\wedge(c5.2))\wedge((c8.1)\wedge(c8.2))$	14	NEG(C)
X_{11}	$((c2.1)\wedge(c2.2))\wedge((c5.1)\wedge(c5.2))\wedge((c8.1)\wedge(c8.2))$	14	NEG(C)
X_{12}	$((c2.1)\wedge(c2.2))\wedge((c5.1)\wedge(c5.2))\wedge((c8.1)\wedge(c8.2))$	14	NEG(C)
X_{13}	$((c2.1)\wedge(c2.2))\wedge((c5.1)\wedge(c5.2))\wedge((c8.1)\wedge(c8.2))$	14	NEG(C)
X_{14}	$(c3)\wedge(c6)\wedge((c8.1)\wedge(c8.2))$	26	NEG(C)
X_{15}	$(c3)\wedge(c6)\wedge((c8.1)\wedge(c8.2))$	26	NEG(C)

为了说明基于可能度排序方法的区间数决策粗糙集的规则获取方法，这里选取表 4.8 中的条件等价类 X_1 作为例子详细阐述。

对于条件等价类 X_1，根据它在表 4.7 中的期望损失值和表 4.4 中的决策准则，可以获取 X_1 的前提条件是 $((c2.1)\wedge(c2.2))\wedge(c4)\wedge((c8.1)\wedge(c8.2))$，即 $0<p_{12}<1$、$p_{13}=0$、$0<p_{23}<1$。因此，X_1 对应于表 4.3 中的编号 11。从表 4.5 可以看出，编号 11 有不确定性规则 $\mathrm{POS}(C)\vee\mathrm{BND}(C)$。再基于表 4.6 中的具体判断规则，此时需要进一步计算 p_{12} 和 p_{23} 的值，则有 $p_{12}=0.2914$、$p_{23}=0.0342$。根据表 4.6 中编号 11 的具体判断规则，发现 $2p_{12}-p_{23}$ 的值为 0.5485。此时，$2p_{12}-p_{23}\leqslant 1$。因此，条件等价类 X_1 应该被判到区域 POS(C) 中。

4.4 基于优化视角的区间数决策粗糙集决策机制

从 4.2 节和 4.3 节来看，确定性排序方法和可能度排序方法在获取区间数决策粗糙集决策规则方面，具有不同的机制。对于确定性排序方法，区间数期望损失值转换成了精确值，然后直接用于生成三支决策。该方法实施过程非常简便，但它需提前确定决策者的风险态度θ。关于θ值的确定，目前还缺少一种合理的语义解释。而对于可能度排序方法，它在比较区间数时考虑了区间数期望损失值的分布情况和所有可能性结果。事实上，可能度排序方法仅涉及区间的上下界。确实性排序方法和可能度排序方法两种常规方法主要集中于处理损失值的信息，侧重体现了人参与的视角[20]。鉴于区间数常规排序方法在区间数决策粗糙集中上述的评述，本节将设计一个新的方法来获取三支决策。新的方法遵守以下原则：①它不需要考虑确定性排序方法中的θ取值问题；②类似于可能度排序方法，在区间数内根据目标搜索出合适的点；③它能体现人机交互方式，特别是在机器学习方面。

根据 Mishra 等[21]的研究发现，面对模糊信息，人们会按朝着对自己有利的期望方面来解释，从而产生正能量，使自己表现得更好。区间数是一个典型的信息粒[22, 23]。对于区间数决策粗糙集，它为损失值形成了信息粒。根据式（4.4），决策粗糙集中的阈值可以由损失值来确定。考虑决策粗糙集中损失值为区间数的情况，可计算出多对阈值，如刘盾等[2]计算出阈值α和β的各自取值范围。借助于信息粒的扩展性，Pedrycz 和 Song[22]讨论了一些信息粒分布策略，并且在目标函数最优情况下选取参数值作为决策准则。从这个视角上来看，区间数决策粗糙集刚好提供了很多对阈值，也提供了区间数这一模糊搜索空间，现在仅需要构造一个目标函数为决策粗糙集选取合适阈值。

基于 Shannon 信息熵，Deng 和 Yao[19]提出了一个信息论方法来解释和确定阈值。主要贡献在于作者在信息不确定性最小的情况，考虑不同阈值会对论域产生不同的划分，基于此思想，构造出一个目标函数来确定阈值。这个过程主要依靠机器学习来完成，并且也消除了决策者风险态度θ的影响，它体现了机器学习的视角。但是，利用 Deng 和 Yao[19]提出的信息论方法，所求出的阈值仍缺少一个合理的语义解释。从这一点来看，Deng 和 Yao[19]提出的信息论方法与 Pedrycz 和 Song[22]提出的信息粒扩展思想是互补的，可以用于解决区间数决策粗糙集的基本模型。本节将组合信息论方法和信息粒扩展思想。通过考虑区间数的扩展性和信息的不确定性，基于区间数决策粗糙集的基本模型构建出一种获取决策规则的优化方法。

根据 Yao[11-15]的研究成果，下面对 4.2 节的决策规则（P）～决策规则（N）进行简化。

（1）如果$\alpha > \beta$，决策规则（P）～决策规则（N）简化为如下形式。

（P31）如果$\Pr(C\,|\,[x]) \geqslant \alpha$成立，则有$x \in \mathrm{POS}_{(\alpha,\beta)}(C)$。

（B31）如果 $\beta < \Pr(C \mid [x]) < \alpha$ 成立，则有 $x \in \mathrm{BND}_{(\alpha,\beta)}(C)$。

（N31）如果 $\Pr(C \mid [x]) \leqslant \beta$ 成立，则有 $x \in \mathrm{NEG}_{(\alpha,\beta)}(C)$。

$$\Updownarrow$$

$\mathrm{POS}_{(\alpha,\beta)}(C) = \{x \in U \mid \Pr(C \mid [x]) \geqslant \alpha\}$。

$\mathrm{BND}_{(\alpha,\beta)}(C) = \{x \in U \mid \beta < \Pr(C \mid [x]) < \alpha\}$。

$\mathrm{NEG}_{(\alpha,\beta)}(C) = \{x \in U \mid \Pr(C \mid [x]) \leqslant \beta\}$。

这里的决策规则(P31)～决策规则(N31)是三支决策，包括三个区域：$\mathrm{POS}_{(\alpha,\beta)}(C)$、$\mathrm{BND}_{(\alpha,\beta)}(C)$ 和 $\mathrm{NEG}_{(\alpha,\beta)}(C)$。此时，阈值 (α,β) 将作为标准来生成决策规则。

（2）如果 $\alpha \leqslant \beta$，决策规则（P）～决策规则（N）简化为如下形式

（P32）如果 $\Pr(C \mid [x]) \geqslant \gamma$ 成立，则有 $x \in \mathrm{POS}_{(\gamma,\gamma)}(C)$。

（N32）如果 $\Pr(C \mid [x]) < \gamma$ 成立，则有 $x \in \mathrm{NEG}_{(\gamma,\gamma)}(C)$。

$$\Updownarrow$$

$\mathrm{POS}_{(\gamma,\gamma)}(C) = \{x \in U \mid \Pr(C \mid [x]) \geqslant \gamma\}$。

$\mathrm{NEG}_{(\gamma,\gamma)}(C) = \{x \in U \mid \Pr(C \mid [x]) < \gamma\}$。

这里的决策规则(P32)～决策规则(N32)是二支决策，包括两个区域：$\mathrm{POS}_{(\gamma,\gamma)}(C)$ 和 $\mathrm{NEG}_{(\gamma,\gamma)}(C)$。此时，决策规则依赖于阈值$\gamma$。严格来说，二支决策可以看成三支决策的特例。从决策规则（P31）～决策规则（N31）和决策规则（P32）～决策规则（N32）可以看出，不同阈值会影响到对论域中三个区域的划分，由此带来相应的信息不确定性。基于此，Deng 和 Yao[19]提出了一种信息论方法。

下面，简要回顾一下 Deng 和 Yao[19]所提到的信息论方法。

定义 4.4 一个四元组 $S = (U, \mathrm{AT} \cup D, V, f)$ 是一个信息系统，其中，$\mathrm{AT} \cap D = \varnothing$，$U$ 是个非空对象集，称为论域。AT 称为条件属性集，D 是决策属性。假设 $\pi = \{b_1, b_2, \cdots, b_n\}$ 是论域上的一个划分，则有 $\bigcup_{i=1}^{n} b_i = U$，并且对于任意 $i \neq j$ 时，$b_i \cap b_j = \varnothing$。

根据定义 4.4，在决策粗糙集的情景下，条件等价类记为 $\pi_{\mathrm{AT}} = \{X_1, X_2, \cdots, X_m\}$，决策等价类记为 $\pi_D = \{C, \neg C\}$。对于任意的两个集合 E 和 F，根据式（4.8），条件概率 $\Pr(F \mid E)$ 可以计算为 $\Pr(F \mid E) = |E \cap F| / |E|$。

在状态 C 下，根据决策规则（P31）～决策规则（N31），一对阈值 (α,β) 可以把论域分成三个区域，即 $\pi_{(\alpha,\beta)} = \{\mathrm{POS}_{(\alpha,\beta)}(C), \mathrm{NEG}_{(\alpha,\beta)}(C), \mathrm{BND}_{(\alpha,\beta)}(C)\}$。根据 Deng 和 Yao[19]的研究结论，这三个区域的总体不确定性可以计算得

$$\begin{aligned} H(\pi_D \mid \pi_{(\alpha,\beta)}) = {} & \Pr(\mathrm{POS}_{(\alpha,\beta)}(C)) H(\pi_D \mid \mathrm{POS}_{(\alpha,\beta)}(C)) + \Pr(\mathrm{NEG}_{(\alpha,\beta)}(C)) \\ & H(\pi_D \mid \mathrm{NEG}_{(\alpha,\beta)}(C)) + \Pr(\mathrm{BND}_{(\alpha,\beta)}(C)) H(\pi_D \mid \mathrm{BND}_{(\alpha,\beta)}(C)) \end{aligned} \tag{4.21}$$

式中

$$H(\pi_D \mid \text{POS}_{(\alpha,\beta)}(C)) = -\Pr(C \mid \text{POS}_{(\alpha,\beta)}(C))\log\Pr(C \mid \text{POS}_{(\alpha,\beta)}(C)) \\ -\Pr(\neg C \mid \text{POS}_{(\alpha,\beta)}(C))\log\Pr(\neg C \mid \text{POS}_{(\alpha,\beta)}(C))$$

$$H(\pi_D \mid \text{NEG}_{(\alpha,\beta)}(C)) = -\Pr(C \mid \text{NEG}_{(\alpha,\beta)}(C))\log\Pr(C \mid \text{NEG}_{(\alpha,\beta)}(C)) \\ -\Pr(\neg C \mid \text{NEG}_{(\alpha,\beta)}(C))\log\Pr(\neg C \mid \text{NEG}_{(\alpha,\beta)}(C))$$

$$H(\pi_D \mid \text{BND}_{(\alpha,\beta)}(C)) = -\Pr(C \mid \text{BND}_{(\alpha,\beta)}(C))\log\Pr(C \mid \text{BND}_{(\alpha,\beta)}(C)) \\ -\Pr(\neg C \mid \text{BND}_{(\alpha,\beta)}(C))\log\Pr(\neg C \mid \text{BND}_{(\alpha,\beta)}(C))$$

$$\Pr(\bullet) = \frac{|\bullet|}{|U|}(\bullet = \text{POS}_{(\alpha,\beta)}(C), \text{NEG}_{(\alpha,\beta)}(C), \text{BND}_{(\alpha,\beta)}(C))$$

在 Deng 和 Yao[19]的方法中，式（4.21）作为其目标函数。具体而言，当总体不确定性$H(\pi_D \mid \pi_{(\alpha,\beta)})$达到最小化时，可对应找出其优化后的阈值，详细过程可见 Deng 和 Yao[19]在文献[19]中的解释。

类似地，根据决策规则（P32）～决策规则（N32），阈值γ可以把论域分成两个区域，即$\pi_{(\gamma,\gamma)} = \{\text{POS}_{(\gamma,\lambda)}(C), \text{NEG}_{(\gamma,\gamma)}(C)\}$。这两个区域的总体不确定性可以计算得

$$H(\pi_D \mid \pi_{(\gamma,\gamma)}) = \Pr(\text{POS}_{(\gamma,\gamma)}(C))H(\pi_D \mid \text{POS}_{(\gamma,\gamma)}(C)) \\ +\Pr(\text{NEG}_{(\gamma,\gamma)}(C))H(\pi_D \mid \text{NEG}_{(\gamma,\gamma)}(C)) \tag{4.22}$$

式中

$$H(\pi_D \mid \text{POS}_{(\gamma,\gamma)}(C)) = -\Pr(C \mid \text{POS}_{(\gamma,\gamma)}(C))\log\Pr(C \mid \text{POS}_{(\gamma,\gamma)}(C)) \\ -\Pr(\neg C \mid \text{POS}_{(\gamma,\gamma)}(C))\log\Pr(\neg C \mid \text{POS}_{(\gamma,\gamma)}(C))$$

$$H(\pi_D \mid \text{NEG}_{(\gamma,\gamma)}(C)) = -\Pr(C \mid \text{NEG}_{(\gamma,\gamma)}(C))\log\Pr(C \mid \text{NEG}_{(\gamma,\gamma)}(C)) \\ -\Pr(\neg C \mid \text{NEG}_{(\gamma,\gamma)}(C))\log\Pr(\neg C \mid \text{NEG}_{(\gamma,\gamma)}(C))$$

$$\Pr(\bullet) = \frac{|\bullet|}{|U|}(\bullet = \text{POS}_{(\gamma,\gamma)}(C), \text{NEG}_{(\gamma,\gamma)}(C))$$

根据式（4.21）和式（4.22），系统总体不确定的一般形式可以表示为

$$H(\pi_D \mid \pi) = \begin{cases} H(\pi_D \mid \pi_{(\alpha,\beta)}), & \alpha > \beta \\ H(\pi_D \mid \pi_{(\gamma,\gamma)}), & \alpha \leqslant \beta \end{cases} \tag{4.23}$$

式中

$$\alpha = \frac{(\lambda_{PN} - \lambda_{BN})}{(\lambda_{PN} - \lambda_{BN}) + (\lambda_{BP} - \lambda_{PP})}$$

$$\beta = \frac{(\lambda_{BN} - \lambda_{NN})}{(\lambda_{BN} - \lambda_{NN}) + (\lambda_{NP} - \lambda_{BP})}$$

$$\gamma = \frac{(\lambda_{PN} - \lambda_{NN})}{(\lambda_{PN} - \lambda_{NN}) + (\lambda_{NP} - \lambda_{PP})}$$

由此，本书设计出一个优化模型，具体如下

$$\min H(\pi_D \mid \pi) \tag{4.24}$$

$$\text{s.t.} \begin{cases} \lambda_{PP}^{-} \leqslant \lambda_{PP} \leqslant \lambda_{PP}^{+} \\ \lambda_{BP}^{-} \leqslant \lambda_{BP} \leqslant \lambda_{BP}^{+} \\ \lambda_{NP}^{-} \leqslant \lambda_{NP} \leqslant \lambda_{NP}^{+} \\ \lambda_{PN}^{-} \leqslant \lambda_{PN} \leqslant \lambda_{PN}^{+} \\ \lambda_{BN}^{-} \leqslant \lambda_{BN} \leqslant \lambda_{BN}^{+} \\ \lambda_{NN}^{-} \leqslant \lambda_{NN} \leqslant \lambda_{NN}^{+} \\ \lambda_{PP} \leqslant \lambda_{BP} < \lambda_{NP} \\ \lambda_{NN} \leqslant \lambda_{BN} < \lambda_{PN} \end{cases}$$

式（4.24）是目标函数，而区间数这一信息粒的扩展性具体体现在约束条件中。基于约束条件，确定了优化模型的损失值搜索空间。对于该模型的求解，可以借助一些优化算法，如粒子群优化（Particle Swarm Optimization，PSO）算法、遗传算法（Genetic Algorithm，GA）等。最终，在最优化状态下得到对应的一组阈值，记为$(\alpha_{\text{opt}}, \beta_{\text{opt}}, \gamma_{\text{opt}})$。如果$\alpha_{\text{opt}} > \beta_{\text{opt}}$，决策规则（P31）～决策规则（N31）用于分类论域对象集。否则决策规则（P32）～决策规则（N32）作为决策规则用于分类。

值得注意的是，优化模型中的阈值是与损失值相关的，这刚好取决于决策者的评估。为了便于求解，需提前计算出各条件类在决策类 C 上的条件概率，即 $\Pr(C \mid X_i)$ $(i=1,2,\cdots,m)$。下面，将采用一个例子来详细阐述优化模型在区间数决策粗糙集中的规则获取过程。

例 4.4　表 4.1 中的各损失值继续沿用例 4.2 中的值。一个概念 C 的概率分布信息，采用 Deng 和 Yao[19]所述内容。为了求解式（4.24）对应的优化模型，这里采用 PSO 算法为例来说明。PSO 算法的详细算法过程，请详见 Eberhart 和 Kennedy[24]、Pedrycz 和 Song[22]的研究结论。

根据 PSO 算法，结合本例来设置算法中的参数。学习因子 c_1 和 c_2 的值为 $c_1 = c_2 = 2$，适应函数为 $H(\pi_D \mid \pi)$，粒子数是 $\text{Num} = 20$，最大的迭代次数记为 $\text{Max} = 200$。每个粒子的维数为 $t = 2$，一个对应损失 λ_{PP}，另一个对应损失 λ_{PN}。粒子的位置记为 $x(i,j)$，其对应的速度记为 $v(i,j)$ $(i=1,2,\cdots,\text{Num}; j=1,2,\cdots,t)$。那么，各粒子的速度更新公式，具体如下

$$v(i,j) = w(p)\cdot v(i,j) + \text{c}_1\cdot \text{rand}\cdot(y(i,j) - x(i,j)) + \text{c}_2\cdot\text{rand}\cdot(\text{pg}(j) - x(i,j))$$

式中，$w(p) = 0.9 - (0.9-0.4)\cdot p/\text{Max}$ 是动态惯性权重，p 代表迭代次数；$y(i,j)$ 表示粒子的局部最优位置；$pg(j)$ 表示所有粒子的全局最优位置。各粒子的下一次迭代位置公式为

$$x(i,j) = x(i,j) + v(i,j)$$

式（4.24）对应的优化模型，其 PSO 算法的迭代过程，具体如图 4.2 所示。

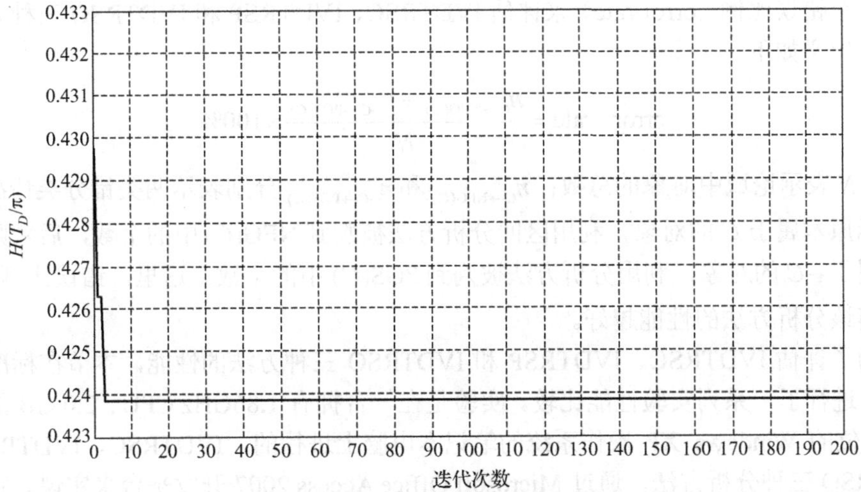

图 4.2　PSO 算法迭代过程

从图 4.2 可以看出，PSO 算法收敛速度很快，并最终趋于稳定的状态。该例子中，$H(\pi_D\mid\pi)$ 最优的结果是 0.4238，其中 $\lambda_{PP}=1.8442$，$\lambda_{BP}=2.4318$，$\lambda_{NP}=3.8643$，$\lambda_{PN}=5.7363$，$\lambda_{BN}=3.0383$ 和 $\lambda_{NN}=2.1479$。相应地，这里获得一组优化的阈值：$\alpha_{\text{opt}}=0.8211$、$\beta_{\text{opt}}=0.3833$ 和 $\gamma_{\text{opt}}=0.6398$，因此，$\alpha_{\text{opt}}>\beta_{\text{opt}}$。基于上述分析结果，构建出决策规则（P31）～决策规则（N31），具体如下。

（P31）如果 $\Pr(C\mid[x])\geqslant 0.8211$ 成立，则有 $x\in \text{POS}_{(\alpha,\beta)}(C)$。

（B31）如果 $0.3833<\Pr(C\mid[x])<0.8211$ 成立，则有 $x\in \text{BND}_{(\alpha,\beta)}(C)$。

（N31）如果 $\Pr(C\mid[x])\leqslant 0.3833$ 成立，则有 $x\in \text{NEG}_{(\alpha,\beta)}(C)$。

4.5　实验分析

正如前面所述，本书依次基于三种方法来研究区间数决策粗糙集的决策机制，包括有确定性排序方法（IVDTRSC）、可能度排序方法（IVDTRSP）和优化方法（IVDTRSO）。借助区间分析方法，它们能各自生成对应的三支决策。当决策者面对这些分析方法时，面临的一个重大挑战就是如何选取合适的分析方法进行区间数决策粗糙集的分析。本节将先通过实验分析来对比这三种方法，最后总结出选取分析方法的准则。

4.5.1　对比研究

基于 Androutsopoulos 等[25]的研究，三支决策的性能已在垃圾邮件过滤中得到验证[26, 27]，Yao[13]又从成本角度对三支决策优势进行了证明。根据这些研究结论，这里定义一个错误比例（error rate）来评估 IVDTRSC、IVDTRSP 和 IVDTRSO 三种方法的性能，定义如下

$$\text{error rate} = \frac{n_{C \to \text{NEG}(C)} + n_{\neg C \to \text{POS}(C)}}{N} \times 100\% \tag{4.25}$$

式中，N 表示论域中对象的总数；$n_{C \to \text{NEG}(C)}$ 和 $n_{\neg C \to \text{POS}(C)}$ 分别表示两类错分类情况，前者表示原本属于 C 的对象，利用区间分析方法被判到 NEG(C) 中的个数，后者则表示原本属于 $\neg C$ 的对象，利用分析方法被判到 POS(C) 中的个数。这里，错误比例越小，意味着该分析方法的性能越好。

为了评估 IVDTRSC、IVDTRSP 和 IVDTRSO 三种方法的性能，本节在标准数据集上，进行了一系列实验性能比较。实验是在一台拥有 1.86GHz CPU、2.0 GB 的内存和 32 位的 Windows XP 操作系统的笔记本电脑上进行的，IVDTRSC、IVDTRSP 和 IVDTRSO 三种分析方法，通过 Microsoft Office Access 2007 开发平台来实现。实验数据选自加州大学欧文分校的机器学习资源库网站，数据集的基本信息如表 4.9 所示。

表 4.9　数据集的基本信息

编号	数 据 集	缩 写	对 象 数	条件属性个数	决策类别数
1	Balance Scale	Balance	625	4	3
2	Car Evaluation	Car	1728	6	4
3	Chess (King-Rook vs. King-Pawn)	Chess	3196	36	2
4	Monk's Problems	Monk	432	6	2
5	Nursery	Nursery	12960	8	5
6	Tic-Tac-Toe Endgame	Tic-Tac-Toe	958	9	2

表 4.9 中，原始数据集都是一致性信息系统。在区间数决策粗糙集中，本节讨论的是两个状态 $\Omega = \{C, \neg C\}$，而在表 4.9 中，数据集的决策类别多于两个。为了发挥三支决策的优势，在对比研究之前对数据集进行了以下预处理：①随机从数据集选取删除的条件属性；②定义概念 C，合并数据集中决策类多于两个类别的决策类。各数据集具体的预处理情况，如表 4.10 所示。

表 4.10　数据集的预处理

数 据 集	概 念 C	删除的属性集
Balance	{B, R}	{Right-Distance}
Car	{acc, good, v-good}	{maint}
Chess	{won}	第 15 个条件属性
Monk	{1}	{a1}
Nursery	{priority, spec_prior}	{has_nurs}
Tic-Tac-Toe	{positive}	{bottom-left-square, bottom-middle-square, bottom-right-square}

对于每一个预处理得到的数据集，将其随机地平均分成 5 部分。根据这 5 部分，相继累加进而形成 5 个样本。针对每个样本，根据式（4.1）～式（4.4）的约束条件，在[0, 1]区间内随机生成区间数损失值。需要说明的是，对于 IVDTRSO 中的优化模型，本实验中继续采用 PSO 算法求解。IVDTRSC 与决策者的风险态度相关。本节选取$\theta=0$、$\theta=0.5$和$\theta=1$，对这三种代表性的情况进行分析。根据样本和其对应的损失值，可以分别计算出 IVDTRSC、IVDTRSP 和 IVDTRSO 的错误比例，计算结果如图 4.3 所示。

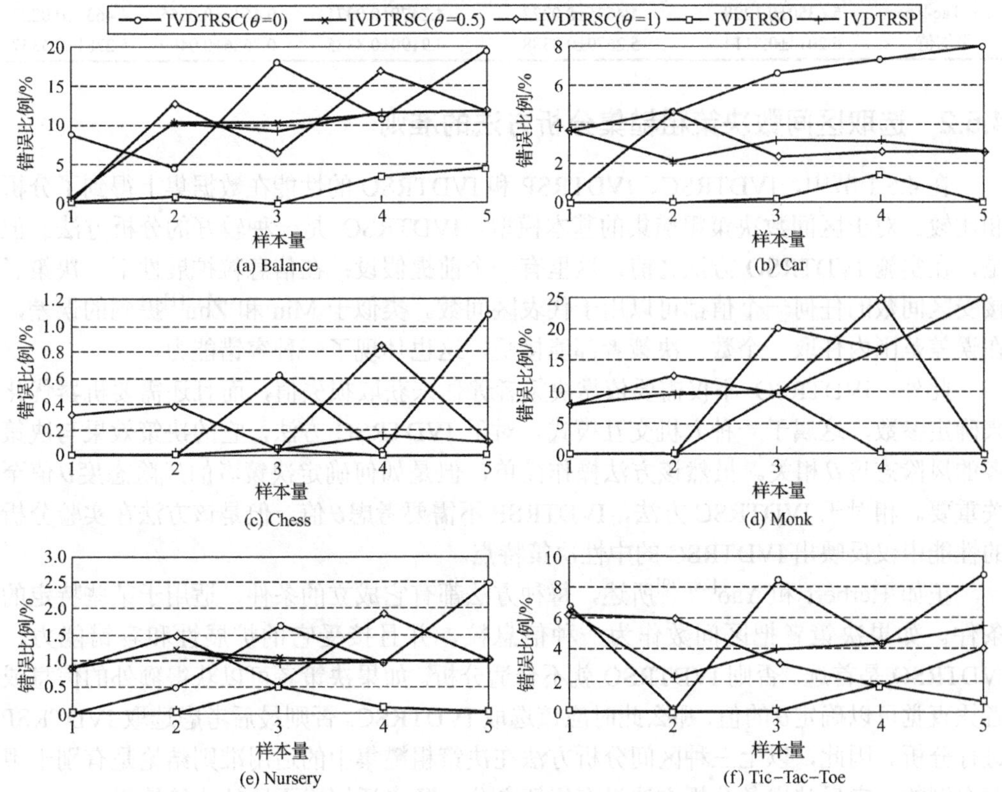

图 4.3　IVDTRSC、IVDTRSP 和 IVDTRSO 在各数据集上的比较

从图 4.3 可以看出，在每一个样本中，IVDTRSO 的错误比例总是小于或者等于其他方法。IVDTRSP 的错误比例与 IVDTRSC 方法中θ取 0.5 的情况基本上保持一致。对于 IVDTRSC 方法，它的错误比例会受θ取值的影响。此外，利用这些区间分析方法，可继续求得平均错误比例，如表 4.11 所示。

从表 4.11 可以看出，表中平均错误比例支持图 4.3 所述的结论。比较每个数据集的平均值，IVDTRSO 的平均错误比例小于其他方法。这说明，IVDTRSO 的性能在实验分析中表现最好。主要原因在于 IVDTRSO 方法在式（4.24）的引导下，通过机器学习可优化决策粗糙集的阈值。关于 IVDTRSC 方法，只要决策者有足够信息确定决策风险态度θ，它的性能也可优于 IVDTRSP 方法。

表 4.11 数据集在不同方法下的平均错误比例 （单位：%）

数据集	IVDTRSC ($\theta=0$)	IVDTRSC ($\theta=0.5$)	IVDTRSC ($\theta=1$)	IVDTRSO	IVDTRSP
Balance	12.2453±0.3943	8.9760±0.2127	9.5360±0.4220	1.7040±0.0409	8.7627±0.2074
Car	5.4116±0.0967	3.0038±0.0037	3.2294±0.0102	0.3133±0.0036	3.0038±0.0037
Chess	0.3520±0.0024	0.2074±0.0002	0.3420±0.0010	0.0104±0.0000	0.2074±0.0002
Monk	12.4295±1.3727	13.9158±0.4949	10.9934±0.7743	2.0000±0.2000	13.9158±0.4949
Nursery	1.1349±0.0099	1.0409±0.0001	1.1663±0.0028	0.1196±0.0004	1.0152±0.0001
Tic-Tac-Toe	5.6350±0.1298	4.4635±0.0222	4.2470±0.0371	0.4642±0.0055	4.4635±0.0222
平均值	6.2014±0.5114	5.2679±0.3388	4.9190±0.3385	0.7686±0.0409	5.2281±0.3357

4.5.2 选取区间数决策粗糙集分析方法的准则

在 4.5.1 节中，IVDTRSC、IVDTRSP 和 IVDTRSO 的性能在数据集上得到了分析和比较。对于区间数决策粗糙集的基本模型，IVDTRSO 是一种较好的分析方法。但是，在实施 IVDTRSO 方法之前，这里有一个前提假设：在信息粒扩展性下，决策者接受区间数的任何一个值都可以用于代表区间数。类似于 Min 和 Zhu[1]提到的误差，在误差范围内任取一个数，决策者都能接受，这也体现了一种容错能力。

此外，IVDTRSO 不仅需要依靠决策者评估来获取损失值，而且还需要机器优化来确定参数，这属于一种人机交互模式。对于 IVDTRSC 方法，它的决策效果与决策者的风险态度θ相关。虽然该方法操作简单，但是如何确定决策者的风险态度θ值至关重要。相对于 IVDTRSC 方法，IVDTRSP 不需要考虑θ值，但是该方法在实验分析的性能中仅反映出 IVDTRSC 的中性决策特点。

正如 Herbert 和 Yao[28, 29]所述，每种方法都有它成立的条件，适用于某些特定的条件。如果决策者把区间数作为一种信息粒，并且接受它的扩展性和容错能力，IVDTRSO 是首选。否则 IVDTRSO 就不合适分析。如果决策者可以获得额外的信息或者凭直觉可以确定θ的值，那么此时应该选取 IVDTRSC。否则最后考虑选取 IVDTRSP 进行分析。因此，以上三种区间分析方法在决策粗糙集中的适用准则结论是有别于现有案例的，它反映出各分析方法没有好坏之分，各自适用于不同的决策情景。

4.6 本章小结

考虑损失值为区间数评估情形，本章探讨了区间数决策粗糙集模型及其决策机制。首先，构建出区间数决策粗糙集的基本模型，然后与决策粗糙集进行异同点分析。在区间数决策粗糙集的框架下，借助两个常规的区间数分析方法（确定性排序方法和可能度排序方法），依次推导三支决策规则。确定性排序方法，在决策者一定的风险态度情况下，通过转换函数把区间数转换成实数来推导规则。可能度排序方法则利用区间数间的偏好度来推导规则，在该方法中，总结出所有的组合和前提条件，还包括确定性和不确定性两类决策规则。延续上述的研究，本章提出了一种基于区间数决策粗糙集的优化方法。该方法基于 Shannon 信息熵，以最小化总体不确定为目标函数。然后，在标准数据集上进行实验对比，分析确定性排序方法、可能度排序方法和优化方法的性能。最后，讨论出选取区间数决策粗糙集分析方法的准则。以上的研究结果，将有助于决策者在损失值区间不确定的情况下作出合理的决策。

致　谢

本章的研究内容得到了国家自然科学基金（项目编号分别为 71401026、71201133）、教育部人文社科青年基金（项目编号：11YJC630127）、高等学校博士学科点专项科研基金（项目编号：20120184120028）和中央高校基本科研业务费专项资金（项目编号：ZYGX2014J100，SWJTU12CX117）的资助。

参考文献

[1] Min F, Zhu W. Attribute reduction of data with error ranges and test costs. Information Sciences, 2012, 211: 48-67.

[2] 刘盾, 李天瑞, 李华雄. 区间决策粗糙集. 计算机科学, 2012, 39(7): 178-214.

[3] Liang D C, Liu D. Systematic studies on three-way decisions with interval-valued decision-theoretic rough sets. Information Sciences, 2014, 276: 186-203.

[4] 梁德翠. 模糊环境下基于决策粗糙集的决策方法研究. 成都: 西南交通大学, 2013.

[5] 刘进生, 王绪柱, 张宝玉. 区间数排序. 工程数学学报, 2001, 18(4): 103-109.

[6] 孙海龙, 姚卫星. 区间数排序方法评述. 系统工程学报, 2010, 25(3): 304-312.

[7] Xu Z S, Da Q L. The uncertain OWA operator. International Journal of Intelligent Systems, 2002, 17(6): 569-575.

[8] Xu Z S. On method for uncertain multiple attribute decision making problems with uncertain multiplicative preference information on alternatives. Fuzzy Optimization and Decision Making, 2005, 4(2): 131-139.

[9] Xu Z S. Dependent uncertain ordered weighted aggregation operators. Information Fusion, 2008, 9(2): 310-316.

[10] Moore R E. Interval Analysis. Englewood Cliffs' NJ: Prentice Hall, 1966.

[11] Yao Y Y. Probabilistic approaches to approximations. International Journal of Approximate Reasoning, 2008, 49(2): 255-271.

[12] Yao Y Y. Three-way decisions with probabilistic rough sets. Information Sciences, 2010, 180(3): 341-353.

[13] Yao Y Y. The superiority of three-way decisions in probabilistic rough set models. Information Sciences, 2011, 181(6): 1080-1096.

[14] Yao Y Y. Three-way decisions using rough sets// Peters G. Rough Sets: Selected Methods and

Applications in Management and Engineering, Advanced Information and Knowledge Processing, 2012: 79-93.

[15] Yao Y Y. An outline of a theory of three-way decisions//Proceedings of the 6th International Conference on Rough Sets and Knowledge Technology, LNAI 7414, 2012b: 1-16.

[16] Jiang C, Han X, Liu G R, et al. A nonlinear interval number programming method for uncertain optimization problems. European Journal of Operational Research, 2008, 188(1): 1-13.

[17] Sengupta A, Pal T K. On comparing interval numbers. European Journal of Operational Research, 2000, 127(1): 28-43.

[18] Zhou B. Multi-class decision-theoretic rough sets. International Journal of Approximate Reasoning, 2014, 55: 211-224.

[19] Deng X F, Yao Y Y. An information-theoretic interpretation of thresholds in probabilistic rough sets// Li T. RSKT 2012, LNAI 7414, 2012: 369-378.

[20] Liu D, Li T R, Liang D C. Incorporating logistic regression to decision-theoretic rough sets for classifications. International Journal of Approximate Reasoning, 2014, 55: 197-210.

[21] Mishra H, Mishra A, Shiv B. In praise of vagueness: malleability of vague information as a performance booster. Psychological Science, 2011, 22(6): 733-738.

[22] Pedrycz W, Song M L. Analytic hierarchy process (AHP) in group decision making and its optimization with an allocation of information granularity. IEEE Transactions on Fuzzy Systems, 2011, 19(3): 527-539.

[23] Pedrycz W, Bargiela A. An optimization of allocation of information granularity in the interpretation of data structures: toward granular fuzzy clustering. IEEE Transactions on Systems, Man, and Cybernetics-Part B, 2012, 42(3): 582-590.

[24] Eberhart R, Kennedy J. A new optimizer using particle swarm theory//Proceedings of the Sixth International Symposium on Micromachine and Human Science, 1995: 39-43.

[25] Androutsopoulos I, Paliouras G, Karkaletsis V, et al. Learning to filter spam e-mail: A comparison of a naive bayesian and a memory-based approach// 4th European Conference on Principles and Practice of Knowledge Discovery in Databases, 2000: 1-13.

[26] Jia X Y, Zheng K, Li W W, et al. Three-way decisions solution to filter spam email: An empirical study// Yao J T. RSCTC 2012, LNAI 7413. Berlin: Springer-Verlag, 2012: 287-296.

[27] Zhou B, Yao Y Y, Luo J G. A three-way decision approach to email spam filtering// Farzindar A, Keselj V. Canadian AI 2010, LNAI 6085. Berlin: Springer, 2010: 28-39.

[28] Herbert J P, Yao J T. Rough set model selection for practical decision making// Proceedings of the 4th International Conference on Fuzzy Systems and Knowledge Discovery (FSKD'07), Hainan, China, III, 2007: 203-207.

[29] Herbert J P, Yao J T. Criteria for choosing a rough set model. Computers and Mathematics with Application, 2009, 57(6): 908-918.

第 5 章　构造型的多粒度三支决策模型

Constructive Multi-Granular Three-Way Decision Model

陈　洁 1,2　张燕平 1,2　赵　姝 1,2

1. 计算智能与信号处理教育部重点实验室

2. 安徽大学计算机科学与技术学院

目前大多数神经网络在不确定性信息处理过程中，还是采用二支决策的结果。然而，实际问题处理需要考虑信息缺失时的不确定性，因此三支决策模型的研究具有重要意义。本章针对三支决策理论研究的阈值的主观性问题和边界域的不确定性问题进行了相应研究。在基于构造性覆盖算法的三支决策模型的基础上，提出了具有代价敏感性的三支决策模型和具有鲁棒性的三支决策模型，不需要阈值自动将样本划分为三个域，并对获得的覆盖根据代价敏感和鲁棒性分别进行了调整，有效地克服了划分造成的损失，提高了识别精度。同时，本章将粒计算理论引入覆盖算法，提出覆盖算法的多粒度思想，给出了构造型的多粒度三支决策模型，对边界域中的样本进行了处理，减少了边界域中的样本数，降低了问题的不确定性。

5.1　引　言

三支决策理论将传统的正域、负域的二支决策语义拓展为正域、边界域和负域的三支决策语义[1,2]。Yao 等将三支决策理论引入概率粗糙模型中，提出了一种新的三支决策模型，即决策粗糙集模型（Decision-Theoretic Rough Set Model，DTRSM），该模型在与二支决策的概率粗糙集模型、传统粗糙集模型的比较分析中表现出更优的性能。

在决策粗糙集模型中，正域、负域和边界域是由一对阈值(α,β)决定的，其中$0\leqslant\beta<\alpha\leqslant 1$。这两个阈值参数由损失函数$\lambda$决定，但这个损失函数的大小却是由实验或者专家的意见给出的，通过人类的经验获得，具有很大的主观性。因此基于决策粗糙集的三支决策模型仍存在需要进一步完善阈值(α,β)的缺点；另外该模型只将样本划分到三个域，并没有对边界域中的样本进行进一步的处理。以上两个问题是目前三支决策理论急需解决的两大问题[3-10]。

近年来，三支决策模型的研究有了长足的发展。2013 年，李华雄等[11]将代价敏感学习引入决策粗糙集，对决策粗糙集和代价敏感分类进行了进一步结合与研究，代价敏感以获得最小测试代价和误分类代价为目标，广泛应用于缺失数据处理和不平衡数据分类[12-14]，有助于对阈值的确定。同年，谢骋等[15]提出了基于三支决策粗糙集的视频异常行为检测，进一步拓展了三支决策的应用。2014 年，Zhou 等[16]提出了代价敏感的三支决策对垃圾邮件进行分类。除了将代价敏感思想引入三支决策模型，2013 年，Yao[17]将粒计算思想引入三支决策理论，提出序列三支决策模型。2014 年，Zhang 等[18]将序列三支决策模型应用于人脸识别，取得了不错的效果。2013 年，构造性覆盖算法（Constructive Covering Algorithm，CCA）也被引入三支决策中，提出了基于 CCA 的三支决策模型[19]。该模型不必人为决定关键参数，能自动形成正域、负域和边界域，解决根据损失函数 λ 获取阈值 (α,β) 的取值问题，同时也拓展了神经网络的二支决策形式。

CCA 依据学习样本集的物理分布，构造性地形成了对分类识别问题的正域、负域和边界域。基于 CCA 的三支决策模型以覆盖算法为基础，具有覆盖算法的优点，不需要阈值。但该模型对正域、负域和边界域的划分完全依赖于自动形成的覆盖，而覆盖中会存在少数很小的覆盖，影响最终的识别正确率。因此本章继续研究基于 CCA 的三支决策模型，提出了具有代价敏感性和鲁棒性的三支决策模型；再将粒计算思想引入覆盖算法，提出覆盖算法的多粒度思想，给出构造型的多粒度三支决策模型，对边界域中的样本进行处理，缩小边界域，降低问题的不确定性。

本章首先给出了基础的三支决策理论和 CCA 的思想；接着提出了具有代价敏感的三支决策模型，给出了在 spambase 和 chess 数据集上的实验结果；再给出具有鲁棒性的三支决策模型和实验结果；然后给出了构造型的多粒度三支决策模型的思想、算法和实验结果，通过对比基于决策粗糙集的三支决策模型和本章所提出的三种三支决策模型的实验结果，表明本章提出模型的有效性；最后给出总结。

5.2　三支决策相关理论

5.2.1　基于决策粗糙集的三支决策模型

决策粗糙集（Decision-Theoretic Rough Set，DTRS）在处理分类问题时具有容错性和风险代价敏感性，该模型引入了最小风险贝叶斯决策理论，通过计算各类分类决策的风险损失值，找出最小期望风险的决策，将其作为划分正域（POS）、边界域（BND）、负域（NEG）的基本依据。

考虑只具有两种状态的状态集合 $\Omega=\{X,\neg X\}$，该状态集合中包含互补关系的两种状态 X 和 $\neg X$。给定决策集 $A=(a_P,a_B,a_N)$，其中 a_P、a_B 和 a_N 分别表示将对象决策为 $\mathrm{POS}(X)$、$\mathrm{NEG}(X)$、$\mathrm{BND}(X)$。考虑到采取不同行为会产生不同的损失，λ_{PP}、λ_{BP} 和 λ_{NP} 分别表示当 x 属于 X 时，分别作出 a_P、a_B 和 a_N 决策时所对应的损失函数值，下标中的 PP 表示将正域 POS 元素划归正域 POS，下标中的 BP 表示将正域 POS 元素划归边界域 BND，下标中的 NP 表示将正域 POS 元素划归负域 NEG。λ_{PN}、λ_{BN} 和 λ_{NN} 表示 x 不属于 X 时，分别作出 a_P、a_B 和 a_N 决策时所对应的损失函数值，下标中的 PN 表示将负域 NEG 元素划归正域 POS，下标中的 BN 表示将负域 NEG 元素划归边界域 BND，下标中的 NN 表示将负域 NEG 元素划归负域 NEG。表 5.1 为对应的决策损失矩阵。

表 5.1　三种决策的损失矩阵

	a_P	a_B	a_N
X	λ_{PP}	λ_{BP}	λ_{NP}
$\neg X$	λ_{PN}	λ_{BN}	λ_{NN}

根据贝叶斯决策过程的推导，可以得到基于决策粗糙集的三支决策规则。

（1）如果 $P(x|[x]_R) \geqslant \alpha$，则 $x \in \text{POS}(X)$。

（2）如果 $\beta < P(X|[x]_R) < \alpha$，则 $x \in \text{BND}(X)$。

（3）如果 $P(x|[x]_R) \leqslant \beta$，则 $x \in \text{NEG}(X)$。

其中

$$\alpha = \frac{\lambda_{PN} - \lambda_{BN}}{(\lambda_{PN} - \lambda_{BN}) + (\lambda_{BP} - \lambda_{PP})}$$

$$\beta = \frac{\lambda_{PN} - \lambda_{NN}}{(\lambda_{BN} - \lambda_{NN}) + (\lambda_{NP} - \lambda_{BP})}$$

在实际应用中，根据对$1-\alpha$和β的解释以及对错误的不同容忍程度，用户可以选择合适的阈值对(α,β)。因为阈值是通过人类的经验获得的，所以结果具有很大的主观性。

5.2.2 CCA 简介

为了解决决策粗糙集模型中阈值选取的主观性问题，将 CCA 引入三支决策模型。CCA 的自身特点保证了在学习过程中自动产生样本的正域、负域和边界域，正如人类学习过程一样，经过多年的学习，对某些未知事物作决策时，必然会出现接受（正域）、拒绝（负域）或者无法立刻给出结论（边界域）这三种状态，不需要人为干预[19]。下面给出 CCA 的基本知识介绍。

假设训练样本集为 $X = \{(x_1,y_1),(x_2,y_2),\cdots,(x_p,y_p)\}$，$X$ 是 n 维欧氏空间的点集，共有 p 个样本，分为 m 类，其中 $x_i = (x_i^1,x_i^2,\cdots,x_i^n)$ 表示第 i 个样本的 n 维特征属性，y_i 表示第 i 个样本的决策属性，即类别，其中 $i=1,2,\cdots,p$；$y_i = 1,2,\cdots,m$。x_i 可以看成一个特征属性向量；y_i 表示决策属性，也就是样本类别。CCA 的具体过程如算法 5.1 所示[20, 21]。

算法 5.1　CCA

（1）归一化输入样本。采取常用的归一化公式（5.1），将样本的特征值归一化至[0,1]

$$x' = \frac{x - \text{MaxValue}}{\text{MaxValue} - \text{MinValue}} \tag{5.1}$$

式中，x 为归一化前的值；x' 为归一化后的值；MaxValue 为特征属性最大值，MinValue 为特征属性最小值。

（2）通过式（5.2）将 X 投影到 $n+1$ 维空间 S^{n+1}

$$T: X \to S^{n+1},\ T(x) = (x, \sqrt{R^2 - |x|^2}) \tag{5.2}$$

式中，$R \geqslant \max\{|x|, x \in X\}$。在大多数情况下，每个样本的长度是不相同的。将样本投影到 $n+1$ 维空间 S^{n+1}，使它们的长度相同。

（3）随机选择一个样本 x_k 作为一个覆盖的中心；计算该覆盖半径 θ 的方法为：以距离圆心最近的异类样本为界，以该界以内最远的同类点到圆心的距离为半径，称为最小半径法。

（4）形成覆盖。根据覆盖中心和覆盖半径，可以在空间 S^{n+1} 得到一个覆盖；返回第（3）步，直到所有样本全被覆盖。

5.2.3 基于 CCA 的三支决策模型

在 CCA 中，样本空间被多个球形领域覆盖，但因为训练样本的有限性，并不能完全覆盖全部的空间。因为覆盖半径的选取可能会造成某些空白区域被多个球形领域覆盖，所以这些区域就自动形成了边界域。下面给出基于 CCA 的三支决策模型。

训练样本 $X = \{(x_1, y_1), (x_2, y_2), \cdots, (x_p, y_p)\}$，覆盖算法最终将求出一组覆盖 $C = \{C_1^1, C_1^2, \cdots, C_1^{n_1}, C_2^1, C_2^2, \cdots, C_2^{n_2}, \cdots, C_m^1, \cdots, C_m^{n_m}\}$。令 $C_i = \cup C_i^j$，其中 $j = 1, 2, \cdots, n_i$，则每个 C_i 表示第 i 类样本的所有覆盖。根据这些覆盖就可以对三个域进行划分。

为了讨论方便，假设只有两类样本 C_1 和 C_2。它们的覆盖分别是 $(C_1^1, C_1^2, \cdots, C_1^{n_1})$，$(C_2^1, C_2^2, \cdots, C_2^{n_2})$。假设 $C_i = \cup C_i^j$，每个 C_i 表示第 i 类样本的所有覆盖。即 $C_1 = \{C_1^1, C_1^2, \cdots, C_1^{n_1}\}$，$C_2 = \{C_2^1, C_2^2, \cdots, C_2^{n_2}\}$。其中每个类至少有一个覆盖。定义 C_1 的正域为 $\mathrm{POS}(C_1) = \cup C_1^i - \cup C_2^j$，负域为 $\mathrm{NEG}(C_1) = \cup C_2^j - \cup C_1^i$，其他作为边界域 $\mathrm{BND}(C_1)$。其中 $i = 1, 2, \cdots, m$, $j = 1, 2, \cdots, n$。由上可知，$\mathrm{POS}(C_1) = \mathrm{NEG}(C_2)$，$\mathrm{POS}(C_2) = \mathrm{NEG}(C_1)$，$\mathrm{BND}(C_1) = \mathrm{BND}(C_2)$。

可以看出，基于 CCA 的三支决策模型能够根据样本自动确定三支决策的三个域，不需要给定任何参数。若对于多类样本，覆盖算法具有同样的划分方式。假设 $C_i = \cup C_i^j$，C_i 表示第 i 类样本的所有覆盖，C_i^j 表示第 i 类样本的第 j 个覆盖。则可以定义 C_i 的正域为 $\mathrm{POS}(C_i) = \cup C_i^j - \bigcup_{k \neq i} C_k^l$，负域为 $\mathrm{NEG}(C_i) = \bigcup_{k \neq i} C_k^l - \cup C_i^j$，其他作为边界域 $\mathrm{BND}(C_i)$。

5.3　基于 CCA 的代价敏感三支决策模型

5.3.1 引入代价敏感的三支决策模型

针对基于 CCA 的三支决策模型中生成的部分小覆盖影响识别正确率的问题，本节将代价敏感引入该模型中，提出了一种基于 CCA 的代价敏感三支决策模型，该模型在划分时根据误分类的损失大小对三个域的大小进行调整，尽可能地降低了划分损失。

代价敏感学习是以获得最小测试代价和误分类代价为目标的，基于 CCA 的代价敏感三支决策模型可以根据误分类代价的大小关系，选取合适的参数进行分类。具体的过程如算法 5.2 所示。

算法 5.2　基于 CCA 的代价敏感三支决策模型

（1）形成覆盖。根据覆盖算法，可以得到一组覆盖 $C=\{C_1^1,C_1^2,\cdots,C_1^{n_1},C_2^1,C_2^2,\cdots,C_2^{n_2}\}$。

（2）根据误分类代价的大小改变覆盖的个数。定义 $C_1^i(i=(1,2,\cdots,n_1))$ 中的样本属于正域 POS，$C_2^j(j=(1,2,\cdots,n_2))$ 中的样本属于负域 NEG，令 $C_1=\bigcup C_1^i(i=1,2,\cdots,n_1)$，$C_2=\bigcup C_2^i(j=1,2,\cdots,n_2)$。对于正覆盖 C_1，正覆盖的个数减少 n_1k（其中 $k\in[0,1]$），此时的覆盖个数为 $n_1(1-k)$；对于负覆盖 C_2，覆盖的个数减少 n_2t（其中 $t\in[0,1]$），此时的覆盖个数为 $n_2(1-t)$。在减少覆盖时，按照样本数从少到多对覆盖进行排序，首先减少样本数少的覆盖。本章中的 (k,t) 是由人为进行选择的，后期工作中将对此进行下一步的讨论，通过优化理论计算出最优的取值。

（3）形成三个域。假设覆盖个数改变后为 $C=\{C_1^1,C_1^2,\cdots,C_1^{m_1},C_2^1,C_2^2,\cdots,C_2^{m_2}\}$，其中 $m_1\leqslant n_1,m_2\leqslant n_2$。$C_1$ 的正域为 $\mathrm{POS}(C_1)=\bigcup C_1^i-\bigcup C_2^j$，$C_1$ 的负域为 $\mathrm{NEG}(C_1)=\bigcup C_2^j-\bigcup C_1^i$，其他均为边界域 $\mathrm{BND}(C_1)$。同时，$\mathrm{POS}(C_1)=\mathrm{NEG}(C_2)$，$\mathrm{POS}(C_2)=\mathrm{NEG}(C_1)$，$\mathrm{BND}(C_1)=\mathrm{BND}(C_2)$。

根据算法 5.2，当 k 和 t 改变时，正覆盖和负覆盖的个数随之改变，即正域 POS 和负域 NEG 的大小随之改变。当 k 越大时，正覆盖的个数减少得越多，正域 POS 越小。当 t 越大时，负覆盖的个数减少得越多，负域 NEG 越小。k 和 t 的大小取值依赖于 λ_{PN} 和 λ_{NP}。

当 $\lambda_{PN}<\lambda_{NP}$ 时，即把属于负域 NEG 的样本误分到正域 POS 的代价小于把属于正域 POS 的样本误分到负域 NEG 的代价。这时，为了尽量减少分类代价，需要尽量减少属于正域 POS 的样本被误分到负域 NEG 的错误，即需要适当减小负域 NEG，或者正域 POS 和负域 NEG 均减小，但是负域 NEG 减少的区域比正域 POS 更大。根据算法 5.2，k 保持不变，t 增大（或者使 $k<t$），可使正域 POS 的区域不变，负域 NEG 的区域减小（或者负域 NEG 减少的区域比正域 POS 减少的区域大）。当 $\lambda_{PN}>\lambda_{NP}$ 时，即把属于正域 POS 的样本误分到负域 NEG 的代价小于把属于负域 NEG 的样本误分到正域 POS 的代价。这时，为了尽量减少分类代价，需要尽量减少属于负域 NEG 的样本被划分到正域 POS 的错误，即需要适当减小正域 POS，或者正域 POS 和负域 NEG 均减小，但是正域 POS 减少的区域比负域 NEG 更大。根据算法 5.2，t 保持不变，k 增大（或者使 $k>t$），可使负域 NEG 的区域不变，正域 POS 的区域减小（或者正域 POS 减少的区域比负域 NEG 减少的区域大）。

5.3.2　实验结果及分析

本章实验使用十字交叉法在数据集 spambase 和 chess(http://archive.ics.uci.edu/ml/datasets.html)上进行实验。数据集的详细信息如表 5.2 所示。

表 5.2　数据集的基本信息

数　据　集	样本个数	样本属性
spambase	4601	58
chess	3196	36

为了方便实验的讨论，首先给出一些评价实验结果标准的定义。

定义 5.1　正域样本的正确率（The Correct Classification Rate of Samples in Positive Region, CCRSP）是指在正覆盖中分类正确的样本个数（Correct Classification Samples in Positive Region, CCSPR）与所有的正覆盖中的样本总数（All Samples in Positive Region, ASPR）的比值。公式如式（5.3）所示

$$\text{CCRSP} = \frac{\text{CNSP}}{\text{ASP}} \tag{5.3}$$

定义 5.2　负域样本的正确率（The Correct Classification Rate of Samples in Negative Region, CCRSN）是指在负覆盖中分类正确的样本个数（Correct Classification Samples in Negative Region, CCSNR）与所有的负覆盖中的样本总数（All Samples in Negative Region, ASNR）的比值。公式如式（5.4）所示

$$\text{CRSN} = \frac{\text{CNSN}}{\text{ASN}} \tag{5.4}$$

实验在基于决策粗糙集的三支决策模型和基于 CCA 的代价敏感三支决策模型上对这两个数据集进行分类，对比并分析了这两种模型的分类结果。基于决策粗糙集的三支决策模型是参考文献[19]中的实验结果。

对于用户，如果将一封紧急的非垃圾邮件分到垃圾邮件中，用户可能因为错失邮件信息而带来巨大的损失，而如果将垃圾邮件标记为非垃圾邮件，可能只是花费用户一部分时间来检查整理邮件。所以在 spambase 数据集中，认为把垃圾邮件划分为非垃圾邮件的代价小于把非垃圾邮件划分为垃圾邮件的代价。假设非垃圾邮件样本作为正域 POS，垃圾邮件样本作为负域 NEG，可知属于负域 NEG 的样本被误分到正域 POS 的代价小于属于正域 POS 的样本被误分到负域 NEG 的代价，即满足 $\lambda_{PN} < \lambda_{NP}$。在数据分类时，为了尽量减少分类损失，需要尽量减少非垃圾邮件被误分到垃圾邮件的错误，即尽量减少属于正域 POS 的样本被误分到负域 NEG 的错误。这时，需要适当减小负域 NEG，或者正域 POS 和负域 NEG 均减小，但是负域 NEG 减少的区域比正域 POS 更大。根据算法 5.2，为了尽量减少划分错误的代价，k 保持不变，t 增大（或者使 $k < t$），使正域 POS 的区域不变，负域 NEG 的区域减小（或者负域 NEG 减少的区域比正域 POS 减少的区域大）。对于 chess 数据集，并没有具体的实际意义，本章假设和 spambase 数据集相同，即同样满足 $\lambda_{PN} > \lambda_{NP}$。

表 5.3 中列出了当 (α, β) 取不同值时，基于决策粗糙集的三支决策模型在 spambase 数据集上的分类结果。其中 P to P、P to B 和 P to N 表示样本真实属于正域 POS，样

本分类后分别被划分到正域 POS、边界域 BND 和负域 NEG 的样本个数；*N* to *P*、*N* to *B* 和 *N* to *N* 表示样本真实属于负域 NEG，样本分类后分别被划分到正域 POS、边界域 BND 和负域 NEG 的样本个数。

表 5.3　基于决策粗糙集的三支决策模型在 spambase 上的分类结果

	(α,β)	*P* to *P*	*P* to *N*	*P* to *B*	*N* to *P*	*N* to *N*	*N* to *B*	CCRSP/%	CCRSN/%
1	(0.9, 0.2)	168	10	99	6	145	29	60.65	80.56
2	(0.9, 0.3)	168	12	97	6	148	26	60.65	82.22
3	(0.8, 0.2)	186	10	81	8	146	26	67.15	81.11
4	(0.8, 0.3)	185	12	80	9	148	23	66.79	82.22
5	(0.8, 0.4)	185	13	79	9	150	21	66.79	83.33
6	(0.8, 0.5)	185	14	78	9	153	18	66.79	85.00
7	(0.7, 0.2)	200	10	67	12	145	23	72.20	80.56
8	(06, 0.1)	233	7	37	17	138	25	84.12	76.67
9	(0.6, 0.2)	233	10	34	17	140	23	84.12	77.78
10	(0.5, 0.1)	264	7	6	28	138	14	95.30	76.67
11	(0.5, 0.2)	264	10	3	28	145	7	95.30	80.56

表 5.4 中列出了当 (k,t) 取不同值时，基于 CCA 的三支决策模型在 spambase 数据集上的分类结果。由于 spambase 数据集中满足 $\lambda_{PN} < \lambda_{NP}$，所以根据算法 5.2，需要保持 k 不变，t 适当增大，或者 k 和 t 均减小，但是保持 $k<t$。表 5.4 中列出的是满足上述 (k,t) 条件，即 k 的取值均不大于 t 的分类结果。其中，当 (k,t) =(0,0)时，是覆盖个数未减少的初始情况。

表 5.4　基于 CCA 的代价敏感三支决策模型在 spambase 上的分类结果

	(k,t)	*P* to *P*	*P* to *N*	*P* to *B*	*N* to *P*	*N* to *N*	*N* to *B*	CCRSP/%	CCRSN/%
1	(0, 0)	243	11	23	14	149	17	87.72	87.78
2	(0, 0.1)	242	10	25	13	147	20	87.36	81.67
3	(0, 0.2)	244	9	24	15	143	22	88.09	79.44
4	(0, 0.3)	243	8	26	15	140	25	87.72	77.78
5	(0, 0.4)	242	9	26	14	133	33	87.36	73.89
6	(0.1, 0.2)	240	10	27	14	143	23	87.00	79.44
7	(0.1, 0.3)	241	8	28	14	136	30	87.00	75.56
8	(0.1, 0.4)	239	8	30	15	131	34	86.28	72.78
9	(0.2, 0.3)	236	9	32	12	136	32	85.20	75.56
10	(0.2, 0.4)	239	7	31	14	131	35	86.28	72.78
11	(0.3, 0.4)	232	8	37	12	130	38	83.45	72.22

对比表 5.3 和表 5.4，可以看出，基于决策粗糙集的三支决策模型中最好的分类结果比基于 CCA 的三支决策模型的好，分类的总正确样本数在 $(\alpha,\beta)=(0.5,0.2)$ 时能够达到 409 个，其中，*P* to *P* 的个数为 264 个，*N* to *N* 的个数为 145 个。但是，从表 5.3

可以很明显地看到，当阈值(α,β)取值不同时，分类结果的差距很大，分类结果非常不稳定。其中 P to P 的个数最多差了 96 个，P to P 的最少个数仅为 168，P to B 的个数最多也差了 96 个。所以由表 5.3 可以看出，阈值(α,β)的取值对基于决策粗糙集的三支决策模型的分类结果影响巨大，而选取阈值具有主观性，因此分类结果很不稳定，差异非常大。

在表 5.4 中，虽然基于 CCA 的代价敏感三支决策模型最好的分类结果没有基于决策粗糙集的三支决策模型的好，但是在(k,t)取值不同时，分类结果非常稳定，P to P 的个数最多仅差了 11 个，P to B 的个数最多只差了 14 个。分类的结果相当稳定。

表 5.5 中列出了当(α,β)取不同值时，基于决策粗糙集的三支决策模型在 chess 数据集的分类结果。表 5.6 列出了当(k,t)取不同值时，基于 CCA 的代价敏感三支决策模型在数据集 chess 的分类结果。

表 5.5　基于决策粗糙集的三支决策模型在 chess 上的分类结果

	(α,β)	P to P	P to N	P to B	N to P	N to N	N to B	CCRSP/%	CCRSN/%
1	(0.9, 0.2)	66	8	91	2	82	67	40.24	54.30
2	(0.9, 0.3)	35	16	114	0	101	50	21.21	66.89
3	(0.8, 0.2)	35	8	122	0	82	69	21.21	54.31
4	(0.8, 0.3)	67	16	82	2	101	48	40.61	66.89
5	(0.8, 0.4)	67	25	73	2	116	33	40.61	76.82
6	(0.8, 0.5)	67	37	61	2	130	19	40.61	86.09
7	(0.7, 0.2)	93	8	64	6	82	63	56.36	54.31
8	(06, 0.1)	113	4	48	13	55	83	68.48	36.42
9	(0.6, 0.2)	113	8	44	12	82	57	68.48	54.31
10	(0.5, 0.1)	128	4	33	22	55	74	77.58	36.42
11	(0.5, 0.2)	129	8	28	22	81	48	78.18	53.64

表 5.6　基于 CCA 的代价敏感三支决策模型在 chess 上的分类结果

	(k,t)	P to P	P to N	P to B	N to P	N to N	N to B	CCRSP/%	CCRSN/%
1	(0, 0)	132	17	16	21	111	19	80.00	73.51
2	(0, 0.1)	130	17	18	21	110	20	78.79	72.85
3	(0, 0.2)	129	15	21	22	107	22	78.19	70.86
4	(0, 0.3)	133	12	20	21	101	29	80.61	66.89
5	(0, 0.4)	133	11	21	24	93	34	80.61	61.59
6	(0.1, 0.2)	126	15	24	19	108	24	76.36	71.52
7	(0.1, 0.3)	128	13	24	21	101	29	77.58	66.89
8	(0.1, 0.4)	130	12	23	22	94	35	78.79	63.07
9	(0.2, 0.3)	124	14	27	19	99	33	75.15	65.56
10	(0.2, 0.4)	126	12	27	20	95	36	76.36	62.91
11	(0.3, 0.4)	116	12	37	19	98	34	70.30	64.90

由表 5.4 和表 5.6 可以看出，当 k 不变，t 逐渐增大时，正域 POS 的大小不变，负域

NEG 越来越小，因此边界域 BND 相对变大，此时划分到正域 POS 中的样本数基本不变，划分到负域 NEG 中的样本数越来越少，划分到边界域 BND 中的样本数越来越多。从表 5.4 和表 5.6 中可以看到，当 k 不变，t 逐渐增大时，P to P 和 N to P 的个数基本没有变化，而 P to N 和 N to N 的个数均逐渐减少，P to B 和 N to B 的个数均逐渐增多。由于 P to N 的代价比 N to P 的代价更大，所以，k 不变，随着 t 逐渐增大时，P to N 的个数逐渐减少，N to P 的个数不变，这样，划分代价大的误分类的个数减小了，划分的代价会减小。

同时，在 k 取值不变时，CCRSP 基本保持不变，而 CCRSN 逐渐减小。这是因为 k 不变，t 逐渐增大时，落入负域 NEG 中的样本会相对减少，可以看出 N to N 和 P to N 的个数均逐渐减少。所以在减少划分错误代价更大的 P to N 的个数的同时，也牺牲了一部分划分正确的 N to N 个数。在表 5.4 中，基于 CCA 的代价敏感三支决策模型的 CCRSP 变化最多只有 4.64%（88.09% − 83.45%），CCRSN 变化 15.56%（87.78% − 72.22%）。而在表 5.3 中，基于决策粗糙集的三支决策模型 CCRSP 的变化最大达到 34.65%（95.30% − 60.65%），CCRSN 最多变化 8.33%（85.00% − 76.67%）。

可见，基于 CCA 的代价敏感三支决策模型相比于基于决策粗糙集的三支决策模型准确率更为稳定，在保证准确率在一定范围内浮动的同时，减少了划分的代价。

5.4　基于 CCA 的鲁棒性三支决策模型

在基于 CCA 的三支决策模型中，获取覆盖半径的方法有三种，即最小半径法、最大半径法和折中半径法。在形成覆盖的过程中，使用这三种获取覆盖半径的方法所得到的覆盖，没有一个覆盖包含异类样本点。这种严格的形成覆盖的方法使得所形成的覆盖没有抗噪能力，鲁棒性很差。因此基于 CCA 的三支决策模型对于处理有噪声的数据集，分类结果有可能不理想。本章提出了基于 CCA 的鲁棒性三支决策模型，增强了基于 CCA 的三支决策模型的鲁棒性。

5.4.1　基于 CCA 的鲁棒性三支决策模型

本节通过改变获取覆盖半径的方法，提出了基于 CCA 的鲁棒性三支决策模型。具体的算法过程如算法 5.3 所示。

算法 5.3　基于 CCA 的鲁棒性三支决策模型

（1）形成覆盖。根据覆盖算法，可以得到如下一组覆盖集合：$C=\{C_1^1,C_1^2,\cdots,C_1^{n_1},C_2^1,C_2^2,\cdots,C_2^{n_2}\}$。其中每一类至少有一个覆盖。覆盖对应的覆盖半径分别为 $\theta=\{\theta_1^1,\theta_1^2,\cdots,\theta_1^{n_1},\theta_2^1,\theta_2^2,\cdots,\theta_2^{n_2}\}$。定义 $C_1^i(i=(1,2,\cdots,n_1))$ 中的样本属于正域 POS，$C_2^j(j=(1,2,\cdots,n_2))$ 中的样本属于负域 NEG，令 $C_1=\cup C_1^i(i=(1,2,\cdots,n_1))$，$C_2=\cup C_2^i(j=(1,2,\cdots,n_2))$。

（2）改变覆盖的半径。对于覆盖 C_1，第 m 近的距离是指覆盖中心与第 m 近的异类样本点的距离，即把第 m 近的距离作为覆盖 C_1 的半径，即神经元的阈值。对于覆

盖 C_2，第 n 近的距离是指覆盖中心与第 n 近的异类样本点的距离，即把第 n 近的距离作为覆盖 C_2 的半径，即神经元的阈值。其中 $m=(0,1,2,3,\cdots)$，$n=(0,1,2,3,\cdots)$。如图 5.1 所示。当 $(m,n)=(0,0)$ 时，称为最小半径法。

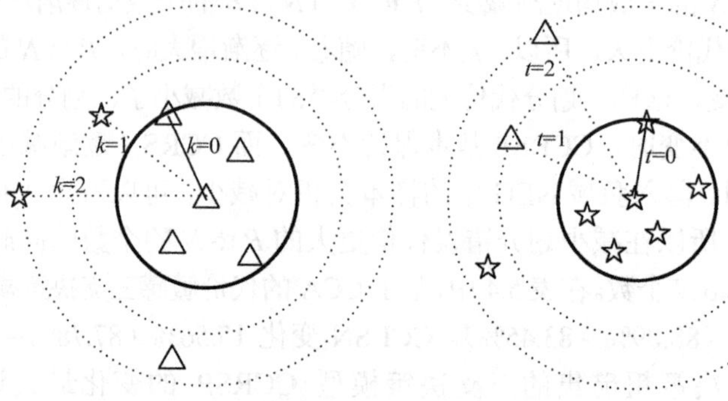

图 5.1　覆盖半径的改变

（3）形成三个域。改变覆盖的半径后，覆盖集合为 $C=\{C_1^1,C_1^2,\cdots,C_1^{n_1},C_2^1,C_2^2,\cdots,C_2^{n_2}\}$，对应的覆盖半径分别为 $\theta=\{\theta_{1m}^1,\theta_{1m}^2,\cdots,\theta_{1m}^{n_1},\theta_{2n}^1,\theta_{2n}^2,\cdots,\theta_{2n}^{n_2}\}$。$C_1$ 的正域为 POS$(C_1)=\cup C_1^i-\cup C_2^j$，$C_1$ 的负域为 $\mathrm{NEG}(C_1)=\cup C_2^j-\cup C_1^i$，其他均为边界域 $\mathrm{BND}(C_1)$。同时，$\mathrm{POS}(C_1)=\mathrm{NEG}(C_2)$，$\mathrm{POS}(C_2)=\mathrm{NEG}(C_1)$，$\mathrm{BND}(C_1)=\mathrm{BND}(C_2)$。

根据算法 5.3 可以看出，覆盖半径的获取是可调节的，通过改变覆盖中容错异类样本的大小，使本章模型具有很好的鲁棒性。同时，可以发现，通过控制正覆盖中容错负样本的个数和负覆盖中容错正样本的个数，正域 POS 和负域 NEG 的大小随之增大。如果调节正域容错的能力与负域容错的能力不同，此时基于 CCA 的鲁棒性三支决策模型同时还具有代价敏感性。

根据算法 5.3，当 m 和 n 改变时，正域 POS 和负域 NEG 的大小随之改变。m 和 n 的取值可以根据 λ_{PN} 和 λ_{NP} 的大小关系进行调节。当 $\lambda_{PN}<\lambda_{NP}$ 时，为了减少分类损失较大的误分类，需要适当增大正域 POS，这时使 n 保持不变，m 增大（或者使 $n<m$），即使正域 POS 的区域增大，负域 NEG 的区域不变（或者使负域 NEG 增大的区域比正域 POS 增大的区域小）。当 $\lambda_{PN}>\lambda_{NP}$ 时，为了减少分类损失较大的误分类，需要适当增大负域 NEG，这时使 m 保持不变，n 增大（或者使 $n>m$），即使负域 NEG 的区域增大，正域 POS 的区域不变（或者使正域 POS 增大的区域比负域 NEG 增大的区域小）。

5.4.2　实验结果及分析

本章实验使用十字交叉法在数据集 spambase 和 chess 上进行。根据算法 5.3，为了在增强模型的鲁棒性的同时尽量降低数据分类的损失，需要适当地扩大正域 POS，减小负域 NEG。在基于 CCA 的鲁棒性三支决策模型中，需要使正覆盖半径扩大的范围比负覆盖半径更大，即 $n<m$。

表 5.7 列出了当 $n = 0$，m 逐渐增大时，在数据集 spambase 上覆盖半径和覆盖个数的变化情况。其中 D 表示所有覆盖半径的平均值，D_0 表示所有正覆盖半径的平均值，D_1 表示所有负覆盖半径的平均值。N_C 表示覆盖的个数。表 5.8 列出了当 $n = 0$，m 逐渐增大时，在数据集 spambase 上的分类结果。

表 5.7　基于 CCA 的鲁棒性三支决策模型在 n=0 时 spambase 上覆盖半径和覆盖个数的结果

	(m, n)	D	D_0	D_1	N_C
1	(1, 0)	0.124937	0.143770	0.109157	798
2	(2, 0)	0.128826	0.155920	0.109146	742
3	(3, 0)	0.127154	0.155880	0.108853	713
4	(4, 0)	0.133110	0.175463	0.108991	685
5	(5, 0)	0.135057	0.184366	0.109200	659
6	(6, 0)	0.138107	0.198312	0.108880	651
7	(7, 0)	0.138299	0.200597	0.108595	638
8	(8, 0)	0.136780	0.200109	0.108704	624

表 5.8　基于 CCA 的鲁棒性三支决策模型在 n=0 时 spambase 上的分类结果

	(m, n)	P to P	P to N	P to B	N to P	N to N	N to B	CCRSP/%	CCRSN/%
1	(1, 0)	253	11	13	21	147	12	91.33	81.67
2	(2, 0)	257	10	10	25	145	10	92.78	80.56
3	(3, 0)	261	9	7	29	143	8	94.22	79.44
4	(4, 0)	262	9	6	31	141	8	94.58	78.33
5	(5, 0)	264	9	5	33	140	7	95.31	77.78
6	(6, 0)	265	8	4	32	142	6	95.67	78.89
7	(7, 0)	265	7	5	33	142	5	95.67	78.89
8	(8, 0)	266	6	5	34	141	5	96.03	78.33

表 5.9 列出了当 $m = 0$，n 逐渐增大时，在数据集 chess 上覆盖半径和覆盖个数的变化情况。表 5.10 列出了当 $m = 0$，n 逐渐增大时，在数据集 chess 上的分类结果。

表 5.9　基于 CCA 的鲁棒性三支决策模型在 m=0 时 chess 上的覆盖半径和覆盖个数的结果

	(m, n)	D	D_0	D_1	N_C
1	(0, 1)	0.346854	0.323234	0.380350	584
2	(0, 2)	0.353722	0.323234	0.405312	545
3	(0, 3)	0.356741	0.322775	0.420480	524
4	(0, 4)	0.358964	0.323433	0.40101	503
5	(0, 5)	0.359679	0.323047	0.438559	490
6	(0, 6)	0.359363	0.323870	0.443968	488
7	(0, 7)	0.360980	0.323796	0.45114	473
8	(0, 8)	0.360690	0.322559	0.460691	468

表 5.10 基于 CCA 的鲁棒性三支决策模型在 m=0 时 chess 上的分类结果

	(m, n)	P to P	P to N	P to B	N to P	N to N	N to B	CCRSP/%	CCRSN/%
1	(0, 1)	136	21	8	16	131	4	82.42	84.52
2	(0, 2)	131	28	6	17	132	2	79.39	85.16
3	(0, 3)	129	30	6	15	134	2	78.18	86.45
4	(0, 4)	128	33	4	14	135	2	77.58	87.10
5	(0, 5)	124	36	5	14	135	2	75.15	87.10
6	(0, 6)	124	37	4	12	138	1	75.15	89.03
7	(0, 7)	121	40	4	13	137	1	73.33	90.73
8	(0, 8)	118	43	4	10	140	1	75.52	92.72

从表 5.7 和表 5.9 中可以看出，由于 n 的值不变，负覆盖的平均半径 D_1 基本保持不变，而正覆盖的平均半径 D_0 随着 m 的增大而增大，所有覆盖的平均半径 D 也随着 m 的增大而增大，但是增大的幅度比 D_0 小。覆盖的个数 N_C 随着 m 的增大逐渐减少，这是因为虽然算法 5.3 并没有减少覆盖的个数，随着 m 的增大，一部分小的正覆盖会被包含在某些大的正覆盖中，半径扩大到一定的程度时，这些小的正覆盖可能会整个都被包含在某些大覆盖中，即这些小的正覆盖被融合在某些大的正覆盖里。所以随着正覆盖半径的扩大，覆盖的个数 N_C 会逐渐减少。

在表 5.8 和表 5.10 中，随着 m 的增加，正域 POS 越来越大，P to P 和 N to P 的个数均在增加。n 的值恒定，负域 NEG 的大小并没有改变，而 P to N 和 N to N 的个数在减少，这是因为每个正覆盖已经容错了 m 个负样本，所以划分到负域 NEG 的样本数自然会减少。同时边界域 BND 也在逐渐减小，可以看出 P to B 和 N to B 的个数在逐渐减小。

由于 N to P 的代价小于 P to N 的代价，由表 5.8 和表 5.10 还可以看出，P to N 在减少，CCRSP 在逐渐增大。在表 5.8 中，当 $n = 0$，m 从 1 变化到 8 时，CCRSP 增加了 4.7%（96.03% − 91.33%），即划分代价较大的误分类个数在减少，划分的代价会减少；N to P 在增加，CCRSN 在逐渐降低，但是 CCRSN 变化很少，CCRSN 只变化了 3.34%（81.67% − 78.33%），所以基于 CCA 的三支决策鲁棒性模型只是牺牲了小部分的准确率，降低了划分错误的代价。

可以由表 5.8 和表 5.10 看出，准确率变化很小，很好地体现了基于 CCA 的三支决策鲁棒性模型具有很好的鲁棒性。具体原因为当 $(m,n)=(0,0)$ 时，模型在形成覆盖时，是严格的、没有容错能力的，这样会造成很多小覆盖的形成，往往较小的覆盖在分类时是很不准确的，非常影响划分的准确率。随着正覆盖半径的扩大，小的正覆盖被大的正覆盖所融合，使得之前不能含有任何噪声而形成的小覆盖被包含在大覆盖中，形成了含有少量噪声的大覆盖，这样的分类划分反而可能会更准确。随着模型具有了容错能力，在每个正覆盖都容错了 8 个负覆盖的情况下，准确率只略下降一点。这正体现了该模型具有很好的鲁棒性。

可见该模型在保证准确率浮动很小的情况下，同时又具有鲁棒性和代价敏感性，在保证分类准确率的同时使得划分错误的代价最小。

5.5 边界域的多粒度挖掘模型

基于 CCA 的代价敏感三支决策模型和基于 CCA 的鲁棒性三支决策模型主要研究如何解决三支决策模型对阈值的依赖，依据覆盖算法的特性，不需要阈值，自动形成三个域，即正域、负域和边界域。对于边界域中的元素如何进一步处理是本章的主要研究内容。本章将粒计算理论引入覆盖算法，实现对边界域的多粒度处理，以减少边界域中的元素个数。

5.5.1 基于覆盖算法的多粒度思想

多粒度思想利用覆盖算法对样本进行分类，自然形成“拒认状态”的测试样本，以不同粒度对特征属性进行筛选，形成不同粒度的覆盖。在保证一定精度的前提下，有效地提高识别率、降低计算量，使算法的泛化能力大大提高。

设样本集合为 $X=\{x_1,x_2,\cdots,x_n\}$，属性集合为 $A=\{A_1,A_2,\cdots,A_m\}$，其中 n 为样本个数，m 为样本属性维数。

定义 5.3 异类点对。设存在样本 $x_i\in \mathrm{BND}(X)$，则 $\exists x_j\in \mathrm{BND}(X)$，满足 $\{j\mid y(x_i)\neq y(x_j)\}$ 且 $d(x_i,x_j)\leqslant d(x_i,x_k)$，$\forall k$ 满足 $x_k\in \mathrm{BND}(X)$，且 $y(x_i)\neq y(x_k)$，其中 $y(x_i)$ 表示样本 x_i 的类别，$d(x_i,x_j)$ 表示样本 x_i 与 x_j 间的欧氏距离，则称 x_i 与 x_j 构成异类点对。异类点对如图 5.2 所示。

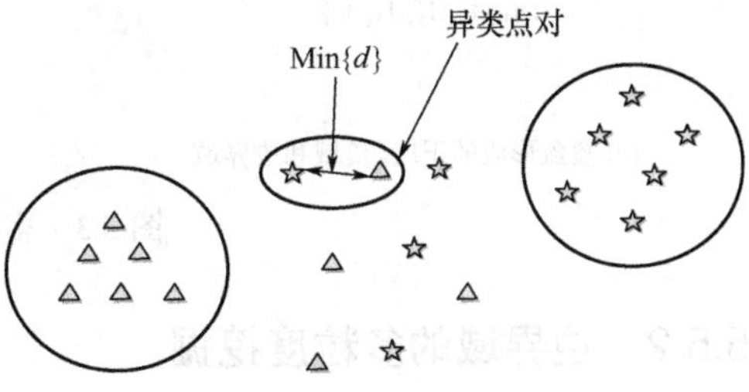

图 5.2　异类点对

获得的覆盖集中存在包含少量样本的覆盖是因为在全属性下未能准确获取部分样本的差异性，因此根据异类点对的定义，获得边界域 BND 中样本的点对信息，对其进行统计后，对属性进行筛选，实现对边界域 BND 的多粒度挖掘。具体算法思想如算法 5.4 所示。

算法 5.4　基于覆盖算法的多粒度思想

输入：样本集 $X=\{x_1,x_2,\cdots,x_n\}$，属性集合为 $A=\{A_1,A_2,\cdots,A_m\}$。

输出：覆盖集合 $C^l=\{c_1^l,c_2^l,\cdots,c_{p^l}^l\}$，其中 p^l 是第 l 次覆盖后的总覆盖数。

（1）将样本集合 X 以属性集合 A 进行覆盖算法求解，获取初始覆盖集合 $C^l=\{c_1^l,c_2^l,\cdots,c_{p^l}^l\}$。

（2）给定$\alpha > 0$，将包含样本个数小于α的覆盖删除，将样本点标记为未覆盖，加入集合X_2中，记新的覆盖集合为$C^{1'}$。

（3）计算集合X_2中每个样本点的异类点对，统计各属性差值绝对值之和。

（4）将所得属性差值进行降序排序，选取前β个属性，记为新属性集合A_2。

（5）将样本集合X_2以属性集合A_2进行覆盖算法求解，获取覆盖集合C'，记$C^2 = C^{1'} \cup C' = \{c_1^2, c_2^2, \cdots, c_{p^2}^2\}$。

（6）重复第（2）步～第（5）步，直到所有覆盖满足要求或属性过少、无异类点。

（7）输出最终获得的所有多粒度覆盖集合$C^l = \{c_1^l, c_2^l, \cdots, c_{p^l}^l\}$，其中$p^l$是第$l$次覆盖后的总覆盖数，每个覆盖对应的属性维数不尽相同。

算法 5.4 对释放部分小覆盖后的所有未覆盖样本点采用多粒度处理思想，如图 5.3 所示，对于按照全属性$A = \{A_1, A_2, A_3, A_4, A_5\}$进行处理后的未覆盖样本，可以根据点对信息对属性进行筛选，实现多粒度变换，可以将未被覆盖的样本变换到新的属性空间，获取理想的覆盖，如图 5.3(b)中的粗粒度空间$A' = \{A_2, A_3, A_5\}$。

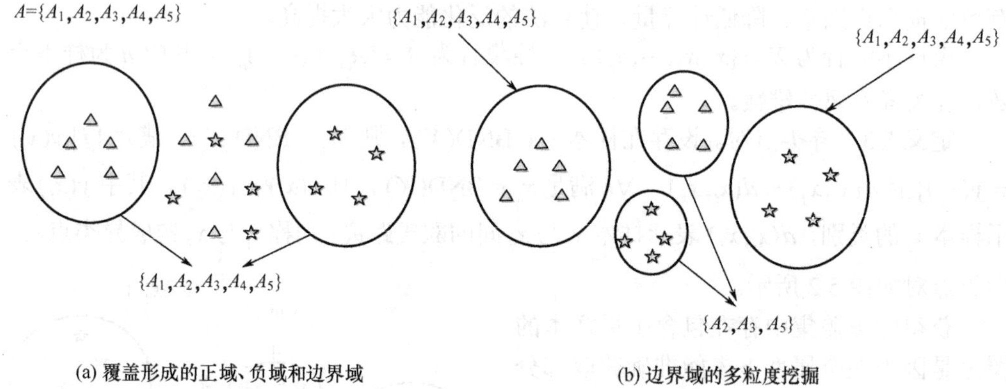

图 5.3 多粒度覆盖思想

5.5.2 边界域的多粒度挖掘

根据覆盖定义获取的初始覆盖集合中包含很多小覆盖，即包含样本点数小于阈值t，过于精确和细致的描述对象，使得其泛化能力过低。根据三支决策理论，可以将部分小覆盖中的样本点释放到边界域中，再进一步分析处理，降低全局的不确定性。三支决策模型强调的就是在处理分类决策问题时具有容错性和风险代价敏感性，因此结合问题的代价敏感性和覆盖的多粒度思想，本节提出了构造型的多粒度三支决策模型。该算法首先使用覆盖算法实现对问题的分类，自动形成正域 POS、负域 NEG 和边界域 BND，再依据代价敏感性对部分覆盖进行释放，先扩大边界域 BND 的范围。最后针对边界域 BND 采用多粒度挖掘方法，减少边界域的样本数，降低不确定性。

算法 5.5　构造型的多粒度三支决策模型

输入：样本集 $X=\{x_1,x_2,\cdots,x_n\}$，属性集合为 $A=\{A_1,A_2,\cdots,A_m\}$。

输出：覆盖集 $C^l=\{c_1^l,c_2^l,\cdots,c_{p^l}^l\}$ 和边界域样本集 $\mathrm{BND}(X)'$。

（1）将样本集合 X 以属性集合 A 进行覆盖算法求解，获取初始覆盖集合 $C^l=\{c_1^l,c_2^l,\cdots,c_{p^l}^l\}$。

（2）定义覆盖集 $C^{y_1}=\{c_1^{y_1},c_2^{y_1},\cdots\}$ 中的样本属于正域 POS，$C^{y_2}=\{c_1^{y_2},c_2^{y_2},\cdots\}$ 中的样本属于负域 NEG，按照样本数从少到多对覆盖进行排序，并按照一定比例将小覆盖删除。对于正覆盖 C^{y_1}，正覆盖的个数按比例 k 减少（其中 $k\in[0,1]$）；对于负覆盖 C^{y_2}，负覆盖的个数按比例 t 减少（其中 $k\in[0,1]$）。

（3）将删除覆盖中包含的样本全部视为边界域中的样本，样本集合记为 $\mathrm{BND}(X)$，其属性集合为 $A=\{A_1,A_2,\cdots,A_m\}$，m 为属性维数。

（4）运用算法 5.4 对样本集合 $\mathrm{BND}(X)$ 进行训练，得到新的多粒度覆盖集合，其中包括正覆盖 $C^{y_1'}$、负覆盖 $C^{y_2'}$ 和边界域样本集 $\mathrm{BND}(X)'$。

（5）输出覆盖集 $C^l=\{c_1^l,c_2^l,\cdots,c_{p^l}^l\}$ 和边界域样本集 $\mathrm{BND}(X)'$。

根据算法 5.5，当 k 和 t 改变时，正覆盖和负覆盖的个数随之改变，即正域 POS 和负域 NEG 的大小随之改变，符合三支决策模型的代价敏感性。再针对边界域 BND 中的样本，求取不同属性集合，以不同粒度对边界域中的样本进行分类，形成多个粒度的覆盖集合，综合考虑样本的特性，实现对边界域的多粒度挖掘。

5.5.3 实验结果分析

本章同样使用十字交叉法在数据集 spambase 和 chess 上验证构造型的多粒度三支决策模型的优越性。为了便于与基于 CCA 的代价敏感三支决策模型、基于 CCA 的鲁棒性三支决策模型这两种分类模型进行对比，本组实验的参数选择与前两组实验保持一致，具体实验结果如表 5.11 和表 5.12 所示。

表 5.11　构造型的多粒度三支决策模型在 spambase 上的分类结果

	(k, t)	P to P	P to N	P to B	N to P	N to N	N to B	CCRSP/%	CCRSN/%
1	(0, 0)	243	35	0	13	167	0	87.41	92.78
2	(0, 0.1)	242	36	0	14	166	0	87.05	92.22
3	(0, 0.2)	243	35	0	14	166	0	87.41	92.22
4	(0, 0.3)	248	30	0	15	165	0	89.21	91.67
5	(0, 0.4)	245	33	0	15	165	0	88.13	91.67
6	(0.1, 0.2)	241	36	0	13	167	0	87.00	92.78
7	(0.1, 0.3)	242	36	0	12	168	0	87.05	93.33
8	(0.1, 0.4)	242	36	0	13	167	0	87.05	92.78

续表

	(k, t)	P to P	P to N	P to B	N to P	N to N	N to B	CCRSP/%	CCRSN/%
9	(0.2, 0.3)	237	41	0	12	168	0	85.25	93.33
10	(0.2, 0.4)	237	41	0	14	166	0	85.25	92.22
11	(0.3, 0.4)	237	41	0	14	166	0	85.25	92.22

表 5.12　构造型的多粒度三支决策模型在 chess 上的分类结果

	(k, t)	P to P	P to N	P to B	N to P	N to N	N to B	CCRSP/%	CCRSN/%
1	(0, 0)	133	31	0	26	125	1	80.60	82.24
2	(0, 0.1)	135	30	1	26	124	0	81.33	82.67
3	(0, 0.2)	137	27	1	27	124	0	83.03	82.12
4	(0, 0.3)	137	27	1	28	122	1	83.03	80.79
5	(0, 0.4)	138	26	1	29	121	1	83.64	80.13
6	(0.1, 0.2)	131	33	2	25	125	0	78.92	82.78
7	(0.1, 0.3)	135	29	1	27	123	1	81.82	81.46
8	(0.1, 0.4)	136	28	1	27	123	1	82.42	81.46
9	(0.2, 0.3)	131	33	1	24	126	1	78.92	83.44
10	(0.2, 0.4)	131	32	2	27	123	1	79.39	81.46
11	(0.3, 0.4)	128	35	2	23	127	1	77.58	84.11

当 k 和 t 逐渐增大时，初始正域覆盖和负域覆盖越来越小，而边界域 BND 逐渐变大，经过对边界域 BND 的多粒度挖掘，最终正确识别的正域 POS 和负域 NEG 的数目基本保持不变，边界域 BND 中最终留下的样本数也很少（spambase 数据集无边界域样本），大都被正确分类。同时，CCRSP 和 CCRSN 随参数的变化基本保持不变。当 k 不变，t 逐渐增大时，P to P 和 N to P 的个数基本没有变化，而 P to N 和 N to N 的个数均逐渐减少。由于 P to N 的代价比 N to P 的代价更大，所以，当 k 不变，随着 t 逐渐增大时，P to N 的个数逐渐减少，N to P 的个数不变，这样，划分代价大的误分类的个数减小了，划分的代价就会减小，因此本算法兼具了代价敏感的特性。

本实验重点对边界域样本进行多粒度挖掘，根据代码敏感释放到边界域中的样本，获取点对信息后，进行粒度变换，选择不同的属性集合构造新的覆盖，图 5.4 中给出了 spambase 和 chess 数据集的边界域中所得多粒度覆盖所进行的属性选择，其中横坐标是属性的编号，由原始样本决定，spambase 共 58 维，chess 共 36 维；纵坐标为十字交叉实验平均后的属性被选择的次数，即在某个覆盖中出现记为 1 次，否则记为 0 次，则被选择的次数就是在多粒度覆盖中出现的总次数。由图 5.4 可以看出，部分属性在不同粒度空间中始终被选择，如 spambase 数据集中的属性{2,4,5,8,9}等，部分属性在某些粒度空间中被选择，如 spambase 数据集中的属性{1,6,7,10}等，而有部分属性，则一直没有被选中，如 spambase 数据集中的属性{3,13,21,28,30,31,32,33,34}等，可以看出不同属性在决策时重要性的差别。

为了进一步说明构造型的多粒度三支决策模型（简称多粒度）的性能，将本章前面提出的基于 CCA 的代价敏感三支决策模型（简称代价敏感）、基于 CCA 的鲁棒性三支决策模型（简称鲁棒）和基于决策粗糙集的三支决策模型（简称决策）进行对比，四者的样本总正确率（正域、负域中正确识别的样本数/总样本数）曲线如图 5.5 所示。

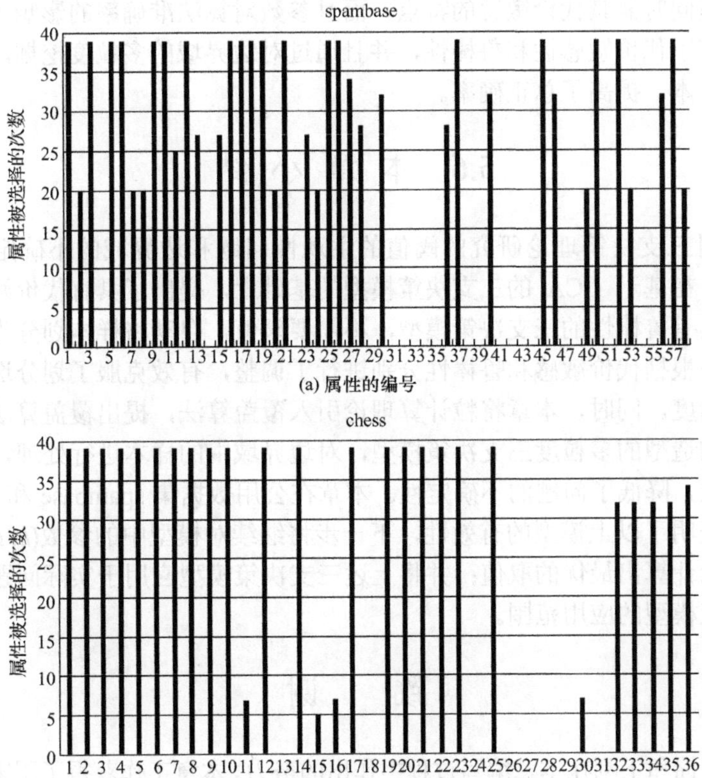

(a) 属性的编号

(b) 属性的编号

图 5.4　多粒度变换中属性选择示意图

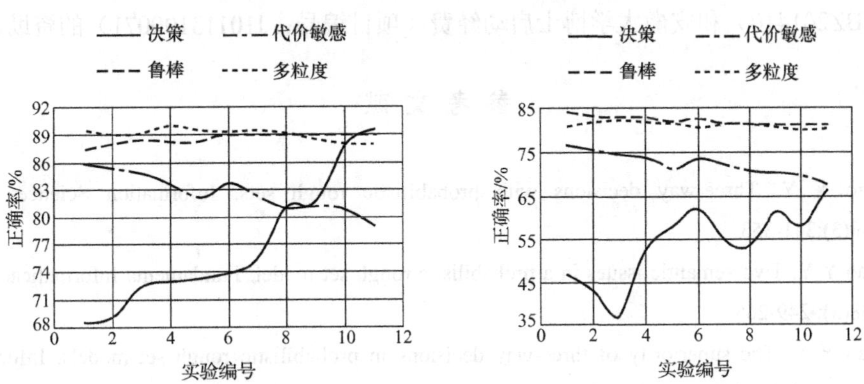

(a) spambase数据集　　(b) chess数据集

图 5.5　四种三支决策模型的总正确率对比

图 5.5 中给出了四种算法的样本总正确率，其横坐标为实验编号，纵坐标为正确率。由图 5.5 可以看出鲁棒算法和多粒度算法相对比较稳定，多粒度算法相比其他三种算法对边界域中的样本进行了处理，因此可以获得更高的正确率。构造型的多粒度三支决策模型同时兼具代价敏感的特点，而且参数对算法准确率的影响很小，说明此模型同时具有了代价敏感性和鲁棒性，并且通过对边界域的多粒度挖掘，有效减少了边界域中的样本，提高了总正确率。

5.6 本章小结

本章针对三支决策理论研究的阈值的主观性问题和边界域的不确定性问题进行了相应研究。在基于 CCA 的三支决策模型的基础上，提出了具有代价敏感性的三支决策模型和具有鲁棒性的三支决策模型，不需要阈值，自动将样本划分为三个域，并对获得的覆盖根据代价敏感和鲁棒性分别进行了调整，有效克服了划分造成的损失，提高了识别精度。同时，本章将粒计算理论引入覆盖算法，提出覆盖算法的多粒度思想，给出了构造型的多粒度三支决策模型，对边界域中的样本进行处理，减少了边界域中的样本数，降低了问题的不确定性。本章在公用数据集 spambase 和 chess 数据上的实验结果证明了以上模型的有效性，下一步将继续对模型中的参数(k, t)进行研究，通过优化理论计算出最优的取值；并将上述三支决策模型应用于实际问题的求解中，拓展三支决策模型的应用范围。

致　谢

感谢邹慧锦和王刚在本章编写过程中作出的努力。本章工作获得了国家自然科学基金项目（项目编号分别为 61175046、61402006）、安徽省高等学校省级自然科学研究项目（项目编号：KJ2013A016）、安徽大学信息保障技术协同中心开放课题（项目编号：ADXXBZ201410）和安徽大学博士启动经费（项目编号：J10113190071）的资助。

参考文献

[1] Yao Y Y. Three-way decisions with probabilistic rough sets. Information Sciences, 2010, 180(3):341-353.

[2] Yao Y Y. Two semantic issues in a probabilistic rough set model. Fundamenta Informaticae, 2011, 108(3): 249-265.

[3] Yao Y Y. The superiority of three-way decisions in probabilistic rough set models. Information Science, 2011, 181(6): 1080-1096.

[4] Yao Y Y, Wong S. A decision theoretic framework for approximating concepts. International Journal

of Man-machine Studies, 1992, 37(6): 793-809.

[5] 刘盾，李天瑞，李华雄．粗糙集理论:基于三支决策视角．南京大学学报(自然科学版), 2013, 49(5): 574-581.

[6] Drummond C, Holte R C. Explicitly representing expected cost: An alternative to ROC representation// Proceedings of the Sixth ACM SIGKDD International Conference on Knowledge Discovery and Data Mining, Ottawa: Elsevier, 2000: 198-207.

[7] 凌晓峰．代价敏感分类器的比较研究．计算机学报, 2007, 30(8): 1203-1212.

[8] Domingos P. MetaCost: A general method for making classifiers cost-sensitive// Proceedings of the 5th International Conference on Knowledge Discovery and Data Mining, New York, NY, USA: ACM, 1999: 155-164.

[9] Elkan C. The foundations of cost-sensitive learning//Proceedings of 17th International Joint Conference on Artificial Intelligence, San Diego: Elsevier Inc, 2011: 973-978.

[10] Chai X Y, Deng L. Test-cost sensitive naive Bayes classification//Proceedings of the 4th IEEE International Conference on Data Mining, Washington, DC, USA: IEEE Computer Society, 2004: 51-58.

[11] 李华雄, 周献中．决策粗糙集与代价敏感分类．计算机科学与探索, 2013, 7(2): 126-135.

[12] Zhou Z H, Liu X Y. Training cost-sensitive neural networks with methods addressing the class imbalance problem. IEEE Transactions on Knowledge and Data Engineering, 2006, 18(1): 63-77.

[13] 蔫盛益，谢照青，余雯．基于代价敏感的朴素贝叶斯不平衡数据分类研究．计算机研究与发展, 2011, 48(Suppl.): 387-390.

[14] 龙军，殷建平，祝恩，等．针对入侵检测的代价敏感主动学习算法．南京大学学报(自然科学版), 2008, 44(5): 528-534.

[15] 谢骋，商琳．基于三支决策粗糙集的视频异常行为检测．南京大学学报(自然科学版), 2013, 49(4): 475-482.

[16] Zhou B, Yao Y Y. Cost-sensitive three-way email spam filtering. Journal of Intelligent Information Systems, 2014, 42(1): 1-27.

[17] Yao Y. Granular Computing and Sequential Three-Way Decisions//Rough Sets and Knowledge Technology. Berlin: Springer Heidelberg, 2013: 16-27.

[18] Zhang L, Li H, Zhou X, et al. Cost-Sensitive Sequential Three-Way Decision for Face Recognition// Rough Sets and Intelligent Systems Paradigms. Springer International Publishing, 2014: 375-383.

[19] Zhang Y P, Xing H. A three-way decisions model based on constructive covering algorithm// Proceeding of the 8th International Conference on Rough Set and Knowledge Technology Halifax, NS, Canada: Springer, Heidelberg, 2013: 346-353.

[20] 张铃，张钹. M-P 神经元模型的几何意义及其应用．软件学报, 1998, 9(5)：334-338.

[21] Zhang L, Zhang B. A geometrical representation of McCulloch-Pitts neural model and its applications. Neural Networks, IEEE Transactions on, 1999, 10(4): 925-929.

第6章　三支决策聚类

Three-Way Decision Clustering

于　洪[1]　王国胤[1]

1．重庆邮电大学计算智能重庆市重点实验室

目前大多数聚类方法在不确定性信息处理过程中，实际上是一种二支决策的结果，即决策一个对象要么属于某个类簇，要么不属于某个类簇。另外，社会环境是动态变化的，信息获取是一个动态过程。因此，本章提出了三支决策聚类方法。讨论了类簇的三支决策区间集表示，细分了重叠域并给出了这种细分在社交网络中的应用；同时，针对动态增长的数据，本章介绍了一种基于树结构的动态三支决策聚类算法。

6.1　引　　言

近年来，无论通信运营商还是金融行业，或是新兴的物联网、云计算，还是新应用层出不穷的互联网，每一刻都产生大量半结构化、非结构的数据。Gartner研究报告指出，预计数字信息总量将从2009年到2020年增长44倍，全球数据使用量将达到大约35.2ZB，其中85%的数据属于广泛存在于社交网络、物联网、电子商务等领域中的非结构化、非交易性数据。大数据对数据计算在数据格式、数据分析方法、计算的时效性、计算的成本等方面都带来了新的挑战。

观察现实世界中产生大数据的诸多复杂系统会发现，它们都以网络形式存在。例如，互联网中的社交网络，社会系统中的人际关系网、科学家协作网和流行病传播网，生态系统中的神经元网、基因调控网和蛋白质交互网，科技系统中的电话网和电力网等。数据的共性、网络的整体特征隐藏在数据网络中，大数据往往以复杂关联的数据网络这样一种独特的形式存在。

网络的簇结构是复杂网络最普遍和最重要的拓扑结构属性之一，具有同簇节点相互连接密集、异簇节点相互连接稀疏的特点。网络簇结构的发现就是聚类技术在网络中的典型应用之一，聚类问题一直是机器学习和模式识别领域一个活跃而且极具挑战性的研究方向。聚类方法的研究对分析复杂网络的拓扑结构、理解复杂网络的功能、发现复杂网络中的隐藏规律和预测复杂网络的行为不仅具有十分重要的理论意义，而且具有广泛的应用前景，目前已广泛应用于恐怖组织识别、组织结构管理、社会网络分析、新陈代谢网络分析、蛋白质交互网络分析和未知蛋白质功能预测、基因调控网络分析和主控基因识别等各种生物网络分析以及 Web 社区挖掘和基于主题词的 Web 文档聚类和搜索引擎等众多领域[1-3]。聚类分析理论模型与方法的研究将为复杂大数据

系统的内在结构辨识提供新的理论模型和计算方法。随着网络技术的飞速发展，不确定性现象广泛存在于数据分析中，这也对聚类技术的发展提出了新的要求。因此，本章主要针对不确定聚类问题进行探讨。

三支决策广泛应用于现实生活中的决策问题，其思想尽管在其他领域得到了研究，但在机器学习和规则推理中还没有得到深入研究。通过考虑三支决策与多值逻辑和拓展集合论之间的关系，也许可以发现这些理论在机器学习、规则推理中的重要作用。本章拟采用三支决策来研究聚类分析中的问题，希望从另外一个角度推动聚类技术的发展。

通过讨论不确定性聚类中存在的问题，可以发现已有的聚类理论方法实质上大多是一种二支决策聚类方法，三支决策聚类的提出正好应对聚类处理中的不确定性信息分析。接下来，本章详细描述了聚类问题基于区间集的三支决策表示，并重新定义了类簇表示形式。区间集的上界与下界将一个簇表示为正域、边界域和负域三部分，这三部分正好是正域决策、边界域决策、负域决策的结果。然后，讨论了类簇三个域的关系。本章就三支决策聚类在社交网络、动态聚类等领域的应用给出了详细的示例学习。

6.2　不确定性聚类

关于聚类分析的研究有很长的历史，其重要性和与其他研究方向的交叉特性得到了人们的肯定。聚类是数据挖掘、模式识别等研究方向的重要研究内容之一，在识别数据的内在结构方面具有极其重要的作用。随着网络技术的飞速发展，需要分析、处理的数据对象又具有一些新的特征，这也对聚类技术的发展提出了新的要求。以社交网络服务应用为例，其中就存在着大量的信息不确定性现象，如用户兴趣的变化、用户信息的不完备等。

粗糙集理论是一种处理不精确、不一致、不完整信息与知识的数学工具，在不确定性信息的处理方面发挥了重要作用[4]。许多学者结合粗糙集理论展开了不确定聚类方法研究[5]，例如，Lingras 与其合作者相继提出并研究了 Rough k-means、Fuzzy and Rough Clustering、Fuzzy c-means 等聚类新方法[6-8]；Asharaf 和 Murty[9]结合粗糙集和模糊集针对大型数据展开了自适应聚类方法的研究；Kumar 等[10]针对连续数据提出了一种基于粗糙集的不可分辨粗聚合的层次聚类算法；Malyszko 和 Stepaniuk[11]结合信息论研究了聚类方法并应用到图像分割中；Patra 等[12]结合容差粗糙集模型研究了聚类方法。此外，一些学者结合模糊集、可能性理论、证据理论等针对不确定聚类问题也展开了研究。例如，一些学者提出了基于可能性模糊 C-均值的聚类新算法、结合模糊截集和可能性理论对重叠区域聚类的方法等[13-17]。

没有任何一种聚类技术（聚类算法）可以普遍适用于揭示各种多维数据集所呈现出来的多种多样的结构[18]。尽管已经投入了大量的、艰苦的研究工作并取得了诸多令人鼓舞的研究结果，但仍然存在一些问题，集中体现在：①如何在没有任何先验信息的情况下识别出真实的聚类数仍是一个未解决的难题；因此，如何设计出快速、高精度的和无监督的聚类方法仍是当前最期待解决的问题之一；②现阶段的研究大都借助“主观”定义的目标函数或启发式规则去刻画和计算簇结构，那么能否给出一种“客观”的理论模型去理解、刻画和计算簇也是一个问题；③针对不确定性复杂数据信息的聚类算法在效率、结果上都有待于进一步的提高；④需要针对特殊类型的数据研究新的聚类方法，典型问题包括动态聚类、高维聚类和分布式聚类等。

6.3　聚类问题的三支决策描述

6.3.1　三支决策聚类的提出

人工智能和认知科学研究者观察到人类智能的一个公认特点，那就是在认知和处理现实世界的问题时，常常采用从不同层次观察问题的策略，往往从极不相同的粒度上观察和分析同一问题。聚类过程反映的就是适应不同层次问题求解的决策过程，即聚类过程就是在某个粒度上决策对象元素是否属于某个类簇的过程。

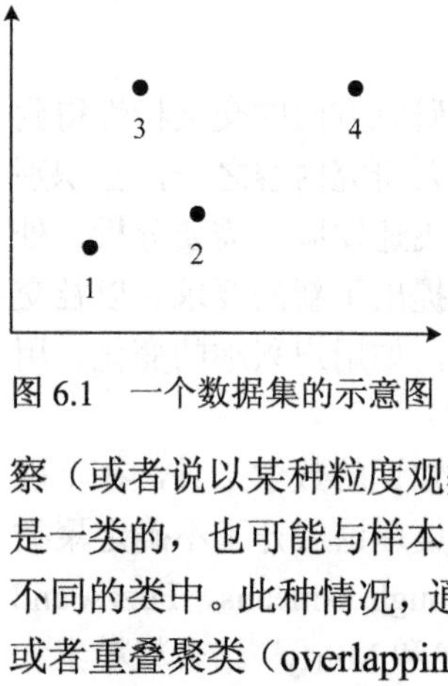

图 6.1　一个数据集的示意图

例如，对于图 6.1 中的 4 个样本点，最细（小）粒度对应的聚类结果就是每个样本点都是一个簇（类）；较粗（大）粒度对应的聚类结果，如将样本点{1, 2}归为一类；最大粒度的结果就是样本集自身。在这个聚类过程中，如果已知信息足够多，那么在某个粒度情况下的聚类就会得到一个确定的聚类结果；如果已知信息量不足以判断某些对象是否在一个类中，就需要进一步的信息来帮助决策。

仍然以图 6.1 中的样本点为例，在某种层次需求下观察（或者说以某种粒度观察），样本点 2 在当前已知信息的情况下，可能与样本点 1 是一类的，也可能与样本点 3 是一类的。一种处理方案是认为此样本点“确定”属于不同的类中。此种情况，通常称为软聚类（soft clustering）、模糊聚类（fuzzy clustering）或者重叠聚类（overlapping clustering），即某个样本点可以属于不同的类簇中。在这类针对不确定性信息的聚类方法中，实际上是一种二支决策的结果，即决策一个对象（样本）要么属于某个类簇中，要么不属于某个类簇中。目前，关于聚类的研究基本上都是基于二支决策的思想进行的。

社会环境是动态变化的，信息获取也是一个动态的过程。既然目前信息量不够充分，也可以针对上述不确定性数据聚类问题提出另外一种解决方案：针对那些目前知识体系下还难以决策的对象，既可以在已有知识体系下给出博弈后的一个二支决策结果，也可以等待新信息以帮助进一步决策，这正是三支决策思想的反映。采用这种动态决策的思路有望为大数据处理带来新的理论模型和计算方法。

三支决策广泛应用于现实生活中的决策问题。人们通常根据可靠的信息与证据作出决策。在二支决策中，假设一个对象符合标准或者不符合标准，通常称为正决策与负决策。但是，当证据不充分或者不完整时，可能无法作出正决策或者负决策。于是，采取一种既不是正决策，也不是负决策的替代性的决策，称为第三种决策，或称为边界决策，又称为延迟决策；实际上，就是暂时不作出承诺。当证据变得足够充分或者完备时，就有可能作出正决策或者负决策。在医疗诊断、社会判断理论、统计学中的假设检验、管理学和论文评审等日常生活与许多领域、学科中，三支决策思想被广泛使用。例如，在期刊的论文审稿工作中，编辑根据审稿人的意见，采取三支决策，即接受、拒绝、进一步审查。第三种情况的最终决策就取决于进一步的审稿结论。

如前面所述，聚类过程反映的就是适应不同层次问题求解的决策过程。面临不确定性信息时，借助于粗糙集理论中的边界域这个概念可以很好地描述这些目前尚难决策的对象。粗糙集模型的正域、负域和边界域可以解释为接受、拒绝和不承诺三种决策的结果。因此，近年来，许多学者结合粗糙集研究和拓展了三支决策理论，并将其应用于多个学科领域[19-21]，并且 Yao 在文献[22]中证明了基于三支决策的概率粗糙集模型优于其他概率粗糙集模型。

6.3.2　三支决策的区间集描述

三支决策思想与粗糙集、贝叶斯决策和假设检验关系紧密[23, 24]。一个概念或者概念的外延，可以用全集中的一个子集来表示，并且可以用一对可定义的概念来近似表示。以粗糙集为例，上、下近似将全集划分为三个不相交的子集；下近似又称为正域，上近似的补集称为负域，上、下近似的差称为边界域。在正域与负域中的对象可以根据其与决策类的成员关系作出确定性的决策；而对于边界域中的对象，只能作出非确定性的决策。根据三个区域粗糙集作出三支决策，对应于基于已有证据得到的对假设的确认、否定、无法判定。这种结合粗糙集理论的三支决策思想应用于许多现实领域中[19-21]。

Yao 在文献[25]中讨论了三支决策的研究工作，指出可以基于多值逻辑或扩展区间集、粗糙集、决策粗糙集、模糊集和阴影集等集合理论来描述和解释三支决策。因此，本章采用区间集来描述三支决策。

区间集提供一种描述部分已知概念的方法。一方面，其假设一个对象可以确定地被判断为是否是某个概念的实例；另外一方面，由于信息与知识的缺失，只有一部分对象可以被确定其是否为这个概念的实例。也就是说，通过上界和下界来描述部分可定义的概念。

设 U 为非空有限集合，则下列闭区间为空间 2^U 上的一个子集

$$[A_l, A_u] = \{A \in 2^U \mid A_l \subseteq A \subseteq A_u\} \tag{6.1}$$

式中，A_l、A_u 分别称为下界和上界，并且 $A_l \subseteq A_u$。

区间集与 Kleene 三值逻辑也有联系，三值逻辑在标准的二值逻辑中加入了第三值逻辑。第三值可描述为不可知或不可确定。令 $L=\{F,I,T\}$ 为一个真值集合，且满足全序关系 $F \leqslant I \leqslant T$。则区间集 $[A_l, A_u]$ 可等价地由如下接受-拒绝评估函数定义

$$v_{[A_l,A_u]}(x)=\begin{cases} F, & x\in (A_u)^c \\ I, & x\in A_u - A_l \\ T, & x\in A_l \end{cases} \tag{6.2}$$

尽管基于全序关系的评估函数要求严格，但这种评估函数具有运算上的优势。即可以通过与一对阈值进行比较而得到三个区域。假设接受与拒绝由一对阈值 (α,β) 所定义，那么三支决策可以用如下形式的区间集表示

$$\begin{aligned} \text{POS}([A_l,A_u]) &= \{x\in U \mid v_{[A_l,A_u]} \geqslant \alpha\} = A_l \\ \text{NEG}([A_l,A_u]) &= \{x\in U \mid v_{[A_l,A_u]} \leqslant \beta\} = (A_u)^c \\ \text{BND}([A_l,A_u]) &= \{x\in U \mid \beta < v_{[A_l,A_u]} < \alpha\} = A_u - A_l \end{aligned} \tag{6.3}$$

正决策确定地将对象划分到类簇的正域中，负决策确定地将对象划分到类簇的负域中，而边界决策将对象划分到类簇的边界域中。三支决策使用三个区域代替两个区域来表示一个概念。

三支决策思想尽管在其他领域得到了研究，但在机器学习和规则推理中还没有得到深入研究。通过考虑三支决策与多值逻辑和拓展集合论之间的关系，也许可以发现这些理论在机器学习、规则推理中的重要作用。本章采用三支决策来研究聚类分析中的问题，希望从另外一个角度推动聚类技术的发展。

6.3.3 三支决策聚类的表示

聚类问题讨论的对象全集称为一个论域，记为 $U=\{\boldsymbol{x}_1,\cdots,\boldsymbol{x}_n,\cdots,\boldsymbol{x}_N\}$。其中，任意一个对象 $\boldsymbol{x}_n$ 是一个有 D 维属性特征的描述，即 $\boldsymbol{x}_n=\{x_n^1,\cdots,x_n^d,\cdots,x_n^D\}$；$x_n^d$ 表示对象 $\boldsymbol{x}_n$ 在 d 维属性上的取值，并且 $n\in\{1,\cdots,N\}$，$d\in\{1,\cdots,D\}$。聚类的目的就是要将 N 个对象划分为若干簇/类。如果有 K 个簇，则这些类簇的集合记为 $C=\{C^1,\cdots,C^k,\cdots,C^K\}$，也称为论域 U 的一个聚类结果。

本章从决策角度来分析聚类问题。显然，硬聚类是一个典型的二支决策聚类；但是对于软聚类，则是一种三支决策聚类。在以往的研究中，一个类簇通常表示成对象的集合，为了更好地描述类簇的边界区域，或者说为了更好地表示类簇的不确定性，这里采用一个区间集来表示一个类簇，即

$$C^k=[\underline{C^k},\overline{C^k}] \tag{6.4}$$

式中，$\underline{C^k}$ 表示类簇 C^k 的下界；$\overline{C^k}$ 表示类簇 C^k 的上界，并且有 $\underline{C^k}\subseteq\overline{C^k}$。

于是，可以通过如下两个性质来定义一个类簇

$$\begin{aligned}&(1)\quad \underline{C^k}\neq\varnothing,\quad 0\leqslant k\leqslant K\\&(2)\quad \bigcup\overline{C^k}=U\end{aligned}\tag{6.5}$$

性质（1）表示每个类簇不能为空，这是为了保证每个类簇都有物理意义。性质（2）表示对于全集 U 中的每一个对象，至少属于一个类簇的上界，这是为了保证每个对象至少属于一个类簇。

于是，可以将类簇集合 C，表示为区间集的形式：

$$C=\{[\underline{C^1},\overline{C^1}],\cdots,[\underline{C^k},\overline{C^k}],\cdots,[\underline{C^K},\overline{C^K}]\}\tag{6.6}$$

式中，集合 $\underline{C^k}$、$\overline{C^k}-\underline{C^k}$、$U-\overline{C^k}$ 就是由某一规则确定的类簇 C^k 的三个区域：正域、边界域与负域。利用三支决策可描述为

$$\begin{aligned}&\mathrm{POS}(C^k)=\underline{C^k}\\&\mathrm{BND}(C^k)=\overline{C^k}-\underline{C^k}\\&\mathrm{NEG}(C^k)=U-\overline{C^k}\end{aligned}\tag{6.7}$$

根据式（6.7），类簇集合 C 可以表示为一个三支决策表示的聚类结果。即属于 $\mathrm{POS}(C^k)$ 的对象确定地属于类簇 C^k，属于 $\mathrm{NEG}(C^k)$ 的对象确定地不属于类簇 C^k，属于 $\mathrm{BND}(C^k)$ 的对象可能属于类簇 C^k，也可能不属于 C^k。如果 $\mathrm{BND}(C^k)\neq\varnothing$，则需要更多的信息来作决策。

正如 6.2 节所讨论的，需要明确地定义在特定的聚类问题中哪种评估函数最合适。实际上，就聚类问题而言，如对象之间的相似性和簇间的紧凑性等都适合作为评估函数。在接下来的工作中，可以利用这些评估函数值与一对阈值（α,β）的比较来确定类簇的三个域。

有了上面的表示，就可以形式化地定义硬聚类与软聚类了。对于一个聚类结果，对于任意 $k\neq t$，如果有

$$\begin{aligned}&(1)\ \mathrm{POS}(C^k)\cap\mathrm{POS}(C^t)\neq\varnothing\\&(2)\ \mathrm{BND}(C^k)\cap\mathrm{BND}(C^t)\neq\varnothing\end{aligned}\tag{6.8}$$

那么称其为软聚类；否则称其为硬聚类。

很明显，如果满足式（6.8）中的一个性质，那么至少存在一个对象属于多个类簇。当然，在实际运行中，在数据结构上只需要保存类簇的正域与边界域即可。

6.4　三个域的关系

一个簇被正域、边界域和负域所描述，使得类簇三个域之间的重叠关系也被扩展。很明显将会有三种不同的重叠情况发生：正域与正域重叠、正域与边界域重叠、边界域与边界域重叠。当然在实际计算中可以只存储簇的正域和边界域。

设 C^i、C^j 为任意两个类簇，则区域重叠可能有下述三种情况。

(1) 正域与正域重叠，记为 $\mathrm{POP}(C^i,C^j)$，简记为 POP。即 $\mathrm{POS}(C^i)\cap\mathrm{POS}(C^j)\neq\varnothing$，也可表示为 $\underline{C^i}\cap\underline{C^j}\neq\varnothing$。

在这种情况中的重叠对象，分别确定地同时属于两个类簇，是两个类簇联系的重要桥梁，其行为对两个类簇之间的关系起着重要作用。随着这部分对象的积极活动，两个类簇可能会进行合并；若这部分对象消极活动，则两个类簇之间的关系将会退化为其他重叠情况甚至分裂成两个不相交类簇。

(2) 正域与边界域重叠，记为 $\mathrm{POB}(C^i,C^j)$，简记为 POB。即 $\mathrm{POS}(C^i)\cap\mathrm{BND}(C^j)\neq\varnothing$，也可表示为 $\underline{C^i}\cap(\overline{C^j}-\underline{C^j})\neq\varnothing$。

在这种情况中的重叠对象，确定属于类簇 C^i，可能属于类簇 C^j，这些对象的行为也会对两个类簇之间的关系产生一定的影响。如果这些对象进一步在 C^j 消极活动，那么两个类簇可能会完全分裂；如果对象在 C_i 积极活动，那么两个类簇的重叠关系就可能演化为情况（1）。

(3) 边界域与边界域重叠，记为 $\mathrm{BOB}(C^i,C^j)$，简记为 BOB。即 $\mathrm{BND}(C^i)\cap\mathrm{BND}(C^j)\neq\varnothing$，也可表示为 $\overline{C^i}\cap\overline{C^j}\neq\varnothing$。

在这种情况中的重叠对象，属于两个类簇的边界域。这些对象的行为也会对两个类簇之间的关系产生重大的影响。如果这些对象在 C^i、C^j 中进一步积极活动，那么这些对象可能会进入类簇的正域中，从而演化为情况（1）。如果对象同时消极活动，那么两个类簇将可能会分裂为两个不相交类簇。

重叠类型分为三种情况，分析不同情况下的重叠对象具有实际意义与作用。不同情况下重叠对象的活动对类簇之间的关系影响不同。正域与边界域重叠情况下，对象的积极活动可能导致重叠情况演化为正域与正域重叠；边界域与边界域重叠情况下，对象的积极活动也可能导致重叠情况演化为正域与正域重叠；正域与正域重叠情况下，随着对象积极活动加强，这两个类簇有可能合并；正域与边界域重叠情况或者边界域与边界域重叠情况，随着对象之间消极活动的加强，有可能导致类簇的进一步分裂。图 6.2 展示了重叠情况之间可能的演化情况。

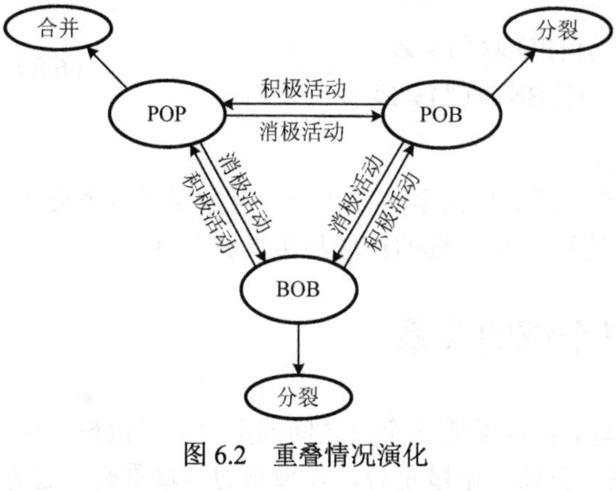

图 6.2　重叠情况演化

下面用一个简单的例子来解释上面谈到的各种关系。令类簇 C^i 和 C^j 分别表示足球和篮球两种运动的爱好者。如果一个人同时非常喜欢篮球与足球，那么其属于情况（1），即属于 $\mathrm{POP}(C^i,C^j)$；如果一个人非常喜欢篮球而对足球是业余爱好，或者反之，那么其属于情况（2），即属于 $\mathrm{POB}(C^i,C^j)$；如果一个人对篮球与足球都是业余爱好，那么其属于情况（3），即属于 $\mathrm{BOB}(C^i,C^j)$。

实际上，两个类簇之间可能存在多种重叠类型。例如，两个类簇之间可能会同时存在 POP 与 POB 重叠。接下来，对重叠类型进行进一步的扩展，将上述三种基本的重叠情况和无重叠情况四种类型（称为宏观类型）扩展为八种微观类型，如表 6.1 所示。表中符号“○”表示存在这种重叠类型，符号“×”表示不存在这种重叠类型。可以看到，重叠类型被划分为四种宏观类型、八种微观类型。宏观类型 TYPE.1 表示两个类簇存在 POP 情况，微观类型 A、B、C、D 是 TYPE.1 的四种子分类；宏观类型 TYPE.2 表示两个类簇不存在 POP 情况，但存在 POB 情况，微观类型 E、F 是 TYPE.2 的两种子分类；宏观类型 TYPE.3 表示两个类簇只存在 BOB 情况，微观类型 G 是 TYPE.3 的唯一子分类。

表 6.1　重叠类型分类

传统分类	扩展分类				
重叠	Macro Type	Micro Type	POP	POB	BOB
	TYPE.1	A	○	○	○
		B	○	○	×
		C	○	×	○
		D	○	×	×
	TYPE.2	E	×	○	○
		F	×	○	×
	TYPE.3	G	×	×	○
无重叠	无重叠	H	×	×	×

为了度量类簇之间的重叠程度，就需要定义类簇之间的重叠度。本章主要从重叠的宏观类型出发进行了重叠度的定义，在将来的工作中也可以进一步从微观的角度出发进行讨论。具体定义如下。

定义 6.1　正域与正域重叠度表示两个类簇间正域的重叠程度

$$\mathrm{DegPOP}(C^i,C^j)=\frac{|\mathrm{POP}(C^i,C^j)|}{\min(|C^i|,|C^j|)} \tag{6.9}$$

定义 6.2　正域与边界域的重叠度表示类簇 C^i 正域与类簇 C^j 的边界域间的重叠程度

$$\mathrm{DegPOB}(C^i,C^j)=\frac{|\mathrm{POB}(C^i,C^j)|}{\min(|C^i|,|C^j|)} \tag{6.10}$$

定义 6.3　边界域与边界域的重叠度表示类簇 C^i 与类簇 C^j 的边界域间的重叠程度

$$\mathrm{DegBOB}(C^i,C^j)=\frac{|\mathrm{BOB}(C^i,C^j)|}{\min(|C^i|,|C^j|)} \tag{6.11}$$

这里对类簇间的重叠区域类型进行分类，然后对类簇间的重叠类型进行细分，这使得能够从重叠区域中获取更多的信息，6.5 节将以一个例子说明重叠区域细分在社交网络中的应用。

6.5　重叠域细分在社交网络中的应用

本节以空手道俱乐部数据集 Zachary [26]为例，展示类簇重叠区域细分在社交网络中的应用。为了得到不同类型的重叠区域，本章提出了一种新的基于关系图的三支决策重叠聚类算法（Three-way Decisions Overlapping Clustering Algorithm based on the Relation Graph, TDC-RG）[27]，该算法主要由以下几部分组成：首先，对数据集中的对象进行分类；然后，建立簇核；接着，在骨干图上将簇核扩展为初步类簇，获得初步聚类结果；最后，将琐碎图中的对象与初步聚类结果合并，得到最终的聚类结果。

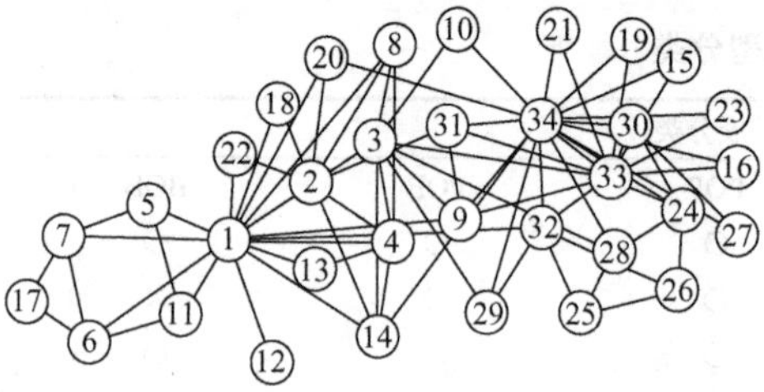

图 6.3　Zachary 空手道俱乐部对象关系图

接下来，本节以图 6.3 所示的 Zachary 空手道俱乐部对象关系图为例，分步讲解算法执行过程和相关基本概念。关于 TDC-RG 本身更多的描述，请参见文献[27]。

Zachary 空手道俱乐部广泛应用于社交网络中社区发现的测试中，其包含 34 个对象和 78 条边。对象表示俱乐部中的成员，若两个对象之间是好友关系就用一条边连接起来。在一次教练（对象 1）与主席（对象 34）争吵以后分裂为两个团体（两个类簇，又称为社区）。从这个例子可以看出，在类簇中，对象在社区形成的过程中地位是不一样的。有些对象的行为对类簇有重大影响，称为核心对象，如空手道俱乐部中的教练（对象 1）与主席（对象 34）；有些对象尽管其影响力不如核心对象，但在类簇中也发挥着重要的作用，称为骨干对象；有些对象的活动对类簇演化的影响较小，称为琐碎对象。

根据上述分析，将社交网络中的对象分为三种类型：核心对象、骨干对象与琐碎对象。这里，采用局部重要度的概念对对象进行分类。局部重要度是对象在所处区域的重要程度，如果对象本身的度都大于等于周围对象的度，那么该对象为核心对象；如果对象本身的度都小于等于周围对象的度，那么该对象为琐碎对象；其他情况下，则为骨干对象。同时，将核心对象与骨干对象组成的子图称为骨干图，琐碎对象组成的子图称为琐碎图。

对 Zachary 空手道俱乐部对象进行分类后的情况如图 6.4 所示。在图 6.4 中，深色阴影对象表示核心对象；浅色阴影对象表示骨干对象；无色对象表示琐碎对象。可以发现，教练（对象 1）与主席（对象 34）是核心对象，而骨干对象分布在俱乐部的骨干结构上，琐碎对象则分布在俱乐部的边缘部分。

显然，核心对象是类簇最重要的组成部分。所以，这里从核心对象开始构建簇核，即首先选取核心对象与其骨干邻居对象构成一个子结构，然后在这个子结构上寻找去除核心对象后的连通子图。具体流程如图 6.5 所示，图中选取了 Zachary 空手道俱乐部中的核心对象 1 作为示例，演示了簇核的构建过程。

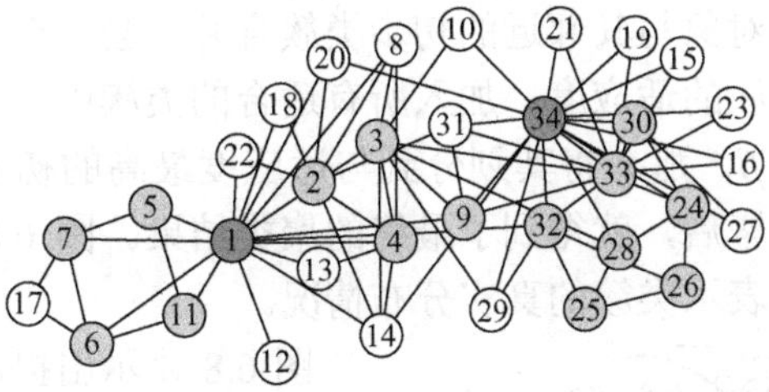

图 6.4　Zachary 空手道俱乐部对象分类后的示意图

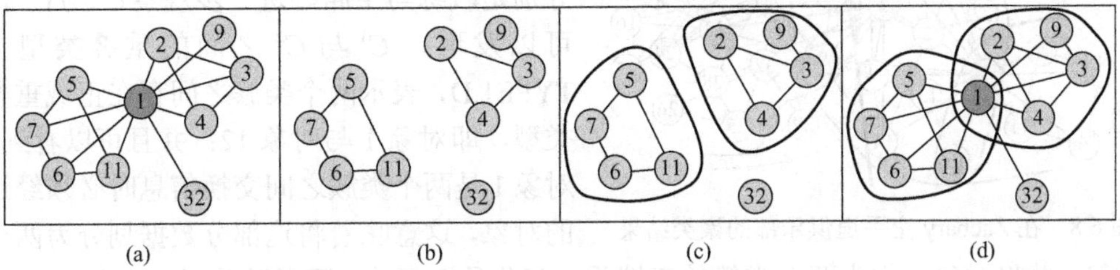

图 6.5　Zachary 空手道俱乐部簇核构建过程示例

图 6.5(a)表示提取核心对象 1 和其骨干邻居对象；图 6.5(b)表示暂时将核心对象 1 去除；图 6.5(c)表示寻找对象数大于 1 的连通子图；图 6.4(d)表示将核心对象 1 加入各个寻找到的连通子图中，构成簇核。此例中，寻找到两个簇核。簇核 1 含有对象 1、5、6、7、11；簇核 2 含有对象 1、2、3、4、9。对于数据集中的核心对象 34，也进行同样的处理，得到簇核 3。簇核 3 含有对象 34、9、24、28、30、32、33。图 6.6 展示了寻找到所有簇核后的数据集情况。其中，黑实线圈起来的是一个簇核。

获得簇核后，以此为类簇的初始结构，算法在骨干图上对簇核进行扩展，得到初步类簇，借鉴文献[28]中的适应度公式，利用一对阈值α与β，当适应度大于α时，将对象划分到类簇的正域中；当适应度在α和β之间时，将对象划分到类簇的边界域中。重复此过程，直到算法不能将任何一个对象加入类簇。图 6.7 中，使用实线表示类簇的正域/下界部分，虚线表示类簇的上界部分。在此例的这个步骤中，还没有边界域出现。扩展后的初步类簇如图 6.7 所示。

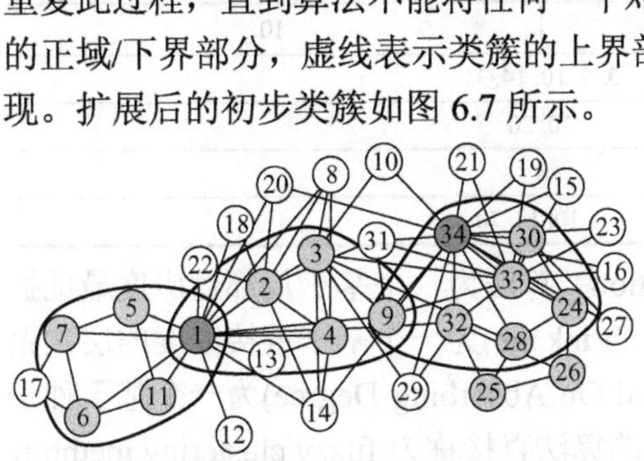

图 6.6　Zachary 空手道俱乐部簇核

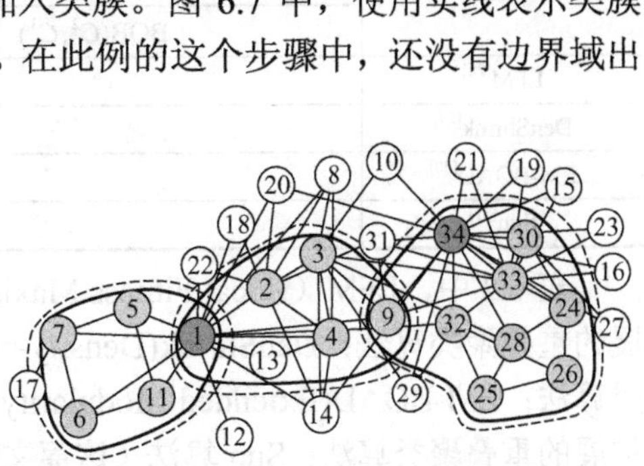

图 6.7　在 Zachary 空手道俱乐部上扩展簇核

图 6.7 中，深色与浅色的对象（核心对象与骨干对象）都属于至少一个类簇。接下来，需要处理无色的对象（琐碎对象）。所以，在骨干图上扩展簇核，得到初步类簇后，需要将琐碎图中的对象与其邻近的初步类簇合并，当一个琐碎对象与多个类簇邻近时，计算其与这些类簇的适应度，加入所有适合的类簇中，如果琐碎对象与邻近的类簇的适应度都不大于β，那么将其划分到与适应度最高的初步类簇的边界域中。将所有的琐碎对象处理完毕后，就得到了最终的聚类结果。图 6.8 展示了此例最终的聚类结果，图中的粗实线表示类簇的真实分布情况。

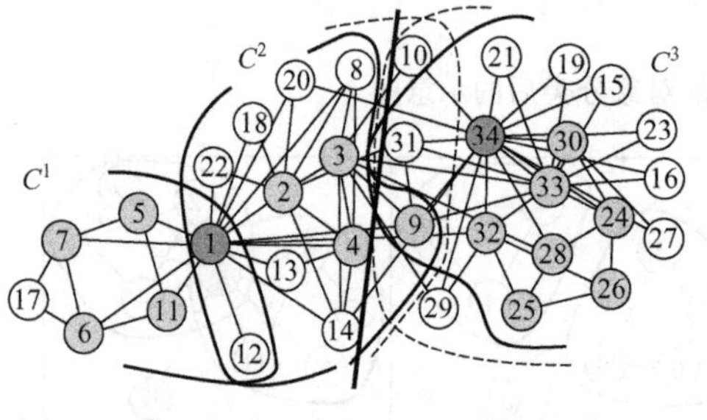

图 6.8　在 Zachary 空手道俱乐部的聚类结果

图 6.8 显示出提出的算法此时找到了三个类簇。两个核心对象，即对象 1 与对象 34，分别是教练与主席。进一步观察C^1与C^2，可以发现，C^1与C^2之间的重叠类型为 TYPE1.D，表示两个类簇之间存在正域重叠类型，即对象 1 与对象 12；并且可以看到，对象 1 是两个类簇之间交换信息时必须经过的对象，这意味着将这部分数据划分为两个类簇，并将对象 1 作为两个类簇的正域重叠部分是合理的。还可以看到，对象 12 处于正域重叠部分，但其对两个类簇的影响力比对象 1 小很多，这是因为，对象 12 是琐碎对象而对象 1 是核心对象。针对正域重叠情况，往往倾向于合并该两个类簇，正因为有了这种区域重叠情况的细分，随着核心对象的活动，很可能引起社区演化。

可以发现，C^2与C^3之间也存在重叠现象，且重叠情况较为复杂，表 6.2 给出了算法找出的重叠对象，同时也给出了其他算法找出的重叠对象。

表 6.2　Zachary 空手道俱乐部重叠对象分布情况表

算　法	重叠对象	
TDC-RG[27]	POP(C^2,C^3)	9
	POB(C^2,C^3)	—
	POB(C^3,C^2)	31
	BOB(C^2,C^3)	10
LFM[28]	3, 9, 10, 14, 31	
DenShrink[29]	10, 20	
EM-BOAD[30]	3	
Sun[31]	9, 10, 14, 20	

表 6.2 中，LFM（Local Fitness Maximization）算法为一个基于局部适应度最优扩展的重叠聚类算法；DenShrink(Density-based Shrinkage)为一个基于链接密度的层次聚类算法；EM-BOAD(Extended Modularity Based On Absorbing Degree)为一个基于种子扩展的重叠聚类算法；Sun 算法（这篇文献中的算法直接称为 fuzzy clustering method，本章就简称为 Sun 算法）为一个重叠模糊聚类算法。可以发现，细分重叠区域后，C^2

与 C^3 之间的重叠情况为 TYPE1.A，意味着两个类簇之间存在较为复杂的重叠情况；同时，发现了三个重叠对象，即对象 9、对象 31 与对象 10。其中，对象 9 属于 $\mathrm{POP}(C^2,C^3)$，对象 10 属于 $\mathrm{BOB}(C^2,C^3)$，对象 31 属于 $\mathrm{POB}(C^3,C^2)$。可以看到，本章的算法将对象划分到不同的重叠区域类型中，而其他算法则将所有重叠对象不加区分，统一对待。

下面的分析将说明本章算法的优点。Zachary 观察到，在一次争吵后，俱乐部分裂为两个团体。在分裂前，每个人选择支持某个派系；在分裂后，每个人选择加入某个新的团体中。观察对象选择支持的派系与最终加入的团体。对象 9 首先支持了主席的团体，但是，其最终却加入了教练的团体。Zachary 认为，这是因为对象 9 仅有一周就需要接受黑带测试，他必须加入教练的团体以获得练习的机会。所以，将对象 9 划分到 $\mathrm{POP}(C^2,C^3)$，因为很确定其所属的类簇。对象 10 最初不支持任何派系，但最终加入了主席的团体，将其划分到类簇的 $\mathrm{BOB}(C^2,C^3)$，因为其在两个类簇之间带有一定的中立性。对象 31 最初支持教练，最终却加入了主席的团体，将其划分到 $\mathrm{POB}(C^3,C^2)$，因为尽管其最终加入了主席团体，但是从图 6-8 中可以看到，其与教练团体之间也有诸多联系。可以发现，类簇 2 与类簇 3 之间，具有重大意义的重叠对象分别是对象 9 与对象 10，尽管 LFM 与 Sun 算法发现了这些对象，但是对这些对象是不加区分看待的。通过细分重叠区域后，将重叠类型进行分类，发现了重叠区域中对象不同的类型，得到了更多的信息。

6.6　动态三支决策聚类

对于动态变化的数据集，常采用增量聚类算法，即当数据集数据对象增量变化时，采用增量方式调整先前的聚类结果以得到新的聚类结果，从而避免重复聚类产生大量重复操作。另外，在网络结构分析、无线传感器网络、文本主题挖掘等应用领域，类簇之间重叠现象也普遍存在。例如，根据博客的内容，发现一些个人博客只属于一个主题，而一些个人博客属于多个主题，这些个人博客在未来某个时间可能会改变主题。

一些学者在增量式重叠聚类算法方面已经有了一些成果。例如，SHC（Semantic Histogram Based Incremental Clustering Algorithm）[32]是一个基于簇直方图比的增量聚类算法，当新数据对象加入每个类簇时，SHC 分析每个簇直方图比的变化量从而聚类新增数据对象。DHC（Dynamic Hierarchical Algorithms for Document Clustering）[33]也是一个软增量聚类算法，该算法基于动态层次凝聚框架构建，因此算法的时间复杂度比较高。DClustR（Dynamic Overlapping Clustering based on Relevance）算法[34]是一种基于密度和紧凑度的动态重叠聚类算法，将数据对象之间的关系表示为一张相似图，其主要的缺点是只能发现大量很小的类簇。

本节结合三支决策理论来讨论动态数据软聚类问题，文献[35]中提出了一种基于树的数据结构的三支决策增量式动态聚类方法，后面简记为 DTC（Dynamic Three-way Decisions Clustering）算法。该方法包括三个阶段：首先采用基于代表点的软聚类算法聚类初始数据集，从而获得初始聚类结果和每个类簇的结构信息；然后采用树这种数据结构存储初始聚类结果中所有代表点的信息；最后，当新增数据时，通过查找这棵搜索树获取与新增数据相似的数据区域，接着计算新增数据与相似区域中代表点的相似性值从而聚类新增数据。

6.6.1 增量式数据聚类的相关定义

设考察的时间序列为 $T_0,T_1,\cdots,T_t,\cdots,T_n$，时刻 t 的数据系统采用一个知识表达系统 $\mathrm{IS}^t=(U^t,A^t)$ 描述。其中，U^t 是 t 时刻全体数据对象的集合，A^t 是 t 时刻所有属性的集合。一个动态信息系统（Dynamic Information System，DIS）可以采用每一时刻的信息表序列表示，即 DIS=$\{\mathrm{IS}^0,\mathrm{IS}^1,\mathrm{IS}^2,\cdots,\mathrm{IS}^t,\mathrm{IS}^{t+1},\cdots,\mathrm{IS}^n\}$。

增量数据聚类问题可描述为：已知 t+1 时刻的信息表 $\mathrm{IS}^{t+1}=(U^{t+1},A^{t+1})$，其中 $U^{t+1}=U^t+\Delta U$，$A^{t+1}=A^t$，t 时刻聚类结果 $C^t=\{C_t^1,C_t^2,\cdots,C_t^i,\cdots,C_t^{|Ct|}\}$，求 t+1 时刻的聚类结果 $C^{t+1}=\{C_{t+1}^1,C_{t+1}^2,\cdots,C_{t+1}^i,\cdots,C_{t+1}^{|Ct+t|}\}$。

为了便于同时表示软聚类的结果，本节聚类结果同样采用区间集表示。当考虑足够小一块区域时，数据对象通常是均匀分布的，可以采用抽象的一点概括此区域中的所有数据对象，此点就是代表点。借鉴文献[36]中的思想，下面将给出候选代表点、代表点和代表区域的相关定义及描述。

定义 6.4 候选代表点。对空间中数据点 o、距离 r，称以点 o 为中心、r 为半径区域中的数据对象个数为点 o 相对于 r 的密度，记为 Density(o, r)，并称点 o 为一个候选代表点。

定义 6.5 代表点。对空间中任意点 p、距离 r、密度阈值 threshold，如果 Density $(p,r)\geqslant \text{threshold}$，则点 p 就是一个代表点。

代表点是虚拟数据点，不是 D 维数据空间中真实的数据对象。

定义 6.6 代表区域。每一个代表点 p 是对数据空间中球形区域的代表，其中 p 点为区域的中心，r 为半径，则称该区域为代表点 p 所代表的代表区域。

为了聚类数据空间中的数据对象，将处在代表点 p 代表区域中的数据对象看成一个等价类，将不能被任意一个代表点代表的数据对象看成噪声。例如，设 r_k 为数据空间中第 k 个代表点，r_k 代表的区域中数据对象的集合记为 $\mathrm{cover}_k=\{x_1,\cdots,x_i,\cdots,x_{|\mathrm{cover}_k|}\}$，其中 $x_i=(x_i^1,x_i^2,\cdots,x_i^d,\cdots,x_i^D)$。

因为代表点 p 可以代表数据空间中的某个区域，所以假设这个虚拟数据点具有 D 维属性是合理的，即 $r_k=(r_k^1,\cdots,r_k^d,\cdots,r_k^D)$。这里采用一个 3 元组来表示其某一维 r_k^d，即 $r_k^d=(r_k^d.\mathrm{left},r_k^d.\mathrm{right},r_k^d.\mathrm{average})$。下面的公式将分别用来计算这三维

$$
\begin{aligned}
& r_k^d.\text{left} = \min(x_1^d, \cdots, x_i^d, \cdots, x_{|\text{cover}_k|}^d) \\
& r_k^d.\text{right} = \max(x_1^d, \cdots, x_i^d, \cdots, x_{|\text{cover}_k|}^d) \\
& r_k^d.\text{average} = \frac{1}{|\text{cover}_k|} \sum_{i=1}^{|\text{cover}_k|} x_i^d
\end{aligned} \tag{6.12}
$$

一般来说，代表点的代表区域之间可能存在重叠现象，且不同代表点代表区域的重叠度不同。换句话说，如果两个代表点代表区域中心之间的距离越小，说明它们之间的相似度越高；代表区域中心之间的距离越大，说明它们之间的相似度越低。

定义 6.7　代表区域的相似度。设 r_i 和 r_j 为数据空间中任意两个代表点，则它们代表区域之间的相似性大小定义如下

$$
\text{Similarity}(r_i, r_j) = 1 - \sqrt{\sum_{k=1}^{k=D} (r_i^k.\text{average} - r_j^k.\text{average})^2} \tag{6.13}
$$

由定义 6.7 可知，代表点 r_i 和 r_j 代表区域之间的相似度值 $\text{Similarity}(r_i, r_j)$ 越大，说明它们代表区域中心之间的距离就越小，它们也就越相似。

为了加快查找与新增数据对象相似的子空间区域，将构建代表点搜索树。其中，树根表示整个数据空间，包括所有的代表点。然后，根据属性重要度排序属性，根据最重要的属性创建第 1 层树节点，也就是说，所有的代表点根据该维属性取值进行分裂，同理采用同样的方法构造树的其他层节点。

设 Node_j^i 为搜索树第 i 层第 j 个节点。设节点 Node_j^i 所表示数据空间区域包含的代表点为 $\{r_1, \cdots, r_i, \cdots, r_{|\text{Node}_j^i|}\}$，则用一个数值区间表示 Node_j^i 的取值情况，即 $\text{Node}_j^i \in [\text{Node}_j^i.\text{left}, \text{Node}_j^i.\text{right}]$，其中 $\text{Node}_j^i.\text{left} = \min(r_1^i.\text{left}, \cdots, r_{|\text{Node}_j^i|}^i.\text{left})$，$\text{Node}_j^i.\text{right} = \max(r_1^i.\text{right}, \cdots, r_{|\text{Node}_j^i|}^i.\text{right})$，这里 i 为按属性重要性排序后的第 i 个属性。

此外，在查找搜索树寻找相似数据子空间时，需要度量待查找代表点与搜索树节点是否是相似的。也就是说，需要度量两个数值范围是否是相似的。

定义 6.8　值范围相似。对于任意两个数值区间 Range1、Range2，其中 Range1=[Range1.left，Range1.right], Range2=[Range2.left, Range2.right]。如果 Range1.left ≤ Range2.left, Range1.right ≥ Range2.left，则称 Range1 与 Range2 这两个数值区间值范围是相似的。

6.6.2　初始聚类

初始聚类是一个基于代表点的聚类算法。对数据集代表点的寻找分为两步：首先寻找数据集的候选代表点，然后根据密度阈值 threshold，将不符合密度阈值条件的候选代表点过滤掉，并计算符合密度阈值条件的候选代表点代表区域的中心，该过程重复 τ 次，这样就得到可以准确反映输入数据空间几何特征的代表点中心；最后根据半

径阈值 r，将数据集数据对象映射到相应代表点的代表区域，并建立代表点与其代表区域中数据对象间的映射。

接下来，以表 6.3 所示的初始数据集举例说明如何寻找初始数据集代表点，设阈值 threshold = 2、$r = 0.12$。计算得到代表点分别为 r_1、r_2、r_3、r_4、r_5、r_6。对应代表区域包含的数据对象集合分别为 $\text{cover}_1 = \{x_2, x_3, x_5\}$，$\text{cover}_2 = \{x_2, x_3, x_4\}$，$\text{cover}_3 = \{x_1, x_2, x_{12}\}$，$\text{cover}_4 = \{x_{11}, x_{12}\}$，$\text{cover}_5 = \{x_9, x_{10}, x_{11}\}$，$\text{cover}_6 = \{x_6, x_7, x_8\}$。下面举例说明代表点的计算过程，对于代表点 $r_1 = \{r^1, r^2\}$，$r^1 = (r^1.\text{left}, r^1.\text{right}, r^1.\text{average})$，$r^1.\text{left} = \min(x_2^1, x_3^1, x_5^1) = 1.0$，$r^1.\text{right} = \max(x_2^1, x_3^1, x_5^1) = 1.3$，$r^1.\text{average} = \frac{1}{3} \cdot \sum_{k=1}^{\text{cover}_1} x_k^1 = 1.1$，同理可求得 r^2 的三元组为 $r^2 = (3.3, 3.5, 3.4)$。

表 6.3　一个数据集 U

U	a_1	a_2	d	U	a_1	a_2	d
x_1	1.2	3.2	1	x_7	2.0	3.2	2
x_2	1.1	3.3	1	x_8	2.2	3.2	2
x_3	1.3	3.5	1	x_9	1.3	2.7	3
x_4	1.4	3.6	1	x_{10}	1.1	2.6	3
x_5	1.0	3.5	1	x_{11}	1.2	2.8	3
x_6	2.1	3.3	2	x_{12}	1.2	2.9	3

通过上述计算过程得到初始数据集 U 的所有代表点的集合 R，记录在表 6.4 中。

表 6.4　U 的代表点集

R	r^1	r^2	R	r^1	r^2
r_1	(1.0, 1.3, 1.1)	(3.3, 3.5, 3.4)	r_4	(1.2, 1.2, 1.2)	(2.8, 2.9, 2.8)
r_2	(1.1, 1.4, 1.3)	(3.3, 3.6, 3.4)	r_5	(1.1, 1.3, 1.2)	(2.6, 2.8, 2.7)
r_3	(1.1, 1.2, 1.2)	(2.9, 3.3, 3.1)	r_6	(2.0, 2.2, 2.1)	(3.2, 3.2, 3.2)

一般代表点代表区域之间可能存在重叠现象。换句话说，代表点代表区域之间相似程度不同。表 6.5 是根据式（6.13）计算得到的各代表点的相似度大小矩阵。

表 6.5　代表点相似度矩阵

Similarity(r_i, r_j)	r_1	r_2	r_3	r_4	r_5	r_6
r_1	—					
r_2	0.80	—				
r_3	0.78	0.78	—			
r_4	0.39	0.39	0.60	—		
r_5	0.29	0.29	0.50	0.90	—	
r_6	−0.02	0.18	0.10	0.02	−0.03	—

根据代表点代表区域之间相似度的大小，首先采用三支决策思想在它们之间添加一些强连通或弱连通边。设 $a=0.75, \beta=0.45$，当 $\text{Similarity}(r_i, r_j) \geqslant \alpha$ 时，它们之间有一条强连通边；当 $\beta \leqslant \text{Similarity}(r_i, r_j) < \alpha$ 时，它们之间有一条弱连通边；当 $\text{Similarity}(r_i, r_j) < \beta$ 时，它们之间无边相连。根据上述原则建立代表点关系图，得到图 6.9，图中实线表示强连通边，虚线表示弱连通边。

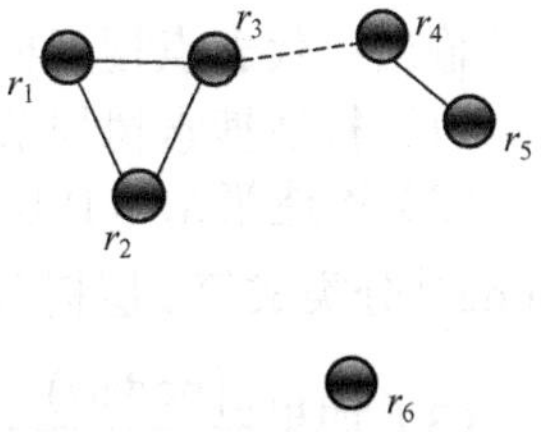

图 6.9　初始数据集代表点关系图

然后，从建立的代表点关系图中寻找强连通子图，每个强连通子图包含的代表点代表区域中数据对象构成一个类簇的正域，即类簇的下界。图 6.9 中，就有三个强连通子图：r_1、r_2、r_3 组成一个强连通子图，这三个代表点代表区域中数据对象构成类簇 C_1 的下界 $\underline{C_1}$；r_4、r_5 组成一个强连通子图，这两个代表点代表区域中数据对象构成类簇 C_2 的下界 $\underline{C_2}$；r_6 自身形成一个强连通子图，其代表区域中数据对象构成类簇 C_3 的下界 $\underline{C_3}$。与某个强连通子图有弱边相连的代表点代表区域中的数据对象，并且这些数据对象不在该类簇正域中，则构成这个强连通子图代表的类簇的边界域，即类簇的边界域。图 6.9 中，r_4 与 r_1、r_2、r_3 组成的强连通子图有弱边相连，则 r_4 代表区域中的数据对象且非 $\underline{C_1}$ 中数据对象构成类簇 C_1 的边界域 $\overline{C_1} - \underline{C_1}$；$r_3$ 与 r_4、r_5 组成的强连通子图有弱边相连，则 r_3 代表区域中的数据对象且非 $\underline{C_2}$ 中数据对象构成类簇 C_2 的边界域 $\overline{C_2} - \underline{C_2}$；因为无弱边与 r_6 形成的强连通子图相连，所以类簇 C_3 的边界域为空。类簇区间集表示形式下的上界由类簇正域和边界域共同组成。

6.6.3　创建搜索树

创建搜索树的方法与创建决策树的方法类似，即按自顶向下的方式创建。在实际数据集中，各个属性对知识发现所起的作用不同，有的属性对类的区分能力强，有的属性对类的区分能力弱，因此需要对各个属性的重要度进行量化。本章将采用样本集合纯度度量属性的重要度，样本集合在该属性上纯度越高，该属性重要性越小，反之越大。常用的度量样本集合纯度方法有三种[37]：Entropy、Gini 系数和 Classification error。本章将采用 Entropy 指标度量属性的重要度，即 Entropy 指标值越大，则集合纯度越低，属性重要性越高，反之越低。

首先，根据 Entropy 计算每个属性的属性重要度并按照属性重要度降序排序，设排序后的属性集表示为 AS。其次，根据属性重要度构建树的每一层节点，即先用重要度高的属性分裂上一层树节点，形成当前层树节点。由于数据集数据对象在属性重要度低的属性上不易区分，会导致形成本层树节点与上一层树节点大致相同。当存在相邻的两层树节点大致相同时，停止构建树。设|node(i)|表示第 i 层树节点的个数，算法描述如下。

算法 6.1　创建搜索树

输入：代表点集 R，有序属性集 AS。

输出：代表点搜索树 T。

（1）构造搜索树根节点，根节点包含所有的代表点，i=0。

（2）构造第 $i(i\geqslant 1)$ 层节点。根据定义 6.8 和 AS 第 i 个属性把第 i–1 层每个节点 Node_j^{i-1} 分类成第 i 层树节点。

（3）如果 $\dfrac{|\text{node}(i)|}{|\text{node}(i+1)|}>\lambda(0<\lambda<1)$，则停止；否则继续执行第（2）步。

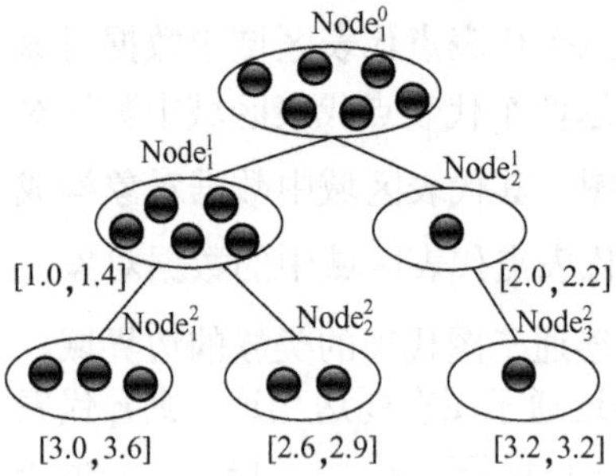

图 6.10　初始数据集代表点搜索树

采用算法 1 创建的数据集 U 代表点搜索树如图 6.10 所示。其中，搜索树中每个树节点按照 6.6.1 节给出的节点定义进行表示，这里数据集 U 第 1 维属性重要度大于第 2 维属性重要度。

6.6.4　增量聚类

由于新增数据集中数据对象并不是完全孤立的，数据对象之间存在联系。为了消除新增数据对象处理先后顺序对最终聚类结果产生的影响，首先，采用初始聚类算法中寻找代表点的方法寻找新增数据集中的代表点，在后续处理过程中，把增量数据集中的每个代表点作为一个整体考虑。其次，由于数据是动态增加的，这可能会导致已存在的搜索树节点合并。换句话说，随着数据的增加，搜索树需要更新，下面将给出新增数据集中每个代表点的查找和搜索树的更新过程。在本章方法中，为了降低时间开销，将在查找搜索树的同时完成搜索树的更新。

新增代表点与搜索树节点之间存在三种关系，下面将分别举例说明这三种关系。

关系 1：仅有一个搜索树节点与新增代表点相似。例如，如果新增代表点 $r_{\text{wait}}=(r^1,r^2)=\{(2.1,2.3,2.2),(3.2,3.4,3.3)\}$，则按照定义 6.8 值范围相似度定义，搜索树每一层只有一个树节点与新增代表点相似。在查找过程中若需要更新搜索树节点，则更新搜索树的节点。

接下来的分析中，用浅色点代表新增代表点。图 6.11 中，先将新增代表点 r_{wait} 添加到树根节点，即任何代表点均与树根节点相似。接着，根据 r_{wait} 在第 1 维属性数值区间查找树根节点的孩子树节点，因为 $r_{\text{wait}}.r^1=[2.1,2.3]$ 与树节点 Node_2^1 值区间[2.0, 2.2]相似，所以将 r_{wait} 添加到 Node_2^1 中，同时由于 r_{wait} 数值区间右值 2.3>2.2（Node_2^1 初始数值区间的右值），所以 Node_2^1 数值区间更新为[2.0, 2.3]。最后，查找 Node_2^1 的孩子树节点，根据 r_{wait} 在第 2 维属性数值区间查找 Node_2^1 的孩子树节点，因为 $r_{\text{wait}}.r^2=[3.2,3.4]$ 与树节点 Node_3^2 数值区间[3.2, 3.2]相似，所以将 r_{wait} 添加到 Node_3^2 中，同时由于 r_{wait} 数值

区间右值 3.4>3.2（Node_3^2 初始数值区间的右值），所以 Node_3^2 数值区间更新为[3.2, 3.4]，查找和更新结束。

当查找到相似区域后，接着计算相似区域中代表点与新增代表点间的相似性值，最后采用三支决策思想聚类新增代表点 r_{wait} 。

这里新增代表点 r_{wait} 与代表点 r_6 的相似度为 $\mathrm{Similarity}(r_{\mathrm{wait}}, r_6) = 0.86 \geqslant \alpha$ ，所以它们之间有一条强连通边，接着将 r_{wait} 代表区域中数据聚类到代表点 r_6 所属的类簇正域中。图 6.12 显示了关系 1 情况下更新后的代表点关系图。

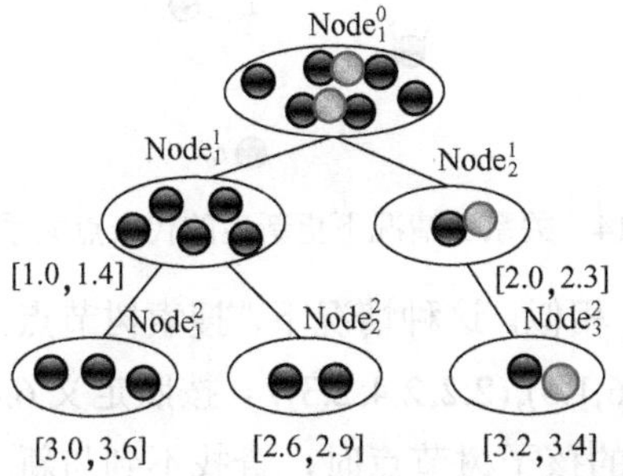

图 6.11　关系 1 情况下更新后的代表点搜索树

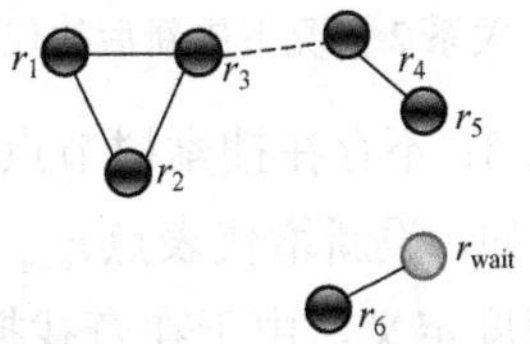

图 6.12　关系 1 情况下更新后的代表点关系图

关系 2：存在两个或两个以上搜索树节点与新增代表点 r_{wait} 相似。这种情况下，搜索树节点需要合并。例如，新增代表点 $r_{\mathrm{wait}} = (r^1, r^2) = \{(0.8, 2.0, 1.4), (2.6, 2.8, 2.7)\}$ ，按照定义 6.8 值范围相似度定义，此时在搜索树第 2 层树节点中，Node_1^1 与 Node_2^1 同时与 r_{wait} 相似。因此，将 Node_1^1、Node_2^1 与 r_{wait} 合并形成新的树节点，同理若能够合并新生成树节点的孩子树节点，则合并孩子树节点，然后继续向下查找。

图 6.13 中，先将新增代表点 r_{wait} 添加到树根节点，即任何代表点均与树根节点相似；接着根据 r_{wait} 在第 1 维属性数值区间查找树根节点的孩子树节点，因为 $r_{\mathrm{wait}}.r^1 = [0.8, 2.0]$ 与树节点 Node_1^1 数值区间[1.0, 1.4]和 Node_2^1 数值区间[2.0, 2.2]均相似，所以将 r_{wait}、Node_1^1、Node_2^1 合并形成新的树节点 Node_1^1 ，其中 $\mathrm{Node}_1^1.\mathrm{left} = \min(r_{\mathrm{wait}}.r^1.\mathrm{left}, \mathrm{Node}_1^1.\mathrm{left}, \mathrm{Node}_2^1.\mathrm{left}) = \min(0.8, 1.0, 2.0) = 0.8$ ，$\mathrm{Node}_1^1.\mathrm{right} = \max(r_{\mathrm{wait}}.r^1.\mathrm{right}, \mathrm{Node}_1^1.\mathrm{right}, \mathrm{Node}_2^1.\mathrm{right}) = \max(2.0, 1.4, 2.2) = 2.2$ ；由于新生成的树节点 Node_1^1 的孩子树节点 $\mathrm{Node}_1^2 = [3.0, 3.6]$ 和 $\mathrm{Node}_3^2 = [3.2, 3.2]$ 数值区间相似，所以合并 Node_1^2、Node_3^2 形成新的孩子树节点 $\mathrm{Node}_1^2 = [3.0, 3.6]$ 。最后查找新生成树节点 Node_1^1 的孩子树节点，根据 r_{wait} 在第 2 维属性数值区间查找 Node_1^1 的孩子树节点，因为 $r_{\mathrm{wait}}.r^2 = [2.6, 2.8]$ 与树节点 Node_2^2 数值区间[2.6，2.9]相似，所以将 r_{wait} 添加到 Node_2^2 中，查找和更新结束。

当查找到相似区域后，同理计算相似区域中代表点与新增代表点间的相似性值，最后采用三支决策思想聚类新增代表点 r_{wait} 。

由于新增代表点 r_{wait} 与 r_4、r_5 的相似值同时满足 $\mathrm{Similarity}(r_{\mathrm{wait}}, r_4) = 0.78 \geqslant \alpha$ ，

$\text{Similarity}(r_{\text{wait}}, r_5) = 0.8 \geqslant \alpha$，所以 r_4、r_5 同时与 r_{wait} 存在一条强连通边，接着将 r_{wait} 代表区域中数据聚类到代表点 r_4、r_5 所属的类簇正域中。图 6.14 显示了关系 2 情况下更新后的代表点关系图。

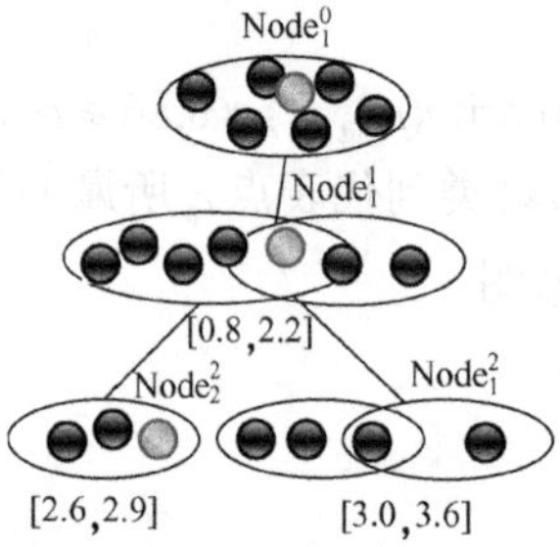

图 6.13　关系 2 情况下更新后的代表点搜索树

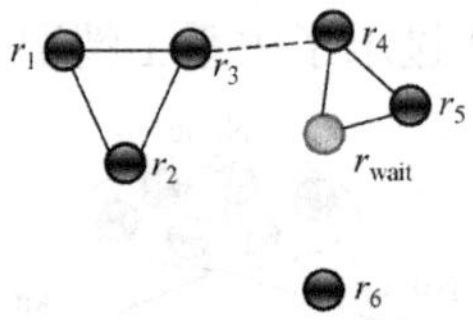

图 6.14　关系 2 情况下更新后的代表点关系图

关系 3：不存在搜索树节点与新增代表点 r_{wait} 相似。这种情况下，搜索树节点需要分裂。例如，设新增代表点 $r_{\text{wait}} = (r^1, r^2) = \{(1.4, 1.6, 1.5), (2.2, 2.4, 2.3)\}$，按照定义 6.8 值范围相似度定义，由于在查找搜索树节点 Node_1^1 的孩子树节点时，查找不到与新增代表点 r_{wait} 相似的树节点，此时需要分裂出一个新的树节点 Node_3^2。

图 6.15 中，先将新增代表点 r_{wait} 添加到树根节点，即任何代表点均与树根节点相似；接着根据 r_{wait} 在第 1 维属性数值区间查找树根节点的孩子树节点，因为 $r_{\text{wait}}.r^1$=[1.4, 1.6] 与树节点 Node_1^1 数值区间[1.0, 1.4]相似，所以将 r_{wait} 添加到 Node_1^1 中，同时由于 r_{wait} 数值区间的右值 1.6>1.4(Node_1^1 初始数值区间的右值)，所以 Node_1^1 数值区间需要更新为[1.0, 1.6]。最后查找 Node_1^1 的孩子树节点，根据 r_{wait} 在第 2 维属性数值区间查找 Node_1^1 的孩子树节点，因为 $r_{\text{wait}}.r^2$=[2.2, 2.4]与孩子树节点 Node_1^2=[3.0,3.6]、Node_1^2=[2.6, 2.9]均不相似，所以 r_{wait} 自身形成新的孩子树节点 Node_3^2=[2.2, 2.4]。图 6.16 显示了关系 3 情况下更新后的代表点关系图。

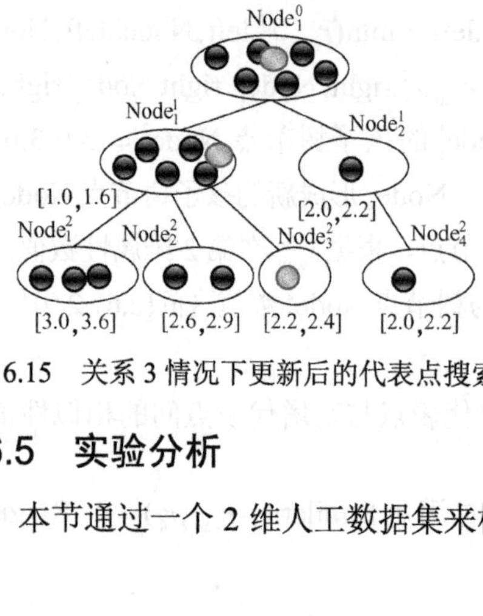

图 6.15　关系 3 情况下更新后的代表点搜索树

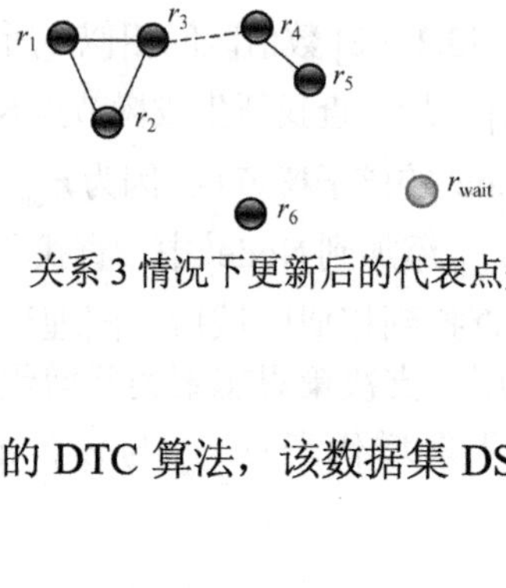

图 6.16　关系 3 情况下更新后的代表点关系图

6.6.5　实验分析

本节通过一个 2 维人工数据集来检验本章提到的 DTC 算法，该数据集 DS1 包含

1500 个数据对象，90%的数据对象作为初始数据集，10%的数据对象作为增量数据集。在实验中，参数 r、threshold、τ、α，β、λ 分别设置为 0.3、5、4、0.38、0.5、0.9。为了证明提出的算法可以处理不同类型的增量数据集，设计了两组测试。

第一组测试，增量数据集随机从每个类簇中抽取，观察本节提出的 DTC 算法是否可以正确进行增量式聚类。

DS1 初始聚类结果如图 6.17 所示。根据初始聚类算法 6.1，数据集 DS1 被聚为 5 类，分别为类簇 C_1、C_2、C_3、C_4、C_5，其中类簇 C_4 和 C_5 具有边界域，这是合理的，因为类簇 C_4 和 C_5 的交界处存在重叠现象，这也证明了本章提出的软初始聚类算法是有效的。DS1 的增量聚类结果如图 6.18 所示，DS1 最终被聚为 4 类，随着新数据对象增加，由于初始类簇 C_4 和 C_5 交界处数据对象的增加，导致类簇 C_4 和 C_5 合并为一个新类簇，这也揭示了数据集 DS1 的固有结构。此外，由于新数据对象的增加，初始类簇 C_3 也出现了边界域，可以看出聚类结果是合理的，这也证明了本章提出的软增量聚类算法是有效的。

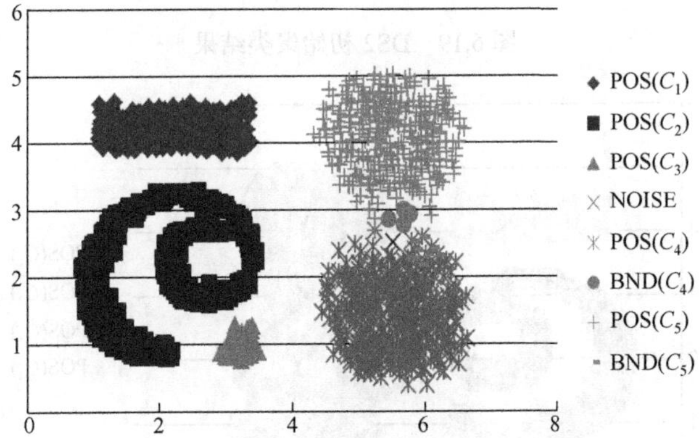

图 6.17　DS1 初始聚类结果

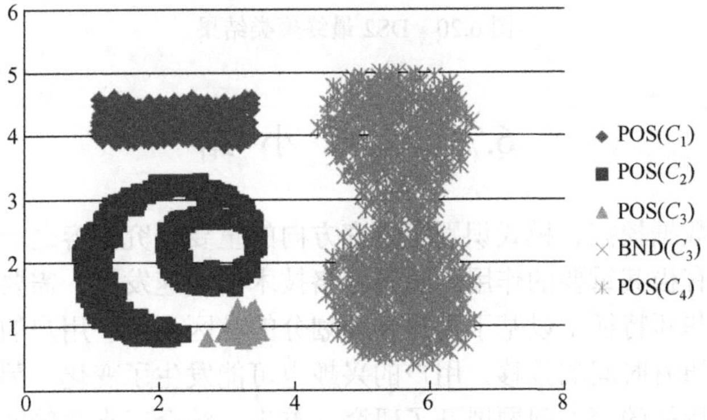

图 6.18　DS1 最终聚类结果

第二组测试，从初始数据集中移除一个类簇，如图 6.19 所示，根据算法 6.1，初始数据集 DS2 被聚为 3 类，分别为类簇 C_1、C_2、C_3。然后，将包含移除类的新增数据集加入初始数据集 DS2 中，DS2 增量聚类结果如图 6.20 所示，最终数据集被聚为 4 类，分别为类簇 C_1、C_2、C_3、C_4，即发现新类簇 C_4。因此，本章提出的方法可以发现新的类簇。

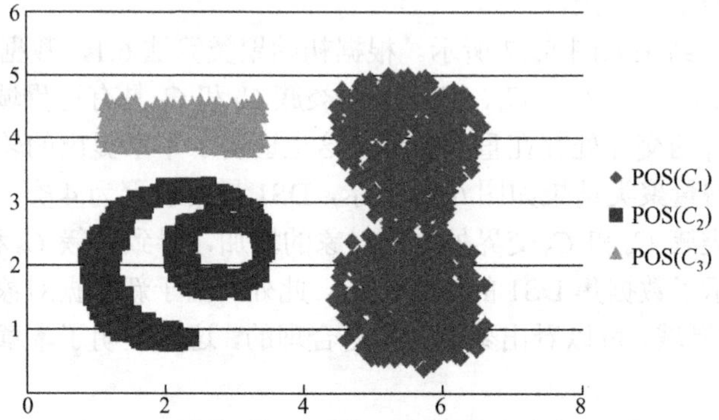

图 6.19　DS2 初始聚类结果

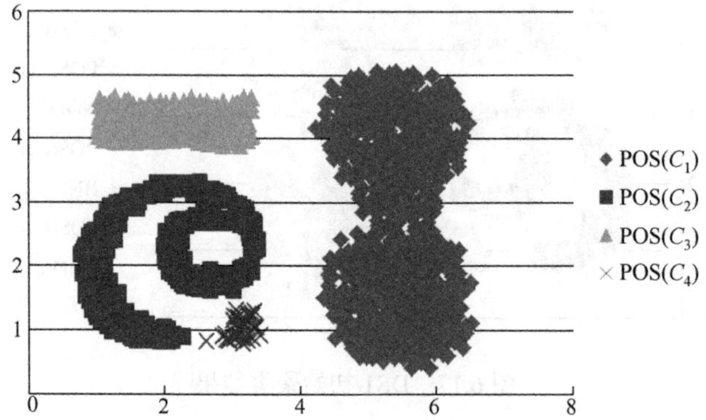

图 6.20　DS2 最终聚类结果

6.7　本 章 小 结

聚类分析是数据挖掘、模式识别等研究方向的重要研究内容之一，在识别数据的内在结构方面具有极其重要的作用。随着网络技术的飞速发展，需要分析处理的数据对象又具有了一些新特征。以基于用户兴趣划分的社区为例，用户的兴趣爱好通常不是单一的，而且随着时间的推移，用户的兴趣也可能发生了变化。因此，本章针对这种带有不确定性特征的聚类问题展开了研究。首先，结合三支决策区间集表示，本章给出了三支决策聚类的表示。一个簇由正域、负域、边界域来描述。随后，对不同域可能发生的重叠情况进行了详细讨论，并给出了重叠域细分在社交网络中的应用。针对动态数据，本章提出了一种基于树的三支决策增量式动态聚类方法，初步的实验结果显示该方法是有效的。如何进一步应用这些不同的域是未来的研究工作。

致　谢

感谢焦鹏和张聪在本章编写过程中作出的努力。本章工作获得了国家自然科学基金项目（项目编号：61379114）的资助。

参 考 文 献

[1] Isa N A, Mamat W M F W. Clustered-hybrid multilayer perceptron network for pattern recognition application. Applied Soft Computing, 2011, 11(1): 1457-1466.

[2] Leskovec J, Lang K J, Mahoney M. Empirical comparison of algorithms for network community detection//Proceedings of the 19th International Conference on World Wide Web, New York, 2010: 631-640.

[3] 杨博,刘大有, Liu J M, 等. 复杂网络聚类方法. 软件学报, 2009,20(1): 54-66.

[4] 王国胤, 姚一豫, 于洪. 粗糙集理论与应用研究综述. 计算机学报, 2009, 32(7): 1229-1246.

[5] Peters G, Crespo F, Lingras P, et al. Soft clustering - fuzzy and rough approaches and their extensions and derivatives. International Journal of Approximate Reasoning, 2013, 54(2): 307-322.

[6] Lingras P, West C. Interval set clustering of web users with rough k-means. Journal of Intelligent Information Systems, 2004, 23(1): 5-16.

[7] Lingras P, Hogo M, Snorek M, et al. Temporal analysis of clusters of supermarket customers: Conventional versus interval set approach. Information Sciences, 2005, 172(1): 215-240.

[8] Lingras P, Chen M, Miao D. Rough cluster quality index based on decision theory. IEEE Transactions on Knowledge and Data Engineering, 2009, 21(7): 1014-1026.

[9] Asharaf S, Murty M N. An adaptive rough fuzzy single pass algorithm for clustering large data sets. Pattern Recognition, 2003, 36(12):3015-3018.

[10] Kumar P, Krishna P R, Bapi R S, et al. Rough clustering of sequential data. Data & Knowledge Engineering, 2007, 63(2): 183-199.

[11] Malyszko D, Stepaniuk J. Adaptive rough entropy clustering algorithms in image segmentation. Fundamenta Informaticae, 2010, 98(2-3):199-231.

[12] Patra B, Nandi S. Fast single-link clustering method based on tolerance rough set model// Proceeding of the 12th International Conference on Rough Sets, Fuzzy Sets, Data Mining and Granular Computing, RSFDGrC 2009, Delhi, 2009: 414-422.

[13] 武小红, 周建江. 可能性模糊 C-均值聚类新算法. 电子学报, 2008, 36(10):1996-2000.

[14] 陈健美, 陆虎, 宋余庆, 等. 一种隶属关系不确定的可能性模糊聚类方法. 计算机研究与发展,

2008, 45(9):1486-1492.

[15] Yang M S, Wu K L. Unsupervised possibilistic clustering. Pattern Recognition, 2006, 39(1):5-21.

[16] Yu H, Luo H. A novel possibilistic fuzzy leader clustering algorithm// Proceedings of the 12th International Conference on Rough Sets, Fuzzy Sets, Data Mining and Granular Computing, RSFDGrC 2009, Delhi, 2009: 423-430.

[17] Liang J, Zhao X, Li D, et al. Determining the number of clusters using information entropy for mixed data. Pattern Recognition, 2012, 45(6): 2251-2265.

[18] Sambasivam S, Theodosopoulos N. Advanced data clustering methods of mining web documents. Issues in Informing Science and Information Technology, 2006, (3): 563-579.

[19] 贾修一, 商琳, 周献, 等. 三支决策理论与应用. 南京: 南京大学出版社, 2012.

[20] 刘盾，李天瑞，苗夺谦，等. 三支决策与粒计算. 北京: 科学出版社, 2013.

[21] 李华雄，周献中，李天瑞，等. 决策粗糙集理论及其研究进展. 北京: 科学出版社, 2011.

[22] Yao Y Y. The superiority of three-way decisions in probabilistic rough set models. Information Sciences, 2011, 181(6): 1080-1096.

[23] Yao Y Y. Three-way decisions with probabilistic rough sets, Information Sciences, 2010, 180(3): 341-353.

[24] Deng X F, Yao Y Y. Decision-theoretic three-way approximations of fuzzy sets. Information Sciences, 2014, 279: 702-715.

[25] Yao Y Y. An outline of a theory of three-way decisions// Proceedings of Rough Sets and Knowledge Technology: 7th International Conference, RSKT 2009, Chengdu, 2012: 1-17.

[26] Zachary W W. An Information flow model for conflict and fission in small groups. Journal of Anthropological Research, 1977, 33(4): 452-473.

[27] Yu H, Jiao P, Wang G, et al. Categorizing overlapping regions in clustering analysis using three-way decisions// Proceedings of the 2014 IEEE/WIC/ACM International Joint Conferences on Web Intelligence (WI) and Intelligent Agent Technologies (IAT), 2014, 2: 350-357.

[28] Lancichinetti A, Fortunato S, Kertész J. Detecting the overlapping and hierarchical community structure in complex networks. New Journal of Physics, 2009, 11(3): 033015.

[29] Huang J, Sun H, Han J, et al. Density-based shrinkage for revealing hierarchical and overlapping community structure in networks. Physica A: Statistical Mechanics and its Applications, 2011, 390(11): 2160-2171.

[30] Li J, Wang X, Eustace J. Detecting overlapping communities by seed community in weighted complex networks. Physica A: Statistical Mechanics and its Applications, 2013, 392(23): 6125-6134.

[31] Sun P G, Gao L, Han S S. Identification of overlapping and non-overlapping community structure by fuzzy clustering in complex networks. Information Sciences, 2011, 181(6): 1060-1071.

[32] Gad W K, Kamel M S. Incremental clustering algorithm based on phrase-semantic similarity histogram// Proceedings of the 2010 International Conference on Machine Learning and Cybernetics

(ICMLC), Qingdao,　2010: 2088-2093.

[33] Gil-Garcia R, Pons-Porrate A. Dynamic hierarchical algorithms for document clustering. Pattern Recognition Letters, 2010, 31(6): 469-477.

[34] Perez-Suarea A, Martinez-Trinidad J F, Carrasco-Ochoa J A, et al. An algorithm based on density and compactness for dynamic overlapping clustering. Pattern Recognition, 2013, 46(11): 3040-3055.

[35] Yu H, Zhang C, Hu F. An incremental clustering approach based on three-way decisions// Proceedings of Rough Sets and Current Trends in Computing: 9th International Conference, RSCTC 2014, Granada and Madrid, 2014: 152-159.

[36] 马帅, 王腾蛟, 杨冬青, 等. 一种基于参考点和密度的快速聚类算法. 软件学报, 2003, 14(6): 1089-1095.

[37] Olshen L, Stone C J. Classification and regression trees. Wadsworth International Group, 1984, 93(99): 101.

第 7 章　基于三支决策的多粒度文本情感分类

Multi-Granularity Sentiment Classification Based on Three-Way Decisions

张志飞[1,2]　王睿智[1,2]　苗夺谦[1,2]

1. 同济大学计算机科学与技术系

2. 同济大学嵌入式系统与服务计算教育部重点实验室

文本情感分类主要研究如何从文本中挖掘用户关于实体或其属性的观点、态度、情绪等主观信息。因文本的语言粒度有所不同，其表达的情感粒度也存在差别。本章将文本情感分为词语级、句子级和篇章级三个不同的粒度级别，对多粒度文本情感分类从情感的不确定性角度给予全新的解释，并基于三支决策提出若干文本情感分类方法，以解决情感分类中的上下文有关、主题依赖和情绪分类等问题。

7.1 引　　言

互联网的飞速发展催生了大量的用户生成内容，能够体现用户的观点、态度、立场、情绪等。这些内容的表现形式大都是非结构化或半结构化的文本，如产品评论、股票评论、影视评论、新闻评论、微博等。文本不再局限于客观事实的描述，而是侧重于观点的表达。社交媒体的兴起使得电子形式的主观性文本易于获取，文本情感分类技术受到广泛关注。文本情感分类是指通过挖掘文本中的立场、观点、看法、情绪、好恶等主观信息，识别文本的情感色彩[1, 2]。

从语言粒度看，文本情感分类主要分为词语级、句子级和篇章级[3, 4]。词语情感分类是文本情感分类的基础，难点在于上下文有关情感分类问题[5, 6]，即同一个情感词语在不同的上下文表达不同的极性。句子情感分类认为情感词语和主题词语两者紧密联系，情感词语能够表示主题[7]，而主题词语能够辅助情感分类[8]，因此，将主题信息转化为情感先验信息以指导主题依赖的句子情感分类。篇章情感分类相对简单，假设篇章只评论一个对象。情绪和观点两个概念接近但不等同，如含有情绪但不一定有极性，而且一个篇章往往含有多个情绪[9]，因此，将篇章情绪分类看成复杂的篇章情感分类，即多标记学习问题[10]。

将上述问题归结为情感的不确定性。例如，词语的情感不确定性来自上下文，句子的情感不确定性来自表达的主题，篇章的情感不确定性来自情绪重叠。因此，本章将文本情感分类看成情感的不确定性分析，从词语、句子和篇章三个语言粒度进行情感分类研究[11]。

粗糙集作为一种不确定性分析的工具，主要优势之一是不需要任何预备或额外的有关数据信息，而是直接基于原始数据进行计算[12]。经典粗糙集是建立在等价关系的基础上的，缺乏容错能力。因此，引入概率提出概率粗糙集模型，如 0.5-概率粗糙集[13]。Yao 等[14]提出决策粗糙集，用一对概率阈值定义概率区域，既给出了基于贝叶斯最小风险决策理论的语义解释，又给出了一个实际有效的阈值计算方法。三支决策是其核心思想，将传统的正域、负域二支决策语义拓展为正域、边界域和负域的三支决策语义，正域代表接受某事物、负域代表拒绝某事物、边界域代表需要进一步观察，即延迟决策，与人类在解决实际决策问题时的思维模式吻合[15, 16]。

本章基于三支决策提出若干文本情感分类方法，以解决情感分类中的词语上下文有关、句子主题依赖和篇章多情绪分类等问题。

7.2　粗糙集和三支决策

经典 Pawlak 粗糙集是一种定性描述，下近似由集合包含定义，而上近似由集合相交为空定义[17]。通过引入概率近似空间可以进行定量描述，用 $\Pr(X\mid[x])$ 表示任何一个对象 x 属于 X 的条件概率

$$\Pr(X\mid[x])=\frac{|[x]\cap X|}{|[x]|} \tag{7.1}$$

式中，$[x]$是论域 U 中的 x 的等价类。则 Pawlak 的正域、负域和边界域分别等价表示为

$$\begin{aligned}\mathrm{POS}(X)&=\{x\in U\mid \Pr(X\mid[x])\geqslant 1\}\\ \mathrm{NEG}(X)&=\{x\in U\mid \Pr(X\mid[x])\leqslant 0\}\\ \mathrm{BND}(X)&=\{x\in U\mid 0<\Pr(X\mid[x])<1\}\end{aligned} \tag{7.2}$$

定性描述仅使用概率的两个极端值，即 0 和 1。将 0 和 1 用其他值代替就可以获得一种定量粗糙集，如 0.5-概率粗糙集、决策粗糙集。

决策粗糙集用一对概率阈值定义概率区域，其核心思想是三支决策。三支决策在接受和拒绝的决策选项的基础上引入了不承诺的决策选项，规避了错误接受或者错误拒绝造成的损失[18]。

给定状态集 $\Omega=\{X,\neg X\}$，分别表示某对象属于 X 和不属于 X；动作集 $A=\{a_P,a_B,a_N\}$，分别表示接受某对象、延迟决策和拒绝某对象三种行动。由于不同行动会产生不同的损失，λ_{PP}、λ_{BP}、λ_{NP} 分别表示当对象属于 X 时采取行动 a_P、a_B、a_N 的损失，λ_{PN}、λ_{BN}、λ_{NN} 分别表示当对象不属于 X 时采取行动 a_P、a_B、a_N 的损失，且满足以下两个条件[18]。

（c0）$0\leqslant\lambda_{PP}\leqslant\lambda_{BP}<\lambda_{NP}$，$0\leqslant\lambda_{NN}\leqslant\lambda_{BN}<\lambda_{PN}$。

（c1）$\dfrac{\lambda_{NP}-\lambda_{BP}}{\lambda_{BN}-\lambda_{NN}}>\dfrac{\lambda_{BP}-\lambda_{PP}}{\lambda_{PN}-\lambda_{BN}}$。

给定任意对象 $x \in U$，三条决策规则如下

$$
\begin{aligned}
&(\mathrm{P})\text{如果}\Pr(X\,|\,[x]) \geqslant \alpha,\text{则}\ x \in \mathrm{POS}(X)\\
&(\mathrm{B})\text{如果}\beta < \Pr(X\,|\,[x]) < \alpha,\text{则}\ x \in \mathrm{BND}(X)\\
&(\mathrm{N})\text{如果}\Pr(X\,|\,[x]) \leqslant \beta,\text{则}\ x \in \mathrm{NEG}(X)
\end{aligned}
\tag{7.3}
$$

式中，阈值参数 α 和 β 的计算公式为

$$
\begin{aligned}
\alpha &= \frac{\lambda_{PN} - \lambda_{BN}}{(\lambda_{PN} - \lambda_{BN}) + (\lambda_{BP} - \lambda_{PP})}\\
\beta &= \frac{\lambda_{BN} - \lambda_{NN}}{(\lambda_{BN} - \lambda_{NN}) + (\lambda_{NP} - \lambda_{BP})}
\end{aligned}
\tag{7.4}
$$

规则（P）表示当 x 属于 X 的概率大于 α 时，将 x 划分到 X 的正域中，即执行的正域决策；规则（B）表示当 x 属于 X 的概率介于 α 和 β 之间时，将 x 划分到 X 的边界域中，即因依据不足的延迟决策；规则（N）表示当 x 属于 X 的概率小于 β 时，将 x 划分到 X 的负域中，即不执行的负域决策。

7.3　上下文有关的词语情感分类

Wu 和 Wen[19]研究以情感歧义形容词为代表的上下文有关词语，将消歧问题转化为计算目标名词的情感期望值。这些情感歧义形容词划分为 Positive-like 和 Negative-like 两组，同时发现两组多对词语之间存在反义关系，如“大”和“小”、“高”和“低”。给定同一上下文（如目标名词）时，存在反义关系的两个情感歧义形容词能够互相辅助进行情感分类。自然语言处理中反义关系对词语情感分类的作用未得到足够的关注[20]。

7.3.1　上下文有关反义词对

通常认为两个具有反义关系的情感词语具有相同的搭配模式，但是表达相反的情感极性，如“高（低）质量”，其中“高”和“低”构成反义词对。

定义 7.1　反义词对定义为二元对 (sw, ws)，其中 sw 和 ws 均为上下文有关的情感词语，且两者具有反义关系。当给定同一上下文词语 tn 时，sw 和 ws 的情感极性相反，即

$$
\mathrm{Polarity}(\mathrm{sw}\,|\,\mathrm{tn}) = -\mathrm{Polarity}(\mathrm{ws}\,|\,\mathrm{tn}) \tag{7.5}
$$

考虑在情感文本中使用较为频繁的单字歧义形容词，共计 16 个。这 16 个单字词构成了 8 个反义词对，如表 7.1 所示。将所有反义词对组成的集合记为 APs，因此 $|\mathrm{APs}| = 16$。

表 7.1 反义词对

sw（或 ws）	ws（或 sw）	sw（或 ws）	ws（或 sw）
高	低	大	小
深	浅	多	少
长	短	轻	重
快	慢	厚	薄

上下文信息可以用情感词语周围的名词简化表示。上下文有关的情感词语和上下文名词搭配，以及对应的极性类别标注等信息存放于词语极性决策表中。

定义 7.2 词语极性决策表形式化为四元组 $\mathrm{WPDT}=(U,C\cup D,V,f)$，其中，$U$ 为对象的非空有限集合，称为论域；$C=\{t,w\}$ 称为条件属性集合，其中 t 表示上下文名词，w 表示情感词语；$D=\{l\}$ 称为决策属性集合，只有一个属性 l，即情感极性；$V=\bigcup V_a(\forall a\in C\cup D)$，即 $V=V_t\cup V_w\cup V_l$，其中 V_t 表示上下文名词的集合，V_w 表示 APs 中 16 个情感词语的集合，$V_l=\{1,0,-1\}$ 表示情感极性的集合；$f=\{f_a \mid f_a\text{：}U\to V_a\}$，$f_a$ 表示属性 a 的信息函数。

7.3.2 基于三支决策的上下文有关词语情感分类

将决策表 WPDT 的论域 U 根据属性集合 C 划分到三个极性类{Positive, Negative, Neutral}，其中 $\mathrm{Positive}=\{x\in U \mid f_l(x)=1\}$， $\mathrm{Negative}=\{x\in U \mid f_l(x)=-1\}$， $\mathrm{Neutral}=\{x\in U \mid f_l(x)=0\}$。为了方便，对单独某个类 $\underline{L}(\underline{L}\in\{\mathrm{Positive},\mathrm{Negative},\mathrm{Neutral}\})$ 进行讨论。

三支决策 m 类分类问题通常转化为 m 个二值分类问题[21]。对象 x（由 t 和 w 共同构成）相对于极性类 $\underline{L}$ 而言要么属于 $\underline{L}$，要么不属于 $\underline{L}$。因此，定义状态集 $\Omega=\{\underline{L},\neg\underline{L}\}$，其中 $\underline{L}$、$\neg\underline{L}$ 分别表示 x 属于 $\underline{L}$ 和不属于 $\underline{L}$。动作集 $A=\{a_P,a_B,a_N\}$，其中 a_P 表示采取将 x 归到类 $\underline{L}$ 中的行动，a_N 表示采取将 x 不归到类 $\underline{L}$ 中的行动，a_B 表示采取延迟将 x 归类的行动。设置损失函数如表 7.2 所示。

表 7.2 词语情感分类的决策损失函数（u 是单位损失）

极性 \ 损失	λ_{PP}	λ_{BP}	λ_{NP}	λ_{PN}	λ_{BN}	λ_{NN}
Positive	0	$4u$	$9u$	$8u$	$3u$	0
Negative	0	$3u$	$8u$	$7u$	$2u$	0
Neutral	0	u	$10u$	$9u$	$3.5u$	0

根据表 7.2 和式（7.4），计算出 Positive 类的 $\alpha_{\mathrm{Positive}}=0.556$，Negative 类的 $\alpha_{\mathrm{Negative}}=0.625$。因此，$x$ 的褒贬极性的正域决策规则如下

$$
\begin{aligned}
&(\mathrm{P}')\text{如果}\Pr(\mathrm{Positive}\mid x)\geqslant\alpha_{\mathrm{Positive}}\text{，则}x\in\mathrm{POS}(\mathrm{Positive})\\
&(\mathrm{N}')\text{如果}\Pr(\mathrm{Negative}\mid x)\geqslant\alpha_{\mathrm{Negative}}\text{，则}x\in\mathrm{POS}(\mathrm{Negative})
\end{aligned}
\tag{7.6}
$$

式中，$\Pr(\text{Positive} \mid x)$ 和 $\Pr(\text{Negative} \mid x)$ 的计算公式为

$$\begin{aligned}\Pr(\text{Positive} \mid x) &= \frac{|\text{Positive} \cap [x]|}{|[x]|} = \frac{\text{count}(t = f_t(x), w = f_w(x), l = 1)}{\text{count}(t = f_t(x), w = f_w(x))} \\ \Pr(\text{Negative} \mid x) &= \frac{|\text{Negative} \cap [x]|}{|[x]|} = \frac{\text{count}(t = f_t(x), w = f_w(x), l = -1)}{\text{count}(t = f_t(x), w = f_w(x))}\end{aligned} \tag{7.7}$$

式中，$[x]$表示 x 在属性集合 $\{t,s\}$ 下的等价类；$\text{count}(\cdot)$表示决策表 WPDT 中满足条件的对象个数。

命题 7.1　设上下文名词为 tn，情感词语为 sw，若存在两个对象 x 和 y 满足 $f_t(x) = f_t(y) = \text{tn}$，$f_w(x) = \text{sw}$，$f_w(y) = \text{ws}$ 且 $(\text{sw}, \text{ws}) \in \text{APs}$，则通过双向规则识别与 tn 搭配的 sw 的情感极性

$$\text{Polarity}(\text{sw} \mid \text{tn}) = \begin{cases} 1, & x \in \text{POS(Positive)} \wedge y \in \text{POS(Negative)} \\ -1, & x \in \text{POS(Negative)} \wedge y \in \text{POS(Positive)} \\ 0, & \text{其他} \end{cases} \tag{7.8}$$

定理 7.1　两个对象 x 和 y 满足 $f_t(x) = f_t(y) = \text{tn}$ 且 $(f_w(x) = \text{sw}, f_w(y) = \text{ws}) \in \text{APs}$，则 $x \in \text{POS(Positive)} \wedge y \in \text{POS(Negative)}$ 和 $\text{Polarity}(\text{sw} \mid \text{tn}) = 1$ 等价。

证明　充分性：因为 $y \in \text{POS(Negative)}$，所以 $y \notin \text{POS(Positive)}$，又因为 $x \in \text{POS(Positive)}$，所以 $\text{Polarity}(\text{sw} \mid \text{tn}) = 1$。

必要性：令 $\Pr(\text{Positive} \mid x) = a$，$\Pr(\text{Negative} \mid y) = b$，根据表 7.2，对 x 和 y 采取 a_P、a_B、a_N 三种行动的期望损失分别表示为

$$R(a_P \mid x, a_P \mid y) = 8u(1-a) + 7u(1-b), \qquad R(a_P \mid x, a_N \mid y) = 8u(1-a) + 8ub$$
$$R(a_P \mid x, a_B \mid y) = 8u(1-a) + 3ub + 2u(1-b), \qquad R(a_N \mid x, a_P \mid y) = 9ua + 7u(1-b)$$
$$R(a_N \mid x, a_N \mid y) = 9ua + 8ub, \qquad R(a_N \mid x, a_B \mid y) = 9ua + 3ub + 2u(1-b)$$
$$R(a_B \mid x, a_P \mid y) = 4ua + 3u(1-a) + 7u(1-b), \qquad R(a_B \mid x, a_N \mid y) = 4ua + 3u(1-a) + 8ub$$
$$R(a_B \mid x, a_B \mid y) = 4ua + 3u(1-a) + 3ub + 2u(1-b)$$

根据式（7.5），$\text{Polarity}(\text{ws} \mid \text{tn}) = -1$，所以 $(a_P, a_P) = \mathop{\arg\min}\limits_{(D_1,D_2) \in \{a_P, a_B, a_N\}^2} R(D_1 \mid x, D_2 \mid y)$ 必须成立。通过对 9 个期望损失两两比较得到 $a \geqslant 0.556$，$b \geqslant 0.625$，即 $\Pr(\text{Positive} \mid x) \geqslant \alpha_{\text{Positive}}$，$\Pr(\text{Negative} \mid y) \geqslant \alpha_{\text{Negative}}$；因此 $x \in \text{POS(Positive)} \wedge y \in \text{POS(Negative)}$。

当同一上下文中没有出现互为反义的两个情感词语时，命题 7.1 中的双向规则不适用。当情感词语在该上下文中显著出现时，可以认为此时的正域决策是非常可信的。引入单边 Z 检验来衡量显著性，置信度为 95%时的 Z 临界值为 $Z_{0.05} = -1.645$，只有当 $Z\text{-score}(x, C) \geqslant Z_{0.05}$ 时，才认为情感词语和上下文名词搭配是显著的

$$Z\text{-score}(x, C) = \frac{\Pr(C \mid x) - P_0}{\sqrt{\dfrac{P_0 \cdot (1 - P_0)}{|C \cap [x]_t|}}} \tag{7.9}$$

式(7.9)中的 P_0 是假设值，设为 0.7[22]，表示搭配的比例要显著大于 70%；$\Pr(C \mid x)$ 的含义和式（7.7）相同，$[x]_t$ 表示对象 x 在属性 t 下的等价类。

命题 7.2　设上下文名词为 tn，情感词语为 sw，若存在对象 x 满足 $f_t(x) = \text{tn}$，$f_w(x) = \text{sw}$，但不存在 y 满足 $f_t(y) = \text{tn}$ 且 $(\text{sw}, f_w(y)) \in \text{APs}$，则通过单向规则识别与 tn 搭配的 sw 的情感极性

$$\text{Polarity}(\text{sw} \mid \text{tn}) = \begin{cases} 1, & x \in \text{POS(Positive)} \wedge Z\text{-score}(x, \text{Positive}) > Z_{0.05} \\ -1, & x \in \text{POS(Negative)} \wedge Z\text{-score}(x, \text{Negative}) > Z_{0.05} \\ 0, & \text{其他} \end{cases} \quad (7.10)$$

定理 7.2　在单向规则中如果 $\Pr(\text{Positive} \mid x) \geqslant P_0$，那么 $\text{Polarity}(\text{sw} \mid \text{tn}) = 1$ 必然成立。

证明　因为 $\Pr(\text{Positive} \mid x) \geqslant P_0 > 0.556$，所以 $x \in \text{POS(Positive)}$，又因为 Z-score$(x, \text{Positive}) \geqslant 0 > Z_{0.05}$；根据命题 7.2 得到 $\text{Polarity}(\text{sw} \mid \text{tn}) = 1$。

7.3.3　实验结果与分析

实验语料取自 COAE 2012 的任务 1 和 SEMEVAL 2010 的任务 18，分别记为 COAE 和 SEMEVAL。前者用于一般的情感分类任务，后者专门用于上下文有关词语的情感分类任务，详细信息如表 7.3 所示，其中上下文有关词语指表 7.1 的 16 个单字词，在含有上下文有关词语的句子中平均出现 1～2 个上下文有关词语。

表 7.3　词语情感分类数据集

数量 \ 数据集	COAE	SEMEVAL
褒义句子	598	1202
贬义句子	1295	1715
中性句子	507	0
上下文有关词语	960	4991
含上下文有关词语的句子	709	2846

由于语料的标注粒度为句子级，所以从句子情感分类的结果验证方法的效果，评价指标为微平均 F_1 值。对 4 种方法进行对比，即 Baseline（Turney[23]提出的非监督情感分类方法，不考虑上下文有关的词语）、NB（直接使用朴素贝叶斯分类方法）、SVM（直接使用支持向量机分类方法）、TWD（在上下文有关词语的极性的三支决策后采用 Baseline 的分类方法）。

对两个语料抽取 16 个情感词语的上下文名词，采用 IBM Word Cloud 展示如图 7.1 所示，在 COAE 语料中“声音”“噪音”“速度”和“价格”等上下文名词较为明显，而在 SEMWVAL 语料中“规模”“水平”“成本”和“压力”等上下文名词较为明显。当它们出现时，上下文有关词语的情感不再具有歧义。

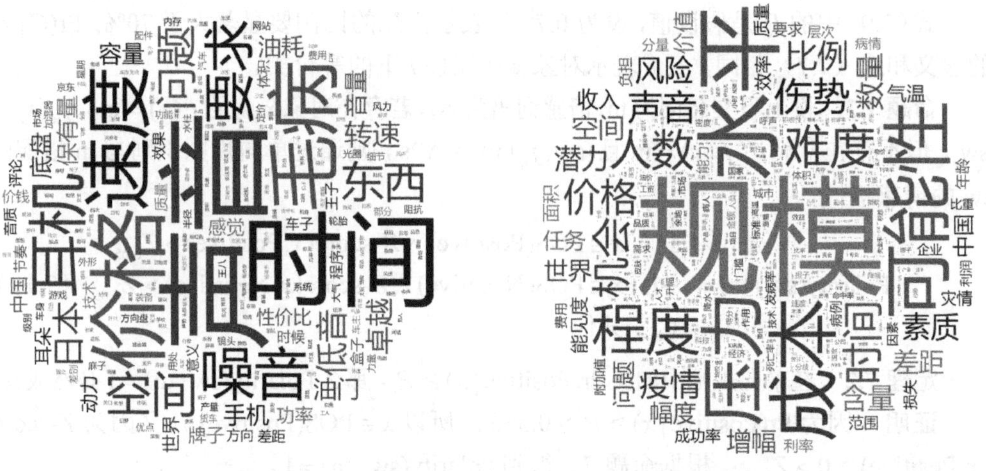

(a) COAE　　(b) SEMEVAL

图 7.1　上下文名词的词云图

不同方法的对比结果如图 7.2 所示。在 SEMEVAL 语料上 TWD 方法的性能提升非常明显，原因在于该语料中含有上下文有关词语的句子比例相对较大（97.6%），这些词语被正确识别将有助于句子的极性识别。而在 COAE 语料上，TWD 方法的性能略微有所提升，原因在于该语料中含有上下文有关词语的句子比例相对较小（29.5%）。同时，TWD 方法也要优于 NB 和 SVM。

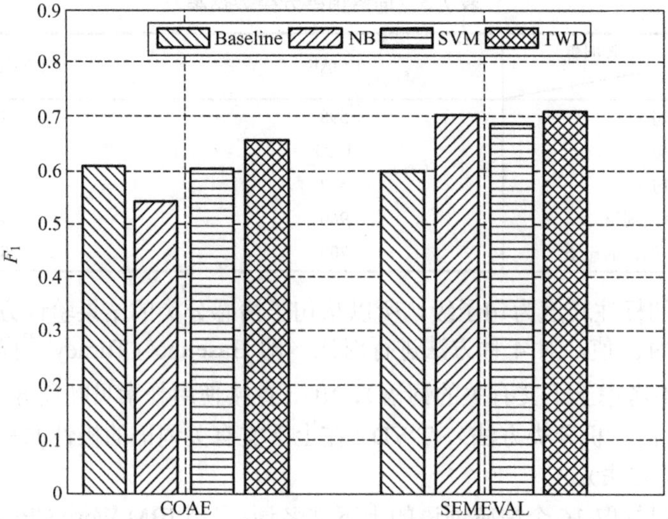

图 7.2　上下文有关词语的情感分类结果

为了更清楚地体现 TWD 方法的优势，对 16 个上下文有关情感词语进行分析，如表 7.4 所示。这 16 个词语中，褒义、贬义和中性所占的比例分别是 35%、40%和 25%，判别为中性的原因是缺乏上下文信息或者无法匹配规则。其他词语在情感词典中如果只有一种极性，则认为是上下文无关的；如果不止有一种极性，则认为是上下文有关的。上下文无关词语是讨论的上下文有关词语的两倍，而其他上下文有关词语仅为讨论的上下文有关词语的三分之一。因此，这 16 个上下文有关词语对于情感分析非常有用。

表 7.4　上下文有关词语的分析

	16 个上下文有关情感词语			词典中其他情感词语	
	褒义	贬义	中性	上下文有关	上下文无关
COAE	264	328	261	79	3128
SEMEVAL	1841	2082	699	110	7723
总和	2105	2410	960	189	10851

7.4 主题依赖的句子情感分类

在情感分类中，通常认为情感词语比主题词语更重要[24]，诚然如此，但是现有工作忽视了主题能够反映一定的情感趋势的事实。例如，主题“90 后当教授”反映正面情感趋势，而主题“食用油涨价”则反映负面情感趋势。因此，本章将主题融入句子情感分类中，将主题信息转化为情感先验信息，并结合三支决策实现句子的情感分类。

7.4.1 情感先验

将主题信息转化为情感先验信息。对于积极主题赋予褒义情感先验，对于消极主题赋予贬义情感先验。主题的积极或者消极可以人工指定，也可以根据标注语料统计，这里介绍一种基于标注语料的统计方法。

定义 7.3　设主题 T 下共有 N_T 个文本，其中褒义占 N_{TP}，贬义占 N_{TN}，则主题 T 转化的情感先验为

$$\mathrm{Priori}(T)=\begin{cases}\dfrac{N_{\mathrm{TP}}-N_{\mathrm{TN}}}{N_T}, & \left|\dfrac{N_{\mathrm{TP}}-N_{\mathrm{TN}}}{N_T}\right|\geqslant\dfrac{1}{2}\\ 0, & \text{其他}\end{cases}\tag{7.11}$$

$\mathrm{Priori}(T)>0$ 表示主题 T 倾向于积极，$\mathrm{Priori}(T)<0$ 表示主题 T 倾向于消极。

为了表示句子，设计以下 6 个特征[11]：一般情感值求和计算出的句子极性 P、句子的情感不确定性度量值 SU、句子中的独立否定词语数量 SN、句子中连续出现的标点数量 SP、句子是否是疑问句或者感叹句 ST、句子中是否含有显著副词 SD。将这 6 个特征作为条件属性、情感极性作为决策属性，得到句子情感决策表。

定义 7.4　句子情感决策表形式化为四元组 $\mathrm{SPDT}=(U,C\cup D,V,f)$，其中，$U$ 为对象的非空有限集合，称为论域；$C=\{P,\mathrm{SU},\mathrm{SN},\mathrm{SP},\mathrm{ST},\mathrm{SD}\}$ 称为条件属性集合；$D=\{d\}$

称为决策属性集合，具有唯一属性 d，即句子的情感极性；$V=\bigcup V_a(\forall a\in C\cup D)$，$V_a$ 表示属性 a 的取值集合，如 $V_d=\{1,0,-1\}$ 表示情感极性的集合；$f=\{f_a\mid f_a:U\to V_a\}$，$f_a$ 表示属性 a 的信息函数。

定义 7.5　给定句子情感决策表 $\mathrm{SPDT}=(U,C\cup D,V,f)$ 和褒义状态集 $\mathrm{Positive}=\{x\in U\mid f_d(x)=1\}$，则句子 x 的褒义条件概率为

$$\mathrm{Pos}(x)=\Pr(\mathrm{Positive}\mid[x])=\frac{|\mathrm{Positive}\cap[x]|}{|[x]|}\tag{7.12}$$

式中，$[x]$是 x 在属性集合 C 下的等价类。

7.4.2　基于三支决策的主题依赖句子情感分类

设一个状态集合 $\Omega=\{\mathrm{Positive},\neg\mathrm{Positive}\}$（分别表示褒义和非褒义），一个动作集合 $A=\{a_P,a_B,a_N\}$（分别表示赋予一个对象褒义、中性和贬义极性），损失函数设计如表 7.5 所示。

表 7.5　句子情感分类的决策损失函数（u 是单位损失）

动作 \ 状态	Positive	¬Positive
a_P	$\lambda_{PP}=0$	$\lambda_{PN}=5u$
a_B	$\lambda_{BP}=1.5u$	$\lambda_{BN}=2u$
a_N	$\lambda_{NP}=3u$	$\lambda_{NN}=u$

式中，$\lambda_{NN}\neq 0$ 是非褒义状态下赋予贬义时存在中性误分的代价。

根据式（7.4）计算出：$\alpha=0.67$，$\beta=0.4$。句子的情感极性决策分类为

$$\mathrm{Label}(x)=\begin{cases}1, & x\in\mathrm{POS}(\mathrm{Positive})=\{y\in U\mid \mathrm{Pos}(y)\geqslant\alpha\}\\0, & x\in\mathrm{BND}(\mathrm{Positive})=\{y\in U\mid \beta<\mathrm{Pos}(y)<\alpha\}\\-1, & x\in\mathrm{NEG}(\mathrm{Positive})=\{y\in U\mid \mathrm{Pos}(y)\leqslant\beta\}\end{cases}\tag{7.13}$$

设句子 x 的主题是 T，则句子最终的情感极性 $\mathrm{Polarity}(x)$ 的判断过程如下。

（1）当 $\mathrm{Label}(x)$ 和 $\mathrm{Priori}(T)$ 同为正或者同为负时，说明决策分类和情感先验非常一致，那么 $\mathrm{Polarity}(x)$ 与决策分类的结果相同。

（2）当 $\mathrm{Label}(x)$ 和 $\mathrm{Priori}(T)$ 中一个为正且一个为负时，说明决策分类和情感先验发生冲突。只有当决策分类足够可信时，才认为 $\mathrm{Polarity}(x)$ 与决策分类的结果相同，分两种情况讨论。

① $\mathrm{Label}(x)=1\wedge\mathrm{Priori}(T)<0$，虽然句子所在的主题倾向于消极，但是只要决策为褒义足够可信，即 $\mathrm{Pos}(x)$ 尽量大，则 $\mathrm{Polarity}(x)$ 以决策分类的结果为准。引入加权量 Pos_w

$$\mathrm{Pos}_w=\mathrm{Priori}(T)\cdot(1-\mathrm{Pos}(x))+(1+\mathrm{Priori}(T))\cdot\mathrm{Pos}(x)\tag{7.14}$$

$\text{Pos}_w > 0$ 则 $\text{Pos}(x)$ 较大，$\text{Polarity}(x) = 1$；$\text{Pos}_w < 0$ 则 $\text{Pos}(x)$ 不够大，$\text{Polarity}(x) = -1$；$\text{Pos}_w = 0$ 则 $\text{Polarity}(x) = 0$。

② $\text{Label}(x) = -1 \wedge \text{Priori}(T) > 0$，虽然句子所在的主题倾向于积极，但是只要决策为贬义足够可信，即 $\text{Pos}(x)$ 尽量小，则 $\text{Polarity}(x)$ 以决策分类的结果为准。引入加权量 Neg_w

$$\text{Neg}_w = \text{Priori}(T) \cdot \text{Pos}(x) + (\text{Priori}(T) - 1) \cdot (1 - \text{Pos}(x)) \tag{7.15}$$

$\text{Neg}_w < 0$ 则 $\text{Pos}(x)$ 较小，$\text{Polarity}(x) = -1$；$\text{Neg}_w > 0$ 则 $\text{Pos}(x)$ 不够小，$\text{Polarity}(x) = 1$；$\text{Neg}_w = 0$ 则 $\text{Polarity}(x) = 0$。

（3）当 $\text{Label}(x) = 0$ 和 $\text{Priori}(T) \neq 0$ 时，说明主题倾向于积极或者消极，虽然决策为中性，但是很可能是因为无法识别情感词语或者隐含情感。引入随机数 rand(0,1)，如果其小于 $|\text{Priori}(T)|$，则 $\text{Polarity}(x)$ 以情感先验为准。

给出决策阈值 (α, β) 和情感先验 $\text{Priori}(T)$ 之间的关系，见定理 7.3 和定理 7.4。

定理 7.3　设句子 x 的主题为 T，若 $\text{Label}(x) = 1$ 且 $\alpha > -\text{Priori}(T) > 0$，则 $\text{Polarity}(x) = 1$。

证明　$-\text{Priori}(T) > 0 \Rightarrow \text{Priori}(T) < 0$，又因为 $\text{Label}(x) = 1$，根据式（7.14），$\text{Pos}_w = \text{Priori}(T) + \text{Pos}(x)$。因为 $\text{Label}(x) = 1$，所以 $x \in \text{POS}(\text{Positive})$，即 $\text{Pos}(x) \geqslant \alpha$。又因为 $\alpha > -\text{Priori}(T)$，所以 $\text{Pos}(x) > -\text{Priori}(T)$，即 $\text{Priori}(T) + \text{Pos}(x) > 0$，故 $\text{Pos}_w > 0$，则 $\text{Polarity}(x) = 1$。

定理 7.4　设句子 x 的主题为 T，若 $\text{Label}(x) = -1$ 且 $\beta < 1 - \text{Priori}(T) < 1$，则 $\text{Polarity}(x) = -1$。

证明　$1 - \text{Priori}(T) < 1 \Rightarrow \text{Priori}(T) > 0$，又因为 $\text{Label}(x) = -1$，根据式（7.15），$\text{Neg}_w = \text{Priori}(T) + \text{Pos}(x) - 1$。因为 $\text{Label}(x) = -1$，所以 $x \in \text{NEG}(\text{Positive})$，即 $\text{Pos}(x) \leqslant \beta$；又因为 $\beta < 1 - \text{Priori}(T)$，所以 $\text{Pos}(x) < 1 - \text{Priori}(T)$，即 $\text{Priori}(T) + \text{Pos}(x) - 1 < 0$，故 $\text{Neg}_w < 0$，则 $\text{Polarity}(x) = -1$。

7.4.3　实验结果与分析

本章采用 NLP&CC 2012 的中文微博情感分析评测提供的语料。实验从该语料中选择三个主题即“90 后当教授”“iPad3”“食用油涨价”，分别记为 Prof、iPad、Oil，构成微博情感语料（表 7.6）。

表 7.6　微博情感语料统计信息

主题 \ 极性	褒　义	中　性	贬　义	合　计
90 后当教授（Prof）	110	12	13	135
iPad3（iPad）	41	121	60	222
食用油涨价（Oil）	7	45	71	123
合计	158	178	144	480

根据式（7.11）计算出三个主题的情感先验分别为 Priori(Prof) = 0.72、Priori(iPad) = 0、Priori(Oil) = –0.52，说明“90 后当教授”主题倾向于积极，“食用油涨价”主题倾向于消极，而“iPad3”主题倾向不明显。

从句子情感分类的结果验证方法的效果，评价指标为微平均 F_1 值。对三类方法进行对比：S-RS（根据式（7.13）的句子极性决策分类）、T-S-RS（S-RS 方法融合标准分类主题的最终分类）、T-S-RS(Δ)（S-RS 方法融合Δ系统分类主题的最终分类）。

由于算法具有随机性，所以多次实验取平均，融合标准分类主题的句子情感分类结果如图 7.3 所示。当情感先验为 0 时，主题对于情感分类没有作用，如 iPad 的 F_1 没有变化；当情感先验不为 0 且绝对值较大时，主题对于情感分类的作用较大，如 Prof 的 F_1 提升明显大于 Oil。

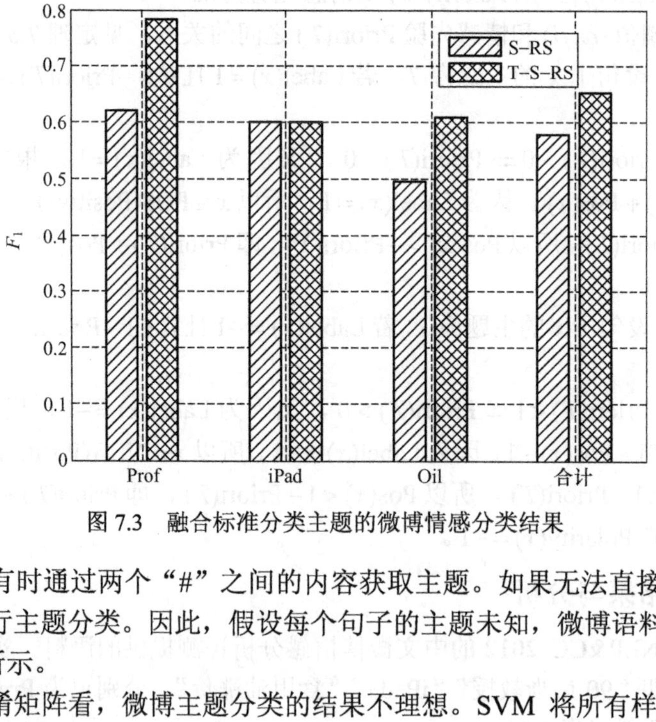

图 7.3　融合标准分类主题的微博情感分类结果

在微博上有时通过两个“#”之间的内容获取主题。如果无法直接获取主题，那么需要事先进行主题分类。因此，假设每个句子的主题未知，微博语料上的主题分类结果如图 7.4 所示。

从三个混淆矩阵看，微博主题分类的结果不理想。SVM 将所有样本归为 iPad，KNN(k=1)将绝大多数样本归为 Prof，KNN(k=1)即最近邻分类的性能相对最优。根据上述结果，将系统分类主题融入句子情感分类，结果如图 7.5 所示，其中 Random 表示对句子随机赋予三个主题之一。

由于 SVM 将所有样本归于 iPad，该主题的情感先验为 0，对情感分类没有辅助作用，所以 T-S-RS(SVM)和 S-RS 的性能一样。如果大量出现以下三种现象，即原本情感先验为 0 的主题归到情感先验为正或负的主题、原本情感先验为正的主题归到情感先验为负的主题、原本情感先验为负的主题归到情感先验为正的主题，主题分类结果的不理想导致情感分类性能降低，如 T-S-RS(KNN/11)和 T-S-RS(Random)的性能要低于 S-RS。只有当主题分类结果能够接受时，情感分类的性能才会提升，如 T-S-RS(KNN/1)的性能高于 S-RS，但是还达不到主题分类完全正确时的性能（T-S-RS）。

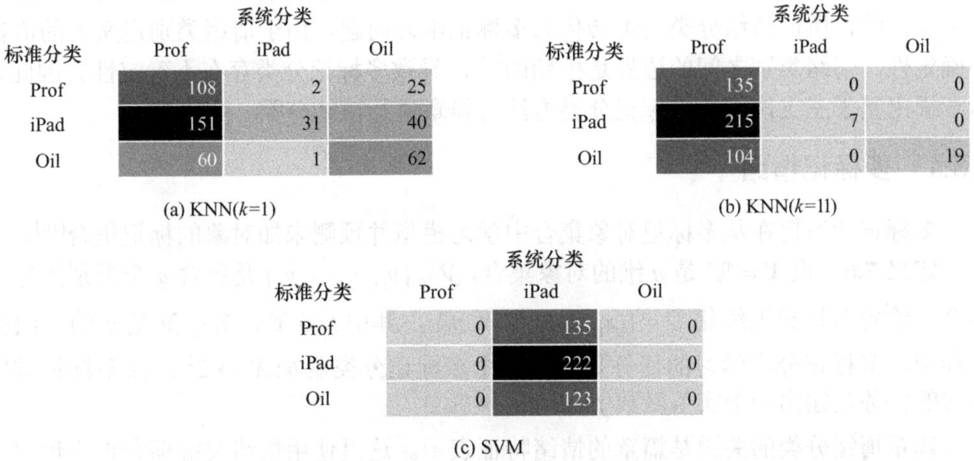

图 7.4　微博语料主题分类的混淆矩阵

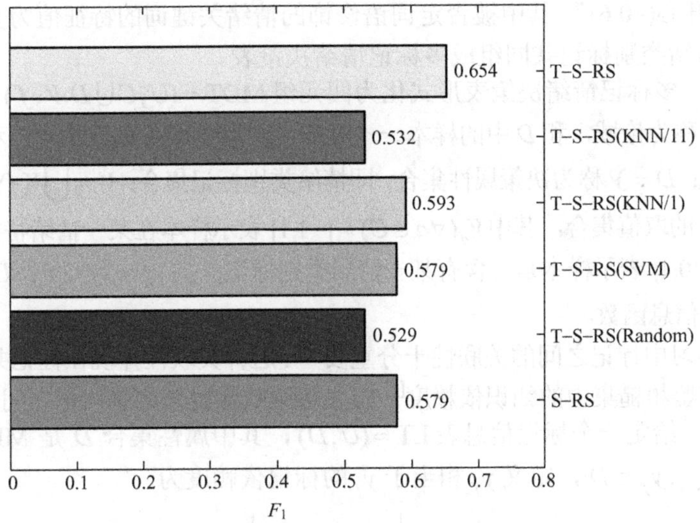

图 7.5　融合系统分类主题的微博情感分类结果

因此，对于主题依赖的句子情感分类建议遵循三个原则：句子的主题优先直接获取（如微博的特殊标记），再考虑自动分类；主题分类的性能指标 F_1 越高越好，尽量避免上述三种现象的发生；将分类置信度不高的样本归为情感先验为 0 的主题。

7.5　多标记的篇章情绪分类

篇章情绪分类不是简单的褒贬分类，而是细粒度情绪类别分类。由于篇章经常含有多个情绪，所以情绪分类任务转化为多标记学习问题。由于情绪类别定义上的语言不确定性，情绪类别之间的边界是模糊的[25]，导致多标记分类存在不确定性。因此，本章提出基于三支决策的多标记分类方法对篇章进行情绪分类。

7.5.1　多标记情绪

多标记学习旨在从多标记对象集合中学习模型并预测未知对象的标记集合[10]。

定义 7.6　设 $\mathcal{X}=\mathbb{R}^n$ 是 n 维的对象集合，$\mathcal{Y}=\{y_1,y_2,\cdots,y_q\}$ 是包含 q 个类别的标记集合。给定多标记训练集 $\mathcal{D}=\{(x_i,Y_i)\mid 1\leqslant i\leqslant m\}$，其中 $x_i\in\mathcal{X}$，$Y_i\subseteq\mathcal{Y}$ 是 x_i 的一组类别标记，多标记分类学习的任务是输出一个多标记分类器 $h:\mathcal{X}\to 2^{\mathcal{Y}}$；而多标记排序学习的任务是输出一个实值函数 $f:\mathcal{X}\times\mathcal{Y}\to\mathbb{R}$。

篇章情绪分类的关键是篇章的情绪特征表示。这里使用情绪关键词和否定词语，并采用词频-倒文档频率（Term Frequency-Inverse Document Frequency，TF-IDF）和特征选择 χ^2 方法将篇章表示成向量。例如，“孩子们用哭声表达他们的不开心”表示为“哭声(0.8)　开心(–0.6)”，其中被否定词语修饰的情绪关键词的特征值为负值。篇章的向量表示和情绪类别标记共同组成多标记情绪决策表。

定义 7.7　多标记情绪决策表形式化为四元组 $\mathrm{MDT}=(U,C\cup D,V,f)$，其中，$U=\{u_1,u_2,\cdots,u_m\}$ 称为论域，和 $\mathcal{D}$ 中的样本一一对应；C 称为条件属性集合，和篇章的情绪特征一一对应；$D=\mathcal{Y}$ 称为决策属性集合，即情绪类别标记集合；$V=\bigcup V_a(\forall a\in C\cup D)$，$V_a$ 表示属性 a 的取值集合，其中 $V_a(\forall a\in C)=[-1,1]$ 表示样本在某一情绪特征上的取值，$V_a(\forall a\in D)=\{0,1\}$ 表示样本是否含有某一情绪类别标记；f：$f=\{f_a\mid f_a$：$U\to V_a\}$，f_a 表示属性 a 的信息函数。

多标记学习中标记之间的关联性十分重要[26]，这种关联性体现在标记共现和标记互斥上。这里借鉴粗糙集中的知识依赖度[27]定义标记依赖度来刻画标记之间的关联性。

定义 7.8　给定一个标记信息表 $\mathrm{LT}=(U,D)$，其中属性集合 D 是 MDT 中的类别标记集合，$\forall y_j,y_{j'}\in D$，定义 $y_{j'}$ 相当于 y_j 的标记依赖度为

$$\gamma_j^{j'}=\frac{\left|\bigcup_{U'\in U/y_{j'}}\underline{y}_j(U')\right|}{|U|}\tag{7.16}$$

式中，$U/y_{j'}$ 表示论域在标记 $y_{j'}$ 上形成的划分；$\underline{y}_j(U')$ 表示论域子集 U' 关于标记 y_j 的下近似，即 $\underline{y}_j(U')=\{u\in U\mid[u]_{y_j}\subseteq U'\}$（$[u]_{y_j}$ 表示对象 u 在标记 y_j 上的等价类）。

命题 7.3　标记依赖度具有如下性质。

（1）$0 \leqslant \gamma_j^{j'} \leqslant 1$。

（2）当$\gamma_j^{j'} = 1$时，标记$y_{j'}$完全依赖于标记y_j，即两者完全共现或者互斥。

（3）当$\gamma_j^{j'} = 0$时，标记$y_{j'}$完全独立于标记y_j，即两者不存在任何关系。

（4）当$0 < \gamma_j^{j'} < 1$时，标记$y_{j'}$粗糙依赖于标记y_j，即两者存在不确定性。

7.5.2　基于三支决策的多标记篇章情绪分类

Miao 等[28]对多标记 K 近邻算法（Multi-label K Nearest Neighbors，ML-KNN）[29]改进提出双加权多标记 K 近邻算法（Dual Weighted Multi-label K Nearest Neighbors，DW-ML-KNN），将样本之间的距离转化为近邻具有标记的权重和不具有标记的权重。设H_b^j代表x具有或者不具有类别标记y_j的假设，其中$b=1$表示具有，$b=0$表示不具有；E_r^j表示x的近邻$\mathcal{N}(x)$中有r个样本含有标记y_j的事件，E_{K-r}^{-j}表示$\mathcal{N}(x)$中有$K-r$个样本不含有标记y_j的事件。DW-ML-KNN 多标记分类器为[28]

$$h(x) = \{y_j \in \mathcal{Y} \mid \arg\max_{b\in\{0,1\}} \{P(H_b^j \mid E_{C_j}^j) + P(H_b^j \mid E_{K-C_j}^{-j})\} = 1\} \tag{7.17}$$

对应的多标记实值函数为

$$f(x, y_j) = \frac{P(H_1^j \mid E_{C_j}^j) + P(H_1^j \mid E_{K-C_j}^{-j})}{\sum_{b\in\{0,1\}} P(H_b^j \mid E_{C_j}^j) + P(H_b^j \mid E_{K-C_j}^{-j})} \tag{7.18}$$

当设置阈值为 0.5 时，实值函数可以转化为分类器。

针对多标记情绪决策表，利用多标记实值函数定义上、下近似以及正、负和边界域。

定义 7.9　给定决策表$\mathrm{MDT} = (U, C \cup D, V, f)$，令$U_j = \{u_i \mid (x_i, Y_i) \in \mathcal{D} \wedge y_j \in Y_i\}$表示含有标记$y_j$的论域$U$的子集，$U_j$的下近似和上近似分别定义为

$$\begin{aligned} &\underline{C}_\alpha(U_j) = \{u_i \in U \mid f(x_i, y_j) \geqslant \alpha\} \\ &\overline{C}_\beta(U_j) = \{u_i \in U \mid f(x_i, y_j) > \beta\} \end{aligned} \tag{7.19}$$

定义 7.10　给定决策表$\mathrm{MDT} = (U, C \cup D, V, f)$，令$U_j = \{u_i \mid (x_i, Y_i) \in \mathcal{D} \wedge y_j \in Y_i\}$表示含有标记$y_j$的论域$U$的子集，$U_j$的正域、负域和边界域分别定义为

$$\begin{aligned} &\mathrm{POS}_\alpha(U_j) = \underline{C}_\alpha(U_j) = \{u_i \in U \mid f(x_i, y_j) \geqslant \alpha\} \\ &\mathrm{NEG}_\beta(U_j) = U - \overline{C}_\beta(U_j) = \{u_i \in U \mid f(x_i, y_j) \leqslant \beta\} \\ &\mathrm{BND}_{(\alpha,\beta)}(U_j) = \overline{C}_\beta(U_j) - \underline{C}_\alpha(U_j) = \{u_i \in U \mid \beta < f(x_i, y_j) < \alpha\} \end{aligned} \tag{7.20}$$

正域$\mathrm{POS}_\alpha(U_j)$表示根据条件属性集合C判断肯定具有标记y_j的论域U中对象的集合。因此，基于三支决策的情绪多标记分类器（记为 TWD-MLC）设计为

$$h'(x) = \{y_j \in \mathcal{Y} \mid x \in \mathrm{POS}_\alpha(U_j)\} \tag{7.21}$$

借鉴决策粗糙集三支区域的性质[30]，给出标记共现定理和标记互斥定理，见定理 7.5 和定理 7.6。这两个定理能够根据标记依赖度优化多标记分类的类别标记。

定理 7.5 给定两个类别标记 y_j 和 $y_{j'}$，对应的两个论域子集分别为 U_j 和 $U_{j'}$，则标记共现定理为

$$\mathrm{POS}_{\alpha}(U_j \cap U_{j'}) = \mathrm{POS}_{\alpha}(U_j) \cap \mathrm{POS}_{\alpha}(U_{j'}) \tag{7.22}$$

证明

$$\begin{aligned}\forall u_i \in \mathrm{POS}_{\alpha}(U_j \cap U_{j'}) &\Leftrightarrow f(x_i, y_j \wedge y_{j'}) \geqslant \alpha \\ &\Leftrightarrow f(x_i, y_j) \geqslant \alpha \wedge f(x_i, y_{j'}) \geqslant \alpha \\ &\Leftrightarrow u_i \in \mathrm{POS}_{\alpha}(U_j) \cap u_i \in \mathrm{POS}_{\alpha}(U_{j'})\end{aligned}$$

因此，$\mathrm{POS}_{\alpha}(U_j \cap U_{j'}) = \mathrm{POS}_{\alpha}(U_j) \cap \mathrm{POS}_{\alpha}(U_{j'})$。

引理 7.1 给定类别标记 y_j，对应的论域子集为 U_j，U_j^C 表示 U_j 的补集、$-y_j$ 表示标记 y_j 不出现，则

$$\mathrm{POS}_{\alpha}(U_j^C) = \mathrm{NEG}_{1-\alpha}(U_j) \tag{7.23}$$

证明

$$\begin{aligned}\forall u_i \in \mathrm{POS}_{\alpha}(U_j^C) &\Leftrightarrow f(x_i, -y_j) \geqslant \alpha \\ &\Leftrightarrow 1 - f(x_i, y_j) \geqslant \alpha \\ &\Leftrightarrow f(x_i, y_j) \leqslant 1 - \alpha \\ &\Leftrightarrow u_i \in \mathrm{NEG}_{1-\alpha}(U_j)\end{aligned}$$

因此，$\mathrm{POS}_{\alpha}(U_j^C) = \mathrm{NEG}_{1-\alpha}(U_j)$。

定理 7.6 给定两个类别标记 y_j 和 $y_{j'}$，对应的两个论域子集分别为 U_j 和 $U_{j'}$，则标记互斥定理为

$$\mathrm{POS}_{\alpha}(U_j - U_{j'}) = \mathrm{POS}_{\alpha}(U_j) \cap \mathrm{NEG}_{1-\alpha}(U_{j'}) \tag{7.24}$$

证明

$$\begin{aligned}\mathrm{POS}_{\alpha}(U_j - U_{j'}) &= \mathrm{POS}_{\alpha}(U_j \cap U_{j'}^C) \\ &= \mathrm{POS}_{\alpha}(U_j) \cap \mathrm{POS}_{\alpha}(U_{j'}^C) \\ &= \mathrm{POS}_{\alpha}(U_j) \cap \mathrm{NEG}_{1-\alpha}(U_{j'})\end{aligned}$$

因此，$\mathrm{POS}_{\alpha}(U_j - U_{j'}) = \mathrm{POS}_{\alpha}(U_j) \cap \mathrm{NEG}_{1-\alpha}(U_{j'})$。

进一步分析 TWD-MLC 和 DW-ML-KNN 算法之间的关系，见命题 7.4 和命题 7.5。

命题 7.4 DW-ML-KNN 算法可以看成 0.5-概率粗糙集模型

$$\mathrm{POS}_{0.5}(U_j) = \{u_i \in U \mid f(x_i, y_j) > 0.5\}$$
$$\mathrm{NEG}_{0.5}(U_j) = \{u_i \in U \mid f(x_i, y_j) < 0.5\}$$
$$\mathrm{BND}_{0.5}(U_j) = \{u_i \in U \mid f(x_i, y_j) = 0.5\}$$

式（7.17）是后验概率 $P(H_1^j \mid E_{C_j}^j)$、$P(H_1^j \mid E_{K-C_j}^{-j})$、$P(H_0^j \mid E_{C_j}^j)$、$P(H_0^j \mid E_{K-C_j}^{-j})$ 的非严格比较，其严格比较如表 7.7 所示，只有当 $P(H_1^j \mid E_{C_j}^j)$ 和 $P(H_1^j \mid E_{K-C_j}^{-j})$ 同时大于（或小于）0.5 时，标记的决策才是确定的，否则是不确定的。根据表 7.7 中 $f(x, y_j)$ 的范围，取 $\alpha = 0.75$、$\beta = 0.25$。

表 7.7　后验概率严格比较关系

后验概率比较	y_j 和 $h(x)$ 的关系	$f(x, y_j)$ 的范围
$P(H_1^j \mid E_{C_j}^j) > 0.5$ 且 $P(H_1^j \mid E_{K-C_j}^{-j}) > 0.5$	$y_j \in h(x)$	$(0.5, 1]$
$P(H_1^j \mid E_{C_j}^j) > 0.5$ 且 $P(H_1^j \mid E_{K-C_j}^{-j}) < 0.5$	不确定	$(0.25, 0.75)$
$P(H_1^j \mid E_{C_j}^j) < 0.5$ 且 $P(H_1^j \mid E_{K-C_j}^{-j}) > 0.5$	不确定	$(0.25, 0.75)$
$P(H_1^j \mid E_{C_j}^j) < 0.5$ 且 $P(H_1^j \mid E_{K-C_j}^{-j}) < 0.5$	$y_j \notin h(x)$	$[0, 0.5)$

命题 7.5　DW-ML-KNN 算法严格意义上可以看成(0.75,0.25)-决策粗糙集模型

$$\mathrm{POS}_{0.75}(U_j) = \{u_i \in U \mid f(x_i, y_j) \geqslant 0.75\}$$
$$\mathrm{NEG}_{0.25}(U_j) = \{u_i \in U \mid f(x_i, y_j) \leqslant 0.25\}$$
$$\mathrm{BND}_{(0.75,0.25)}(U_j) = \{u_i \in U \mid 0.25 < f(x_i, y_j) < 0.75\}$$

将 0.5-概率粗糙集模型和(0.75,0.25)-决策粗糙集模型作为提出的 TWD-MLC 的两种具体实现。

7.5.3　实验结果与分析

中文情绪语料 Ren-CECps 从篇章、段落、句子和词语 4 个层次标注情绪，共计 1487 个篇章、11255 个段落、35096 个句子、878164 个词语，其中约 15%的词语在使用中表达的情绪不唯一[31]。语料中包括 8 种情绪：joy、hate、love、sorrow、anxiety、surprise、anger、expect。每个层次标注的情绪不是唯一的，其中篇章的情绪标记分布情况如表 7.8 所示。

表 7.8　Ren-CECps 的篇章情绪标记

情绪类别	文本数	百分比/%	情绪类别	文本数	百分比/%
joy	529	35.57	anxiety	678	45.60
hate	284	19.10	surprise	104	6.99
love	840	56.49	anger	179	12.04
sorrow	635	42.70	expect	584	39.27

这里采用多标记分类任务常用的评价指标[32]：汉明损失，值越小，系统性能越优；精确率，值越大，系统性能越优；召回率，值越大，系统性能越优。实验采用 5 种方法：ML-KNN、DW-ML-KNN、0.5-PRS（0.5-概率粗糙集）、(0.75,0.25)-DTRS（(0.75,0.25)-决策粗糙集）和非监督（关键情绪词匹配，若被否定，则归为对立情绪标记）。

前 4 种方法均属于监督学习，篇章情绪分类结果如图 7.6 所示。由于 Ren-CECps 的平均标记数接近 3，DW-ML-KNN 会赋予小类标记较大的权重，所以 DW-ML-KNN 能够提高召回率，但是会降低精确率。此外，0.5-PRS 的性能与 DW-ML-KNN 相同；(0.75,0.25)-DTRS 虽然减弱了召回率的提升效果，但是补偿了汉明损失和精确率的性能，总体性能表现较好，原因在于分类约束更为严格。

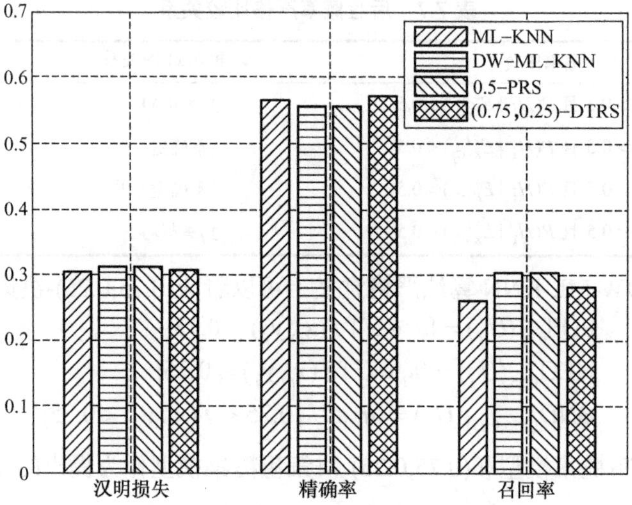

图 7.6　监督学习下的篇章情绪分类性能

将 TWD-MLC 的两种具体实现方法和非监督方法进行对比，如图 7.7 所示。非监督方法通过情绪关键词匹配，基本不会遗漏情绪标记，所以召回率相对有优势，但是

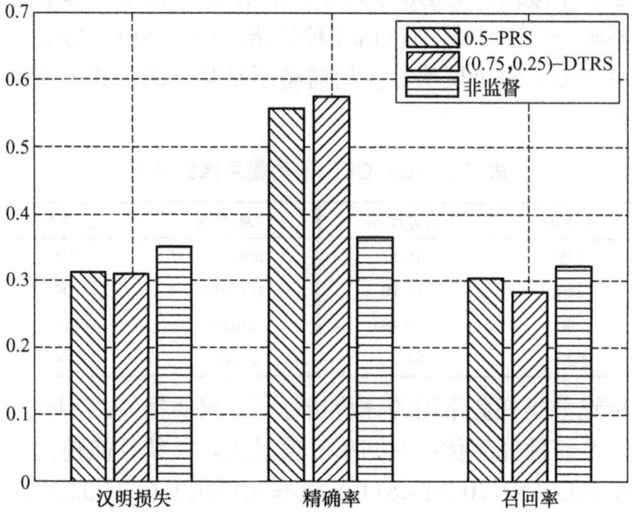

图 7.7　非监督下的篇章情绪分类性能

在其他指标上性能较差。篇章情绪不等价于词语或者句子情绪的累加，因为篇章体现的是更大粒度或者总体的情绪。例如，111 个不含有情绪标记的篇章中存在具有情绪标记的句子。

7.6 本章小结

本章从情感不确定性角度对词语、句子和篇章三个粒度的文本情感分类给予全新的解释。以三支决策作为不确定性分析的工具，解决情感分类中的上下文有关、主题依赖和多标记情绪等问题。

词语情感分类方法结合上下文有关的反义词对及其所在正域提出双向规则和单向规则。8 对上下文有关的反义词对上的实验表明，基于三支决策的词语情感分类方法能够显著提高情感分类性能。但是，需要研究如何将三支决策分类方法推广到更大范围的上下文有关词语。

句子情感分类方法将主题转化的情感先验和三支决策分类器相结合，验证决策阈值和情感先验之间的关系。微博情感语料上的实验表明，理想的主题分类将显著提高情感分类的性能，同时给出使用该方法的建议性原则。因此，需要将主题分类细化，达到情感分类错误代价最小的目的。

篇章情绪分类方法利用 DW-ML-KNN 算法的多标记实值函数定义三支决策区域，提出标记共现定理和标记互斥定理。结论是 DW-ML-KNN 属于 0.5-概率粗糙集模型，而严格意义上属于(0.75,0.25)-决策粗糙集模型，性能总体较优。但是，需要结合风险代价以寻找更合适的决策阈值。

致　谢

感谢评阅专家提出的宝贵意见。本章工作获得了国家自然科学基金项目（项目编号分别为 61273304、61202170）和高等学校博士学科点专项科研基金项目（项目编号：20130072130004）的资助。

参 考 文 献

[1] Liu B. Sentiment analysis and opinion mining. Synthesis Lectures on Human Language Technologies, 2012, 5(1): 1-167.

[2] 赵妍妍, 秦兵, 刘挺. 文本情感分析. 软件学报, 2010, 21(8): 1834-1848.

[3] Feldman R. Techniques and applications for sentiment analysis. Communications of the ACM, 2013, 56(4): 82-89.

[4] 黄萱菁, 张奇, 吴苑斌. 文本情感倾向分析. 中文信息学报, 2011, 25(6): 118-126.

[5] Zhang Z F, Miao D Q, Yuan B. Context-dependent sentiment classification using antonym pairs and double expansion//Proceedings of the 15th International Conference on Web-Age Information Management, Macau, 2014: 711-722.

[6] Lu Y, Castellanos M, Dayal U, et al. Automatic construction of a context-aware sentiment lexicon: An optimization approach//Proceedings of the 20th International Conference on World Wide Web, Hyderabad, 2011: 347-356.

[7] 方然，苗夺谦，张志飞. 一种基于情感的中文微博话题检测方法. 智能系统学报，2013，8(3): 208-213.

[8] Bross J, Ehrig H. Automatic construction of domain and aspect specific sentiment lexicons for customer review mining//Proceedings of the 22nd ACM International Conference on Information and Knowledge Management, San Francisco, 2013: 1077-1086.

[9] Li J, Ren F J. Emotion recognition of weblog sentences based on an ensemble algorithm of multi-label classification and word emotions. IEEJ Transactions on Electronics, Information and Systems, 2012, 132(8): 1362-1375.

[10] Tsoumakas G, Katakis I. Multi-label classification: An overview. International Journal of Data Warehousing and Mining, 2007, 3(3): 1-13.

[11] 张志飞. 基于粗糙集理论的多粒度文本情感分类研究. 上海：同济大学, 2014.

[12] Grzymala-Busse J W. Knowledge acquisition under uncertainty-a rough set approach. Journal of Intelligent and Robotic Systems, 1988, 1(1): 3-16.

[13] Wong S K M, Ziarko W. Comparison of the probabilistic approximate classification and the fuzzy set model. Fuzzy Sets and Systems, 1987, 21(3): 357-362.

[14] Yao Y Y, Wong S K M. A decision theoretic framework for approximating concepts. International Journal of Man-Machine Studies, 1992, 37(6): 793-809.

[15] Yao Y Y. Three-way decisions with probabilistic rough sets. Information Sciences, 2010, 180(3): 341-353.

[16] Yao Y Y. The superiority of three-way decisions in probabilistic rough set models. Information Sciences, 2011, 181(6): 1080-1096.

[17] Pawlak Z, Wong S K M, Ziarko W. Rough sets: Probabilistic versus deterministic approach. International Journal of Man-Machine Studies, 1988, 29(1): 81-95.

[18] Yao Y Y. An outline of a theory of three-way decisions//Proceedings of the 8th International Conference on Rough Sets and Current Trends in Computing, Chengdu, 2012: 1-17.

[19] Wu Y F, Wen M M. Disambiguating dynamic sentiment ambiguous adjectives//Proceedings of the 23rd International Conference on Computational Linguistics, Beijing, 2010: 1191-1199.

[20] Mohammad S, Dorr B, Hirst G. Computing word-pair antonymy//Proceedings of the 2008 Conference on Empirical Methods in Natural Language Processing, Honolulu, 2008: 982-991.

[21] Liu D, Li T R, Li H X. A multiple-category classification approach with decision-theoretic rough sets.

Fundamenta Informaticae, 2012, 115(2-3): 173-188.

[22] Zhang L, Liu B. Identifying noun product features that imply opinions//Proceedings of the 49th Annual Meeting of the Association for Computational Linguistics: Human Language Technologies, Portland, 2011: 575-580.

[23] Turney P D. Thumbs up or thumbs down? Semantic orientation applied to unsupervised classification of reviews//Proceedings of the 40th Annual Meeting on Association for Computational Linguistics, Philadelphia, 2002: 417-424.

[24] Hu Y, Li W J. Document sentiment classification by exploring description model of topical terms. Computer Speech and Language, 2011, 25(2): 386-403.

[25] Subasic P, Huettner A. Affect analysis of text using fuzzy semantic typing. IEEE Transactions on Fuzzy Systems, 2001, 9(4): 483-496.

[26] Zhang M L, Zhou Z H. A review on multi-label learning algorithms. IEEE Transactions on Knowledge and Data Engineering, 2014, 26(8): 1819-1837.

[27] 苗夺谦, 李道国. 粗糙集理论、算法与应用. 北京: 清华大学出版社, 2008.

[28] Miao D Q, Zhang Z F, Wei Z H, et al. DW-ML-kNN: A dual weighted multi-label kNN algorithm//Proceedings of the 8th International Conference on Natural Language Processing and Knowledge Engineering, Hefei, 2012: 519-529.

[29] Zhang M L, Zhou Z H. ML-KNN: A lazy learning approach to multi-label learning. Pattern Recognition, 2007, 40(7): 2038-2048.

[30] 李华雄, 周献中, 李天瑞, 等. 决策粗糙集理论及其研究进展. 北京: 科学出版社, 2011.

[31] Quan C Q, Ren F J. A blog emotion corpus for emotional expression analysis in Chinese. Computer Speech and Language, 2010, 24(4): 726-749.

[32] Schapire R E, Singer Y. Boostexter: A boosting-based system for text categorization. Machine Learning, 2000, 39(2-3): 135-168.

第 8 章 基于三支决策的高利润项集增量挖掘

Three-Way Based High Utility Itemset Incremental Mining

闵 帆[1] 张智恒[1] 李 瑶[1] 张恒汝[1]

1. 西南石油大学计算机科学学院

高利润项集挖掘弥补了传统频繁项集挖掘仅由支持度来衡量项集重要性的不足，更能反映用户的偏好，高利润项集挖掘正在成为当前数据挖掘研究的热点。为了使高利润项集挖掘更好地适应增量环境，本章提出了基于三支决策的高利润项集增量挖掘方法。该方法包括两个技术，即三支决策在线更新和同步机制。通过设置两个阈值，将项集划分为正域、边界域和负域。随着数据的增加，正域中的项集认为是高利润项集，直接接受；负域中的项集认为是非高利润项集，直接拒绝；边界域中的项集不能直接判断，通过增量更新后再作决定。由于被抛弃的负域中可能存在潜在的高利润项集，因此在线更新的结果会产生误差，而这些误差由周期性的同步机制来修正。本章从数据模型、三支决策理论、算法、参数学习四个层面描述了该方法。

8.1 引　言

频繁项集挖掘[1-3]是数据挖掘技术中一个成熟的研究课题，它广泛应用于金融分析[4]、市场调查[5]、零售业[6]和决策支持[7-9]等领域。一般来说，频繁项集挖掘方法分为两大类，即逐层扫描法和模式增长法。逐层扫描法通过添加项目的方法，由上一层产生下一层的候选项集并进行测试。最经典的逐层扫描法是 Apriori 算法[10]。相反，模式增长法通过构造树结构，以递归的方式来搜索，不需要产生候选项集。其中最有代表性的算法是 FP-Growth[11]。

然而，传统的频繁项集挖掘平等地对待每一个事务和项目，没有考虑各个事务、项目在效用上存在的差别。事实上，项目间的效用差异不容忽视。例如，在某一个商场，钻石的销售频率会低于餐具的频率，但是，钻石所带来的效用（利润）却远远高于餐具所带来的效用。因此，基于支持度的频繁项集挖掘已很难体现项目间存在的效用差异，仅考虑项集出现的频率已不能满足用户的需求。为了弥补这一不足，高效用项集挖掘应运而生，并逐渐成为数据挖掘领域中新的研究热点。在实际应用中，项集的效用可以是代价、利润或者其他用户偏好。本章考虑效用时，均以利润为例。

2004 年，Yao 等[12]提出了挖掘高效用项集的 MEU（mining using expected utility）算法，该算法使用启发式策略来预测项集是否为候选高效用项集，但存在着候选项集过多、处理开销过大的问题。2005 年，Liu 等[13]提出了经典的 Two-Phase 算法，该算法构造了满足反单调性的事务加权效用模型，分两个阶段来发现高效用项集。首先采用“候选-验证”的策略发现所有高事务加权效用项集，然后再扫描一遍数据库，得到全部高效用项集。2008 年，Li 等[14]提出了 IIDS（isolated items discarding strategy）算法，尽管该算法能有效减少候选项集数量，但仍存在着多次扫描数据库的问题。为了减少多次扫描数据库造成的计算开销，学者提出了基于模式增长策略的高效用项集挖掘算法，如 UP-Growth[15]、IHUP（incremental high utility pattern）[16]等。这类方法首先构造树型结构来压缩原始数据库，然后从树中发现候选高效用项集，最后扫描数据库进行验证，但这些算法都是面向静态数据的，无法直接用于数据动态变化的环境。

为了实现在增量环境下快速、有效的高利润项集挖掘，本章提出了基于三支决策的增量挖掘（Probabilistic Three-way Decision of High Utility Itemset，PTD-HUI）方法。该方法包括两个技术，即三支决策在线更新和同步机制。通过设置两个阈值，将项集划分为正域、边界域和负域。随着数据的增加，正域中的项集认为是高利润项集，直接接受；负域中的项集认为是非高利润项集，直接拒绝；边界域中的项集不能直接判断，通过增量更新后再作决定。在增量更新阶段，只需更新边界域中项集的信息，这样可以大大节省时间开销。但是负域中可能存在潜在的高利润项集，所以引入同步机制来修正增量更新带来的误差。实验表明，本章提出的增量方法是高效的、可靠的。

8.2　高利润项集挖掘

本节描述高利润项集挖掘所涉及的数据模型和相关定义。

8.2.1　数据模型

效用是一个主观概念，一般由用户自己或领域专家决定，可以表示经济收入、成本、风险、审美价值或其他个人偏好等。本章所指数据库为事务数据库，所指效用为经济效用，即利润。在文献[12]中，Yao 等给出了基于效用的项集挖掘数据模型的定义，它包括两张表：事务数据库表和项目利润表，如表 8.1 和表 8.2 所示。

表 8.1 中的 TID 表示事务记录的标识符，A、B、C、D、E、F 分别表示项目，数字表示一条交易记录中某种商品的购买数，如项目 B 在记录 T_1 中的购买数为 2。表 8.2 是每个项目对应的利润值，如项目 A 所具有的单位利润是 2；项目 D 具有的单位利润是 10；项目 F 所具有的单位利润是 8。

表 8.1　事务数据库表

TID \ 项目	A	B	C	D	E	F
T_1	0	2	1	0	2	2
T_2	5	0	2	8	0	0
T_3	0	2	0	0	8	1

续表

项目 / TID	A	B	C	D	E	F
T_4	2	0	8	2	5	0
T_5	3	1	0	1	0	0

表 8.2　项目利润表

项目	A	B	C	D	E	F
利润	2	15	3	10	1	8

8.2.2　相关定义

假设集合 $I=\{i_1,i_2,\cdots,i_m\}$ 是包含 m 个不同项目的集合，T 是 I 的非空子集，称为一条事务；D 是若干 T 的集合，即 $D=\{T_1,T_2,\cdots,T_n\}$ 称为事务数据库，其中包含 n 条事务。以示例数据集表 8.1 和表 8.2 为例，在定义的同时对定义进行举例说明。

定义 8.1　若 X 满足 $\varnothing\subset X\subseteq I$，则 X 称为一个项集，其长度为 $|X|$。

定义 8.2　在事务数据库 D 中，$o(i_p,T_q)$ 表示交易记录 T_q 中商品 i_p 的数量，其中 $p\in[1,m],q\in[1,n]$。

如表 8.1 所示，项目 B 在事务 T_1 中的数量是 2；项目 B 在 T_2 中的数量是 8；项目 F 在 T_5 中的数量是 0。

定义 8.3　在事务数据库 D 中，关系 e：$i_p\to R^+$ 表示项目 i_p 的单位效用。这是由用户主观赋予意义的值，可以是利润、兴趣度或个人偏好等。

如表 8.2 所示，项目 A 的单位效用是 2；项目 D 的单位效用是 10；项目 F 的单位效用是 8。单位效用和数量分别从两方面描述了项和事务的关系以及项本身的性质，能够更全面地反映出项和项之间的联系，这就是基于效用的项集挖掘的价值所在。

定义 8.4　$u(i_p,T_q)$ 表示当事务 T_q 包含项目 i_p 时，所得到的 i_p 带来的总效用，即商品销售量与单件商品利润的乘积

$$u(i_p,T_q)=o(i_p,T_q)\cdot e(i_p)$$

例如，在交易记录数据库中，如表 8.1 和表 8.2 所示，$u(B,T_1)=o(B,T_1)\cdot e(B)=2\times15=30$。

定义 8.5　$u(X,T_q)$ 表示项集 X 在事务 T_q 中的事务效用，是项集 X 包含的项目在事务 T_q 中带来的效用的总和，即

$$u(X,T_q)=\sum_{i_p\in X}u(i_p,T_q)$$

如表 8.1 和表 8.2 所示，$u(\mathrm{BE},T_1)=u(B,T_1)+u(E,T_1)=30+2=32$。

定义 8.6　$u(X)$表示项集 X 的效用，是项集 X 在事务数据库中的效用的总和，即

$$u(X)=\sum_{X\subset T_q\wedge T_q\in D}u(X,T_q)$$

如表 8.1 和表 8.2 所示，项集 BE 的效用为 $u(\text{BE})=u(\text{BE},T_1)+u(\text{BE},T_3)=32+38=70$。

定义 8.7　$u(T_q)$ 表示事务 T 的效用，是事务 T 中所有项目的效用总和，即

$$u(T_q)=\sum_{i_p\in T_q}u(i_p,T_q)$$

如表 8.1 和表 8.2 所示，$u(T_2)=u(A,T_2)+u(C,T_2)+u(D,T_2)=10+6+80=56$。

效用约束是一种形如 $u(X)\geqslant \text{minutil}$ 的约束，minutil 是用户定义的阈值。如果 $u(X)\geqslant \text{minutil}$ 成立，则 X 为高效用项集，否则 X 是低效用项集。高效用项集挖掘问题就是要发现所有的高效用项集的集合，记为 HUI（High Utility Itemsets），即 $\text{HUI}=\{X|X\subseteq I, u(X)\geqslant \text{minutil}\}$。也就是说，高效用项集挖掘问题就是在已知事务数据库 D、项目利润表 e 和效用阈值 minutil 的情况下，发现效用超过效用阈值的所有项集。

8.2.3　效用约束的特性

以表 8.1 和表 8.2 为例，本章讨论了效用约束的特性，如表 8.3 所示。

表 8.3　事务数据库的效用表

TID \ 项目	A	B	C	D	E	F	事务的效用 $u(T_q)$
T_1	0	30	3	0	2	16	$u(T_1)=51$
T_2	10	0	6	80	0	0	$u(T_2)=56$
T_3	0	30	0	0	8	8	$u(T_3)=86$
T_4	8	0	28	20	5	0	$u(T_4)=53$
T_5	6	15	0	10	0	0	$u(T_5)=31$
项目的效用 $u(i_p)$	20	75	33	70	15	28	总效用为 237

表 8.3 中列出了表 8.1 中各项目的事务效用 $u(i_p,T_q)$、事务的效用 $u(T_q)$（最后一列）和项目的效用 $u(i_p)$（最后一行）。表中项目的事务效用按“利润 = 销售数量×单位数量的商品利润”计算，总利润为 237。如果最小效用阈值为 80，那么根据定义，部分项集的效用计算结果如表 8.4 所示。

以项集 $\{B, E\}$ 为例，它是高效用的。其子集既可以是高效用的，如项集 $\{B\}$，也可以是低效用的，如项集 $\{E\}$；同样，其超集既可以是高效用的，如项集 $\{B, E, F\}$，也可以是低效用的，如项集 $\{B, C, E\}$。由此可得如下结论：频繁项集向下封闭的特性，不适用于效用挖掘。即不能说如果一个项集是高效用的，则它的非空子集（或超集）一定也是高效用的。这也表明，所有利用向下封闭的特性进行剪枝的频繁项集挖掘算法，如 Apriori、FP-Growth 等，都不适用于效用挖掘。有关文献指出，效用约束既不是反单调的，也不是单调、简洁、可转换的[17, 18]。

表 8.4 部分项集的效用

项集	效用	是否是高效用项集	项集	效用	是否是高效用项集
$\{A\}$	20	否	$\{A, B\}$	21	否
$\{B\}$	75	是	$\{A, D\}$	90	是
$\{C\}$	33	否	$\{B, E\}$	70	是
$\{D\}$	70	是	$\{B, C, E\}$	35	否
$\{E\}$	15	否	$\{B, E, F\}$	98	是
$\{F\}$	28	否			

由于效用挖掘不满足频繁项集向下封闭的特性，所以在文献[18]中，Liu 等提出了事务加权效用（transaction weighted utility，TWU）和事务加权向下闭合策略（transaction weighted downward closure property），该策略可以应用于高效用项集挖掘过程中对候选项集的剪枝，很多算法都是基于该策略进行挖掘的。

定义 8.8 twu(X)表示项集 X 的事务加权效用，是所有包含项集 X 的事务的效用的总和，即

$$\text{twu}(X)=\sum_{X\subset T_q}u(T_q),\quad 且u(X)\leqslant \text{twu}(X)$$

如表8.3所示，$u(\text{BE})=u(\text{BE},T_1)+u(\text{BE},T_3)=32+38=70$，$\text{twu}(\text{BE})=u(T_1)+u(T_3)=51+86=97$。根据定义 8.6 和定义 8.8，可以得出以下结论：如果项集 X 的 twu(X)小于用户给定的最小效用阈值，那么 $u(X)$也一定小于最小效用阈值，所以 X 一定不是高效用项集。

8.2.4 高效用项集挖掘算法

一般来讲，枚举所有的项集并计算其效用，可找出所有的高效用项集。但现实中，数据集通常非常大，项集可能多得无法穷尽列举。对属性集进行充分剪枝，尽最大可能减小搜索空间成为提高算法效率的重要方法。由于效用约束的性质，所有依赖频繁集向下封闭特性的剪枝策略都不能用于效用挖掘中，提出新的剪枝策略成为效用挖掘算法的关键。

1. UMining 算法

文献[13]和文献[14]介绍了一种称为 UMining 的算法。与 Apriori 类似，UMining 采用了自底向上的搜索策略。UMining 利用项集效用的上界特性（utility upper bound property）减枝，其主要步骤见算法 8.1。

其中，第(5)、(6)步扫描事务数据库 D，得到高效用 1-项集和候选集 C_1。第(4)～(14)步循环生成候选集 C_k 和高效用 k-项集，直到 C_k 为空。

算法 8.1 UMining

输入：事务数据库 D、阈值 minutil。

输出：高效用项集集合 HUI。

(1) {

（2）I = scan(D)；//扫描数据库，得到完整的项目集 I

（3）C_1= I；//所有项目都作为候选 1-项集

（4）k=1;

（5）C_k=CalculateAndstore(C_k, T)；//计算 C_k 中项集的效用

（6）HUI=Discover(C_k, minutil)；//如果 $c \in C_k$ 的效用大于 minutil，放入 HUI

（7）While($|C_k|$>0)

（8）{

（9）k=k+1;

（10）C_k=Generate(C_{k-1}, I)；//由 C_{k-1} 产生 C_k

（11）C_k=Prune(C_k, C_{k-1}, minutil)；//减枝

（12）C_k=CalculateAndstore(C_k, T)；//计算效用值

（13）HUI=HUI ⋃ Discover(C_k, minutil)；//高效用集放入 HUI 中

（14）}

（15）Return HUI；//返回结果

（16）}

2. Two-Phase 算法

文献[13]介绍了一种称为 Two-Phase 的算法，能够发现数据集中所有的高效用项集。Two-Phase 算法分两步完成任务，第一步扫描数据库，生成完整的高效用项集的候选集 C，然后再扫描数据库，计算 C 内各项集的效用值，最后得到所有高效用项集。Two-Phase 算法利用事务加权向下封闭特性（transaction weighted downward closure property）减枝，步骤如算法 8.2 所示。

其中，第（9）步 Generate 函数通过 C_{k-1} 内(k−1)-项集的连接运算，产生高事务权重效用项集（k-项集）的候选集。第（10）步 CalculateAndDiscoverHTWUI 函数计算并发现 C_k 中高事务权重效用 k-项集，作为下一步生成 C_{k+1} 的候选。第（9）步生成的 C_k 包含了所有的高效用 k-项集，但也可能包含事务权重效用不高的 k-项集。为了缩小搜索空间，应尽早去掉这些事务权重效用不高的 k-项集。第（11）步把各种长度的候选项集加入 C。在得到 C 后，第（13）步再次扫描数据库，函数 CalculateAndDiscoverHUI 计算 C 中项集的真实效用，得到所有的高效用项集。

算法 8.2　Two-Phase

输入：事务数据库 D、阈值 minutil。

输出：高效用项集集合 HUI。

（1）{

（2）C_k=∅；C=∅；//C_k 为高效用 k-项集的候选集，k 为项集大小，C 为高效用项集的候选集

（3）HUI=∅；//HUI 为高效用项集的集合，初始化为空
（4）k=1；
（5）扫描事务数据库 D，得到 C_1；
（6）While($|C_k|$>0)
（7）{
（8）k=k+1；
（9）C_k = Generate(C_{k-1})；
（10）C_k = CalculateAndDiscoverHTWUI(C_k, T,TWminutil)；
（11）　$C = C \cup C_k$；
（12）}
（13）HUI = HUI ∪ CalculateAndDiscoverHUI(C, T,minutil)；
（14）Return HUI；//返回结果

3. FUP-HUI 增量算法

无论 UMining 算法还是 Two-Phase 算法，均属于批量静态挖掘，即它们要在一个批次中处理所有的事务项集。但是在现实生活中，事务数据库总是不断更新的，总会有新的事务插入数据库，如超市的销售记录。这种情况下，不存在一个时间点能把所有的事务都收集起来后再进行挖掘，需要有效的算法使得数据挖掘的工作伴随着数据库的不断更新进行。

为了解决数据库更新挖掘的问题，2012 年，Lin 等[19]提出了 FUP-HUI 算法用于高效用项集增量挖掘。FUP-HUI 算法的基本思想与增量挖掘频繁项集的算法 FUP[20]的思想一致，它将整个事务数据库中涉及的所有项集项映射到表 8.5 中的 4 种情况。不同的是 FUP-HUI 算法要先找出所有的高事务权重效用项集，然后再扫描数据库，从高事务权重效用项集中得到高效用项集。令原始事务数据库为 D，新增事务集为 d，4 种情况分别如下。

表 8.5　FUP-HUI 算法的 4 种情况

$X \in d$ / $X \in D$	高事务权重效用项集	低事务权重效用项集
高事务权重效用项集	（1）高事务权重效用项集	（2）扫描 d
低事务权重效用项集	（3）扫描 D	（4）低事务权重效用项集

（1）项集 X 在 D 和 d 中都是高事务权重效用项集，只需更新其效用值即可，更新后项集 X 也为高事务权重效用项集。

（2）项集 X 在 D 中是高事务权重效用项集，而在 d 中是低事务权重效用项集，此时需扫描 d，得到项集 X 在 d 中的效用值，然后再更新其效用值进行判断。

（3）项集 X 在 D 中是低事务权重效用项集，而在 d 中是高事务权重效用项集，此时需扫描 D，得到项集 X 在 D 中的效用值，然后再更新其效用值进行判断。

（4）项集X在D和d中都是低事务权重效用项集，更新后项集X肯定也为低事务权重效用项集，所以直接删除。

8.3 三 支 决 策

三支决策是姚一豫[21, 22]在长期研究粗糙集，特别是概率粗糙集和决策粗糙集过程中，总结和提炼出来的一种符合人类实际认知能力的决策模式。考虑到概率粗糙集模型利用两个参数将整个论域分为三个区域（正域、边界域和负域），姚一豫提出了三支决策的概念：从正域生成的规则代表接受某事物；从负域生成的规则代表拒绝某事物；从边界域生成的规则代表无法作出接受或拒绝的判断，即延迟决策。

8.3.1 三支决策理论

人类智能在决策时通常会有不确定性、容错性、模糊性等特点，那么如何通过计算机模拟人类智能的这些特点一直是智能科学领域特别关注的重要问题。三支决策理论中的三支决策语义和概念分析方法有效地模拟了人类智能的不确定性和模糊性的特点。

三支决策理论对传统的二支决策理论进行了拓展[23]。二支决策只考虑两种选择：接受和拒绝。但在实际应用中，由于信息的不确定性或不完整性，常常无法做到只接受或只拒绝。在这种情况下，人们往往会使用三支决策。具体地说，三支决策比二支决策多了一个不承诺选择，当信息不确定，不足以支持接受或不足以支持拒绝时，采用第三种选择，即不承诺选择。造成第三种决策的原因有很多，如信息不确定、不够完整、对风险的评估不够全面、对事情的认知不够彻底等。三支决策认为不承诺选择也是一种决策，这与人类智能处理决策问题的方法是一致的。

三支决策应用十分广泛。例如，在医疗诊断过程中，医生通常采用三支决策，即根据患者的症状作出治疗、不治疗或进一步观察的决策。当症状信息充分时，医生可以明确作出治疗或不治疗的决策，而在患者表现出疑难症状时，作出治疗或不治疗的决策均具有较大风险，此时进一步观察的选择更为合适。在论文的审稿过程中，对于一篇文稿，如果比较优秀或者非常优秀，则可以直接接受；如果质量比较差或者非常差，则直接拒绝；也存在这样的情况，文稿质量不错，介于优和差之间，其有一定的创新性，但写作技巧、语言、语法等方面有些欠缺，需进一步提高，这时审稿人通常会选择让其修改，然后再进一步决策，即延迟决策。这种策略在人们处理日常决策问题的过程中具有广泛的代表性。

三支决策理论是在研究粗糙集[24]和决策粗糙集[25]时提出的。其最初的主要目的是为粗糙集三个域提供合理的语义解释。粗糙集模型的正域、负域和边界域可以解释为接受、拒绝和不承诺三种决策的结果。从正域、负域中可以分别获取接受、拒绝规则，当无法使用接受或拒绝规则时，则采取不承诺决策。许多学者研究和拓展了三支决策理论，并将其应用于多个学科领域，包括医疗诊断[26]、垃圾邮件过滤[27]、管理学等[28, 29]。

8.3.2 研究现状

近年来，三支决策的研究已经引起了国内外学者的广泛关注。在 2009～2013 年连续五届国际粗糙集与知识技术学术会议（RSKT）以及 2011～2013 年三届中国粗糙集与软计算学术会议（CRSSC）上都举办了关于三支决策的研讨会，李华雄等编著的《决策粗糙集理论及其研究进展》和贾修一等编著的《三支决策理论与研究》及刘盾等编著的《三支决策与粒计算》推动了三支决策的发展，国际著名 SCI 期刊 *International Journal of Approximate Reasoning* 和 *FundamentaInformaticae* 等也出版专刊推动了该方向的发展。

三支决策理论提出的最初目的是解释粗糙集的三个域。Yao[30]在研究决策粗糙集时，提出了三支决策理论。决策粗糙集模型通过阈值(α, β)将整个论域划分成三个区域，即正域（POS）、边界域（BND）、负域（NEG）。从语义上看，这三个区域可以对应三种规则类型和三支决策语义。正域对应接受规则，负域对应拒绝规则，边界域对应不承诺决策规则。这种语义的完备性使得决策粗糙集在应用时的描述更具有完整性[23, 30]。三支决策理论为决策粗糙集提供了很好的三支语义解释。

三支决策理论可以基于不同的模型。在不同的模型下，会产生不同的三支决策。三支决策模型可以基于经典粗糙集，也可以基于概率粗糙集等[22]。由于经典粗糙集缺乏对信息的容错能力，所以基于经典粗糙集的三支决策模型同样也存在这个问题。目前，三支决策的研究主要基于决策粗糙集。该理论是一个典型的概率粗糙集模型[31]。它利用贝叶斯决策和人为给定的损失函数计算得到一对阈值(α, β)。阈值把论域划分成三部分：正域（POS）、边界域（BND）和负域（NEG）。这三个域在一个分类问题中对应于三个区域：接受、不承诺、拒绝区域。通过正域可以推导出接受规则；通过负域可以推导出拒绝规则；通过边界域可以推导出不承诺规则。

该理论已经成功应用于很多领域中。例如，Jia 等[32]研究了基于三支决策的垃圾邮件过滤，与二支分类不同的是，该模型将邮件分成三类：正常邮件、可疑邮件、垃圾邮件。Li 等[33]为文本分类研究了一个粗糙决策理论框架；Yu 等[34]研究了基于决策粗糙集的聚类算法；Yao 和 Herbert[35]研究了基于 Web 支持的粗糙集分析；Liu 等[36]将决策粗糙集应用于投资决策和政府决策等问题中；Li 等[37]研究了基于决策粗糙集的属性约简问题；Yang 等[38]研究了基于决策粗糙集的三支决策在不完备信息的多智能系统中的应用。

尽管基于决策粗糙集的三支决策模型在很多领域中已取得很多成果，但是也存在一些问题。在大多数应用中，阈值的计算还是根据给定的损失函数，即专家的经验确定。这些损失函数在某些情况下是主观的、不确定的。因此精确地给出损失函数和阈值是个挑战。另外，在目前的三支决策研究过程中，只是将样本划分到正域、边界域和负域，而对划分到边界域的样本没有给出相应的处理方法。

计算形成三个域的阈值一直是个难题。目前也有相关的研究。Herbert 和 Yao[39]研究了博弈理论方法来计算两个阈值，其将博弈论与三支决策理论相结合，最后得到一对合理的阈值；Jia 和 Li 等[40]提出了一个在三支决策粗糙集理论中自适应学习参数的算法，其在构建决策风险最优化问题后，快速有效地学习适合阈值参数；邓晓飞等[41]提出了基于三支决策的自适应粗糙集方法以及基于信息熵的阈值计算方法和相关语义解释；陈刚等[42]提出了求三支决策最优阈值的新算法，该算法以三支决策风险损失函数为模型，以决策风险最小为目标，通过网络搜索的方法，以样本的条件概率为搜索空间，找出能使风险损失最小的参数阈值。在三支决策与粗糙集的研究中，闵帆等[43, 44]所从事的代价敏感学习作出了重要贡献。

目前关于三支决策理论的研究主要集中在决策粗糙集的基础上。在很大程度上，三支决策理论的优势并没有体现出来。三支决策不应只和粗糙集结合，也应该与其他应用联系起来，如项集增量挖掘等。换句话说，三支决策理论基于粗糙集，而又不应完全局限于粗糙集。

8.4　基于三支决策的高利润项集增量挖掘

本节介绍基于三支决策的高利润项集增量挖掘，分为三方面：三支决策模型、增量更新算法和同步机制。首先，定义了高利润项集挖掘的三支决策模型；然后，基于该模型提出了增量更新算法；最后，使用同步机制来弥补增量更新带来的偏差。

8.4.1　三支决策模型

根据三支决策理论，利用两个参数将整个论域分为三个区域（正域、边界域和负域）。从正域生成的规则代表接受某事物；从负域生成的规则代表拒绝某事物；从边界域生成的规则代表无法作出接受或拒绝的判断，即延迟决策。本节提出了高利润项集挖掘的三支决策模型，如图 8.1 所示。

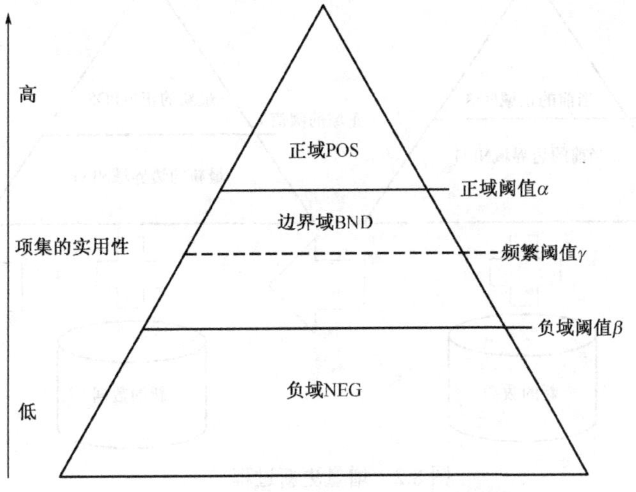

图 8.1　高利润项集挖掘的三支决策模型

该模型包括三个阈值，即α、β、γ，且满足$0<\beta<\gamma<\alpha<1$。阈值γ由用户指定，

表示最小效用阈值。阈值α、β将项集分为三个区域，即正域（POS）、边界域（BND）和负域（NEG）。令原始事务数据库为 TDB，一个同步周期内增量事务集为Ω，可以计算得到α的值如下

$$\alpha = \gamma + \frac{|\Omega|}{|\mathrm{TDB}| + |\Omega|} \tag{8.1}$$

被划分进正域（POS）的项集，它们的效用值大于α，直接接受，并将其作为高利润项集保存起来。被划分进负域（NEG）的项集，它们的效用值小于β，直接拒绝，并将其删除。被划分进边界域（NEG）的项集，它们的效用值介于α和β之间，增量数据最有可能对这部分项集的效用值产生影响，需进一步判断。换句话说，效用值在γ附近的项集，最有可能受到增量的影响，所以将它们划进边界域，稍后再判断。有关正域、边界域和负域的形式化定义如下

$$\begin{gathered}\mathrm{POS}(\alpha) = \{X \subseteq I \mid u(X) \geqslant \alpha\} \\ \mathrm{BND}(\alpha,\beta) = \{X \subseteq I \mid \beta \leqslant u(X) < \alpha\} \\ \mathrm{POS}(\beta) = \{X \subseteq I \mid u(X) < \beta\}\end{gathered} \tag{8.2}$$

假设所有项集的集合用 IS 表示，正域、边界域和负域有如下关系

$$\mathrm{IS} = \{\mathrm{POS}(\alpha) \cup \mathrm{BND}(\alpha,\beta) \cup \mathrm{POS}(\beta)\} \tag{8.3}$$

8.4.2 增量更新算法

在正域中的项集直接接受，负域中的项集直接拒绝，边界域中的项集是增量更新关注的重点。当增量到来时，算法不需要重新扫描原始数据库，在已有的挖掘信息的基础上，只需对增量数据集进行处理。增量更新过程如图 8.2 所示。

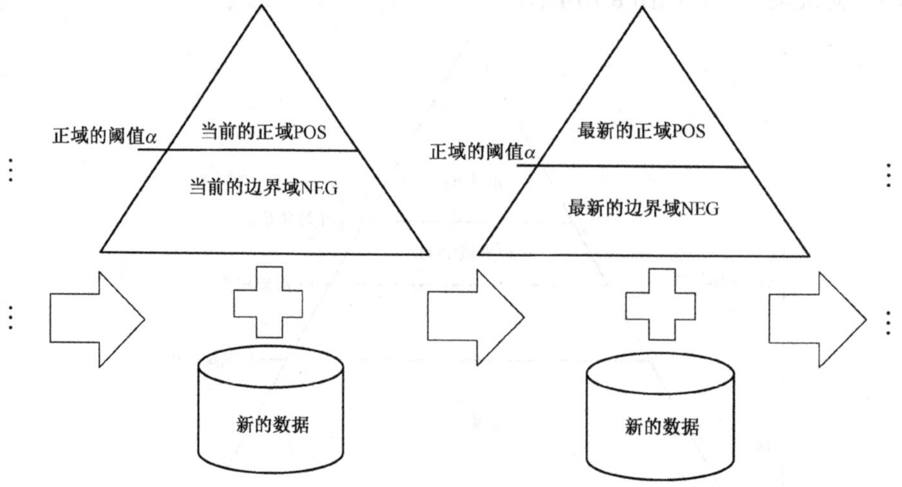

图 8.2　增量更新过程

增量更新过程分为两步：①从原始数据库中提取初始项集，即 POS 和 BND 中的项集；②更新 POS 和 BND 中的项集的效用值。

（1）根据 Two-Phase 算法[18]和三支决策模型，从原始数据库中得到效用值大于等于β的项集，然后根据式（8.2）中的α和β，将这些项集划分进 POS 和 BND 中，算法如下。

算法 8.3　项集划分算法

输入：TDB，阈值γ、β，增量事务集Ω。
输出：正域（POS）和边界域（BND）。
方法：划分
（1）{
（2）扫描原始数据集 TDB，得到效用值大于或等于β的所有项集，记为 Inis;
（3）根据式（8.1），计算得到α的值;
（4）初始化 POS = ∅；BND = ∅;
（5）for 对每个项集 $X\in$Inis do
（6）{
（7）　if $u(X)\geqslant\alpha$ then
（8）　　将项集 X 添加到 POS;
（9）　else
（10）　　将项集 X 添加到 BND;
（11）　}
（12）Return POS 和 BND；//返回结果
（13）}

（2）扫描当前增量数据δ，更新 POS 和 BND 中的项集的效用值，并输出更新后的 POS，算法如下。

算法 8.4　增量更新算法

输入：POS 和 BND，阈值γ和当前增量δ。
输出：更新后的 POS 和 BND。
方法：更新
（1）{
（2）for 对每个项集 $X\in$BND do
（3）{
（4）　for 对每条事务 $t\in\delta$ do
（5）　{
（6）　　if 项集 X 和事务 t 匹配　then
（7）　　　更新 X 的效用值，即 $u(X)$;
（8）　　else
（9）　　　继续;
（10）　}

```
（11）if u(X)≥γ then
（12）   将项集 X 从 BND 中移除，并将其添加到 POS；
（13）else
（14）   继续；
（15）}
（16）Return 更新后的 POS 和 BND；//返回结果
（17）}
```

8.4.3 同步机制

1. *参数学习*

随着数据的增加，在负域中的一些项集实际上可能变成高效用项集。但是，本章的增量算法抛弃了负域中的项集，这可能导致结果出现一点偏差，即错过负域中某些潜在的高效用项集。因此，为了使偏差控制在一定的范围内（如 0.1%或 0.01%），提出了同步机制。它有两个目的，一是修正偏差；二是给用户提供一个意见表，提供辅助决策。在实际的应用中，本章为不同的数据集提供了不同的同步机制。

首先，用一个等式来衡量一次增量更新的准确率，定义如下

$$\varepsilon = 1 - \frac{|\kappa - K| + |K - \kappa|}{K} \tag{8.4}$$

式中，K 是用 Two-Phase 算法得到的完整的高效用项集的集合；κ 是用三支决策增量算法得到的高效用项集的集合。

其次，定义了参数学习精度的衡量方法，如下

$$E = \frac{\mu}{T} \tag{8.5}$$

式中，T 表示实验次数，在一次实验中只进行一次增量更新。μ 表示 ε 等于 100%的实验次数。例如，进行 1000 次实验，其中有 999 次实验的准确率(ε)为 100%，此时计算得到 $E = 99.9\%$。

然后，为了得到适当的参数设置，这里通过参数学习来记录一组有效的参数值，即(γ, β, E, Ω)，其中，Ω 为同步周期，表示一个周期内增量的总量。参数学习的流程图如图 8.3 所示，它分为两个阶段。第一个阶段，通过实验（如 T = 1000）记录每次增量更新的准确率，即 ε 的值。如果 ε 的值等于 100%，则将 μ 的值自增 1，待实验结束将统计 μ 的值（$\mu \leqslant T$）。首先，输入的参数有四大类：①参数学习列表中的 γ、β、Ω 和准确性阈值 θ；②实验次数 T；③当前的边界域 BND 和正域 POS；④原始数据集 TDB 和增量δ，且将计算器 i 和μ 初始化为 0。其次，在 TDB 和δ 的基础上，采用 Two-Phase 算法计算出实时的高实用性项集，又在当前 BND、POS 和δ 的基础上，采用本章的 PTD-HUI 算法计算出实时的高实用性项集。最后，将这两个项集的集合作比较，若两者完全相等，则将计算器μ加 1。计数器 i 将重复实验的次数控制在最多 T 次。

第二个阶段，根据式（8.5）计算增量更新的精度，即 E 的值。然后将 E 与用户指定的精度θ（如θ= 99%）进行比较，如果$E \geqslant \theta$，则将当前 4 个参数，即(γ,β,E,Ω)的值记录下来；否则程序将直接结束。在实际的应用中，针对不同的γ或数据集，将分别学习到不同的参数值。

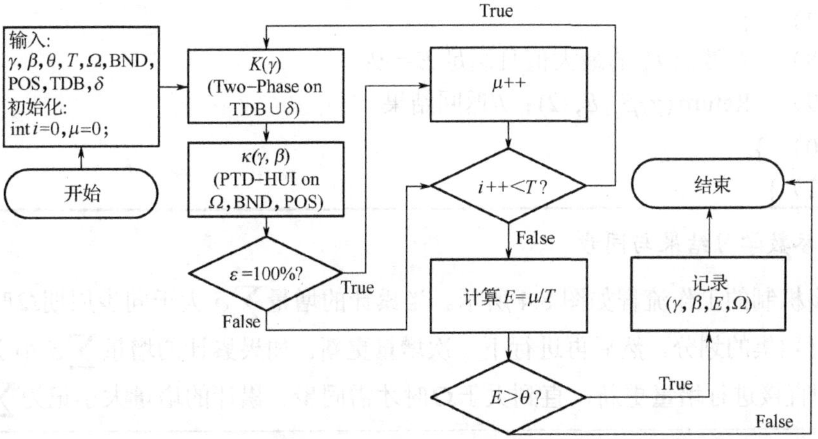

图 8.3　参数学习流程图

算法 8.5 为参数学习算法的伪代码，输入为$(\gamma,\beta,\theta,\Omega)$、实验次数 T、原始数据集 TDB、正域(POS)、边界域(BND)和最小效用阈值γ。输出为一组有效参数(γ,β,E,Ω)。

算法 8.5　参数学习算法

输入：TDB、POS、BND、用户指定的精度θ、增量事务集Ω，步长λ，实验次数 T 和最小效用阈值的集合 Y。

输出：有效参数组(γ,β,E,Ω)。

方法：枚举

（1）{
（2）　for 对每个最小效用阈值$\gamma \in Y$ do
（3）　{
（4）　　for $\beta_k = \gamma - \lambda$;　$\beta_k \geqslant 0$;　$\beta_k = \beta_k - \lambda$ do
（5）　　{
（6）　　for int i=0；$i< T$；i++ do
（7）　　{
（8）　　　利用 Two-Phase 算法得到高效用项集的集合 K;
（9）　　　利用三支决策增量算法得到高效用项集的集合κ;
（10）　　根据式（8.4）计算得到ε的值;
（11）　　if ε= 100% then
（12）　　　μ++;

```
    }
    根据式（8.5）计算得到 E 的值;
     if E ≥ θ then
        记录(γ, β_k, E, Ω);
    }
    过滤出 β_k 的最大值且满足 E = θ;
    Return(γ, β_k, E, Ω); //返回结果
  }
}
```

2. 参数学习结果与同步

同步机制的工作流程如图 8.4 所示。当累计的增量$\sum\delta$大于同步周期Ω时，需要重新进行项集的划分，然后再进行下一次增量更新。如果累计的增量$\sum\delta$小于同步周期Ω，则直接进行增量更新，直到大于Ω时才需同步。累计的增量大小记为$\sum\delta$。

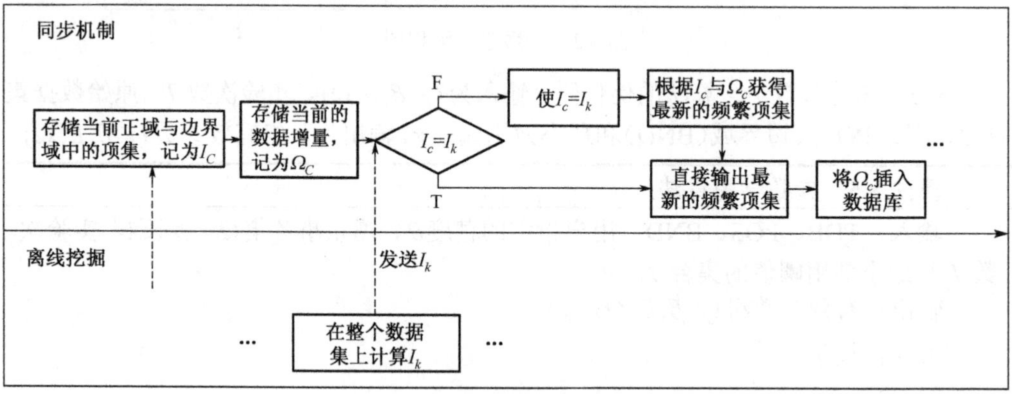

图 8.4　同步机制的工作流程图

同步机制的原则就是当若干次增量的数据达到同步的周期Ω时，对整个最新的数据集进行扫描并划分出最新的正域、负域和边界域。然后，边界域和正域将会重新作为增量更新算法的输入。

在大量实验的基础上，参数学习的结果如表 8.6 和表 8.7 所示。实验总共讨论了三种同步周期，即 500、1000 和 1500。在用户给定γ的情况下，负域阈值β从一个初始值向着γ逼近。每一个不同的取值，都得到了相应的准确率。例如，表 8.6 中的 72%表示，$\gamma=0.02$，$\beta=0.02$，周期Ω为 500 时，准确率为 72%。

然而，在实际的增量更新中，为了在保证准确率的同时提高效率，算法会选择β与γ最接近的值，同时保证准确率为 100%。例如，当增量周期Ω为 1500、$\gamma=0.02$时，算法查表取值$\beta=0.017$。根据得到的β与计算得到的α，就能够得到正域、负域和边界

域。进而，因为增量周期Ω为 1500，所以当若干次增量的综合达到 1500 时，算法就会对当前的数据集进行重新计算，划分为三个区域。值得注意的是，参数学习只需要进行一次并得到如表 8.3 所示的查询表即可，在以后的增量更新中都适用。

表 8.6　参数学习结果（$\gamma = 0.02$）

同步周期	β			
	0.02	0.019	0.018	0.017
500	72%	98%	100%	100%
1000	66%	98%	100%	100%
1500	65%	91%	99%	100%

表 8.7　参数学习结果（$\gamma = 0.05$）

同步周期	β			
	0.02	0.019	0.018	0.017
500	100%	100%	100%	100%
1000	100%	100%	100%	100%
1500	100%	100%	100%	100%

8.5　算法性能评估

本节通过丰富的实验回答了以下 4 个问题。同时，本节也将列出一些数据集的实验结果。

（1）人工数据集的特征如何。

（2）PTD-HUI 算法是否比 Two-Phase 和 FUP-HUI 快。

（3）不同元素对算法性能的影响如何。

（4）边界域 BND 中项集个数的变化规律如何。

8.5.1　数据集

本节回答了问题（1）。数据集的分布服从 Pareto 分布规律。项集利润表和事务数据表分别如表 8.8 和表 8.9 所示。

表 8.8　项集利润表

商　品	P_1	P_2	P_3	…	P_n
单位利润	1	2	1	…	20

如表 8.8 所示，该利润表共记录了 n 个项目的具体利润。利润值服从 Pareto 分布规律。而表 8.9 中记录的事务数据表，表示了 m 条事务数据。每一条事务数据都记录了某一个客户对所有商品的消费记录。

表 8.9　事务数据表

TransactionID	P_1	P_2	P_3	…	P_{n-1}	P_n
1	0	1	3	…	0	0
2	2	0	0	…	0	3
3	0	1	0	…	1	0
8	3	0	2	…	0	0
⋮	⋮	⋮	⋮	⋮	⋮	⋮
10^3	0	8	0	…	0	1
⋮	⋮	⋮	⋮	⋮	⋮	⋮
m	2	0	1	…	0	0

8.5.2　实验结果和评价

本节回答了问题（2）、（3）、（4）。在本节中，三个算法的性能评价如图 8.5 所示。在该图中，共讨论了 3 个元素对算法性能的影响。它们分别是初始数据集、增量和属性。各自的结果分别表示在图 8.5(a)～图 8.5(c)中。实验的参数设置如下：①共有 10^4 条事务数据和 35 个属性；②高实用性阈值γ为 0.02，负域阈值β为 0.01；③增量数据集为 100。

首先，图 8.5(a)表示了初始数据集对算法性能产生的影响。随着数据集的增大，PTD-HUI 算法的运行时间保持在 16.94ms。然而，其余两个算法的运行时间要超出很多。PTD-HUI 要比 FUP-HUI 和 Two-Phase 算法快两个数量级。这是因为，Two-Phase 算法会扫描整个数据集，而 FUP-HUI 较快是因为它减小了重复扫描数据集的可能性。此外，本章提出的 PTD-HUI 算法不会重复扫描原始数据集，除非触发了同步机制。

其次，图 8.5（b）表示了增量对算法性能产生的影响。随着增量数据的增加，Two-Phase 和 FUP-HUI 都分别保持在 10^4ms 和 2×10^3ms。而本章提出的 PTD-HUI 算法呈现一种上升的趋势，从 14ms 直到 150ms。尽管如此，它还是比 Two-Phase 和 FUP-HUI 算法分别快 3 个和 2 个数量级。这是因为，增量数据集的大小相对于原始数据集是很小的，扫描最新的数据集所花的时间与扫描原始数据集所花的时间是非常接近的，从而导致 Two-Phase 和 FUP-HUI 所花费的时间是相对稳定的。然而，对于 PTD-HUI 算法，需要扫描整个增量数据集，所以，增量数据集的大小直接影响了算法的运行时间。该算法的运行时间与增量数据集的大小是正相关的。

然后，图 8.5(c)表示了属性元素对算法性能产生的影响。随着属性个数的增加，Two-Phase 算法所花费的时间呈现快速的上升趋势，从 10ms 到 10^4ms。FUP-HUI 算法也快速从 1ms 上升到 10^4ms。然而，PTD-HUI 算法所花费的时间呈现一种缓慢的上升趋势，从 0.7ms 到 32ms。这是因为，随着属性个数的增加，项集的个数将会产生组合爆炸，从而大大提高 FUP-HUI 算法与 Two-Phase 算法的运行时间。然而，本章的 PTD-HUI 算法仅关注边界域中的项集和增量数据集，从而避免了扫描海量的项集，节约了大量时间。边界域 BND 中项集个数的变化规律如图 8.6 所示。随着初始数据量的增加，边界域中项集的数量逐渐减少。

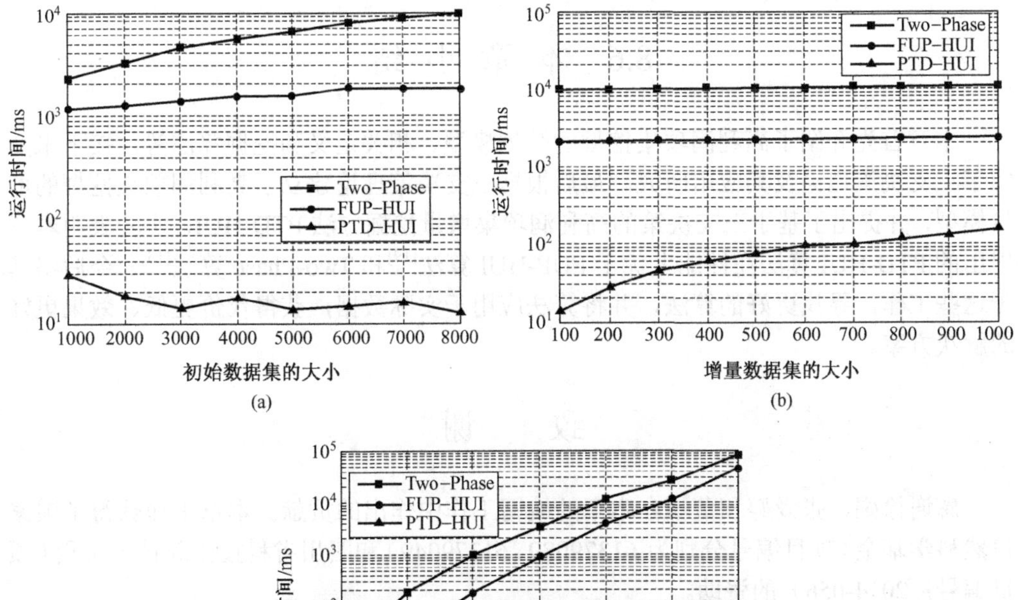

图 8.5　算法性能对比

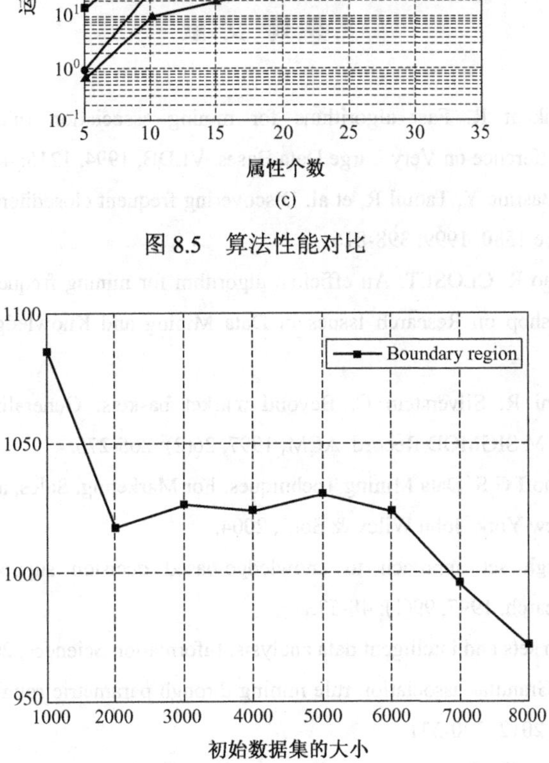

图 8.6　边界域 BND 中项集变化规律

8.6 本 章 小 结

本章首先介绍了高利润项集挖掘的数据模型、相关定义和挖掘算法等。接下来介绍了三支决策理论及其应用研究。最后根据三支决策理论建立了高利润项集挖掘的增量模型，并提出了基于三支决策的高利润项集增量挖掘方法 PTD-HUI。实验表明本章提出的 PTD-HUI 算法在性能上优于 FUP-HUI 算法[19]和 Two-Phase 算法[13]。今后将基于这些工作，寻找更好的算法，并将算法应用于实际数据，获得代价更低、效果更好的解决方案。

致　　谢

感谢徐娟、张爱婷和董骥在本章的编写工作中作出的贡献。本章工作获得了国家自然科学基金（项目编号分别为 61379089、61379049）和四川省科技创新苗子工程（项目编号：2014-056）的资助。

参 考 文 献

[1] Agrawal R, Srikant R. Fast algorithms for mining association rules// Proceedings of 20th International Conference on Very Large Data Bases, VLDB, 1994, 1215: 487-499.

[2] Pasquier N, vesBastide Y, Taouil R, et al. Discovering frequent closeditemsets for association rules. Computer Science 1580, 1999: 398-816.

[3] Pei J, Han J, Mao R. CLOSET: An efficient algorithm for mining frequent closed itemsets// ACM SIGMOD Workshop on Research Issues in Data Mining and Knowledge Discovery, 2000, 4(2): 21-30.

[4] Brin S, Motwani R, Silverstein C. Beyond market baskets: Generalizing association rules to correlations// ACM SIGMOD Record, ACM, 1997, 26(2): 265-276.

[5] Berry M J A, Linoff G S. Data Mining Techniques: For Marketing, Sales, and Customer Relationship Management. New York: John Wiley & Sons, 2004.

[6] Pawlak Z. Rough set approach to knowledge-based decision support. European Journal of Operational Research, 1997, 99(1): 48-57.

[7] Pawlak Z. Rough sets and intelligent data analysis. Information Sciences, 2002, 147(1): 1-12.

[8] Min F, Zhu W. Granular association rule mining through parametric rough sets// Brain Informatics. Berlin: Springer, 2012: 320-331.

[9] He X, Min F, Zhu W. Parametric rough sets with application to granular association rule mining. Mathematical Problems in Engineering, 2013.

[10] Agrawal R, Imieliński T, Swami A. Mining association rules between sets of items in large databases// ACM SIGMOD Record, ACM, 1993, 22(2): 207-216.

[11] Han J, Pei J, Yin Y. Mining frequent patterns without candidate generation// ACM SIGMOD Record, ACM, 2000, 29(2): 1-12.

[12] Yao H, Hamilton H J, Butz C J. A foundational approach to mining itemset utilities from databases// SDM, 2004, 4: 215-221.

[13] Liu Y, Liao W, Choudhary A. A two-phase algorithm for fast discovery of high utility itemsets// Advances in Knowledge Discovery and Data Mining. Berlin: Springer, 2005: 689-695.

[14] Li Y C, Yeh J S, Chang C C. Isolated items discarding strategy for discovering high utility itemsets. Data & Knowledge Engineering, 2008, 64(1): 198-217.

[15] Tseng V S, Wu C W, Shie B E, et al. UP-Growth: An efficient algorithm for high utility itemset mining// Proceedings of the 16th ACM SIGKDD International Conference on Knowledge Discovery and Data Mining, ACM, 2010: 253-262.

[16] Ahmed C F, Tanbeer S K, Jeong B S, et al. Efficient tree structures for high utility pattern mining in incremental databases. IEEE Transactions on Knowledge and Data Engineering, 2009, 21(12): 1708-1721.

[17] Yao H, Hamilton H J. Mining itemset utilities from transaction databases. Data & Knowledge Engineering, 2006, 59(3): 603-626.

[18] Liu Y, Liao W, Choudhary A. A fast high utility itemsets mining algorithm// Proceedings of the 1st International Workshop on Utility-based Data Mining, ACM, 2005: 90-99.

[19] Lin C W, Lan G C, Hong T P. An incremental mining algorithm for high utility itemsets. Expert Systems with Applications, 2012, 39(8): 7173-7180.

[20] Cheung D W, Han J, Ng V T, et al. Maintenance of discovered association rules in large databases: An incremental updating technique// Proceedings of the Twelfth International Conference on IEEE Data Engineering, 1996: 106-118.

[21] Yao Y Y. Three-way decisions with probabilistic rough sets. Information Sciences, 2010, 180(3): 381-353.

[22] Yao Y Y. The superiority of three-way decisions in probabilistic rough set models. Information Sciences, 2011, 181(6): 1080-1096.

[23] Yao Y. An outline of a theory of three-way decisions// Rough Sets and Current Trends in Computing. Berlin: Springer, 2012: 1-17.

[24] Pawlak Z. Rough Sets: Theoretical Aspects of Reasoning About Data. Berlin: Springer, 1991.

[25] Yao Y Y, Wong S K M. A decision theoretic framework for approximating concepts. International Journal of Man-Machine Studies, 1992, 37(6): 793-809.

[26] Cahan A, Gilon D, Manor O, et al. Probabilistic reasoning and clinical decision-making: Do doctors overestimate diagnostic probabilities. QJM, 2003, 96(10): 763-769.

[27] Zhou B, Yao Y, Luo J. A three-way decision approach to email spam filtering// Advances in Artificial Intelligence. Berlin: Springer, 2010: 28-39.

[28] Goudey R. Do statistical inferences allowing three alternative decisions give better feedback for environmentally precautionary decision-making. Journal of Environmental Management, 2007, 85(2): 338-388.

[29] Liu D, Yao Y Y, Li T R. Three-way investment decisions with decision-theoretic rough sets. International Journal of Computational Intelligence Systems, 2011, 8(1): 66-78.

[30] Yao Y Y. Three-way decision: An interpretation of rules in rough set theory// Rough Sets and Knowledge Technology. Berlin: Springer, 2009: 682-689.

[31] Yao Y Y. Decision-theoretic rough set models// Rough Sets and Knowledge Technology. Berlin: Springer, 2007: 1-12.

[32] Jia X Y, Zheng K, Li W, et al. Three-way decisions solution to filter spam email: An empirical study// Rough Sets and Current Trends in Computing. Berlin: Springer , 2012: 287-296.

[33] Li W, Miao D Q, Wang W, et al. Hierarchical rough decision theoretic framework for text classification// 2010 9th IEEE International Conference on Cognitive Informatics (ICCI), 2010: 888-889.

[34] Yu H, Chu S, Yang D. Autonomous knowledge-oriented clustering using decision-theoretic rough set theory. Fundamenta Informaticae, 2012, 115(2): 181-156.

[35] Yao J T, Herbert J P. Web-based support systems with rough set analysis// Rough Sets and Intelligent Systems Paradigms. Berlin: Springer Heidelberg, 2007: 360-370.

[36] Liu D, Li T R, Liang D C. Decision-theoretic rough sets with probabilistic distribution// Rough Sets and Knowledge Technology. Berlin: Springer Heidelberg, 2012: 389-398.

[37] Li H, Zhou X, Zhao J, et al. Cost-sensitive classification based on decision-theoretic rough set model// Rough Sets and Knowledge Technology. Berlin: Springer Heidelberg, 2012: 379-388.

[38] Yang X, Yao J T. Modelling multi-agent three-way decisions with decision-theoretic rough sets. FundamentaInformaticae, 2012, 115(2): 157-171.

[39] Herbert J P, Yao J. Game-theoretic rough sets. FundamentaInformaticae, 2011, 108(3): 267-286.

[40] Jia X Y, Li W, Shang L, et al. An optimization viewpoint of decision-theoretic rough set model// Rough Sets and Knowledge Technology. Berlin: Springer Heidelberg, 2011: 857-865.

[41] 邓晓飞，王洪凯，姚一豫. 基于三支决策的自适应粗糙集近似// 贾修一，商琳，周献中，等. 三支决策理论与应用. 南京. 南京大学出版社, 2012.

[42] 陈刚，刘秉权，吴岩. 求三支决策最优阈值的新算法. 计算机应用，2012，32(8): 2212-2215.

[43] Min F, He H, Qian Y, et al. Test-cost-sensitive attribute reduction. Information Sciences, 2011, 181(22): 4928-4942.

[44] Min F, Hu Q, Zhu W. Feature selection with test cost constraint. International Journal of Approximate Reasoning, 2014, 55(1): 167-179.

第 9 章　代价敏感序贯三支决策在图像识别中的应用

Cost-Sensitive Sequential Three-Way Decision and Its Application in Image Recognition

张里博[1]　李华雄[1]　周献中[1]　黄兵[2]

1. 南京大学工程管理学院

2. 南京审计学院工学院

传统的图像识别算法是精度敏感的二支决策模式，这种模式忽略了样本误分类代价的不平衡性和可用高质量图片的稀缺性。传统的序贯三支决策方法是基于静态的决策表，不适用于连续变量或者图像数据分析。为了解决这两个问题，本章从粒计算角度，定义了一种新的代价敏感序贯三支决策。该方法从粒计算角度进行定义，能很好地适用于代价敏感图像识别问题。现实中，信息的获取需要一个过程，而决策是随着信息的补充和更新逐步给出的。为了描述每个决策步骤中图像的粒度，本章提出了一种子空间粒度特征提取法。序贯三支决策方法和粒度特征提取法为模拟人在人脸识别中的决策过程提供了一种可行的途径。在两个标准人脸图像数据库中的实验结果，证明了本章提出的方法的有效性。

9.1 引　言

图像识别是人工智能和模式识别的一个重要领域[1]。图像作为人类感知世界的视觉基础，是人类获取信息、表达信息和传递信息的重要手段。人的视觉系统对图像的反应具有较高的灵敏特性，图像距离的改变或图像在感觉器官上作用位置的改变，都会造成图像在视网膜上的大小和形状的改变，而且人的视觉对不同质量和粒度的图像有较高的鲁棒性。为了模拟人的图像识别过程，人们提出了很多模型和方法，形成了基于计算机的图像识别技术，简称图像识别技术。图像识别技术，是利用计算机对图像进行处理、分析和理解，以识别各种不同模式的目标和对象的技术。

传统的图像识别算法追求最小识别错误率，把分类精度作为算法的衡量指标。在实际应用中，这种方式却未必总是有效的。首先，现实问题中的误分类代价具有不平衡性，即不同的分类错误带来的损失往往是不同的。例如，在一个人脸识别的门禁系统中[2]，有入侵者（陌生人，如偷盗者等）和公司员工。将一个公司员工误判为入侵者会带来一定的麻烦和损失，但是这种代价远远小于将一个入侵者误判断为公司员工所带来的风险和损失。因此，即使一个精度很高的分类器，如果它在高代价区域的精度不高，处理这类问题也是失效的。其次，很多高精度的算法都依赖于高质量的图片。然而，在很多现实应用中，高质量的图片较难获取，或者获取高质量图片的代价很大。

因此在无法获得高质量的图片，或者现有的图片信息不够充分时，人们往往会既不接受，也不拒绝，而是暂不决策，等获取更多信息后再作出判断。这种包含三个选项（接受、拒绝、暂不决策）的决策方式，就是三支决策的基本语义[3-7]。

三支决策来源于决策粗糙集理论[8-15]，该理论是由加拿大华人姚一豫等在 20 世纪 90 年代初提出的一种新的粗糙集理论与方法。决策粗糙集的核心内容是通过分析比较各种决策的风险代价，找出最小风险代价的决策。在很多现实问题中，错误决策的代价很大，因此在信息不充分时，人们会既不选择接受，也不选择拒绝，而是暂不决策，这就构成了第三个决策项，即待定决策。因此，姚一豫等将传统的正域和负域二支决策语义拓展为正域、边界域、负域的三支决策语义，认为在数据信息不充分和获取数据信息代价较高的情况下，边界域决策（延迟决策）也是一类可行的决策形式。三支决策理论将决策视为分类问题，这与图像识别的目标是相吻合的。从代价敏感的角度来看，三支决策方法与代价敏感机器学习具有一致性，两者研究的核心问题具有相似性，即如何从数据中发现具有代价敏感特性的知识结构，形成代价敏感决策知识或者分类规则。这为三支决策在数据挖掘和分类问题中的研究提供了理论上的支撑。

9.2　三支决策及其应用

决策是人们在政治、经济和日常生活中普遍存在的一种行为，早期的决策主要依靠个人的经验、知识和人脑在决策过程中的反应。随着计算机和网络的广泛应用，决策——尤其是复杂的决策——已经无法离开计算机的信息处理能力的辅助支持，以数据分析来驱动的决策正蓬勃发展。数据挖掘和机器学习技术，为从数据库中获取有效的知识提供了有力工具。数据挖掘和机器学习的一个基本问题是分类，即从历史数据或训练数据中构造分类模型，并依据该模型预测新样本的类别，这与决策问题中依据历史案例和当前决策状态信息作出合适的决策行为是一致的。

传统的决策模型在决策时只有两个选项[16]，即接受或拒绝，这种二支决策要求决策者给出即时判断。当现有信息不足以立即作出准确判断时，这种模式很容易导致错误决策。在很多现实问题中，有些错误决策的代价很大，因此在数据信息不充分或获取数据信息代价较高的情况下，边界域决策（延迟决策）也是一类可行的决策，它允许决策者搜集更多信息后给出更准确的判断。这与人类智能处理复杂决策问题的方法是一致的，也是人们在决策过程中经常采用的一种策略。因此，在决策粗糙集[2, 3, 9]的基础上，Yao 等提出了三支决策理论，将决策项拓展为正域决策 POS(X)、负域决策 NEG(X)和边界域决策 BND(X)，使它成为更符合人类认知的决策模式。目前，对三支决策的研究主要集中在三支决策理论研究[17-22]、动态三支决策过程[23-26]、运用三支决策进行属性约简[27-30]和三支决策在现实中的应用[23-26]等。

传统的分类算法是精度敏感的二支决策模式。现实问题中，不同的分类错误常常会带来不同的损失。除了上述门禁系统的例子，在安全监测领域的人脸识别系统中，把一个普通市民判断为一个犯罪嫌疑人，会带来很多麻烦和代价。但是，这种代价远远小于将一个犯罪嫌疑人判断为一个普通市民，因为该犯罪嫌疑人脱离监控或者实施犯罪将会带来巨大的风险和损失。因此，针对这种误分类代价不平衡问题的代价敏感机器学习方法受到了广泛关注。与传统以高精度为目标的数据挖掘方法相比，代价敏感方法更适合于解决现实中的数据挖掘与分类问题。但是，这种代价敏感的二支决策方法没有设置延迟选择方案，当现有信息不足以立即作出准确判断时，这种模式很容易导致较高的决策代价。

三支决策理论引入了贝叶斯风险决策方法，从而拥有了风险代价敏感特性，这是它与传统二支决策的一个重要区别。误分类代价的实现有两种模式：类相关的代价[31]和样本依赖的代价[32]。前者的代价是由错误类型决定的，把同一类的样本错分到另一类的代价是相同的。后者的代价是由样本决定的，即尽管错误类型相同，不同的样本依然可能有不同的错误代价。三支决策采取的是第一种模式，本书讨论的代价也都基于第一种实现模式。相对于精度敏感的二支决策方法，代价敏感的二支决策方法和代价敏感的三支决策方法都属于代价敏感的方法，在处理非平衡代价问题时有更好的效果。但是，三支决策将待定决策也看成一个决策选项，这是它与二支决策相比所具有的更重要、更本质的区别。因此，相对于两种二支决策方法，代价敏感的三支决策方法更适合于现实应用中的分类问题。三种方法决策代价的比较，将在 9.3 节详细讨论。

9.3　决策方法及决策代价

代价敏感的二支决策方法主要依据误分类代价的不平衡性来调整分类边界，使分类面（线）向误分类代价较低的方向偏移，即减少高代价区域的错误、增大低代价区域的误差，从而降低决策的总代价。Yao 将贝叶斯风险决策方法引入三支决策中，使其具有风险代价敏感特性。相对于代价敏感的二支决策方法，代价敏感的三支决策方法增加了边界域决策，进一步降低了决策代价，也进一步影响了分类面。下面具体分析精度敏感的二支决策方法、代价敏感的二支决策方法、代价敏感的三支决策方法这三种方法的决策代价和分类面。

针对 9.1 节给出的门禁系统人脸识别的例子，这里讨论一个二分类问题，用 P 来表示正常类（公司员工），用 N 来表示非正常类（入侵者）。根据前面的讨论，两种二支决策的决策集为 $D=\{a_P,a_N\}$，分别代表判定测试样本属于正常类（正域）、非正常类（负域）；三支决策的决策集为 $D=\{a_P,a_N,a_B\}$，分别代表判定测试样本属于正常类（正域）、非正常类（负域）和待定（边界域）。不同的决策会产生不同的代价，所有的决策代价一共为六种。

（1）正确接受：将正域样本判断为正域样本，表示为 λ_{PP}。

（2）错误拒绝：将正域样本判断为负域样本，表示为 λ_{NP}。

（3）边界域接受：将正域样本判断为边界域样本（延迟决策），表示为 λ_{BP}。

（4）正确拒绝：将负域样本判断为负域样本，表示为 λ_{NN}。

（5）错误接受：将负域样本判断为正域样本，表示为 λ_{PN}。

（6）边界域拒绝：将负域样本判断为边界域样本（延迟决策），表示为 λ_{BN}。

这六种决策代价并不相同，可以表示为一个代价矩阵，如表 9.1 所示。

表 9.1　决策代价矩阵

实际类别 \ 决策结果	POS(X)	BND(X)	NEG(X)
P	λ_{PP}	λ_{BP}	λ_{NP}
N	λ_{PN}	λ_{BN}	λ_{NN}

一般情况下，正确决策的代价小于边界域决策的代价，而边界域决策的代价小于错误决策的代价，即 $\lambda_{PP} < \lambda_{BP} < \lambda_{NP}$，$\lambda_{NN} < \lambda_{BN} < \lambda_{PN}$。为了讨论方便，本节假设正确判断的代价为 0，即 $\lambda_{PP} = 0, \lambda_{NN} = 0$。对于一个测试样本，假设已知其被判断为负域样本的概率为 $\Pr(N \mid x)$，对于一个测试样本 x，三种方法的决策代价和最优决策分别如下。

（1）精度敏感的二支决策方法。

决策代价为

$$\begin{cases} \text{cost}(a_P \mid x) = \lambda_{PP}\Pr(P \mid x) + \lambda_{PN}\Pr(N \mid x) \\ \text{cost}(a_N \mid x) = \lambda_{NP}\Pr(P \mid x) + \lambda_{NN}\Pr(N \mid x) \end{cases}$$

最优决策为

$$\phi_1^*(x) = \underset{y \in \{P,N\}}{\arg\min}\{\Pr(y \mid x), 1 - \Pr(y \mid x)\}$$

（2）代价敏感的二支决策方法。

决策代价为

$$\begin{cases} \text{cost}(a_P \mid x) = \lambda_{PP}\Pr(P \mid x) + \lambda_{PN}\Pr(N \mid x) \\ \text{cost}(a_N \mid x) = \lambda_{NP}\Pr(P \mid x) + \lambda_{NN}\Pr(N \mid x) \end{cases}$$

最优决策为

$$\phi_2^*(x) = \underset{d \in \{a_P, a_N\}}{\arg\min}\,\text{cost}(d \mid x)$$

（3）代价敏感的三支决策方法。

决策代价为

$$\begin{cases} \text{cost}(a_P \mid x) = \lambda_{PP}\Pr(P \mid x) + \lambda_{PN}\Pr(N \mid x) \\ \text{cost}(a_N \mid x) = \lambda_{NP}\Pr(P \mid x) + \lambda_{NN}\Pr(N \mid x) \\ \text{cost}(a_B \mid x) = \lambda_{BP}\Pr(P \mid x) + \lambda_{BN}\Pr(N \mid x) \end{cases}$$

最优决策为

$$\phi_3^*(x) = \underset{d\in\{a_P,a_N,a_B\}}{\arg\min}\ \mathrm{cost}(d\,|\,x)$$

如果将一个测试样本判断为负域样本，上述三种决策方法的判断准则分别如下。

（1）精度敏感的二支决策方法为 $\Pr(N\,|\,x) \geqslant 1-\Pr(N\,|\,x)$，化简后得 $\Pr(N\,|\,x) \geqslant 0.5$。

（2）代价敏感的二支决策方法为 $\mathrm{cost}(a_N\,|\,x) \leqslant \mathrm{cost}(a_P\,|\,x)$，化简后得 $\Pr(N\,|\,x) \geqslant \dfrac{\lambda_{NP}}{\lambda_{NP}+\lambda_{PN}}$。

（3）代价敏感的三支决策方法为 $\begin{cases}\mathrm{cost}(a_N\,|\,x) \leqslant \mathrm{cost}(a_P\,|\,x)\\ \mathrm{cost}(a_N\,|\,x) \leqslant \mathrm{cost}(a_B\,|\,x)\end{cases}$，化简后得 $\begin{cases}\Pr(N\,|\,x) \geqslant \dfrac{\lambda_{NP}}{\lambda_{NP}+\lambda_{PN}}\\ \Pr(N\,|\,x) \geqslant \dfrac{\lambda_{NP}-\lambda_{BP}}{\lambda_{NP}+\lambda_{BN}-\lambda_{BP}}\end{cases}$。

如果将一个测试样本判断为正域样本，三种决策方法的判断准则分别如下。

（1）精度敏感的二支决策方法为 $\Pr(N\,|\,x) \leqslant 1-\Pr(N\,|\,x)$，化简后得 $\Pr(N\,|\,x) \leqslant 0.5$。

（2）代价敏感的二支决策方法为 $\mathrm{cost}(a_P\,|\,x) \leqslant \mathrm{cos}t(a_N\,|\,x)$，化简后得 $\Pr(N\,|\,x) \leqslant \dfrac{\lambda_{NP}}{\lambda_{NP}+\lambda_{PN}}$。

（3）代价敏感的三支决策方法为 $\begin{cases}\mathrm{cost}(a_P\,|\,x) \leqslant \mathrm{cost}(a_N\,|\,x)\\ \mathrm{cost}(a_P\,|\,x) \leqslant \mathrm{cost}(a_B\,|\,x)\end{cases}$，化简后得 $\begin{cases}\Pr(N\,|\,x) \leqslant \dfrac{\lambda_{NP}}{\lambda_{NP}+\lambda_{PN}}\\ \Pr(N\,|\,x) \leqslant \dfrac{\lambda_{BP}}{\lambda_{PN}+\lambda_{BP}-\lambda_{BN}}\end{cases}$。

如果将一个测试样本判断为边界域样本，三种决策方法的判断准则如下。

（1）精度敏感的二支决策方法：无。

（2）代价敏感的二支决策方法：无。

（3）代价敏感的三支决策方法为 $\begin{cases}\mathrm{cost}(a_B\,|\,x) \leqslant \mathrm{cos}t(a_N\,|\,x)\\ \mathrm{cost}(a_B\,|\,x) \leqslant \mathrm{cos}t(a_P\,|\,x)\end{cases}$，化简后得

$$\frac{\lambda_{BP}}{\lambda_{PN}+\lambda_{BP}-\lambda_{BN}} \leqslant \Pr(N\,|\,x) \leqslant \frac{\lambda_{NP}-\lambda_{BP}}{\lambda_{NP}+\lambda_{BN}-\lambda_{BP}} \tag{9.1}$$

令 $\eta = \dfrac{\lambda_{NP}}{\lambda_{NP}+\lambda_{PN}}, \alpha_2 = \dfrac{\lambda_{BP}}{\lambda_{PN}+\lambda_{BP}-\lambda_{BN}}, \alpha_1 = \dfrac{\lambda_{NP}-\lambda_{BP}}{\lambda_{NP}+\lambda_{BN}-\lambda_{BP}}$。因此 $\alpha_2 < \alpha_1$，即

$$\lambda_{NP}\lambda_{PN} - \lambda_{NP}\lambda_{BN} - \lambda_{BP}\lambda_{PN} > 0 \tag{9.2}$$

当边界域存在时，三支决策理论才能区别于二支决策。而且 Yao[4]证明了在满足

式（9.2）的前提下，$\alpha_2 < \eta < \alpha_1$。假设把非正常类判断为正常类的代价大于把正常类判断为非正常类的代价，即 $\lambda_{NP} < \lambda_{PN}$，三种方法的分界面如图 9.1 所示。

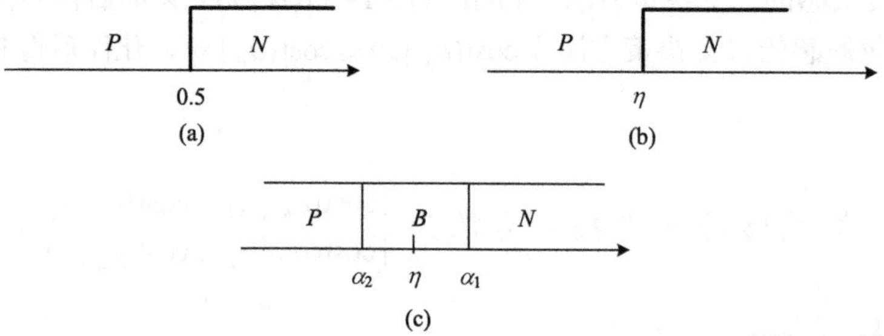

图 9.1　三种决策方法的分类面

从图 9.1 中可以看出，代价敏感的二支决策方法使分类面（线）向（误分类）代价较低的方向偏移，从而减小了决策代价。代价敏感的三支决策方法增加了边界域，进一步调整了分类面，进一步降低了决策代价。如果 $\lambda_{NP} = \lambda_{PN}$，则代价敏感的二支决策方法退化为精度敏感的二支决策方法。

9.4　人脸图像识别与序贯决策

图像识别是人工智能的一个重要领域，而人脸图像识别是该领域的研究热点之一[33-40]。人脸是人类情感表达和交流的最重要、最直接的载体。人脸图像识别是基于人的脸部特征信息，进行身份确认或者身份查找的一种生物识别技术，它主要包括人脸图像特征提取、匹配与识别。广义的人脸图像识别系统还包括前端的人脸图像采集、人脸定位和检测，以及人脸图像预处理等过程。随着计算机技术的发展，人脸图像识别技术得到了很大的发展，进入了实际应用领域。

人脸识别主要用于身份识别，目前主要有三种应用模式：①人脸识别监控，即在系统中存放需要重点甄别的人员照片，当此类人员出现在监控设备覆盖的范围中时，系统将报警提示，例如，在反恐监测领域可运用人脸识别系统从人群中快速辨认和甄别恐怖分子和其他可疑人员，以防其进入相关敏感区域；②人脸识别比对检索，即利用特定对象的照片与已知人员照片库进行比对，进而确定其身份信息，这能够解决传统人工方式工作量大、速度慢、效率低等问题，可应用在网络照片检索、身份识别等环境，适用于机场等人员流动大的公众场所；③身份确认，即确认监控设备和照片中的人是否是同一人，可广泛应用于需要身份认证的场所，如自助通关、门禁和银行业务等。

将三支决策方法运用于人脸图像识别中，有两个问题尚待解决。首先，边界域（待定决策）是在信息不充分的情况下的一种延迟策略。但是，随着信息的增加，边界域会逐渐转化为正域决策或负域决策。例如，在用摄像头搜索目标时，在搜索阶段，为了保证搜索范围，摄像头的精度不是很高，因此获取的图像是不够清晰的（粗粒度）；当发现目标（或疑似目标）时，系统会锁定目标，将单个摄像头的精度逐步调高，以获得更清晰的画面（细粒度），同时调节更多的摄像头对准目标，以获得更多的信息（更细的粒度），逐步作出更准确的决策。如何描述图像识别中的这种动态过程，是一个必须要考虑的问题。

另外，在动态决策过程中，决策是随着信息的更新和补充逐步给出的，即在不同粒度的图像下作出一系列决策。因此，如何定义和刻画图像的粒度特征也是一个需要解决的问题。人类智能可以在不同的粒度下分析和分解问题，例如，在距离较远时，人们往往只能识别目标的轮廓（粗粒度），随着距离的逐步拉近，人们能更清晰地分辨出目标（细粒度）。人在图像识别中的决策过程是一个典型的多粒度序贯决策过程。例如，在上述门禁系统中，当系统发现可能的入侵者时，往往并不立即将其判定为入侵者或员工，而是暂时将其分在边界域内，然后采取调整摄像头精度或角度等措施，获取更多信息后再进行进一步判断。但是，现有的计算机视觉很难描绘出图像的粒度结构。

为了解决这两个问题，本书提出了一种子空间粒度特征提取方法，引入主成分分析（Principal Components Analysis，PCA）[38]和局部保持映射（Locality Preserving Projections，LPP）[35]来描述图像的有效信息。其中，构成投影子空间的投影向量，可以看成图像的粒度特征。随着图像的粒度特征的增加，图像的粒度越来越细，图像也越来越清晰，这样可以得到一系列从粗粒度到细粒度的图像。从粒计算[41]的角度来看，粒度特征应服从全序关系[7]。为了表述方便，本书提出一种对一个图像数据集的子空间粒度特征和粒度函数的定义，由定义 9.1 给出。

定义 9.1　令 $M=\{x_1,x_2,\cdots,x_N\}$ 表示一个一维图像数据集，其中，$x_i\in\mathbf{R}^n$ 是一个灰度人脸图像，n 表示图像数据的维度，N 表示图像的数量。定义 $F=\{f^1,f^2,\cdots,f^n\}$ 映射集，其中，$f^i:\mathbf{R}^n\to\mathbf{R}^l(l=1,2,\cdots,n)$ 是一个特征映射函数，将图像数据映射到一个特征子空间，这个子空间可以用来描述人脸图片的粒度特征。对于 $\forall x\in M$，一个特征集合 $Y=\{y^1,y^2,\cdots,y^n\}=\{f^1(x),f^2(x),\cdots,f^n(x)\}$，如果 $(Y,\preceq)$ 是一个满足全序关系的全序特征集合，即 $y^1\preceq y^2\preceq\cdots\preceq y^n$，那么 Y 可以称为一个粒度特征集合，F 和 l 可以分别作为粒度函数和粒度指标。

对每一种粒度特征的图像数据，可以采取的决策方法有精度敏感的二支决策方法、代价敏感的二支决策方法和代价敏感的三支决策方法等，从而形成三种对应的序贯决策：精度敏感的序贯二支决策方法、代价敏感的序贯二支决策方法和代价敏感的序贯三支决策方法。根据前面的讨论，代价敏感的三支决策方法更符合人类决策方式[42]，具有更低的决策代价。因此，代价敏感的序贯三支决策方法优于其他两种序贯方法。接下来具体给出子空间粒度特征提取方法和代价敏感的序贯三支决策方法的描述。

9.5 图像的子空间粒度特征提取法

人脸识别技术具有非强制性、非接触性、并发性等优点，有广阔的应用前景。在计算机中，按照颜色和灰度的多少，图像分为二值图像、灰度图像、索引图像和真彩色 RGB 图像四种基本类型。本书主要关注灰度图像的处理和应用。根据 9.4 节的讨论，本书需要找到合适的方法来表示图像的粒度特征。在模式识别和图像处理领域有很多表示图像内部结构的方法，它们都可以用来刻画图像的粒度特征。很多研究表明，图像数据的特征通常分布在一个低维子空间中，图像的固有粒度结构可以表示在这个低维子空间中。在过去的几十年里，子空间投影法中 PCA[38]和 LPP[35]在图像处理领域中获得了巨大成功和广泛认可。接下来简单证明这两种方法满足定义 9.1，以表明这两种方法可以作为图像粒度特征提取方法，然后运用这两种方法来获得图像的粒度特征。

9.5.1 序贯子空间粒度特征提取法

令 $\boldsymbol{U}=[u_1,u_2,\cdots,u_n]\in\mathbb{R}^{n\times n}$ 是一个投影方阵，其中，$u_i\in\mathbb{R}^n$ 是一个投影向量，令 $\boldsymbol{U}_l=[u_1,u_2,\cdots,u_l]$ 代表一个由前 $l(l\in[1,n])$ 个投影向量组成的投影子方阵。一个一维图像数据 $x\in M$ 的特征 $y^l\in\mathbb{R}^l$，可以通过将 x 投影到 $\boldsymbol{U}_l$ 上得到

$$y^l=f^l(x)=\boldsymbol{U}_l^{\mathrm{T}}x=\begin{bmatrix}u_1^{\mathrm{T}}x\\ \vdots\\ u_l^{\mathrm{T}}x\end{bmatrix} \tag{9.3}$$

若令 $\boldsymbol{X}=[x_1,x_2,\cdots,x_N]$ 表示 M 中所有图像数据组成的矩阵，那么所有图像的特征矩阵可以一步得到

$$Y_X^l=f^l(\boldsymbol{X})=\boldsymbol{U}_l^{\mathrm{T}}\boldsymbol{X} \tag{9.4}$$

据此可以获得 x 的一系列特征矩阵。如果令 $\boldsymbol{U}=\{\boldsymbol{U}_1,\boldsymbol{U}_2,\cdots,\boldsymbol{U}_n\}$ 为一个投影矩阵集合，那么，我们可以通过将 x 投影到 $\boldsymbol{U}$ 获得一个序贯特征矩阵集合，可以表示为

$$\boldsymbol{Y}=\{y^1,y^2,\cdots,y^n\}=\{f^1(x),f^2(x),\cdots,f^n(x)\}=\{\boldsymbol{U}_1^{\mathrm{T}}x,\boldsymbol{U}_2^{\mathrm{T}}x,\cdots,\boldsymbol{U}_n^{\mathrm{T}}x\} \tag{9.5}$$

若映射集 $\boldsymbol{F}=\{f^1,f^2,\cdots,f^n\}$ 满足定义 1，则可以视作一个粒度函数。事实上，我们可给出定理证明如下。

定理 9.1 假设 x 是 M 中的一个图像数据，$\boldsymbol{U}=[u_1,u_2,\cdots,u_n]\in\mathbb{R}^{n\times n}$ 是一个投影方阵，并且用 $\boldsymbol{U}_l=[u_1,u_2,\cdots,u_l]$ 代表一个由前 $l(l\in[1,n])$ 个投影向量组成子投影方阵。一个特征矩阵集合 $\boldsymbol{Y}$ 可以通过将图像数据 x 投影到 $\boldsymbol{U}_1,\boldsymbol{U}_2,\cdots,\boldsymbol{U}_n$ 得到，即 $\boldsymbol{Y}=\{f^1(x),f^2(x),\cdots,f^n(x)\}=\{\boldsymbol{U}_1^{\mathrm{T}}x,\boldsymbol{U}_2^{\mathrm{T}}x,\cdots,\boldsymbol{U}_n^{\mathrm{T}}x\}$。那么映射集合 $\boldsymbol{F}=\{f^1,f^2,\cdots,f^n\}$ 是一个粒度函数，$\boldsymbol{Y}$ 是一个粒度特征矩阵集合。

证明： 令 $\boldsymbol{Y}=\{y^1,y^2,\cdots,y^n\}=\{f^1(x),f^2(x),\cdots,f^n(x)\}=\{\boldsymbol{U}_1^{\mathrm{T}}x,\boldsymbol{U}_2^{\mathrm{T}}x,\cdots,\boldsymbol{U}_n^{\mathrm{T}}x\}$。我们定义在集合 $\boldsymbol{Y}$ 一个关系“$\preceq$”：对于 $\forall y^i,y^j\in\boldsymbol{Y}$，当且仅当 y^i 向量包含 y^j 向量的所有元素时，$y^i\preceq y^j$ 成立。证明 $\preceq$ 是一个全序关系：

（1）自反性：$\forall y^i\in\boldsymbol{Y},y^i\preceq y^i$ 很明显成立。

（2）反对称性 $\forall t\in y^i$，$\exists p\leqslant i$ 使得 $t=u_p^{\mathrm{T}}x$；同样地，$\forall t'\in y^j$，$\exists q\leqslant j$ 使得 $t'=u_q^{\mathrm{T}}x$。因此，$y^i\preceq y^j\to i\leqslant j$，而 $y^j\preceq y^i\to j\leqslant i$，所以 $i=j$ 时，$y^i\preceq y^j$ 成立。

（3）传递性：如果 $y^i\preceq y^j,y^j\preceq y^k$，那么 $i\leqslant j\leqslant k$，因此 $y^i\preceq y^k$。

（4）全体性：$\forall y^i,y^j\in\boldsymbol{Y}$，$\exists p,q\in\{1,2,\cdots,n\}$，$y^i=[u_1^{\mathrm{T}}x,u_2^{\mathrm{T}}x,\cdots,u_p^{\mathrm{T}}x]^{\mathrm{T}}$，$y^j=[u_1^{\mathrm{T}}x,u_2^{\mathrm{T}}x,\cdots,u_q^{\mathrm{T}}x]^{\mathrm{T}}$。如果 $p\leqslant q$，那么 $y^i\preceq y^j$，否则 $y^j\preceq y^i$。因此，“$\preceq$”是一个全序关系，$(\boldsymbol{Y},\preceq)$ 是一个全序集合。

根据定义 9.1，$\boldsymbol{Y}=\{f^1(x),f^2(x),\cdots,f^n(x)\}$ 是一个粒度特征集合，$\boldsymbol{F}=\{f^1,f^2,\cdots,f^n\}$ 是一个粒度特征函数。

从定理 9.1 可以看出，式（9.5）是一个由一维子空间投影得到的粒度特征集合，它代表了一个图像数据从粗粒度到细粒度的粒度特征。需要注意的是，式（9.5）只是给出了一个一般的子空间粒度特征提取方法。对于代价敏感的学习方法来说，粒度特征是否被很好地分离和精确分类，直接影响着误分类代价的大小。接下来介绍如何获得投影矩阵 $\boldsymbol{U}$。

9.5.2　PCA 子空间粒度特征提取法

为了获得一个图像数据的序贯粒度特征，本节用主成分分析法（PCA）[38]作为粒度特征提取方法。主成分分析法的主要思想是找到一系列垂直的坐标轴以投影初始数据，使得投影后的数据在新的坐标轴上方差递减，以达到特征相互分离和误分类代价减小的目的。

假设所有的图像满足零均值的条件，对于一个 m 维的单位向量 $\boldsymbol{u}_1\in\mathbb{R}^n$，$\boldsymbol{u}_1^{\mathrm{T}}\boldsymbol{u}_1=1$，那么样本图像都能投影到该向量上，投影后样本的方差可以表示为

$$\mathrm{var}(\boldsymbol{u}_1^{\mathrm{T}}\boldsymbol{x}_i)=\frac{1}{n}\sum_{i=1}^{n}(u_1^{\mathrm{T}}\boldsymbol{x}_i\boldsymbol{x}_i^{\mathrm{T}}\boldsymbol{u}_1)=\boldsymbol{u}_1^{\mathrm{T}}\boldsymbol{S}\boldsymbol{u}_1 \tag{9.6}$$

其中，$\boldsymbol{S}$ 是原始数据的协方差矩阵，$\boldsymbol{S}=\frac{1}{n}\sum_{i=1}^{n}(\boldsymbol{x}_i\boldsymbol{x}_i^{\mathrm{T}})$。在单位向量的限定下，求出投影后数据的方差关于 $\boldsymbol{u}_1$ 的最大值。这是一个约束优化问题，可以采用拉格朗日乘子法来求解。令 d_1 为一个拉格朗日乘子，那么问题就转化为一个无约束优化问题，如式(9.7)所示。

$$\boldsymbol{u}_1=\underset{\boldsymbol{u}_1^{\mathrm{T}}\boldsymbol{u}_1=1,\boldsymbol{u}_1\in\mathbb{R}^n}{\arg\max}\{\boldsymbol{u}_1^{\mathrm{T}}\boldsymbol{S}\boldsymbol{u}_1+d_1(1-\boldsymbol{u}_1^{\mathrm{T}}\boldsymbol{u}_1)\} \tag{9.7}$$

求 $\boldsymbol{u}_1^{\mathrm{T}}\boldsymbol{S}\boldsymbol{u}_1 + d_1(1-\boldsymbol{u}_1^{\mathrm{T}}\boldsymbol{u}_1)$ 关于 $\boldsymbol{u}_1$ 的导数，令其为零，就可以得最优解满足如下方程。

$$\boldsymbol{S}\boldsymbol{u}_1 = d_1\boldsymbol{u}_1 \tag{9.8}$$

对式（9.8）两边同时左乘 $\boldsymbol{u}_1^{\mathrm{T}}$，等式变为 $d_1 = \boldsymbol{u}_1^{\mathrm{T}}\boldsymbol{S}\boldsymbol{u}_1$。因此，当 $\boldsymbol{u}_1$ 是对应于协方差矩阵 $\boldsymbol{S}$ 最大特征值的特征向量时，投影之后的数据方差最大。类似地，可以找到新的垂直于已有向量的（方向）向量，使得投影后的数据保留的方差最大。最终可以得到最优的投影矩阵 $\boldsymbol{U}_l = [\boldsymbol{u}_1, \boldsymbol{u}_2, \cdots, \boldsymbol{u}_l]$，它们分别是对应于协方差矩阵 $\boldsymbol{S}$ 前 l 个（主）特征值 $\{d_1, d_2, \cdots, d_l\}$ 的特征向量。需要注意的是，在主成分分析中，重构矩阵中的主成分对应的特征值是递减的，以保证重构后数据保留的方差百分比最大。现实中的决策序列不一定严格按照效用从高到低依次选择，即决策序列中的第 $l(l \leqslant m)$ 步，可能选择主成分矩阵 U 中的任意 l 个主成分来重构。例如，在医疗诊断中，人们的决策序列有可能按照医疗检查的有效性从高到低依次选择，也有可能由于价格原因，按照医疗检查的有效性从低到高选择，或者选择其他的次序。这里为了讨论方便，只考虑按照效用从高到低依次选择的决策序列，即决策序列中第 $l(l \leqslant m)$ 步，选择前 l 个特征向量组成的投影矩阵来重构图像。

投影后的数据保留原始数据方差的百分比可以表示为

$$P_{\mathrm{var}}^{(l)} = \sum\nolimits_{i=1}^{l} d_i \Big/ \sum\nolimits_{i=1}^{n} d_i \tag{9.9}$$

重构后的数据保留的方差百分比 $P_{\mathrm{var}}^{(l)}$ 在一定程度上反映了重构图像的粒度。对于一个样本，用到的主成分越多，数据包含的信息越多，重构数据保留方差的百分比越高，图像的区分度越高，粒度越细。令 $\boldsymbol{U}_l^{\mathrm{pca}} = [\boldsymbol{u}_1, \boldsymbol{u}_2, \cdots, \boldsymbol{u}_l]$，$f_{\mathrm{pca}}^{l}(x) = \boldsymbol{U}_l^{\mathrm{T}} x$，$l = 1, 2, \cdots, n$，根据式(9.5)，可以获得图像 x 的一个粒度特征集合 $\boldsymbol{Y}$：$\boldsymbol{Y}_{\mathrm{pca}} = \{f_{\mathrm{pca}}^{1}(x), f_{\mathrm{pca}}^{2}(x), \cdots, f_{\mathrm{pca}}^{n}(x)\} = \{\boldsymbol{U}_1^{\mathrm{T}} x, \boldsymbol{U}_2^{\mathrm{T}} x, \cdots, \boldsymbol{U}_n^{\mathrm{T}} x\}$。

9.5.3 LPP 子空间粒度特征提取法

由于 PCA 是线性子空间方法，因此，由 PCA 粒化法提取到的粒度特征不能很好地反映数据的流形结构。为了能有效保持数据中的内在几何结构（非线性）特征，并能兼顾线性子空间方法的方便快捷等优点，引入局部保持投影方法[35]作为粒度特征提取方法。作为拉普拉斯特征映射的一种最佳线性逼近，局部保持投影方法可以较好地反映样本数据的流形结构。局部保持投影的主要思想是找到一个低维空间，使得在原始空间中距离较近的点（近邻）在低维子空间中依然离得较近，以保留原始数据中的局部粒度结构。

LPP 方法被广泛应用于图像处理领域，很多学者对其进行了各种各样的改进[35]，这里选一种基本形式进行介绍。对于一个 n 维的单位向量 $\boldsymbol{u}_1 \in \mathbb{R}^n$，$\boldsymbol{u}_1^{\mathrm{T}}\boldsymbol{u}_1 = 1$，那么样本 x_i 和 x_j 可以投影到该向量上：$\boldsymbol{y}_i = \boldsymbol{u}_1^{\mathrm{T}}\boldsymbol{x}_i$，$\boldsymbol{y}_j = \boldsymbol{u}_j^{\mathrm{T}}\boldsymbol{x}_j$。为了使得数据中的局部结构能得到保持，得到目标函数，如式（9.10）所示。

$$\min \sum_{i,j=1}^{N} \left\| \boldsymbol{y}_i - \boldsymbol{y}_j \right\|^2 \boldsymbol{S}_{ij} \tag{9.10}$$

其中，$\boldsymbol{S}_{ij}$ 表示样本 $\boldsymbol{x}_i$ 和 $\boldsymbol{x}_j$ 的相关关系，研究者给出的形式很多，我们展示一种常用的形式。

$$\boldsymbol{S}_{ij} = \begin{cases} \exp(-\left\| \boldsymbol{x}_i - \boldsymbol{x}_j \right\|^2 / \sigma^2), & \text{if } \boldsymbol{x}_i \in N_k(\boldsymbol{x}_j) \text{或} \boldsymbol{x}_j \in N_k(\boldsymbol{x}_i) \\ 0, & \text{其他} \end{cases}$$

采用矩阵形式表示投影变换，则式（9.10）可以转化为

$$\begin{aligned} & \min \ \boldsymbol{u}_1^{\mathrm{T}} \boldsymbol{X} \boldsymbol{L} \boldsymbol{X}^{\mathrm{T}} \boldsymbol{u}_1 \\ & \text{s.t.} \ \ \boldsymbol{u}_1^{\mathrm{T}} \boldsymbol{X} \boldsymbol{L} \boldsymbol{X}^{\mathrm{T}} \boldsymbol{u}_1 = 1 \end{aligned} \tag{9.11}$$

其中，$\boldsymbol{X} = [x_1, x_2, \cdots, x_N]$，$\boldsymbol{L}$ 是拉普拉斯矩阵，$\boldsymbol{L} = \boldsymbol{D} - \boldsymbol{S}$，$\boldsymbol{D}$ 是一个对角矩阵，$D_{ii} = \sum_{j=1}^{N} S_{ij}$。

可以用拉格朗日方法求解式（9.11）得到如下最优解的表示形式。

$$\boldsymbol{u}_1 = \underset{u_1^T u_1 = 1, u_1 \in R^n}{\arg\max} \{ \boldsymbol{u}_1^{\mathrm{T}} \boldsymbol{X} \boldsymbol{L} \boldsymbol{X}^{\mathrm{T}} \boldsymbol{u}_1 + d_1 (1 - \boldsymbol{u}_1^{\mathrm{T}} \boldsymbol{X} \boldsymbol{L} \boldsymbol{X}^{\mathrm{T}} \boldsymbol{u}_1) \} \tag{9.12}$$

最终，问题转化为一个广义特征值和特征向量求解问题：$\boldsymbol{X}\boldsymbol{L}\boldsymbol{X}^{\mathrm{T}} \boldsymbol{u}_1 = d_1 \boldsymbol{X}\boldsymbol{D}\boldsymbol{X}^{\mathrm{T}} \boldsymbol{u}_1$。由此，可以得到一系列投影向量 $\{\boldsymbol{u}_1, \boldsymbol{u}_2, \cdots, \boldsymbol{u}_n\}$。需要注意的是，LPP 粒度特征提取法得到的广义特征向量（投影向量）不一定正交。令 $\boldsymbol{U}_l^{\mathrm{LPP}} = [\boldsymbol{u}_1, \boldsymbol{u}_2, \cdots, \boldsymbol{u}_l]$，$f_{\mathrm{LPP}}^{l}(\boldsymbol{x}) = \boldsymbol{U}_l^{\mathrm{T}} \boldsymbol{x}$，$l = 1, 2, \cdots, n$，根据式（9.5），我们可以获得图像 x 的一个粒度特征集合 $\boldsymbol{Y}$：$\boldsymbol{Y}_{\mathrm{LPP}} = \{f_{\mathrm{LPP}}^{1}(x), f_{\mathrm{LPP}}^{2}(\boldsymbol{x}), \cdots, f_{\mathrm{LPP}}^{n}(\boldsymbol{x})\} = \{\boldsymbol{U}_1^{\mathrm{T}} \boldsymbol{x}, \boldsymbol{U}_2^{\mathrm{T}} \boldsymbol{x}, \cdots, \boldsymbol{U}_n^{\mathrm{T}} \boldsymbol{x}\}$。

PCA 子空间粒度特征提取方法得到的特征脸（粒度特征），又称特征脸，因该方法的投影特征向量的图像类似人脸而得名。LPP 子空间粒化法得到的特征脸（粒度特征），又称拉普拉斯脸。两种粒度特征提取方法都从一定角度反映了图像的粒度特征，并能得到一系列从粗粒度到细粒度的粒度特征集合。得到粒度特征集合后，需要用序贯三支决策方法来进行动态决策。

9.6　代价敏感的序贯三支决策方法

在很长一段时间里，对于三支决策的研究主要集中于静态决策问题。然而，在现实分类问题中，刚开始获得的信息往往是不充分的，获取新的有效信息需要一个过程，而人们的决策也是随着信息的更新和补充逐步给出的。初始阶段的有效信息往往是不足的，人们对决策对象的认识具有较粗粒度，无法作出准确判断；随着信息的更新和补充，人们的认识达到更细的粒度，可作出更准确的判断；最终，信息充分，人们给出准确判断。在从粗粒度到细粒度的变换过程中，人们的决策是随着信息更新逐步给出的，形成了一个多粒度的序贯决策，因此序贯决策方法为模拟多粒度分析问题的模

式提供了一种实现途径。基于此，Yao 和 Deng 给出了序贯三支决策的算法框架[7, 24]。文献[7]证明了在多层次信息粒度情况下，三支决策方法的优越性和必要性。之后，Li 等对代价敏感序贯三支决策进行了进一步的研究[42]。

但是，Yao 等给出的序贯三支决策方法有两个问题。首先，这种序贯三支决策方法是基于静态的决策表的，不适用于连续变量或者图像数据分析。其次，这种序贯三支决策的代价敏感特性，只考虑了延迟决策代价和误分类代价。但是，在许多现实决策问题中，测试代价也是影响序贯决策过程的一个重要因素。一些属性（如分类精度高）对误分类代价下降具有较大的贡献，因此，在序贯决策过程中，倾向于优先选择这些属性以快速地降低误分类代价。但是，获取样本的这些属性信息的测试代价可能较高，这有可能使得决策的总代价（误分类代价与测试代价总和）较高。因此，在序贯决策属性选择过程中，需要在误分类代价和测试代价之间进行权衡，以使得决策的总代价最低。

为了解决这两个问题，我们提出了一种更广义的序贯三支决策模型。该模型不限于粗糙集和信息表架构，能很好地适用于连续变量分析和人脸识别中。我们从全序关系的角度，给出序贯三支决策模型正式的定义，如定义 9.2 所示，假设数据满足决策一致性。决策一致性是指，决策的正确性与信息量呈正相关，即信息越多，决策的正确性就越高，反之亦然；并且如果所有的信息都被用到，边界域会消失，所有的样本会准确地分到正域或负域[42]。

定义 9.2　定义决策集 $D=\{a_{\mathrm{P}},a_{\mathrm{N}},a_{\mathrm{B}}\}$，用 $M=\{\boldsymbol{x}_1,\boldsymbol{x}_2,\cdots,\boldsymbol{x}_N\}$ 表示一个图像样本数据集，其中，$\boldsymbol{x}_i\in\mathbb{R}^n$ 是图像向量。假定 $\boldsymbol{Y}=\{y^1,y^2,\cdots,y^n\}$ 为图像数据集中 $\boldsymbol{x}\in M$ 的粒度特征集，若 $(\boldsymbol{Y},\preceq)$ 是一个满足全序关系的全序特征集合，即 $y^1\preceq y^2\preceq\cdots y^n$，那么一个代价敏感序贯三支决策可以表示为 $\mathrm{SD}=(\mathrm{SD}_1,\mathrm{SD}_2,\cdots,\mathrm{SD}_l,\cdots,\mathrm{SD}_n)=(\phi^*(y^1),\phi^*(y^2),\cdots,\phi^*(y^l),\cdots,\phi^*(y^n))$，其中，$\phi^*(y^l)$ 是第 l 步的最优决策。

对于一个代价敏感序贯三支决策 SD，第 l 步的最优决策 $\phi^*(y^l)$，是在第 l 步的粒度特征信息下代价最小的决策项。大多数情况下，测试代价与属性有关，而与具体的对象无关。例如，医院的检测费用，是根据检测项目来定价和标价的，与被检测患者无关。这里用 $\mathrm{test}(y^l)$ 来表示在第 l 步的粒度特征下，单个样本的测试代价。因此，在已经获得概率估计 $\Pr(\mathrm{N}\mid y^l)$ 或 $\Pr(\mathrm{P}\mid y^l)$ 的条件下，对于第 l 步的粒度特征 y^l，三种决策代价 $\mathrm{cost}(a_i\mid y^l)(i=P,B,N)$ 如公式（9.13）所示。

$$
\begin{aligned}
\mathrm{cost}(a_P\mid y^l)&=\lambda_{PP}\Pr(P\mid y^l)+\lambda_{PN}\Pr(N\mid y^l)+\mathrm{test}(y^l)\\
\mathrm{cost}(a_N\mid y^l)&=\lambda_{NP}\Pr(P\mid y^l)+\lambda_{NN}\Pr(N\mid y^l)+\mathrm{test}(y^l)\\
\mathrm{cost}(a_B\mid y^l)&=\lambda_{BP}\Pr(P\mid y^l)+\lambda_{BN}\Pr(N\mid y^l)+\mathrm{test}(y^l)
\end{aligned}
\tag{9.13}
$$

式中，条件概率 $\Pr(P\mid y^l)$ 和 $\Pr(N\mid y^l)(\Pr(P\mid y^l)+\Pr(N\mid y^l)=1)$ 代表在第 l 步的粒度下，y^l 分别被判定为正域样本和负域样本的概率。大多数机器学习方法（精度敏感的二支决策方法、代价敏感的二支决策方法）都可以得到条件概率，在此不多讨论。比较三种决策代价，找出其中决策代价最小的决策项作为第 l 步的最优决策，如式（9.14）所示。

$$\mathrm{SD}_l=\phi^*(y^l)=\underset{d\in\{a_P,a_N,a_B\}}{\arg\min}\ \mathrm{cost}(d\mid y^l) \tag{9.14}$$

大多数条件下，代价满足 $(\lambda_{PN}-\lambda_{BN})(\lambda_{NP}-\lambda_{BP})>(\lambda_{BP}-\lambda_{PP})(\lambda_{BN}-\lambda_{NN})$。这个约束条件可以根据边界域存在的条件推导出来[8]，如式（9.1）和式（9.2）所示。该约束条件对于本节的序贯三支决策定义依然成立：不等式两边加上相同值不改变原式。因此，式（9.14）可以表示为

$$\mathrm{SD}_l=\begin{cases}a_P, & \mathrm{cost}(a_P\mid y^l)\leqslant\mathrm{cost}(a_N\mid y^l),\ \mathrm{cost}(a_P\mid y^l)\leqslant\mathrm{cost}(a_B\mid y^l)\\ a_N, & \mathrm{cost}(a_N\mid y^l)\leqslant\mathrm{cost}(a_P\mid y^l),\ \mathrm{cost}(a_N\mid y^l)\leqslant\mathrm{cost}(a_B\mid y^l)\\ a_B, & \mathrm{cost}(a_B\mid y^l)\leqslant\mathrm{cost}(a_P\mid y^l),\ \mathrm{cost}(a_B\mid y^l)\leqslant\mathrm{cost}(a_N\mid y^l)\end{cases} \tag{9.15}$$

在决策初始阶段，决策者只知道样本的部分信息（粗粒度），大部分样本会被分到边界域。随着决策步骤的增加，一些新的信息加入，对样本的认识达到更细的粒度，一些先前被分到边界域的样本会被分到正域或负域。最终，在信息充分的情况下，人们会作出准确决策。在每一步的决策中，三支决策都选择了当前信息状态下的代价最小的决策，整个序贯三支决策具有代价敏感特性。添加了测试代价的信息后，并没有影响序贯三支决策中每步的最优选择项，只是增大了每一步决策的总代价。

上面的分析，都基于决策一致性的假设前提。但在现实中，一般只是整体趋势满足决策一致性，局部可能存在异常点。另外，所有的信息全部用上，代价也未必会下降到零，可能只是达到一个理想值。也就是说，从整体角度来看，决策代价关于决策步骤是单调下降的。若从局部角度来看，可能会出现随着决策步骤的增加，决策代价并不下降的情况。

9.7　实验分析与验证

在本节中，我们对提出的子空间粒度特征提取方法进行验证和分析，并比较三种决策方法（精度敏感的序贯二支决策方法、代价敏感的序贯二支决策方法、代价敏感的序贯三支决策方法）的决策代价和错误率，最后检验代价敏感序贯三支决策方法的边界域变化情况。实验选用的数据库是西班牙巴塞罗那大学的 AR 人脸数据库[43, 44]和美国卡内基梅隆大学的 PIE 人脸数据库[45]。

9.7.1　数据库介绍及实验设置

AR 人脸数据库中包含 126 个人的超过 4000 幅图片，其中每个人有 26 张不同表情、光照和尺度的人脸图片。本节实验的主要目的是在代价敏感的人脸识别中检验粒

度特征提取方法和序贯三支决策方法，因此，选取每个人 14 张不包含尺度变化的照片来做实验，每张图片被切成 60 像素×43 像素大小。

PIE 人脸数据库包含 68 个人，每个人有 60 张不同姿势、不同光照条件和不同表情的人脸图像。选取全部 68 个人，每人选取 49 张，剪裁成大小为 60 像素×60 像素的图像来做实验。实验中 AR 和 PIE 数据库上的一些样本图像如图 9.2 所示。实验所用电脑的一些基本参数为酷睿 i5 处理器(2.8GHz)，6GB 内存，MATLAB 版本为 R2014a。

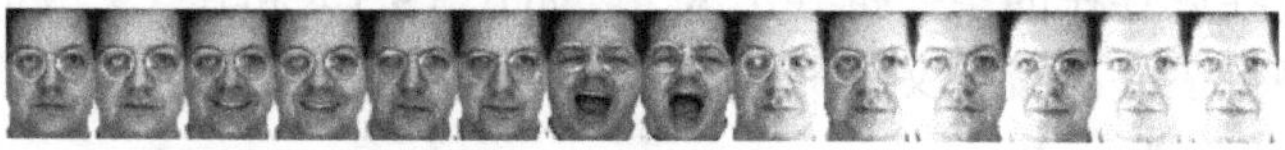

(a) AR 数据库上一个样本的 14 张图像

(b) PIE 数据库上一个样本的 14 张人脸图像（每个样本共有 49 张）

图 9.2　实验中 AR 和 PIE 数据库上的一些样本的人脸图像

假设正确决策的代价为 0，即 $\lambda_{PP}=0$，$\lambda_{NN}=0$，其他的代价和实验的其他基本设置如表 9.2 所示。表中 M 和 I 分别表示正域 P（公司员工，Gallery）和负域 N（入侵者，Imposter）中的类别数，N_G 和 N_I 分别是正域 P 和负域 N 中每类的样本数量。例如，AR 数据库中，随机选取 15 类，每类随机选取 8 个样本作为训练集的正域；随机选取 20 类，每类随机选取 8 个样本作为训练集的负域。测试集中两个域的类别与训练集相同，每类分别随机选取 6 个 AR 和 15 个 PIE 样本，用来检验本章提出的粒度特征提取方法和代价敏感序贯三支决策方法的效果。

表 9.2　实验变量设置

数据库	M	N_G	I	N_I	$\lambda_{PN}:\lambda_{NP}:\lambda_{BN}:\lambda_{BP}$
AR	15	8	20	8	21:6:4:3
PIE	15	15	20	15	21:6:4:3

9.7.2　子空间粒度特征人脸图像

根据 9.7.1 节的实验设置，在两个数据库上检验 PCA 子空间粒度特征提取方法和 LPP 粒度特征提取方法的效果，如图 9.3 和图 9.4 所示。

从图 9.3 和图 9.4 可以看出，随着决策步骤（或者说粒度指标）的增加，图像变得越来越清晰。另外，可以明显看出，在从粗粒度到细粒度的变化过程中，两种粒化方法反映出的图像结构变化是不一样的，但两种方法都从不同角度反映了图像的粒度特征。

在获得一系列从粗粒度到细粒度的人脸图像后，可以用三种序贯决策方法进行决策。在初始阶段，图像的粒度较粗，有效信息不足，决策代价会比较高；随着粒度逐步变细，图像越来越清晰，决策代价会逐步减小。接下来，检验三种序贯决策方法的决策代价和错误率。

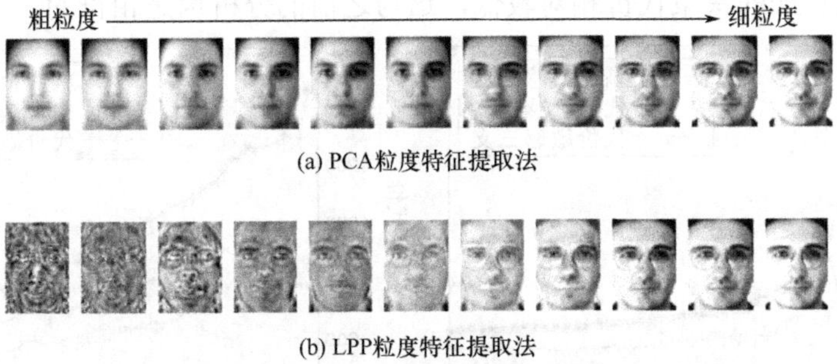

(a) PCA粒度特征提取法

(b) LPP粒度特征提取法

图 9.3　AR 数据库上子空间粒度特征提取方法的效果

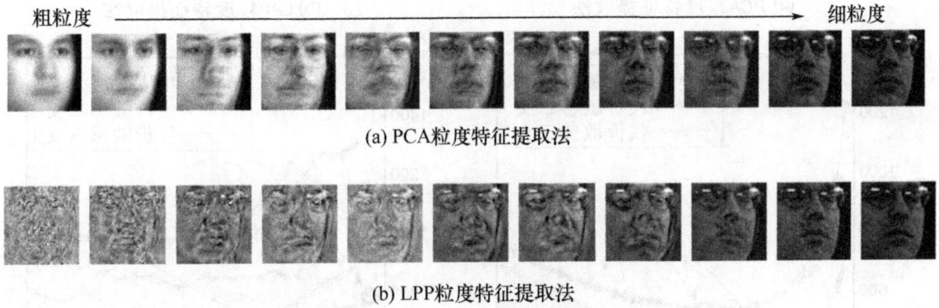

(a) PCA粒度特征提取法

(b) LPP粒度特征提取法

图 9.4　PIE 数据库上子空间粒度特征提取方法的效果

9.7.3　序贯决策的代价与错误率

如前面所述，进行决策之前，需要先获得概率估计 $\Pr(N \mid \boldsymbol{y}^l)$ 或 $\Pr(P \mid \boldsymbol{y}^l)$。这里选用 Zhang 等[2]提出的一种基于 k 最近邻（kNN）的概率估计方法来获得分类概率，之后运用三种序贯决策方法来作决策，并分析和比较它们的决策代价和错误率。

在基于 kNN 的概率估计方法中取 $k=3$，LPP 中的两个变量取 $k=5, \sigma=10$，其他实验设置如表 9.2 所示。比较三种序贯决策方法在两个数据库上的 5 种指标：决策代价、总代价（决策代价和测试代价）、错误率、高代价区域错误率（错误接受，表示为 err_{PN}）、低代价区域错误率（错误拒绝，表示为 err_{NP}）。需要说明的是，为了公平比较，计算代价敏感的序贯三支决策方法的错误率时，将边界域决策也作为分类错误计算在内。如 9.6 节所述，从粗粒度到细粒度的序贯决策过程中会伴随着一定的测试代价，一般情况下，测试代价是随着测试步骤逐渐升高的。测试代价的选取有很多种，实验中简单取 $\mathrm{test}(\boldsymbol{y}^l)=0.001\cdot l^2$。实验结果如图 9.5 和图 9.6 所示。

从图 9.5 和图 9.6 可以看出，随着决策步骤的增加，三种序贯决策方法在两个数据库上的趋势都是决策代价逐渐下降的。这符合前面的分析，随着决策步骤和有效信息的增加，图像粒度逐渐精细，决策代价逐步降低。另外，三种决策方法中，代价敏感的三支决策算法的决策代价相对较低，这与之前的分析也是相符的。

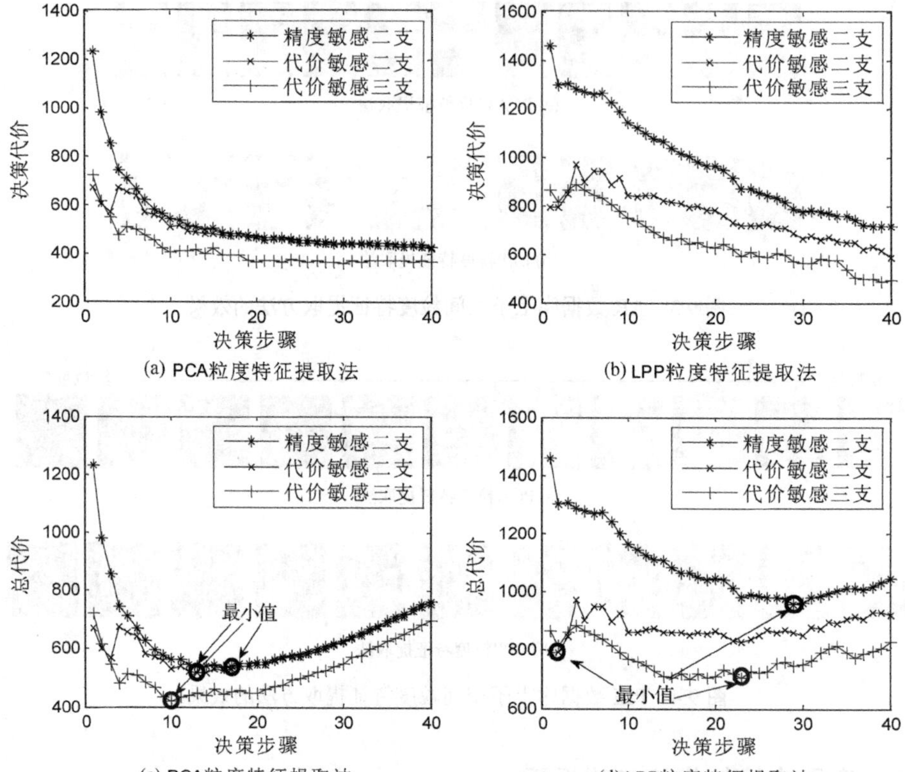

(a) PCA粒度特征提取法　(b) LPP粒度特征提取法

(c) PCA粒度特征提取法　(d) LPP粒度特征提取法

图 9.5　在 AR 数据库上三种决策方法决策代价和总代价对比图

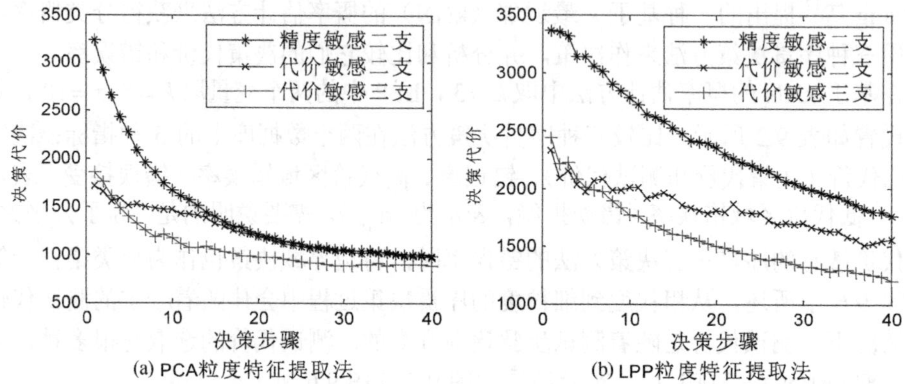

(a) PCA粒度特征提取法　(b) LPP粒度特征提取法

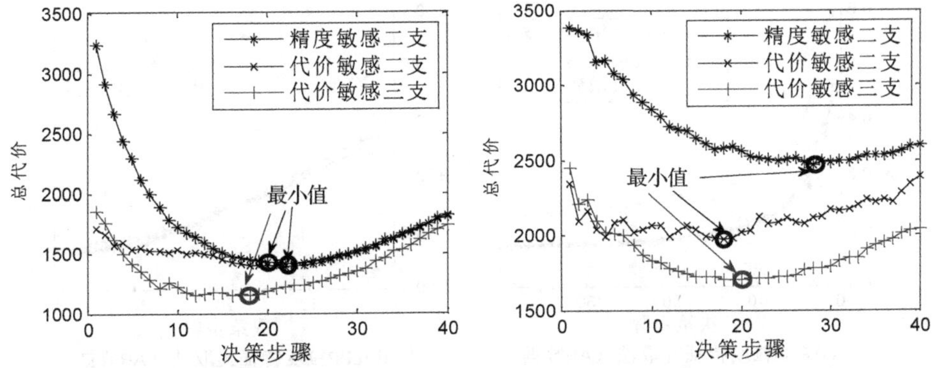

(c) PCA粒度特征提取法　　(d) LPP粒度特征提取法

图 9.6　在 PIE 数据库上三种决策方法决策代价和总代价对比图

图 9.5 和图 9.6 所示为三种序贯决策方法的总代价，总代价包括决策代价和测试代价。从图 9.5 和图 9.6 中可以看出，三种方法的决策代价大都经历了先降后升的过程。这是因为决策代价是随着决策步骤逐渐降低的，但是测试代价是随着决策步骤逐渐上升的。在决策初始阶段，测试代价较小，决策代价较大，决策代价快速下降的趋势决定了总代价的变化趋势。随着决策步骤的增加，测试代价逐渐变大，决策代价变小，另外决策代价下降的趋势逐渐减缓，因此测试代价对总代价的影响逐渐加大，决定了总代价的走势。图 9.5 和图 9.6 还标出了三种序贯决策方法总代价的最小值，从整体角度上来看，代价敏感的序贯三支决策方法小于代价敏感的序贯二支决策方法，而代价敏感的序贯二支决策方法小于精度敏感的序贯二支决策方法。

这里也比较了三种序贯决策方法的错误率，如图 9.7 所示。从图 9.7 中可以看出，代价敏感序贯三支决策方法的错误率比较高，这是因为在信息不充分的条件下，三支决策方法会把一些不能确定的样本暂时放在边界域中，这样就导致了整体错误率的增高。这也验证了三支决策属于代价敏感决策方法而非传统精度敏感决策方法。

表 9.3 列出了三种序贯决策方法在高代价区域和低代价区域的最小错误率。从表 9.3 中可以发现，高代价区域的错误率，代价敏感的序贯三支决策方法小于代价敏感的序贯二支决策方法，而代价敏感的序贯二支决策方法小于精度敏感的序贯二支决策方法，低代价区域正好相反。这就是前面所述的代价敏感方法的思想，通过分类面（线）向（误分类）代价较低的方向偏移，降低高代价区域的错误率，降低决策代价。

表 9.3　高代价区域和低代价区域最小错误率对比表

粒度特征提取方法		PCA 特征提取法			LPP 特征提取法		
决策方法		精度二支	代价二支	代价三支	精度二支	代价二支	代价三支
AR	err_{PN}/%	6.76±2.88	3.49±1.24	2.46±0.44	12.02±3.75	7.33±1.32	3.65±1.28
	err_{NP}/%	10.24±3.07	10.67±6.58	10.24±3.07	14.03±3.57	18.54±5.44	14.03±3.57
PIE	err_{PN}/%	6.71±3.93	4.08±1.06	2.24±0.68	12.01±3.40	7.70±0.66	3.43±1.75
	err_{NP}/%	7.49±4.41	8.22±9.11	7.49±4.41	13.71±3.41	18.34±4.92	13.71±3.41

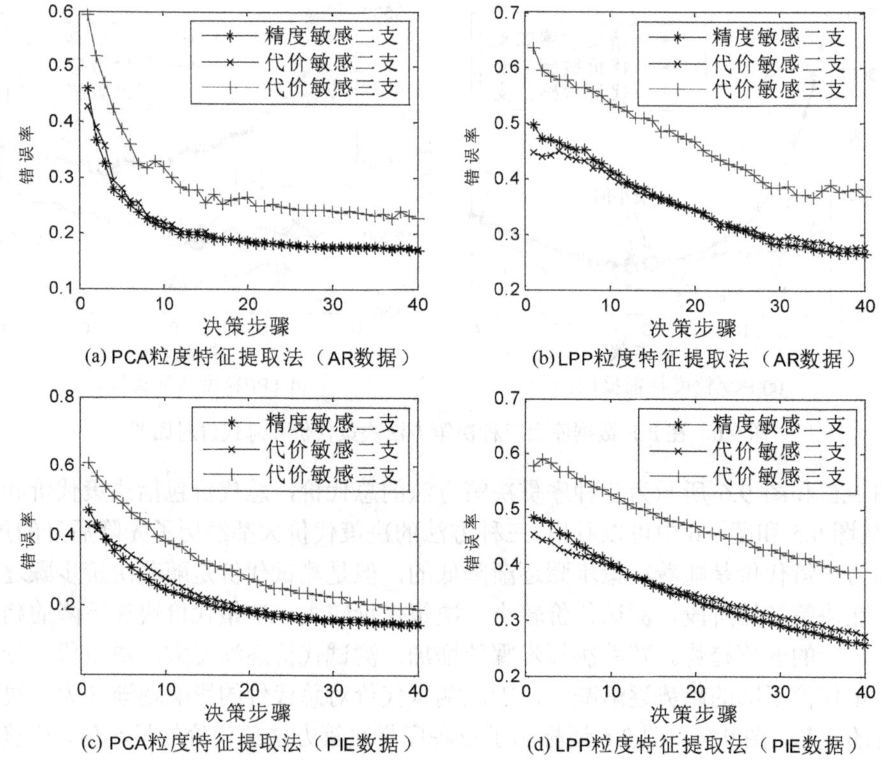

(a) PCA粒度特征提取法（AR数据）　　(b) LPP粒度特征提取法（AR数据）

(c) PCA粒度特征提取法（PIE数据）　　(d) LPP粒度特征提取法（PIE数据）

图 9.7　在两个数据库上三种方法平均错误率对比图

9.7.4　序贯决策中的边界域变化趋势

在序贯决策过程中，随着可用信息的增加，粒度特征描述变得逐渐精确，此时序贯决策的确定性不断增加，在初始阶段被判断为边界域的样本将逐步划分到确定的正域和负域中。因此，在总体上边界域有逐步减小的趋势。

图 9.8 绘出了 AR 数据和 PIE 数据上正域、负域和边界域的样本数量随粒度与决策步骤的变化情况。可以看出，两个数据库上，两种粒度特征提取方式下，代价敏感的

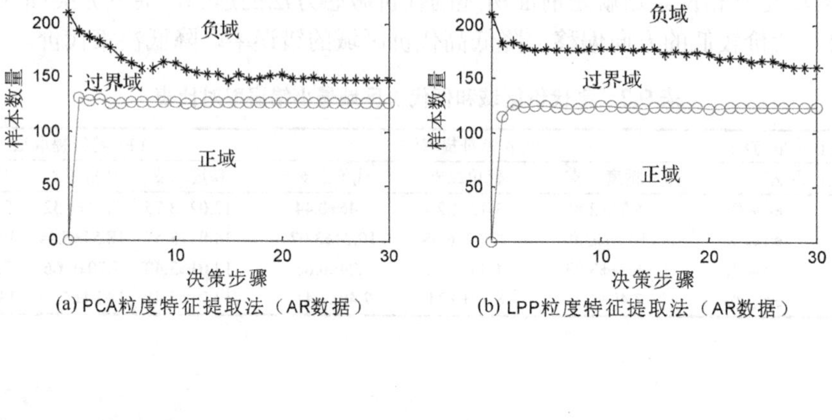

(a) PCA粒度特征提取法（AR数据）　　(b) LPP粒度特征提取法（AR数据）

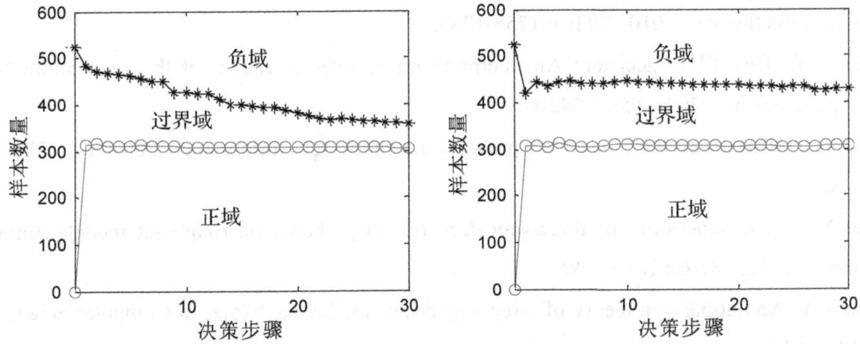

(c) PCA粒度特征提取法(PIE数据)　　(d) LPP粒度特征提取法（PIE数据）

图 9.8　两个数据库上两种粒度特征提取方式下三个域样本数量变化图

序贯三支决策方法的边界域随着决策步骤增多（粒度变细）而呈总体减小的趋势，反映了不确定粗粒度决策到较明确细粒度决策的序贯决策过程。

9.8　本 章 小 结

图像识别是人工智能和模式识别的一个重要领域，传统的图像识别法是精度敏感的二支决策模式，以分类精度的高低为衡量性能好坏的基本指标。但是，现实问题中，不同的分类错误常常会带来不同的损失，而且初始阶段很难获得高质量的图片，或者获取高质量的图片需要一个过程和相应代价。为了解决这些问题，本章提出了一种基于粒度特征的代价敏感序贯三支决策算法。该算法不依赖于离散数据决策表，能很好适用于连续变量和动态的人脸图像识别过程，而且考虑了测试代价，更加符合现实应用场景。为了刻画图像的粒度，本章提出了两种子空间粒度特征提取方法，并通过实验验证了提出的算法的有效性。

致　谢

感谢加拿大里贾纳大学的姚一豫和重庆邮电大学的于洪对本章内容编写的帮助和建议。本章研究内容得到了国家自然科学基金（项目编号分别为：71201076、71201133、61170105、61473157）、江苏省自然科学基金（项目编号：BK2011564）、教育部博士点基金（项目编号：20120091120004）的资助。

参 考 文 献

[1] Bishop C M. Pattern Recognition and Machine Learning. New York: Springer, 2006.
[2] Zhang Y, Zhou Z H. Cost-sensitive face recognition. IEEE Transactions on Pattern Analysis and

Machine Intelligence, 2010, 32(10): 1758-1769.

[3] Yao Y Y. Three-Way decision: An interpretation of rules in rough set theory. Lecture Notes in Computer Science, 2009, 5589: 642-649.

[4] Yao Y Y. Three-way decisions with probabilistic rough sets. Information Sciences. 2010, 180(3): 341-353.

[5] Yao Y Y. The superiority of three-way decisions in probabilistic rough set models. Information Sciences, 2011, 181(6): 1080-1096.

[6] Yao Y Y. An outline of a theory of three-way decisions. Lecture Notes in Computer Science, 2012, 7413: 1-17.

[7] Yao Y Y. Granular computing and sequential three-way decisions. Lecture Notes in Computer Science, 2013, 8171: 16-27.

[8] Yao Y Y. Decision-theoretic rough set models. Lecture Notes in Computer Science, 2007, 4481: 1-12.

[9] Yao Y Y, Zhao Y. Attribute reduction in decision-theoretic rough set models. Information Sciences, 2008, 178(17): 3356-3373.

[10] Li H X, Zhou X Z. Risk decision making based on decision-theoretic rough set: A multi-view decision model. International Journal of Computational Intelligence Systems, 2011, 4(1):1-11.

[11] Li H X, Zhou X Z, Zhao J B, et al. Non-monotonic attribute reduction in decision-theoretic rough sets. Fundamenta Informaticae, 2013, 126(4): 415-432.

[12] Jia X Y, Liao W H, Tang Z M, et al. Minimum cost attribute reduction in decision-theoretic rough set models. Information Sciences, 2013, 219: 151-167.

[13] Liu D, Li T R, Ruan D. Probabilistic model criteria with decision-theoretic rough sets. Information Sciences, 2011, 181: 3709-3722.

[14] Yu H, Chu S S, Yang D C. Autonomous knowledge-oriented clustering using decision-theoretic rough set theory. Fundamenta Informaticae, 2012, 115(2-3): 141-156.

[15] Qian H Y, Zhang H, Sang Y L, et al. Multigranulation decision-theoretic rough sets. International Journal of Approximate Reasoning, 2014, 55(1): 225-237.

[16] Duda R O, Hart P E, Stork D G. Pattern Classification. Chichester: Wiley, 2001.

[17] Deng X F, Yao Y Y. Decision-theoretic three-way approximations of fuzzy sets. Information Sciences, 2014, 279: 702-715.

[18] Deng X F, Yao Y Y. A multifaceted analysis of probabilistic three-way decisions. Fundamenta Informaticae, 2014, 132 (3): 291-313.

[19] 李华雄, 周献中, 赵佳宝, 等. 基于三支决策粗糙集的代价敏感分类方法// 贾修一, 商琳, 周献中, 等. 三支决策理论与应用. 南京: 南京大学出版社, 2012: 34-48.

[20] Liu D, Li T R, Liang D C. Three-way decisions in stochastic decision-theoretic rough sets. Transactions on Rough Sets XVIII, 2014,8449: 110-130.

[21] Li H X, Wang M H, Zhou X Z, et al. An interval set model for learning rules from incomplete information table. International Journal of Approximate Reasoning, 2012, 53(1):24-37.

[22] Liu D, Liang D C. An overview of function based three-way decisions. Lecture Notes in Computer Science, 2014, 8818: 812-823.

[23] Li, H X, Zhou X Z, Liu D. Cost-sensitive three-way decision: A sequential strategy. Lecture Notes in Computer Science, 2013, 8171: 325-337.

[24] YAO Y Y, Deng X F. Sequential three-way decisions with probabilistic rough sets// Proceedings of IEEE Cognitive Informatics & Cognitive Computing, Banff, 2011: 120-125.

[25] Liu D, Li T R, Liang D C. Three-way decisions in dynamic decision-theoretic rough sets. Lecture Notes in Computer Science, 2013, 8171: 291-301.

[26] Luo C, Li T R, Chen H M. Dynamic maintenance of three-way decision rules. Lecture Notes in Computer Science, 2014, 8818: 801-811.

[27] Min F, Liu Q H. A hierarchical model for test-cost-sensitive decision systems. Information Sciences, 2009, 179: 2442-2452.

[28] Min F, He H P, Qian Y H, et al. Test-cost-sensitive attribute reduction. Information Sciences, 2011, 181:4928-4942.

[29] Min F, Zhu W. Attribute reduction of data with error ranges and test costs. Information Sciences, 2012, 211: 48-67.

[30] Zhang X Y, Miao D Q, Three-way weighted entropies and three-way attribute reduction. Lecture Notes in Computer Science, 2014, 8818: 707-719.

[31] Elkan C. The foundations of cost-sensitive learning. International Joint Conference on Artificial Intelligence, 2001, 2: 973-978.

[32] Abe N, Zadrozny B, Langford J. An iterative method for multi-class cost-sensitive learning. Association for Computing Machinery, Portland, 2004: 3-11.

[33] Belhumeur P N, Hespanha J P, Kriegman D J. Eigenfaces vs. fisherfaces: Recognition using class specific linear projection. Pattern Analysis and Machine Intelligence, 1997, 19(7): 711-720.

[34] Ahonen T, Hadid A, Pietikainen M. Face description with local binary patterns: Application to face recognition. Pattern Analysis and Machine Intelligence, 2006, 28(12): 2037-2041.

[35] He X F, Yan S C, Hu Y X, et al. Face recognition using laplacianfaces. Pattern Analysis and Machine Intelligence, 2005, 27(3): 328-340.

[36] Hinton G E, Salakhutdinov R R. Reducing the dimensionality of data with neural networks. Science, 2006, 313(5786): 504-507.

[37] Roweis S, Saul L. Nonlinear dimensionality reduction by locally linear embedding. Science, 2000, 290(5500): 2323-2326.

[38] Turk M, Pentland A. Eigenfaces for recognition. J. Cognitive Neuroscience, 1991, 3(1): 71-86.

[39] Wright J, Yang A Y, Ganesh A, et al. Robust face recognition via sparse representation. Pattern

Analysis and Machine Intelligence, 2009, 31(2): 210-227.

[40] Zhao W, Chellappa R, Phillips P J, et al. Face recognition: A literature survey. ACM Computing Surveys, 2003, 35(4): 399-458.

[41] Yao J T, Vasilakos A V, Pedrycz W. Granular computing: Perspectives and challenges. IEEE Transanction on Systems, Man, and Cybernetics, Part C , 2013, 43(6): 1977-1989.

[42] Li H X, Zhou X Z, Zhao J B, et al. Cost-sensitive classification based on decision-theoretic rough set model. Lecture Notes in Computer Science, 2012, 7414: 379-388.

[43] Zhou X Z, Li H X. A multi-view decision model based on decision-theoretic rough set. Lecture Notes in Computer Science, 2009, 5589: 650-657.

[44] Martinez A M, Kak A C. PCA versus LDA. Pattern Analysis and Machine Intelligence, 2001, 23(2): 228-233.

[45] Sim T, Baker S, Bsat M. The CMU pose, illumination, and expression database. Pattern Analysis and Machine Intelligence, 2003. 25(12): 1615-1618.

第 10 章　基于基尼目标函数的三支决策域确定

Gini Objective Functions for Determining Three-Way Decision Regions

张　燕[1]　姚静涛[1]

1. 里贾纳大学计算机科学系

三支决策理论的任务之一是将对象集划分到三个两两不相交的决策域，即接受域、拒绝域和不承诺域。用户可从接受域或拒绝域归纳出接受或拒绝决策规则。对于不承诺域中的对象，用户则可采取延迟决策，即获取更多的信息再作决策。定义评价函数和确定接受及拒绝阈值是构造三支决策模型时需要考虑的两方面。当使用概率粗糙集构造三支决策模型时，将条件概率作为评价函数，并用概率阈值(α, β)作为接受和拒绝阈值，即把条件概率值大于接受阈值α的对象划分到接受域中，把条件概率值小于拒绝阈值β的对象划分到拒绝域中，而把条件概率值介于α和β之间的对象划分到不承诺域。确定和解释接受与拒绝阈值(α, β)是使用概率粗糙集构造三支决策模型时的关键问题。本章旨在解决使用概率粗糙集构造三支决策模型时，如何利用基尼系数来确定和解释决策阈值(α, β)，从而得到平衡的三支决策域。为了平衡三支决策模型的准确率和可用性及各个域的基尼系数之间的矛盾，本章构造了基尼目标函数，通过获取目标函数的解来确定最终的接受阈值与拒绝阈值，从而获得高效平衡的三支决策域。首先，本章给出计算三支决策域的基尼系数的方法，并讨论决策域的变化对基尼系数的影响；其次，详细分析四种可能的基尼目标函数，即最小化三个决策域的基尼系数和、同时最小化立即决策域的基尼系数和与不承诺域的基尼系数、最小化立即决策域的基尼系数和与不承诺域的基尼系数的差、同时最小化三个决策域的基尼系数；最后，通过示例说明如何从基尼目标函数确定接受与拒绝阈值，并对从不同目标函数获得的阈值进行比较。

10.1　引　言

三支决策理论为决策提供了接受、拒绝和不承诺三种选择[1]。给定一个有限非空实体集 U 和有限条件集 C，三支决策的主要任务是根据 C 将 U 分成三个两两不相交域，即正域、负域和边界域[1]。为了区别粗糙集的三个域与三支决策的三个域，本章使用接受域、拒绝域和不承诺域来表示三支决策域，使用正域、负域和边界域来表示粗糙集产生的三个域。评价函数的定义及接受和拒绝阈值的确定是构建三支决策模型时需要考虑的两个主要问题[1]。当使用概率粗糙集来构造三支决策模型时，条件概率作为评价函数，概率阈值(α, β)分别作为指定的接受阈值和拒绝阈值[2]。概率阈值(α, β)决定了三支决策域的大小[3]，如何确定和解释概率阈值(α, β)是应用三支决策理论的关键问题之一[1,4]。许多学者就解决此问题进行了多方面尝试并提出了多种方法。决策粗糙集（decision theoretic rough set，DTRS）通过最小化各个域分类代价之和来获取(α, β)阈值[5]。博弈粗糙集（game theoretic rough set，GTRS）通过构造多个域评价量度之间的博弈来获取平衡的(α, β)阈值[6-8]。信息论粗糙集（information theoretic rough set，ITRS）则通过最小化各个域的信息熵的和来计算(α, β)阈值[9]。

本章使用基尼系数来评价三支决策域[10,11]，详细分析各个决策域大小的改变对各域基尼系数的影响。由于三个决策域是两两不相交的，任何一个对象只能出现在一个决策域中，这使得各个域的基尼系数值的变化是相互冲突的，即一个域的基尼系数值的减小必将导致其他一个或两个域的基尼系数值的增大。而理想的三支决策域是各域包含的对象类别单一或各域基尼系数值都很小，因此，本章使用基尼目标函数来平衡各域基尼系数值之间的这种冲突关系，从而获取平衡的三支决策域。本章将详细讨论四个基尼目标函数，即最小化各域基尼系数的和、同时最小化立即决策域和不承诺域的基尼系数、最小化立即决策域和不承诺域的基尼系数的差值、同时最小化三个域的基尼系数。从目标函数的解获取到的三支决策域能平衡各域的基尼系数之间的矛盾。必须指出的是，这些基尼目标函数与具体的应用密切相关。本章中基尼目标函数的构建为使用博弈论解决决策域之间的冲突奠定了基础，同时获取有效的三支决策域能够加深人们对粗糙集和三支决策理论的理解，并使其更广泛地运用到实际应用中。

10.2　三支决策域及其评价

本节简略介绍本章要使用到的基本背景知识，包括由粗糙集理论构造三支决策域、评价三支决策域的量度，即正确率和承诺率等。

10.2.1　粗糙集构造三支决策域

三支决策理论旨在根据有限条件集C将有限非空实体集U分成三个两两不相交的决策域，称为接受域、拒绝域和不承诺域[1]。在划分U中的对象时，由评价函数决定该对象属于哪个决策域。当一个对象的评价函数值大于或等于某指定的接受阈值时，该对象被划分到C的接受域；当一个对象的评价函数值小于或等于某指定的拒绝阈值时，该对象则被划分到C的拒绝域；当一个对象的评价函数值介于指定的接受阈值和拒绝阈值之间时，该对象则被划分到C的不承诺域[1]。从C的接受域和拒绝域，可以分别导出关于C的接受规则和拒绝规则，即具有哪些属性值的对象是属于C的，具有哪些属性值的对象是不属于C的。在构造三支决策模型时，需要考虑两个关键问题，一个是评价函数的定义，另一个是确定指定的接受阈值和拒绝阈值[1]。三支决策模型可由多种不同的理论构造得到，如粗糙集、模糊集、区间集、阴影集[1]。这些理论在构造三支决策模型时给出了不同的方法定义评价函数，对指定的接受阈值和拒绝阈值也有不同的解释和确定方法。本章着重于从粗糙集的角度来构建三支决策域。

若 U 为有限非空实体集，E 为 U 上的等价关系 $E \subseteq U \times U$，且 E 是自反的、对称的和传递的[12]。对于 U 中的一个对象 $x \in U$，包含 x 的等价类表示为 $[x]=\{y \in U \mid xEy\}$，所有等价类族定义了 U 的一个划分，可表示为 $U/E=\{[x] \mid x \in U\}$。

在粗糙集理论中，对一个不可描述的目标概念 $C \subseteq U$，可通过定义 C 的正域、负域和边界域来描述 C[12]。概率粗糙集使用概率阈值 (α,β) 来定义三个域[3]

$$\begin{aligned}\mathrm{POS}_{(\alpha,\beta)}(C) &= \bigcup\{[x] \mid [x] \in U/E, \Pr(C \mid [x]) \geqslant \alpha\} \\ \mathrm{NEG}_{(\alpha,\beta)}(C) &= \bigcup\{[x] \mid [x] \in U/E, \Pr(C \mid [x]) \leqslant \beta\} \\ \mathrm{BND}_{(\alpha,\beta)}(C) &= \bigcup\{[x] \mid [x] \in U/E, \beta < \Pr(C \mid [x]) < \alpha\}\end{aligned} \tag{10.1}$$

这三个域可直接视为三支决策模型中的接受域、拒绝域和不承诺域。等价类[x]在 C 中的条件概率 $p(C \mid [x])=\dfrac{|[x] \cap C|}{|[x]|}$ 作为评价函数，阈值 α 和 β 分别是指定的接受阈值和拒绝阈值。直观地说，给出一个等价类[x]，如果 $P(C \mid [x]) \geqslant \alpha$，则将[$x$]划分到 C 的接受域，即认为[x]是属于概念 C 的；如果 $P(C \mid [x]) \leqslant \beta$，则将[$x$]划分到 C 的拒绝域，即认为[x]是不属于概念 C 的，或者属于概念 C 的补集；如果 $\beta < P(C \mid [x]) < \alpha$，则将[$x$]划分到 C 的不承诺域，即暂不作决定。Pawlak 的粗糙集模型可看成概率粗糙集的一种特殊形式，即 $(\alpha, \beta)=(1, 0)$。概念 C 的接受域只包含完全属于 C 的等价类，其拒绝域只包含完全不属于 C 的等价类[13]。由 Pawlak 模型定义的接受域和拒绝域导出的决策规则具有 100%正确率。这种无错率往往使得接受域和拒绝域很小，也就是说该决策模型只能应用于 U 中的少部分对象[13]。通过设置概率阈值 $0<\alpha,\beta<1$ 减弱 Pawlak 模型对正确率的严格要求可提高决策模型的可用性。二支决策模型是概率粗糙集的另一个特例，即 $\alpha=\beta=\gamma$，该模型将所有对象划分到接受域或者拒绝域，因此模型的覆盖率为最大值 100%。此时，接受域的正确接受率大于等于 γ，拒绝域的正确拒绝率大于 $1-\gamma$[9]。阈值 γ 表示两个正确率之间的权衡取舍，显而易见，不可能同时提高正确接受率和正确拒绝率。利用阈值 α 和 β 来分别控制正确接受率和正确拒绝率，获得一个折中的取舍是三支决策研究的主要问题[9]。

10.2.2　评价三支决策域

给定目标概念集合 C 和阈值 (α, β)，可以得到概念 C 的接受域、拒绝域和不承诺域。这三个域两两不相交且其并为对象全集 U，因此这三个域组成 U 的一个划分，即

$$\pi_{(\alpha,\beta)}(C)=\{\mathrm{POS}_{(\alpha,\beta)}(C), \mathrm{NEG}_{(\alpha,\beta)}(C), \mathrm{BND}_{(\alpha,\beta)}(C)\} \tag{10.2}$$

阈值的改变会引起三支决策域大小的变化。多个量度可以用来评价决策域，如正确率、错误率、覆盖率、置信度等[2,14]。本章使用正确率和承诺率来评价决策域。

正确率（Correct Rate，CR）用来评价基于决策域作出决策的正确程度，其值为可被正确分类的对象数与可被分类的对象数之比，其取值范围为 0～1。接受域 $\mathrm{POS}_{(\alpha,\beta)}(C)$ 的正确率为

$$\mathrm{CR}(\mathrm{POS}_{(\alpha,\beta)}(C))=\frac{\left|C\bigcap\mathrm{POS}_{(\alpha,\beta)}(C)\right|}{\left|\mathrm{POS}_{(\alpha,\beta)}(C)\right|} \tag{10.3}$$

式中，$|\cdot|$表示集合包含的对象个数。同样，拒绝域$\mathrm{NEG}_{(\alpha,\beta)}(C)$的正确率为

$$\mathrm{CR}(\mathrm{NEG}_{(\alpha,\beta)}(C))=\frac{\left|C^c\bigcap\mathrm{NEG}_{(\alpha,\beta)}(C)\right|}{\left|\mathrm{NEG}_{(\alpha,\beta)}(C)\right|} \tag{10.4}$$

三支决策域的正确率联合接受域和拒绝域的正确率，可计算为

$$\mathrm{CR}(\pi_{(\alpha,\beta)}(C))=\frac{\left|C\bigcap\mathrm{POS}_{(\alpha,\beta)}(C)\right|+\left|C^c\bigcap\mathrm{NEG}_{(\alpha,\beta)}(C)\right|}{\left|POS_{(\alpha,\beta)}(C)\right|+\left|\mathrm{NEG}_{(\alpha,\beta)}(C)\right|} \tag{10.5}$$

承诺率（Commitment Rate，CMR）用来评价三支决策域的覆盖率或可用程度，其值为可被接受域和拒绝域分类的对象数与总对象数之比，其取值范围为 0～1，其定义为

$$\mathrm{CMR}(\pi_{(\alpha,\beta)}(C))=\frac{\left|\mathrm{POS}_{(\alpha,\beta)}(C)\right|+\left|\mathrm{NEG}_{(\alpha,\beta)}(C)\right|}{|U|} \tag{10.6}$$

这里期望得到的三支决策模型能有高的正确率和高的承诺率。高的正确率意味着能用该三支决策模型作出更加正确的决策。高的承诺率意味着使用该三支决策模型能分类更多的对象。当使用 Pawlak 模型进行三支决策时，正确率是 1，但由于较大的不承诺域，模型的承诺率可能会很低。另外，对于二支决策模型，其承诺率为最大值 1，但是由于没有不承诺域或者不承诺域大小为 0，接受域的正确率和拒绝域的正确率不能兼顾。一般来说，正确率高的三支决策模型往往有低的承诺率，同样，承诺率高的三支决策模型往往不会有高的正确率。在确定三支决策域时，只考虑其中一个量度而忽略另一个不能得到合适的三支决策域。如何解决这个矛盾是目前三支决策和粗糙集研究领域的热点之一。

10.3 基 尼 系 数

基尼系数（Gini coefficient or Gini index）及其计算方法是由统计学家基尼在洛伦兹曲线的基础上提出的[15,16]，最初用在经济领域来定量测定收入分配差异程度的指标[17,18]。自提出以来，基尼系数在经济领域受到非常多的关注，而且它还被应用到其他研究或应用领域。在生态学方面，基尼-辛普森指数被提出用来描述生态系统中的生物多样性[19,20]。从统计学角度，基尼系数可用来衡量随机变量的分散程度[21]。对离散型随机变量，其基尼系数是任何两个个体之间差异的平均值[21,22]；对连续型的随机变量，其基尼系数可由洛伦兹曲线计算得到[23]。更一般地说，基尼系数可用来评估两个随机变量的概率分布之间的差异程度[24,25]。在机器学习中，基尼系数作为产生决策树时的不纯度指标，用来评估节点分裂后的不纯度值[26-28]。此外，基尼系数还可以用来评价规则的有趣程

度[29]和在软件度量中评价软件系统[30]。基尼系数的计算方式有十余种，不同的应用从不同的角度来运用和解释基尼系数。在本章中，从统计学的角度运用基尼系数，即用基尼系数度量目标属性值的概率分布之间的分散程度。基尼系数的计算方法与产生决策树时节点不纯度计算方法一致。本节讨论对于一般的概率分布如何计算其基尼系数和如何计算三支决策域的基尼系数。

10.3.1　一般概率分布的基尼系数

这里使用关系代数来表示具有某个属性值的对象集合，关系代数是关系数据库使用的理论化语言[31]。选择操作 $\sigma_{\text{condition}}(S)$ 作用于对象集合 S，得到一个满足特定条件 condition 的对象的集合。考虑 S 中对象的属性 A 有 k 个不同的取值，即 $\alpha_1,\alpha_2,\cdots,\alpha_k$。集合 $\sigma_{A=a_i}(S)$ 表示 S 中属性 A 的值为 a_i 的对象的集合。包含具有不同属性值的对象的子集组成 S 的一个划分，即 $\pi_A=\{\sigma_{A=a_1}(S),\sigma_{A=a_2}(S),\cdots,\sigma_{A=a_k}(S)\}$。这些子集的并集为集合 S，而任何两个子集的交集是空集。划分 π_A 的概率分布可定义为

$$P_{\pi_A}=\left(\frac{|\sigma_{A=a_1}(S)|}{|S|},\frac{|\sigma_{A=a_2}(S)|}{S},\cdots,\frac{|\sigma_{A=a_k}(S)|}{S}\right) \tag{10.7}$$

式中，$|\cdot|$ 表示集合包含的对象个数；$\dfrac{|\sigma_{A=a_i}(S)|}{|S|}$ 表示集合 $\sigma_{A=a_i}(S)$ 的概率，即 $\Pr(a_i)=\dfrac{|\sigma_{A=a_i}(S)|}{|S|}$。若增加一个属性 B 有 m 个取值，即 $b_1,b_2,\cdots,b_m$，每一个子集 $\sigma_{A=a_i}(S)$ 中的对象可根据属性 B 的 m 个取值划分成更小的子集 $\sigma_{B=b_i\wedge A=a_j}(S)(j=1,2,\cdots,k)$，如图 10.1 所示。

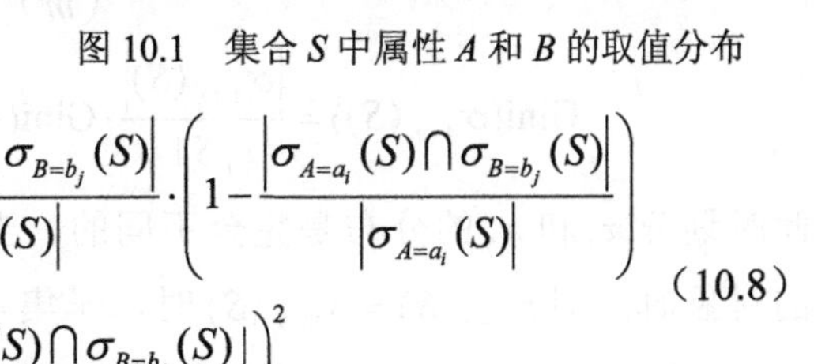

图 10.1　集合 S 中属性 A 和 B 的取值分布

本章定义两类基尼系数，即绝对基尼系数和相对基尼系数。绝对基尼系数可用来评价集合中一个概率分布的分散程度。集合 $\sigma_{A=a_i}(S)$ 关于划分 π_B 的绝对基尼系数评估集合 $\sigma_{A=a_i}(S)$ 中 π_B 的分散程度，可定义为

$$\begin{aligned}\text{Gini}(\sigma_{A=a_i}(S),\pi_B)&=\sum_{j=1}^{m}\frac{|\sigma_{A=a_i}(S)\cap\sigma_{B=b_j}(S)|}{|\sigma_{A=a_i}(S)|}\cdot\left(1-\frac{|\sigma_{A=a_i}(S)\cap\sigma_{B=b_j}(S)|}{|\sigma_{A=a_i}(S)|}\right)\\&=1-\sum_{j=1}^{m}\left(\frac{|\sigma_{A=a_i}(S)\cap\sigma_{B=b_j}(S)|}{|\sigma_{A=a_i}(S)|}\right)^2\end{aligned} \tag{10.8}$$

相对基尼系数可以评价集合中两个概率分布的分歧程度。集合 $\sigma_{A=a_i}(S)$ 的相对基尼系数为 π_B 在 $\sigma_{A=a_i}(S)$ 中的分散程度乘以 $\sigma_{A=a_i}(S)$ 的概率 $\frac{|\sigma_{A=a_i(S)}|}{|S|}$，即

$$\begin{aligned}\text{Gini}(\sigma_{A=a_i}(S)) &= \frac{|\sigma_{A=a_i}(S)|}{|S|}\cdot\text{Gini}(\sigma_{A=a_i}(S),\pi_B)\\ &= \frac{|\sigma_{A=a_i}(S)|}{|S|}\cdot\left(1-\sum_{j=1}^{m}\left(\frac{|\sigma_{A=a_i}(S)\cap\sigma_{B=b_j}(S)|}{|\sigma_{A=a_i}(S)|}\right)^2\right)\end{aligned} \tag{10.9}$$

下面列出子集 $\sigma_{A=a_i}(S)$ 的绝对和相对基尼系数的最大、最小值，以及取得最大、最小值的条件。

（1）绝对基尼系数 $\text{Gini}(\sigma_{A=a_i}(S),\pi_B)$ 最大值为 $\frac{m-1}{m}$，取得条件为 $\frac{|\sigma_{A=a_i\wedge B=b_j}(S)|}{|\sigma_{A=a_i}(S)|}=\frac{1}{m}, j=1,2,\cdots,k$。最小值为 0，取得条件为 $\sigma_{A=a_i}(S)=\sigma_{B=b_j}(S)$。

（2）相对基尼系数 $\text{Gini}(\sigma_{A=a_i}(S))$ 最大值为 $\frac{m-1}{m}$，取得条件为 $\left(\frac{|\sigma_{A=a_i\wedge B=b_j}(S)|}{|\sigma_{A=a_i}(S)|}=\frac{1}{m}\right)\wedge\sigma_{A=a_i}(S)=S, j=1,2,\cdots,k$。最小值为 0，取得条件为 $\sigma_{A=a_i}(S)=\sigma_{B=b_j}(S)$。

当 S 中的对象都集中到 $\sigma_{A=a_i}(S)$，也就是 $\sigma_{A=a_i}(S)=S$，且概率分布 P_{π_B} 在 $\sigma_{A=a_i}(S)$ 中呈参数为 $\frac{1}{m}$ 的平均分布，也就是 $\frac{|\sigma_{A=a_i\wedge B=b_j}(S)|}{|\sigma_{A=a_i}(S)|}=\frac{1}{m}, j=1,2,\cdots,k$ 时，子集 $\sigma_{A=a_i}(S)$ 的绝对和相对基尼系数达到最大值 $\frac{m-1}{m}$，即

$$\begin{aligned}&\text{Gini}(\sigma_{A=a_i}(S),\pi_B)=1-m\times\left(\frac{1}{m}\right)^2=1-\frac{1}{m}=\frac{m-1}{m}\\ &\text{Gini}(\sigma_{A=a_i}(S))=\frac{|\sigma_{A=a_i}(S)|}{|S|}\cdot\text{Gini}(\sigma_{A=a_i}(S),\pi_B)=1\times\frac{m-1}{m}=\frac{m-1}{m}\end{aligned} \tag{10.10}$$

此时划分 π_A 和 π_B 的分布是完全不同的。当子集 $\sigma_{A=a_i}(S)$ 仅包含具有单一属性值 b_j 的对象时，即 $\sigma_{A=a_i}(S)=\sigma_{B=b_j}(S)$ 时，子集 $\sigma_{A=a_i}(S)$ 的绝对和相对基尼系数达到最小值 0，即

$$\mathrm{Gini}(\sigma_{A=a_i}(S),\pi_B)=1-\left(\frac{\left|\sigma_{A=a_i}(S)\cap\sigma_{B=b_j}(S)\right|}{|\sigma_{A=a_i}(S)|}\right)^2=1-1=0$$
（10.11）
$$\mathrm{Gini}(\sigma_{A=a_i}(S))=\frac{\left|\sigma_{A=a_i}(S)\right|}{|S|}\cdot\mathrm{Gini}(\sigma_{A=a_i}(S),\pi_B)=1\times 0=0$$

此时，划分 π_A 和 π_B 的分布是一致的。

10.3.2　三支决策域的基尼系数

给定一个目标概念集合 C 和阈值对 (α,β)，可以得到三支决策域 $\mathrm{POS}_{(\alpha,\beta)}(C)$、$\mathrm{NEG}_{(\alpha,\beta)}(C)$ 和 $\mathrm{BND}_{(\alpha,\beta)}(C)$。这三个决策域可构成 U 的一个划分 $\pi_{(\alpha,\beta)}(C)$，如式(10.2)所示。划分 $\pi_{(\alpha,\beta)}(C)$ 的概率分布为

$$P_{\pi_{(\alpha,\beta)}(C)}=(\Pr(\mathrm{POS}_{(\alpha,\beta)}(C)),\Pr(\mathrm{NEG}_{(\alpha,\beta)}(C)),\Pr(\mathrm{BND}_{(\alpha,\beta)}(C)))\qquad(10.12)$$

式中，三支决策域的概率为各域包含的对象数与总对象数之比，即

$$\Pr(\mathrm{POS}_{(\alpha,\beta)}(C))=\frac{\left|\mathrm{POS}_{(\alpha,\beta)}(C)\right|}{|U|}$$
$$\Pr(\mathrm{NEG}_{(\alpha,\beta)}(C))=\frac{\left|\mathrm{NEG}_{(\alpha,\beta)}(C)\right|}{|U|}\qquad(10.13)$$
$$\Pr(\mathrm{BND}_{(\alpha,\beta)}(C))=\frac{\left|\mathrm{BND}_{(\alpha,\beta)}(C)\right|}{|U|}$$

目标集 C 及其补集 C^C 也可构成 U 的一个划分，即 $\pi_C=\{C,C^C\}$。每个决策域关于划分 π_C 的绝对基尼系数可由以下公式计算[11]

$$\mathrm{Gini}(\mathrm{POS}_{(\alpha,\beta)}(C),\pi_C)=1-\Pr(C\,|\,\mathrm{POS}_{(\alpha,\beta)}(C))^2-\Pr(C^c\,|\,\mathrm{POS}_{(\alpha,\beta)}(C))^2$$
$$\mathrm{Gini}(\mathrm{NEG}_{(\alpha,\beta)}(C),\pi_C)=1-\Pr(C\,|\,\mathrm{NEG}_{(\alpha,\beta)}(C))^2-\Pr(C^c\,|\,\mathrm{NEG}_{(\alpha,\beta)}(C))^2\qquad(10.14)$$
$$\mathrm{Gini}(\mathrm{BND}_{(\alpha,\beta)}(C),\pi_C)=1-\Pr(C\,|\,\mathrm{BND}_{(\alpha,\beta)}(C))^2-\Pr(C^c\,|\,\mathrm{BND}_{(\alpha,\beta)}(C))^2$$

式中，概率 $\Pr(C\,|\,\mathrm{POS}_{(\alpha,\beta)}(C))$ 是指当对象 x 属于接收域 $\mathrm{POS}_{(\alpha,\beta)}(C)$ 的条件下 x 属于概念 C 的条件概率。与三个决策域有关的条件概率可以由下式计算

$$\Pr(C\,|\,\mathrm{POS}_{(\alpha,\beta)}(C))=\frac{\left|C\cap\mathrm{POS}_{(\alpha,\beta)}(C)\right|}{\left|\mathrm{POS}_{(\alpha,\beta)}(C)\right|}$$
$$\Pr(C\,|\,\mathrm{NEG}_{(\alpha,\beta)}(C))=\frac{\left|C\cap\mathrm{NEG}_{(\alpha,\beta)}(C)\right|}{\left|\mathrm{NEG}_{(\alpha,\beta)}(C)\right|}\qquad(10.15)$$
$$\Pr(C\,|\,\mathrm{BND}_{(\alpha,\beta)}(C))=\frac{\left|C\cap\mathrm{BND}_{(\alpha,\beta)}(C)\right|}{\left|\mathrm{BND}_{(\alpha,\beta)}(C)\right|}$$

对象 x 在概念 C 的补集 C^C 中的条件概率可用类似的公式计算得到。

接收域、拒绝域和不承诺域的相对基尼系数可由下式计算[40]

$$
\begin{aligned}
G_P(\alpha,\beta) &= \Pr(\mathrm{POS}_{(\alpha,\beta)}(C)) \cdot \mathrm{Gini}(\mathrm{POS}_{(\alpha,\beta)}(C), \pi_C) \\
G_N(\alpha,\beta) &= \Pr(\mathrm{NEG}_{(\alpha,\beta)}(C)) \cdot \mathrm{Gini}(\mathrm{NEG}_{(\alpha,\beta)}(C), \pi_C) \\
G_B(\alpha,\beta) &= \Pr(\mathrm{BND}_{(\alpha,\beta)}(C)) \cdot \mathrm{Gini}(\mathrm{BND}_{(\alpha,\beta)}(C), \pi_C)
\end{aligned} \tag{10.16}
$$

当一个决策域只包含属于 C（或 C^C）的对象时，该决策域的绝对和相对基尼系数取得最小值 0，即

$$
\begin{aligned}
&\mathrm{Gini}(\bullet_{(\alpha,\beta)}(C), \pi_C) = 1 - \Pr(C \mid \bullet_{(\alpha,\beta)}(C))^2 - \Pr(C^c \mid \bullet_{(\alpha,\beta)}(C))^2 = 1 - 1 = 0 \\
&G_\bullet(\alpha,\beta) = \Pr(\bullet_{(\alpha,\beta)}(C)) \cdot \mathrm{Gini}(\bullet_{(\alpha,\beta)}(C), \pi_C) = 1 \times 0 = 0
\end{aligned} \tag{10.17}
$$

式中，$\bullet$ 表示 POS、BND 或者 NEG。当一个决策域包含所有 U 中的对象，且其中一半对象属于 C，另一半对象属于 C^C 时，该决策域的绝对和相对基尼系数达到最大值 $\frac{1}{2}$，即

$$
\begin{aligned}
\mathrm{Gini}(\bullet_{(\alpha,\beta)}(C), \pi_C) &= 1 - \Pr(C \mid \bullet_{(\alpha,\beta)}(C))^2 - \Pr(C^c \mid \bullet_{(\alpha,\beta)}(C))^2 \\
&= 1 - \left(\frac{1}{2}\right)^2 - \left(\frac{1}{2}\right)^2 = \frac{1}{2} \\
G_\bullet(\alpha,\beta) = \Pr(\bullet_{(\alpha,\beta)}(C)) &\cdot \mathrm{Gini}(\bullet_{(\alpha,\beta)}(C), \pi_C) = 1 \times \frac{1}{2} = \frac{1}{2}
\end{aligned} \tag{10.18}
$$

三个决策域的绝对和相对基尼系数的取值范围都为 0～$\frac{1}{2}$，也就是

$$
\begin{aligned}
0 &\leqslant \mathrm{Gini}(\mathrm{POS}_{(\alpha,\beta)}(C), \pi_C), G_P(\alpha,\beta) \leqslant 1/2 \\
0 &\leqslant \mathrm{Gini}(\mathrm{BND}_{(\alpha,\beta)}(C), \pi_C), G_B(\alpha,\beta) \leqslant 1/2 \\
0 &\leqslant \mathrm{Gini}(\mathrm{NEG}_{(\alpha,\beta)}(C), \pi_C), G_N(\alpha,\beta) \leqslant 1/2
\end{aligned} \tag{10.19}
$$

10.3.3 决策域基尼系数的变化分析

决策域大小的改变会直接引起其绝对和相对基尼系数的改变，同时也会对决策域的正确率和承诺率有所影响。决策域中的对象类别（属于 C 或 C^C）越单一，则该域的基尼系数就越小。若将不承诺域中的部分对象移到接受域或拒绝域，接受域或拒绝域中属于 C 和 C^C 的对象都增加了，同时接受域或拒绝域的尺寸增加，这使得接受域或拒绝域的基尼系数增加。表 10.1 显示了决策域的变化对相对基尼系数的影响，以及正确率和承诺率的变化。$G_P(\alpha,\beta)$、$G_N(\alpha,\beta)$ 和 $G_B(\alpha,\beta)$ 分别表示接受域、拒绝域和不承诺域的相对基尼系数。$\mathrm{CR}(\alpha,\beta)$ 和 $\mathrm{CMR}(\alpha,\beta)$ 表示决策域的正确率和承诺率。表 10.1 中第二列列出了阈值 (α,β) 为 $(1,0)$ 时各域相对基尼系数值及其性能。其他列表示当阈值 (α,β) 从初始值 $(1,0)$ 发生改变时，相对基尼系数、正确率和承诺率的变化趋势，

其中，“↗”表示增加，“↘”表示减少。阈值(α,β)可能发生四种变化，即α减小β不变$(\alpha\downarrow,\beta)$，α不变β增大$(\alpha,\beta\uparrow)$，α减小同时β增大$(\alpha\downarrow,\beta\uparrow)$，$\alpha$与$\beta$相等$(\alpha,\beta)=(\gamma,\gamma)$。

表 10.1　决策域的改变对基尼系数、正确率和承诺率的影响

	(1,0)	$(\alpha\downarrow,\beta)$	$(\alpha,\beta\uparrow)$	$(\alpha\downarrow,\beta\uparrow)$	(γ,γ)
$G_P(\alpha,\beta)$	0	↗	0	↗	↗
$G_N(\alpha,\beta)$	0	0	↗	↗	↗
$G_B(\alpha,\beta)$	max	↘	↘	↘	0
$\mathrm{CR}(\alpha,\beta)$	1	↘	↘	↘	min
$\mathrm{CMR}(\alpha,\beta)$	min	↗	↗	↗	1

接下来，仔细分析阈值变化带来的影响。

（1）$(\alpha,\beta)=(1,0)$。这是传统的 Pawlak 粗糙集模型。接受域中只包含属于目标概念集 C 的对象。拒绝域中只包含属于C^C的对象。此时，接受域和拒绝域有最小的相对基尼系数 0。决策域的正确率取得最大值 1。然而，由于不承诺域含有的对象数量大，决策域的承诺率取得最小值。

（2）$(\alpha\downarrow,\beta)$。随着阈值α的减小，一些属于不承诺域中的对象被划分到接受域。这使得接受域的相对基尼系数增加。同时，不承诺域的缩小也导致不承诺域相对基尼系数减少。阈值α的改变不会影响拒绝域，因此拒绝域的相对基尼系数保持不变。随着α的减少，接受域增大，但是能被接受域正确分类的对象数不会改变，因此，决策域的正确率会下降。另外，由于接受域增大，承诺率也随之上升。

（3）$(\alpha,\beta\uparrow)$。阈值β的增大会引起拒绝域和不承诺域的改变。一些原本属于不承诺域的对象被划分到拒绝域。拒绝域的增大会导致其相对基尼系数的增加。不承诺域的缩小使得其相对基尼系数减少。在此过程中，接受域及其基尼系数保持不变。此外，β的增大会引起正确率的下降和承诺率的上升。

（4）$(\alpha\downarrow,\beta\uparrow)$。阈值$\alpha$减小的同时阈值$\beta$增大，不承诺域中的部分对象被划分到接受域，同时另一部分对象被划分到拒绝域。新的划分直接引起接受域和拒绝域相对基尼系数的增加，以及不承诺域的相对基尼系数的减少。这个变化导致接受域和拒绝域尺寸增大，但是能被这两个决策域正确分类的对象数不变，因此，根据式（10.5）的定义可以得出，随着阈值的变化，正确率下降，承诺率上升。

（5）$(\alpha,\beta)=(\gamma,\gamma)$。当阈值$\alpha$与$\beta$的取值相等时，三支决策模型演变成了二支决策模型，不承诺域缩小为 0，接受域和拒绝域覆盖了所有对象。相对于$(\alpha,\beta)=(1,0)$，接受域和拒绝域的相对基尼系数同时增加，不承诺域的相对基尼系数取得最小值 0。此时，承诺率取得最大值，但对于接受域的正确率和拒绝域的正确率，不能同时兼顾。

通过上述分析，可以看出接受域和拒绝域的相对基尼系数越小，三支决策域的正确率就会越高。另外，不承诺域的相对基尼系数越小，三支决策域的承诺率就会越高。

在之后的分析中，始终都需要考虑各域的大小。在本章的后续部分，将使用基尼系数来代替相对基尼系数。

10.4 基尼目标函数

三支决策域的基尼系数的改变是相互冲突的，决策域的正确率和承诺率也是如此。换句话说，一个域的基尼系数的减少不可避免地会引起其他域的基尼系数的增加。本章将使用基尼目标函数来平衡这种目标之间的冲突关系，旨在获得满足目标函数的平衡的决策域。在本节中，把可能的基尼目标函数分成三类。第一类目标函数将三个域的基尼系数视为一个整体；第二类目标函数将接受域和拒绝域的基尼系数视为一个整体对抗不承诺域的基尼系数；第三类将三个决策域的基尼系数分开来考量。每个类别中可能会有多个目标函数，本章主要讨论以下四个基尼目标函数。

（1）最小化三个决策域的基尼系数的和（第一类）。

（2）同时最小化立即决策域和不承诺域的基尼系数（第二类）。

（3）最小化立即决策域和不承诺域的基尼系数的差（第二类）。

（4）同时最小化三个域的基尼系数（第三类）。

从理论的角度，本章希望能构建不同的基尼目标函数来表述各域的基尼系数之间的制约关系。目标函数的有效性取决于特定的应用需求，很难抽象地断定哪个目标函数更有效，因此在具体应用中，检验这些目标函数是非常必要的。

10.4.1 将三个决策域的基尼系数作为一个整体

首先将三个决策域的基尼系数作为一个整体来研究。不关注单个域的基尼系数值的增加或减少，而是关注总的基尼系数值的变更。总的基尼系数可有多种表示形式，如三个域的基尼系数的和、三个域的基尼系数的加权和等。基尼目标函数则可构造成最小化总的基尼系数，也可构造成将总的基尼系数约束在某个范围。在本节中，将着重分析最小化三个域的基尼系数的总和。属于本类的其他目标函数将会在今后的研究中涉及。

下面介绍最小化三个决策域的基尼系数的和。当使用基尼系数来评价决策域时，倾向于具有较小基尼系数的决策域。从表 10.1 的分析可以看出，接受域和拒绝域的基尼系数低，表示三支决策域的正确率高，不承诺域的基尼系数低，则三支决策域的承诺率高。为了平衡决策域的正确率和承诺率，最小化三个决策域的基尼系数的和以获取最优的三支决策域。

三个决策域的基尼系数的和可表示为

$$G(\pi_{(\alpha,\beta)}(C)) = G_P(\alpha,\beta) + G_N(\alpha,\beta) + G_B(\alpha,\beta) \tag{10.20}$$

获取使 $G(\pi_{(\alpha,\beta)}(C))$ 最小的决策域的问题可构造成一个优化问题，即

$$(\alpha,\beta) = \{(\alpha,\beta) \mid \min(G(\pi_{(\alpha,\beta)}(C)))\} \tag{10.21}$$

这里的目标是最小化 $G(\pi_{(\alpha,\beta)}(C))$ 以获取合适的决策域的分布。合适是指决策域的分布能同时考虑正确率和承诺率，使它们之间达到平衡。

当决策域改变时，三个决策域的基尼系数的和会随之改变。表 10.2 列出了当 (α,β) 从初始值发生变化时，三个基尼系数和的变化情况。当 $(\alpha,\beta)=(1,0)$ 时，接受域和拒绝域的基尼系数为最小值 0，即 $G_P(1,0)=G_N(1,0)=0$。总的基尼系数等于不承诺域的基尼系数，即 $G(\pi_{(\alpha,\beta)}(C))=G_B(\alpha,\beta)$。此时，总的基尼系数未必是最小值，因为不承诺域的基尼系数 $G_B(1,0)$ 取得最大值。当 α 减小、β 增大，或两者同时变化时，接受域和拒绝域的基尼系数会增加，不承诺域的基尼系数会减少。当 $(\alpha,\beta)=(\gamma,\gamma)$ 时，不承诺域大小为 0，其基尼系数为最小值 0。总的基尼系数为接受域和拒绝域基尼系数的和，即 $G(\pi_{(\alpha,\beta)}(C))=G_P(\alpha,\beta)+G_N(\alpha,\beta)=G_P(\gamma,\gamma)+G_N(\gamma,\gamma)$。此时总的基尼系数可能不是最小值，因为接受域和拒绝域基尼系数都很大。

表 10.2　决策域的改变对总的基尼系数的影响

	$G_P(\alpha,\beta)$	$G_N(\alpha,\beta)$	$G_B(\alpha,\beta)$	$G(\pi_{(\alpha,\beta)}(C))$
$(\alpha,\beta)=(1,0)$	0	0	max	G_B
$(\alpha\downarrow,\beta)$	$\nearrow$	0	$\searrow$	G_P+G_B
$(\alpha,\beta\uparrow)$	0	$\nearrow$	$\searrow$	G_N+G_B
$(\alpha\downarrow,\beta\uparrow)$	$\nearrow$	$\nearrow$	$\searrow$	$G_P+G_N+G_B$
$(\alpha,\beta)=(\gamma,\gamma)$	$\nearrow$	$\nearrow$	0	G_P+G_N

具体的应用数据集决定了能够使总的基尼系数达到最小值的三支决策域。有可能存在多个满足基尼目标函数的三支决策域。在此可以搜索整个可能的三支决策域分布以取得最优的阈值对。但数据集为海量时，可能的搜索空间会很大，可以借助启发式搜索策略来减少搜索代价和时间，如 Azam 和 Yao[32]使用博弈粗糙集模型构造决策域之间的博弈，通过最小化三个决策域的信息熵之和来获取三支决策域，Deng 和 Yao[9]使用梯度下降法来获取使决策域信息熵和最小的三支决策域。

10.4.2　立即决策域的基尼系数对抗不承诺域的基尼系数

在这一类中，接受域和拒绝域将被视为同一类决策域，即立即决策域，因为从接受域和拒绝域可以导出决策规则并立即作出决策[33]。与之对立的是不承诺域，因为从不承诺域不能立即作出决策。立即决策域的基尼系数是接受域和拒绝域的基尼系数之和，即

$$G_I(\alpha,\beta)=G_P(\alpha,\beta)+G_N(\alpha,\beta) \tag{10.22}$$

立即决策域和不承诺域的基尼系数相互影响。一个基尼系数的减少必然会引起另一个基尼系数的增加。因此本章构建目标函数来寻求立即决策域和不承诺域的基尼系数之间的平衡，从而获取平衡的三支决策域。

1. 同时最小化立即决策域和不承诺域的基尼系数

当三个决策域的大小发生变化时，立即决策域和不承诺域的基尼系数向着相反的方向变化。当对象从不承诺域移到立即决策域时，不承诺域的基尼系数降低，同时立即决策域的基尼系数增加。当对象从立即决策域移到不承诺域时，立即决策域的基尼系数降低，同时不承诺域的基尼系数增加。这个变化关系在 10.3.3 节的讨论中可以得到，表 10.1 也对此进行了总结。立即决策域的基尼系数低意味着高的正确率，不承诺域的基尼系数低则意味着高的承诺率。为了得到高效的三支决策域，立即决策域和不承诺域都应尽量去降低自己的基尼系数。然而这两个目标是相互冲突的。当努力让这两个基尼系数同时更小时，为的是在这两个相互冲突的目标间找到一个平衡。基尼目标函数构造为同时最小化两个基尼系数的优化问题，即

$$(\alpha,\beta)=\{(\alpha,\beta)\mid \min(G_I(\alpha,\beta),G_B(\alpha,\beta))\} \tag{10.23}$$

该目标函数用来获取具有最小立即决策域和不承诺域的基尼系数的三支决策域。表 10.3 列出了当阈值从初始值变化时，立即决策域和不承诺域的基尼系数的变化。当 $(\alpha,\beta)=(1,0)$ 时，立即决策域的基尼系数为最小值 0，即 $G_I(1,0)=0$，不承诺域的基尼系数 $G_B(1,0)$ 取得最大值。当 α 减小、β 增大，或两者同时变化时，立即决策域的基尼系数一直增加，不承诺域的基尼系数一直减少。当 $(\alpha,\beta)=(\gamma,\gamma)$ 时，不承诺域的基尼系数为最小值 0，立即决策域的基尼系数取得最大值。

表 10.3 决策域的改变对立即决策域和不承诺域的基尼系数的影响

	$G_I(\alpha,\beta)$	$G_B(\alpha,\beta)$		$G_I(\alpha,\beta)$	$G_B(\alpha,\beta)$
$(\alpha,\beta)=(1,0)$	0	max	$(\alpha\downarrow,\beta\uparrow)$	↗	↘
$(\alpha\downarrow,\beta)$	↗	↘	$(\alpha,\beta)=(\gamma,\gamma)$	max	0
$(\alpha,\beta\uparrow)$	↗	↘			

式（10.23）所示的基尼目标函数是一个多目标优化问题。对此类问题，可以找到非劣势或帕雷托最优解决方案[34]。如果不要求立即决策域和不承诺域的基尼系数越小越好，可以为每个决策域的基尼系数设置约束条件，让这些基尼系数都尽可能地满足设定的约束条件。因此式（10.23）的目标函数可转化为更宽松的形式，即立即决策域和不承诺域的基尼系数分别小于指定的目标值 c_I 和 c_B

$$(\alpha,\beta)=\{(\alpha,\beta)\mid G_I(\alpha,\beta)\leqslant c_I \wedge G_B(\alpha,\beta)\leqslant c_B\} \tag{10.24}$$

目标值 c_I 和 c_B 可由用户或专家指定，也可从其他数据转化而来。至于如何确定目标值的具体细节会在以后的研究中展开。

当搜索适合的决策域以使得两个基尼系数同时最小时，解决多目标优化问题中典型的方法或算法都可以使用，如无偏好方法、后验方法、交互方法、混合方法等[35-38]。Zhang[10]通过使用博弈粗糙集模型来构造立即决策域和不承诺域之间的博弈，获取两个基尼系数同时小于指定目标值的三支决策域。

2. 最小化立即决策域和不承诺域的基尼系数的差

这里考虑立即决策域和不承诺域的基尼系数的差，并最小化这个差值。将三个决策域分成两组并考虑它们的差，这种方法在 shadow 集中使用过[39,40]。在本节，考量立即决策域和不承诺域的基尼系数的差，并通过此方式使两个基尼系数达到平衡。立即决策域和不承诺域的基尼系数的差可表示为

$$V(\pi_{(\alpha,\beta)}(C)) = \left|G_I(\alpha,\beta) - G_B(\alpha,\beta)\right| \tag{10.25}$$

获取具有最小基尼系数差值的三支决策域可被构造成一个优化问题，即

$$(\alpha,\beta) = \{(\alpha,\beta) \mid \min(V(\pi_{(\alpha,\beta)}(C)))\} \tag{10.26}$$

本节通过最小化 $V(\pi_{(\alpha,\beta)}(C))$ 来获取能使立即决策域和不承诺域的基尼系数达到平衡的三支决策域。表 10.4 列出了决策域变化时两个基尼系数差的变化。当 $(\alpha,\beta)=(1,0)$ 时，立即决策域的基尼系数 $G_I(1,0)$ 为最小值 0，不承诺域的基尼系数 $G_B(1,0)$ 取得最大值，它们的差 $V(\pi_{(\alpha,\beta)}(C))$ 等于不承诺域的基尼系数 $G_B(1,0)$。随着 α 减小或 β 增大，两个基尼系数的差从 $G_B(\alpha,\beta)$ 降到 $\left|G_I(\alpha,\beta)-G_B(\alpha,\beta)\right|$。当 $(\alpha,\beta)=(\gamma,\gamma)$ 时，不承诺域的基尼系数 $G_B(\gamma,\gamma)$ 为最小值 0，立即决策域的基尼系数 $G_I(\gamma,\gamma)$ 取得最大值，它们的差值则为 $G_I(\gamma,\gamma)$。

表 10.4　决策域的改变对两个基尼系数的差的影响

	$G_I(\alpha,\beta)$	$G_B(\alpha,\beta)$	$V(\pi_{(\alpha,\beta)}(C))$
$(\alpha,\beta)=(1,0)$	0	max	G_B
$(\alpha\downarrow,\beta)$	↗	↘	$\lvert G_I-G_B\rvert$
$(\alpha,\beta\uparrow)$	↗	↘	$\lvert G_I-G_B\rvert$
$(\alpha\downarrow,\beta\uparrow)$	↗	↘	$\lvert G_I-G_B\rvert$
$(\alpha,\beta)=(\gamma,\gamma)$	max	0	G_I

数据的分布决定最终得到的决策域的分布。通过搜索所有可能的阈值对来获取基尼目标函数的解决方案，从同一个目标函数可能会得到多个符合条件的阈值对，当搜索空间太大时，可以借助启发式策略进行搜索。

10.4.3　分别考虑每一个决策域的基尼系数

在此类基尼目标函数中，将接受域、拒绝域和不承诺域的基尼系数分开来考量。因为会存在一些应用，它们对每个决策域可能有不同的要求。此时，需要分开对待三个决策域，而不是把三个决策域或者其中的两个作为一个整体。本节主要讨论同时最小化三个决策域的基尼目标函数。

当决策域发生变化时，三个决策域的基尼系数的改变在 10.3.3 节已详细讨论过，表 10.1 也列出了它们的变化趋势。接受域的基尼系数低意味着接受域有高的正确率，

也就是接受域中的大部分对象都是属于 C 的。同样，拒绝域的基尼系数低也意味着拒绝域有高的正确率。不承诺域的基尼系数低意味着决策域有高的承诺率。三个决策域都希望尽量降低自己的基尼系数来获取高效的三支决策域。然而，当决策域变化时，一个基尼系数的减少必将引起其他基尼系数的增加。这三个决策域的目标是相互冲突的。本节将基尼目标函数构造成多目标优化来同时最小化三个决策域的基尼系数

$$(\alpha,\beta)=\{(\alpha,\beta)\mid \min(G_P(\alpha,\beta),G_N(\alpha,\beta),G_B(\alpha,\beta))\} \tag{10.27}$$

该目标函数的目标是获取使三个基尼系数同时最小的三支决策域。对此，可以尝试得到帕雷托最优解，也可以为三个决策域的基尼系数设置目标值，每个域的基尼系数尽可能地接近设定的目标值，此时目标函数转化成为

$$(\alpha,\beta)=\{(\alpha,\beta)\mid G_P(\alpha,\beta)\leqslant c_P \wedge G_N(\alpha,\beta)\leqslant c_N \wedge G_B(\alpha,\beta)\leqslant c_B\} \tag{10.28}$$

目标值 c_P、c_N 和 c_B 可由用户或专家指定，也可由统计结果推算出来。本章将不展开讨论如何确定目标值，相关的研究会在后续的工作中进行。

式（10.27）和式（10.28）中的基尼目标函数包含三个决策域，如果其中一个或两个决策域对于应用并不重要，目标函数可以不考虑这些决策域的基尼系数或者降低其权值。例如，如果应用只关心接受域和不承诺域的基尼系数，目标函数可以演变成

$$(\alpha,\beta)=\{(\alpha,\beta)\mid \min(G_P(\alpha,\beta),G_B(\alpha,\beta))\}$$

或

$$(\alpha,\beta)=\{(\alpha,\beta)\mid G_P(\alpha,\beta)\leqslant c_P \wedge G_B(\alpha,\beta)\leqslant c_B\}$$

式（10.27）和式（10.28）可以有多种变形，哪一种形式更为有效取决于具体的应用需求。

10.5 示　　例

本节将通过一个示例来说明决策域的改变对其基尼系数的影响和怎样使用基尼目标函数来获取适合的三支决策域。表 10.5 是关于目标概念集 C 的数据集统计信息，16 个等价类由 $X_i(i=1,2,\cdots,16)$ 表示。

表 10.5　实验数据集

	X_1	X_2	X_3	X_4	X_5	X_6	X_7	X_8
$\Pr(X_i)$	0.093	0.088	0.093	0.089	0.069	0.046	0.019	0.015
$\Pr(C\mid X_i)$	1	0.978	0.95	0.91	0.89	0.81	0.72	0.61
	X_9	X_{10}	X_{11}	X_{12}	X_{13}	X_{14}	X_{15}	X_{16}
$\Pr(X_i)$	0.016	0.02	0.059	0.04	0.087	0.075	0.098	0.093
$\Pr(C\mid X_i)$	0.42	0.38	0.32	0.29	0.2	0.176	0.1	0

当 $(\alpha,\beta)=(1,0)$ 时，目标概念集 C 的接受域为 $\mathrm{POS}_{(1,0)}(C)=X_1$。拒绝域为 $\mathrm{NEG}_{(1,0)}$

$(C)=X_{16}$。不承诺域为 $\mathrm{BND}_{(1,0)}(C)=X_2\cup X_3\cup\cdots\cup X_{15}$。接受域和拒绝域的绝对基尼系数都为 0，它们的相对基尼系数也为 0，即

$$\mathrm{Gini}(\mathrm{POS}_{(1,0)}(C),\pi_C)=\mathrm{Gini}(\mathrm{NEG}_{(1,0)}(C),\pi_C)=0$$
$$G_P(1,0)=G_N(1,0)=0$$

不承诺域的概率为

$$\Pr(\mathrm{BND}_{(1,0)}(C))=\sum_{i=2}^{15}\Pr(X_i)=0.814$$

条件概率为

$$\Pr(C\mid\mathrm{BND}_{(1,0)}(C))=\frac{\sum_{i=2}^{15}\Pr(C\mid X_i)\Pr(X_i)}{\sum_{i=2}^{15}\Pr(X_i)}=\frac{0.4621}{0.814}=0.5677$$

不承诺域的绝对基尼系数为

$$\mathrm{Gini}(\mathrm{BND}_{(1,0)}(C),\pi_C)=1-(0.5677)^2-(1-0.5677)^2=0.4908$$

不承诺域的相对基尼系数为

$$G_B(1,0)=\Pr(\mathrm{BND}_{(1,0)}(C))\cdot\mathrm{Gini}(\mathrm{BND}_{(1,0)}(C),\pi_C)=0.3995$$

表 10.6 显示了当阈值 (α,β) 取不同值时，各决策域的基尼系数值。这里选择 $\alpha=(1,0.9,0.8,0.7,0.6)$ 和 $\beta=(0,0.1,0.2,0.3,0.4,0.5)$。表 10.6 中的每一个单元格中表示接受域、不承诺域和拒绝域的基尼系数。表格的左上角单元格对应的阈值是 $(\alpha,\beta)=(1,0)$，各决策域的基尼系数分别是 $G_P(1,0)=0$，$G_B(1,0)=0.3995$，$G_N(1,0)=0$。

表 10.6　不同阈值下的各域的基尼系数值

	0.0			0.1			0.2		
	G_P	G_B	G_N	G_P	G_B	G_N	G_P	G_B	G_N
1.0	0.0000,	0.3995,	0.0000	0.0000,	0.3332,	0.0186	0.0000,	0.2014,	0.0716
0.9	0.0280,	0.2563,	0.0000	0.0280,	0.2199,	0.0186	0.0280,	0.1378,	0.0716
0.8	0.0579,	0.1617,	0.0000	0.0579,	0.1382,	0.0186	0.0579,	0.0811,	0.0716
0.7	0.0672,	0.1453,	0.0000	0.0672,	0.1233,	0.0186	0.0672,	0.0691,	0.0716
0.6	0.0773,	0.1336,	0.0000	0.0773,	0.1125,	0.0186	0.0773,	0.0599,	0.0716
	0.3			0.4			0.5		
	G_P	G_B	G_N	G_P	G_B	G_N	G_P	G_B	G_N
1.0	0.0000,	0.1658,	0.0902	0.0000,	0.0906,	0.1309	0.0000,	0.0757,	0.1407
0.9	0.0280,	0.1132,	0.0902	0.0280,	0.0572,	0.1309	0.0280,	0.0448,	0.1407
0.8	0.0579,	0.0634,	0.0902	0.0579,	0.0242,	0.1309	0.0579,	0.0150,	0.1407
0.7	0.0672,	0.0521,	0.0902	0.0672,	0.0155,	0.1309	0.0672,	0.0071	0.1407
0.6	0.0773,	0.0432,	0.0902	0.0773,	0.0078,	0.1309	0.0773,	0.0000	0.1407

基于表 10.6 的值，通过让基尼系数满足不同的目标函数可获得相应的三支决策域。

（1）当最小化三个基尼系数的和来获取三支决策域时，可以得到 $G_{\pi(0.7,0.2)}(C)=0.2079$ 为最小值。因此可以得到由 $(\alpha,\beta)=(0.7,0.2)$ 定义的三支决策域。

（2）当同时最小化立即决策域和不承诺域的基尼系数来获取三支决策域时，发现表 10.6 中所有的阈值对都是非劣势或帕雷托最优解。当设置目标值 $G_I(\alpha,\beta)\leqslant 0.15$ 和 $G_B(\alpha,\beta)\leqslant 0.075$ 时，可以得到三对阈值满足基尼目标函数，即 $(\alpha,\beta)=\{(0.7,0.2),(0.6,0.2),(0.8,0.3)\}$，因此可以得到三个不同的三支决策模型。

（3）当最小化立即决策域和不承诺域的基尼系数的差来获取三支决策域时，可以计算出 $V_{\pi(0.9,0.3)}(C)=0.005$ 为最小值，由 $(\alpha,\beta)=(0.9,0.3)$ 定义的决策域为所求的三支决策域。

（4）当同时最小化三个基尼系数来获取三支决策域时，表 10.6 中的阈值对都是基尼目标函数的帕雷托最优解。当为三个基尼系数设定目标值 $G_P(\alpha,\beta)\leqslant 0.09$，$G_N(\alpha,\beta)\leqslant 0.09$，$G_B(\alpha,\beta)\leqslant 0.09$ 时，可得到三对阈值 $(\alpha,\beta)=\{(0.8,0.2),(0.7,0.2),(0.6,0.2)\}$，由此定义的决策域就是所求的三支决策域。

在这个示例中，阈值对 (α,β) 的初始值为 $(1,0)$，改变决策域的大小时，阈值 α 每次减少 0.1，阈值 β 则增加 0.1，表 10.6 中列出了 30 对阈值。当给定一个基尼目标函数时，测试 30 对阈值对应的域的基尼系数值，并从中找到满足目标函数的阈值对。由于没有测试所有可能的阈值对，不能说得到的阈值或决策域是最优的。

对于第一个基尼目标函数，最小化三个基尼系数的和，得到 $(\alpha,\beta)=(0.7,0.2)$。此时，决策域的正确率为 90.89%，承诺率为 85%。这意味着 85%的对象可以以 90.89%的正确率分类，其余 15%的对象在没有新的信息到来的情况下不能进行分类。在最差的情况下，如果不能够获得新的信息，必须对不承诺域中的对象进行分类，则采取随机分类方式，一个对象有 50%的可能被正确分类，有 50%的可能被错误分类。在这种情况下，由 $(\alpha,\beta)=(0.7,0.2)$ 定义的三支决策模型能对 85%的对象以 90.89%的正确率分类，对 15%的对象以 50%的正确率分类，可得到修正正确率为 $0.9098\times 0.85+0.5\times 0.15=84.84\%$。使用 Pawlak 粗糙集定义的三支决策模型，其正确率是 100%，承诺率是 18.6%。与 Pawlak 模型相比，由阈值 $(0.7,0.2)$ 定义的决策模型在承诺率上增加了 66.4%，正确率减少了 9.02%，但修正正确率从 59.3%增加到 84.4%。与 0.5-二支决策模型（正确率 87%，承诺率 100%）相比，由阈值 $(0.7,0.2)$ 定义的决策模型正确率增加了 2.98%，承诺率减少了 15%。

当为立即决策域和不承诺域设置目标值 $G_I(\alpha,\beta)\leqslant 0.15$ 和 $G_B(\alpha,\beta)\leqslant 0.075$ 时，得到三对阈值 $\{(0.7,0.2),(0.6,0.2),(0.8,0.3)\}$。目标值的确定对获取合适的决策域至关重要，但不是所有的目标值都是有效的，如果设置 $G_I(\alpha,\beta)\leqslant 0.1$ 和 $G_B(\alpha,\beta)\leqslant 0.05$，得到的将是空解。这种情况对第四种基尼目标函数，即为三个基尼系数设定目标值同样适用，不合理的目标值将会得到空解。

第三种基尼目标函数是最小化两个基尼系数的差，可以得到阈值 $(\alpha,\beta)=(0.9,0.3)$。

由此定义的三支决策域正确率是 91.19%，承诺率是 75.6%，修正正确率是 81.14%。这意味着得到的三支决策模型可以以 91.19%的正确率分类 75.6%的对象。如果必须对所有对象分类，那么正确率是 81.14%。与 Pawlak 模型相比，得到的三支决策模型承诺率增加了 57%，正确率减少了 8.81%，但修正正确率增加了 21.84%。与 0.5-二支决策模型相比，正确率增加了 4.19%，承诺率减少了 24.4%。

基于同样的数据集，不同的基尼目标函数可以产生不同的三支决策域。很难说哪个目标函数更为有效，因为使用哪个目标函数要取决于具体的应用。不管选择哪个目标函数，得到的三支决策域总可以代表正确率和承诺率之间的一个平衡。

10.6 本章小结

本章通过构造决策域基尼目标函数来获取三支决策域。首先，使用基尼系数来度量由粗糙集理论构建的三支决策域，分析了决策域改变对其基尼系数和分类性能的影响。其次，详细分析了关于各域基尼系数的四个基尼目标函数，即最小化三个决策域的基尼系数的和、同时最小化立即决策域和不承诺域的基尼系数、最小化立即决策域和不承诺域的基尼系数的差、同时最小化三个决策域的基尼系数。通过调整各域的基尼系数值来满足目标函数，能获取适合的三支决策域。最后，通过一个示例解释了如何使用基尼目标函数获取决策域。示例表明使用不同的目标函数会得到不同的三支决策域。与 Pawlak 和二支决策模型相比，由目标函数得到的三支决策域能平衡决策域的正确率和承诺率。具体的应用需求决定了哪个基尼目标函数更适用于获取三支决策域。

下一步的研究工作将致力于获取三支决策域使用的搜索策略和学习机制，如使用博弈粗糙集模型基于决策域的基尼系数分析获取三支决策域和决定各域基尼系数的指定目标值的方法。

致　谢

本章的研究工作获得了加拿大自然科学与工程研究委员会创新基金（NSERC Discovery Grant），里贾纳大学研究生院弗娜马丁纪念（Verna Martin Memorial）奖学金和格哈德赫茨伯格（Gerhard Herzberg）奖学金的资助。

参考文献

[1] Yao Y Y. An outline of a theory of three-way decisions//Proceedings of Rough Sets and Current Trends in Computing (RSCTC 2012), Chengdu, China, 2012: 1-17.

[2] Yao Y Y. The superiority of three-way decisions in probabilistic rough set models. Information Sciences, 2011, 181(6):1080-1096.

[3] Yao Y Y. Probabilistic rough set approximations. International Journal of Approximate Reasoning, 2008, 49(2):255-271.

[4] Yao Y Y. Two semantic issues in a probabilistic rough set model. Fundamenta Informaticae, 2011, 108(3):249-265.

[5] Yao Y Y, Wong S K M. A decision theoretic framework for approximating concepts. International Journal of Man-machine Studies, 1992, 37(6):793-809.

[6] Azam N, Yao J T. Multiple criteria decision analysis with game-theoretic rough sets// Proceedings of the 7th International Conference on Rough Sets and Knowledge Technology (RSKT 2012), 2012, 7414:399-408.

[7] Herbert J P, Yao J T. Game-theoretic rough sets. Fundamenta Informaticae, 2011, 108(3):267-286.

[8] Yao J T, Herbert J P. A game-theoretic perspective on rough set analysis. Journal of Chongqing University of Posts & Telecommunications, 2008, 20(3):291-298.

[9] Deng X F, Yao Y Y. A multifaceted analysis of probabilistic three-way decisions. Fundamenta Informaticae, 2014, 132:291-313.

[10] Zhang Y. Optimizing Gini coefficient of probabilistic rough set regions using game-theoretic rough sets// Proceedings of the 26th Canadian Conference on Electrical and Computer Engineering (CCECE 2013), Regina, Canada, 2013: 699-702.

[11] Zhang Y, Yao J T. Determining three-way decision regions with Gini coefficients// Proceedings of Rough Sets and Current Trends in Soft Computing (RSCTC 2014). Granada and Madrid, Spain, 2014:160-171.

[12] Pawlak Z. Rough Sets: Theoretical Aspects of Reasoning About Data. Boston: Kluwer Academic Publishers, 1991.

[13] Pawlak Z. Rough sets. International Journal of Computer & Information Sciences, 1982, 11(5): 341-356.

[14] Zhang Y, Yao J T. Rule measures tradeoff using game-theoretic rough sets// Proceedings of Brain Informatics (BI 2012), Macao, 2012:348-359.

[15] Gini C. Variabilià e Mutabilità. Studi Economico-Giuridici dell' Università di Cagliari, 1912, 3:1-158.

[16] Ceriani L, Verme P. The origins of the Gini index: extracts from Variabilià e Mutabilità (1912) by Corrado Gini. The Journal of Economic Inequality, 2012, 10(3):421-443.

[17] Damgaard C, Weiner J. Describing inequality in plant size or fecundity. Ecology, 2000, 81(4): 1139-1142.

[18] Lambert P J, Aronson J R. Inequality decomposition analysis and the Gini coefficient revisited. The Economic Journal, 1993: 1221-1227.

[19] Jost L. Entropy and diversity. Oikos, 2006, 113(2):363-375.

[20] Wittebolle L, Marzorati M, Clement L, et al. Initial community evenness favours functionality under selective stress. Nature, 2009, 458(7238):623-626.

[21] Sanchez-Perez J, Plata-Perez L, Sanchez-Sanchez F. An elementary characterization of the Gini index. Tech. rep., University Library of Munich, Germany, 2012.

[22] Dixon P M, Weiner J, Mitchell-Olds T, et al. Bootstrapping the Gini coefficient of inequality. Ecology, 1987: 1548-1551.

[23] Gastwirth J L. The estimation of the Lorenz curve and Gini index. The Review of Economics and Statistics, 1972, 54(3):306-316.

[24] González A L, Velasco M F, Gavilán R J M, et al. The similarity between the square of the coefficient of variation and the Gini index of a general random variable. Revista deMétodos Cuantitativos para la Econom´ıa y la Empresa, 2010, 10:5-18.

[25] Mussard S, Seyte F, Terraza M. Decomposition of Gini and the generalized entropy inequality measures. Economics Bulletin, 2003, 4(7):1-6.

[26] Breiman L, Friedman J, Stone C J, et al. Classification and Regression Trees. London: Chapman and Hall, 1984.

[27] Raileanu L E, Stoffel K. Theoretical comparison between the Gini index and information gain criteria. Annals of Mathematics and Artificial Intelligence, 2004, 41(1):77-93.

[28] Tan P N, Steinbach M, Kumar V. Introduction to Data Mining. Boston: Addison Wesley, 2006.

[29] Jaroszewicz S, Simovici D A. A general measure of rule interestingness// Principles of Data Mining and Knowledge Discovery (PKDD 2001), Freiburg, 2001:253-265.

[30] Vasa R, Lumpe M, Branch P, et al. Comparative analysis of evolving software systems using the Gini coefficient// Proceedings of IEEE International Conference on Software Maintenance (ICSM 2009), Edmonton, 2009:179-188.

[31] Connolly T M, Begg C E. Database Systems: A Practical Approach to Design, Implementation and Management. Boston: Addison-Wesley Publishers, 2009.

[32] Azam N, Yao J T. Analyzing uncertainties of probabilistic rough set regions with game-theoretic rough sets. International Journal of Approximate Reasoning, 2014, 55(1):142-155.

[33] Herbert J P, Yao J T. Criteria for choosing a rough set model. Computers and Mathematics with Applications, 2009, 57 (6):908-918.

[34] Marler R T, Arora J S. Survey of multi-objective optimization methods for engineering. Structural and Multidisciplinary Optimization, 2004, 26 (6):369-395.

[35] Figueira J, Greco S, Ehrgott M. Multiple Criteria Decision Analysis: State of the Art Surveys. New York: Springer-Verlag, 2005.

[36] Li K, Kwong S, Cao J, et al. Achieving balance between proximity and diversity in multi-objective evolutionary algorithm. Information Sciences, 2012, 182 (1):220-242.

[37] Miettinen K, Ruiz F, Wierzbicki A P. Introduction to multi-objective optimization: Interactive approaches. Multiobjective Optimization, 2008, 5252:27-57.

[38] Wang R, Fleming P J, Purshouse R C. General framework for localized multi-objective evolutionary algorithms. Information Sciences, 2014, 258:29-53.

[39] Deng X F, Yao Y Y. Decision-theoretic three-way approximations of fuzzy sets. Information Sciences, 2014, 279:702-715.

[40] Pedrycz W. Shadowed sets: Representing and processing fuzzy sets. IEEE Transactions on System, Man and Cybernetics, 1998, 28(1):103-109.

第 11 章　基于三支决策的中文文本情感分析

Emotion Analysis of Chinese Text Based on Three-Way Decisions

周　哲[1]　贾修一[2]　商　琳[1]

1．南京大学计算机科学与技术系计算机软件新技术国家重点实验室

2．南京理工大学计算机科学与工程学院

文本情感分析属于文本数据挖掘的一个领域，目标在于分析文本中蕴涵的主观情感。和传统的文本分类任务不同，文本中与情感相关联的特征往往较为隐蔽和稀疏，相对难以被检测出来，所以传统的文本分类方法在处理文本情感分析时往往不会取得较好的效果。针对这个问题，本章设计了一个将三支决策思想与文本情感分析相结合的分类方法。在该方法中，分类器对一些尚无把握的文本作出“不承诺”决定，将其暂时划分至边界域中，等决策者收集到足够的信息后再对边界域中的文本作出决断。实验结果表明这一思想可以取得良好的结果。

11.1　引　　言

文本处理是数据挖掘的一个领域，指用数据挖掘方法从文本数据中抽取有价值的知识和信息的过程。随着计算机技术的普及和网络的流行，越来越多的文字以电子形式存储在计算机里，使得文本数据挖掘的重要性日益提升。

文本情感分析（text sentiment analysis）是文本数据挖掘的子领域，其目标在于分析文本中所蕴涵的来自作者本人的情感，情感既可以指作者对某项事物的看法和观点，也可以指作者本人的心情。自 Web 2.0 的概念逐渐得到推广以来，互联网的用户逐渐从信息的接收者转变为信息的发布者，因此互联网上来自用户自身的、带有用户主观色彩的文本数据也变得越来越多。在这个环境下，文本情感分析的实用性也在不断增强。例如，商家可以收集用户对于某件商品的评论并对其进行情感分析，从而得知用户对商品的评价如何，以便日后进行相应的改进[1, 2]。此外，在热点事件发生时，收集和分析微博平台上的用户评论，可以得到群众对于事件的观点，从而起到舆情分析和控制的作用[3, 4]。

和普通的文本处理任务相比，文本情感分析有着独特的特性，这会给文本情感分析工作带来全新的挑战。首先，比起陈述客观信息，用户在表达自身情感时（尤其是负面情感）更倾向于采用间接的方式，如旁敲侧击、隐喻甚至反语等，这使得机器在对文本进行挖掘时很容易错漏其中有用的信息，从而大大影响情感分析的准确性[5-7]。此外，随着微博、推特等带有严格字数限制的文字交流平台的流行，网络上可用文本数据的平均长度逐渐下降。这一现象导致单条文本中蕴涵的信息总量降低，有的文本

甚至不包含任何先验知识，这又给情感分析任务带来了新的困难[8]。总而言之，文本情感分析比一般的文本数据挖掘更难，主要原因在于文本中与情感相关联的特征比较稀疏和隐蔽，需要在分析时以更缜密、更敏锐的方式去对待。

三支决策是传统二支决策的延伸[9]，比起只考虑两种对立决策（如“接受”和“拒绝”以及“好评”和“差评”）的二支决策，三支决策增加了延迟决策，即在当前所掌握信息不足以对某个对象作出决策时，决策者会给其贴上“延迟”的标签，置于边界域中，等待决策者收集到足够的信息时再进行进一步决断。三支决策的思想首先出现于决策粗糙集的研究中[9-13]，而随着研究的不断深入，它不再局限于粗糙集领域，而是在许多算法模型和学科领域中都能得到应用。三支决策的优势在于它的决策过程更加灵活谨慎，可以规避由不确定性带来的危险。

本章将主要介绍一项基于三支决策的文本情感分析工作，工作目标是将大量用户对产品的评论划分为“好评”和“差评”两部分。针对文本情感分析的特点——语义信息隐蔽、容易造成疏漏，分类器将首先针对文本数据的特征分布，自动将现有情感词典进行扩充，得到另一个新的情感词典，以便更好地捕捉潜藏在文本中的语义信息。之后，分类器分别依靠两个词典对每一条文本进行分析，得到两个独立的分析结果。如果两个词典的分析结果相互矛盾，那么该条文本就会根据三支决策被划分到边界域中，代表现有的知识尚不足够，无法对其分类。最后，分类器将上一阶段中被划分到正域（代表肯定是好评）和负域（代表肯定是差评）中的文本作为新收集到的信息，再利用这部分信息对边界域中的文本重新进行分类。在本章工作中，三支决策被视为二支决策过程中的步骤之一，并展现出了良好的效果。

11.2 问题描述

为了更好地介绍三支决策在中文文本情感分析中的应用，本章接下来将以一个实际的情感分类任务作为实例进行分析。在该任务中，数据集由 3993 条针对笔记本电脑的用户评论组成，其中 1996 条是好评，1997 条是差评。评论均由中文写成，平均长度为 50～60 字。表 11.1 列出了几条比较具有代表意义的电脑评论。

表 11.1 部分笔记本电脑评论

文字	类别
中通很快啊，13 号下午的订单，今天早上就收到了。Sony 的笔记本就是样子漂亮，不过买笔记本这点我觉得非常重要，所以选它了	好评
个人觉得配置属于中高端，CPU 级别高，内存大，音响效果不错。笔记本外观比较时尚，键盘制作较精良。独立显卡，摄像头清晰，应该满足了	好评
做工有待提高，和华硕比差了点，代工厂太差了，背面的 CPU 盖板竟然和很多人一样是翘起来的，用手砸下去的！	差评
USB 接口太少，只有两个，而且都在机身右下角位置，外接一个 USB 鼠标就会觉得很碍事——当然换成蓝牙鼠标就好了	差评

本章的任务是将这近 4000 条评论划分为好评和差评两类，并取得尽可能高的精度。该任务是无监督的，即不存在标注好的数据供分类器训练使用，因此一些传统的机器学习方法（如决策树、朴素贝叶斯算法、SVM 等）无法直接运用在本工作中。为了解决这一问题，本章将从未标注的数据集中自动提取出情感词典，然后利用该词典对评论进行分类。考虑到情感词典无法涵盖文本中的所有信息，本章将利用三支决策相关思想，将一些缺少信息的文本放置到边界域中，等收集到更多信息后再对边界域中的文本进行分类。实验结果证明引入三支决策之后，分类准确率有明显的提高。本章剩余部分将会对整个方法给予详细的解释。

11.3 准备工作——情感词典的构建

在基于无监督学习的文本情感分析中，情感词典是一种常见的方法。情感词典是一种特殊的数据结构，通常代表某一领域中专家知识的集合。情感词典由大量词语和它们对应的情感倾向组成，一般情况下，大于零的实数值代表该词语具有正面的情感倾向，而小于零的实数值代表词语具有负面的情感倾向。现在互联网上已经有许多整理完毕的、可以适用于各种话题领域的情感词典（一般称为通用情感词典）供研究者使用，其中最著名的中文情感词典是 HowNet[14]，它由超过 9000 个中文词语组成，每一个词语均被标注上“正面”和“负面”两个标签之一，代表该词语在中文中常用来表示正面或负面的情感。

一种简单的基于通用情感词典的情感分类方法如图 11.1 所示。这种依赖通用情感词典进行分类的方法可以适用于许多环境，但在处理本章关注的笔记本电脑评论时却会遇到困难。

网络上现有的通用情感词典通常由语言学上的褒义词和贬义词组成，如“优秀”“恶劣”等。但许多用户在对笔记本电脑等产品进行评价时，他们会倾向于从产品特征相关的方面进行评价，而较少直接使用褒义词或贬义词来阐述观点。例如，在“内存太小了，性价比也很低”这条评论中，用户针对笔记本的内存和性价比作出了负面的评论，但是无论“内存”“小”还是“性价比”“低”本身都不具有情感色彩，因此通用情感词典是不会包含这几个词的。如果只依赖通用词典作为知识来源，就无法识别出该条评论蕴涵的感情色彩，从而影响分类器的性能。

由上述例子可知，除了普通的情感词，许多由名词和形容词组成的、用来表述笔记本电脑某一方面的评价的词语对（如“内存+高”“系统+旧”等）也可能蕴藏着很多有助于情感分析的知识。将这类词语对称为产品特征，因为它们描述了一类产品的特点。针对这一现象，根据文献[15]的主要思想，从文本数据中自动识别并提取出所有频繁出现的产品特征。表 11.2 列出了一部分经常出现的产品特征，此处人为设定了一个阈值，将出现次数小于 10 的所有产品特征剔除，只留下出现较为频繁的那部分。

```
Input: text, lexicon
Output: sentiment label for text

score = 0
negation = 1
for i = 0:text.length
    if text[i]is"不"    //"not"
        negation *=-1
    if text[i] is punctuation
        negation = 1
    if text[i] is in lexicon
        polarity = lexicon.get(text[i])==positive?1:-1
        score +=negation * polarity
if score>0
    classify text as positive
else
    classify text as negative

return score
```

图 11.1　基于情感词典的文本情感分类方法

表 11.2　部分产品特征及其频度

产品特征	出现频度	产品特征	出现频度
性价比+高	233	内存+小	67
发热量+大	67	速度+快	168
摄像头+清楚	14	速度+慢	321
价格+贵	33	⋮	⋮

为了使得到的产品特征集合可以像通用情感词典那样投入使用，还需要采取一定手段，让机器自动估算出它们所蕴涵的情感倾向。在此处将依赖于一个假设：如果两个词语在足够大的数据集中经常同时出现，那么它们就很有可能具有相似的情感倾向。换言之，一个词的情感倾向很可能与它上下文环境的情感倾向相同。这一假设很符合现实世界的直观感受，而一些面向文本情感分析的工作也都采取了这一假设来估算未知词的情感倾向[16, 17]。因此在本章中，借助通用情感词典 HowNet 的帮助，利用图 11.1 的方法计算得出同一产品特征每次在数据集中出现时其上下文的情感值，最后对所有情感值求平均，从而得到该产品特征自身情感倾向的一个估计。算法的详细过程可以参见文献[15]，由于和本章的中心内容关系不大，所以此处略过。

最后，得到了一个基于笔记本电脑产品特征的情感词典（表 11.3）。该词典和通用情感词典一样，可以对每条评论进行分析并得出其情感分类。

表 11.3　部分产品特征及其情感倾向

产品特征	情感倾向	产品特征	情感倾向
性价比+高	1	内存+小	−1
发热量+大	−1	速度+快	1
摄像头+清楚	1	速度+慢	−1
价格+贵	−1	⋮	⋮

11.4　三支决策在中文文本情感分析中的应用

11.4.1　三支决策分类

通过上面的描述可知，需要处理的数据集的另一个特点是每条评论长度都较短，平均长度仅为 50～60 字。这一现状使得许多评论中包含的显式信息较少，即出现在通用情感词典和特征情感词典中的词语不会太多。如果仅利用词典本身作为情感分析的依据，很多时候评判就会显得较为武断。更极端的情况下，许多评论本身不包含任何情感词典里的条目，这时候就只能利用随机猜测的策略来为其分类，造成分类器性能的下降。为了解决这一问题，本章决定引入三支决策思想来为那些包含信息较少的评论给出更精确的预测。

三支决策思想是传统二支决策思想的延伸。在实际决策过程中，如果当前掌握的信息不足以支持接受，也不足以支持拒绝，三支决策会额外支持第三种决定，即不承诺。这种思想在日常生活中很常见，例如，在进行垃圾邮件检测时，如果根据已有信息无法判断一封新到的邮件是否为垃圾邮件，那么检测模块可以为其加上一个标记再呈现给用户，代表这封邮件在一定概率上可能是垃圾邮件，而具体该如何处理则交给用户自己决断。这种决策方式就比冒着误删的风险将邮件直接放入垃圾箱要合理很多。

三支决策的理论基础源于决策粗糙集。在决策粗糙集中，假设对象 x 属于两个互补集合 X 和 $\neg X$ 之一，而可以作出的决策则分为将 x 归类为正域（POS，即认为 x 属于 X)、负域（NEG，即认为 x 属于 $\neg X$）和边界域（BND，即不承诺）三种。很显然，根据 x 真实类属的不同和决策的不同，一共会有六种情况出现，而表 11.4 则代表相应的损失函数矩阵。λ_{PP}、λ_{BP}、λ_{NP} 分别代表在 x 属于 X 的情况下，将 x 归类为正域、边界域和负域各自会带来的损失，同理 λ_{PN}、λ_{BN}、λ_{NN} 分别代表在 x 属于 $\neg X$ 的情况下，三种决策的损失。在实际应用中，各个损失函数的值通常根据专家经验计算得出，且一般必定满足 $\lambda_{PP} < \lambda_{BP} < \lambda_{NP}$ 和 $\lambda_{NN} < \lambda_{BN} < \lambda_{PN}$ 这两个不等式（因为当 x 属于 X 时，将其归类为正域的损失肯定不大于将其归类为边界域的损失，而后者肯定又不大于将其误归类为负域的损失；x 属于 $\neg X$ 时同理）。

表 11.4 三种决策的代价矩阵

	POS(X)	BND(X)	NEG(X)
X	λ_{PP}	λ_{BP}	λ_{NP}
$\neg X$	λ_{PN}	λ_{BN}	λ_{NN}

三支决策的目的是根据 x 属于 X 的概率，作出期望损失最小的决策。通过贝叶斯决策理论和上面提到的两个不等式，在进行一些简单的数学论证之后，可以得到以下三条决策规则

$$\begin{aligned}&\text{如果 } P(X|x)\geqslant\alpha \text{ 并且 } P(X|x)\geqslant\gamma,\text{ 则 } x\in \mathrm{POS}(X)\\&\text{如果 } P(X|x)\leqslant\alpha \text{ 并且 } P(X|x)\geqslant\beta,\text{ 则 } x\in \mathrm{BND}(X)\\&\text{如果 } P(X|x)\leqslant\beta \text{ 并且 } P(X|x)\leqslant\gamma,\text{ 则 } x\in \mathrm{NEG}(X)\end{aligned}\tag{11.1}$$

式中

$$\alpha=\frac{\lambda_{PN}-\lambda_{BN}}{(\lambda_{PN}-\lambda_{BN})+(\lambda_{BP}-\lambda_{PP})}$$

$$\gamma=\frac{\lambda_{PN}-\lambda_{NN}}{(\lambda_{PN}-\lambda_{NN})+(\lambda_{NP}-\lambda_{PP})}$$

$$\beta=\frac{\lambda_{BN}-\lambda_{NN}}{(\lambda_{BN}-\lambda_{NN})+(\lambda_{NP}-\lambda_{BP})}$$

通过进一步推理可以得出这三个值之间满足 $0\leqslant\beta<\gamma<\alpha\leqslant 1$。因此，上面的决策规则又可以简化成如下形式

$$\begin{aligned}&\text{如果 } P(X|x)\geqslant\alpha,\text{ 则 } x\in \mathrm{POS}(X)\\&\text{如果 } \beta<P(X|x)<\alpha,\text{ 则 } x\in \mathrm{BND}(X)\\&\text{如果 } P(X|x)\leqslant\beta,\text{ 则 } x\in \mathrm{NEG}(X)\end{aligned}\tag{11.2}$$

以上三条规则在语义上可以有一个直观的解释，即在对象 x 的描述下，如果 x 属于 X 的概率大于 α，那么就将 x 归为 X 类；如果 x 属于 X 的概率小于 β，那么就将 x 归为非 X 类；此外，如果 x 属于 X 的概率介于 α 和 β 之间，那么就根据三支决策的不承诺规则，将 x 置于边界域中。

通过这个解释，三支决策的意义就跳出了传统的决策粗糙集范畴，并和许多基于概率的机器学习算法接轨。基于这一思想，Zhou 等[18]设计了基于朴素贝叶斯算法和三支决策的垃圾邮件过滤系统，当邮件 x 在朴素贝叶斯算法下属于垃圾邮件的概率介于 α 和 β 时，被划分到边界域中，该举动最终显著提高了分类器的性能。这可以视为三支决策思想在普通机器学习算法中的一个典型应用。

本章将尝试把三支决策思想的适用范围作进一步延伸。通过前面的工作，已经拥有两个可用于文本情感分析的情感词典，一个是适用于各种话题领域的通用情感词典，另一个则是针对笔记本电脑评论的特征情感词典。可以分别依据两个词典，通过图 11.1

的算法对每一条评论进行情感分析，从而得到两个不同的结果。然后，对比两个词典得出的结果，如果两个结果都预测评论为好评/差评，那么就将评论认定为好评/差评；反之，如果两个词典返回的结果不相同，那么就将评论置于边界域中，表示暂不处理。式（11.3）是对决策规则的一个三支决策化的表述，其中 nPOS 代表支持将评论归类为好评的词典个数，而 X 则代表“好评”这一类别。很显然，式中的正域、负域和边界域则分别代表情感分析任务中的好评集合、差评集合和不承诺集合

$$\begin{aligned}&\text{如果 nPOS}=2,\ \text{则}\ x\in \mathrm{POS}(X)\\&\text{如果 nPOS}=1,\ \text{则}\ x\in \mathrm{BND}(X)\\&\text{如果 nPOS}=0,\ \text{则}\ x\in \mathrm{NEG}(X)\end{aligned}\qquad(11.3)$$

可以看出，式（11.3）尽管表面上脱离了概率的范畴，但本质上和三支决策仍然是共通的。以式（11.2）为代表的三支决策规则在语义上的核心解释便是采取一个指标衡量个体 x 对类别 X 的隶属程度（或相似程度），并设定两个阈值 α 和 β，然后根据 x 对 X 的隶属程度与 α 和 β 的大小关系作出最终决断。而同样的道理在式（11.3）中一样可以成立，两个词典在这里扮演了投票者的角色，而支持评论被划分为好评/差评的词典个数则决定了最终的分类结果。因此，式（11.3）可以视为对普通三支决策的扩展，并可以适用于文本情感分类领域。

11.4.2　对边界域的后续处理

尽管三支决策可以提高文本情感分析的准确率，但那是以牺牲了边界域中的部分文本为代价的。若不对边界域中的文本进行分类，终究会影响对分类器性能的评价。如前面所述，在三支决策中被划分到边界域的对象会等待决策者收集到足够的信息后再进行决断。例如，在医疗诊断中，对于通过一般手段尚无法确定是否患病的患者，医生便会建议其接受 X 光、CT 成像等更高级的诊断方式，通过获取更多的属性来作出更精确的诊断。而在本章的工作中，决定采用一种相似的方式来为边界域中的文本提供额外的属性信息。方法的具体流程如图 11.2 所示，左半部分是已经介绍的类似于投票的机制，通过两个词典的预测结果来将所有评论划分成已标记评论（被划分到正域和负域中的评论）和未标记评论（被划分到边界域中的评论）。然后，将已标记评论作为训练文本，采用监督学习方法训练得出一个新的分类模型，用该模型对边界域中的未标记评论进行分类，最终保证所有评论都被归类为正类或者负类。在该方法中，已标记评论的属性和类标共同带来了额外的信息，一些潜藏在文本中却无法通过情感词典捕捉到的语义信息可以在监督学习的过程中发挥作用，最终帮助决策者为边界域中的评论作出合理决策。这种将词典方法和监督学习方法相结合的思路在其他研究者的工作中也有所提及[19]。

值得一提的是，前面提到的处理边界域的方法是有弊端的。由于本章工作本质上是无监督学习，而图 11.2 的监督学习步骤中，训练文本的标记来自于两个情感词典的

预测，而这个预测有可能是错误的，这就可能会给监督学习的准确率带来损害。但是最后的实验结果表明，只要训练集合的类标错误率控制在一定范围之内，它就不会对监督学习的性能带来太大损害。

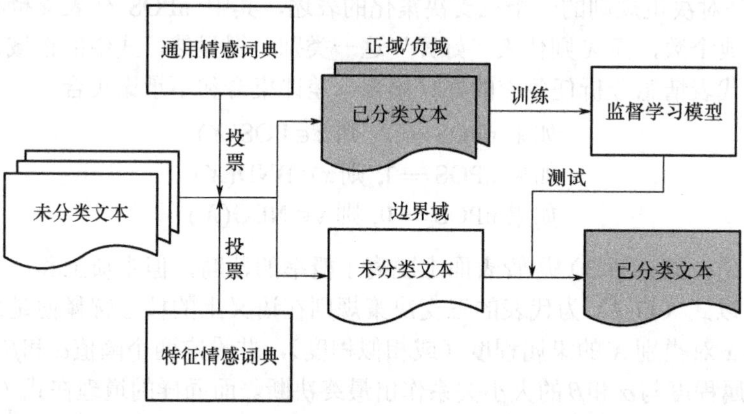

图 11.2　结合了三支决策的文本情感分类方法

11.5　实 验 结 果

为了验证三支决策思想对文本情感分析的促进作用，本章将前面介绍的算法运用到笔记本电脑评论的数据集中，并把得到的结果和非三支决策方法下的结果进行比较，对比两者的优劣。在非三支决策方法中，分别考察三个词典（HowNet 通用情感词典、以 HowNet 词典为基础自动生成的特征情感词典、将两者综合起来形成的容量更大的词典）各自能带来的分类准确率，而分类算法则如图 11.1 所示。在三支决策方法中，则遵守图 11.2 的思想，让两个词典充当投票者的角色，将数据集划分成正域、负域和边界域三部分，然后再利用正域和负域中隐藏的知识辅助对边界域中的文本进行重新分类。

对每一个特定的类别集合 X（好评集合或差评集合），分别采取准确率（precision）、召回率（recall）和 F_1 指标（F_1-score）作为评价“分类器是否擅于识别属于 X 的元素”的指标。此外，还会通过准确率（accuracy）来考察分类器对于所有文本全体的分类性能。每种指标的计算方式如下，其中 TP 表示真实分类属于 X 且被分类器识别为 X 的文本数量，FP 表示真实分类属于 $\neg X$ 而被分类器识别为 X 的文本数量，TN 表示真实分类属于 $\neg X$ 且被分类器识别为 $\neg X$ 的文本数量，FN 表示真实分类属于 X 而被分类器识别为 $\neg X$ 的文本数量

$$\text{precision} = \text{TP} / (\text{TP} + \text{FP}) \tag{11.4}$$

$$\text{recall} = \text{TP} / (\text{TP} + \text{FN}) \tag{11.5}$$

$$F_1 - \text{score} = 2PR / (P + R) \tag{11.6}$$

$$\text{accuracy} = (\text{TP} + \text{TN}) / (\text{TP} + \text{TN} + \text{FP} + \text{FN}) \tag{11.7}$$

实验结果如表 11.5～表 11.7 所示。从表 11.5 和表 11.6 中可以看出，不管针对好评还是差评，三支决策的分类性能都明显高于通用情感词典和特征情感词典。而在将两个词典结合进行分类的情况下，普通的结合方法也几乎全面弱于三支决策方法，只是在好评的召回率上稍有胜出。表 11.6 更是说明三支决策方法在分类的总体正确率方面有着显著的优越性。这些结果充分说明了三支决策思想在文本情感分析中所能发挥的作用——以表 11.5～表 11.7 的第三行和第四行结果为例，将两个词典合并成一个大词典进行分类时，由于许多评论的长度较短、信息隐藏较隐蔽，所以这样的做法很容易由于过于武断而出现误分类的情况。相反，当采用三支决策思路，将两个词典分开进行投票时，一些难以界定的文本会被暂时归类到边界域中，而边界域中的文本则可以利用刚刚得到的来自正域和负域中的信息进行重新分类（如图 11.2 所示），错误率也会因此明显下降。

表 11.5　各种方法对好评分类的性能对比

方　法	准　确　率	召　回　率	F_1 指标
通用情感词典	0.7652	0.7951	0.7799
特征情感词典	0.7880	0.6648	0.7212
两个词典结合	0.7515	0.8437	0.7949
三支决策	0.8699	0.8206	0.8445

表 11.6　各种方法对差评分类的性能对比

方　法	准　确　率	召　回　率	F_1 指标
通用情感词典	0.7863	0.7560	0.7708
特征情感词典	0.7101	0.8207	0.7614
两个词典结合	0.8219	0.7211	0.7682
三支决策	0.8303	0.8773	0.8532

表 11.7　各种方法的正确率对比

方　法	总体正确率
通用情感词典	0.7754
特征情感词典	0.7428
两个词典结合	0.7824
三支决策	0.8490

为了进一步验证本章提出的方法的有效性，将实验结果和文献[20]基于同一数据集的实验结果进行对比。文献[20]的实验基于监督学习，结果如表 11.8 所示，每一行代表了在某一种设置下（特征选择方式、特征权重、分类器）的分类正确率。通过对比不难看出，本章的工作在保持了非监督学习本质的情况下，分类正确率仍然明显高

于表 11.8 中的绝大多数情况，这也进一步验证了利用三支决策思想进行文本情感分析的有效性。

表 11.8　文献[20]的实验结果

特征选择方式	特征权重	分类器	总体正确率
二元组	布尔值	K-最近邻	0.840
二元组	布尔值	Rocchio	0.829
二元组	Tf-idf	K-最近邻	0.784
二元组	Tf-idf	Rocchio	0.877
情感词典	布尔值	K-最近邻	0.789
情感词典	布尔值	Rocchio	0.784
情感词典	Tf-idf	K-最近邻	0.741
情感词典	Tf-idf	Rocchio	0.816
子字符串	布尔值	K-最近邻	0.795
子字符串	布尔值	Rocchio	0.688
子字符串	Tf-idf	K-最近邻	0.829
子字符串	Tf-idf	Rocchio	0.853

11.6　本章小结

本章以针对笔记本电脑评论的情感分析为例，探讨了基于三支决策的中文文本情感分析。首先，本章引入了通用情感词典和特征情感词典两个独立的专家知识集合；然后，针对目标数据集具有长度短和信息隐蔽的特点，引进了三支决策的思想，对一些无法仅依靠词典进行决策的文本持“不承诺”态度，将其划分到边界域中。最后，把正域和负域中的文本作为监督学习的训练集合，利用它们自身具备的信息为边界域中的文本进行分类。实验结果表明该方法带来的分类准确率要好于单一的二支决策。本章从决策规则的语义解释上入手，在此基础上制定了一套新的规则；新规则采取了类似投票的机制。在未来，将进一步深入研究基于三支决策的中文文本情感分析模型。

致　谢

本章研究内容得到了国家自然科学基金（项目编号分别为：61170180、61403200、61035003）和江苏省自然科学基金（项目编号：BK20140800）的资助。

参考文献

[1] Yin C, Peng Q. Sentiment analysis for product features in Chinese reviews based on semantic association. IEEE International Conference on Artificial Intelligence and Computational Intelligence,

2009, 3: 81-85.

[2] Zhang H, Yu Z, Xu M, et al. Feature-level sentiment analysis for Chinese product reviews. 2011 3rd International Conference on Computer Research and Development (ICCRD), 2011, 2: 135-140.

[3] Zhou X, Tao X, Yong J, et al. Sentiment analysis on tweets for social events. 2013 IEEE 17th International Conference on Computer Supported Cooperative Work in Design (CSCWD), 2013: 557-562.

[4] Nooralahzadeh F, Arunachalam V, Chiru C G. 2012 Presidential elections on twitter——An analysis of how the US and French election were reflected in tweets. 2013 19th International Conference on Control Systems and Computer Science (CSCS), 2013: 240-246.

[5] Pang B, Lee L. Opinion mining and sentiment analysis. Foundations and Trends in Information Retrieval, 2008, 2(1-2): 1-135.

[6] Pang B, Lee L, Vaithyanathan S. Thumbs up?: sentiment classification using machine learning techniques// Proceedings of the ACL-02 Conference on Empirical Methods in Natural Language Processing-Volume 10, Association for Computational Linguistics, 2002: 79-86.

[7] Taboada M, Brooke J, Tofiloski M, et al. Lexicon-based methods for sentiment analysis. Computational Linguistics, 2011, 37(2): 267-307.

[8] Zuo S, Zhou Y, Zhong Y. Orientation Identification for Chinese Short Text. International Conference on Natural Language Processing and Knowledge Engineering, 2007. NLP-KE 2007. 2007: 125-128.

[9] Yao Y. Decision-Theoretic Rough Set Models// Rough Sets and Knowledge Technology. Berlin: Springer, 2007: 1-12.

[10] Yao Y. An outline of a theory of three-way decisions// Rough Sets and Current Trends in Computing. Berlin: Springer, 2012: 1-17.

[11] Yao Y. Three-way decisions with probabilistic rough sets. Information Sciences, 2010, 180(3): 341-353.

[12] Yao Y. The superiority of three-way decisions in probabilistic rough set models. Information Sciences, 2011, 181(6): 1080-1096.

[13] Liu D, Yao Y, Li T. Three-way investment decisions with decision-theoretic rough sets. International Journal of Computational Intelligence Systems, 2011, 4(1): 66-74.

[14] Dong Z, Dong Q. HowNet. http://www.keenage.com.2000.

[15] Zhou Z, Zhao W, Shang L. Sentiment analysis with automatically constructed lexicon and three-way decision// Rough Sets and Knowledge Technology. Berlin: Springer, 2014: 777-788.

[16] Turney P D. Thumbs up or thumbs down? semantic orientation applied to unsupervised classification of reviews// Proceedings of the 40th Annual Meeting on Association for Computational Linguistics, 2002: 417-424.

[17] Hu X, Tang J, Gao H, et al. Unsupervised sentiment analysis with emotional signals// Proceedings of the 22nd International Conference on World Wide Web, 2013: 607-618.

[18] Zhou B, Yao Y, Luo J. A three-way decision approach to email spam filtering. Advances in Artificial Intelligence, 2010: 28-39.

[19] Tan S, Wang Y, Cheng X. Combining learn-based and lexicon-based techniques for sentiment detection without using labeled examples// Proceedings of the 31st Annual International ACM SIGIR Conference on Research and Development in Information Retrieval, ACM, 2008: 743-744.

[20] 余永红, 向小军, 商琳. 并行化的情感分类算法的研究. 计算机科学, 2013, (6):206-210.

第 12 章　基于三支决策的支持向量机增量学习方法

Three-Way Decisions-Based Incremental Learning Method for Support Vector Machine

徐久成[1]　刘洋洋[1]　杜丽娜[1]　孙　林[1]

1. 河南师范大学计算机与信息工程学院

支持向量机（SVM）是解决分类、回归和其他统计学习问题的一种机器学习方法，而增量式算法会使学习机具有在线自适应的能力，能够随着时间而进化。但典型的 SVM 增量学习算法对非支持向量的忽略将造成有用信息的过早丢失，而现有的 SVM 增量学习算法是一种基于统计学习和机器学习的客观性方法，其单纯地追求分类器的精准性，忽略了分类问题的代价敏感性，已不能有效解决实际问题。三支决策倾向于关注决策分类错误带来的风险代价，是具有代价敏感性的数据分析工具。本章将三支决策引入 SVM 增量学习算法中，提出了一种基于三支决策的 SVM 增量学习方法。首先，该方法采用特征距离与中心距离的比值来计算三支决策中的条件概率；其次，利用三支决策中的边界域来筛选非支持向量，避免了有用信息的丢失；最后，对所提出的方法进行了实验验证。

12.1　引　　言

由 Vapnik 等提出的 SVM 是解决分类、回归和其他统计学习问题的一种机器学习方法。而增量式算法会使学习机具有在线自适应的能力，能够随着时间而进化[1,2]。文献[3]最早提出了典型的 SVM 增量学习算法，但是该算法仅考虑新样本和原支持向量（SV），而忽略了原先的非支持向量，一些有价值的信息将会丢失，导致得到一个不好的分类器。近年来，针对典型算法的不足，许多学者提出了相应的改进算法。文献[4]提出了一种新的 SVM 对等增量学习算法[5]；文献[6]提出的错误驱动方法每次保留错分样本和新增样本合并训练，不断用上次训练的错分样本修正分类面，由于错分样本仅是部分支持向量从而损失了较多的支持向量，所以结果误差较大[7]；文献[8]基于 SVM 寻优问题的 KKT 条件（Karush-Kuhn-Tucker condition）和样本之间的关系，提出了基于 SVM 的计数器淘汰算法；文献[9]提出基于 KKT 条件与壳向量的增量学习算法[9]。综上，现有的 SVM 增量学习算法是一种基于统计学习和机器学习的客观性方法。但是，随着数据挖掘和机器学习技术在实际问题中的广泛应用，人们越来越多地发现分类问题通常具有代价敏感特性，即误分类代价存在差异性。而现有的 SVM 增量学习算法单纯地追求分类器的精准性，已不能解决实际问题。

代价是现实数据的重要方面，代价敏感学习是数据挖掘的十大具有挑战性的问题之一[10]，误分类代价敏感的粗糙集理论与方法已经取得了很大的进展，其中最具有代表性的是决策粗糙集理论[11]。决策粗糙集模型是由 Yao 提出的一种概率型粗糙集模型，基于此模型，Yao 通过对粗糙集理论中的正域、负域和边界域三个区域的语义方面的研究，进一步提出了三支决策模型。与经典粗糙集不同，在三支决策粗糙集模型中，保持决策知识与经验数据的一致性不再是唯一目标，其更倾向于关注决策分类错误带来的风险代价，因此是具有代价敏感性的数据分析工具[12]。尽管决策粗糙集在很多领域已取得很多成果，但是也面临着一些挑战，其中包括决策粗糙集模型中条件概率的计算和确定损失函数问题[13]。

针对典型的SVM增量学习算法对非支持向量的忽略和现有的SVM增量学习算法的客观性，本章将三支决策引入 SVM 增量学习算法中，提出了一种基于三支决策的SVM 增量学习方法。为了有选择地淘汰非支持向量，将三支决策引入 SVM 增量学习中，首先在增量学习时用特征距离与中心距离的比值来计算三支决策中的条件概率，解决三支决策中条件概率的计算问题；然后将三支决策中的边界域作为边界向量加入原支持向量和新增样本中一起进行训练；最后通过仿真实验验证了本章提出的方法的有效性和合理性。

12.2　背 景 知 识

本节简要回顾 SVM 和三支决策的基本概念、相关算法和有关结论[3, 14-20]。

12.2.1　SVM 增量学习

1. SVM

SVM 的原理是寻找一个满足分类要求的最优分类超平面，使得该超平面在保证分类精度的同时，能够使超平面两侧的空白区域最大化[21]。

对于给定的一组样本集 $\{x_i, y_i\}, i=1,2,\cdots,l$ ，这里 $y_i=1$ 或−1，SVM 依据结构风险最小化原则，将其学习过程转化为如下所示的优化问题

$$\begin{aligned} \min \quad & \frac{1}{2}\|\boldsymbol{w}\|^2 + C\sum_{i=1}^{l}\xi_i \\ \text{s.t.} \quad & y_i(\boldsymbol{w}^{\mathrm{T}} z_i + b) \geqslant 1 - \xi_i \\ & \xi_i \geqslant 0, \quad i=1,2,\cdots,l \end{aligned} \tag{12.1}$$

式中，训练样本 x_i 被函数 $z_i=\Phi(x_i)$ 映射到高维特征空间； $\boldsymbol{w}\in\mathbf{R}^N$ 是超平面的系数向量； $b\in\mathbf{R}$ 为阈值； ξ_i 为松弛变量； $C\geqslant 0$ 是一个常数，控制对错分样本惩罚的程度。

采用拉格朗日乘子法把上述优化问题转换为其对偶问题

$$\min(\alpha)=\frac{1}{2}\sum_{i=1}^{l}\sum_{j=1}^{l}\alpha_i\alpha_j y_i y_j K(x_i,x_j)-\sum_{i=1}^{l}\alpha_i$$
$$\text{s.t.}\ \sum_{i=1}^{l}\alpha_i y_i=0,\ \ 0\leqslant\alpha_i\leqslant C \tag{12.2}$$

于是相应的分类决策函数为

$$f(x)=\operatorname{sgn}\left(\sum_{i=1}^{m}\boldsymbol{\alpha}_i^* y_i K(x_i,x)+b^*\right) \tag{12.3}$$

式中，$\boldsymbol{\alpha}_i^*$ 为对应 $a_i\neq 0$ 的向量，称为支持向量；$m(m<l)$ 为支持向量的数目；b^* 为 $\boldsymbol{\alpha}_i^*$ 对应的阈值，$K(x_i,x)=\Phi(x_i)^{\mathrm{T}}\Phi(x)$ 为满足 Mercer 条件的核函数[14]。

2. SVM 增量学习算法

文献[3]最早提出了典型 SVM 增量学习算法，该算法每次将支持向量保留并与新增样本一起训练，彻底舍弃训练结果中的非支持向量，即每次训练的样本为前一次的支持向量与本次新加入的样本[21]，算法的具体步骤如下。

算法 12.1　典型的 SVM 增量学习算法

输入：训练样本集 X，随机等分为 N 个互不相交的子集，分别为 $X_1,X_2,\cdots,X_N$。

输出：基于 X 的 SVM 分类器 Γ。

（1）取子集 X_1 进行训练，得到支持向量集 SV_1。

（2）把 SV_1 和子集 X_2 合并，使其作为新的训练样本进行训练，得到支持向量集 SV_2。

（3）重复第（2）步，将得到的新的支持向量集 SV_i 和子集 X_{i+1} 合并训练，如此循环，直到 X_N，支持向量集 SV_{N-1} 与子集 X_N 训练所得到的 SVM 就作为训练整个样本集 X 得到的分类器 Γ，输出 Γ。

（4）算法结束。

12.2.2　三支决策

本节简要介绍三支决策的基本理论，有关更详细的介绍可以参阅文献[15]～文献[20]。

决策粗糙集模型是基于贝叶斯决策过程的。基于三支决策的思想，决策粗糙集模型利用两个状态集和三个行动集描述决策过程。状态集 $\Omega=\{X,\neg X\}$ 分别表示某事件属于 X 和不属于 X，行动集 $A=\{a_P,a_B,a_N\}$ 分别表示接受某事件、延迟决策和拒绝某事件三种行动。考虑到采取不同行动会产生不同的损失，用 λ_{PP}、λ_{BP}、λ_{NP} 分别表示当 x 属于 X 时，采取行动 a_P、a_B、a_N 的损失；用 λ_{PN}、λ_{BN}、λ_{NN} 分别表示当 x 不属

于 X 时，采取行动 a_P、a_B、a_N 的损失。因此采取 a_P、a_B、a_N 三种行动的期望损失可分别表示为

$$\begin{aligned}R(a_P|[x])&=\lambda_{PP}P(X|[x])+\lambda_{PN}P(\neg X|[x])\\R(a_B|[x])&=\lambda_{BP}P(X|[x])+\lambda_{BN}P(\neg X|[x])\\R(a_N|[x])&=\lambda_{NP}P(X|[x])+\lambda_{NN}P(\neg X|[x])\end{aligned}\tag{12.4}$$

式中，$[x]$为样本在属性集下的等价类；$P(X|[x])$和 $P(\neg X|[x])$分别表示将等价类$[x]$分类为 X 和$\neg X$ 的概率。根据贝叶斯决策准则，需要选择期望损失最小的行动集作为最佳行动方案，于是可得到如下三条决策规则

（1）若$R(a_P|[x])\leqslant R(a_B|[x])$和$R(a_P|[x])\leqslant R(a_N|[x])$同时成立，那么$x\in \mathrm{POS}(X)$。

（2）若$R(a_B|[x])\leqslant R(a_P|[x])$和$R(a_B|[x])\leqslant R(a_N|[x])$同时成立，那么$x\in \mathrm{BND}(X)$。

（3）若$R(a_N|[x])\leqslant R(a_P|[x])$和$R(a_N|[x])\leqslant R(a_B|[x])$同时成立，那么$x\in \mathrm{NEG}(X)$。

由于$P(X|[x])+P(\neg X|[x])=1$，所以上述规则只与概率$P(X|[x])$和相关的损失函数λ有关。此处做一个合理的假设为$0\leqslant\lambda_{PP}\leqslant\lambda_{BP}<\lambda_{NP}$，$0\leqslant\lambda_{NN}\leqslant\lambda_{BN}<\lambda_{PN}$。据此，根据以上三条决策规则，令

$$\begin{aligned}\alpha&=\frac{\lambda_{PN}-\lambda_{BN}}{(\lambda_{PN}-\lambda_{BN})+(\lambda_{BP}-\lambda_{PP})}\\\beta&=\frac{\lambda_{BN}-\lambda_{NN}}{(\lambda_{BN}-\lambda_{NN})+(\lambda_{NP}-\lambda_{BP})}\\\gamma&=\frac{\lambda_{PN}-\lambda_{NN}}{(\lambda_{PN}-\lambda_{NN})+(\lambda_{NP}-\lambda_{PP})}\end{aligned}\tag{12.5}$$

通过阈值(α,β)，上述三条规则可改写为如下形式。

（1）若$P(X|[x])\geqslant\alpha$，则$x\in \mathrm{POS}(X)$。

（2）若$\beta<P(X|[x])<\alpha$，则$x\in \mathrm{BND}(X)$。

（3）若$P(X|[x])\leqslant\beta$，则$x\in \mathrm{NEG}(X)$。

此处的规则描述了基于决策粗糙集的三支决策语义，给予了一种基于贝叶斯最小风险下的三支决策语义解释[15]。

12.3　基于三支决策的 SVM 增量学习方法

12.3.1　三支决策中条件概率的构建

为了解决三支决策中条件概率的计算问题，在此采用特征距离与中心距离的比值来定义三支决策中的条件概率。考虑到求解距离的方法具有普遍意义，将所提出的几种距离的求法皆以定理的方式给出。

1. SVM 线性可分模式下的三支决策条件概率构建

对于线性可分模式，设 $\{x_1,x_2,\cdots,x_{l_1}\}$ 和 $\{x_1',x_2',\cdots,x_{l_2}'\}$ 是来自于不同类别的样本，$m_x=\dfrac{1}{l_1}\sum_{i=1}^{l_1}x_i$ 和 $m_{x'}=\dfrac{1}{l_2}\sum_{i=1}^{l_2}x_i'$ 分别为两类样本的中心[22]。

定义 12.1　对于线性可分模式，在两状态集合 $\Omega=\{X,\neg X\}$ 的 SVM 线性模式中，样本 $x\in\mathbf{R}^N$ 在 X 类别的三支决策条件概率定义为：在样本类$\neg X$ 的中心 m_n 到样本类 X 的中心 m_p 的特征方向 $\overrightarrow{m_n m_p}$ 上，样本 x 的特征距离 $s(x)$与中心距离 $d(m_p,m_n)$ 的比值为

$$P(X\mid x)=s(x)/d(m_p,m_n) \tag{12.6}$$

式中

$$s(x)=d(x,\overrightarrow{m_n m_p})=\frac{(\overrightarrow{m_n x}\cdot\overrightarrow{m_n m_p})}{d(m_n,m_p)\cdot d(m_n,x)}\cdot d(m_n,x)=\frac{(\overrightarrow{m_n x}\cdot\overrightarrow{m_n m_p})}{d(m_n,m_p)} \tag{12.7}$$

$$d(m_n,m_p)=\sqrt{\sum_{i=1}^{N}(m_n^i-m_p^i)^2} \tag{12.8}$$

$$d(m_n,x)=\sqrt{\sum_{i=1}^{N}(m_n^i-x^i)^2} \tag{12.9}$$

2. SVM 非线性可分模式下的三支决策条件概率构建

对于非线性可分的模式，采用非线性映射$\varPhi$把输入空间映射到某一特征空间 H。

定义 12.2[22]　已知样本向量组 $\{x_1,x_2,\cdots,x_n\}$，则在特征空间 H 中，样本的中心矢量 $\boldsymbol{m}_{\varPhi}$ 为

$$\boldsymbol{m}_{\varPhi}=\frac{1}{n}\sum_{i=1}^{n}\varPhi(x_i) \tag{12.10}$$

定理 12.1[23]　已知样本 $x\in\mathbf{R}^N$ 和样本集 $\{x_1,x_2,\cdots,x_n\},x_i\in\mathbf{R}^N,i=1,2,\cdots,n$ 则在特征空间 H 中，样本 x 到样本集的中心 $m_{\varPhi}$ 的距离为

$$d^H(x,m_{\varPhi})=\left(K(x,x)-\frac{2}{n}\sum_{i=1}^{n}K(x,x_i)+\frac{1}{n^2}\sum_{i=1}^{n}\sum_{j=1}^{n}K(x_i,x_j)\right)^{\frac{1}{2}} \tag{12.11}$$

定理 12.2[23]　已知样本集$\{x_1,x_2,\cdots,x_{l_1}\}$和$\{x_1',x_2',\cdots,x_{l_2}'\},x_i\in\mathbf{R}^N,i=1,2,\cdots,l_1,x_j'\in\mathbf{R}^N$，$j=1,2,\cdots,l_2$，两类样本的中心分别为 $m_{x\varPhi}$ 和 $m_{x'\varPhi}$，则在特征空间 H 中的中心距离为

$$d^H(m_{x\Phi},m_{x'\Phi})=\left(\frac{1}{l_1^2}\sum_{i=1}^{l_1}\sum_{j=1}^{l_1}K(x_i,x_j)-\frac{2}{l_1l_2}\sum_{i=1}^{l_1}\sum_{j=1}^{l_2}K(x_i,x'_j)+\frac{1}{l_2^2}\sum_{i=1}^{l_2}\sum_{j=1}^{l_2}K(x'_i,x'_j)\right)^{\frac{1}{2}} \tag{12.12}$$

定理 12.3 已知样本 $z\in\mathbf{R}^N$，样本集 $\{x_1,x_2,\cdots,x_{l_1}\}$ 和 $\{x'_1,x'_2,\cdots,x'_{l_2}\},x_i\in\mathbf{R}^N,i=1,2,\cdots,l_1,x'_j\in\mathbf{R}^N,j=1,2,\cdots,l_2$，两类样本的中心分别为 $m_{x\Phi}$ 和 $m_{x'\Phi}$，则在特征空间 H 中，样本 z 在基于 $\overrightarrow{m_{x\Phi}m_{x'\Phi}}$ 特征方向上的投影，即特征距离为

$$s^H(z)=\left(\frac{1}{l_2}\sum_{i=1}^{l_2}K(z,x'_i)-\frac{1}{l_1l_2}\sum_{i=1}^{l_1}\sum_{j=1}^{l_2}K(x_i,x'_j)-\frac{1}{l_1}\sum_{i=1}^{l_1}K(z,x_i)+\frac{1}{l_1^2}\sum_{i=1}^{l_1}\sum_{j=1}^{l_1}K(x_i,x_j)\right)\Bigg/d^H(m_{x\Phi},m_{x'\Phi}) \tag{12.13}$$

证明

$$\begin{aligned}
s^H(z)&=d^H(z,\overrightarrow{m_{x\Phi}m_{x'\Phi}})\\
&=\frac{(\overrightarrow{m_{x\Phi}\Phi(z)}\cdot\overrightarrow{m_{x\Phi}m_{x'\Phi}})}{d^H(m_{x\Phi},m_{x'\Phi})\cdot d^H(m_{x\Phi},\Phi(z))}\cdot d^H(m_{x\Phi},\Phi(z))\\
&=\frac{(\overrightarrow{m_{x\Phi}\Phi(z)}\cdot\overrightarrow{m_{x\Phi}m_{x'\Phi}})}{d^H(m_{x\Phi},m_{x'\Phi})}\\
&=\frac{(\Phi(z)-m_{x\Phi})\cdot(m_{x'\Phi}-m_{x\Phi})}{d^H(m_{x\Phi},m_{x'\Phi})}\\
&=\frac{\Phi(z)\cdot m_{x'\Phi}-m_{x\Phi}\cdot m_{x'\Phi}-\Phi(z)\cdot m_{x\Phi}+m_{x\Phi}\cdot m_{x\Phi}}{d^H(m_{x\Phi},m_{x'\Phi})}\\
&=\left(\frac{1}{l_2}\sum_{i=1}^{l_2}K(z,x'_i)-\frac{1}{l_1l_2}\sum_{i=1}^{l_1}\sum_{j=1}^{l_2}K(x_i,x'_j)\right.\\
&\quad\left.-\frac{1}{l_1}\sum_{i=1}^{l_1}K(z,x_i)+\frac{1}{l_1^2}\sum_{i=1}^{l_1}\sum_{j=1}^{l_1}K(x_i,x_j)\right)\Bigg/d^H(m_{x\Phi},m_{x'\Phi})
\end{aligned} \tag{12.14}$$

式（12.14）证毕。

定义 12.3 在两状态集合 $\Omega=\{X,\neg X\}$ 的 SVM 非线性可分模式中，样本 $x\in\mathbf{R}^N$ 在 X 类别的三支决策条件概率定义为：在特征空间 H 中，基于样本类 $\neg X$ 的中心 $m_{n\Phi}$ 到样本类 X 的中心 $m_{p\Phi}$ 的特征方向 $\overrightarrow{m_{n\Phi}m_{p\Phi}}$ 上，样本 x 的特征距离 $s^H(x)$ 与中心距离 $d^H(m_{p\Phi},m_{n\Phi})$ 的比值为

$$P^H(X\mid x)=s^H(x)/d^H(m_{p\Phi},m_{n\Phi}) \tag{12.15}$$

性质 12.1　已知两状态集合 $\Omega=\{X,\neg X\}$ 和样本 $x\in\mathbf{R}^N$，则 x 属于类别 X 的三支决策条件概率越大，样本 x 属于类别 X 的可能性就越大。

证明　对于线性可分模式，设两类样本的中心分别为 m_p、m_n。由式（12.6）可知，$P(X\mid x)=s(x)/d(m_p,m_n)$，即在 $d(m_p,m_n)$ 一定时，$P(X\mid x)$ 越大，则 $s(x)$ 越大；又根据式(12.7)可知，$s(x)$ 越大，说明样本 x 在 $\overrightarrow{m_n m_p}$ 的特征方向上距离样本类 $\neg X$ 的中心越远，即样本 x 属于类别 X 的可能性就越大。非线性可分模式下的证明与线性可分模式类似。

性质 12.1 证毕。

12.3.2　基于三支决策的 SVM 边界向量构建

在三支决策中，对于三支决策的延迟判断部分即边界域部分，它表示由于信息不够、认识不足，无法在某一时刻有足够把握作出接受或拒绝的判断，但如果随着信息的增加，决策者有充分把握接受和拒绝时，问题就变为二支决策[24]。基于此，本章用三支决策的边界域来刻画 SVM 中的边界向量，有选择地淘汰非支持向量。

SVM 是一种二分类模型，所以只考虑有两种状态 X 和 $\neg X$ 的二分类三支决策模型。根据 12.2.2 节的介绍可计算出三支决策的阈值 α 和 β；由 12.3.1 节可知 SVM 线性可分模式和非线性可分模式下样本 x 属于类别 X 的条件概率。在此基础上，给出基于三支决策的 SVM 边界向量的定义如下。

定义 12.4　给定两状态集合 $\Omega=\{X,\neg X\}$，$X\cup\neg X=U$。在基于三支决策的 SVM 增量学习中，基于三支决策的 SVM 边界向量是被划分到三支决策边界域中的对象，定义如下。

（1）SVM 线性可分模式下的基于三支决策的 SVM 边界向量

$$\mathrm{BV}=\mathrm{BND}(X)=\{x\in U\mid \beta<P(X\mid x)<\alpha\}\tag{12.16}$$

（2）SVM 非线性可分模式下的基于三支决策的 SVM 边界向量

$$\mathrm{BV}=\mathrm{BND}(X)=\{x\in U\mid \beta<P^H(X\mid x)<\alpha\}\tag{12.17}$$

性质 12.2　在提取基于三支决策的 SVM 边界向量时，对于线性可分模式，如果样本 x 被三支决策粗糙集处理，则 x 满足 $0\leqslant P(X\mid x)\leqslant 1$；如果 x 满足 $P(X\mid x)<0$ 或 $P(X\mid x)>1$，则样本 x 在此不予考虑，非线性可分模式下的性质类似。

证明　对于线性可分模式，设 SVM 分离超平面为 p，由式（12.6）可知，如果样本 x 满足 $P(X\mid x)<0$，则 $s(x)<0$，由式（12.7）可推断出 $\overrightarrow{m_n x}\cdot\overrightarrow{m_n m_p}<0$，即样本 x 在负类样本 $\neg X$ 一侧，且 $d(x,p)>d(m_n,p)$；如果样本 x 满足 $P(X\mid x)>1$，由式（12.6）可知 $s(x)>d(m_p,m_n)$，即样本 x 在正类样本 X 一侧，且 $d(x,p)>d(m_p,p)$。根据一个点距离分离超平面的远近可以表示分类预测的确信程度[25]可知，这些样本被分类正确的可能性是很大的，在此不予考虑。非线性可分模式下的证明与线性可分模式类似。

性质 12.2 证毕。

线性可分模式下基于三支决策的SVM边界向量提取算法的具体步骤如下。

算法 12.2　线性可分模式下基于三支决策的SVM边界向量提取算法

输入：初始训练数据集X_0，分为X_{0+}和X_{0-}。

输出：X_0中基于三支决策的SVM边界向量BV。

（1）在X_0上训练SVM初始分类器。

（2）计算X_{0+}和X_{0-}的样本中心m_p和m_n。

（3）根据m_p和m_n计算X_0中所有样本对应的条件概率$P(X_{0+}|x)$。

（4）选择相应的损失函数求出阈值α和β。

（5）对于第（4）步中保留下来的对象根据阈值α和β进行三支决策划分，找出对应的边界域$BND(X_{0+})$。

（6）令$BV = BND(X_{0+})$，输出BV。

（7）算法结束。

非线性可分模式下的边界向量提取算法在特征空间中进行，具体步骤和线性可分模式下类似。

12.3.3 基于三支决策的SVM增量学习算法

本章通过每次将支持向量和边界向量保留并与新增样本一起训练来进行SVM的增量学习，此方法采用三支决策的边界域来刻画SVM中的边界向量，有选择地淘汰非支持向量，避免有用信息的过早损失。

1. 算法

本章在典型的SVM增量学习算法的基础上，引入三支决策的相关理论，提出一种基于三支决策的SVM增量学习算法。

基于三支决策的SVM增量学习算法的具体步骤如下。

算法 12.3　基于三支决策的SVM增量学习算法

输入：训练样本集X，随机等分为N个互不相交的子集，分别为$X_1, X_2, \cdots, X_N$。

输出：基于X的SVM分类器Γ。

（1）取子集X_1进行训练，得到支持向量集SV_1。

（2）根据训练结果和算法12.2，计算训练集中基于三支决策的SVM边界向量BV_1。

（3）把SV_1、BV_1和子集X_2合并，使其作为新的训练样本进行训练，得到支持向量集SV_2。

（4）重复第（2）步，将得到的新的支持向量SV_i、BV_i和子集X_{i+1}合并训练，如此循环，直到X_N，SV_{N-1}、BV_{N-1}与X_N训练所得到的SVM就作为训练整个样本集X得到的分类器Γ，输出Γ。

（5）算法结束。

2. 算法时间复杂度分析

基于三支决策的 SVM 增量学习算法的时间复杂度主要取决于边界向量的确定和标准 SVM 训练。对于边界向量的确定，主要取决于算法 12.2 中的第（3）步，因此针对线性模式下的边界向量的确定，其时间复杂度为 $O(n^2)$，在非线性可分模式下的边界向量确定过程中，由于其增加了非线性映射 Φ，所以其时间复杂度将大于 $O(n^2)$；对于标准 SVM 训练，设原始训练样本被分为 N 个互不相交的样本子集 $X_1, X_2, \cdots, X_N$，每一个样本子集的大小为 $l_1, l_2, \cdots, l_N$。由于标准 SVM 训练的时间复杂度为 $O(n^3)$ [23]，所以子集 X_1 的训练时间为 $O(l_1^3)$，因为支持向量和边界向量只占样本子集的很少一部分，所以支持向量、边界向量和样本子集 X_i 一起进行标准 SVM 训练的时间复杂度为 $O(l_i^3)$。综上所述，线性模式下的基于三支决策的 SVM 增量学习算法的时间复杂度为 $O(l_1^3+l_1^2+l_2^3+l_2^2+\cdots+l_N^3+l_N^2)$，非线性可分模式下的时间复杂度将更大。

对于典型的 SVM 增量学习算法，其时间复杂度主要取决于标准 SVM 训练，在每次的循环中，都将前一次训练得到的支持向量和新增的样本放在一起进行训练，设原始训练样本被分为 N 个互不相交的样本子集 $X_1, X_2, \cdots, X_N$，每一个样本子集的大小为 $l_1, l_2, \cdots, l_N$。由于支持向量在新增样本中占少数，所以典型的 SVM 增量学习算法的时间复杂度为 $O(l_1^3+l_2^3+\cdots+l_N^3)$。

基于上述分析可知，基于三支决策的 SVM 增量学习算法由于边界向量的确定，其在算法运行时间上不占优势。

12.4　实验与分析

12.4.1　实验数据描述

为了检验本章提出的算法的有效性，采用来自 UCI 数据库的 breast-cancer、heart、diabetes 三个数据集进行实验。实验中，将每个数据集分为三个互不相交的子集，分别作为训练样本集、增量样本集和测试集。实验中使用的三个标准数据集的特性如表 12.1 所示。为了减少实验的复杂度，在实验时只选取每个数据集中前两个属性进行实验。

表 12.1　数据集特性

数据集名称	样本数量	训练样本集	增量样本集	测试集
breast-cancer	683	300	200	183
heart	270	150	70	50
diabetes	768	400	200	168

12.4.2 数据预处理

对于三个数据集，这里将具有缺失属性值的对象移除，此外，将数据归一化到[-1,1]范围内，令 A 是数值属性，具有 n 个观测值 $v_1, v_2, \cdots, v_n$，则

$$v_i' = \frac{v_i - \min_A}{\max_A - \min_A} \times 2 - 1 \tag{12.18}$$

式中，$\min_A$ 和 $\max_A$ 分别为属性 A 的 n 个观测值中的最小值和最大值；v_i' 为归一化后的观测值。

12.4.3 评价指标

为了评价检测性能，本章使用了两个评价指标：检测率和训练时间。

检测率指被正确分类的数据记录在总的测试集中所占的比例。计算方法如下

$$\mathrm{DR} = c / Z \tag{12.19}$$

式中，DR 表示检测率；c 表示被正确分类的测试数据总数；Z 表示测试数据总数。

12.4.4 实验结果及分析

本章通过将基于三支决策的 SVM 增量学习算法和文献[3]中典型的 SVM 增量学习算法进行比较，测试本章算法的检测率。两种方法均采用 10 折交叉验证来获取相关参数，典型的 SVM 增量学习算法的实验结果如表 12.2 所示。

表 12.2 典型的 SVM 增量学习算法测试结果

样　本	检测率/%	运行时间/s
breast-cancer	85.7923	0.057648
heart	64	0.026512
diabetes	76.7857	0.089381

由于在基于三支决策的 SVM 增量学习算法中，边界向量的选取依赖于阈值参数 α、β 的设定，可根据 12.2.2 节的介绍由损失函数计算出阈值参数 α、β。为了分析阈值参数的设定对于最终结果的影响趋势，在此将分别对每个数据集都采用不同的阈值参数进行实验，阈值参数 α、β 满足 $0 \leqslant \beta < a \leqslant 1$，且以 0.1 的渐进度在[0, 1]的范围内变化。三个数据集在不同阈值参数下的基于三支决策的 SVM 增量学习算法的测试结果如图 12.1～图 12.3 所示。

从图 12.1、图 12.2、图 12.3 可知，当 $\alpha \leqslant \beta$ 时，由于不存在边界向量，基于三支决策的 SVM 增量学习算法的检测率和典型的 SVM 增量学习算法的检测率相等；从图 12.2 可知，因为 heart 数据集在阈值 α、β 变化时边界向量一直为空，所以其基于三支决策的 SVM 增量学习算法的检测率一直都和典型的 SVM 增量学习算法的检测率相等；从图 12.1、图 12.3 可知，当 $\alpha = 1$ 并且 $\beta = 0$ 时数据集在基于三支决策的 SVM 增量学习

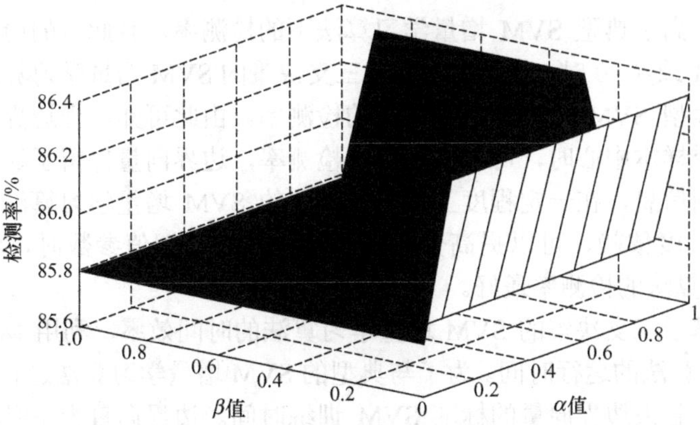

图 12.1　breast-cancer 数据集测试结果

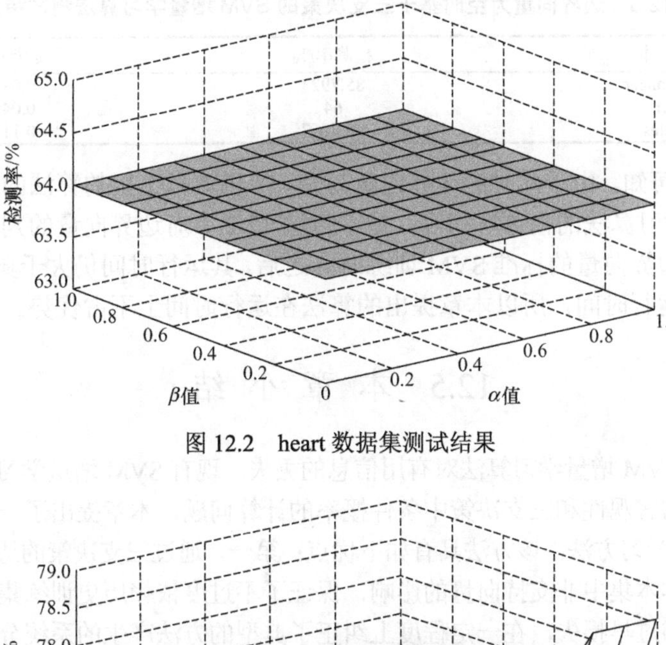

图 12.2　heart 数据集测试结果

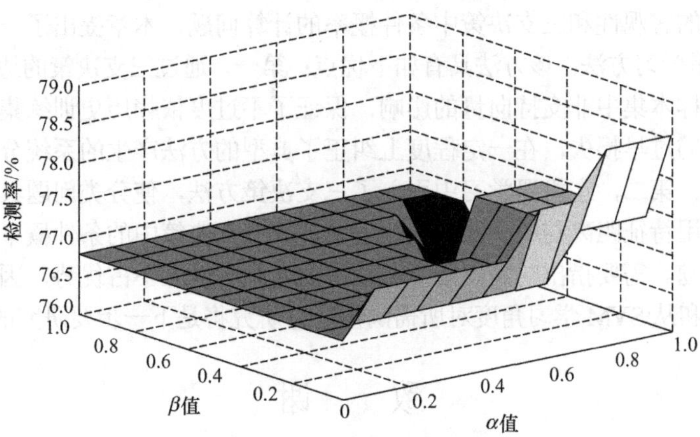

图 12.3　diabetes 数据集测试结果

算法下的检测率高于典型 SVM 增量学习算法下的检测率，且此时的检测率处在全局最高点，当$\alpha=1$或$\beta=0$时，数据集在基于三支决策的 SVM 增量学习算法下的检测率大部分都高于典型 SVM 增量学习算法下的检测率。由此可知，当边界向量中的样本靠近正类或负类样本中心时，可以明显提高检测率，边界向量保留了靠近正类或负类样本中心的有用信息，在一定程度上弥补了典型的 SVM 增量学习算法对历史训练集中支持向量的过度依赖，可以提高分类的准确率。设定阈值参数时，将阈值设置为$\alpha=1$、$\beta=0$时算法的检测率最好。

为了测试基于三支决策的 SVM 增量学习算法的时间效率，利用 MATLAB 的 tic 和 toc 命令记录算法的运行时间。为了与典型的 SVM 增量学习算法进行比较，在此令边界向量为空，省去边界向量的标准 SVM 训练时间。边界向量为空时基于三支决策的 SVM 增量学习算法的测试结果如表 12.3 所示。

表 12.3　边界向量为空时基于三支决策的 SVM 增量学习算法测试结果

样　本	检测率/%	运行时间/s
breast-cancer	85.7923	0.084619
heart	64	0.045464
diabetes	76.7857	0.112223

由表 12.3 可知，由于此时的边界向量为空，所以本章提出的算法的检测率和典型的 SVM 增量学习算法的检测率相等；由于算法 12.2 中对边界向量的判定，本章提出的算法在省去边界向量的标准 SVM 训练时间之后，其运行时间仍大于典型的 SVM 增量学习算法的运行时间，所以本章提出的算法在运行时间上不占优势。

12.5　本章小结

针对典型 SVM 增量学习算法对有用信息的丢失、现有 SVM 增量学习算法单纯追求分类器精准性的客观性和三支决策中条件概率的计算问题，本章提出了一种基于三支决策的 SVM 增量学习方法。该方法具有如下优点：第一，通过三支决策的边界域考虑新增样本集对原始样本集中非支持向量的影响，保证了不过度依赖历史训练集中的支持向量导致有用信息的过早损失，在一定程度上纠正了典型的方法产生的系统分类错误，提高了分类准确性；第二，在机器学习中引入了三支决策方法，使分类问题具有代价敏感特性；第三，采用特征距离与中心距离的比值来计算三支决策中的条件概率，解决了条件概率的计算问题。需要指出的是，本章在算法的运行时间上不占优势，因此如何提高本章算法的速度和从 SVM 学习角度对所需阈值进行研究将是下一步要研究的工作。

致　谢

本章的研究工作得到了国家自然科学基金项目（项目编号分别为 61370169、

61402153、60873104)，河南省重点科技攻关计划项目（项目编号：142102210056)、新乡市重点科技攻关计划项目（项目编号：ZG13004）的资助。

参 考 文 献

[1] 顾彬, 郑关胜, 王建东. 增量和减量式标准支持向量机的分析. 软件学报, 2013, 7: 1-13.

[2] 张浩然, 汪晓东. 回归最小二乘支持向量机的增量和在线式学习算法. 计算机学报, 2006, 29(3): 400-406.

[3] Syed N, Liu H, Sung K. Incremental learning with support vector mechines// Proceedings of International Joint Conference on Artificial Intelligence, Sweden, 1999: 352-356.

[4] 王晓东, 郑春颖, 吴崇明, 等. 一种新的 SVM 对等增量学习算法. 计算机应用, 2006, 26(10): 2440-2443.

[5] 廖建平, 余文利, 方建文. 改进的增量式 SVM 在网络入侵检测中的应用. 计算机工程与应用, 2013, 49(10): 100-104.

[6] Mitra P, Murthy C A, Pal S K. Data condensation in large data-bases by incremental learning with support vector machines // Proceedings of 15th International Conference on Pattern Recognition, 2000, 2: 708-711.

[7] 张一凡, 冯爱民, 张正林. 支持向量回归增量学习. 计算机科学, 2014, 41(6): 166-170.

[8] 申晓勇, 雷英杰. 一种 SVM 增量学习淘汰算法. 计算机工程与应用, 2007, 43(6): 171-173.

[9] 文波, 单甘霖, 段修生. 基于 KKT 条件与壳向量的增量学习算法研究. 计算机科学, 2013, 40(3): 255-258.

[10] Yang Q, Wu X. 10 challenging problem in data mining research. International Journal of Information Technology and Decision Making, 2006, 5(4):597-604.

[11] Yao Y Y, Wong S K M. A decision theoretic framework for approximating concepts. International Journal of Man-Machine Studies, 1992, 37(6):793-809.

[12] 贾修一, 商琳, 周献忠, 等. 三支决策理论与应用. 南京: 南京大学出版社, 2012.

[13] Liu D, Li T R, Liang D C. A new discriminate analysis approach under decision-theoretic rough sets// Proceedings of the 6th International Conference on Rough Sets and Knowledge Technology, Banff, Canada, 2011: 476-485.

[14] 韩虎, 党建武. 双隶属度模糊粗糙支持向量机. 计算机工程与应用, 2014. DOI: 10.3778/J.ISSN. 1002-8331.1311-0260.

[15] Yao Y Y. Three-way decisions with probabilistic rough sets. Information Sciences, 2010, 180(3): 341-353.

[16] 刘盾, 姚一豫, 李天瑞. 三支决策粗糙集. 计算机科学, 2011, 38(1): 246-250.

[17] Yao Y Y. Decision-theoretic rough set models// Proceedings of the 2th International Conference on Rough Sets and Knowledge Technology, Toronto, Canada, 2007: 1-12.

[18] Yao Y Y. Three-way decision: An interpretation of rules in rough set theory// Proceedings of the 4th International Conference on Rough Sets and Knowledge Technology, Gold Coast, Australia, 2009: 642-649.

[19] Liu D, Li T R, Liang D C. Incorporating logistic regression to decision-theoretic rough sets for classifications. International Journal of Approximate Reasoning, 2013: 55(1): 197-210.

[20] Yao Y Y. The superiority of three-way decisions in probabilistic rough set models. Information Sciences, 2011, 181(6): 1080-1096.

[21] 赵咏斌，朱嘉钢，陆晓．SVM 应用于测试用例生成的方法．计算机应用研究，2015，32(1): 115-120.

[22] 焦李成，张莉，周伟达．支撑矢量预选取的中心距离比值法．电子学报，2001，29(3): 383-386.

[23] 杨静，于旭，谢志强．改进向量投影的支持向量预选取方法．计算机学报，2012，35(5): 1002-1010.

[24] 刘盾，李天瑞，李华雄．粗糙集理论：基于三枝决策视角．南京大学学报(自然科学版)，2013，49(5): 574-581.

[25] 李航．统计学习方法．北京：清华大学出版社，2012: 95-130.

第 13 章 基于自反概率模糊粗糙集的三支决策

Three-Way Decisions with Reflexive Probabilistic Rough Fuzzy Sets

马建敏[1]

1. 长安大学理学院数学与信息科学系

三支决策理论是在传统的二支决策的基础上发展起来的。该理论提供了三种决策选择：接受、拒绝、不承诺或延迟决策。作为三支决策理论的典型模型，粗糙集从下近似给出了定性描述，决策粗糙集则以条件概率作为评价函数给出了定量刻画。本章从自反关系和条件概率出发，给出了自反概率近似空间上模糊集的自反概率粗糙模糊集。利用模糊集构造了状态空间，以自反关系下的条件概率为评价函数，通过贝叶斯决策理论和损失函数矩阵，刻画了自反概率粗糙模糊集上的三支决策方法。

13.1 引　言

三支决策理论是 Yao 在研究粗糙集[1,2]和决策粗糙集理论[3,4]的基础上提出来的。Yao 最早在文献[5]中简单地阐述了它的思想，进而在文献[6]～文献[8]中对其展开了深入的探讨。该理论是一种在信息不确定或不完整的条件下进行决策的方法[9,10]，当所给证据充足时，作出接受或拒绝的决策；当证据不足时，则不作承诺以减小风险或代价，必要时增加其他证据以进行进一步的分析和决策。三支决策理论既给出了粗糙集三个域的合理语义解释[8, 11-13]，又解释了概率粗糙集的主要结果[3,4]。

Pawlak 提出的粗糙集理论，其主要思想是利用等价关系对论域的划分产生的等价类来逼近被近似集合。目前，粗糙集理论的推广研究主要集中在以下几方面：①通过弱化等价关系，将 Pawlak 粗糙集模型扩展到不同二元关系下的粗糙集模型[14-23]；②修改经典粗糙集的下近似和上近似的定义，放松下近似的定义中等价类必须完全包含于被近似集的限制，并对上近似的定义中等价类与被近似集交集非空进行量化要求，例如，Pawlak 等[24]提出了精度为 0.5 的基于条件概率的概率粗糙集；Yao 等[4]通过引入两个阈值，利用条件概率提出了概率粗糙集；Ziarko[25]提出了基于错误分类率的变精度粗糙集；随后，Yao[26]将基于条件概率的粗糙隶属函数引入粗糙集中，给出了概率粗糙集的统一框架；概率方法应用到粗糙集中，还产生了如下模型，即决策理论粗糙集模型[3,4,6,7]、贝叶斯粗糙集模型[27-30]、概率规则归纳模型[31-34]等；③Dubios 结合 Zadeh[35]提出的模糊集理论和 Pawlak[1]提出的粗糙集理论，提出了粗糙模糊集和模糊粗糙集[36]。继而，很多学者研究了不同背景或不同关系下的粗糙模糊集[37-48]，将模糊集应用到概率粗糙集和决策理论粗糙集，产生了模糊概率粗糙集和模糊决策理论粗糙集等模型[49-55]。Yao 等[56]基于串行二元关系讨论了广义概率粗糙集模型。Ma 和 Sun[57]基于决策理论粗糙集模型给出了双论域上一般二元关系的概率粗糙集模型。Sun 和 Yang 等[51, 53]分别基于一般模糊二元关系研究了双论域上的模糊概率粗糙集模型。目前，尚未见到利用模糊集构造状态空间的概率粗糙模糊集的三支决策的研究。

本章主要研究自反概率近似空间上的概率粗糙模糊集，给出自反概率粗糙模糊集模型上的三支决策理论。主要内容安排如下，13.1 节回顾一般二元关系下的概率粗糙集。13.2 节提出自反概率近似空间，研究该空间下模糊集的概率粗糙模糊集模型。13.3 节基于任意模糊集构建状态空间，利用自反关系下的条件概率为评价函数，基于贝叶斯决策理论和代价损失函数给出极小决策规则，实现对对象的三支分类，建立自反概率粗糙模糊集近似与三支分类的关系。

13.2 模糊集与概率粗糙集

13.2.1 模糊集

模糊集合的概念是由 Zadeh[35]于 1965 年提出的，它用于反映概念与命题的不确定性研究。在不确定性的研究中，概念属性与其所反映的对象完全一致。也就是说，概念属性所反映的对象集中的每一个对象，必然具备该概念属性；另外，具备概念属性的对象必然在该对象集中。这种对象集是一个经典集合。

设 U 为有限个元素构成的非空集合，称为论域。A 是 U 的经典子集，即 $A \subseteq U$。对于任意的 $x \in U$，或者 $x \in A$，或者 $x \notin A$，二者必有一个成立且仅有一个成立。经典集合 A 与其特征函数 $A(x)$ 一一对应，即 $x \in A \Leftrightarrow A(x)=1$。于是经典集合实际上是 U 到 $\{0,1\}$ 上的映射。模糊集 $\tilde{A}$ 是从 U 到 $[0,1]$ 上的映射，即 $\tilde{A}: U \to [0,1]$。用 $\mathcal{F}(U)$ 表示 U 上所有模糊集构成的集合，$P(U)$ 表示 U 上所有经典集构成的集合。显然，$P(U) \subseteq \mathcal{F}(U)$。

对任意的 $\tilde{A}, \tilde{B} \in \mathcal{F}(U)$，模糊集的交、并、补和偏序运算分别定义为

$$(\tilde{A} \cap \tilde{B})(x) = \tilde{A}(x) \wedge \tilde{B}(x)$$
$$(\tilde{A} \cup \tilde{B})(x) = \tilde{A}(x) \vee \tilde{B}(x)$$
$$\tilde{A}^c(x) = 1 - \tilde{A}(x)$$
$$\tilde{A} \subseteq \tilde{B} \Leftrightarrow \tilde{A}(x) \leqslant \tilde{B}(x), \forall x \in U$$

对任意的 $\tilde{A} \in \mathcal{F}(U)$，$\delta \in [0,1]$，集合 $A_\delta = \{x \in U \mid \tilde{A}(x) \geqslant \delta\}$ 称为模糊集 $\tilde{A}$ 的 δ-截集，$A_{\delta^+} = \{x \in U \mid \tilde{A}(x) > \delta\}$ 称为模糊集 $\tilde{A}$ 的弱 δ-截集。模糊集 $\tilde{A}$ 的 δ-截集和弱 δ-截集都是 U 上的经典集合，即 $A_\delta, A_{\delta^+} \in P(U)$。

对任意的模糊集 $\tilde{A} \in \mathcal{F}(U)$，$\tilde{A}$ 的核与支集分别定义为

$$\mathrm{Core}(\tilde{A})=\{x\in U\mid \tilde{A}(x)\geqslant 1\}=\{x\in U\mid \tilde{A}(x)=1\}=A_1$$

$$\mathrm{Support}(\tilde{A})=\{x\in U\mid \tilde{A}(x)>0\}=A_{0^+}$$

显然，模糊集 $\tilde{A}$ 的核与支集分别为模糊集 $\tilde{A}$ 的 1-截集和弱 0-截集。

对任意的模糊集 $\tilde{A},\tilde{B}\in\mathcal{F}(U)$，$\delta\in[0,1]$，记 $A_\delta^c=(A_\delta)^c=U-A_\delta$，则有

$$A_\delta^c=(\tilde{A}^c)_{(1-\delta)^+}，\ A_{\delta^+}^c=(\tilde{A}^c)_{1-\delta}$$

$$(\tilde{A}\cap\tilde{B})_\delta=A_\delta\cap B_\delta，\ (\tilde{A}\cup\tilde{B})_\delta=A_\delta\cup B_\delta$$

$$\tilde{A}\subseteq\tilde{B}\Rightarrow A_\delta\subseteq B_\delta$$

13.2.2　概率粗糙集

设 U 为非空有限论域，$R\subseteq U\times U$ 是 U 上的二元关系。对任意的 $x,y\in U$，$(x,y)\in R$ 表示 x 和 y 具有关系 R。集合

$$R(x)=\{y\in U\mid (x,y)\in R\}$$

表示与 x 具有关系 R 的对象的集合，称为 x 的后继邻域[15-17]，简称为 x 的邻域（或右邻域）。若对任意的 $x\in U,R(x)\neq\varnothing$,则称 R 为串行的；若对任意的 $x\in U,x\in R(x)$，则称 R 为自反的；若对任意的 $x,y\in U,y\in R(x)$ 蕴涵 $x\in R(y)$，则称 R 为对称的；若对任意的 $x,y\in U,y\in R(x)$ 蕴涵 $R(y)\subseteq R(x)$，则称 R 为传递的；若 R 满足自反、对称和传递，则称 R 为等价的。显然，自反的二元关系必为串行的二元关系。

若 R 为 U 上的二元关系，则称 (U,R) 为广义近似空间。若 R 为 U 上的串行二元关系，则称 (U,R) 为串行近似空间。若 R 为 U 上的自反二元关系，则称 (U,R) 为自反近似空间。

定义 13.1[59]　设 U 是非空有限论域，称集值函数 $\mathrm{Pr}:P(U)\to[0,1]$ 是 U 上的概率测度，如果 Pr 满足对任意的 $A,A_i\subseteq U,i=1,2,\cdots$，① $\mathrm{Pr}(A)\geqslant 0$；② $\mathrm{Pr}(U)=1$；③ $\mathrm{Pr}(A_1\cup A_2\cup\cdots)=\mathrm{Pr}(A_1)+\mathrm{Pr}(A_2)+\cdots$，若 $A_i\cap A_j=\varnothing,\forall i\neq j,i,j=1,2,\cdots$。

若 Pr 是 U 上的概率测度，对任意的 $A,B\subseteq U$，$\mathrm{Pr}(A\mid B)=\dfrac{\mathrm{Pr}(A\cap B)}{\mathrm{Pr}(B)}(\mathrm{Pr}(B)>0)$ 表示事件 B 发生的条件下，事件 A 发生的概率，称为条件概率。

因为 U 为离散的有限论域，所以任意集合 $A\subseteq U$ 为 U 上的离散子集。由古典概型可得 $\mathrm{Pr}(A)=\dfrac{|A|}{|U|}$。于是，对任意的 $A,B\subseteq U$ 且 $\mathrm{Pr}(B)>0$

$$\mathrm{Pr}(A\mid B)=\frac{\mathrm{Pr}(A\cap B)}{\mathrm{Pr}(B)}=\frac{|A\cap B|/|U|}{|B|/|U|}=\frac{|A\cap B|}{|B|}$$

定义 13.2[15,16,56]　设 (U,R) 为广义近似空间。对任意的 $A\subseteq U$，A 关于 R 的下、上近似分别定义为

$$\underline{\mathrm{apr}}(A)=\{x\in U\mid R(x)\subseteq A\}$$
$$\overline{\mathrm{apr}}(A)=\{x\in U\mid R(x)\cap A\neq\varnothing\}$$

定义 13.3[56]　设(U,R)为广义近似空间，Pr 是U上的概率测度。对任意的$A\subseteq U$，$\alpha\in[0,1]$，A关于R的概率粗糙集分别定义为

$$\underline{\mathrm{apr}}_{\alpha}(A)=\{x\in U\mid \Pr(A\mid R(x))\geqslant 1-\alpha\}$$
$$\overline{\mathrm{apr}}_{\alpha}(A)=\{x\in U\mid \Pr(A\mid R(x))>\alpha\}$$

则$\underline{\mathrm{apr}}_{\alpha}$和$\overline{\mathrm{apr}}_{\alpha}$定义了$P(U)$上的一对算子，分别称为$A$关于$R$的概率下、上近似算子。

对任意的$A\subseteq U$，$\alpha\in[0,1]$，A关于R的正域、负域和边界域分别定义为

$$\mathrm{POS}_{\alpha}(A)=\underline{\mathrm{apr}}_{\alpha}(A)=\{x\in U\mid \Pr(A\mid R(x))\geqslant 1-\alpha\}$$
$$\mathrm{NEG}_{\alpha}(A)=U-\overline{\mathrm{apr}}_{\alpha}(A)=\{x\in U\mid \Pr(A\mid R(x))\leqslant \alpha\}$$
$$\mathrm{BND}_{\alpha}(A)=\overline{\mathrm{apr}}_{\beta}(A)-\underline{\mathrm{apr}}_{\alpha}(A)=\{x\in U\mid \alpha<\Pr(A\mid R(x))<1-\alpha\}$$

由上述边界域的定义可知，参数α满足$0\leqslant\alpha<0.5$上述定义才有意义。

性质 13.1[56]　设(U,R)为广义近似空间，Pr 是U上的概率测度。对任意的$A,B\subseteq U$，$\alpha\in[0,1]$，当二元关系R是串行二元关系时，下列性质成立。

（1）$\underline{\mathrm{apr}}(A)=\underline{\mathrm{apr}}_{0}(A)$。

（2）$\underline{\mathrm{apr}}_{\alpha}(A^{c})=\overline{\mathrm{apr}}_{\alpha}(A)^{c}$。

（3）$\underline{\mathrm{apr}}_{\alpha}(U)=U$。

（4）$\underline{\mathrm{apr}}_{\alpha}(A\cap B)\subseteq\underline{\mathrm{apr}}_{\alpha}(A)\cap\underline{\mathrm{apr}}_{\alpha}(B)$。

（5）$\underline{\mathrm{apr}}_{\alpha}(A\cup B)\supseteq\underline{\mathrm{apr}}_{\alpha}(A)\cup\underline{\mathrm{apr}}_{\alpha}(B)$。

（6）$A\subseteq B\Rightarrow\underline{\mathrm{apr}}_{\alpha}(A)\subseteq\underline{\mathrm{apr}}_{\alpha}(B)$。

（7）$\alpha_1\leqslant\alpha_2\Rightarrow\underline{\mathrm{apr}}_{\alpha_2}(A)\subseteq\underline{\mathrm{apr}}_{\alpha_1}(A)$。

（1′）$\overline{\mathrm{apr}}(A)=\overline{\mathrm{apr}}_{0}(A)$。

（2′）$\overline{\mathrm{apr}}_{\alpha}(A^{c})=\underline{\mathrm{apr}}_{\alpha}(A)^{c}$。

（3′）$\overline{\mathrm{apr}}_{\alpha}(U)=U$。

（4′）$\overline{\mathrm{apr}}_{\alpha}(A\cup B)\supseteq\overline{\mathrm{apr}}_{\alpha}(A)\cup\overline{\mathrm{apr}}_{\alpha}(B)$。

（5′）$\overline{\mathrm{apr}}_{\alpha}(A\cap B)\subseteq\overline{\mathrm{apr}}_{\alpha}(A)\cap\overline{\mathrm{apr}}_{\alpha}(B)$。

（6′）$A\subseteq B\Rightarrow\overline{\mathrm{apr}}_{\alpha}(A)\subseteq\overline{\mathrm{apr}}_{\alpha}(B)$。

（7′）$\alpha_1\leqslant\alpha_2\Rightarrow\overline{\mathrm{apr}}_{\alpha_2}(A)\subseteq\overline{\mathrm{apr}}_{\alpha_1}(A)$。

当参数α满足$0\leqslant\alpha<0.5$时，有$\underline{\mathrm{apr}}_{\alpha}(A)\subseteq\overline{\mathrm{apr}}_{\alpha}(A)$。

13.3　自反概率粗糙模糊集

设 Pr 为 U 上的概率测度，对任意的 $A,B\subseteq U$，条件概率 $\Pr(A|B)=\dfrac{\Pr(A\cap B)}{\Pr(B)}$ 要求做分母的概率 $\Pr(B)$ 必须严格大于零 $(\Pr(B)>0)$，即 B 非空。因此，当考虑把 x 的邻域 $R(x)$ 作为条件概率的条件时，应有 $R(x)\neq\varnothing$，而二元关系 R 满足自反性便可保证这个条件成立。所以后面考虑自反关系条件下"事件 $R(x)$ 发生时任意事件 A 发生"的条件概率是有意义的。

设 U 为非空有限论域，$R\subseteq U\times U$ 是 U 上的自反关系，$\Pr:P(U)\to[0,1]$ 是 U 上的概率测度，称三元组 $(U,R,\Pr)$ 为自反概率近似空间。

性质 13.2　设 $(U,R,\Pr)$ 为自反概率近似空间，对任意的 $A,B\subseteq U,x\in U$，下列性质成立。

（1）$0\leqslant\Pr(A|R(x))\leqslant 1$。

（2）$\Pr(U|R(x))=1$。

（3）$\Pr(\varnothing|R(x))=0$。

（4）$\Pr(A|R(x))=1\Leftrightarrow R(x)\subseteq A$。

（5）$\Pr(A|R(x))>0\Leftrightarrow R(x)\cap A\neq\varnothing$。

（6）$A\subseteq B\Rightarrow\Pr(A|R(x))\leqslant\Pr(B|R(x))$。

（7）$\Pr(A^c|R(x))=1-\Pr(A|R(x))$。

（8）$\Pr(A\cup B|R(x))=\Pr(A|R(x))+\Pr(B|R(x))-\Pr(A\cap B|R(x))$。

（9）$A\cap B=\varnothing\Rightarrow\Pr(A\cup B|R(x))=\Pr(A|R(x))+\Pr(B|R(x))$。

（10）$\max\{0,\Pr(A|R(x))+\Pr(B|R(x))-1\}\leqslant\Pr(A\cap B|R(x))$
$\leqslant\min\{\Pr(A|R(x)),\Pr(B|R(x))\}$。

（11）$\max\{\Pr(A|R(x)),\Pr(B|R(x))\}\leqslant\Pr(A\cup B|R(x))$
$\leqslant\min\{1,\Pr(A|R(x))+\Pr(B|R(x))\}$。

证明　由条件概率的定义和 R 的自反性易证结论成立。

若 R 为 U 上的一般二元关系，则可能存在 $x\in U$ 使得 $R(x)=\varnothing$。所以对一般二元关系 R，性质（2）～性质（5）不一定成立。

定义 13.4　设 $(U,R,\Pr)$ 为自反概率近似空间。对任意的 $\tilde{A}\in\mathcal{F}(U)$，$\delta,\alpha,\beta\in[0,1]$ 且 $0\leqslant\beta<\alpha\leqslant 1$，$\tilde{A}$ 的基于 δ 的 (α,β)- 概率模糊下近似和上近似分别定义为

$$\underline{\mathrm{apr}}_\alpha(A_\delta)=\{x\in U\mid\Pr(A_\delta|R(x))\geqslant\alpha\}$$

$$\overline{\mathrm{apr}}_\beta(A_\delta)=\{x\in U\mid\Pr(A_\delta|R(x))>\beta\}$$

对任意的 $\tilde{A}\in\mathcal{F}(U)$ ，$\delta,\alpha,\beta\in[0,1]$ 且 $0\leqslant\beta<\alpha\leqslant 1$，模糊集 $\tilde{A}$ 的基于 δ 的 (α,β)- 概率正域、负域和边界域分别定义为

$$\mathrm{POS}_{(\alpha,\beta)}(A_\delta)=\underline{\mathrm{apr}}_\alpha(A_\delta)=\{x\in U\mid \Pr(A_\delta\mid R(x))\geqslant\alpha\}$$

$$\mathrm{NEG}_{(\alpha,\beta)}(A_\delta)=U-\overline{\mathrm{apr}}_\beta(A_\delta)=\{x\in U\mid \Pr(A_\delta\mid R(x))\leqslant\beta\}$$

$$\mathrm{BND}_{(\alpha,\beta)}(A_\delta)=\overline{\mathrm{apr}}_\beta(A_\delta)-\underline{\mathrm{apr}}_\alpha(A_\delta)=\{x\in U\mid \beta<\Pr(A_\delta\mid R(x))<\alpha\}$$

性质 13.3　设 $(U,R,\Pr)$ 为自反概率近似空间，对任意的 $\tilde{A},\tilde{B}\in\mathcal{F}(U)$ ，$\delta,\alpha,\beta\in[0,1]$ 且 $0\leqslant\beta<\alpha\leqslant 1$，下列性质成立。

（1）$\underline{\mathrm{apr}}_\alpha(\varnothing)=\varnothing,\quad \overline{\mathrm{apr}}_\beta(\varnothing)=\varnothing$ 。

（2）$\underline{\mathrm{apr}}_\alpha(U)=U,\quad \overline{\mathrm{apr}}_\beta(U)=U$ 。

（3）$\underline{\mathrm{apr}}_\alpha(A_\delta^c)=\overline{\mathrm{apr}}_{1-\alpha}(A_\delta)^c$ 。

（4）$\overline{\mathrm{apr}}_\beta(A_\delta^c)=\underline{\mathrm{apr}}_{1-\beta}(A_\delta)^c$ 。

（5）$\underline{\mathrm{apr}}_\alpha(A_\delta)\subseteq\overline{\mathrm{apr}}_\beta(A_\delta)$ 。

（6）$\underline{\mathrm{apr}}_\alpha((\tilde{A}\cap\tilde{B})_\delta)\subseteq\underline{\mathrm{apr}}_\alpha(A_\delta)\cap\underline{\mathrm{apr}}_\alpha(B_\delta)$ 。

$\overline{\mathrm{apr}}_\beta((\tilde{A}\cup\tilde{B})_\delta)\supseteq\overline{\mathrm{apr}}_\beta(A_\delta)\cup\overline{\mathrm{apr}}_\beta(B_\delta)$ 。

（7）$\underline{\mathrm{apr}}_\alpha((\tilde{A}\cup\tilde{B})_\delta)\supseteq\underline{\mathrm{apr}}_\alpha(A_\delta)\cup\underline{\mathrm{apr}}_\alpha(B_\delta)$ 。

$\overline{\mathrm{apr}}_\beta((\tilde{A}\cap\tilde{B})_\delta)\subseteq\overline{\mathrm{apr}}_\beta(A_\delta)\cap\overline{apr}_\beta(B_\delta)$ 。

（8）$\tilde{A}\subseteq\tilde{B}\Rightarrow\underline{\mathrm{apr}}_\alpha(A_\delta)\subseteq\underline{\mathrm{apr}}_\alpha(B_\delta),\quad \overline{\mathrm{apr}}_\beta(A_\delta)\subseteq\overline{\mathrm{apr}}_\beta(B_\delta)$ 。

证明　由性质 13.2 和定义 13.4 可证结论成立。

性质 13.4　设 $(U,R,\Pr)$ 为自反概率近似空间，对任意的 $\tilde{A},\tilde{B}\in\mathcal{F}(U)$ ，$\delta,\alpha,\alpha_1,\alpha_2\in[0,1]$ ，$\beta,\beta_1,\beta_2\in[0,1]$ ，且 $0\leqslant\beta<\alpha\leqslant 1$，下列性质成立。

（1）$\underline{\mathrm{apr}}_\alpha(A_{\delta^+})\subseteq\underline{\mathrm{apr}}_\alpha(A_\delta),\quad \overline{\mathrm{apr}}_\beta(A_{\delta^+})\subseteq\overline{\mathrm{apr}}_\beta(A_\delta)$ 。

（2）$\alpha_1\leqslant\alpha_2\Rightarrow\underline{\mathrm{apr}}_{\alpha_2}(A_\delta)\subseteq\underline{\mathrm{apr}}_{\alpha_1}(A_\delta)$ 。

（3）$\beta_1\leqslant\beta_2\Rightarrow\overline{\mathrm{apr}}_{\beta_2}(A_\delta)\subseteq\overline{\mathrm{apr}}_{\beta_1}(A_\delta)$ 。

（4）$\delta_1\leqslant\delta_2\Rightarrow\underline{\mathrm{apr}}_\alpha(A_{\delta_2})\subseteq\underline{\mathrm{apr}}_\alpha(A_{\delta_1}),\quad \overline{\mathrm{apr}}_\beta(A_{\delta_2})\subseteq\overline{\mathrm{apr}}_\beta(A_{\delta_1})$ 。

（5）$\overline{\mathrm{apr}}_{1-\alpha}(A_\delta)^c=\underline{\mathrm{apr}}_\alpha((\tilde{A}^c)_{(1-\delta)^+}),\quad \underline{\mathrm{apr}}_{1-\beta}(A_\delta)^c=\overline{\mathrm{apr}}_\beta((\tilde{A}^c)_{(1-\delta)^+})$ 。

（6）$\forall\delta\in(0,1),\quad \underline{\mathrm{apr}}_\alpha(A_1)\subseteq\underline{\mathrm{apr}}_\alpha(A_\delta)\subseteq\underline{\mathrm{apr}}_\alpha(A_0)$ 。

（7）$\forall\delta\in(0,1),\quad \overline{\mathrm{apr}}_\beta(A_1)\subseteq\overline{\mathrm{apr}}_\beta(A_\delta)\subseteq\overline{\mathrm{apr}}\beta(A_0)$ 。

证明　由模糊集、模糊截集的性质和定义 13.4 易证结论成立。

注记 13.1　若模糊集 $\tilde{A}$ 退化为经典集合 A，则有 $\tilde{A}=A$ 。于是由定义 13.4 给出的 $\tilde{A}$

基于 δ 的 (α,β)- 概率模糊下近似和上近似就是定义 13.3 给出的经典集合 A 的 α- 下近似和 β- 上近似。特别地，当 $\alpha=1,\beta=0$ 时，模糊集 $\tilde{A}$ 基于 δ 的 (1,0)- 概率模糊下近似和上近似就是定义 13.2 给出的 A_δ 的下、上近似

$$\underline{\mathrm{apr}}_1(A_\delta)=\underline{\mathrm{apr}}(A_\delta)=\{x\in U\mid \Pr(A_\delta\mid R(x))\geqslant 1\}=\{x\in U\mid R(x)\subseteq A_\delta\}=\underline{\mathrm{apr}}(A_\delta)$$

$$\overline{\mathrm{apr}}_0(A_\delta)=\overline{\mathrm{apr}}(A_\delta)=\{x\in U\mid \Pr(A_\delta\mid R(x))>0\}=\{x\in U\mid A_\delta\cap R(x)\neq\varnothing\}=\overline{\mathrm{apr}}(A_\delta)$$

注记 13.2　定义 13.4 中的参数取 $(1-\alpha,\alpha)$ 时模糊集 $\tilde{A}$ 关于参数 δ 的 $(1-\alpha,\alpha)$- 概率模糊下、上近似就是定义 13.3 给出的 A_δ 的概率下、上近似。

13.4　自反概率粗糙模糊集的三支决策

13.4.1　贝叶斯决策过程

设 $\Omega=\{\omega_1,\omega_2,\cdots,\omega_s\}$ 为 s 个状态构成的有限集合，$A=\{a_1,a_2,\cdots,a_m\}$ 是 m 个可能的行为构成的有限集合，$\Pr(\omega_j\mid X)$ 表示当用 X 描述对象 x 时，对象 x 在状态 ω_j 中的条件概率，其中 X 表示对对象的描述集合。不失一般性，本章假设条件概率 $\Pr(\omega_j\mid X)$ 均为已知。

令 $\lambda(a_i\mid\omega_j)$ 表示状态为 ω_j 时采取行为 a_i 的损失或者代价。对任意的具有描述 X 的对象，对任意的行为 $\omega_j\in\Omega$，根据 $\Pr(\omega_j\mid X)$ 和 $\lambda(a_i\mid\omega_j)$，采取行为 a_i 的期望损失为

$$E(a_i\mid X)=\sum_{j=1}^{s}\lambda(a_i\mid\omega_j)\Pr(\omega_j\mid X)\tag{13.1}$$

$E(a_i\mid X)$ 称为条件风险。给定描述 X，函数 $\tau(X)$ 是确定采用哪个行为的决策规则。也就是说，对任意的 X，$\tau(X)$ 确定采取行为 $a_1,a_2,\cdots,a_m$ 中的一个。总风险 $\mathfrak{R}$ 是与给定决策规则相关的期待损失，由于 $E(\tau(X)\mid X)$ 是与行为 $\tau(X)$ 相关的条件风险，所以总风险为

$$E=\sum_{X}E(\tau(X)\mid X)\Pr(X)$$

其中求和是在对象的所有可能描述的集合上进行的。若选定 $\tau(X)$ 使得 $E(\tau(X)\mid X)$ 对每一个 X 都尽可能小，则总风险 E 就是极小的。

贝叶斯决策过程的形式化描述如下，对任意的 X，由式（13.1）计算条件风险 $E(a_i\mid X)$ $(i=1,2,\cdots,m)$，选取使得条件风险为极小的行为。若有超过一个行为能极小化 $E(a_i\mid X)$，则任意平衡规则可用。

13.4.2　自反概率粗糙模糊集的三支决策

对 U 上的任意模糊子集 $\tilde{A}$，下面将基于贝叶斯决策理论，给出模糊集 $\tilde{A}$ 的不同 δ-截集 $A_\delta(\delta\in[0,1])$ 的三支决策模型的构建方法。

设$(U,R,\Pr)$为自反概率近似空间。由于$R\subseteq U\times U$是自反关系，所以对任意的$x\in U$，都有$x\in R(x)$，即对任意的$x\in U$，$R(x)$是对象x的一种描述。而对任意的模糊集$\tilde{A}\in\mathcal{F}(U)$和$\delta\in[0,1]$，任意对象$x\in U$隶属于模糊集$\tilde{A}$的程度要么大于等于$\delta$，要么小于$\delta$，于是得到依赖于参数$\delta$的状态空间$\Omega_\delta=\{A_\delta,A_\delta{}^c\}$。状态空间$\Omega_\delta=\{A_\delta,A_\delta{}^c\}$给出了一个对象隶属于模糊集$\tilde{A}$的程度大于等于$\delta$或小于$\delta$的两种状态。$A=\{a_P,a_N,a_B\}$表示行为集合，其中$a_P$、$a_N$和$a_B$表示对对象$x$进行分类时的三种行为，依次表示对对象采取接受$(\mathrm{POS}_{(\alpha,\cdot)}(A_\delta))$、不接受$(\mathrm{NEG}_{(\cdot,\beta)}(A_\delta))$和需要进一步进行判断$(\mathrm{BND}_{(\alpha,\beta)}(A_\delta))$，则在不同状态下采取不同行为的风险或代价的损失函数可表示为表13.1所示的代价损失函数矩阵。

表 13.1　代价损失函数矩阵

行为＼状态	$A_\delta(P)$	$A_\delta^c(N)$
a_P	λ_{PP}	λ_{PN}
a_N	λ_{NP}	λ_{NN}
a_B	λ_{BP}	λ_{BN}

表13.1中，$\lambda_{PP}=\lambda(a_P\mid A_\delta)$、$\lambda_{NP}=\lambda(a_N\mid A_\delta)$和$\lambda_{BP}=\lambda(a_B\mid A_\delta)$分别表示对象隶属于模糊集$\tilde{A}$的程度大于等于$\delta$时采取行为接受、拒绝和不决策行为时的代价或损失。类似地，$\lambda_{PN}=\lambda(a_P\mid A_\delta{}^c)$、$\lambda_{NN}=\lambda(a_N\mid A_\delta{}^c)$和$\lambda_{BN}=\lambda(a_B\mid A_\delta{}^c)$分别表示对象隶属于模糊集$\tilde{A}$的程度小于$\delta$时采取行为接受、拒绝和不决策行为时的代价或损失。

基于表 13.1 给出的代价损失函数矩阵，根据式（13.1），采取个体行为时的期望损失分别为

$$
\begin{aligned}
E(a_P\mid R(x))&=\lambda_{PP}\Pr(A_\delta\mid R(x))+\lambda_{PN}\Pr(A_\delta{}^c\mid R(x))\\
E(a_N\mid R(x))&=\lambda_{NP}\Pr(A_\delta\mid R(x))+\lambda_{NN}\Pr(A_\delta{}^c\mid R(x))\\
E(a_B\mid R(x))&=\lambda_{BP}\Pr(A_\delta\mid R(x))+\lambda_{BN}\Pr(A_\delta{}^c\mid R(x))
\end{aligned}
\tag{13.2}
$$

贝叶斯决策过程给出了极小风险决策规则如下。

（P）若$E(a_P\mid R(x))\leqslant E(a_N\mid R(x))$且$E(a_P\mid R(x))\leqslant E(a_B\mid R(x))$，则作决策$x\in\mathrm{POS}_{(\alpha,\beta)}(A_\delta)$。

（N）若$E(a_N\mid R(x))\leqslant E(a_P\mid R(x))$且$E(a_N\mid R(x))\leqslant E(a_B\mid R(x))$，则作决策$x\in\mathrm{NEG}_{(\alpha,\beta)}(A_\delta)$。

（B）若$E(a_B\mid R(x))\leqslant E(a_P\mid R(x))$且$E(a_B\mid R(x))\leqslant E(a_N\mid R(x))$，则作决策$x\in\mathrm{BND}_{(\alpha,\beta)}(A_\delta)$。

由性质13.2(7)可得，对任意的$\tilde{A}\in\mathcal{F}(U)$且$\delta\in[0,1]$

$$\Pr(A_\delta\mid R(x))+\Pr(A_\delta{}^c\mid R(x))=1\tag{13.3}$$

将其应用到式（13.2）可得只含有$\Pr(A_\delta\mid R(x))$的决策规则。也就是说，只需要根据条

件概率 $\Pr(A_\delta \mid R(x))$ 和表 13.1 中给出的损失函数 λ_{ij} $(i,j\in\{P,N,B\})$ 即可对对象 x 进行分类。

下面考虑满足特殊条件

$$\lambda_{PP}\leqslant\lambda_{BP}<\lambda_{NP},\quad \lambda_{NN}\leqslant\lambda_{BN}<\lambda_{PN} \tag{13.4}$$

的损失函数。即把一个隶属于模糊集 $\tilde{A}$ 的程度大于等于 δ 的对象 x 分类到正域的损失小于等于把 x 分类到边界域的损失，且这两个损失都严格小于将 x 分类到负域的损失。对于隶属于模糊集 $\tilde{A}$ 的程度小于 δ 的对象 x，对其分类得到具有相反顺序的损失函数。基于式（13.3）和式（13.4）对决策规则（P）～决策规则（B）进行简化，可得如下结果。

（1）对规则（P）有

$$\begin{aligned}
&E(a_P\mid R(x))\leqslant E(a_N\mid R(x))\\
\Leftrightarrow\ &\lambda_{PP}\Pr(A_\delta\mid R(x))+\lambda_{PN}\Pr(A_\delta^{\ c}\mid R(x))\leqslant\lambda_{NP}\Pr(A_\delta\mid R(x))+\lambda_{NN}\Pr(A_\delta^{\ c}\mid R(x))\\
\Leftrightarrow\ &\lambda_{PP}\Pr(A_\delta\mid R(x))+\lambda_{PN}(1-\Pr(A_\delta\mid R(x)))\leqslant\lambda_{NP}\Pr(A_\delta\mid R(x))+\lambda_{NN}(1-\Pr(A_\delta\mid R(x)))\\
\Leftrightarrow\ &\Pr(A_\delta\mid R(x))\geqslant\frac{\lambda_{PN}-\lambda_{NN}}{(\lambda_{PN}-\lambda_{NN})+(\lambda_{NP}-\lambda_{PP})}
\end{aligned}$$

同理可得规则（P）的另一个条件有

$$\begin{aligned}
&E(a_P\mid R(x))\leqslant E(a_B\mid R(x))\\
\Leftrightarrow\ &\lambda_{PP}\Pr(A_\delta\mid R(x))+\lambda_{PN}\Pr(A_\delta^{\ c}\mid R(x))\leqslant\lambda_{BP}\Pr(A_\delta\mid R(x))+\lambda_{BN}\Pr(A_\delta^{\ c}\mid R(x))\\
\Leftrightarrow\ &\lambda_{PP}\Pr(A_\delta\mid R(x))+\lambda_{PN}(1-\Pr(A_\delta\mid R(x)))\leqslant\lambda_{BP}\Pr(A_\delta\mid R(x))+\lambda_{BN}(1-\Pr(A_\delta\mid R(x)))\\
\Leftrightarrow\ &\Pr(A_\delta\mid R(x))\geqslant\frac{\lambda_{PN}-\lambda_{BN}}{(\lambda_{PN}-\lambda_{BN})+(\lambda_{BP}-\lambda_{PP})}
\end{aligned}$$

（2）对于规则（N），其条件可以表示为

$$\begin{aligned}
&E(a_N\mid R(x))\leqslant E(a_P\mid R(x))\\
\Leftrightarrow\ &\lambda_{NP}\Pr(A_\delta\mid R(x))+\lambda_{NN}\Pr(A_\delta^{\ c}\mid R(x))\leqslant\lambda_{PP}\Pr(A_\delta\mid R(x))+\lambda_{PN}\Pr(A_\delta^{\ c}\mid R(x))\\
\Leftrightarrow\ &\lambda_{NP}\Pr(A_\delta\mid R(x))+\lambda_{NN}(1-\Pr(A_\delta\mid R(x)))\leqslant\lambda_{PP}\Pr(A_\delta\mid R(x))+\lambda_{PN}(1-\Pr(A_\delta\mid R(x)))\ \text{和}\\
\Leftrightarrow\ &\Pr(A_\delta\mid R(x))\leqslant\frac{\lambda_{PN}-\lambda_{NN}}{(\lambda_{PN}-\lambda_{NN})+(\lambda_{NP}-\lambda_{PP})}
\end{aligned}$$

$$\begin{aligned}
&E(a_N\mid R(x))\leqslant E(a_B\mid R(x))\\
\Leftrightarrow\ &\lambda_{NP}\Pr(A_\delta\mid R(x))+\lambda_{NN}\Pr(A_\delta^{\ c}\mid R(x))\leqslant\lambda_{BP}\Pr(A_\delta\mid R(x))+\lambda_{BN}\Pr(A_\delta^{\ c}\mid R(x))\\
\Leftrightarrow\ &\lambda_{NP}\Pr(A_\delta\mid R(x))+\lambda_{NN}(1-\Pr(A_\delta\mid R(x)))\leqslant\lambda_{BP}\Pr(A_\delta\mid R(x))+\lambda_{BN}(1-\Pr(A_\delta\mid R(x)))\\
\Leftrightarrow\ &\Pr(A_\delta\mid R(x))\leqslant\frac{\lambda_{BN}-\lambda_{NN}}{(\lambda_{BN}-\lambda_{NN})+(\lambda_{NP}-\lambda_{BP})}
\end{aligned}$$

（3）对于规则（B），其条件可以表示为

$$
\begin{aligned}
& E(a_B \mid R(x)) \leqslant E(a_P \mid R(x)) \\
\Leftrightarrow\ & \lambda_{BP} \Pr(A_\delta \mid R(x)) + \lambda_{BN} \Pr(A_\delta{}^c \mid R(x)) \leqslant \lambda_{PP} \Pr(A_\delta \mid R(x)) + \lambda_{PN} \Pr(A_\delta{}^c \mid R(x)) \\
\Leftrightarrow\ & \lambda_{BP} \Pr(A_\delta \mid R(x)) + \lambda_{BN} (1-\Pr(A_\delta \mid R(x))) \leqslant \lambda_{PP} \Pr(A_\delta \mid R(x)) + \lambda_{PN} (1-\Pr(A_\delta \mid R(x))) \\
\Leftrightarrow\ & \Pr(A_\delta \mid R(x)) \leqslant \frac{\lambda_{PN}-\lambda_{BN}}{(\lambda_{PN}-\lambda_{BN})+(\lambda_{BP}-\lambda_{PP})}
\end{aligned}
$$

和

$$
\begin{aligned}
& E(a_B \mid R(x)) \leqslant E(a_N \mid R(x)) \\
\Leftrightarrow\ & \lambda_{BP} \Pr(A_\delta \mid R(x)) + \lambda_{BN} \Pr(A_\delta{}^c \mid R(x)) \leqslant \lambda_{NP} \Pr(A_\delta \mid R(x)) + \lambda_{NN} \Pr(A_\delta{}^c \mid R(x)) \\
\Leftrightarrow\ & \lambda_{BP} \Pr(A_\delta \mid R(x)) + \lambda_{BN} (1-\Pr(A_\delta \mid R(x))) \leqslant \lambda_{NP} \Pr(A_\delta \mid R(x)) + \lambda_{NN} (1-\Pr(A_\delta \mid R(x))) \\
\Leftrightarrow\ & \Pr(A_\delta \mid R(x)) \geqslant \frac{\lambda_{BN}-\lambda_{NN}}{(\lambda_{BN}-\lambda_{NN})+(\lambda_{NP}-\lambda_{BP})}
\end{aligned}
$$

于是，极小风险决策规则（P）～决策规则（B）可以表示为如下形式。

（P1）若 $\Pr(A_\delta \mid R(x)) \geqslant \gamma$ 且 $\Pr(A_\delta \mid R(x)) \geqslant \alpha$，则作决策 $x \in \mathrm{POS}_{(\alpha,\beta)}(A_\delta)$。

（N1）若 $\Pr(A_\delta \mid R(x)) \leqslant \beta$ 且 $\Pr(A_\delta \mid R(x)) \leqslant \gamma$，则作决策 $x \in \mathrm{NEG}_{(\alpha,\beta)}(A_\delta)$。

（B1）若 $\Pr(A_\delta \mid R(x)) \leqslant \alpha$ 且 $\Pr(A_\delta \mid R(x)) \geqslant \beta$，则作决策 $x \in \mathrm{BND}_{(\alpha,\beta)}(A_\delta)$，

其中

$$
\alpha = \frac{\lambda_{PN}-\lambda_{BN}}{(\lambda_{PN}-\lambda_{BN})+(\lambda_{BP}-\lambda_{PP})}
$$

$$
\beta = \frac{\lambda_{BN}-\lambda_{NN}}{(\lambda_{BN}-\lambda_{NN})+(\lambda_{NP}-\lambda_{BP})}
$$

$$
\gamma = \frac{\lambda_{PN}-\lambda_{NN}}{(\lambda_{PN}-\lambda_{NN})+(\lambda_{NP}-\lambda_{PP})}
$$

由假设 $\lambda_{PP} \leqslant \lambda_{BP} < \lambda_{NP}, \lambda_{NN} \leqslant \lambda_{BN} < \lambda_{PN}$ 可得 $\alpha \in (0,1], \gamma \in (0,1)$ 且 $\beta \in [0,1)$。且由决策规则（B）可得 $\beta < \alpha$。即

$$
\frac{\lambda_{BN}-\lambda_{NN}}{(\lambda_{BN}-\lambda_{NN})+(\lambda_{NP}-\lambda_{BP})} < \frac{\lambda_{PN}-\lambda_{BN}}{(\lambda_{PN}-\lambda_{BN})+(\lambda_{PP}-\lambda_{PN})}
$$

进一步，如果满足 $\lambda_{PP} \leqslant \lambda_{BP} < \lambda_{NP}, \lambda_{NN} \leqslant \lambda_{BN} < \lambda_{PN}$ 的损失函数满足条件

$$
(\lambda_{PN}-\lambda_{BN})(\lambda_{NP}-\lambda_{BP}) > (\lambda_{BN}-\lambda_{NN})(\lambda_{BP}-\lambda_{PP})
$$

则有 $1 \geqslant \alpha > \gamma > \beta \geqslant 0$。

由此，决策规则（P1）～决策规则（B1）可简化为如下形式。

（P2）若 $\Pr(A_\delta \mid R(x)) \geqslant \alpha$，则作决策 $x \in \mathrm{POS}_{(\alpha,\beta)}(A_\delta)$。

（N2）若 $\Pr(A_\delta \mid R(x)) \leqslant \beta$，则作决策 $x \in \mathrm{NEG}_{(\beta,\beta)}(A_\delta)$。

（B2）若 $\beta < \Pr(A_\delta \mid R(x)) < \alpha$，则作决策 $x \in \mathrm{BND}_{(\alpha,\beta)}(A_\delta)$。

故由决策规则（P2）～决策规则（B2）可得自反关系下模糊集 $\tilde{A}$ 基于 δ 的 (α,β)-概率正域、负域和边界域

$$\mathrm{POS}_{(\alpha,\beta)}(A_\delta)=\{x\in U\mid \Pr(A_\delta\mid R(x))\geqslant\alpha\}$$
$$\mathrm{NEG}_{(\alpha,\beta)}(A_\delta)=\{x\in U\mid \Pr(A_\delta\mid R(x))\leqslant\beta\}$$
$$\mathrm{BND}_{(\alpha,\beta)}(A_\delta)=\{x\in U\mid \beta<\Pr(A_\delta\mid R(x))<\alpha\}$$

由此可得任意模糊集 $\tilde{A}$ 的自反概率粗糙模糊集

$$\underline{\mathrm{apr}}_{(\alpha,\beta)}(A_\delta)=\mathrm{POS}_{(\alpha,\beta)}(A_\delta)=\{x\in U\mid \Pr(A_\delta\mid r(x))\geqslant\alpha\}$$
$$\begin{aligned}\overline{\mathrm{apr}}_{(\alpha,\beta)}(A_\delta)&=\mathrm{POS}_{(\alpha,\beta)}(A_\delta)\cup\mathrm{BND}_{(\alpha,\beta)}(A_\delta)\\&=\{x\in U\mid \Pr(A_\delta\mid R(x))\geqslant\alpha\text{ 或 }\beta<\Pr(A_\delta\mid R(x))<\alpha\}\\&=\{x\in U\mid \Pr(A_\delta\mid R(x))>\beta\}\end{aligned}$$

自反关系下的概率粗糙模糊集是基于阈值 α、β，利用自反关系下的条件概率给出了模糊集截集的近似模型，进而利用上、下近似给出了三个域：正域、负域和边界域。但关于阈值 α、β 的大小和确定方法则没给出。而三支决策方法则利用贝叶斯决策理论给出三分类，并确定阈值 α、β 的大小。利用三分类可进一步给出基于确定阈值和三个域的上、下近似集。

13.5　本 章 小 结

三支决策理论是二支决策理论的推广。粗糙集和决策粗糙集理论作为三支决策理论的典型模型，一个从上、下近似给出了定性描述，一个以条件概率作为评价函数给出了定量刻画。本章从自反关系和条件概率出发，给出了自反概率近似空间上模糊集的自反概率粗糙模糊集。利用模糊集构造了状态空间，以自反关系下的条件概率为评价函数，通过贝叶斯决策理论和损失函数矩阵，刻画了自反概率粗糙模糊集上的三支决策方法。

致　　谢

感谢加拿大里贾那大学的姚一豫在三支决策研究上给予的帮助、关心和鼓励。感谢审稿人对本章提出的非常有建设性的意见和建议。本章的研究得到了国家自然科学基金（项目编号：10901025）、中央高校基本科研业务费专项基金（项目编号：CHD2012JC003）的资助。

参 考 文 献

[1] Pawlak Z. Rough sets. International Journal of Computer and Information Sciences, 1982, 11: 341-356.

[2] Pawlak Z. Rough Sets: Theoretical Aspects of Reasoning about Data. Boston: Kluwer Academic Publishers, 1991.

[3] Yao Y Y, Wong S K M. A decision-theoretic rough set model// Ras Z W, Zemankova M, Emrich M L. Methodologies for Intelligent Systems 5. New York: North-Holland, 1990: 17-24.

[4] Yao Y Y, Wong S K M. A decision theoretic framework for approximating concepts. International Journal of Man-Machine Studies, 1992, 37: 793-809.

[5] Yao Y Y. Probabilistic approaches to rough sets. Expert Systems, 2003, 20: 287-297.

[6] Yao Y Y. Decision-theoretic rough set models// Proceedings of RSKT'07, LNAI 4481, 2007:1-12.

[7] Yao Y Y, Zhao Y. Attribute reduction in decision-teoretic rough set models. Information Sciences, 2008, 178: 3356-3373.

[8] Yao Y Y. Three-way decision: An interpretation of rules in rough set theory// Proceedings of RSKT'09, LNAI 5589, 2009: 642-649.

[9] Herbert J P, Yao J T. Criteria for choosing a rough set model. Journal of Computers and Mathematics with Applications, 2009, 57: 908-918.

[10] Yao Y Y. An outline of a theory of three-way decisions// Proceedings of the 8th International RSCTC Conference, 2012, LNCS 7413: 1-17.

[11] Yao Y Y. Three-way decision with probability rough sets. Information Sciences, 2010, 180: 341-353.

[12] Yao Y Y. The superiority of three-way decisions in probabilistic rough set models. Information Sciences, 2011, 181: 1080-1096.

[13] Yao Y Y. Two semantic issues in a probabilistic rough set model. Fundamenta Informaticae, 2011, 108: 249-265.

[14] Skowron A, Stepaniuk J. Tolerance approximation spaces. Fundamenta Informaticae, 1996, 27(2-3): 245-253.

[15] Yao Y Y. Two views of the theory of rough sets in finite universes. International Journal of Approximate Reasoning, 1996, 15(4): 291-318.

[16] Yao Y Y. Constructive and algebraic methods of the theory of rough set. Information Sciences, 1998, 109: 21-47.

[17] Yao Y Y. Relational interpretations of neighborhood operators and rough set approximation operators. Information Sciences, 1998, 111(1-4): 239-259.

[18] Greco S, Matarazzo B, Slowinski R. Rough approximation of a preference relation by dominance relations. European Journal of Operational Research, 1999, 117(1): 63-83.

[19] Slowinski R, Vanderpooten D. A generalized definition of rough approximations based on similarity. IEEE Transactions on Knowledge and Data Engineering, 2000, 12: 331-336.

[20] Kryszkiewicz M. Comparative study of alternative type of knowledge reduction in inconsistent systems. International Journal of Intelligent Systems, 2001, 16: 105-120.

[21] Zhu W. Generalized rough sets based on relations. Information Sciences, 2007, 177: 4997-5011.

[22] Leung Y, Fischer M, Wu W Z, et al. A rough set approach for the discovery of classification rules in interval-valued information systems. International Journal of Approximate Reasoning, 2008, 47（2）: 233-246.

[23] Pei Z, Pei D W, Zheng L. Topology vs generalized rough sets. International Journal of Approximate Reasoning, 2011, 52(2): 231-239.

[24] Pawlak Z, Wong S K M, Ziarko W. Rough sets: Probabilistic versus deterministic approach. International Journal of Man-Machine Studies, 1988, 29: 81-95.

[25] Ziarko W. Variable precision rough set model. Journal of Computer and System Science, 1993, 46: 39-59.

[26] Yao Y Y. Probabilistic rough set approximations. International Journal of Approximate Reasoning. 2008, 49: 255-271.

[27] Greco S, Matarazzo B, Sowinski R. Rough membership and Bayesian confirmation measures for parameterized rough sets// Rough Sets, Fuzzy Sets, Data Mining, and Granular Computing, Proceedings of RSFDGrC'05, 2005, LNAI3641: 314-324.

[28] Slezak D. Rough sets, Bayes factor. LNCS Transactions on Rough Sets III, 2005, LNCS 3400: 202-229.

[29] Slezak D, Ziarko W. The investigation of the Bayesian rough set model. International Journal of Approximate Reasoning, 2005, 40: 8191.

[30] Ma W M, Sun B Z. On relationship between probabilistic rough set and Bayesian risk decision over two unicerses. International Journal of General Systems，2012, 41(3): 225-245.

[31] Gong Z T, Sun B Z. Probability rough sets model between different universes and its applications. International Conference on Machine Learning and Cyernetics, 2008: 561-565.

[32] Ziarko W. Probabilistic approach to rough sets. International Journal of Approximate Reasoning, 2008,49 (2): 272-284.

[33] Yao J T, Yao Y Y, Ziarko W. Probabilistic rough sets: approximations, decision-makings, and applications. International Journal of Approximate Reasoning, 2008, 49 (2): 253-254.

[34] Shen Y H, Wang F X. Variable precision rough set model over two universes and its properties. Soft Computing, 2011, 15(3): 557-567.

[35] Zadeh L A. Fuzzy sets. Information and Control, 1965, 8: 338-353.

[36] Dubois D, Prade H. Rough fuzzy sets and fuzzy rough sets. International Journal of General Systems, 1990, 17: 191-209.

[37] Banerjee M, Pal S K. Roughness of a fuzzy set. Information Sciences, 1996, 93: 235-246.

[38] Huynh V N, Nakamori Y. A roughness measure for fuzzy sets. Information Sciences, 2005, 173: 255-275.

[39] Li T J, Leung Y, Zhang W X. Generalized fuzzy rough approximation operators based on fuzzy coverings. International Journal of Approximate Reasoning, 2008, 48(3): 836-856.

[40] Liu G L. Axiomatic systems for rough sets and fuzzy rough sets. International Journal of Approximate Reasoning, 2008, 48 (3): 857-867.

[41] Radzikowska A M, Kerre E E. A comparative study of fuzzy rough sets. Fuzzy Sets and Systems, 2002, 126: 137-155.

[42] Shen Y H, Wang F X. Rough approximations of vague sets in fuzzy approximation space. International Journal of Approximate Reasoning, 2011, 52(2):281-296.

[43] Sun B Z, Gong Z T, Chen D G. Fuzzy rough set theory for the interval-valued fuzzy information systems. Information Sciences, 2008, 178 (13): 2794-2815.

[44] Sun B Z, Ma W M. Fuzzy rough set model on two different universes and its application. Applied Mathematical Modeling, 2011, 35 (4): 1798-1809.

[45] Wu W Z, Zhang W X. Generalized fuzzy rough sets. Information Science, 2003,15: 263-282.

[46] Wu W Z, Leung Y, Mi J S. On characterizations of (I, T)-fuzzy rough approximation operators. Fuzzy Sets and Systems, 2005, 154: 76-102.

[47] Yao Y Y. A comparative study of fuzzy sets and rough sets. Journal of Information Science, 1998, 109: 227-242.

[48] 张文修，梁怡，吴伟志, 等. 信息系统与知识发现. 北京：科学出版社, 2003.

[49] Deng X F, Yao Y Y. Decision-theoretic three-way approximations of fuzzy sets. Information Sciences, 2014, 279: 702-715.

[50] Liang D C, Liu D, Pedrycz W, et al. Triangular fuzzy decision-theoretic rough sets. International Journal of Approximate Reasoning, 2013, 54: 1087-1106.

[51] Sun B Z, Ma W M, Zhao H Y, et al. Probabilistic fuzzy rough set model over two universes. Lecture Notes in Computer Science, 2012, 7413: 83-93.

[52] Wong S K M, Ziarko W. Comparison of the probabilistic approximate classification and the fuzzy set model. Fuzzy Sets and Systems, 1987, 21: 357-362.

[53] Yang H L, Liao X W, Wang S Y, et al. Fuzzy probabilistic rough set model on two universes and its applications. International Journal of Approximate Reasoning, 2013, 54: 1410-1420.

[54] Zhang Q H, Wang J, Wang G Y, et al. The approximation set of a vague set in rough approximation space. Information Sciences, 2015, 300: 1-19.

[55] Zhao Z R, Hu B Q. Fuzzy and interval-valued fuzzy decision-theoretic rough set approaches based on fuzzy probability measure. Information Sciences, 2015, 298: 534-554.

[56] Yao Y Y, Lin T Y. Generalization of rough sets using modal logic. Intelligent Automation and Soft Computing, 1996, 2: 103-120.

[57] Ma W M, Sun B Z. Probabilistic rough set over two universes and rough entropy. International Journal of Approximate Reasoning, 2012, 53: 608-619.

第 14 章　三支决策的集对分析数学模型及应用

Set Pair Analysis in Three-Way Decision Model

刘保相[1]　李　言[1]

1. 华北理工大学理学院

本章运用集对联系数理论，建立三支决策的集对分析数学模型；通过引入集对集对联系数中的“势”概念，给出三支决策集对分析模型中决策可靠性的度量方法；当集对联系函数中的参数 b 退化为 0 时，三支决策转化为传统二支决策问题。

14.1　引　言

三支决策理论是姚一豫等在粗糙集[1]和决策粗糙集[2]基础上提出的新的决策理论，是一种在不确定或不完整信息条件下的决策方式，即在证据不足的情况下作出不承诺或者进一步观察的决策。三支决策弥补了传统二支决策在处理不确定信息时具有高决策风险的不足之处，自提出以来发展迅速，并取得了广泛的应用[3-13]。使用三支决策方法进行决策，阈值的确定是关键。许多学者对阈值的选取规则进行了研究，如不需要依赖专家经验的基于网格搜索的最优阈值生成算法[14]、基于博弈粗糙集的三支决策阈值确定方法[15]、求三支决策阈值的模拟退火算法[16]和基于构造性覆盖算法的三支决策[17,18]等。

集对分析方法[18-20]用同异反联系函数将确定和不确定信息联系到一起，使它们相互联系、相互影响、相互制约，并在一定条件下相互转换，是处理不确定信息的有效方法。当集对分析的比对集合为评价标准集时，同、异、反联系度分别体现了三支决策结果的正域、边界域和负域。

本章讨论集对分析方法在三支决策模型构建中的应用，建立了三支决策的集对分析数学模型，是三支决策的一种新的实用方法，为三支决策的拓展研究提供了新的思路。

14.2　集对分析联系数

集对分析方法的基本思路是在一定问题背景下对一个集对所具有的特性展开分析，把分析得到的特性进行同异反分析，并用联系度表达式 $\mu = a + bi + cj$ 来统一表示。其中，$i \in [-1,1]$ 表示差异度系数，$j = -1$ 为对立度系数，$a + b + c = 1$。集对分析的核心就是确定集对的同异反联系度表达式，即找出同一度 a、差异度 b、对立度 c。集对分析方法在处理不确定性问题时较为客观，这种数学上建立联系度的方法便于运算。至今为止，该理论已经成功地应用于人工智能、系统控制和管理决策等领域中[21-24]。

14.2.1 集对与联系度

集对就是具有一定联系的两个集合所组成的对子。集对分析从两个集合的同一性、差异性和对立性三方面来研究系统的不确定性，其核心思想是任何系统都是由确定性和不确定性信息构成的，在这个系统中，确定性与不确定性互相联系、互相影响、互相制约，甚至在一定条件下可以相互转化，并用联系度表达式来统一描述。

定义 14.1 给定两个集合 A 和 B，并设它们组成的集对为 $H=(A,B)$，在特定问题背景 W 下对集对 H 展开分析，共得到 N 个特性，其中，有 S 个特性为 A 和 B 所共同具有；在 P 个特性上 A 和 B 相对立，在其余的 $F=N-S-P$ 个特性上既不相互对立，又不为这两个集合共同具有，则称比值 S/N 为 A 和 B 在问题背景 W 下的同一度，简称同一度；F/N 为 A 和 B 在问题背景 W 下的差异度，简称差异度；P/N 为 A 和 B 在问题背景 W 下的对立度，简称对立度；并用式子

$$\mu(W)=\frac{S}{N}+\frac{F}{N}i+\frac{P}{N}j \tag{14.1}$$

加以统一表示。$\mu(W)$ 称为集合 A 和 B 的联系度，式（14.1）称为联系度定义式。若令 $a=\frac{S}{N}$，$b=\frac{F}{N}$，$c=\frac{P}{N}$，则式（14.1）可简写为

$$\mu(W)=a+bi+cj \tag{14.2}$$

在不至于引起混淆的情况下，式（14.2）可进一步简写成

$$\mu=a+bi+cj \tag{14.3}$$

根据联系度的定义以及式（14.2）和式（14.3）可知 $0\leqslant a,b,c\leqslant 1$，且满足归一化条件，即有关系式

$$a+b+c=1 \tag{14.4}$$

在联系度表达式中，i 和 j 有双重含义。

（1）考虑 i 和 j 的取值。此时 i 和 j 分别作为差异度 F/N 和对立度 P/N 的系数。规定，i 在 $[-1,1]$ 区间视不同情况不确定取值；j 一般情况下规定其取值为-1，以表示 P/N 是与同一度 S/N 相反的量。

（2）不考虑 i 和 j 的取值情况。此时 i 和 j 仅起标记的作用，即表示 F/N 是差异度，P/N 是对立度，并以这两个标记与同一度相区别。

14.2.2 联系数

一般情况下，μ 是有关两个集合在特定问题背景下得到的同一度、差异度、对立度的代数和，因此，又常称为联系度表达式，但在运算分析时，μ 又可以看成一个数，并称为联系数。

定义 14.2　称形如$a+bi+cj$、$a+bi$、$a+cj$、$bi+cj$的数为联系数，其中 a、b、c 为任意正数，$j=-1$，$i\in[-1,1]$且不确定取值。

由定义 14.2 可知，区间[0,1]中任何数都可以看成联系数。例如，0.01、0.6、0.955 都是联系数，相应的表达式分别为$0.01+0.99i$、$0.6+0.4i$、$0.955+0.045i$。

运用$a+bi$型联系数，有时候能够合理地解释一些不确定现象。例如，古语常说“三个臭皮匠，顶个诸葛亮”，但又有“三个和尚没水喝”的说法，这时便可以利用联系数对三个人的合作效果进行描述。当三个人合作在一起时，由于各自在思想意识、要达到的目的、个性、行为和身体素质等方面存在差异，所以存在不确定性。这种不确定性使其中的任何一个人所能发挥的作用不仅受本人的制约，还受到其他两人对他产生的影响，而后者的影响究竟是“正效应”还是“负效应”则不确定，为此可记三个人群体中任何一个人所能起的作用是$1+2i$，三个人合作在一起的总作用就是$3+6i$，当 i 取正值时，$3+6i$ 的值自然大于 3；当$i<-0.5$时，$3+6i$ 的值就会小于 3。例如，$i=1$，则$3+6i=9$，相当于三个臭皮匠顶个诸葛亮；$i=-1$，则$3+6i=-3$，相当于三个和尚没水喝。

14.2.3　联系变量与联系函数

严格地说，两个集合的联系度 μ 是集对 H、特定问题背景 W 与某个分析过程 T 的函数：

$$\mu=f(H,W,T) \tag{14.5}$$

这说明联系数尽管是刻画不确定量的一个数，但它同时又可以在宏观层次上发生变化，为此引进“联系变量”的概念。

定义 14.3　在宏观层次上随时间 t 等因素变动的联系数称为联系变量。

联系变量可用 $\mu(t)$、$\mu(x)$、$\mu(y)$ 加以表示。

定义 14.4　若联系变量 $\mu(y)$ 是由联系变量 $\mu(x)$ 引起的，则称 $\mu(y)$ 是 $\mu(x)$ 的联系函数。其中 $\mu(x)$ 称为自变不确定量，$\mu(y)$ 称为因变不确定量。

自变不确定量和因变不确定量可以统称为联系变量。

14.3　三支决策的集对分析数学模型

三支决策用正域、负域和边界域表示具有不确定因素的决策的三种结果，而集对分析用同异反联系函数表示确定和不确定的联系，对不确定问题的表示方式是不同的。然而，三支决策与集对分析也有一定的联系，二者的联系体现在：集对分析的同一度对应三支决策的正域，对立度对应三支决策的负域，差异度对应三支决策的边界域。本章重新定义了集对分析的联系度：不限定集对中两个集合的元素数目相等，而且两集合元素间的对比应在元素序偶之间展开，对比方式应采用“是否符合某种关系”来进行。根据决策风险最小原则，给出三支决策三个域的划分规则。

14.3.1 集对联系数的重新定义

定义 14.5　针对决策问题 W，设有待评价因素的集合 $X=\{x|\forall x\in X, X\neq\varnothing\}$ 和评价标准集合 $Y=\{y|\forall y\in Y, Y\neq\varnothing\}$，其基数分别为 $|X|=m$ 和 $|Y|=n$，则称

$$H(X,Y)=X\times Y=\{(x,y)|\forall x\in X\ \&\ y\in Y\} \tag{14.6}$$

为由 X 与 Y 构成的决策集对直集，基数 $|H|=N=mn$。

定义 14.6　设有关系 R 和问题 W，即 X 和 Y 两集合是否有关系 R，若 $x\in X$ 与 $y\in Y$ 有关系 R，即待评价因素 x 符合评价标准 y 的要求，记为 xRy，称序偶子集

$$H_R(X,Y)=\{(x,y)|\forall x\in X\ \&\ y\in Y, xRy\} \tag{14.7}$$

为集合 X 与集合 Y 在问题 W 下的同一性序偶集。设 $|H_R|=S$ 为 H_R 的基数，则 $\dfrac{|H_R|}{|H|}=\dfrac{S}{N}$ 称为 X 与 Y 在问题 W 下的同一度，简记为 a。

若 $x\in X$ 与 $y\in Y$ 没有关系 R，即待评价因素 x 不符合评价标准 y 的要求，记为 $x\bar{R}y$，称序偶子集

$$H_R(X,Y)=\{(x,y)|\forall x\in X\ \&\ y\in Y, x\bar{R}y\}$$

为集合 X 与集合 Y 在问题 W 下的对立性序偶集。设 $|H_{\bar{R}}|=P$ 为 $H_{\bar{R}}$ 的基数，则 $\dfrac{|H_{\bar{R}}|}{|H|}=\dfrac{P}{N}$ 称为 X 与 Y 在问题 W 下的对立度，简记为 c。

若 $x\in X$ 与 $y\in Y$ 不确定有无关系 R，即待评价因素 x 不确定是否符合评价标准 y 的要求，记为 $x\mathring{R}y$，称序偶子集

$$H_{\mathring{R}}(X,Y)=\{(x,y)\mid\forall x\in X\ \&\ y\in Y, x\mathring{R}y\} \tag{14.8}$$

为集合 X 与集合 Y 在问题 W 下的不确定性序偶集。设 $\left|H_{\mathring{R}}\right|=F$ 为 $H_{\mathring{R}}$ 的基数，则 $\dfrac{\left|H_{\mathring{R}}\right|}{|H|}=\dfrac{F}{N}$ 称为 X 与 Y 在问题 W 下的不确定度，简记为 b。

称表达式

$$u(X,Y)=\frac{S}{N}+\frac{F}{N}i+\frac{P}{N}j \tag{14.9}$$

为集对 $H(X,Y)$ 在问题 W 下的同异反联系度，简记为

$$u(X,Y)=a+bi+cj \tag{14.10}$$

式中，$a,b,c\in[0,1]$，且有 $a+b+c=1$。

14.3.2　三支决策的集对分析模型的建立

对决策问题 W，待评价因素的集合为 $X=\{x|\forall x\in X, X\neq\varnothing\}$，评价标准集合为 $Y=\{y|\forall y\in Y, Y\neq\varnothing\}$。集对 $H(X,Y)$ 在问题 W 下的同异反联系度，简记为 $u(X,Y)=a+bi+cj$。

将同异反联系度函数 $u(X,Y)=a+bi+cj$ 作为评价函数（此时的 i 和 j 仅具有符号含义而不进行赋值），三支决策的集对分析表示为

$$\begin{aligned}\mu(X)&=\frac{|\mathrm{POS}(u)|}{|U|}+\frac{|\mathrm{BND}(u)|}{|U|}i+\frac{|\mathrm{NEG}(u)|}{|U|}j\\&=\frac{1}{|U|}(|\mathrm{POS}(u)|+|\mathrm{BND}(u)|i+|\mathrm{NEG}(u)|j)\end{aligned}\tag{14.11}$$

根据决策中最小风险原则，$\mathrm{POS}(u)$、$\mathrm{BND}(u)$、$\mathrm{NEG}(u)$ 分别如下

$$\mathrm{POS}(u)=\{X\in U|\max\{a,b,c\}=a\}$$

$$\mathrm{NEG}(u)=\{X\in U|\max\{a,b,c\}=c\}$$

$$\mathrm{BND}(u)=\{X\in U|\max\{a,b,c\}=b\}$$

决策正域中是决策为接受的相应结果，此时的风险一定小于划分为决策负域或边界域的风险；决策负域中是决策为拒绝的相应结果，此时的风险一定小于划分为决策正域或边界域的风险；边界域中是不承诺的相应结果，此时的风险一定小于划分为决策正域或负域的风险。也就是此时的三支决策结果是决策风险最小的情况。

当 $\max\{a,b,c\}=a$ 时，表现在三支决策中就是可以将结果划分到正域的范围内。其划分正确的可靠程度和以下两个因素有关：

（1）比值 a/c。可以看到，a/c 值越接近 1，作出决策的正确性的可靠程度越低。

（2）$b+c$ 和 a 的取值比较。当 $a>b+c$ 时，称集对 H 中的两个集合 X、Y 在决策问题 W 下是强同势的，意味着两个集合在同异反联系中以“同一趋势”为主，决策正确的可靠程度高；而当 $a<b+c$ 时，称为弱同势，两个集合在同异反联系中以“同一趋势”效果减弱，决策正确的可靠程度相应减弱。

当 $\max\{a,b,c\}=c$ 时，表现在三支决策中就是可以将结果划分到负域的范围内。其划分正确的可靠程度同样和以下两个因素有关：

（1）比值 a/c。a/c 值越接近 1，作出决策的正确性的可靠程度越低。

（2）$a+b$ 和 c 的取值比较。当 $c>a+b$ 时，称集对 H 中的两个集合 X、Y 在决策问题 W 下是强反势的，意味着两个集合在同异反联系中以“相反趋势”为主，决策正确的可靠程度高；而当 $c<a+b$ 时，称为弱反势，两个集合在同异反联系中以“相反趋势”效果减弱，决策正确的可靠程度相应减弱。

当 $\max\{a,b,c\}=b$ 时，表现在三支决策中就是可以将结果划分到边界域的范围内。其可靠程度主要依赖于 b 的取值，b 越大，决策正确的可靠程度越大。

14.3.3 模型向二支决策的转化

针对可以表示集对同异反程度的联系函数 $u(X,Y)=a+bi+cj$，实际是在某种认知 A_k 的前提下得到的，也就是联系函数可以记为

$$u(X,Y)_{A_k}=a_{A_k}+b_{A_k}i+c_{A_k}j$$

随着对不确定问题的了解越来越深入，A_k 知识粒度越来越细，对系数 b 的取值也就越来越明朗，b 就可以不断被“分解”，其分解过程也是 i 不断取值的过程，同时也是三支决策向二支决策转化的过程。b 的分解过程如图 14.1 所示。

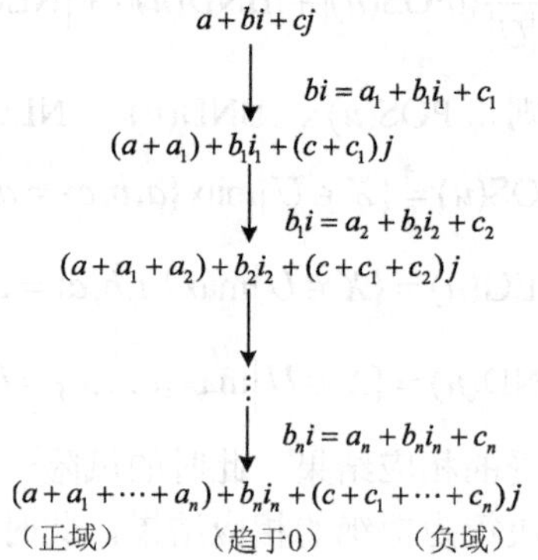

图 14.1　三支决策向二支决策转化图

分解后，有

$$u(X,Y)=(a+a_1+a_2+\cdots+a_{n-1})+b_{n-1}i_{n-1}+(c+c_1+\cdots+c_{n-1})j$$

随着分解的进行，问题的不确定性越来越小，b 也越来越小，当 b_{n-1} 无限小，趋近于 0 时，三支决策转化为二支决策。此时有

$$\mathrm{POS}(u)=\{X\in U\,|\max\{a,c\}=a\}$$

$$\mathrm{NEG}(u)=\{X\in U\,|\max\{a,c\}=c\}$$

14.3.4 模型的实现步骤和程序

三支决策的集对分析模型的实现需要三个重要步骤。

（1）根据统计分析，确定集对分析的同异反联系度。

（2）根据决策规则判断三支决策的结果。

（3）根据同异反联系度和决策结果，分析决策正确的可靠程度。

令 W 为评价结果集合，Wpq 表示第 p 个待估事物的第 q 份得票结果，Wpq 为 1、0、–1 时分别表示得赞成、弃权和反对票。将实现结果进行编程，主要程序伪代码如下。

```
Begin
输入初步评价结果 W
if(Wpq==1)则 a++;
if(Wpq==0)则 b++;
If(Wpq==-1)则 c++;     //统计得票
u=a+bi+cj;             //同异反联系函数表示
if(max(a,b,c)=a)
    if(a>b+c)
    printf("归为三支决策正域，且决策结果呈现强同势");
    else
   printf("归为三支决策正域，且决策结果呈现弱同势");
 elseif(max(a,b,c)=c)
     if(c>a+b)
     printf("归为三支决策负域，且决策结果呈现强反势");
     else
     printf("归为三支决策负域，且决策结果呈现弱反势");
elseif(max(a,b,c)=b)
printf("归为三支决策边界域"); //输出三支决策结果
End
```

14.4　基于三支决策集对分析模型的稿件评审问题

某学术期刊组织专家对来稿进行评审，决定稿件是采用、退修还是退稿。合格的稿件需要具备的条件有学术水平高（S_1）、有创新性（S_2）、具实用性（S_3）、文献引用完整（S_4）、文字简练准确（S_5）。对于总体评价优秀的稿件直接采用，对于总体评价一般的稿件退修后采用，对于总体评价差的稿件直接退稿不予采用。选取来稿中的三篇稿件进行评审，稿件的待评价因素符合评价标准的要求用“√”表示，不符合用“×”表示，无明确倾向用“—”表示，判定结果如表 14.1～表 14.3 所示。

表 14.1　稿件 1 评审结果

	学术水平高（S_1）	有创新性（S_2）	具实用性（S_3）	文献引用完整(S_4)	文字简练准确(S_5)
专家 1	√	—	—	×	—
专家 2	√	—	—	×	√
专家 3	×	√	—	×	—

表 14.2　稿件 2 评审结果

	学术水平高（S_1）	有创新性（S_2）	具实用性（S_3）	文献引用完整(S_4)	文字简练准确(S_5)
专家 1	√	×	√	√	√
专家 2	—	×	√	√	—
专家 3	√	—	√	√	√

表 14.3　稿件 3 评审结果

	学术水平高（S_1）	有创新性（S_2）	具实用性（S_3）	文献引用完整（S_4）	文字简练准确（S_5）
专家 1	×	×	√	×	—
专家 2	—	×	√	×	—
专家 3	×	×	—	×	×

稿件 1 与评价标准进行集对分析，符合评价标准的得票占$\frac{4}{15}$，无明确倾向的占$\frac{7}{15}$，不符合评价标准的占$\frac{4}{15}$，因此同异反联系度为

$$u_1(X,Y)=\frac{4}{15}+\frac{7}{15}i+\frac{4}{15}j\approx 0.26+0.47i+0.26j$$

同理，稿件 2 与评价标准进行集对分析的同异反联系度为

$$u_2(X,Y)=\frac{10}{15}+\frac{3}{15}i+\frac{2}{15}j\approx 0.67+0.2i+0.13j$$

稿件 3 与评价标准进行集对分析的同异反联系度为

$$u_3(X,Y)=\frac{2}{15}+\frac{4}{15}i+\frac{9}{15}j\approx 0.13+0.26i+0.6j$$

将同异反联系度函数作为评价函数，根据基于集对分析的三支决策规则，得到 3 份稿件(用 X_1、X_2、X_3 表示)的三支决策的结果

$$\mathrm{POS}(u)=\{X\in U\,|\max\{a,b,c\}=a\}=\{X_2\}$$

$$\mathrm{NEG}(u)=\{X\in U\,|\max\{a,b,c\}=c\}=\{X_3\}$$

$$\mathrm{BND}(u)=\{X\in U\,|\max\{a,b,c\}=b\}=\{X_1\}$$

由此得出稿件 1 应作退修采用处理、稿件 2 直接采用、稿件 3 直接退稿的决策方案。这是决策损失最小的决策方案。并且对稿件 2 有$a>b+c$，因此由稿件 2 和评价标准构成的集对是强同势，即稿件的优势明显；对稿件 3 有$c>a+b$，由稿件 3 和评价标准构成的集对是强反势，即稿件退稿的目标也明确。

14.5　本 章 小 结

本章将集对分析方法与三支决策理论融合，给出了三支决策的集对分析模型，并给出了模型在决策时准确性的度量，最后用实例验证模型的实用性。代价敏感情况下三支决策与集对分析的融合还需进行更深入的研究。

致　谢

本章内容参考了姚一豫、梁吉业、苗夺谦、王国胤、李天瑞等教授的研究文献，审稿专家提出了宝贵的意见，同课题组的各位老师对本章的撰写给予了大力的支持，同时本章内容的研究也得到了国家自然科学基金（项目编号：61370168）的有力资助。在此作者一并表示诚挚的谢意。

参 考 文 献

[1] Pawlak Z. Rough sets. International Journal of Computer and Information Sciences, 1982, 11:341-356.

[2] Yao Y Y, Wong S K M, Lingras P. A decision-theoretic rough set model// The 5th International Symposium on Methodologies for Intelligent Systems, 1990.

[3] 贾修一, 商林, 陈家俊. 基于三支决策的属性约简. 中国人工智能进展, 2009:193-198.

[4] 刘盾, 姚一豫, 李天瑞. 三支决策粗糙集. 计算机科学, 2011, 38:245-250.

[5] 胡卉营, 罗锦坤, 刘阿宁. 三支决策粗糙集模型属性约简研究. 软件导刊, 2012, 11:20-22.

[6] 刘盾, 李天瑞, 李华雄. 粗糙集理论:基于三支决策视角. 南京大学学报(自然科学版), 2013, 05:574-581.

[7] 张宁, 邓大勇, 裴明华. 基于 F-粗糙集的三支决策模型. 南京大学学报(自然科学版), 2013, 05:582-587.

[8] 谢骋, 商琳. 基于三支决策粗糙集的视频异常行为检测. 南京大学学报(自然科学版), 2013, 04:475-482.

[9] 杜丽娜, 徐久成, 刘洋洋, 等. 基于三支决策风险最小化的风险投资评估应用研究. 山东大学学报(理学版), 2014, 08:66-72.

[10] 黄顺亮, 王琦. 基于三支决策理论的客户细分方法. 计算机应用, 2014, 01:244-248.

[11] 张里博, 李华雄, 周献中, 等. 人脸识别中的多粒度代价敏感三支决策. 山东大学学报(理学版), 2014, 08:48-57.

[12] 李建林, 黄顺亮. 多阶段三支决策垃圾短信过滤模型. 计算机科学与探索, 2014, 02:226-233.

[13] 陈刚, 刘秉权, 吴岩. 求三支决策最优阈值的新算法. 计算机应用, 2012, 08:2212-2215.

[14] 贾修一, 商林, 周献中, 等.三支决策理论与应用. 南京: 南京大学出版社, 2012, 10:103-117.

[15] 贾修一, 商琳. 一种求三支决策阈值的模拟退火算法. 小型微型计算机系统, 2013, 11:2603-2606.

[16] 张燕平, 邹慧锦, 邢航, 等. CCA 三支决策模型的边界域样本处理. 计算机科学与探索, 2014, 05:593-600.

[17] 邢航. 基于构造性覆盖算法的三支决策模型. 合肥: 安徽大学, 2014.

[18] 赵克勤. 集对分析及其初步应用. 杭州: 浙江科技大学出版社, 2000.

[19] 张春英，许广利，刘保相．基于粗糙集理论的集对分析方法．河北理工大学学报，2006, 28(1):97-100.

[20] 张春英，郭景峰．集对社会网络 α 关系社区及动态挖掘算法．计算机学报, 2013, 08:1682-1692.

[21] 赵克勤．基于集对分析的方案评价决策矩阵与应用．系统工程, 1994, 04:67-72.

[22] 蒋云良，徐从富．集对分析理论及其应用研究进展．计算机科学, 2006, 01:205-209.

[23] 王威，马东辉，苏经宇,等．基于集对分析理论的钢筋混凝土结构地震损伤综合评估方法．北京工业大学学报, 2009, 02:191-196.

[24] 廖瑞金，郑含博，杨丽君,等．基于集对分析方法的电力变压器绝缘状态评估策略．电力系统自动化, 2010, 21:55-60.

第 15 章　基于直觉模糊集和区间集的三支决策研究

Three-Way Decisions Based on Intuitionistic Fuzzy Sets and Interval Sets

张红英[1]　杨淑云[1]

1．西安交通大学数学与统计学院

三支决策通过引入评价函数，给出接受、拒绝或不承诺的决策。本章通过分析和比较与三支决策理论有重要关系的阴影集、直觉模糊集和区间集，给出三支决策中基于直觉模糊集的评价函数的构造方法和基于区间集的粒结构的比较。阴影集是模糊集诱导的一个简化概念，本章在比较、综述已有阴影集的获取和应用研究的基础上，通过比较直觉模糊集与三支决策理论之间的关系，给出基于直觉模糊集的评价函数构造方法；反之，给出基于三支决策的直觉模糊集近似方法。区间集来源于粗糙集，可以利用上界和下界将集合分为正域、负域和边界域，从而和三支决策相互转化。同时，作为粒计算的一个重要模型，如何比较使用区间集表示的对象是三支决策研究的一个重要问题。本章在总结已有区间集表示的粒结构的序关系的基础上，引入区间集的包含度来比较利用区间集表示的任意两个对象，并给出包含度的构造方法和性质研究。本章将直觉模糊集、区间集和阴影集理论研究的方法应用到三支决策理论研究中的评价函数的构建和分析中，给出基于包含度的区间集表示的粒度结构比较的度量方法。

15.1　引　言

在三支决策[1,2]理论的研究中，需要考虑评价函数和评价函数值域的构造和解释，以及通过引入阈值对将决策状态分为接受、拒绝和不承诺三种状态，相应区域的判断标准和合理性解释，阈值的选取都是三支决策研究需要考虑的基本问题。根据评价函数的个数，可以分为双评价函数三支决策和单评价函数三支决策。第一种模式用接受和拒绝函数，即 v_a 和 v_r，利用这两个函数来控制接受状态值和拒绝状态值，三支决策的三个域具体由定义 15.1 给出。

定义 15.1　设 U 为有限非空论域，给定一对阈值 (γ_a,γ_r)，则其 (γ_a,γ_r)- 正域、负域和边界域可以定义为

$$\begin{aligned}
&\mathrm{POS}_{(\gamma_a,\gamma_r)}(v_a,v_r)=\{x\in U \mid (v_a(x)\geqslant\gamma_a)\wedge(v_r(x)<\gamma_r)\}\\
&\mathrm{NEG}_{(\gamma_a,\gamma_r)}(v_a,v_r)=\{x\in U \mid (v_a(x)<\gamma_a)\wedge(v_r(x)\geqslant\gamma_r)\}\\
&\mathrm{BND}_{(\gamma_a,\gamma_r)}(v_a,v_r)=(\mathrm{POS}_{(\gamma_a,\gamma_r)}(X)\cup\mathrm{NEG}_{(\gamma_a,\gamma_r)}(X))^c
\end{aligned}\tag{15.1}$$

显然，如果采用单评价函数 v，用于描述接受的程度，对应的阈值对记为 (α,β)，则上述的三个区域相应简化为

$$\begin{aligned} &\mathrm{POS}_{(\alpha,\beta)}(v)=\{x\in U \mid v(x)\geqslant \alpha\} \\ &\mathrm{NEG}_{(\alpha,\beta)}(v)=\{x\in U \mid v(x)\leqslant \beta\} \\ &\mathrm{BND}_{(\alpha,\beta)}(v)=\{x\in U \mid \alpha< v(x)<\beta\} \end{aligned} \tag{15.2}$$

15.2 阴影集与三支决策的关系

Pedrycz 等[3-7]提出的阴影集是众多与三支决策具有密切关系的理论方法之一，通过将模糊集的隶属度量化为三种情况，即完全属于、完全不属于和不确定，以达到将模糊集的不确定性进行局部化，降低模糊集隶属度函数确定的复杂度的目的，实际上就是模糊集的一种三值近似。

给定有限非空论域，定义在 U 上的模糊集 $A:U\to[0,1]$，$A(x)$ 称为模糊隶属度函数。定义在 U 上的模糊集全体为 $F(U)$，普通集合的全体记为 $P(U)$，常值模糊集 $\left[\frac{1}{2}\right]_U$，即 $\left[\frac{1}{2}\right]_U(x)=\frac{1}{2},\forall x\in U$，模糊集的补集为 A^c，其中 $A^c(x)=1-A(x)$。

定义 15.2　有限非空论域 U 上的模糊集 A 诱导的阴影集定义为一个集值映射：$S_A:U\to\{0,a,1\}$，其中 a 为 $[0,1]$ 的一个子集。

15.2.1 基于面积的阴影集理解

特别地，a=[0,1] 时为 Pedrycz[3]定义的阴影集。从定义中可以看出，阴影集实际上就是采取提升和降低隶属度的方法，将模糊集的隶属度划分为完全属于、不属于和不确定三种情况，即将模糊集的论域划分为三个区域。对应的隶属度函数如下

$$S_A(x)=\begin{cases}1, & A(x)>\alpha \\ 0, & A(x)<\beta \\ [0,1], & \beta\leqslant A(x)\leqslant\alpha\end{cases} \tag{15.3}$$

在图 15.1 中，展示了模糊集 A 通过阈值 α 和 β 确定的模糊隶属度提高到 1（对应变化称为提升操作）、模糊隶属度降低为 0（对应变化称为降低操作）和模糊隶属度变为最不确定（相应区域称为阴影）变化后的三个区域。

实际上 Pedrycz[3]利用式（15.3）定义了阴影集后，利用图 15.1 中的三个区域得到了满足下述条件的最优阈值对 α 和 β。

σ_{EA}（提升区域的面积）+σ_{RA}（降低区域的面积）=σ_{SA}（阴影区域的面积）

如果 $A(x)$ 是一个连续函数，为了求得最优解，Pedrycz[4]提出下面的公式计算最小的 V 值以得到最优阈值对 α 和 β

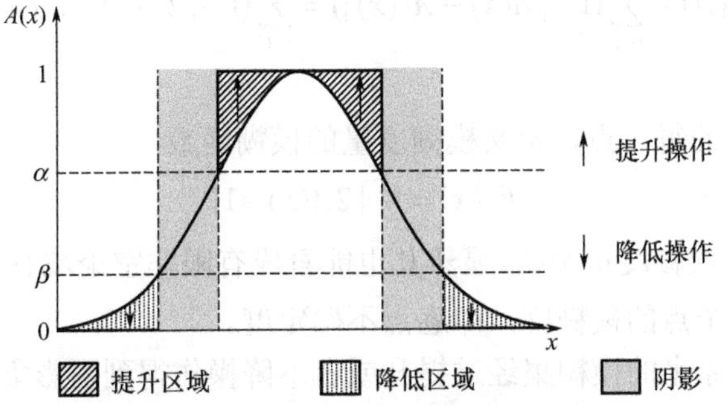

图 15.1　模糊集 A 上基于面积的阴影集

$$V=\left|\int_{A(x)<\alpha} A(x)\,\mathrm{d}x+\int_{A(x)>\beta} A(x)\,\mathrm{d}x-\int_{\alpha\leqslant A(x)\leqslant\beta} 1\,\mathrm{d}x\right| \tag{15.4}$$

相应地，如果 $A(x)$ 是一个离散函数，则式（15.4）变为式（15.5），其中 card(·)代表集合的势

$$V=\left|\sum_{A(x)<\alpha} A(x)+\sum_{A(x)>\beta} A(x)-\mathrm{card}\{x\mid\alpha\leqslant A(x)\leqslant\beta\}\right| \tag{15.5}$$

15.2.2　基于模糊熵的阴影集理解

鉴于上述基于面积的阴影集的确定方法不能合理解释其定义，也无法完全说明得到的阴影集和原模糊集的模糊性之间的关系。Tahayori 等[8]提出了利用模糊集和其相应的阴影集的模糊熵相等来确定阈值对α和β。模糊熵是衡量模糊集不确定性的一个重要工具，它满足以下条件。

定义 15.3　定义在有限非空论域 U 上的模糊集 A 的模糊熵：$E:F(U)\to[0,1]$，如果其满足如下的条件。

（1）$E(A)=0,\ \forall A\in P(U)$。

（2）如果模糊集 A 和 B 满足尖序 $A\ll B$，即 $\frac{1}{2}\leqslant B(x)\leqslant A(x)$，或者 $A(x)\leqslant B(x)\leqslant\frac{1}{2}$，则有 $E(A)\leqslant E(B)$。

（3）$E\left(\left[\frac{1}{2}\right]_U\right)=1$。

（4）$E(A)=E(A^c)$，其中 $A^c(x)=1-A(x)$。

Tahayori 等[8]利用模糊集和其阴影集的模糊熵保持不变来确定阈值对 α 和 β。而阴影集的不确定性，在提升、下降和中间部分确定为具有最大不确定性区域的操作中，相应的模糊性的变化是不一样的，因此文献[8]引入模糊集的模糊性渐近度量的概念。

性质 15.1　$E_1(A)=\sum_{x\in U}(1-|A(x)-A^c(x)|)=\sum_{x\in U}(1-|2A(x)-1|)$ 是满足定义 15.3 的模糊熵。

针对论域 U 内的每一点，定义模糊度量的模糊函数

$$E_A(x)=1-|2A(x)-1| \tag{15.6}$$

则 E_A 为模糊集 A 的模糊度量函数，显然其也能看成有限非空论域 U 上的模糊集，$E_A(x)$ 代表模糊集 A 在每个点的模糊度，即逐点不确定度。

在文献[8]中，原来的模糊集经过提升或者下降操作得到阴影集，提升或者下降操作的对应点的隶属程度的不确定性下降为 0。而中间部分的操作将对应点的隶属程度调节为最不确定，也就是对应的模糊度增大为 1，因此，为了保持模糊集和对应的阴影集的模糊度保持不变，得到如下等式

$$\sum_{\substack{x\in U\\ A(x)>\alpha\\ A(x)<\beta}} E_A(x)=\sum_{\substack{x\in U\\ \beta\leqslant A(x)\leqslant\alpha}}(1-E_A(x)) \tag{15.7}$$

文献[4]在 $\beta=1-\alpha$ 这对特殊对称阈值对中，简化上述条件

$$\sum_{\substack{x\in U\\ E_A(x)\leqslant\gamma}} E_A(x)=\sum_{\substack{x\in U\\ E_A(x)\geqslant\gamma}}(1-E_A(x)) \tag{15.8}$$

模糊集 A 的渐近模糊度量定义为 $C_{E_A}:(0,1]\to Z^+$，其中 $C_{E_A}(\alpha)=\mathrm{card}((E_A)_\alpha),\forall\alpha\in(0,1]$。

15.2.3　基于三支决策的阴影集理解

Cattaneo 和 Ciucci[9, 10]采用具体的隶属度 0.5 代替 a，给出具体的阴影集的定义

$$S_A(x)=\begin{cases}1, & A(x)\geqslant\alpha\\ 0, & A(x)\leqslant\beta\\ 0.5, & \beta<A(x)<\alpha\end{cases} \tag{15.9}$$

在式（15.7）定义的阴影集，直观地用 0.5 代替中间这部分隶属度不确定的点对应的隶属度，具体变化如图 15.2 所示。实际上既然 Pedrycz 用[0,1]表示中间不确定元素的隶属度，表明这部分元素的不确定性是最大的。因此从不确定性的角度去理解，在模糊集中，用代表最大不确定性的隶属度 0.5 代替[0,1]，得到式（15.7）是合理的。

Deng 等[11, 12]在基于 0.5 隶属度表示的阴影集的基础上，利用三支决策的思想，按照接受决策、拒绝决策和不承诺决策三种决策的代价，通过优化方法，给出基于最小代价的阈值对 α 和 β 的计算方法，如图 15.3 所示。

通过将模糊集 A 和基于 0.5 隶属度的模糊集的阴影集表示进行比较，通过模糊隶属度的变化加上相应变化的代价，得到表 15.1，利用三支决策的方法，计算最小代价下的模糊集近似，具体参见文献[12]。

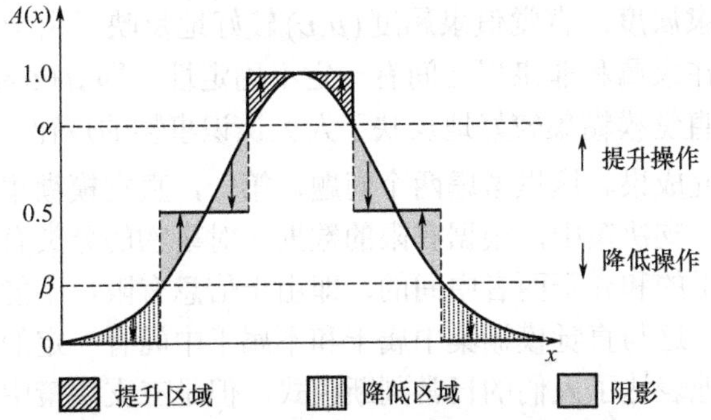

图 15.2　模糊集 A 的基于 0.5 隶属度表示的阴影集

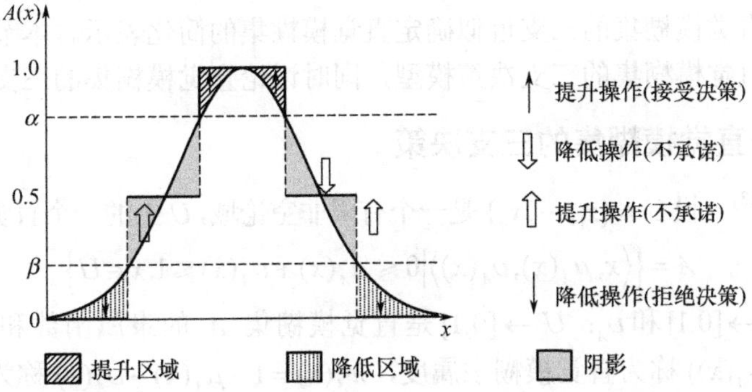

图 15.3　模糊集 A 的基于 0.5 隶属度的三支近似阴影集

表 15.1　决策及相应决策错误与代价

决 策 动 作	$A(x)$	$S_A(x)$	决策错误	决策代价
提升操作（接受决策）a_e	$A(x)\geqslant\alpha$	1	$1-A(x)$	λ_e
降低操作（拒绝决策）a_r	$A(x)\leqslant\beta$	0	$A(x)$	λ_r
降低操作（不决策）$a_\downarrow$	$0.5<A(x)<\alpha$	0.5	$A(x)-0.5$	$\lambda_{s\downarrow}$
提升操作（不决策）$a_\uparrow$	$\alpha<A(x)<0.5$	0.5	$0.5-A(x)$	$\lambda_{s\uparrow}$

在 15.2 节中，讨论了模糊集的一种特殊三支近似、阴影集和阴影集的理解与构造。实际上除了上述利用面积、模糊熵和决策代价等三种方法，还可以考虑阴影集与原模糊集的相似程度最大、距离最小等度量讨论其中阈值的计算。

15.3　直觉模糊集的三支近似

在 15.2 节中，借助阴影集讨论了模糊集的三支近似，这简化了模糊集的表示，将会进一步推动模糊集的计算和应用。直觉模糊集是模糊集的一种重要推广模式，将模糊集的数值隶属度转化为直觉值隶属度，即由属于度 μ 和不属于度 υ 一对数值对来代替原来的单值模糊隶属度。直觉值隶属度 (μ,υ) 较好地反映了由于信息有限和人们认识事物的局限性，在隶属和非隶属之间有一定不确定性，即 $\mu+\upsilon\leqslant 1$ ，而不再是传统上的 $\mu+\upsilon=1$ 。由于直觉模糊集较好地反映了人类认识事物的规律，所以在理论和应用方面都有丰富的研究成果。这里考虑两个问题，第一，直觉模糊集的思想与三支决策的思想不谋而合，三支决策中，根据有限的数据，对事物的分类有三种情况，即确定属于的、确定不属于的和介于两者中间的，即由于信息有限，不能确定该事物是否明确属于还是不属于，这与直觉模糊集中属于和不属于中间有一定的犹豫度思想是一致的。三支决策很好地表达了人们的日常判断模式，但是三支决策中，关于评价函数的确定是一个重要的问题，因此可以借鉴直觉模糊集中的确定属于模糊集和不确定属于模糊集作为三支决策中的接受评价函数和拒绝评价函数。第二，类似于模糊集的阴影集表示，通过直觉模糊集的三支近似确定直觉模糊集的简化表示。本节针对以上两个问题给出基于直觉模糊集的三支决策模型，同时讨论直觉模糊集的三支近似。

15.3.1 基于直觉模糊集的三支决策

定义 15.4[13] 设 $U=\{x_1,\cdots,x_n\}$ 是一个有限非空论域，U 上的一个直觉模糊集定义为

$$A=\left\{\left\langle x,\mu_A(x),\upsilon_A(x)\right\rangle \middle| 0\leqslant \mu_A(x)+\upsilon_A(x)\leqslant 1, x\in U\right\}$$

其中，μ_A: $U\to[0,1]$ 和 υ_A: $U\to[0,1]$ 是直觉模糊集 A 的隶属函数和非隶属函数。$A(x)=(\mu_A(x),\upsilon_A(x))$ 称为直觉模糊隶属度，$\pi_A(x)=1-\mu_A(x)-\upsilon_A(x)$ 称为元素 x 属于 A 的犹豫度。通常称 $a=(\mu_a,\upsilon_a),0\leqslant\mu_a+\upsilon_a\leqslant 1$ 为一个直觉模糊值，$\pi_a=1-\mu_a-\upsilon_a$ 。

对于任意两个直觉模糊值 $a=(\mu_a,\upsilon_a)$ 和 $b=(\mu_b,\upsilon_b)$，以及 U 上的两个直觉模糊集 $A(x)=(\mu_A(x),\upsilon_A(x))$ ，$B(x)=(\mu_B(x),\upsilon_B(x))$ ，定义它们之间的序关系和运算如下。

（1） $a=(\mu_a,\upsilon_a)\leqslant_{L^*} b=(\mu_b,\upsilon_b)\Leftrightarrow \mu_a\leqslant\mu_b,\ \upsilon_a\leqslant\upsilon_b$ 。

（2） $a^c=(\upsilon_a,\mu_a)$ 。

（3） $(\mu_a,\upsilon_a)\wedge(\mu_b,\upsilon_b)\Leftrightarrow(\min(\mu_a,\mu_b),\max(\upsilon_a,\upsilon_b))$ 。

$(\mu_a,\upsilon_a)\vee(\mu_b,\upsilon_b)\Leftrightarrow(\max(\mu_a,\mu_b),\min(\upsilon_a,\upsilon_b))$ 。

（4） $A\subseteq B\Leftrightarrow \mu_A(x)\leqslant\mu_B(x),\ \upsilon_A(x)\geqslant\upsilon_B(x),\forall x\in U$ 。

（5） $A^c=\left\{\left\langle \upsilon_A(x),\mu_A(x)\right\rangle \middle| x\in X\right\}$ 。

（6） $\square A=\left\{\left\langle \mu_A(x),1-\mu_A(x)\right\rangle \middle| x\in X\right\}$ 。

（7） $\square A=\left\{\left\langle 1-\upsilon_A(x),\upsilon_A(x)\right\rangle \middle| x\in X\right\}$ 。

（8） $A\subseteq_{\square} B\Leftrightarrow \mu_A(x)\leqslant\mu_B(x)$ 。

（9） $A\subseteq_{\square} B\Leftrightarrow \upsilon_A(x)\geqslant\upsilon_B(x)$ 。

（10） $\mathrm{A}\sqsubset B\Leftrightarrow \pi_A(x)\leqslant\pi_B(x)$ 。

性质 15.2 令 $A=\left\{\left\langle x,\mu_A(x),\upsilon_A(x)\right\rangle \middle| 0\leqslant\mu_A(x)+\upsilon_A(x)\leqslant 1,x\in U\right\}$ 为 U 上的一个直觉

模糊集，对应的阈值对记为$(\alpha,\beta),\alpha,\beta\in[0,1]$，则基于直觉模糊集 A 的三支决策的三个区域相应为

$$（1）\begin{cases}\mathrm{POS}_{(\alpha,\beta)}(\mu,\upsilon)=\{x\in U\mid \mu_A(x)\geqslant\alpha\}\\ \mathrm{BND}_{(\alpha,\beta)}(\mu,\upsilon)=\{x\in U\mid (\mu_A(x)<\alpha)\wedge(\nu_A(x)<\beta)\},\quad \beta>1-\alpha \\ \mathrm{NEG}_{(\alpha,\beta)}(\mu,\upsilon)=\{x\in U\mid \nu_A(x)\geqslant\beta\}\end{cases}\quad\text{(双评价函数)}$$

$$（2）\begin{cases}\mathrm{POS}_{(\alpha,\beta)}(\mu)=\{x\in U\mid \mu_A(x)\geqslant\alpha\}\\ \mathrm{BND}_{(\alpha,\beta)}(\mu)=\{x\in U\mid \beta<\mu_A(x)<\alpha\},\quad \beta\leqslant\alpha \\ \mathrm{NEG}_{(\alpha,\beta)}(\mu)=\{x\in U\mid \mu_A(x)\leqslant\beta\}\end{cases}\quad\text{(接受评价函数)}$$

$$（3）\begin{cases}\mathrm{POS}_{(\alpha,\beta)}(\upsilon)=\{x\in U\mid \upsilon_A(x)\leqslant\alpha\}\\ \mathrm{BND}_{(\alpha,\beta)}(\upsilon)=\{x\in U\mid \alpha<\upsilon_A(x)<\beta\},\quad \alpha\leqslant\beta \\ \mathrm{NEG}_{(\alpha,\beta)}(\upsilon)=\{x\in U\mid \upsilon_A(x)\geqslant\beta\}\end{cases}\quad\text{(拒绝评价函数)}$$

$$（4）\begin{cases}\mathrm{POS}_{(\alpha,\beta)}(\mu,\upsilon)=\{x\in U\mid (\mu_A(x),\upsilon_A(x))\geqslant_{L^*}(\alpha_1,\beta_1)\}\\ \mathrm{BND}_{(\alpha,\beta)}(\mu,\upsilon)=\{x\in U\mid \mathrm{else}\},(\alpha_2,\beta_2)\leqslant_{L^*}(\alpha_1,\beta_1) \\ \mathrm{NEG}_{(\alpha,\beta)}(\mu,\upsilon)=\{x\in U\mid (\mu_A(x),\upsilon_A(x))\leqslant_{L^*}(\alpha_2,\beta_2)\}\end{cases}\quad\text{(基于偏序关系的双评价函数)}$$

从上面的性质可以看出利用直觉模糊集生成三支决策实际上就是借助其截集生成相应三支决策的正域、负域和边界域。

15.3.2　直觉模糊集的三支近似

本节考虑基于模糊熵不变的直觉模糊集的三支近似。模糊熵是衡量直觉模糊集的模糊程度的一种不确定性度量。

定义 15.5[14]　定义在有限非空论域U上的直觉模糊集A的模糊熵为$E:\mathrm{IF}(U)\to[0,1]$，如果其满足如下的条件。

（1）$E(A)=0,\ \forall A\in P(U)$。

（2）如果模糊集 A 和 B 满足 $A\ll B$，即$\forall x\in U,\left(\frac{1}{2},\frac{1}{2}\right)\leqslant_{L^*}B(x)\Rightarrow B(x)\leqslant_{L^*}A(x)$，或$B(x)\leqslant_{L^*}\left(\frac{1}{2},\frac{1}{2}\right)\Rightarrow A(x)\leqslant_{L^*}B(x)$，则有$E(A)\leqslant E(B)$。

（3）$E\left(\left(\frac{1}{2},\frac{1}{2}\right)_U\right)=1$，其中$\left(\frac{1}{2},\frac{1}{2}\right)_U(x)=\left(\frac{1}{2},\frac{1}{2}\right),\ \forall x\in U$。

（4）$E(A)$=$E(A^c)$，其中$A^c(x)=1-A(x),\forall x\in U$。

例 15.1　下式给出了直觉模糊集 A 的一个模糊熵[14]

$$E_1(A)=1-2\sqrt{\frac{1}{2n}\sum_{i=1}^{n}\left[\left(\mu_A(x)-\frac{1}{2}\right)^2+\left(\upsilon_A(x)-\frac{1}{2}\right)^2\right]}$$

借鉴文献[8]中的思想，给出直觉模糊集的模糊度函数

$$E_A(x)=1-2\left(\left(\mu_A(x)-\frac{1}{2}\right)^2+\left(\upsilon_A(x)-\frac{1}{2}\right)^2\right)$$

即 A 在每一点 x 对应的不确定性，由原来的直觉模糊集的整体的模糊性转变为逐点的模糊性。实际上，将逐点的模糊性累加起来，容易验证它就是一个直觉模糊集的模糊熵

$$E_2(A)=\frac{1}{n}\sum_{i=1}^{n}E_A(x_i)=\frac{1}{n}\sum_{i=1}^{n}\left(1-2\left(\left(\mu_A(x_i)-\frac{1}{2}\right)^2+\left(\upsilon_A(x_i)-\frac{1}{2}\right)^2\right)\right)$$

定义 15.6　设 A 是定义在有限非空论域 $U=\{x_1,\cdots,x_n\}$ 的一个直觉模糊集

$$A=\left\{\left\langle x,\mu_A(x),\upsilon_A(x)\right\rangle \middle| 0\leqslant \mu_A(x)+\upsilon_A(x)\leqslant 1, x\in U\right\}$$

定义 A 的三支近似如下，对于任意的 $x\in U$

$$\mathrm{TW}_A(x)=\begin{cases}(1,0), & (\mu_A(x),\upsilon_A(x))\geqslant_{L^*}(\alpha_1,\beta_1)\\ \left(\dfrac{1}{2},\dfrac{1}{2}\right), & \text{else}(\alpha_2,\beta_2)<_{L^*}(\alpha_1,\beta_1)\\ (0,1) & (\mu_A(x),\upsilon_A(x))\leqslant_{L^*}(\alpha_2,\beta_2)\end{cases}$$

式中，TW_A 是直觉模糊集的阴影集。

下面介绍如何选取 $(\alpha_i,\beta_i), i=1,2$，在 15.2 节中已经介绍了基于面积、代价和模糊熵的方式确定阈值。在这里，以保持直觉模糊集的模糊熵不变给出 $(\alpha_i,\beta_i), i=1,2$ 的一个取值范围

$$\sum_{\substack{(\mu_A(\mathrm{x}),\upsilon_A(\mathrm{x}))\geqslant_{L^*}(\alpha_1,\beta_1),\\ (\mu_A(\mathrm{x}),\upsilon_A(\mathrm{x}))\leqslant_{L^*}(\alpha_2,\beta_2)}}E_A(x_i)=\sum_{\text{else}}(1-E_A(x_i))$$

两边转换得到

$$\frac{1}{n}\sum_{x_i\in U}E_A(x_i)=\frac{1}{n}\sum_{\text{else}}1\Rightarrow E_2(\mathrm{A})=E_2(\mathrm{TW_A})$$

根据这个条件，可以确定 (α_i,β_i)，$i=1,2$ 的范围，这样就找到了直觉模糊集的一组三支表示，在实际应用中，可以结合实际条件进一步最终确定 $(\alpha_i,\beta_i), i=1,2$ 值。

15.4　区间集上的包含度理论

由于认识的局限性和信息的不完全，对部分实体或者对象的认识是局部的，可以通过引入下界和上界来表示局部认知的概念，其中下界表示所有确定属于该概念的实

体，上界表示可能属于该概念的实体。区间集是三支决策的一种重要模式，利用区间集的下界和上界构成了集合的正域、边界域和负域，下界描述了三支决策中接受决策的元素组成的正域，上界的补集为三支决策中拒绝接受决策的元素组成的负域和上界与下界中间的元素为不作决策的边界区域中的元素。区间集作为三支决策的一种具体模型，可以利用区间集作为一个不确定概念直接参与到粒计算与分析中。因此，需要考虑所有的区间集构成的集合的数学结构；进一步，如何比较使用区间集表示的两个不确定概念并给出任意两个区间集之间的大小量化程度都是值得关注的问题。本节针对这两个问题，讨论了所有区间集构成的集合的代数结构，并在此结构上分析了区间集之间的偏序关系，最后给出任意两个区间集大小比较的包含度方法，给出具体的包含度的构造公式和性质讨论。

15.4.1　区间集

为了表示部分已知的概念、不可定义的概念或者不同系统之间的概念近似表示，Yao 等[15-17]提出了区间集的概念，认为区间集是区间值$[a,b],\forall a\leqslant b\in[0,1]$的一种推广，区间值是数的集合，对应地，区间集是集合的集合。Moore[18]提出基于区间值的区间计算和区间分析理论，近几十年以来，它们广泛应用于计算数学领域。在 20 世纪 90 年代，区间值理论被推广到区间集理论，是处理不确定信息系统的一种重要方法，受到广泛关注，文献[15]～文献[17]以及文献[19]和文献[20]讨论了区间集的运算及其与其他处理不确定性的理论如粗糙集和模糊集之间的关系。本节简单介绍区间集的概念及其基本运算以及与区间值模糊集[21, 22]的关系，最后将区间集的概念提升到格值区间集[23]上。

定义 15.7　U 是一个非空有限集合，区间集$\mathcal{A}$是幂集 2^U 的子集，表示为

$$\mathcal{A}=[A_l,A_u]=\{\mathrm{A}\in 2^U \mid A_l\subseteq A\subseteq A_u\}\qquad(15.10)$$

所有的区间集集合记为$I(2^U)$。

注：①区间集$\mathcal{A}=[A,A]$是普通集合 A 的推广；②区间集模糊集[22]$[A_1,A_2]$，其中 A_1、A_2 为论域 U 上的两个模糊集，可以看成区间集的推广，尽管区间值模糊集是由区间值模糊隶属函数生成的。

区间集上的基本运算$\sqcap$、$\sqcup$和$\neg$定义如下，对于两个任意的区间集$\mathcal{A}=[A_l,A_u]$，$\mathcal{B}=[B_l,B_u]$，有

$$\mathcal{A}\sqcap\mathcal{B}=\{A\cap B\mid A\in\mathcal{A},B\in\mathcal{B}\}\qquad(15.11)$$

$$\mathcal{A}\sqcup\mathcal{B}=\{A\cup B\mid A\in\mathcal{A},B\in\mathcal{B}\}\qquad(15.12)$$

$$\neg\mathcal{A}=\{A^c\mid A\in\mathcal{A}\}\qquad(15.13)$$

易证$(I(2^U),\sqcap,\sqcup,\neg,[\varnothing,\varnothing],[U,U])$是一个 De Morgan 代数[23]，其中区间集关于

交、并和补运算封闭，显然，$\mathcal{A}\sqcap\mathcal{B}=[A_l\cap B_l,A_u\cap B_u]$，$\mathcal{A}\sqcup\mathcal{B}=[A_l\cup B_l,A_u\cup B_u]$，$\neg\mathcal{A}=[A_u^c,A_l^c]$。

例 15.2　Yao[15]由粗糙集的上、下近似定义了区间集的概念，实际上，粗糙集的上、下近似按照下面定义的交、并和补运算构成一个 De Morgan 代数[23]。令(U,R)为一个近似空间，对于任意的$X,Y\subseteq U$, $R(U)=\{[\underline{R}(X),\overline{R}(X)]\mid X\subseteq U\}$,$R$是$U$上的一个等价关系。定义上、下近似对的交、并运算如下

$$[\underline{R}(X),\overline{R}(X)]\Cap[\underline{R}(Y),\overline{R}(Y)]=[\underline{R}(X)\cap\underline{R}(Y),\overline{R}(X)\cap\overline{R}(Y)]\tag{15.14}$$

$$[\underline{R}(X),\overline{R}(X)]\Cup[\underline{R}(Y),\overline{R}(Y)]=[\underline{R}(X)\cup\underline{R}(Y),\overline{R}(X)\cup\overline{R}(Y)]\tag{15.15}$$

$$\neg[\underline{R}(X),\overline{R}(X)]=[(\overline{R}(X))^c,(\underline{R}(X))^c]\tag{15.16}$$

文献[24]证明了上、下近似对的交、并和补运算是封闭的，即存在U上的子集的下近似和上近似分别等于下列集合：$\underline{R}(X)\cap\underline{R}(Y)$, $\underline{R}(X)\cup\underline{R}(Y)$, $\overline{R}(X)\cup\overline{R}(Y)$, $\overline{R}(X)\cap\overline{R}(Y)$，则$(R(U),\Cap,\Cup,\neg,[\varnothing,\varnothing],[U,U])$是一个 De Morgan 代数。

注：①这个结论不一定能推广到一般粗糙集模型中，文献[25]证明了上、下近似对的交、并和补运算在一般覆盖粗糙集和模糊粗糙集模型中不一定是封闭的，因此对于一般的关系$R,(R(U),\Cap,\Cup,\neg,[\varnothing,\varnothing],[U,U])$不一定是一个 De Morgan 代数；②根据上面的分析，区间集和粗糙集有密切的联系，粗糙集的上、下近似作为边界构成一个区间集，但是并不是任意一个区间集都对应一对上、下近似。

Yao[15]定义的区间集以两个满足包含关系的集合作为端点推广了区间值。实际上，以粗糙集为例，一个集合的上、下近似可以构造一个区间集，当集合为模糊集，或者更一般为格上模糊集时，其上、下近似就是格上模糊集，因此作为一般情况，将区间集的两个端点推广为一个格中满足偏序关系的两个点，定义格值区间集[23]如下。

定义 15.8　L是一个格，$\leqslant$是格L上的一个偏序，区间集$\mathcal{A}$是幂集2^L的子集，表示为

$$\mathcal{A}=[x_l,x_u]=\{x\in 2^L\mid x_l\leqslant x\leqslant x_u\}\tag{15.17}$$

所有的格上区间集集合记为$I(L)$。

注：格值区间集是L的子集；当L为格值模糊集时，对应的格上模糊区间集是一个格值模糊集的集合，区间值格上模糊集是隶属度为格值区间集的一个函数。

类似于区间集的定义方法，可以定义任意两个格值区间集的交、并和补（$\sqcap,\sqcup,\neg$）运算，$(I(L),\sqcap,\sqcup,\neg,[0,0],[1,1])$形成一个 De Morgan 代数。

令$(L,\sqcap,\sqcup,\neg,0,1)$是一个有界格，$\otimes_L'$和$\otimes_L''$是定义在其上的两个$t$-模，Zhang 等[23]利用格$L$上的这两个$t$-模定义了$(I(L),\sqcap,\sqcup,\neg,[0,0],[1,1])$上的$t$-表示的格上区间集$t$-模$\otimes_{I(L)}$同时讨论了相应的格值区间集值蕴涵算子$\rightarrow_{I(L)}$。对于任意两个格值区间集，$\mathcal{A}=[x_l,x_u]$, $\mathcal{B}=[y_l,y_u]\in I(L)$，定义$\mathcal{A}$和$\mathcal{B}$上的二元运算

$$\mathcal{A} \otimes_{I(L)} \mathcal{B} = [x_l \otimes'_L y_l, x_u \otimes''_L y_u] \quad (15.18)$$

定理 15.1[23]　令 $(L,\sqcap,\sqcup,\neg,0,1)$ 是一个有界格，$\otimes'_L$ 和 $\otimes''_L$ 是定义在其上的两个 t-模，且满足 $x \otimes'_L y \leqslant x \otimes''_L y, \forall x, y \in L$，则由式（15.18）定义的 $\otimes_{I(L)}$ 算子为 $(I(L),\sqcap,\sqcup,\neg,[0,0],[1,1])$ 上的格值区间集值 t-模，即其为对称的、幂等的、交换的和单调的。

如果 $(L,\sqcap,\sqcup,\neg,0,1)$ 是一个剩余格，即对于任意的 L 上的 t-模 $\otimes_L$，存在一个蕴涵算子 $\to_L$，使得对于任意的 $\forall x,y,z \in L, x \otimes_L y \leqslant z \Leftrightarrow x \to_L z \geqslant y$。

定理 15.2[23]　令 $(L,\sqcap,\sqcup,\neg,0,1)$ 是一个有界格，$\otimes'_L$ 和 $\otimes''_L$ 是定义在其上的两个 t-模，$x \otimes'_L y \leqslant x \otimes''_L y, \forall x, y \in L$，其对应的两个格值剩余蕴涵算子为 $\to'_L$，$\to''_L$，则由 $\otimes_{I(L)}$ 生成的格值区间集值剩余蕴涵算子为

$$\mathcal{A} \to_{I(L)} \mathcal{B} = [x_l \to'_L y_l \wedge x_u \to''_L y_u, x_u \to''_L y_u] \quad (15.19)$$

定理 15.1 和定理 15.2 给出了 t-表示格值区间集值 t-模和蕴涵算子的构造方法，但是由于 t-模的取小特性，所以借助两个 t-模生成的 t-表示格值区间集值 t-模进行两个格值区间集的运算时，会将格值区间集压缩地非常严重，因此，借助于文献[26]中讨论区间值模糊逻辑算子的方法，将区间集右端放大的方法生成格值区间集 t-模并相应构造蕴涵算子。

定理 15.3[23]　令 $(L,\sqcap,\sqcup,\neg,0,1)$ 是一个有界格，$\otimes_L$ 是定义在其上的 1 个格值 t-模，其对应的格值区间集值剩余蕴涵算子为 $\to_L$，则按照如下公式

$$\mathcal{A} \otimes_{I(L)} \mathcal{B} = [x_l \otimes_L y_l, (x_l \otimes_L y_u) \bigcup (x_u \otimes_L y_l)] \quad (15.20)$$

$$\mathcal{A} \to_{I(L)} \mathcal{B} = [(x_l \to_L y_l) \wedge (x_u \to_L y_u), (x_l \to_L y_u)] \quad (15.21)$$

定义的算子为格值区间集上的格值区间集值 t-模和剩余蕴涵，即 $(I(L),\sqcap,\sqcup,\neg,[0,0],[1,1])$ 为一个剩余格。

例 15.3　$(2^U,\sqcap,\sqcup,\neg,0,1)$，取其上的 t-模为 $\otimes'_L = \otimes''_L = \bigcup$，按照定理 15.2 和定理 15.3 构造 $(I(2^U),\sqcap,\sqcup,\neg,[\varnothing,\varnothing],[U,U])$ 上的区间集值 t-模和蕴涵算子如下 $\forall [A_l, A_u],[B_l, B_u] \in I(2^U)$

$$\mathcal{A} \otimes_{I(2^U)} \mathcal{B} = [A_l \bigcap B_l, A_u \bigcap B_u]$$

$$\mathcal{A} \to_{I(2^U)} \mathcal{B} = [(A_l^c \bigcup B_l) \bigcap (A_u^c \bigcup B_u), A_u^c \bigcup B_u]$$

利用定理 15.3 可以得到

$$\mathcal{A} \otimes_{I(2^U)} \mathcal{B} = [A_l \bigcap B_l, (A_l \bigcap B_u) \bigcup (A_u \bigcap B_l)]$$

$$\mathcal{A} \to_{I(2^U)} \mathcal{B} = [(A_l^c \bigcup B_l) \bigcap (A_u^c \bigcup B_u), A_l^c \bigcup B_u]$$

本节介绍了区间集的基本定义与运算，为了进一步拓展区间集的应用范围，区间集被推广到格值区间集并进一步介绍了格值区间集上的逻辑算子的定义和构造。实际

上，可以看到格值区间集集合上的逻辑运算与区间值模糊逻辑有相似之处，可以借助区间值模糊逻辑算子的研究方法，结合格值区间集自身的运算特性构造更多的格值区间值模糊逻辑算子，如 Xue 等[27]构造了一种特殊的蕴涵算子和 t-模并证明了它们是一对剩余伴随对。

15.4.2　区间集上的序关系

Yao[15]和黄佳进[28]定义了区间集之间的序结构以研究利用区间集表示的粒结构，并利用区间集的序关系讨论区间集表示的粒结构。本节在总结已有区间集的序关系定义的基础上，分析它们之间的关系，给出基于边界的两种偏序定义。这些序关系大多是偏序关系，但并不是所有的区间集都具有该偏序。因此为了衡量任意两个区间集之间满足偏序关系的程度，引入区间集的包含度的概念，进一步给出包含度的构造方法和性质研究。包含度、相似度和熵之间具有密切关系，因此本节也会给出区间集的相似度和熵的定义，给出构造方法，并结合区间集粗糙集说明度量的应用。下面在定义 15.9 中总结 Yao[15]、黄佳进[28]和 Li 等[29]定义的区间集上的序关系。

定义 15.9　区间集上的序关系定义为对于任意两个区间集$\mathcal{A}$和$\mathcal{B}$，$\mathcal{A}=[A_l,A_u]$，$\mathcal{B}=[B_l,B_u]\in I(2^U)$，定义它们之间的偏序如下。

（1）可能包含关系($\sqsubseteq$)：$\mathcal{A}\sqsubseteq\mathcal{B}\Leftrightarrow\forall A\in\mathcal{A}$，$\exists B\in\mathcal{B}$，使得$A\subseteq B$；且$\forall B\in\mathcal{B}$，$\exists A\in\mathcal{A}$，使得$A\subseteq B$时，称$\mathcal{A}$和$\mathcal{B}$具有可能的包含关系$\Leftrightarrow A_l\subseteq B_l\wedge A_u\subseteq B_u$。

（2）确定包含关系($\sqsubseteq_c$)：$\mathcal{A}\sqsubseteq_c\mathcal{B}\Leftrightarrow\forall A\in\mathcal{A}$，$\forall B\in\mathcal{B}$，使得$A\subseteq B$时，称$\mathcal{A}$和$\mathcal{B}$具有确定的包含关系$\Leftrightarrow A_u\subset B_l$。

（3）弱包含关系($\sqsubseteq_w$)：$\mathcal{A}\sqsubseteq_w\mathcal{B}\Leftrightarrow\forall B\in\mathcal{B}$，$\exists A\in\mathcal{A}$，使得$A\subseteq B$时，称$\mathcal{A}$和$\mathcal{B}$具有弱包含关系$\Leftrightarrow A_l\subseteq B_l$。

（4）弱加包含关系($\sqsubseteq_{w+}$)：$\mathcal{A}\sqsubseteq_{w+}\mathcal{B}\Leftrightarrow\forall A\in\mathcal{A}$，$\exists B\in\mathcal{B}$，使得$A\subseteq B$时，称$\mathcal{A}$和$\mathcal{B}$具有弱加包含关系$\Leftrightarrow A_u\subseteq B_u$。

（5）信息序关系($\sqsubseteq_I$)：$\mathcal{A}\sqsubseteq_I\mathcal{B}\Leftrightarrow[A_l,A_u]\subseteq[B_l,B_u]\Leftrightarrow B_l\subseteq A_l\subseteq A_u\subseteq B_u$。

容易证明$(I(2^U),\sqsubseteq)$和$(I(2^U),\sqsubseteq_I)$均为偏序集，$(I(2^U),\sqsubseteq_w)$、$(I(2^U),\sqsubseteq_{w+})$为预序集，$\sqsubseteq_w$、$\sqsubseteq_{w+}$是两个预序关系，即只满足自反和传递性，不具有对称性或者反对称性，$(I(2^U),\sqsubseteq_c)$为一个拟序集（$I(2^U)$在$\sqsubseteq_c$上满足反自反、反对称和传递性，$\sqsubseteq_c$称为拟序）。

$\mathcal{A}\sqsubseteq\mathcal{B},\mathcal{A}=[A_l,A_u],\mathcal{B}=[B_l,B_u]$，一个固定的区间集$\mathcal{A}_0=[A_{0l},A_{0u}]$定义一族序关系如下

$$\mathcal{A}\sqsubseteq_o\mathcal{B}\Rightarrow(\mathcal{A}_0\sqcap\mathcal{B}\sqsubseteq\mathcal{A}_0\sqcap\mathcal{A})\wedge(\mathcal{A}_0\sqcup\mathcal{B}\sqsupseteq\mathcal{A}_0\sqcup\mathcal{A})$$

$$\mathcal{A}\sqsubseteq^p\mathcal{B}\Rightarrow(\mathcal{A}_0\sqcap\mathcal{A}\sqsubseteq\mathcal{A}_0\sqcap\mathcal{B})\wedge(\mathcal{A}_0\sqcup\mathcal{A}\sqsupseteq\mathcal{A}_0\sqcup\mathcal{B})$$

这是一族满足自反和对称的序关系，可以进一步在这些序关系上讨论区间集。

从定义 15.9 可以看到上面序关系的定义中$\mathcal{A}$和$\mathcal{B}$的端点集即四个集合A_l、A_u、B_l和B_u的不同包含关系如下

$$A_l \subseteq A_u \subseteq B_l \subseteq B_u$$

$$A_l \subseteq B_l \subseteq A_u \subseteq B_u$$

$$A_l \subseteq B_l \subseteq B_u \subseteq A_u$$

$$B_l \subseteq A_l \subseteq A_u \subseteq B_u$$

借助于区间集之间的偏序关系，可以定义区间集表示粒之间的粒结构。

定义 15.10 区间集的粒结构定义为[28]对于任意两个用区间集表示的粒$g, g' \in I(2^U)$，$\sqsubseteq$是$I(2^U)$上的包含关系，若$g \sqsubseteq g'$，则称g是g'的子粒，g'是g的超粒，对于$G \subseteq I(2^U)$，称$(G, \sqsubseteq)$为粒结构。

15.4.3 区间集上的包含度

前面按照不同的语义定义的序关系最多是偏序关系，因此并不是任意两个区间集都具有该偏序。为了衡量任意两个区间集之间满足偏序关系的程度，引入区间集的包含度的概念，进一步给出包含度的构造方法和性质研究。

鉴于 Zadeh 定义的模糊集的包含关系，即$A \subseteq B \Leftrightarrow A(x) \leqslant B(x), \forall x \in X, \forall A, B \in \mathcal{F}(U)$为偏序关系，为了给出任意两个模糊集的大小比较。Sinha 和 Dougherty[30]引入包含度来衡量任意两个模糊集的包含程度，即衡量一个偏序集中任意两个元素满足序关系的程度，给出了 8 条描述包含度的公理。包含度自提出以来得到了学者的广泛关注，从公理化和构造性方法两个角度研究包含度的基本定义、性质和应用，得到了很多有意义的结果。在公理化方法的研究过程中，Young[31]利用包含度和模糊熵的关系说明 Sinha 和 Dougherty 的 8 条公理条件太苛刻，简化为 4 条公理。Bustince 等[32]强化了单调性，定义了 DI-包含度。Zhang 等[33]结合包含度衡量序关系的特性和单调性，给出了 HM 包含度的定义。本节使用 HM 包含度来衡量任意两个区间集的包含度。

下面首先给出 HM 包含度的定义。

定义 15.11[34] 设$(L, \leqslant)$是一个定义了序关系$\leqslant$的有限非空集合，如果$\mathrm{Inc}: L \times L \to [0,1]$满足如下条件，则称 Inc 是$(L, \leqslant)$上的 HM 包含度。

（1）$0 \leqslant \mathrm{Inc}(a,b) \leqslant 1$。

（2）$\mathrm{Inc}(a,b) = 1 \Leftrightarrow a \leqslant b$。

（3）$\forall a, b, \in L$，且它们满足$a \leqslant b$，则对于任意的$\forall c \in L$，满足

$$\mathrm{Inc}(b,c) \leqslant \mathrm{Inc}(a,c), \mathrm{Inc}(c,a) \leqslant \mathrm{Inc}(c,b)$$

下面首先在$(I(2^U), \sqsubseteq)$上给出区间集的包含度定理。

定理 15.4 所有区间集集合$I(2^U)$在偏序关系$\sqsubseteq$上形成的偏序集$(I(2^U), \sqsubseteq)$，对于其中的任意两个区间集$[A_l, A_u]$和$[B_l, B_u]$，定义它们之间的包含度为

$$\mathrm{Inc}_1([A_l,A_u],[B_l,B_u])=\mathcal{T}(\mathrm{Inc}(A_l,B_l),\mathrm{Inc}(A_u,B_u))$$

其中，$\mathrm{Inc}(A_l,B_l),\mathrm{Inc}(A_u,B_u)$ 为 2^U 上的 HM 包含度。实际上，$I(2^U)$ 上的偏序关系 $\sqsubseteq$ 代表了区间集在析取意义下，即每一个区间集作为一个集合的集合，当一个对象取值为该区间集时，代表的是取区间集中的某一个集合。

相似度用来衡量一个集合中任意两个元素的相似程度，相似度定义如下。

定义 15.12[33]　设 $(L,\leqslant)$ 是一个定义了序关系 $\leqslant$ 的有限非空集合，对于 $\forall a,b\in L$，$S:L\times L\to[0,1]$ 满足如下条件，则称 S 是 $(L,\leqslant)$ 上的相似度。

（1）$S(a,b)=S(b,a)$。

（2）$S(\overline{0},\overline{1})=0$，其中 $\overline{0}$ 为最小元，$\overline{1}$ 为最大元。

（3）$S(a,a)=1$。

（4）$\forall a\leqslant b\leqslant c\in L$，满足 $S(a,c)\leqslant\min\{S(a,b),S(b,c)\}$。

定理 15.5　所有区间集集合 $I(2^U)$ 在偏序关系 $\sqsubseteq$ 上形成的偏序集 $(I(2^U),\sqsubseteq)$，对于其中的任意两个区间集 $[A_l,A_u]$ 和 $[B_l,B_u]$，定义它们之间的包含度为

$$S_{I(2^U)}([A_l,A_u],[B_l,B_u])=\mathcal{T}(S_{2^U}(A_l,B_l),S_{2^U}(A_u,B_u))$$

例 15.4　$S_{2^U}(A_l,B_l)=\dfrac{|A_l\cap B_l|}{|A_l\cup B_l|},\mathcal{T}=\min$，则生成一个区间集上的相似度

$$S_{I(2^U)}([A_l,A_u],[B_l,B_u])=\min\left\{\frac{|A_l\cap B_l|}{|A_l\cup B_l|},\frac{|A_u\cap B_u|}{|A_u\cup B_u|}\right\}$$

定理 15.6　所有区间集集合 $I(2^U)$ 在偏序关系上形成的偏序集 $(I(2^U),\sqsubseteq)$，对于其中的任意两个区间集 $[A_l,A_u]$ 和 $[B_l,B_u]$，$\mathrm{Inc}_1([A_l,A_u],[B_l,B_u])$ 为它们之间的包含度，则

$$S_{I(2^U)}([A_l,A_u],[B_l,B_u])=\mathcal{T}(\mathrm{Inc}_1([A_l,A_u],[B_l,B_u]),\mathrm{Inc}_1([B_l,B_u],[A_l,A_u])$$

为区间集 $[A_l,A_u]$ 和 $[B_l,B_u]$ 的相似度。

定理 15.7　令 $\mathrm{Inc}(A_u,B_u)$ 为 $(2^U,\subseteq)$ 上的 HM 包含度，对于任意两个区间集 $[A_l,A_u]$，$[B_l,B_u]\in(I(2^U),\sqsubseteq_I)$，它们之间的 HM 包含度可以定义为

$$\mathrm{Inc}_2([A_l,A_u],[B_l,B_u])=\mathcal{T}(\mathrm{Inc}(B_l,A_l),\mathrm{Inc}(A_u,B_u))$$

定理 15.8　令 $\mathrm{Inc}(A_u,B_l)$ 为 $(2^U,\subseteq)$ 上的 HM 包含度，对于任意两个区间集 $[A_l,A_u]$，$[B_l,B_u]\in(I(2^U),\sqsubseteq_c)$，它们之间的 HM 包含度可以定义为：

$$\mathrm{Inc}_3([A_l,A_u],[B_l,B_u])=\mathrm{Inc}(A_u,B_l)$$

定理 15.9　令 $\mathrm{Inc}(A_l,B_l)$ 为 $(2^U,\subseteq)$ 上的 HM 包含度，对于任意两个区间集 $[A_l,A_u]$，$[B_l,B_u]\in(I(2^U),\sqsubseteq_w)$，它们之间的 HM 包含度可以定义为

$$\mathrm{Inc}_4([A_l,A_u],[B_l,B_u])=\mathrm{Inc}(A_l,B_l)$$

定理 15.10　令 $\text{Inc}(A_l,B_l)$ 为 $(2^U,\subseteq)$ 上的 HM 包含度，对于任意两个区间集 $[A_l,A_u]$，$[B_l,B_u]\in(I(2^U),\sqsubseteq_{w+})$，它们之间的 HM 包含度可以定义为

$$\text{Inc}_5([A_l,A_u],[B_l,B_u])=\text{Inc}(A_u,B_u)$$

15.5 本 章 小 结

为了进一步研究三支决策中评价函数的确定问题和与三支决策密切相关的阴影集和区间集理论，本章在总结已有阴影集理论的基础上，给出基于直觉模糊集的三支决策模型并分析了基于模糊熵不变的犹豫模糊集的三支近似。根据区间集的实际意义，总结了区间集上的 5 种序关系的定义；同时给出了任意两个区间集的包含度的定义，并给出不同序关系下包含度的构造方法。本章的研究内容将为三支决策中的评价函数的研究作出贡献，区间集的包含度将有利于基于区间集的粒计算的研究。

致　谢

感谢里贾纳大学的邓晓飞在图形绘制上提供的帮助。本章的工作获得了国家自然科学基金项目（项目编号：61005042）的资助。

参 考 文 献

[1] Yao Y Y. Three-way decisions with probabilistic rough sets. Information Sciences, 2010, 180: 341-353.

[2] Yao Y Y. An outline of a theory of three-way decisions. RSCTC 2012, LNAI 7413, 2012: 1-17.

[3] Pedrycz W. Shadowed sets: Representing and processing fuzzy sets. IEEE Transactions on System, Man and Cybernetics, 1998, 28: 103-109.

[4] Pedrycz W. Interpretation of clusters in the framework of shadowed sets. Pattern Recognition Letters, 2005, 26: 2439-2449.

[5] Pedrycz W, Vukovich G. Granular computing with shadowed sets. International Journal of Intelligent Systems, 2002, 17: 173-197.

[6] Pedrycz W. From fuzzy sets to shadowed sets: Interpretation and computing. International Journal Intelligent Systems, 2009, 24: 48-61.

[7] Tahayoi H, Sadeghian A, Pedrycz W. Induction of shadowed sets. Pattern Recognition Letters, 2005, 26: 2439-2449.

[8] Tahayori H, Sadeghian A, Pedrycz W. Induction of shadowed sets based on the gradual grade of

fuzziness. IEEE transactions on fuzzy systems, 2013, 21(5): 937-949.

[9] Cattaneo G, Ciucci D. Shadowed sets and related algebraic structures. Fundamenta Informaticae, 2003, 55: 255-284.

[10] Cattaneo G, Ciucci D. Theoretical aspects of shadowed sets // Pedrycz W, Skowron A, Kreinovich V. Handbook of Granular Computing. New York: John Wiley & Sons, 2008: 603-628.

[11] Deng X F, Yao Y Y. Decision-theoretic three-way approximations of fuzzy sets. Information Sciences, 2014, 267: 306-322.

[12] 邓晓飞. 基于三支决策的模糊集近似// 刘盾，李天瑞，苗夺谦，等. 三支决策与粒计算. 北京: 科学出版社, 2013: 196-213.

[13] Atanassov K. Intuitionistic fuzzy sets. Fuzzy Sets and Systems, 1986, 20: 87-96.

[14] Zhang H Y, Zhang W X, Mei C L. Entropy of interval-valued fuzzy sets based on distance and its relationship with similarity measure. Knowledge-Based Systems, 2009, 22: 449-454.

[15] Yao Y Y. Interval-set algebra for qualitative knowledge representation//Proceedings of the 5th International Conference on Computing and Information, IEEE Computer Society Press, 1993: 370-375.

[16] Yao Y Y. Two views of the theory of rough sets infinite universes. International Journal of Appro-ximate Reasoning, 1996,15 (4): 291-317.

[17] Yao Y Y, Li X N. Comparison of rough-set and interval-set models for uncertain reasoning. Fundamenta Informaticae, 1996, 27(2-3): 289-298.

[18] Moore R E. Interval Analysis. NJ: Prentice-Hall, Englewood Cliffs, 1966.

[19] Yao Y Y, Liu Q. A generalized decision logic in interval-set-valued information tables// Proceedings of the Seventh International Workshop on Rough Sets, Fuzzy Sets, Data Mining, and Granular-Soft Computing, LNAI 1711, 1999: 285-293.

[20] Yao Y Y, Wong S K M. Interval approaches for uncertain reasoning// Proceedings of the 10th International Symposium on Methodologies of Intelligent Systems, LNAI 1325, 1997: 381-390.

[21] Yao Y Y, Wang J. Interval based uncertain reasoning using fuzzy and rough sets. Advances in Machine Intelligence & Soft-Computing, 1997 : 196-215.

[22] Zadeh L. The concept of a linguistic variable and its application to approximate reasoning-I. Information Sciences, 1975, 8: 199-249.

[23] Zhang X H, Jia X Y. Lattice-valued interval sets and t-representable interval set t-norms// Proceedings of 8th IEEE International Conference on Cognitive Inference (ICCI'09), 2009: 333-337.

[24] Pomykala J, Pomykala J A. The stone algebra of rough sets, bulletin of the polish academy of sciences. Mathematics, 1988, 36: 495-508.

[25] Zhang X H, Dai J H, Yu Y C. On the union and intersection operations of rough sets based on various approximation spaces. Information Sciences, 2015, 292: 214-229.

[26] Van Gasse B, Cornelis C, Deschrijver G, et al. Triangle algebras: A formal logic approach to

interval-valued residuated lattices. Fuzzy Sets and Systems, 2008, 159: 1042-1060.

[27] Xue Z A, Du H C, Xue H F, et al. Residuated lattice on the interval sets. Journal of Information & Computational Science, 2011,8(7): 1199-1208.

[28] 黄佳进. 区间集的粒结构表示. 刘盾, 李天瑞, 苗夺谦, 等. 三支决策与粒计算. 北京: 科学出版社, 2013: 320-333.

[29] Li H X, Wang M X, Zhou X Z, et al. An interval set model for learning rules from incomplete information table. International Journal of Approximate Reasoning, 2012, 53: 24-37.

[30] Sinha D, Dougherty E R. Fuzzication of set inclusion: Theory and applications. Fuzzy Sets and Systems, 1993, 55: 15-42.

[31] Young V R. Fuzzy subsethood. Fuzzysets and Systems, 1996, 77: 371-384.

[32] Bustince H, Mohedano V, Barrenechea E, et al. Definition and construction of fuzzy DI subsethood measures. Information Sciences, 2006, 176: 3190-3231.

[33] Zhang H Y, Zhang W X. Hybrid monotonic inclusion measure and its use in measuring similarity and distance between fuzzy sets. Fuzzy Sets and Systems, 2009, 51: 56-70.

[34] 张文修, 梁怡, 徐萍. 基于包含度的不确定推理. 北京: 清华出版社, 2007.

第 16 章　基于三支决策的微博主观文本识别研究

Research on Identifying Micro-blog Subjective Text Based on Three-Way Decisions

朱艳辉[1]　田海龙[1]

1. 湖南工业大学计算机与通信学院

微博主观文本识别是对微博进行舆情分析等进一步研究的基础，其识别的准确率对后续研究工作至关重要。由于微博信息具有不精确、不完整等特性，传统的基于SVM、NB、KNN 等机器学习算法的微博主观文本识别方法，准确率一直不是很高。本章针对微博主观文本识别问题，提出了一个两阶段三支决策分类器集成框架，以传统机器学习算法如 NB、SVM、KNN 等作为一阶段基分类器，与三支决策技术相结合，集成出二阶段三支决策分类器，并与传统的机器学习算法进行对比实验，实验结果表明，基于三支决策的 NB、SVM 集成分类器能在保证分类性能的前提下有效提高微博主观文本识别的准确率。

16.1　引　　言

随着互联网的快速发展，以微博为代表的短文本网络信息交流与共享平台受到了广大网民的青睐，据中国互联网络信息中心发布的《中国互联网络发展状况统计报告》[1]显示，截至 2013 年 12 月底，我国微博用户规模达到 2.81 亿，网民中微博使用率为45.5%。近年来，不少学者对微博主观文本识别展开了研究，杨武等[2]采用 NB 分类器对微博语句的主客观分类问题进行研究，以特征词和主客观线索作为语义特征、2-POS 模式作为语法结构特征，实验结果表明，同时考虑语义特征和语法结构特征的分类效果比仅考虑一种特征时要好。Pak 等[3]选取 N-Gram 和微博中的词性标注作为特征，利用 NB 分类器对微博中的主观句进行识别研究，并与 SVM、条件随机场两种分类器进行比较，实验结果表明，基于 NB 的微博主观句识别效果最好。张晓梅等[4]提出了一种面向微博主客观分类的主成分分析和特征融合（principal component analysis and feature bagging，PFB）算法，该算法综合了不同特征选择方法的优势，并通过对不同特征选择方法进行有效组合来获取融合特征，利用该算法，同时结合机器学习方法对新浪微博热门话题中的微博数据进行了主客观分类研究，实验结果表明该融合算法能够获得比最好基特征选择方法更佳的分类效果。郭云龙等[5]针对中文微博语句特点，通过对比多种特征选取方法，提出一种新的特征统计方法，根据构建的词语字典与词性字典，分析 SVM、NB、KNN 等分类模型，并利用证据理论结合多分类器对中文微博观点句进行识别。潘艳茜等[6]对识别微博汽车领域文本中的用户观点句进行研究，提出结合词语、评价词、与评价对象有语法依赖关系的词以及微博相关特征的基于 SVM 分类器的方法。方圆等[7]借鉴传统的词性和情感词两类特征，通过 AdaBoost 方法选择并组合分类器，能提高分类器的 F 值。

微博主观文本识别是一个两分类问题，以上研究均基于两支决策方法，二支决策只考虑接受和拒绝（或是与不是）两种选择，实际应用中，由于微博具有文本短、口语化、随意性等特点，主观性信息往往不够精确、完整，主观特征难以提取，常常无法做到准确判断是接受还是拒绝，导致分类准确率一直不高。三支决策是一种在不确定或不完整信息条件下的决策方式，当可用的证据非常有力时，或者信息足够多时，可作出接受或拒绝的决策，否则作出不承诺或者进一步观察的决策。三支决策的提出弥补了传统二支决策的不足，能降低决策所带来的风险。本章提出了基于三支决策技术的微博主观文本识别方法，根据专家经验给出微博主观文本决策过程中损失函数之间的关系，进而导出三支决策阈值函数，通过实验确定最终阈值。利用 NB 的分类概率信息，SVM、KNN 分类器的分类结果数据结合 sigmoid 函数求对象属于决策类的概率，实验结果表明构建的三支决策分类器性能受基分类器影响，基于三支决策的 NB、SVM 分类器能在保证分类性能的前提下有效提高微博主观文本识别的准确率。

16.2　三支决策理论

16.2.1　三支决策理论概述

三支决策理论是 Yao 在粗糙集[8, 9]和决策粗糙集[10-13]理论上提出的，基于此模型，Yao 通过对粗糙集理论中的正域、负域、边界域三个区域的语义方面的研究，提出了从三支决策角度来解释粗糙集中的规则提取问题。决策粗糙集是 Pawlak 代数粗糙集、0.5-概率粗糙集[14]的拓展。粗糙集的核心内容是上、下近似的定义。

信息表是一个四元组 $M=(U,\mathrm{At}=C\cup D,\{V_a\mid a\in \mathrm{At}\},\{I_a\mid a\in \mathrm{At}\})$，其中 U 是一个有限非空对象的集合，At 是一个非空有限的属性集合，C 为条件属性，D 为决策属性且 $C\cap D=\varnothing$，V_a 是属性值的集合，I_a 是对象 U 到 V_a 的一个映射，称为信息函数，即将集合 U 映射到属性 $a\in \mathrm{At}$ 的值域 V_a。

等价关系的定义如下

$$E_A=\{(x,y)\in U\times U\mid \forall a\in A\subseteq C\subset \mathrm{At}, I_a(x)=I_a(y)\} \tag{16.1}$$

(U,E_A) 是定义在属性集合 A 上的近似空间，U/E_A 是基于等价关系 E_A 对对象集合 U 的一个划分，记为 Π_A。包含对象 x 的等价类可表示为

$$[x]_{E_A}=[x]_A=[x]=\{y\in U\mid (x,y)\in E_A\} \tag{16.2}$$

Pawlak 代数粗糙集上、下近似的定义为

$$\overline{\text{apr}}(X)=\{x\in U\,|\,[x]\cap X\neq\varnothing\}$$
$$\underline{\text{apr}}(X)=\{x\in U\,|\,[x]\subseteq X\} \tag{16.3}$$

基于上、下近似的正域POS(X)、负域NEG(X)、边界域BND(X)的定义为

$$\text{POS}(X)=\underline{\text{apr}}(X)=\{x\in U\,|\,[x]\subseteq X\}$$
$$\text{NEG}(X)=U-\overline{\text{apr}}(X)=\{x\in U\,|\,[x]\cap X=\varnothing\} \tag{16.4}$$
$$\text{BND}(X)=\overline{\text{apr}}(X)-\underline{\text{apr}}(X)=\{x\in U\,|\,[x]\cap X\neq\varnothing\wedge\neg([x]\subseteq X)\}$$

对于状态集合 $\Omega=\{X,\neg X\}$，有如下条件概率

$$P(X\,|\,[x])=\frac{|X\cap[x]|}{|[x]|}$$
$$P(\neg X\,|\,[x])=\frac{|\neg X\cap[x]|}{|[x]|}=1-P(X\,|\,[x]) \tag{16.5}$$

式中，$|\cdot|$ 表示集合的势，即集合的个数。则Pawlak代数粗糙集的三个域用概率描述如下

$$\text{POS}(X)=\{x\in U\,|\,P(X\,|\,[x])\geqslant 1\}$$
$$\text{BND}(X)=\{x\in U\,|\,0<P(X\,|\,[x])<1\} \tag{16.6}$$
$$\text{NEG}(X)=\{x\in U\,|\,P(X\,|\,[x])\leqslant 0\}$$

这种粗糙集模型仅用概率的两个极端值，在应用于分类决策时缺乏容错能力。基于此，Yao 等提出了一个决策粗糙集模型。设 $0\leqslant\beta<\alpha\leqslant 1$，为一对阈值，并定义如下的三个域

$$\text{POS}_{(\alpha,\beta)}(X)=\{x\in U\,|\,P(X\,|\,[x])\geqslant\alpha\}$$
$$\text{BND}_{(\alpha,\beta)}(X)=\{x\in U\,|\,\beta<P(X\,|\,[x])<\alpha\} \tag{16.7}$$
$$\text{NEG}_{(\alpha,\beta)}(X)=\{x\in U\,|\,P(X\,|\,[x])\leqslant\beta\}$$

当对象 x 属于 X 时，令 λ_{PP}、λ_{NP}、λ_{BP} 分别为 x 划分到POS(X)、NEG(X)、BND(X)中的损失函数，当 x 属于 $\neg X$ 时，相应地令 λ_{PP}、λ_{NN}、λ_{BN} 为划分到相同的三个域时的损失函数，如表16.1所示。

表 16.1 损失函数表

	POS(X)	BND(X)	NEG(X)
X	λ_{PP}	λ_{BP}	λ_{NP}
$\neg X$	λ_{PN}	λ_{BN}	λ_{NN}

等价类划分到三个域的风险定义为

$$R(\text{POS}(X)\,|\,[x])=\lambda_{PP}\,p(X\,|\,[x])+\lambda_{PN}\,p(\neg X\,|\,[x])$$
$$R(\text{BND}(X)\,|\,[x])=\lambda_{BP}\,p(X\,|\,[x])+\lambda_{BN}\,p(\neg X\,|\,[x]) \tag{16.8}$$
$$R(\text{NEG(X)}\,|\,[x])=\lambda_{NP}\,p(X\,|\,[x])+\lambda_{NN}\,p(\neg X\,|\,[x])$$

贝叶斯决策理论给出了最小的风险决策规则如下。

（1）如果 $R(\mathrm{POS}(X)|[x]) \leqslant R(\mathrm{BND}(X)|[x])$ 且 $R(\mathrm{POS}(X)|[x]) \leqslant R(\mathrm{NEG}(X)|[x])$，则 $x \in \mathrm{POS}(X)$。

（2）如果 $R(\mathrm{BND}(X)|[x]) \leqslant R(\mathrm{POS}(X)|[x])$ 且 $R(\mathrm{BND}(X)|[x]) \leqslant R(\mathrm{NEG}(X)|[x])$，则 $x \in \mathrm{BND}(X)$。

（3）如果 $R(\mathrm{NEG}(X)|[x]) \leqslant R(\mathrm{POS}(X)|[x])$ 且 $R(\mathrm{NEG}(X)|[x]) \leqslant R(\mathrm{BND}(X)|[x])$，则 $x \in \mathrm{NEG}(X)$。

因 $P(X|[x]) + P(\neg X|[x]) = 1$，令

$$\lambda_{PP} \leqslant \lambda_{BP} < \lambda_{NP}$$

$$\lambda_{NN} \leqslant \lambda_{BN} < \lambda_{PN}$$

$$(\lambda_{PN} - \lambda_{BN})(\lambda_{NP} - \lambda_{BP}) > (\lambda_{BP} - \lambda_{PP})(\lambda_{BN} - \lambda_{NN})$$

$$\alpha = \frac{(\lambda_{PN} - \lambda_{BN})}{(\lambda_{PN} - \lambda_{BN}) + (\lambda_{BP} - \lambda_{PP})} \tag{16.9}$$

$$\gamma = \frac{(\lambda_{PN} - \lambda_{NN})}{(\lambda_{NP} - \lambda_{PP}) + (\lambda_{PN} - \lambda_{NN})}$$

$$\beta = \frac{(\lambda_{BN} - \lambda_{NN})}{(\lambda_{BN} - \lambda_{NN}) + (\lambda_{NP} - \lambda_{BP})}$$

则以上规则有如下等价描述。

（1）如果 $p(X|[x]) \geqslant \alpha$ 则 $x \in \mathrm{POS}(X)$。

（2）如果 $\beta < p(X|[x]) < \alpha$ 则 $x \in \mathrm{BND}(X)$。

（3）如果 $p(X|[x]) \leqslant \beta$ 则 $x \in \mathrm{NEG}(X)$。

16.2.2 微博主观文本三支决策解释

针对决策粗糙集的正域、负域、边界域，Yao 提出了正规则、负规则、边界规则的三支决策理论，其集合表示如下。

正规则：$P(X|[x]) \geqslant \alpha, [x] \subseteq \mathrm{POS}_{(\alpha,\beta)}(X)$。

负规则：$P(X|[x]) \leqslant \beta, [x] \subseteq \mathrm{NEG}_{(\alpha,\beta)}(X)$。

边界规则：$\beta < P(X|[x]) < \alpha, [x] \subseteq \mathrm{BND}_{(\alpha,\beta)}(X)$。

语义如下，$\forall x \in U$，在$[x]$的条件下，如果 X 发生的概率大于等于 α，则将$[x]$划分到 X 的正域中，同时立即作出正域的决策。其他语义解释同理。其中 U 为非空有限的对象集合。

用 $p(L|x)$ 表示微博 x 属于主观文本集合的概率，则微博文本是否属于主观文本的三支决策语义如下。

$p(L|x) \geqslant \alpha$，立即作出微博文本是主观文本的决策。

$p(L|x) \leqslant \beta$，立即作出微博文本不是主观文本的决策。

$\beta < p(L|x) < \alpha$，微博文本是否属于主观文本还不确定，作出交由人工处理的决策。

16.2.3　一种微博主观文本三支决策阈值解释

因为在海量微博文本环境中，微博主观文本识别是一个代价敏感问题，将主观微博文本划分到非主观微博文本中所带来的损失比将一条非主观微博文本划分到主观微博文本中所带来的损失要小。

作如下假设

$$\begin{aligned}\lambda_{PP} &= \lambda_{NN} = 0 \\ \lambda_{NP} &= \eta\lambda_{BP} \\ \lambda_{PN} &= \eta\lambda_{BN} \\ \lambda_{BN} &= 2\lambda_{BP}\end{aligned} \tag{16.10}$$

则有

$$\begin{aligned}\alpha &= \frac{(\lambda_{PN} - \lambda_{BN})}{(\lambda_{PN} - \lambda_{BN}) + (\lambda_{BP} - \lambda_{PP})} = \frac{2\eta - 2}{2\eta - 1} = 1 - \frac{1}{2\eta - 1} \\ \beta &= \frac{(\lambda_{BN} - \lambda_{NN})}{(\lambda_{BN} - \lambda_{NN}) + (\lambda_{NP} - \lambda_{BP})} = \frac{2}{\eta + 1} \\ \gamma &= \frac{(\lambda_{PN} - \lambda_{NN})}{(\lambda_{NP} - \lambda_{PP}) + (\lambda_{PN} - \lambda_{NN})} = \frac{2}{3}\end{aligned} \tag{16.11}$$

由于$\alpha > \gamma > \beta$，所以$\eta > 2$，η的最终取值由实验决定。

16.3　特 征 抽 取

16.3.1　候选主观特征选择

本章采用基于词典和统计分析相结合的方法选择微博候选主观特征。一条微博文本是否为主观文本与该微博中是否含有观点词有着紧密的联系，但不同的领域观点词所表现的语义不相同，因此本章构建了微博领域观点词词典，方法如下。

将知网（HowNet[15]）2090 个情感词和 6846 个评价词合并去重得到 8746 个观点词，由此构建的词典称为基础观点词词典。运用多重分词系统[16]构建自定义词库识别专业领域生词，得到 5820 个领域观点词。并与基础观点词合并去重得到 13827 个领域观点词，作为领域观点词词典。对领域观点词进行扩充，步骤如下。

（1）将已有的领域观点词词典与连词词典作为自定义词库对语料库进行分词，分词系统采用 ICTCLAS2014[17]。

（2）提取连词，即在分词后的语料库中提取词性标注为/c 或者/cc 的词。

（3）将提取的连词和已有的连词合并去重得到连词词典。

（4）判断分词的语料中是否有连词和领域观点词。

（5）如果有连词和领域观点词则判断连词与领域观点词的位置，否则返回第（4）步。

（6）如果连词和领域观点词的距离小于等于 2，则以连词为中心设置窗口大小[−2,2]抽取窗口内的词。

（7）将抽取的词加入领域观点词集。

最终得到 14064 个领域观点词。再用如下方法构建候选主观特征。

（1）将得到的最终领域观点词作为自定义词库对语料库进行分词，分词系统采用 ICTCLAS2014。

（2）将最终的领域观点词与分词后的语料库中的词进行对比。

（3）判断领域观点词是否出现在语料库中。

（4）如果出现则提取该词加入候选主观特征集，否则返回第（3）步。

由于微博具有口语化、大众化、表达随意性等特点，在一条微博主观文本中，可能不含有观点词，所以本章对微博中能表达观点倾向的标点符号：“？”（全角中文符号）、“?”（半角英文符号，以下同）、“！”和“!”进行了统计分析。

统计分析所使用的语料为《中文微博情感分析测评数据集》[18]，选取已标注的微博文本 3415 条，其中微博主观文本 2206 条，非主观文本 1209 条，问号在主观文本中占 194 条，非主观文本中占 213 条，感叹号在主观文本中占 540 条，非主观文本中占 267 条，所占比例如表 16.2 所示。

表 16.2　问号感叹号统计分析比例表

	微博主观文本	微博非主观文本
？或?	8.79%	16.05%
！或!	24.48%	22.08%

问号和感叹号所占的比例较大，且由于它们在主观文本与非主观文本中所占的比例存在差异性，所以问号和感叹号可以作为候选主观特征。最终得到的候选主观特征为 6228 个领域观点词加上感叹号和问号（“！”、“!”、“？”、“?”），共 6232 个特征。

16.3.2　微博主观特征提取与加权

采用信息增益（Information Gain，IG）方法对候选主观特征进行选取，信息增益表示某个分类语料中所有类别 C 的不确定度在给定特征集合 T 的条件下减少了多少，即在给定特征集 T 的条件下对所有类别所确定的平均信息量，即

$$\begin{aligned}\mathrm{IG}(t_j) &= H(C) - H(C\mid T)\\ &= -\sum_{i=1}^{n} p(c_i)\log_2 p(c_i) - \sum_{j=1}^{m} p(t_j)H(C\mid t_j)\\ &= -\sum_{i=1}^{n} p(c_i)\log_2 p(c_i) - p(t_j)H(C\mid t_j) - p(\overline{t_j})H(C\mid \overline{t_j})\end{aligned}$$

$$= -\sum_{i=1}^{n} p(c_i)\log_2 p(c_i) + p(t_j)\sum_{i=1}^{n} p(c_i \mid t_j)\log_2 p(c_i \mid t_j) + p(\overline{t_j})\sum_{i=1}^{n} p(c_i \mid \overline{t_j})\log_2 p(c_i \mid \overline{t_j}) \tag{16.12}$$

式中，$p(c_i)$表示语料库中文本类型c_i的概率；$p(c_i \mid t_j)$表示语料库中特征t_j包含文本类型c_i的概率；$p(t_j)$表示语料库中出现特征t_j的文本概率，其他同理。

提取的特征个数由实验确定，采用 TF_IDF(Term Frequency-Inverse Document Frequency)方法对特征进行加权。

16.4 二阶段三支决策分类器设计

16.4.1 基于 NB 的三支决策分类器设计

基分类器采用 NB，利用 NB 的先验概率和类条件概率估计三支决策分类器的概率$p(L \mid x)$

$$p(L \mid x) = \frac{p(L)p(x \mid L)}{p(x)} \tag{16.13}$$

（1）NB 概率估计模型采用伯努利模型

$$p(L) = \text{主观文本总数/整个训练文本的文档总数}$$

$$p(x_i \mid L) = (\text{主观文本下包含特征 } x_i \text{ 的文档数+1})/(\text{主观文本总数+2})$$

（2）独立性假设每个特征是相互独立的。

（3）全概率$p(x) = \sum_{L_i} p(x \mid L_i)p(L_i)$。

16.4.2 基于 SVM 的三支决策分类器设计

基分类器采用 SVM 分类器，利用 SVM 的支持向量、核函数和 sigmoid 函数来估计三支决策分类器中微博文本属于主观文本的概率$p(L \mid x)$

$$p(L \mid x) = \frac{1}{1 + \mathrm{e}^{-a \cdot d(x)}} \tag{16.14}$$

式中，$d(x) = \sum_{x_i \in \mathrm{SV}} \alpha_i y_i k(x_i, x) + b$，$b$是用 SVM 分类器定义的超平面参数，$\alpha_i$、$y_i$、$x_i$是由 SVM 分类器所确定的支持向量及其参数。其中

$$k(x_i, x) = \mathrm{e}^{-r<x_i - x, x_i - x>^2} \tag{16.15}$$

为径向基核函数。

16.4.3　基于 KNN 的三支决策分类器设计

基分类器使用 KNN 分类器，采用余弦相似度度量两个微博文本的距离，令 $C(e)$ 表示在 k 个邻居中微博主观文本的个数，$C(\mathrm{ne})$ 表示在 k 个邻居中微博非主观文本的个数，$C(e)+C(\mathrm{ne})=k$，采用 sigmoid 函数和 KNN 分类器数据来估计微博文本属于主观文本的概率 $p(L\,|\,x)$ [19]

$$p(L\,|\,x)=\frac{1}{1+\mathrm{e}^{-a\cdot(C(e)-C(\mathrm{ne}))}} \tag{16.16}$$

16.5　实验与分析

实验语料为《中文微博情感分析测评数据集》[18]，共 3415 篇语料，构造微博决策表。

16.5.1　评价标准

对于三支决策的正类（微博主观文本所属类别）、负类（微博非主观文本所属类别）的评估，本章采用常用的三个评价指标，即准确率（P）、召回率（R）和 F 值。表 16.3 所示为类别列联表[20]。

表 16.3　类别列联表

	真正属于正类的文档数	真正属于负类的文档数
判断属于正类的文档数	a_{PP}	a_{PN}
判断属于负类的文档数	a_{NP}	a_{NN}
判断属于边界类的文档数	a_{BP}	a_{BN}

则得到正类和负类的评价指标如下：

$$\begin{aligned} &P_{\text{正}}=\frac{\mathrm{a}_{PP}}{a_{PP}+a_{PN}},\quad R_{\text{正}}=\frac{\mathrm{a}_{PP}}{a_{PP}+a_{NP}+a_{BP}} \\ &P_{\text{负}}=\frac{\mathrm{a}_{NN}}{a_{NN}+a_{NP}},\quad R_{\text{负}}=\frac{\mathrm{a}_{NN}}{a_{NN}+a_{PN}+a_{BN}} \\ &F_{\text{正}}=\frac{2P_{\text{正}}R_{\text{正}}}{P_{\text{正}}+R_{\text{正}}},\quad F_{\text{负}}=\frac{2P_{\text{负}}R_{\text{负}}}{P_{\text{负}}+R_{\text{负}}} \end{aligned} \tag{16.17}$$

16.5.2　基于 NB 的三支决策分类器实验

通过实验得知在特征个数为 3000 时，基于 NB 的微博主观文本识别效果最好。采用此微博决策表进行阈值实验。实验区间设置为[2, 22]，步长选择为 0.5。实验结果如图 16.1、图 16.2 所示。

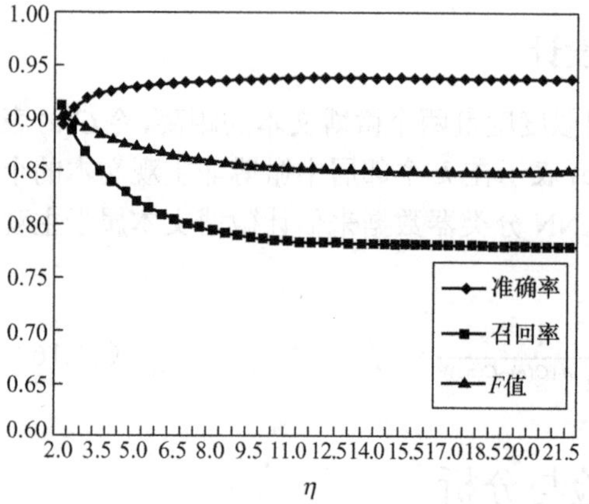

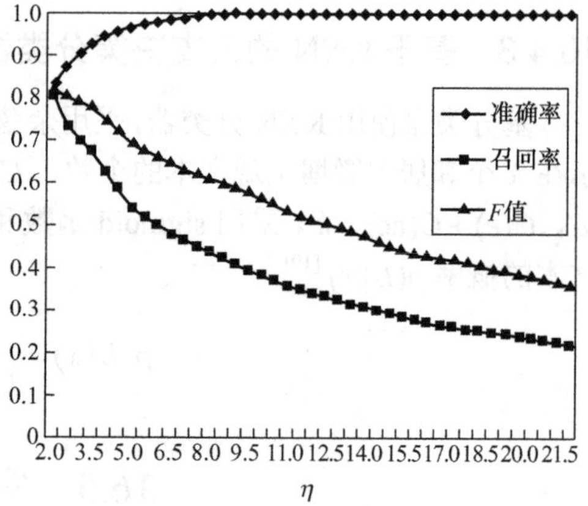

图 16.1　NB 三支决策分类器参数η正类实验结果　图 16.2　NB 三支决策分类器参数η负类实验结果

从图 16.1 和图 16.2 可知，随着η值增大，准确率均呈上升趋势，而召回率和 F 值呈下降趋势。正类实验和负类实验的准确率分别在$\eta = 14.5$ 和$\eta = 15.5$ 时达到最大值，之后基本稳定，此时的准确率、召回率和 F 值如表 16.4 所示。

表 16.4　NB 三支决策分类器准确率最大时的实验结果

正类$\eta = 14.5$			负类$\eta = 15.5$		
准确率	召回率	F值	准确率	召回率	F值
0.937398	0.780598	0.8518	1	0.28039	0.437984

由表 16.4 可知，准确率最大时的召回率和 F 值都很低，从图 16.1、图 16.2 综合考虑准确率、召回率和 F 值，可知在$\eta = 3$ 时实验效果最好，取此时的η值与 NB 分类器进行对比实验，结果如表 16.5、图 16.3、图 16.4 所示。

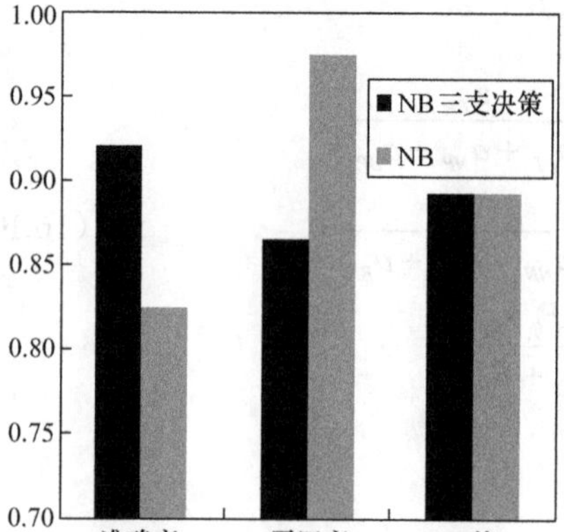

图 16.3　NB 三支决策分类器与 NB 分类器正类实验结果图

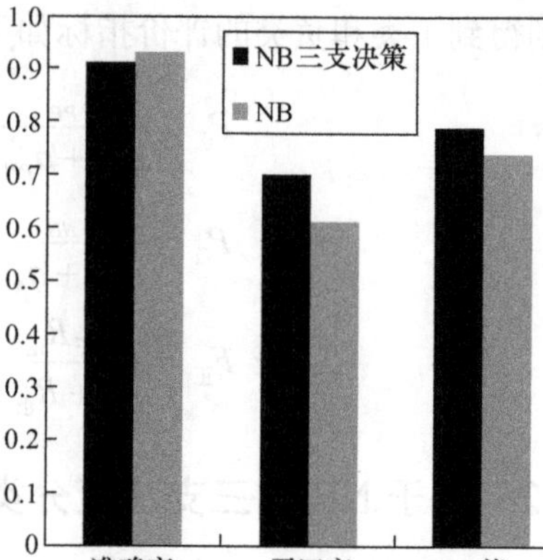

图 16.4　NB 三支决策分类器与 NB 分类器负类实验结果图

表 16.5　$\eta=3$ 时 NB 三支决策分类器与 NB 分类器实验结果

	正类			负类		
	准确率	召回率	F 值	准确率	召回率	F 值
NB 三支决策	0.921294	0.864914	0.8923	0.906852	0.70058	0.79048
NB	0.823259	0.975521	0.8929	0.932584	0.61786	0.74328

对比实验结果可知，正类实验中 NB 三支决策方法比 NB 方法提高准确率近 10%，F 值基本不变，召回率有所下降，可见三支决策比二支决策的优势体现在准确率的提升上，这是因为三支决策将有高概率被分错的对象作了延迟决策，所以能够提高准确率，但同时降低了召回率。在海量微博文本环境中，主观微博文本大量存在，其识别的准确率是一个代价敏感问题，微博主观文本识别准确率的提高对后续情感研究、舆情分析准确率的提高起着十分重要的作用，也是本书孜孜追求的目标，采用三支决策方法能有效提高微博主观文本识别的准确率。

16.5.3　基于 SVM 的三支决策分类器实验

将微博决策表转换成.arff 格式，利用 Weka 中 SVM 的序列最小优化（sequential minimal optimization，SMO）算法训练分类器，采用径向基核函数，实验可知，当特征个数为 50、径向基核函数参数 r 取值 0.05、分类器惩罚参数 C 取值 200 时所构造的 SVM 分类器对微博主观文本识别效果最好，截取此时 SVM 分类器的 W 和 b 值，其中 $W=\sum_{x_i\in SV}\alpha_i y_i x_i$，并构造 sigmoid 函数。

1. sigmoid 函数参数 a 取值实验

令 $\eta=3$，则 $\alpha=0.80$，$\beta=0.50$。以步长为 1，在区间[0,10]内对参数 a 进行取值实验，实验结果如图 16.5、图 16.6 所示。

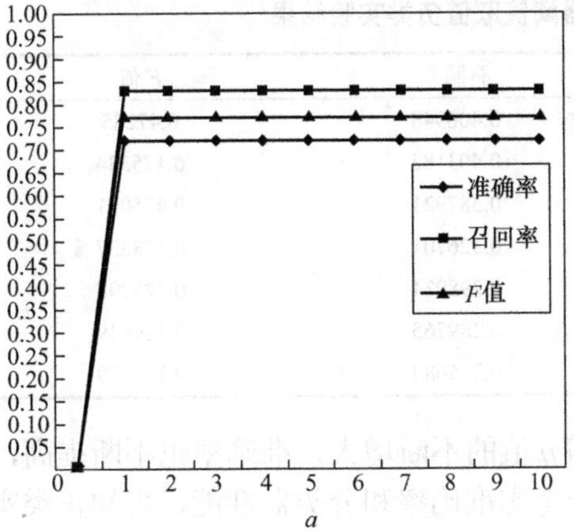

图 16.5　SVM 三支决策分类器参数 a 正类实验结果

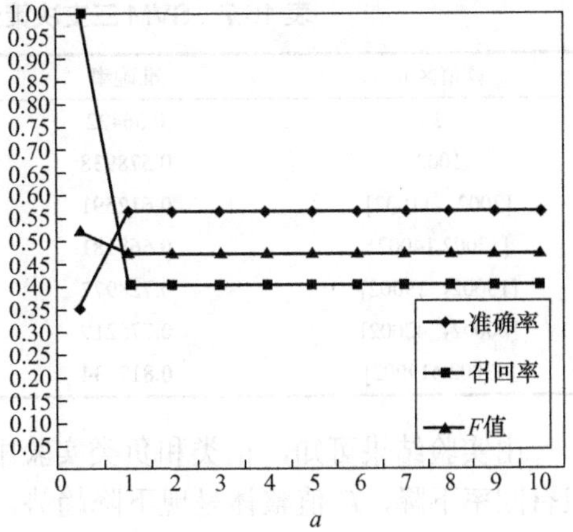

图 16.6　SVM 三支决策分类器参数 a 负类实验结果

由实验结果可知，随着 a 值的增大，正类实验中准确率、召回率和 F 值在 $a = 1$ 时达到最大，之后基本稳定不变，负类实验中 $a = 1$ 时准确率达到最大，因此后续实验取 $a = 1$。

2. 阈值参数取值实验

确定 sigmoid 函数的参数 $a = 1$ 后，对 η 进行取值实验，实验区间设置为[2，419002]，以步长 1000 进行阈值取值实验，实验结果如表 16.6、表 16.7 所示。

表 16.6　SVM 三支决策分类器阈值取值正类实验结果

阈值区间	准确率	召回率	F 值
2	0.71805	0.827743	0.769004
1002	0.73337	0.821889	0.775111
[2002,16002]	0.733412	0.827557	0.777645
[17002,34002]	0.745322	0.815418	0.778796
[35002,65002]	0.746117	0.801829	0.772971
[66002,85002]	0.757173	0.789521	0.773009
[86002,113002]	0.769549	0.781923	0.775687
[114002,132002]	0.771283	0.773171	0.772226
[133002,187002]	0.783916	0.762809	0.773218
[188002,200002]	0.791273	0.750112	0.770143
[201002,209002]	0.783901	0.731281	0.756677
[210002,243002]	0.795619	0.710926	0.750892
[244002,299002]	0.819371	0.665129	0.734237
[300002,374002]	0.852819	0.582191	0.691986
[375002,398002]	0.887598	0.510983	0.648582
[399002,419002]	0.912873	0.438923	0.592813

表 16.7　SVM 三支决策分类器阈值取值负类实验结果

阈值区间	准确率	召回率	F 值
2	0.56422	0.406948	0.47285
1002	0.578938	0.403182	0.475334
[2002，11002]	0.612591	0.387921	0.475031
[12002,14002]	0.668181	0.326701	0.438837
[15002，19002]	0.728977	0.298934	0.423998
[20002，42002]	0.775219	0.289765	0.421849
[43002,419002]	0.817834	0.255689	0.389579

由实验结果可知，正类和负类实验中随着 η 值的不断增大，准确率也不断提高，但召回率下降，F 值整体呈现下降趋势，综合考虑准确率和分类器性能，可知正类实验中，η 在区间[188002,200002]时实验效果达到最好，取此时的 η 值与 SVM 分类器进行对比实验，结果如表 16.8 所示。

表 16.8　SVM 三支决策分类器与 SVM 分类器对比实验结果

	正类			负类		
	准确率	召回率	*F* 值	准确率	召回率	*F* 值
SVM 三支决策	0.791273	0.750112	0.770143	0.817834	0.255689	0.389579
SVM	0.750000	0.782000	0.766000	0.569000	0.524000	0.545000

实验结果表明，正类实验中准确率提高 4%，F 值提高近 1%，说明 SVM 三支决策分类器能提高微博主观句识别的准确率和总体分类性能。

16.5.4　基于 KNN 的三支决策分类器实验

首先进行特征个数选择实验和 K 值选择实验，可知在特征个数为 500、K 值为 3 时基于 KNN 的微博主观文本识别效果最好，利用此时的分类数据构造 sigmoid 函数。

1. sigmoid 函数参数 a 取值实验

实验令 $\eta = 3$，则 $\alpha = 0.80$，$\beta = 0.50$，以步长为 1，在区间[0,100]内对参数 a 进行取值实验，正类和负类实验中各评价参数均在 $a = 2$ 时达到最大，且不再变化，此时正类实验中的准确率、召回率、F 值分别为 0.892722、0.856301、0.874132，负类实验中的准确率、召回率、F 值分别为 0.755966、0.812242、0.783094。

2. 阈值参数取值实验

取 $a = 2$，对 η 进行取值实验，实验区间设置为[2，300.5]，步长为 0.5，实验结果如表 16.9、表 16.10 所示。

表 16.9　KNN 三支决策分类器阈值取值正类实验结果

阈值区间	准确率	召回率	*F* 值
(2, 75.0]	0.892722	0.856301	0.874132
[75.52, 300.5]	0.994052	0.606074	0.753027

表 16.10　KNN 三支决策分类器阈值取值负类实验结果

阈值区间	准确率	召回率	*F* 值
(2, 297.5]	0.755966	0.812242	0.783094
[298, 300.5]	0.832095	0.463193	0.595112

对比实验结果可知在阈值区间(2，75.0]时分类器整体性能最好，在此区间与 KNN 分类器进行对比实验，结果如表 16.11 所示。

表 16.11　KNN 三支决策分类器与 KNN 分类器对比实验结果

	正类			负类		
	准确率	召回率	*F* 值	准确率	召回率	*F* 值
KNN 三支决策	0.892722	0.856301	0.874132	0.755966	0.812242	0.783094
KNN	0.892722	0.856301	0.874132	0.755966	0.812242	0.783094

对比实验结果可知，两者的分类性能一致，原因在于采用 sigmoid 函数和 KNN 分类器数据来估计微博文本属于主观文本的概率 $p(L|x)$ 不是很合理，因为 K=3，则 $C(e)-C(\text{ne})$ 可能的取值为 3、1、−1、−3，计算对象属于主观微博文本的概率有且只有四个值，导致 KNN 三支决策分类器整体分类性能不能优于基分类器 KNN。但如果在海量的微博环境中，可以舍弃召回率和 F 值，而优先考虑准确率，降低微博主观文本识别的风险，则通过表 16.9、表 16.10 可知可以调整阈值，大幅提高微博主观文本识别的准确率。

16.6 本章小结

通过对微博主观文本识别的研究，探讨三支决策方法的有效性，实验结果表明，集成传统机器学习算法的 NB、SVM 三支决策方法，体现了其优势所在，在与基分类器对比过程中通过设置合理的损失函数及其关系，可得到不同的阈值对，通过调整阈值对，可以提高集成三支决策分类器的分类性能，也可以在保证总的分类器性能的前提下提高微博主观文本识别的准确率。但 KNN 三支决策分类器的分类性能没有明显改进，原因在于选择的估计对象属于决策类的概率函数不尽合理，设计合理的 KNN 三支决策概率函数将是接下来需要进一步研究的课题。另外，本章对三种决策的代价、阈值 α 和 β 取值仅根据经验进行了简单的假设，可能不尽合理，阈值的选取也是接下来需要进一步研究的课题。

致谢

感谢加拿大里贾纳大学姚一豫教授的悉心指导。本章工作获得国家自然科学基金项目（项目编号：61170102）、国家社科基金项目（项目编号：12BYY045）和湖南省教育厅重点项目（项目编号：15A049）的资助。

参考文献

[1] 中国互联网网络信息中心. 第 33 次中国互联网发展状况统计报告. http://www.cnnic.net.cn/hlwfzyj/hlwxzbg/hlwtjbg/201301/P020140221376266085836.pdf [2014-01-12].

[2] 杨武, 宋静静, 唐继强. 中文微博情感分析中主客观句分类方法. 重庆理工大学学报(自然科学版), 2013(01): 51-56.

[3] Pak A, Paroubek P. Twitter as a corpus for sentiment analysis and opinion mining. Proceedings of International Conference on Language Resource and Evaluation, 2010.

[4] 张晓梅, 李茹, 王斌, 等. 基于融合特征微博主客观分类方法.中文信息学报, 2014, 28(4): 50-57.

[5] 郭云龙, 潘玉斌, 张泽宇, 等. 基于证据理论的多分类器中文微博观点句识别. 计算机工程,

2014, 40(4): 159-163.

[6] 潘艳茜, 姚天昉.微博汽车领域用户观点句识别方法研究. 中文信息学报, 2014, 28(5): 148-154.

[7] 方圆, 陈锻生, 吴扬扬. 一种半监督学习的中文微博主观句识别方法. 计算机应用研究, 2014, 31(7): 2035-2039.

[8] Pawlak Z. Rough sets. International Journal of Computer and Information Sciences, 1982, 11(5): 341-356.

[9] Pawlak Z. Rough Sets: Theoretical Aspects of Reasonsing about Data. Dordrecht:Kluwer Academic Publishers, 1991.

[10] Yao Y Y, Wong S K M, Lingras P. A decision -theoretic rough set model. The 5th International Symposium on Methodologies for Intelligent System, 1990.

[11] Yao Y Y, Wong S K M.A decision theoretic framework for approximating concepts. International Journal of Man-Machine Studies, 1992, 37:793-809.

[12] Yao Y Y. Probabilistic approaches to rough sets. Expert System,2003,20:287-297.

[13] Yao Y Y. Probabilistic rough set approximations. International Journal of Approximate Reasoning, 2008, 49:255-271.

[14] Wong S K M, Ziarko W. A probabilistic model of approximate classification and decision rules with uncertainty in inductive learning. Technical Report CS-85-23. Department of Computer Science, University of Regina, 1985.

[15] 董振东.《知网》情感分析用词语集(beta 版)(“HowNet” Word Set for Sentiment Analysis:Beta Version). http://www.keenage.com/html/c_index.html [2014-06-23].

[16] 朱艳辉, 徐叶强, 王文华, 等. 中文评论文本观点抽取方法研究// 第三届中文倾向性分析评测论文集. 山东大学: 中国科学院计算技术研究所, 2011: 126-135.

[17] ICTCLAS2014 汉语分词系统. NLPIR 下载. http://ictclas.nlpir.org [2014-07-01].

[18] 中国计算机学会. 中文微博情感分析评测-样例数据集. http://tcci.ccf.org.cn/conference/2012/pages/page04_eva.html [2012-07-01].

[19] 贾修一, 商琳, 周献中, 等. 三支决策理论与应用. 南京: 南京大学出版社, 2012: 61-79.

[20] 田海龙, 朱艳辉, 梁韬, 等. 基于三支决策的中文微博观点句识别研究. 山东大学学报(理学版), 2014, 49(8): 59-65.

第 17 章　形式概念的三支表示

Three-Way Formation of Formal Concepts

祁建军[1]　魏　玲[2]　姚一豫[3]

1. 西安电子科技大学计算机学院

2. 西北大学数学学院

3. 加拿大里贾纳大学计算机系

在结合三支决策和形式概念分析两种理论的基础上，本章给出了形成概念和概念格的新方法，提出了三支概念和三支概念格。首先讨论了形成经典形式概念的算子和相关概念格。在经典算子的基础上，定义了两对三支算子，并给出了其性质。基于这两对三支算子，定义了两种类型的三支概念，构造了相应的三支概念格。一方面，三支概念和三支概念格是经典形式概念和概念格的扩展。三支概念可以解决形式概念不能同时表达数据集中“共同具有”和“共同不具有”这两种语义的问题。另一方面，三支概念和三支概念格也为三支决策提供了一种新模型。基于三支算子和三支概念，可以把对象论域或属性论域分为三部分，从而可以进行三支决策。

17.1　引　　言

在现实世界中，三支决策的思想广泛应用于各种决策过程中，但在不同的领域却有着不同的名称和记号。注意到这一现象，Yao[1]提出了一个统一的三支决策理论框架。三支决策理论是普通二支决策模型的一种推广[1-5]，近年来已经涌现出很多与其应用和扩展相关的研究成果[5-12]。

在二支决策模型中，仅考虑接受与拒绝两种选择。这时，不接受等同于拒绝；反之亦然，不拒绝等同于接受。但在实际应用中往往并非如此。因此，三支决策提供了不同于接受与拒绝的第三种选择：不承诺。三支决策的本质思想是一种基于接受、拒绝和不承诺的三分类[1]。其目标是根据一组评判准则将一个论域分为两两互不相交的三部分，分别称为正域、负域和中间域（混合域），记为 POS、NEG 和 MED。这三个区域在一个决策问题中可以分别看成接受域、拒绝域和不承诺域，相对于这三个区域，可以建立三支决策规则。从正域构造接受规则，从负域构造拒绝规则；当无法确定接受或者拒绝时，就选择第三个选项“不承诺”[3]。

形式概念分析（Formal Concept Analysis, FCA）最初是作为格论的应用框架由德国数学家 Wille[13]于 1982 年提出的，随后逐渐发展成为一种有效的知识表示与知识发现的工具，现已成功应用于知识工程、机器学习、信息检索、数据挖掘、语义 Web、软件工程等许多领域[14-20]。FCA 的基础是形式概念之间的有序层次结构——概念格。形式概念是其中的基本单元，可以看成数据的聚类。它们是通过数据集上定义的一对算子构造出来的。这里的数据集表示了对象论域与属性论域之间的二元关系，称为形式背景[14]，在本章用二值信息表来表示。

形式概念是传统的哲学中概念的形式化抽象。在哲学中，一个概念具有外延和内涵两部分：外延由此概念适用的所有实体构成，而内涵则包含了此概念涉及的所有特征。作为概念的有意义且完整的形式化，形式概念也具有外延和内涵两部分，一般表示为二元组(X, A)。其中外延 X 是一个来自对象论域的对象子集，内涵 A 则是一个来自属性论域的属性子集。

形式概念(X, A)描述了数据集中的语义“X 的所有对象恰好共同具有 A 的所有属性”。这本质上是一种二支决策的观点，即“共同具有”和非“共同具有”。而另一方面，通过在形式背景的补背景上构造概念这样的间接方式，还可以描述“X 的所有对象共同不具有 A 的所有属性”这类语义[13]。这也是二支决策的观点，即“共同不具有”和非“共同不具有”。

一般而言，非“共同具有”包含但不同于“共同不具有”，同样，非“共同不具有”包含但不同于“共同具有”。也就是说，对于给定的对象子集，属性论域可以分为三部分：“共同具有”“共同不具有”“部分具有且部分不具有”。实际上，“共同具有”和“共同不具有”的属性都是对象子集的确定特征，在实际应用中常常需要同时表达出来。但 FCA 不能直接显式地表达这样的语义。

为了解决此问题，本章结合三支决策的思想，把经典的 FCA 拓广为三支概念分析（Three-Way Concept Analysis, TWCA）[21]。在 TWCA 中，提出了一种新的概念构造形式——三支概念。与 FCA 中的形式概念一样，三支概念也具有外延和内涵。但不同的是，三支概念的外延或内涵本身也由两部分构成，是一个二元组，具有 Ciucci[22]所研究的正交对的形式，可以同时表达“共同具有”和“共同不具有”。基于三支概念，也可以把对象论域或属性论域分为三部分，从而可以进行三支决策。

本章的内容安排如下。17.2 节介绍关于子集对和二值信息表的预备知识。17.3 节讨论能表达“共同具有”语义的正算子和概念格。17.4 节讨论能表达“共同不具有”语义的负算子和补概念格。17.5 节给出两对三支算子的定义，阐述它们的性质，构造相应的三支概念和三支概念格。17.6 节对本章进行小结。

17.2　预 备 知 识

17.2.1　子集对的运算

本节介绍后面将要用到的子集对上的运算。

令 S 是一个非空有限集，$\mathcal{P}(S)$ 是其幂集，$\mathcal{DP}(S)=\mathcal{P}(S)\times\mathcal{P}(S)$。$\mathcal{DP}(S)$ 是布尔

代数，其上的交、并、补等运算可以通过标准的集合运算来定义。也就是说，如果有 S 的子集对 $(A,B),(C,D)\in \mathcal{DP}(S)$，那么

$$(A,B)\cap(C,D)=(A\cap C,B\cap D) \tag{17.1}$$

$$(A,B)\cup(C,D)=(A\cup C,B\cup D) \tag{17.2}$$

$$(A,B)^c=(S-A,S-B)=(A^c,B^c) \tag{17.3}$$

而子集对间的偏序可以表示为

$$(A,B)\subseteq(C,D)\Leftrightarrow A\subseteq C\text{且}B\subseteq D \tag{17.4}$$

17.2.2 二值信息表

设 U 是一个非空有限对象论域，V 是一个非空有限属性论域。对象与属性间的关系可以形式化地定义为一个从 U 到 V 的二元关系 R，$R\subseteq U\times V$。对于 $u\in U,\ v\in V$，如果 uRv，称对象 u 具有属性 v，也可以说，属性 v 被对象 u 所拥有。对象论域 U 与属性论域 V 以及二者间的二元关系 R 也可以很方便地表示成一个二值信息表。其中，如果 uRv，则属性 v 关于对象 u 的取值记为 1，否则记为 0。

例 17.1　表 17.1 是一个二值信息表(U, V, R)，其中对象论域为 $U=\{1,2,3,4\}$，属性论域为 $V=\{a,b,c,d,e\}$。

设 $u\in U$ 是一个对象。u 具有的所有属性的集合记为 uR，即 $uR=\{v\in V\mid uRv\}$。在此例中，对象 1 具有的属性的集合为 $1R=\{a, b, d, e\}$。

表 17.1　一个二值信息表(U, V, R)

	a	b	c	d	e
1	1	1	0	1	1
2	1	1	1	0	0
3	0	0	0	1	0
4	1	1	1	0	0

类似地，对于一个属性 $v\in V$，所有拥有 v 的对象的集合记为 Rv，即 $Rv=\{u\in U\mid uRv\}$。在此例中，拥有属性 a 的对象的集合是 $Ra=\{1, 2, 4\}$。

二元关系 R 体现的是对象与属性间的“具有”关系，在二值信息表中由 1 表示。而二值信息表中的 0 则代表着对象与属性间的“不具有”关系，这由 R 的补关系来表达。二元关系 R 的补定义为[23] $R^c=\{(u,v)\mid\neg(uRv)\}=U\times V-R$，即 uR^cv 当且仅当 $\neg(uRv)$。与 R 类似，$uR^c=\{v\in V\mid uR^cv\}$ 表示对象 u 不具有的属性的集合，$R^cv=\{u\in U\mid uR^cv\}$ 表示不具有属性 v 的对象的集合。

17.3　正算子与概念格

前面在讨论对象与属性间的“具有”关系时，是基于单个对象或单个属性的。现在考虑对象子集和属性子集的情况。首先给出正算子的定义。

定义 17.1　设(U, V, R)是一个二值信息表。对于任意的对象子集$X \subseteq U$和属性子集$A \subseteq V$，一对正算子$^*: \mathcal{P}(U) \to \mathcal{P}(V)$和$^*: \mathcal{P}(V) \to \mathcal{P}(U)$，定义为

$$\begin{aligned} X^* &= \{v \in V \mid \forall x \in X(xRv)\} \\ &= \{v \in V \mid X \subseteq Rv\} \end{aligned} \tag{17.5}$$

$$\begin{aligned} A^* &= \{u \in U \mid \forall a \in A(uRa)\} \\ &= \{u \in U \mid A \subseteq uR\} \end{aligned} \tag{17.6}$$

这对算子在 FCA 中称为诱导算子，用符号′表示[14]。这里，X^*代表的是X中所有对象共同具有的属性的集合，而A^*中的对象则共同具有A中的所有属性。

上面定义的正算子有如下性质。

性质 17.1[14]　设(U, V, R)是一个二值信息表，$X, Y \subseteq U$是对象子集，$A, B \subseteq V$是属性子集。那么具有如下性质。

（C1）$X \subseteq X^{**},\ A \subseteq A^{**}$。

（C2）$X \subseteq Y \Rightarrow Y^* \subseteq X^*,\ A \subseteq B \Rightarrow B^* \subseteq A^*$。

（C3）$X^* = X^{***},\ A^* = A^{***}$。

（C4）$X \subseteq A^* \Leftrightarrow A \subseteq X^*$。

（C5）$(X \cup Y)^* = X^* \cap Y^*,\ (A \cup B)^* = A^* \cap B^*$。

（C6）$(X \cap Y)^* \supseteq X^* \cup Y^*,\ (A \cap B)^* \supseteq A^* \cup B^*$。

性质（C4）表明一对正算子可以建立$\mathcal{P}(U)$与$\mathcal{P}(V)$之间的 Galois 连接，从而可以定义形式概念的格[14]。形式概念的定义如下。

定义 17.2[14]　设(U, V, R)是一个二值信息表。由对象子集$X \subseteq U$和属性子集$A \subseteq V$形成的二元组(X, A)称为(U, V, R)的一个形式概念（简称概念），当且仅当$X^* = A$与$A^* = X$同时成立。X称为概念(X, A)的外延，A称为内涵。

对于概念(X, A)，其外延X恰好包含了拥有内涵A中所有属性的对象，而其内涵A则恰好包括了外延X中所有对象共同具有的属性。经过对二值信息表进行适当的行列置换，一个概念就对应其中一个全是 1 的最大矩形[14]。

例 17.2　在表 17.1 所示的二值信息表中，$\{1,2\}^* = \{a,b\}$，$\{a,b\}^* = \{1,2,4\}$，$\{1,2,4\}^* = \{a,b\}$。因此，$\{1, 2\}$和$\{a, b\}$不能形成概念，而$\{1, 2, 4\}$和$\{a, b\}$则可以构成概念。交换第 3、第 4 行，就可以得到概念$(\{1, 2, 4\}, \{a, b\})$所对应的全为 1 的最大矩形。

二值信息表(U, V, R)的概念具有以下偏序关系

$$(X, A) \leqslant (Y, B) \Leftrightarrow X \subseteq Y \Leftrightarrow B \subseteq A \tag{17.7}$$

式中，(X, A)和(Y, B)是概念。(X, A)称为(Y, B)的亚概念，(Y, B)称为(X, A)的超概念。$(X, A) < (Y, B)$表示$(X, A) \leqslant (Y, B)$且$(X, A) \neq (Y, B)$。如果$(X, A) < (Y, B)$，而且不存在概念(Z, C)满足$(X, A) < (Z, C) < (Y, B)$，那么(X, A)称为(Y, B)的子概念，(Y, B)称为(X, A)的父概念，用$(X, A) \prec (Y, B)$表示这种关系[14]。

所有的概念形成一个完备格，称为二值信息表(U, V, R)的概念格，记为 CL(U, V, R)。其中上、下确界定义如下[14]

$$(X,A)\vee(Y,B)=((X\cup Y)^{**},A\cap B) \tag{17.8}$$

$$(X,A)\wedge(Y,B)=(X\cap Y,(A\cup B)^{**}) \tag{17.9}$$

例 17.3　表 17.1 的概念格如图 17.1 所示，共有 6 个形式概念。为了简单，图中直接用列出元素的方式表示集合，如 13 表示集合{1, 3}，下同。

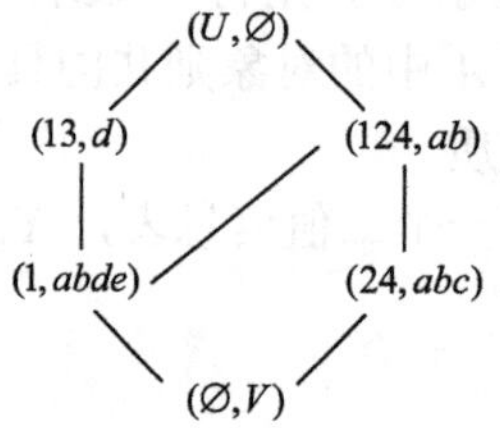

图 17.1　概念格 CL(U, V, R)

17.4　负算子与补概念格

类似于 17.3 节，本节基于对象子集和属性子集讨论“不具有”关系。首先定义二值信息表的一对负算子。

定义 17.3　设(U, V, R)是一个二值信息表。对于任意的对象子集 $X\subseteq U$ 和属性子集 $A\subseteq V$，一对负算子 $^{\bar{*}}:\mathcal{P}(U)\to\mathcal{P}(V)$ 和 $^{\bar{*}}:\mathcal{P}(V)\to\mathcal{P}(U)$，定义为

$$\begin{aligned}X^{\bar{*}}&=\{v\in V\mid\forall x\in X(\neg(xRv))\}\\&=\{v\in V\mid\forall x\in X(xR^{c}v)\}\\&=\{v\in V\mid X\subseteq R^{c}v\}\end{aligned} \tag{17.10}$$

$$\begin{aligned}A^{\bar{*}}&=\{u\in U\mid\forall a\in A(\neg(uRa))\}\\&=\{u\in U\mid\forall a\in A(uR^{c}a)\}\\&=\{u\in U\mid A\subseteq uR^{c}\}\end{aligned} \tag{17.11}$$

X 中的对象共同不具有 $X^{\bar{*}}$ 中的每个属性，而 $A^{\bar{*}}$ 中的对象则共同不具有 A 中的所有属性。

从定义 17.1 和 17.3 可以看出，(U, V, R)的负算子正好是(U, V, R^c)的正算子，所以负算子具有与正算子相同的性质。

性质 17.2　设(U, V, R)是一个二值信息表，$X,Y\subseteq U$ 是对象子集，$A,B\subseteq V$ 是属性子集。那么具有如下性质。

（NC1）$X\subseteq X^{\overline{**}}$, $A\subseteq A^{\overline{**}}$。

（NC2）$X \subseteq Y \Rightarrow Y^{\bar{*}} \subseteq X^{\bar{*}},\ A \subseteq B \Rightarrow B^{\bar{*}} \subseteq A^{\bar{*}}$。

（NC3）$X^{\bar{*}} = X^{\bar{*}\bar{*}\bar{*}},\ A^{\bar{*}} = A^{\bar{*}\bar{*}\bar{*}}$。

（NC4）$X \subseteq A^{\bar{*}} \Leftrightarrow A \subseteq X^{\bar{*}}$。

（NC5）$(X \cup Y)^{\bar{*}} = X^{\bar{*}} \cap Y^{\bar{*}},\ (A \cup B)^{\bar{*}} = A^{\bar{*}} \cap B^{\bar{*}}$。

（NC6）$(X \cap Y)^{\bar{*}} \supseteq X^{\bar{*}} \cup Y^{\bar{*}},\ (A \cap B)^{\bar{*}} \supseteq A^{\bar{*}} \cup B^{\bar{*}}$。

和正算子一样，负算子也可以形成$\mathcal{P}(U)$与$\mathcal{P}(V)$间的 Galois 连接并定义概念。称负算子定义的概念为 N 概念。一个 N 概念对应二值信息表中一个全是 0 的最大矩形。

N 概念间也具有和式（17.7）相同的偏序。一个二值信息表(U, V, R)的所有 N 概念同样也构成一个完备格，称为 N 概念格，记为 NCL(U, V, R)。N 概念格也叫补概念格，因为其恰好为补关系R^c对应的概念格。补概念格的上、下确界定义如下

$$(X, A) \vee (Y, B) = ((X \cup Y)^{\bar{*}\bar{*}}, A \cap B) \tag{17.12}$$

$$(X, A) \wedge (Y, B) = (X \cap Y, (A \cup B)^{\bar{*}\bar{*}}) \tag{17.13}$$

例 17.4　表 17.1 的补概念格如图 17.2 所示，共有 6 个 N 概念。需要注意的是，此处的补概念格与图 17.1 中的原概念格恰好同构，这是一种特殊情况。一般来说，补概念格与原概念格不一定同构。

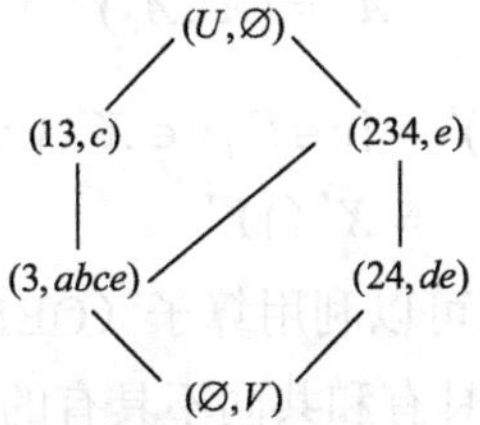

图 17.2　补概念格 NCL(U, V, R)

17.5　三支算子与三支概念格

17.5.1　三支算子

从前面的讨论可以知道，给定对象子集X，利用正算子可以将属性论域V分为不相交的两部分：X^*和$V-X^*$。X^*包含了全部X共同具有的属性。对于$V-X^*$中的任一属性，一定存在X中的一个对象不具有该属性。利用负算子也可以把V分为不相交的两部分：$X^{\bar{*}}$和$V-X^{\bar{*}}$。$X^{\bar{*}}$包含了X共同不具有的所有属性。对于$V-X^{\bar{*}}$中的任一属性，一定存在X中的一个对象具有该属性。对于属性子集，情况类似。由于这种二分性（含空集），把正、负算子统称为二支算子。

显然，$V-X^*$包含了$X^{\bar{*}}$，$V-X^{\bar{*}}$也包含了X^*。对于$V-X^*-X^{\bar{*}}$中的每一个属性，

X中的一部分对象具有它，另一部分对象则不具有它。对于X中的对象，$V-X^*-X^{\bar{*}}$中的属性不是共性；而X^*和$X^{\bar{*}}$中的属性，无论“共同具有”还是“共同不具有”，都一定是共性，都是确定的特征。可以看出，无论正算子还是负算子都不能把这些确定特征完全表达出来。

为了能同时表达“共同具有”与“共同不具有”，需要把正算子和负算子结合起来形成新的算子。这种新算子称为三支算子，共有两对。一对称为对象导出的三支算子，简称 OE 算子；另一对称为属性导出的三支算子，简称 AE 算子。

定义 17.4　设(U, V, R)是一个二值信息表。对于任意的对象子集$X \subseteq U$和属性子集$A, B \subseteq V$，一对 OE 算子，(OE1) $^{\lessdot}: \mathcal{P}(U) \to \mathcal{DP}(V)$ 和(OE2) $^{\gtrdot}: \mathcal{DP}(V) \to \mathcal{P}(U)$，定义如下

$$X^{\lessdot} = (X^*, X^{\bar{*}}) \tag{17.14}$$

$$\begin{aligned}(A,B)^{\gtrdot} &= \{u \in U \mid u \in A^*, u \in B^{\bar{*}}\} \\ &= A^* \cap B^{\bar{*}}\end{aligned} \tag{17.15}$$

对于任意的属性子集$A \subseteq V$和对象子集$X, Y \subseteq U$，一对 AE 算子，(AE1) $^{\lessdot}: \mathcal{P}(V) \to \mathcal{DP}(U)$ 和(AE2) $^{\gtrdot}: \mathcal{DP}(U) \to \mathcal{P}(V)$，定义如下

$$A^{\lessdot} = (A^*, A^{\bar{*}}) \tag{17.16}$$

$$\begin{aligned}(X,Y)^{\gtrdot} &= \{v \in V \mid v \in X^*, v \in Y^{\bar{*}}\} \\ &= X^* \cap Y^{\bar{*}}\end{aligned} \tag{17.17}$$

对于一个对象子集$X \subseteq U$，可以利用算子（OE1）得到属性论域V的一对子集$(X^*, X^{\bar{*}})$，这同时给出了X共同具有和共同不具有的属性的描述。另外，这对属性子集可将V分为以下三部分

$$\begin{aligned}\mathrm{POS}_X &= X^* \\ \mathrm{NEG}_X &= X^{\bar{*}} \\ \mathrm{MED}_X &= V - (X^* \cup X^{\bar{*}})\end{aligned} \tag{17.18}$$

POS_X是正域，其中每个属性被X中的所有对象共有。NEG_X是负域，其中每个属性都不被X中的任何对象所具有。那些被X中部分而非全部对象具有的属性就属于中间域MED_X。如果$X = \varnothing$，那么$\mathrm{POS}_X = \mathrm{NEG}_X = V$。如果$X \neq \varnothing$，那么$\mathrm{POS}_X \cap \mathrm{NEG}_X = \varnothing$。这时，$\mathrm{POS}_X$、$\mathrm{NEG}_X$和$\mathrm{MED}_X$这三个区域互不相交，形成$V$的一个三划分（含空集）。其中，正域$\mathrm{POS}_X$和负域$\mathrm{NEG}_X$是由算子（OE1）显式给出的，而中间域$\mathrm{MED}_X$则是隐含给出的。

同样，对于属性子集$A \subseteq V$，可以利用算子（AE1）得到对象论域U的一对子集$(A^*, A^{\bar{*}})$，这对子集可将U分为三部分

$$\begin{aligned} \mathrm{POS}_A &= A^* \\ \mathrm{NEG}_A &= A^{\bar{*}} \\ \mathrm{MED}_A &= U-(A^* \cup A^{\bar{*}}) \end{aligned} \tag{17.19}$$

POS_A 是正域，NEG_A 是负域，MED_A 是中间域。如果 $A \neq \varnothing$，那么 POS_A、NEG_A 和 MED_A 互不相交，形成 U 的一个三划分（含空集）。

通过算子（OE2），可以由 V 的一对子集 (A, B) 获得 U 的子集 $A^* \cap B^{\bar{*}}$，其中每一个对象具有 A 中所有属性而不具有 B 中的任一属性。借助算子（AE2），则可以从 U 的一对子集 (X, Y) 得到 V 的子集 $X^* \cap Y^{\bar{*}}$，其中每个属性都被 X 中的所有对象共同具有而不被 Y 中任何一个对象具有。

例 17.5　对于表 17.1 所示的二值信息表，令 $X=\{1,3\}$，则 $X^{\lessdot}=(\{d\},\{c\})$，$\mathrm{POS}_X=\{d\}$，$\mathrm{NEG}_X=\{c\}$，$\mathrm{MED}_X=\{a,b,e\}$。$X^{\lessdot\gtrdot}=(\{d\},\{c\})^{\gtrdot}=\{1,3\}$。若令 $X=\{2,3\}$，则 $X^{\lessdot}=(\varnothing,\{e\})$，$X^{\lessdot\gtrdot}=(\varnothing,\{e\})^{\gtrdot}=\{2,3,4\}$。

令 $A=\{d,e\}$，则 $A^{\lessdot}=(\{1\},\{2,4\})$，$\mathrm{POS}_A=\{1\}$，$\mathrm{NEG}_A=\{2,4\}$，$\mathrm{MED}_A=\{3\}$，$A^{\lessdot\gtrdot}=\{d,e\}$。若令 $A=\{b,c\}$，则 $A^{\lessdot}=(\{2,4\},\{3\})$，$A^{\lessdot\gtrdot}=\{a,b,c\}$。

性质 17.3　设 (U, V, R) 是一个二值信息表。对于任意的 $X,Y,Z,W \subseteq U$ 和 $A,B,C,D \subseteq V$，三支算子有如下性质。

（E1）$X \subseteq X^{\lessdot\gtrdot}, A \subseteq A^{\lessdot\gtrdot}$。

（E2）$X \subseteq Y \Rightarrow Y^{\lessdot} \subseteq X^{\lessdot}, A \subseteq B \Rightarrow B^{\lessdot} \subseteq A^{\lessdot}$。

（E3）$X^{\lessdot} = X^{\lessdot\gtrdot\lessdot}, A^{\lessdot} = A^{\lessdot\gtrdot\lessdot}$。

（E4）$X \subseteq (A,B)^{\gtrdot} \Leftrightarrow (A,B) \subseteq X^{\lessdot}$。

（E5）$(X \cup Y)^{\lessdot} = X^{\lessdot} \cap Y^{\lessdot}, (A \cup B)^{\lessdot} = A^{\lessdot} \cap B^{\lessdot}$。

（E6）$(X \cap Y)^{\lessdot} \supseteq X^{\lessdot} \cup Y^{\lessdot}, (A \cap B)^{\lessdot} \supseteq A^{\lessdot} \cup B^{\lessdot}$。

（EI1）$(X,Y) \subseteq (X,Y)^{\gtrdot\lessdot}, (A,B) \subseteq (A,B)^{\gtrdot\lessdot}$。

（EI2）$(X,Y) \subseteq (Z,W) \Rightarrow (Z,W)^{\gtrdot} \subseteq (X,Y)^{\gtrdot}, (A,B) \subseteq (C,D) \Rightarrow (C,D)^{\gtrdot} \subseteq (A,B)^{\gtrdot}$。

（EI3）$(X,Y)^{\gtrdot} = (X,Y)^{\gtrdot\lessdot\gtrdot}, (A,B)^{\gtrdot} = (A,B)^{\gtrdot\lessdot\gtrdot}$。

（EI4）$(X,Y) \subseteq A^{\lessdot} \Leftrightarrow A \subseteq (X,Y)^{\gtrdot}$。

（EI5）$((X,Y) \cup (Z,W))^{\gtrdot} = (X,Y)^{\gtrdot} \cap (Z,W)^{\gtrdot}, ((A,B) \cup (C,D))^{\gtrdot} = (A,B)^{\gtrdot} \cap (C,D)^{\gtrdot}$。

（EI6）$((X,Y) \cap (Z,W))^{\gtrdot} \supseteq (X,Y)^{\gtrdot} \cup (Z,W)^{\gtrdot}, ((A,B) \cap (C,D))^{\gtrdot} \supseteq (A,B)^{\gtrdot} \cup (C,D)^{\gtrdot}$。

证明　由于证明过程的相似性，除（E4）外，只证明每条性质中的一个。

（E1）下面证明第一个式子。

根据算子定义，$X^{\lessdot\gtrdot} = (X^*, X^{\bar{*}})^{\gtrdot} = X^{**} \cap X^{\bar{*}\bar{*}}$。由性质（C1）和（NC1）可知 $X \subseteq X^{**}, X \subseteq X^{\bar{*}\bar{*}}$。因此 $X \subseteq X^{**} \cap X^{\bar{*}\bar{*}} = X^{\lessdot\gtrdot}$。

（E2）下面证明第一个式子。

由性质（C2）可知 $X\subseteq Y\Rightarrow Y^{*}\subseteq X^{*}$，由性质（NC2）可知 $X\subseteq Y\Rightarrow Y^{\bar{*}}\subseteq X^{\bar{*}}$，因此有 $X\subseteq Y\Rightarrow(Y^{*},Y^{\bar{*}})\subseteq(X^{*},X^{\bar{*}})$，即 $X\subseteq Y\Rightarrow Y^{\lessdot}\subseteq X^{\lessdot}$。

（E3）下面证明第一个式子。

首先，由算子定义可知 $X^{\lessdot\gtrdot\lessdot}=(X^{*},X^{\bar{*}})^{\gtrdot\lessdot}=(X^{**}\cap X^{\bar{*}\bar{*}})^{\lessdot}=((X^{**}\cap X^{\bar{*}\bar{*}})^{*},(X^{**}\cap X^{\bar{*}\bar{*}})^{\bar{*}})$。

又由 $X^{**}\cap X^{\bar{*}\bar{*}}\subseteq X^{**}$ 和性质（C2）可得 $((X^{**}\cap X^{\bar{*}\bar{*}})^{*}\supseteq X^{***}=X^{*}$。同理，$((X^{**}\cap X^{\bar{*}\bar{*}})^{\bar{*}}\supseteq X^{\bar{*}}$。

因此 $X^{\lessdot}=(X^{*},X^{\bar{*}})\subseteq X^{\lessdot\gtrdot\lessdot}$。

其次，根据性质（E1）和（E2），由 $X\subseteq X^{\lessdot\gtrdot}$ 可得 $X^{\lessdot}\supseteq X^{\lessdot\gtrdot\lessdot}$。

从而 $X^{\lessdot}=X^{\lessdot\gtrdot\lessdot}$ 得证。

（E4）根据算子的定义和性质（C1）、（C2）、（NC1）和（NC2）有

$$
\begin{aligned}
X\subseteq(A,B)^{\gtrdot}=A^{*}\cap B^{\bar{*}} &\Rightarrow X\subseteq A^{*},\ X\subseteq B^{\bar{*}}\\
&\Rightarrow X^{*}\supseteq A^{**}\supseteq A,\ X^{\bar{*}}\supseteq B^{\bar{*}\bar{*}}\supseteq B\\
&\Rightarrow(A,B)\subseteq(X^{*},X^{\bar{*}})=X^{\lessdot}
\end{aligned}
$$

类似可得 $(A,B)\subseteq X^{\lessdot}\Rightarrow X\subseteq(A,B)^{\gtrdot}$。

于是 $X\subseteq(A,B)^{\gtrdot}\Leftrightarrow(A,B)\subseteq X^{\lessdot}$ 成立。

（E5）下面证明第一个式子。

根据算子定义及性质（C5）和（NC5）有

$$
\begin{aligned}
(X\cup Y)^{\lessdot}&=((X\cup Y)^{*},(X\cup Y)^{\bar{*}})\\
&=(X^{*}\cap Y^{*},X^{\bar{*}}\cap Y^{\bar{*}})\\
&=(X^{*},X^{\bar{*}})\cap(Y^{*},Y^{\bar{*}})\\
&=X^{\lessdot}\cap Y^{\lessdot}
\end{aligned}
$$

（E6）下面证明第一个式子。

根据算子定义及性质（C6）和（NC6）有

$$
\begin{aligned}
(X\cap Y)^{\lessdot}&=((X\cap Y)^{*},(X\cap Y)^{\bar{*}})\\
&\supseteq(X^{*}\cup Y^{*},X^{\bar{*}}\cup Y^{\bar{*}})\\
&=(X^{*},X^{\bar{*}})\cup(Y^{*},Y^{\bar{*}})\\
&=X^{\lessdot}\cup Y^{\lessdot}
\end{aligned}
$$

（EI1）下面证明第二个式子。

由于 $(A,B)^{\gtrdot\lessdot}=(A^{*}\cap B^{\bar{*}})^{\lessdot}=((A^{*}\cap B^{\bar{*}})^{*},(A^{*}\cap B^{\bar{*}})^{\bar{*}})$，而 $(A^{*}\cap B^{\bar{*}})^{*}\supseteq A^{**}\cup B^{\bar{*}*}\supseteq A$，且 $(A^{*}\cap B^{\bar{*}})^{\bar{*}}\supseteq A^{*\bar{*}}\cup B^{\bar{*}\bar{*}}\supseteq B$，所以 $(A,B)\subseteq(A,B)^{\gtrdot\lessdot}$。

（EI2）下面证明第二个式子。

由 $(A,B)\subseteq(C,D)$ 知 $A\subseteq C,B\subseteq D$，进而可得 $C^{*}\subseteq A^{*},D^{\bar{*}}\subseteq B^{\bar{*}}$，于是有 $C^{*}\cap D^{\bar{*}}\subseteq A^{*}\cap B^{\bar{*}}$，即 $(A,B)\subseteq(C,D)\Rightarrow(C,D)^{\gtrdot}\subseteq(A,B)^{\gtrdot}$。

（EI3）下面证明第二个式子。首先可得

$$\begin{aligned}(A,B)^{\gtrdot\lessdot\gtrdot} &= (A^{*}\cap B^{\bar{*}})^{\lessdot\gtrdot}\\ &= ((A^{*}\cap B^{\bar{*}})^{*},(A^{*}\cap B^{\bar{*}})^{\bar{*}})^{\gtrdot}\\ &= (A^{*}\cap B^{\bar{*}})^{**}\cap(A^{*}\cap B^{\bar{*}})^{\bar{*}\bar{*}}\\ &\supseteq A^{*}\cap B^{\bar{*}}\\ &= (A,B)^{\gtrdot}\end{aligned}$$

其次有 $(A,B)\subseteq(A,B)^{\gtrdot\lessdot}\Rightarrow(A,B)^{\gtrdot}\supseteq(A,B)^{\gtrdot\lessdot\gtrdot}$。

于是 $(A,B)^{\gtrdot}=(A,B)^{\gtrdot\lessdot\gtrdot}$ 得证。

（EI4）与（E4）证明类似。

（EI5）下面证明第二个式子。

$$\begin{aligned}((A,B)\cup(C,D))^{\gtrdot} &= ((A\cup C),(B\cup D))^{\gtrdot}\\ &= (A\cup C)^{*}\cap(B\cup D)^{\bar{*}}\\ &= A^{*}\cap C^{*}\cap B^{\bar{*}}\cap D^{\bar{*}}\\ &= (A,B)^{\gtrdot}\cap(C,D)^{\gtrdot}\end{aligned}$$

（EI6）下面证明第二个式子。

$$\begin{aligned}((A,B)\cap(C,D))^{\gtrdot} &= ((A\cap C),(B\cap D))^{\gtrdot}\\ &= (A\cap C)^{*}\cap(B\cap D)^{\bar{*}}\\ &\supseteq(A^{*}\cup C^{*})\cap(B^{\bar{*}}\cup D^{\bar{*}})\\ &= (A^{*}\cap B^{\bar{*}})\cup(A^{*}\cap D^{\bar{*}})\cup(C^{*}\cap B^{\bar{*}})\cup(C^{*}\cap D^{\bar{*}})\\ &\supseteq(A,B)^{\gtrdot}\cup(C,D)^{\gtrdot}\end{aligned}$$

17.5.2 对象导出的三支概念格

基于 OE 算子，可以定义对象导出的三支概念和概念格。首先，从性质 17.3 的（E4）易知以下结论成立。

定理 17.1　二值信息表(U, V, R)的 OE 算子建立了 $\mathcal{P}(U)$ 和 $\mathcal{DP}(V)$ 之间的 Galois 连接。

定义 17.5　设(U, V, R)是一个二值信息表。由一个对象子集 $X\subseteq U$ 和两个属性子集 $A,B\subseteq V$ 形成的对$(X, (A, B))$称为(U, V, R)的一个对象导出的三支概念，简称 OE 概念，当且仅当，$X^{\lessdot}=(A,B)$ 与 $(A,B)^{\gtrdot}=X$ 同时成立。X 称为 OE 概念$(X, (A, B))$的外延，(A,B)称为内涵。

例 17.6　对于表 17.1 所示的二值信息表，因为 $\{1,3\}^{\lessdot}=(\{d\},\{c\})$，$(\{d\},\{c\})^{\gtrdot}=\{1,3\}$，所以 $(\{1,3\},(\{d\},\{c\}))$ 是 OE 概念。

推论 17.1　$(X^{\lessdot\gtrdot}, X^{\lessdot})$ 与 $((A,B)^{\gtrdot}, (A,B)^{\gtrdot\lessdot})$ 都是 OE 概念。

证明　利用性质（E3）与（EI3）立即可证。

设$(X, (A, B))$和$(Y, (C, D))$是 OE 概念，它们的偏序关系定义如下

$$(X,(A,B)) \leqslant (Y,(C,D)) \Leftrightarrow X \subseteq Y \Leftrightarrow (C,D) \subseteq (A,B) \tag{17.20}$$

此处使用与 17.3 节相同的序符号：“$\leqslant$”“$<$”和“$\prec$”，其含义也类似。如果$(X,(A,B)) \leqslant (\prec)(Y,(C,D))$，那么$(X, (A, B))$称为$(Y, (C, D))$的亚概念（子概念），同时$(Y, (C, D))$称为$(X, (A, B))$的超概念（父概念）。

由所有 OE 概念组成的集合记为 $\mathrm{OEL}(U, V, R)$，称为对象导出的三支概念格，简称为 OE 概念格。对于 OE 概念格，有以下结论。

定理 17.2　一个二值信息表(U, V, R)的 OE 概念格 $\mathrm{OEL}(U, V, R)$是一个完备格，其上、下确界定义为：设$(X, (A, B)), (Y, (C, D)) \in \mathrm{OEL}(U, V, R)$，则

$$(X,(A,B)) \vee (Y,(C,D)) = ((X \cup Y)^{\lessdot\gtrdot}, (A,B) \cap (C,D)) \tag{17.21}$$

$$(X,(A,B)) \wedge (Y,(C,D)) = (X \cap Y, ((A,B) \cup (C,D))^{\gtrdot\lessdot}) \tag{17.22}$$

证明　由 U 与 V 的有限性可知，$\mathrm{OEL}(U, V, R)$是有限的。因此只要证明 $\mathrm{OEL}(U, V, R)$是格，它就是完备格。这里只需要证明$(X,(A,B)) \wedge (Y,(C,D))$和$(X,(A,B)) \vee (Y,(C,D))$都是 OE 概念即可。

因为对于每个 OE 概念$(X, (A, B))$都有 $X = (A,B)^{\gtrdot}$ 成立，由性质（E5）可得

$$X \cap Y = (A,B)^{\gtrdot} \cap (C,D)^{\gtrdot} = ((A,B) \cup (C,D))^{\gtrdot}$$

又因为$(X,(A,B)) \wedge (Y,(C,D)) = (((A,B) \cup (C,D))^{\gtrdot}, ((A,B) \cup (C,D))^{\gtrdot\lessdot})$，根据推论 17.1 可知$(X,(A,B)) \wedge (Y,(C,D))$是 OE 概念。同理可证$(X,(A,B)) \vee (Y,(C,D))$也是 OE 概念。

例 17.7　表 17.1 所示的二值信息表的 OE 概念格如图 17.3 所示，共有 8 个 OE 概念。

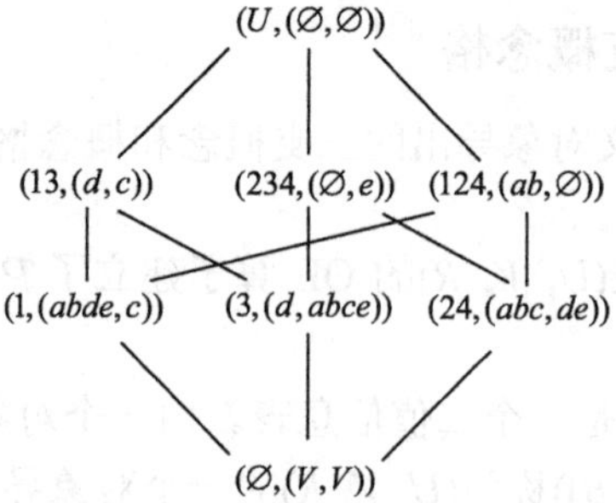

图 17.3　对象导出的三支概念格 $\mathrm{OEL}(U, V, R)$

17.5.3　属性导出的三支概念格

基于 AE 算子，可以定义属性导出的三支概念和概念格。由于 AE 算子与 OE 算

子是对偶的，所以属性导出的三支概念格是对象导出的三支概念格的对偶。因此本节的结论与前面的结论相似，此处省略相关证明。

定理 17.3　二值信息表(U, V, R)的 AE 算子形成了$\mathcal{DP}(U)$和$\mathcal{P}(V)$之间的 Galois 连接。

定义 17.6　设(U, V, R)是一个二值信息表。由两个对象子集$X,Y \subseteq U$和一个属性子集$A \subseteq V$形成的对$((X, Y), A))$称为(U, V, R)的一个属性导出的三支概念，简称 AE 概念，当且仅当$(X,Y)^{\gtrdot} = A$与$A^{\lessdot} = (X,Y)$同时成立。(X, Y)称为 AE 概念$((X, Y), A))$的外延，A称为内涵。

例 17.7　对于表 17.1 所示的二值信息表，因为$\{d,e\}^{\lessdot} = (\{1\},\{2,4\})$，$(\{1\},\{2,4\})^{\gtrdot} = \{d,e\}$，所以$((\{1\},\{2,4\}),\{d,e\})$是 AE 概念。

推论 17.2　$((X,Y)^{\gtrdot\lessdot},(X,Y)^{\gtrdot})$与$(A^{\lessdot},A^{\lessdot\gtrdot})$都是 AE 概念。

设$((X, Y), A))$和$((Z, W), B))$是 AE 概念，它们之间的偏序关系定义如下

$$((X,Y),A) \leqslant ((Z,W),B) \Leftrightarrow (X,Y) \subseteq (Z,W) \Leftrightarrow B \subseteq A \tag{17.23}$$

此处仍然使用与 17.3 节相同的序符号：“$\leqslant$”“$<$”和“$\prec$”，其含义也类似。如果$((X, Y), A)) \leqslant (\prec) ((Z, W), B))$，则$((X, Y), A))$称为$((Z, W), B))$的亚概念（子概念），而$((Z, W), B))$称为$((X, Y), A))$的超概念（父概念）。

由所有 AE 概念组成的集合记为 AEL(U, V, R)，称为属性导出的三支概念格，简称为 AE 概念格。对于 AE 概念格，同样有以下结论。

定理 17.4　一个二值信息表(U, V, R)的 AE 概念格 AEL(U, V, R)是一个完备格，其上、下确界定义为：设$((X, Y), A)), ((Z, W), B)) \in \text{AEL}(U, V, R)$，则

$$((X,Y),A) \vee ((Z,W),B) = (((X,Y) \cup (Z,W))^{\gtrdot\lessdot}, A \cap B) \tag{17.24}$$

$$((X,Y),A) \wedge ((Z,W),B) = ((X,Y) \cap (Z,W), (A \cup B)^{\lessdot\gtrdot}) \tag{17.25}$$

例 17.8　表 17.1 所示的二值信息表的 AE 概念格如图 17.4 所示，共有 11 个 AE 概念。

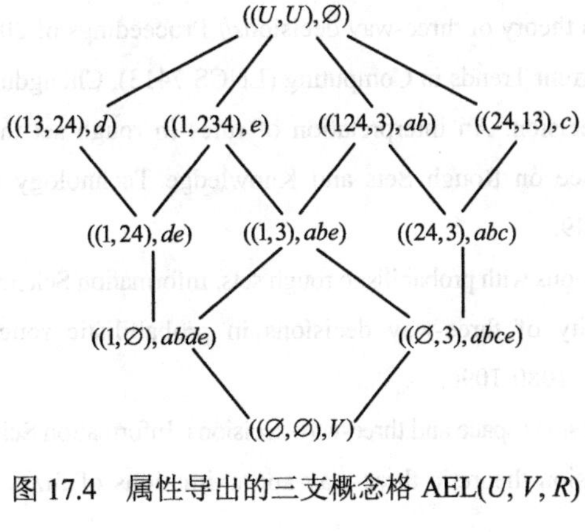

图 17.4　属性导出的三支概念格 AEL(U, V, R)

对比图 17.1～图 17.4 可以发现，对于每个形式概念或者 N 概念，在 OE 概念格中都存在一个 OE 概念与其具有相同的外延。一个 OE 概念的内涵有两部分，所以它可以将属性论域 V 分成三个区域。例如，OE 概念 $(\{1,3\},(\{d\},\{c\}))$ 的内涵是 $(\{d\},\{c\})$。基于这个内涵，V 可以分为如下三个区域：正域$\{d\}$、负域$\{c\}$和中间域$\{a, b, e\}$。这表明 1 与 3 两个对象共同具有属性 d，共同不具有属性 c，非共同特点的属性是 a、b、e。相应地，AE 概念格也有类似结论。

17.6 本章小结

三支决策是二支决策的拓展，广泛应用于很多研究领域中。经典的形式概念分析支持二支决策的使用，但并不适用于三支决策。在形式概念分析的框架下，可以直接表达数据集中的语义“共同具有”，也可间接表达语义“共同不具有”，但不能把二者同时加以表达。本章把形式概念分析扩展为三支概念分析以支持三支决策。把二支算子和二支的形式概念扩展为三支算子和三支概念，构造了对象导出的三支概念格和属性导出的三支概念格。在三支概念分析的框架下，可以同时表达数据集中“共同具有”和“共同不具有”这两种语义；也可以三划分对象论域或属性论域以进行三支决策。本章给出了三支概念分析的基本模型，后续工作将进一步对其进行深入的理论与应用研究。

致　　谢

本章的研究内容得到了国家自然科学基金项目（项目编号分别为 11371014、11071281）、陕西省自然科学基础研究计划资助项目（项目批准号：2014JM8306）、国家留学基金和加拿大 NSERC 基金的资助。

参 考 文 献

[1] Yao Y. An outline of a theory of three-way decisions// Proceedings of 2012 International Conference on Rough Sets and Current Trends in Computing (LNCS 7413), Chengdu, China, 2012: 1-17.

[2] Yao Y. Three-Way decision: An interpretation of rules in rough set theory// Proceedings of 2009 International Conference on Rough Sets and Knowledge Technology (LNCS 5589), Gold Coast, Australia, 2009: 642-649.

[3] Yao Y. Three-way decisions with probabilistic rough sets. Information Sciences. 2010, 180(3): 341-353.

[4] Yao Y. The superiority of three-way decisions in probabilistic rough set models. Information Sciences, 2011, 181(6): 1080-1096.

[5] Hu B Q. Three-way decisions space and three-way decisions. Information Sciences, 2014, 281: 21-52.

[6] Deng X, Yao Y. Decision-theoretic three-way approximations of fuzzy sets. Information Sciences,

2014, 279: 702-715.

[7] Li H, Zhou X. Risk decision making based on decision-theoretic rough set: A three-way view decision model. International Journal of Computational Intelligence Systems, 2011, 4(1): 1-11.

[8] Liu D, Li T, Ruan D. Probabilistic model criteria with decision-theoretic rough sets. Information Sciences, 2011, 181(17): 3709-3722.

[9] Liu D, Li T, Li H. A multiple-category classification approach with decision-theoretic rough sets. Fundamenta Informaticae, 2012, 115(2): 173-188.

[10] Yang X, Yao J. Modelling multi-agent three-way decisions with decision-theoretic rough sets. Fundamenta Informaticae, 2012, 115(2): 157-171.

[11] Yao Y. Granular computing and sequential three-way decisions// Proceedings of 2013 International Conference on Rough Sets and Knowledge Technology (LNCS 8171), Halifax, NS, Canada, 2013: 16-27.

[12] Zhou B. Multi-class decision-theoretic rough sets. International Journal of Approximate Reasoning, 2014, 55(1): 211-224.

[13] Wille R. Restructuring lattice theory: An approach based on hierarchies of concepts// Proceedings of the NATO Advanced Study Institute, 1981 (Ordered sets), Banff, Canada, 1982: 445-470.

[14] Ganter B, Wille R. Formal Concept Analysis, Mathematical Foundations. Berlin Heidelberg: Springer-Verlag, 1999.

[15] Ganter B, Stumme G, Wille R. Formal Concept Analysis: Foundations and Applications. Berlin: Springer, 2005.

[16] Kang X, Li D, Wang S. Research on domain ontology in different granulations based on concept lattice. Knowledge-Based Systems, 2012, 27: 152-161.

[17] Tho Q T, Hui S C, Fong A C M, et al. Automatic fuzzy ontology generation for semantic Web. IEEE Transactions on Knowledge and Data Engineering, 2006, 18(6): 842-856.

[18] Wu W, Leung Y, Mi J. Granular computing and knowledge reduction in formal contexts. IEEE Transactions on Knowledge and Data Engineering, 2009, 21(10): 1461-1474.

[19] 王燕，王国胤，邓维斌. 基于概念格的数据驱动不确定知识获取. 模式识别与人工智能，2007(05): 636-642.

[20] 胡学钢，薛峰，张玉红，等. 基于概念格的决策表属性约简方法. 模式识别与人工智能，2009(04): 624-629.

[21] Qi J, Wei L, Yao Y. Three-Way formal concept analysis// Proceedings of 2014 International Conference on Rough Sets and Knowledge Technology (LNCS 8818), Shanghai, China, 2014: 732-741.

[22] Ciucci D. Orthopairs: A simple and widely usedway to model uncertainty. Fundamenta Informaticae, 2011, 108(3): 287-304.

[23] Yao Y. A Comparative study of formal concept analysis and rough set theory in data analysis// Proceedings of 2004 International Conference on Rough Sets and Current Trends in Computing (LNCS 3066), Uppsala, Sweden, 2004: 59-68.

第 18 章 模糊三支决策

Fuzzy Three-Way Decisions

杨海龙[1]

1. 陕西师范大学数学与信息科学学院

三支决策理论自提出以来，短短几年时间内发展非常迅速，这显示了该理论的强大生命力，三支决策理论已成为信息科学、管理科学领域的研究热点之一。本章以模糊集为工具，给出了几种基于评价函数的模糊三支决策的概念，揭示了它们之间的关系，列举了模糊三支决策的两个模型，为直觉模糊集提供了一个新的语义解释，建立了模糊三支决策的基本框架。

18.1 从三支决策到模糊三支决策

三支决策理论[1, 2]的主要思想是：基于一个条件集（或称为标准集）将一个论域划分成三个两两不相交的区域，分别称为正域、负域和边界域，其中正域、负域和边界域分别对应于决策推理结论中的接受、拒绝和不承诺（或延迟决策）三种状态。与传统的二支决策相比，在实际应用中三支决策的使用更具有普遍性。

三支决策理论最初是 Yao 在粗糙集[3]和决策粗糙集[4]的研究中提出的，它为粗糙集的三个域（正域、负域和边界域）提供了合理的语义解释，该理论丰富了决策推理的数学表示。尽管三支决策理论是基于粗糙集提出的，然而三支决策的研究已经超出了粗糙集的范畴[5]，且已广泛应用于多个学科和领域，具体的有决策粗糙集[6-11]、论文评审[12]、医疗诊断[13, 14]、社会判断理论[15]、假设检验[16]、管理学[17, 18]、模糊集的近似[19]、逻辑[20, 21]、分类和聚类[22]等。

Yao 在文献[2]中给出了有关三支决策问题的形式化定义，具体如下。

定义 18.1 设 U 是一个非空有限论域，C 是一个有限条件集（或称为标准集）。三支决策问题是基于决策条件集 C，将 U 划分成三个区域，分别用 POS、NEG 和 BND 表示，依次称为正域、负域和边界域，其满足以下条件。

（1）$\mathrm{POS}\cap\mathrm{NEG}=\varnothing$，$\mathrm{POS}\cap\mathrm{BND}=\varnothing$，$\mathrm{NEG}\cap\mathrm{BND}=\varnothing$。

（2）$\mathrm{POS}\cup\mathrm{NEG}\cup\mathrm{BND}=U$。

对正域、负域和边界域中的对象分别作出接受、拒绝和不承诺决策。

在三支决策中，评价函数、指定接受值集合、指定拒绝值集合是三支决策理论的基础，对三支决策理论的研究常常需要考虑下面几方面。

（1）评价函数的构造和解释。首先评价函数与条件集密切相关。评价一个对象，可以用两个相互独立的评价函数，即一个是接受评价函数，另一个是拒绝评价函数；也可以用一个评价函数，称为接受-拒绝评价函数。在实际应用中，可以用更具有实用价值和更易操作的概念来解释标准集、满足度等概念。例如，可以用代价、风险、错误、利润、效益、用户满意度和投票等来解释。这里将评价函数所得的对象评价值解释为对象对于标准的满意度。具体采用什么评价函数取决于实际的应用。例如，在决策粗糙集模型中用概率作为对象的评价函数，在模糊集近似问题中用隶属函数作为评价函数，而在人工神经网络中可以用错误分类率作为评价函数。

（2）评价函数值域的构造和解释。一般在评价函数的值域上可以建立某种序关系，这样可以通过决策状态值来比较对象满足或不满足的程度。例如，评价函数的值域可以是偏序集、有限个等级、整数的集合、区间值和实数的集合。

（3）指定接受值集合、指定拒绝值集合的构造和解释。指定接受值集合和拒绝值集合必须符合人们直觉上对于接受和拒绝的理解。例如，不应同时接受和拒绝，这就要求指定接受值集合和拒绝值集合是不相交的。指定接受值集合应使得决策具有单调性，即如果接受对象 x，那么就接受所有比 x 的决策状态值大或相等的对象。

针对上述问题，Yao 在文献[2]中给出了带有一对基于偏序集的评价函数的三支决策、带有一个基于偏序集的评价函数的三支决策和带有一个基于全序集的评价函数的三支决策。

在带有一个基于全序集的评价函数的三支决策中，从 U 到 L 的函数 v 称为一个接受-拒绝评价函数，即 $v:U\to L$，其中 $(L,\leqslant)$ 是一个全序集，$\alpha,\beta\in L(\beta<\alpha)$ 为一对阈值。由 (v,α,β) 诱导的三支决策如下

$$\mathrm{POS}_{(\alpha,\beta)}(v)=\{x\in U\mid v(x)\geqslant\alpha\}$$

$$\mathrm{NEG}_{(\alpha,\beta)}(v)=\{x\in U\mid v(x)\leqslant\beta\}$$

$$\mathrm{BND}_{(\alpha,\beta)}(v)=\{x\in U\mid \beta<v(x)<\alpha\}$$

进一步，可以得到下面的决策规则。

（1）若 $v(x)\geqslant\alpha$，则 $x\in\mathrm{POS}_{(\alpha,\beta)}(v)$。

（2）若 $v(x)\leqslant\beta$，则 $x\in\mathrm{NEG}_{(\alpha,\beta)}(v)$。

（3）若 $\beta<v(x)<\alpha$，则 $x\in\mathrm{BND}_{(\alpha,\beta)}(v)$。

若取 $L=\mathbf{R}$，即 L 是所有实数的集合以及 $\leqslant$ 是 $\mathbf{R}$ 上的自然序。对于一个很小的正数 ε（满足 $\varepsilon<\alpha-\beta$），α 与 $\alpha-\varepsilon$、β 与 $\beta+\varepsilon$ 相差也很小，根据上述的决策规则，接受评价值（拒绝评价值）等于 $\alpha(\beta)$ 的对象被接受（被拒绝），而接受评价值（拒绝评价值）等于 $\alpha-\varepsilon(\beta+\varepsilon)$ 的对象作延迟决策，这样的决策结果不太合乎情理，说明基于阈值 α、β 的决策规则过于严格，换句话说，对于每个对象 x，根据评价值 $v(x)$ 给出接受、拒绝和不承诺程度较为合理。

在带有一对基于偏序集的评价函数的三支决策中，从 U 到 L_a 的函数 v_a 称为一个

接受评价函数，即 $v_a: U \to L_a$，其中 $(L_a, \leqslant_a)$ 是一个偏序集；从 U 到 L_r 的函数 v_r 称为一个拒绝评价函数，即 $v_r: U \to L_r$，其中 $(L_r, \leqslant_r)$ 是一个偏序集。设 L_a^+ 为指定接受值集合，L_r^- 为指定拒绝值集合。由 (v_a, v_r, L_a^+, L_r^-) 诱导的三支决策如下

$$\mathrm{POS}_{(L_a^+, L_r^-)}(v_a, v_r) = \{x \in U \mid v_a(x) \in L_a^+ \text{ and } v_r(x) \notin L_r^-\}$$

$$\mathrm{NEG}_{(L_a^+, L_r^-)}(v_a, v_r) = \{x \in U \mid v_a(x) \notin L_a^+ \text{ and } v_r(x) \in L_r^-\}$$

$$\mathrm{BND}_{(L_a^+, L_r^-)}(v_a, v_r) = \{x \in U \mid v_a(x) \notin L_a^+ \text{ and } v_r(x) \notin L_r^-, \text{or}, v_a(x) \in L_a^+ \text{ and } v_r(x) \in L_r^-\}$$

进一步，可以得到下面的决策规则。

（1）若 $v_a(x) \in L_a^+$ 和 $v_r(x) \notin L_r^-$，则 $x \in \mathrm{POS}_{(L_a^+, L_r^-)}(v_a, v_r)$。

（2）若 $v_a(x) \notin L_a^+$ 和 $v_r(x) \in L_r^-$，则 $x \in \mathrm{NEG}_{(L_a^+, L_r^-)}(v_a, v_r)$。

（3）若 $v_a(x) \notin L_a^+$ 和 $v_r(x) \notin L_r^-$ 或 $v_a(x) \in L_a^+$ 和 $v_r(x) \in L_r^-$，则 $x \in \mathrm{BND}_{(L_a^+, L_r^-)}(v_a, v_r)$。

然而，某些情形，根据决策者的要求，接受值集合和拒绝值集合并不能清晰地给出，取而代之的是只能给出目标对象相对于接受评价值 $v_a(x)$ 的接受程度和目标对象相对于拒绝评价值 $v_r(x)$ 的拒绝程度。最后，在综合考虑评价值 $v_a(x)$ 和 $v_r(x)$ 的基础上，给出对对象 x 的接受、拒绝和不承诺的程度。

根据以上分析，可以发现，对于三支决策，将 U 划分成三个两两不交的区域：正域、负域和边界域有时过于严格，而根据决策条件集 C，给出 U 的三个模糊子集，然后利用这三个模糊子集分别表示模糊正域、模糊负域和模糊边界域更合理些。

为了给出模糊三支决策问题形式化的定义，首先来分析三支决策中的两个条件。

（1）$\mathrm{POS} \cap \mathrm{NEG} = \varnothing$，$\mathrm{POS} \cap \mathrm{BND} = \varnothing$，$\mathrm{NEG} \cap \mathrm{BND} = \varnothing$。

（2）$\mathrm{POS} \cup \mathrm{NEG} \cup \mathrm{BND} = U$。

为了分析这两个条件，下面回顾一些基本概念。作为普通集的推广，模糊集由 Zadeh[23]于 1965 年提出。一个普通集 A 可以看成一个特殊的模糊集 A（为简便起见，仍用 A 表示），满足

$$\mu_A(x) = \begin{cases} 1, & x \in A \\ 0, & x \notin A \end{cases}$$

设 A 是 U 的一个模糊子集，$\mu_A(x)$ 是 A 的一个隶属函数，A 的核 ker(A)定义为 $\ker(A) = \{x \in U \mid \mu_A(x) = 1\}$，$A$ 的支撑 supp(A)定义为 $\mathrm{supp}(A) = \{x \in U \mid \mu_A(x) > 0\}$ 以及 A 的补 A' 定义为 $\mu_{A'}(x) = 1 - \mu_A(x) (\forall x \in U)$。

根据 ker(A)的定义可知，ker(A)表示一定属于 A 的那些元素的集合，从而条件（1）可以改写为

$$\ker(\mathrm{POS}) \cap \ker(\mathrm{NEG}) = \varnothing, \quad \ker(\mathrm{POS}) \cap \ker(\mathrm{BND}) = \varnothing, \quad \ker(\mathrm{NEG}) \cap \ker(\mathrm{BND}) = \varnothing$$

另外，显然有

$$\begin{aligned}&\mathrm{POS}\cup\mathrm{NEG}\cup\mathrm{BND}=U\\ \Leftrightarrow\ &(U-\mathrm{POS})\cap(U-\mathrm{NEG})\cap(U-\mathrm{BND})=\varnothing\\ \Leftrightarrow\ &(\mathrm{supp}(\mathrm{POS}))'\cap(\mathrm{supp}(\mathrm{NEG}))'\cap(\mathrm{supp}(\mathrm{BND}))'=\varnothing\\ \Leftrightarrow\ &\mathrm{supp}(\mathrm{POS})\cup\mathrm{supp}(\mathrm{NEG})\cup\mathrm{supp}(\mathrm{BND})=U\end{aligned}$$

因此，条件（2）等价于

$$\mathrm{supp}(\mathrm{POS})\cup\mathrm{supp}(\mathrm{NEG})\cup\mathrm{supp}(\mathrm{BND})=U$$

一般地，可以描述模糊三支决策问题如下。

定义 18.2　设 U 是一个非空有限论域，C 是一个有限条件集（或称为标准集）。模糊三支决策问题是基于决策条件集 C，给出 U 的三个模糊子集 POS、NEG 和 BND，分别称为模糊正域、负域和边界域，它们满足以下条件。

（1）$\ker(\mathrm{POS})\cap\ker(\mathrm{NEG})=\varnothing,\ker(\mathrm{POS})\cap\ker(\mathrm{BND})=\varnothing,\ker(\mathrm{NEG})\cap\ker(\mathrm{BND})=\varnothing$。

（2）$\mathrm{POS}\cup\mathrm{NEG}\cup\mathrm{BND}=U$。

其中 $\mu_{\mathrm{POS}}(x)$、$\mu_{\mathrm{NEG}}(x)$ 和 $\mu_{\mathrm{BND}}(x)$ 分别表示对对象 x 的接受、拒绝和不承诺程度。

18.2　基于评价函数的模糊三支决策

18.2.1　带有一对基于偏序集的评价函数的模糊三支决策

在文献[2]中，为了评价目标对象，Yao 基于偏序集提出了接受评价函数和拒绝评价函数的概念，具体定义如下。

定义 18.3[2]　设 U 是一个非空有限论域，$(L_{\mathrm{a}},\leqslant_{\mathrm{a}})$ 和 $(L_{\mathrm{r}},\leqslant_{\mathrm{r}})$ 是两个偏序集，一对函数 v_{a}：$U\to L_{\mathrm{a}}$ 和 v_{r}：$U\to L_{\mathrm{r}}$ 分别称为接受评价函数和拒绝评价函数。对于任意一个 $x\in U$，$v_{\mathrm{a}}(x)$ 和 $v_{\mathrm{r}}(x)$ 分别称为对象 x 的接受评价值和拒绝评价值。

为了方便起见，令 $v_{\mathrm{a}}(U)=\{y\mid y=v_{\mathrm{a}}(x),x\in U\}$，$v_{\mathrm{r}}(U)=\{y\mid y=v_{\mathrm{r}}(x),x\in U\}$。对于带有一对基于偏序集的评价函数的三支决策，在实际应用中，总是事先给定一个接受值集合 $L_{\mathrm{a}}^{+}(L_{\mathrm{a}}^{+}\subseteq L_{\mathrm{a}})$ 和一个拒绝值集合 $L_{\mathrm{r}}^{-}(L_{\mathrm{r}}^{-}\subseteq L_{\mathrm{r}})$，若 $v_{\mathrm{a}}(x)\in L_{\mathrm{a}}^{+}$ 且 $v_{\mathrm{r}}(x)\notin L_{\mathrm{r}}^{-}$，则接受对象 x。然而，某些时候，接受值集合和拒绝值集合不易被清晰给定，只能给出对象 x 相对于接受评价值 $v_{\mathrm{a}}(x)$ 的接受程度和相对于拒绝评价值 $v_{\mathrm{r}}(x)$ 的拒绝程度。也就是说，给定 $v_{\mathrm{a}}(U)(v_{\mathrm{a}}(U)\subseteq L_{\mathrm{a}})$ 的一个模糊子集 L_{a}^{+}（L_{a}^{+} 是一个从 $v_{\mathrm{a}}(U)$ 到[0,1]的映射）和 $v_{\mathrm{r}}(U)(v_{\mathrm{r}}(U)\subseteq L_{\mathrm{r}})$ 的一个模糊子集 L_{r}^{-}（L_{r}^{-} 是一个从 $v_{\mathrm{r}}(U)$ 到[0,1]的映射），分别用 $\mu_{L_{\mathrm{a}}^{+}}(x)$ 和 $\mu_{L_{\mathrm{r}}^{-}}(x)$ 表示对象 x 相对于接受评价值 $v_{\mathrm{a}}(x)$ 的接受程度和相对于拒绝评价值 $v_{\mathrm{r}}(x)$ 的

拒绝程度。在三支决策中，指定的接受值集合和拒绝值集合必须符合人们的直觉思维，即如果接受对象 x，则接受论域中比对象 x 的接受评价值大或相等的对象；如果拒绝对象 x，则拒绝论域中比对象 x 的拒绝评价值大或相等的对象。在模糊三支决策中，同样必须符合人们的直觉思维，即评价值越大，则被接受（拒绝）的程度就越大。从而模糊集 L_a^+ 和 L_r^- 必须满足 $\forall m_1, m_2 \in v_a(U)$，$m_1 \leqslant_a m_2 \Rightarrow \mu_{L_a^+}(m_1) \leqslant_a \mu_{L_a^+}(m_2)$（$L_a^+$ 称为 $v_a(U)$ 的单调递增的模糊子集），$\forall n_1, n_2 \in v_r(U)$，$n_1 \leqslant_r n_2 \Rightarrow \mu_{L_r^-}(n_1) \leqslant_r \mu_{L_r^-}(n_2)$（$L_r^-$ 称为 $v_r(U)$ 的单调递增的模糊子集）。

基于前面的讨论，给出下面的概念。

定义 18.4　设 U 是一个非空有限论域，L_a^+ 和 L_r^- 分别是 $v_a(U)$ 和 $v_r(U)$ 的单调递增的模糊子集，由 (v_a, v_r, L_a^+, L_r^-) 诱导的模糊三支决策的模糊正域、负域和边界域分别定义为 $\forall x \in U$，有

$$\mu_{\text{POS}}(x) = \min\{\mu_{L_a^+}(v_a(x)), 1 - \mu_{L_r^-}(v_r(x))\}$$

$$\mu_{\text{NEG}}(x) = \min\{1 - \mu_{L_a^+}(v_a(x)), \mu_{L_r^-}(v_r(x))\}$$

$$\mu_{\text{BND}}(x) = 1 - \max\{\mu_{\text{POS}}(x), \mu_{\text{NEG}}(x)\}$$

式中，$\mu_{\text{POS}}(x)$、$\mu_{\text{NEG}}(x)$ 和 $\mu_{\text{BND}}(x)$ 分别称为对对象 x 的接受、拒绝和不承诺程度。

下面说明定义 18.4 的合理性，即证明 POS、NEG 和 BND 满足定义 18.2 中的条件（1）和条件（2）。

（1）如果 $x \in \ker(\text{POS})$，则 $\mu_{\text{POS}}(x) = 1$，这意味着 $\mu_{L_a^+}(v_a(x)) = 1$ 且 $\mu_{L_r^-}(v_r(x)) = 0$。则 $\mu_{\text{NEG}}(x) = \mu_{\text{BND}}(x) = 0$，这意味着 $x \notin \ker(\text{NEG})$ 且 $x \notin \ker(\text{POS})$，从而 $\ker(\text{POS}) \cap \ker(\text{NEG}) = \varnothing$ 且 $\ker(\text{POS}) \cap \ker(\text{BND}) = \varnothing$。类似可证 $\ker(\text{NEG}) \cap \ker(\text{BND}) = \varnothing$。

（2）只需证明 $(\text{supp}(\text{POS}))' \cap (\text{supp}(\text{NEG}))' \cap (\text{supp}(\text{BND}))' = \varnothing$。如果存在 $x \in (\text{supp}(\text{POS}))' \cap (\text{supp}(\text{NEG}))' \cap (\text{supp}(\text{BND}))'$，则 $\mu_{\text{POS}}(x) = \mu_{\text{NEG}}(x) = \mu_{\text{BND}}(x) = 0$。由 $\mu_{\text{POS}}(x) = \mu_{\text{NEG}}(x) = 0$ 可得，$\mu_{\text{BND}}(x) = 1 \neq 0$，矛盾。因此 $(\text{supp}(\text{POS}))' \cap (\text{supp}(\text{NEG}))' \cap (\text{supp}(\text{BND}))' = \varnothing$。

注：如果 L_a^+ 和 L_r^- 是两个普通子集，则定义 18.4 中给出的模糊三支决策就退化为带有一对基于偏序集的评价函数的三支决策。

为了阐述定义 18.4 的思想，给出下面一个例子。

例 18.1　设 $U = \{x_1, x_2, x_3, x_4, x_5\}$（其中 x_i 表示第 i 件衣服，$i = 1,2,3,4,5$），为了综合评价这些衣服，给出两个评价函数，一个是接受评价函数 $v_a : U \to [0,10]$ 表示对衣服价格的接受评价，另一个是拒绝评价函数 $v_r : U \to [0,10]$ 表示对衣服款式的拒绝评价，具体的 v_a 和 v_r 如下

$$v_a(x_1) = 8，\ v_a(x_2) = 7，\ v_a(x_3) = 6.5，\ v_a(x_4) = 9，\ v_a(x_5) = 4$$

$$v_{\mathrm{r}}(x_1)=3\,,\quad v_{\mathrm{r}}(x_2)=2\,,\quad v_{\mathrm{r}}(x_3)=3.5\,,\quad v_{\mathrm{r}}(x_4)=5\,,\quad v_{\mathrm{r}}(x_5)=7$$

设 L_{a}^{+} 和 L_{r}^{-} 分别为 $\forall l\in L_{\mathrm{a}}=[0,10]=L_{\mathrm{r}}$，$\mu_{L_{\mathrm{a}}^{+}}(l)=\dfrac{l}{10}$，$\mu_{L_{\mathrm{r}}^{-}}(l)=\dfrac{l}{20}$。则可得由（$v_{\mathrm{a}},v_{\mathrm{r}},L_{\mathrm{a}}^{+},L_{\mathrm{r}}^{-}$）诱导的模糊三支决策的模糊正域、负域和边界域分别如下

$$\mu_{\mathrm{POS}}(x_1)=\mu_{L_{\mathrm{a}}^{+}}(v_{\mathrm{a}}(x_1))\wedge(1-\mu_{L_{\mathrm{r}}^{-}}(v_{\mathrm{r}}(x_1)))=0.8\wedge 0.85=0.8$$

$$\mu_{\mathrm{POS}}(x_2)=\mu_{L_{\mathrm{a}}^{+}}(v_{\mathrm{a}}(x_2))\wedge(1-\mu_{L_{\mathrm{r}}^{-}}(v_{\mathrm{r}}(x_2)))=0.7\wedge 0.9=0.7$$

$$\mu_{\mathrm{POS}}(x_3)=\mu_{L_{\mathrm{a}}^{+}}(v_{\mathrm{a}}(x_3))\wedge(1-\mu_{L_{\mathrm{r}}^{-}}(v_{\mathrm{r}}(x_3)))=0.65\wedge 0.825=0.65$$

$$\mu_{\mathrm{POS}}(x_4)=\mu_{L_{\mathrm{a}}^{+}}(v_{\mathrm{a}}(x_4))\wedge(1-\mu_{L_{\mathrm{r}}^{-}}(v_{\mathrm{r}}(x_4)))=0.9\wedge 0.75=0.75$$

$$\mu_{\mathrm{POS}}(x_5)=\mu_{L_{\mathrm{a}}^{+}}(v_{\mathrm{a}}(x_5))\wedge(1-\mu_{L_{\mathrm{r}}^{-}}(v_{\mathrm{r}}(x_5)))=0.4\wedge 0.65=0.4$$

$$\mu_{\mathrm{NEG}}(x_1)=(1-\mu_{L_{\mathrm{a}}^{+}}(v_{\mathrm{a}}(x_1)))\wedge\mu_{L_{\mathrm{r}}^{-}}(v_{\mathrm{r}}(x_1))=0.2\wedge 0.15=0.15$$

$$\mu_{\mathrm{NEG}}(x_2)=(1-\mu_{L_{\mathrm{a}}^{+}}(v_{\mathrm{a}}(x_2)))\wedge\mu_{L_{\mathrm{r}}^{-}}(v_{r}(x_2))=0.3\wedge 0.1=0.1$$

$$\mu_{\mathrm{NEG}}(x_3)=(1-\mu_{L_{\mathrm{a}}^{+}}(v_{\mathrm{a}}(x_3)))\wedge\mu_{L_{\mathrm{r}}^{-}}(v_{\mathrm{r}}(x_3))=0.35\wedge 0.175=0.175$$

$$\mu_{\mathrm{NEG}}(x_4)=(1-\mu_{L_{\mathrm{a}}^{+}}(v_{\mathrm{a}}(x_4)))\wedge\mu_{L_{\mathrm{r}}^{-}}(v_{\mathrm{r}}(x_4))=0.1\wedge 0.25=0.1$$

$$\mu_{\mathrm{NEG}}(x_5)=(1-\mu_{L_{\mathrm{a}}^{+}}(v_{\mathrm{a}}(x_5)))\wedge\mu_{L_{\mathrm{r}}^{-}}(v_{\mathrm{r}}(x_5))=0.6\wedge 0.35=0.35$$

$$\mu_{\mathrm{BND}}(x_1)=0.2\,,\quad \mu_{\mathrm{BND}}(x_2)=0.3\,,\quad \mu_{\mathrm{BND}}(x_3)=0.35\,,\quad \mu_{\mathrm{BND}}(x_4)=0.25\,,\quad \mu_{\mathrm{BND}}(x_5)=0.6$$

为了给出带有一对基于偏序集的评价函数的模糊三支决策的一般定义，回顾一下 t-模和 s-模的概念。

一个 t-模[24]是满足下列条件的一个函数 $T:[0,1]\times[0,1]\to[0,1]$。

（1）交换率：$T(x,y)=T(y,x)$。

（2）单调性：若 $x\leqslant u$ 且 $y\leqslant v$，则 $T(x,y)\leqslant T(u,v)$。

（3）结合率：$T(x,T(y,z))=T(T(x,y),z)$。

（4）边界条件：$T(x,1)=x$。

$T_{\min}(x,y)=\min\{x,y\}$ 称为取小模。对于任意一个 t-模，有 $T(x,y)\leqslant T_{\min}(x,y)$（$\forall x,y\in[0,1]$）。

一个 s-模[24]是满足下列条件的一个函数 $S:[0,1]\times[0,1]\to[0,1]$。

（1）交换率：$S(x,y)=S(y,x)$。

（2）单调性：若 $x\leqslant u$ 且 $y\leqslant v$，则 $S(x,y)\leqslant S(u,v)$。

（3）结合率：$S(x,S(y,z))=S(S(x,y),z)$。

（4）边界条件：$S(x,0)=x$。

下面利用 t-模和 s-模，给出带有一对基于偏序集的评价函数的模糊三支决策的一般定义如下。

定义 18.5 设 U 是一个非空有限论域，L_a^+ 和 L_r^- 分别是 $v_a(U)$ 和 $v_r(U)$ 的单调递增的模糊子集，由 (v_a,v_r,L_a^+,L_r^-) 诱导的模糊三支决策的模糊正域、负域和边界域分别定义为 $\forall x\in U$，有

$$\mu_{POS}(x)=T(\mu_{L_a^+}(v_a(x)),1-\mu_{L_r^-}(v_r(x)))$$

$$\mu_{NEG}(x)=T(1-\mu_{L_a^+}(v_a(x)),\mu_{L_r^-}(v_r(x)))$$

$$\mu_{BND}(x)=1-S(\mu_{POS}(x),\mu_{NEG}(x))$$

式中，T 是一个 t-模；S 是一个 s-模，$\mu_{POS}(x)$、$\mu_{NEG}(x)$ 和 $\mu_{BND}(x)$ 分别称为对对象 x 的接受、拒绝和不承诺程度。

注意到，对于任意一个 t-模，有 $T(x,y)\leqslant T_{\min}(x,y)\quad(\forall x,y\in[0,1])$，则易证对于任意的 t-模和 s-模，定义 18.5 中给出的 POS、NEG 和 BND 满足定义 18.2 中的条件（1）和条件（2）。

根据定义 18.5，模糊三支决策理论至少需要考虑下面几方面。

（1）评价函数的构造和解释。

（2）评价函数值域的构造和解释。

（3）模糊集 L_a^+ 和 L_r^- 的构造和解释。L_a^+ 和 L_r^- 分别是 $v_a(U)$ 和 $v_r(U)$ 的模糊子集，$\forall m\in v_a(U)$，$\mu_{L_a^+}(v_a(m))$ 称为对象 x 相对于评价值 $v_a(m)$ 的接受程度，$\forall n\in v_r(U)$，$\mu_{L_r^-}(v_r(n))$ 称为对象 x 相对于评价值 $v_r(n)$ 的拒绝程度，L_a^+ 和 L_r^- 都是单调递增的。

（4）t-模 T 和 s-模 S 的构造与解释。

18.2.2 带有一个基于偏序集的评价函数的模糊三支决策

在带有一个基于偏序集的评价函数的三支决策中，指定接受值和指定拒绝值必须满足 $L_a^+\cap L_r^-=\varnothing$，这意味着一个对象不能同时被接受和拒绝，一个评价函数可以看成两个评价函数的特殊情况，其中 $\leqslant_a=\leqslant$ 和 $\leqslant_r=\geqslant$。这种情况下，接受值集合中的反序就是拒绝值集合中的序。因此在带有一个基于偏序集的评价函数的模糊三支决策中，模糊集 L^+ 和 L^- 必须满足 $\ker(L^+)\cap\ker(L^-)=\varnothing$，$L^+$ 是单调递增的，且 L^- 是单调递减的（即 $m_1\leqslant m_2\Rightarrow\mu_{L^-}(m_1)\geqslant\mu_{L^-}(m_2)$）。基于此，给出下面的定义。

定义 18.6 设 U 是一个非空有限论域，$(L,\leqslant)$ 是一个偏序集，函数 v：$U\to L$ 称为一个接受−拒绝评价函数。L^+ 和 L^- 是 $v(U):(v(U)=\{y\mid y=v(x),x\in U\})$ 的两个模糊子集，满足 $\ker(L^+)\cap\ker(L^-)=\varnothing$，$L^+$ 是单调递增的，L^- 是单调递减的，由 (v,L^+,L^-) 诱导的模糊三支决策的模糊正域、负域和边界域分别定义为 $\forall x\in U$，有

$$\mu_{POS}(x)=\mu_{L^+}(v(x))$$

$$\mu_{\text{NEG}}(x) = \mu_{L^-}(v(x))$$

$$\mu_{\text{BND}}(x) = 1 - \max\{\mu_{\text{POS}}(x), \mu_{\text{NEG}}(x)\}$$

式中，$\mu_{\text{POS}}(x)$、$\mu_{\text{NEG}}(x)$ 和 $\mu_{\text{BND}}(x)$ 分别称为对对象 x 的接受、拒绝和不承诺程度。

易见定义 18.6 中给出的 POS、NEG 和 BND 满足定义 18.2 中的条件（1）和条件（2）。

注： 如果 L^+ 和 L^- 是两个分明子集，则定义 18.6 中给出的模糊三支决策就退化为带有一个基于偏序集的评价函数的三支决策。

事实上，定义 18.6 中的取大运算可以用 s-模替换，即有下面的定义。

定义 18.7　设 U 是一个非空有限论域，$(L,\leqslant)$ 是一个偏序集，函数 v：$U \to L$ 称为一个接受-拒绝评价函数。L^+ 和 L^- 是 $v(U)$ 的两个模糊子集，满足 $\ker(L^+) \cap \ker(L^-) = \varnothing$，$L^+$ 是单调递增的，L^- 是单调递减的，由 (v, L^+, L^-) 诱导的模糊三支决策的模糊正域、负域和边界域分别定义为 $\forall x \in U$

$$\mu_{\text{POS}}(x) = \mu_{L^+}(v(x))$$

$$\mu_{\text{NEG}}(x) = \mu_{L^-}(v(x))$$

$$\mu_{\text{BND}}(x) = 1 - S(\mu_{\text{POS}}(x), \mu_{\text{NEG}}(x))$$

式中，S 是一个 s-模；$\mu_{\text{POS}}(x)$、$\mu_{\text{NEG}}(x)$ 和 $\mu_{\text{BND}}(x)$ 分别称为对对象 x 的接受、拒绝和不承诺程度。

在实际应用中，某些时候需要保证可能被接受的对象一定不被拒绝和可能被拒绝的对象一定不被接受。基于此，给出下面的定义。

定义 18.8　设 U 是一个非空有限论域，$(L,\leqslant)$ 是一个偏序集，函数 v：$U \to L$ 称为一个接受-拒绝评价函数。L^+ 和 L^- 是 $v(U)$ 的两个模糊子集，满足 $\text{supp}(L^+) \cap \text{supp}(L^-) = \varnothing$，$L^+$ 是单调递增的，L^- 是单调递减的，由 (v, L^+, L^-) 诱导的模糊三支决策的模糊正域、负域和边界域分别定义为 $\forall x \in U$，有

$$\mu_{\text{POS}}(x) = \mu_{L^+}(v(x))$$

$$\mu_{\text{NEG}}(x) = \mu_{L^-}(v(x))$$

$$\mu_{\text{BND}}(x) = 1 - S(\mu_{\text{POS}}(x), \mu_{\text{NEG}}(x))$$

式中，S 是一个 s-模；$\mu_{\text{POS}}(x)$、$\mu_{\text{NEG}}(x)$ 和 $\mu_{\text{BND}}(x)$ 分别称为对对象 x 的接受、拒绝和不承诺程度。

显然，定义 18.8 是定义 18.7 的一个特例。

18.2.3　带有一个基于全序集 $(\mathbf{R},\leqslant)$ 的评价函数的模糊三支决策

在带有一个基于全序集 $(\mathbf{R},\leqslant)$ 的评价函数的三支决策中，若取 $L = \mathbf{R}$，即 L 是所有实数的集合以及 $\leqslant$ 是 $\mathbf{R}$ 上的自然序。对于一个很小的正数 ε（满足 $\varepsilon < \alpha - \beta$），$\alpha$ 与

$\alpha-\varepsilon$、β与$\beta+\varepsilon$相差也很小，根据上述的决策规则，接受评价值（拒绝评价值）等于$\alpha(\beta)$的对象被接受（被拒绝），而接受评价值（拒绝评价值）等于$\alpha-\varepsilon$（$\beta+\varepsilon$）的对象作延迟决策，这样的决策结果不太合乎情理，说明基于阈值α、β的决策规则过于严格，换句话说，对于每个对象 x，根据评价值$v(x)$给出接受、拒绝和不承诺的程度较合理。

基于此，给出下面的定义。

定义 18.9 设U是一个非空有限论域，$(L,\leqslant)=(\mathbf{R},\leqslant)$是一个全序集，其中$\leqslant$是$\mathbf{R}$上的自然序。函数 v：$U\to L$ 称为一个接受-拒绝评价函数。$\forall\alpha,\beta\in\mathbf{R}$ $(\beta<\alpha)$，$0<\delta\leqslant\dfrac{\alpha-\beta}{2}$，$f$、$g$ 是 L 的两个模糊子集，分别如下

$$\mu_f(l)=\begin{cases}1, & \alpha\leqslant l\\ \dfrac{l-\alpha+\delta}{\delta}, & \alpha-\delta<l<\alpha\\ 0, & \text{其他}\end{cases}$$

$$\mu_g(l)=\begin{cases}1, & l\leqslant\beta\\ \dfrac{l-\beta-\delta}{\delta}, & \beta<l<\beta+\delta\\ 0, & \text{其他}\end{cases}$$

令L^+和L^-分别是f和g在$v(U)$上的限制，由(v,L^+,L^-)诱导的模糊三支决策的模糊正域、负域和边界域分别定义为$\forall x\in U$

$$\mu_{\text{POS}}(x)=\mu_{L^+}(v(x))=\begin{cases}1, & \alpha\leqslant v(x)\\ \dfrac{v(x)-\alpha+\delta}{\delta}, & \alpha-\delta<v(x)<\alpha\\ 0, & \text{其他}\end{cases}$$

$$\mu_{\text{NEG}}(x)=\mu_{L^-}(v(x))=\begin{cases}1, & v(x)\leqslant\beta\\ \dfrac{v(x)-\beta-\delta}{\delta}, & \beta<v(x)<\beta+\delta\\ 0, & \text{其他}\end{cases}$$

$$\mu_{\text{BND}}(x)=1-S(\mu_{\text{POS}}(x),\mu_{\text{NEG}}(x))$$

式中，S是一个s-模；$\mu_{\text{POS}}(x)$、$\mu_{\text{NEG}}(x)$和$\mu_{\text{BND}}(x)$分别称为对对象x的接受、拒绝和不承诺程度。

易见，定义 18.9 是定义 18.8 的一个特例。

注：如果$\delta\to0^+$，则定义 18.9 中给出的模糊三支决策就退化为带有一个基于全序集$(\mathbf{R},\leqslant)$的评价函数的三支决策。

下面给出一般的模型。

定义 18.10　设 U 是一个非空有限论域，$(L,\leqslant)=(\mathbf{R},\leqslant)$ 是一个全序集，其中 $\leqslant$ 是 $\mathbf{R}$ 上的自然序，函数 v：$U\to L$ 称为一个接受–拒绝评价函数。$\forall\alpha,\beta\in\mathbf{R}\ (\beta<\alpha)$，$0<\delta\leqslant\dfrac{\alpha-\beta}{2}$，$f$、$g$ 是 L 的两个模糊子集，分别如下

$$\mu_f(l)=\begin{cases}1, & \alpha\leqslant l\\ f_1(l), & \alpha-\delta<l<\alpha\\ 0, & \text{其他}\end{cases}$$

$$\mu_g(l)=\begin{cases}1, & l\leqslant\beta\\ g_1(l), & \beta<l<\beta+\delta\\ 0, & \text{其他}\end{cases}$$

式中，$f_1(l)$ 是 $[\alpha-\beta,\alpha]$ 上的单调递增且连续的函数；$g_1(l)$ 是 $[\beta,\beta+\delta]$ 上的单调递减且连续的函数。

令 L^+ 和 L^- 分别是 f 和 g 在 $v(U)$ 上的限制，由 (v,L^+,L^-) 诱导的模糊三支决策的模糊正域、负域和边界域分别定义为 $\forall x\in U$

$$\mu_{\mathrm{POS}}(x)=\mu_{L^+}(v(x))=\begin{cases}1, & \alpha\leqslant v(x)\\ f_1(v(x)), & \alpha-\delta<v(x)<\alpha\\ 0, & \text{其他}\end{cases}$$

$$\mu_{\mathrm{NEG}}(x)=\mu_{L^-}(v(x))=\begin{cases}1, & v(x)\leqslant\beta\\ g_1(v(x)), & \beta<v(x)<\beta+\delta\\ 0, & \text{其他}\end{cases}$$

$$\mu_{\mathrm{BND}}(x)=1-S(\mu_{\mathrm{POS}}(x),\mu_{\mathrm{NEG}}(x))$$

式中，S 是一个 s-模，$\mu_{\mathrm{POS}}(x)$、$\mu_{\mathrm{NEG}}(x)$ 和 $\mu_{\mathrm{BND}}(x)$ 分别称为对对象 x 的接受、拒绝和不承诺程度。

易见，定义 18.10 中给出的模糊三支决策满足定义 18.2 中的条件（1）和条件（2）。

18.3　模糊三支决策的两个模型

18.3.1　直觉模糊集与模糊三支决策

设 $A=\{\langle x,\mu_A(x),\nu_A(x)\rangle\mid x\in U\}$ 是 U 上的一个直觉模糊集[25, 26]，$\pi_A(x)=1-\mu_A(x)-\nu_A(x)$ 表示 x 对于 A 的不确定程度。取 $(L_{\mathrm{a}},\leqslant_{\mathrm{a}})=(L_r,\leqslant_{\mathrm{r}})=(\mathbf{R},\leqslant)$，$v_{\mathrm{a}}:U\to L_{\mathrm{a}}$ 为接受评

价函数，满足对于任意的 $x_1, x_2 \in U$，$v_{\rm a}(x_1) \leqslant v_{\rm a}(x_2) \Leftrightarrow \mu_{\rm A}(x_1) \leqslant \mu_{\rm A}(x_2)$。令 $\mu_{L_{\rm a}^+}(v_{\rm a}(x)) = \mu_{\rm A}(x)(\forall x \in U)$，则 $L_{\rm a}^+$ 是 $v_{\rm a}(U)$ 的一个单调递增模糊子集。$v_{\rm r}: U \to L_{\rm r}$ 为拒绝评价函数，满足对于任意的 $x_1, x_2 \in U$，$v_{\rm r}(x_1) \leqslant v_{\rm r}(x_2) \Leftrightarrow \nu_{\rm A}(x_1) \leqslant \nu_{\rm A}(x_2)$。令 $\mu_{L_{\rm r}^-}(v_{\rm r}(x)) = \nu_{\rm A}(x)$ $(\forall x \in U)$，则 $L_{\rm r}^-$ 是 $v_{\rm r}(U)$ 的一个单调递增模糊子集。取 s-模 S 为 Bounded sum，即 $\forall u, v \in [0,1]$，$S = S_{\rm Luk}(u,v) = \min\{u+v, 1\}$。根据定义 18.5，一个直觉模糊集 A 可以提供下面的模糊三支决策 $\forall x \in U$，有

$$\mu_{\rm POS}(x) = \min\{\mu_{L_{\rm a}^+}(v_{\rm a}(x)), 1-\mu_{L_{\rm r}^-}(v_{\rm r}(x))\} = \{\mu_{\rm A}(x), 1-\nu_{\rm A}(x)\} = \mu_{\rm A}(x)$$

$$\mu_{\rm NEG}(x) = \min\{1-\mu_{L_{\rm a}^+}(v_{\rm a}(x)), \mu_{L_{\rm r}^-}(v_{\rm r}(x))\} = \{1-\mu_{\rm A}(x), \nu_{\rm A}(x)\} = \nu_{\rm A}(x)$$

$$\mu_{\rm BND}(x) = 1 - S_{\rm Luk}(\mu_{\rm POS}(x), \mu_{\rm NEG}(x)) = 1-\mu_{\rm A}(x)-\nu_{\rm A}(x) = \pi_{\rm A}(x)$$

以上结果也表明，模糊三支决策为直觉模糊集提供了一个新的语义解释。

18.3.2 粗糙模糊集与模糊三支决策

设 U 是一个非空有限论域，R 是 U 上的一个二元等价关系，(U,R) 称为一个近似空间。对于 U 的任意一个模糊子集 A，由 U 上的两个模糊子集构成的对 $(\underline{R}(A), \overline{R}(A))$ 称为一个粗糙模糊集[27]，其中 $\forall x \in U$，$\underline{R}(A)(x) = \wedge_{y\in[x]_R}\mu_A(y)$，$\overline{R}(A)(x) = \vee_{y\in[x]_R}\mu_A(y)$。

取 $(L_{\rm a}, \leqslant_{\rm a}) = (L_{\rm r}, \leqslant_{\rm r}) = (\mathbf{R}, \leqslant), v_{\rm a}$：$U \to L_{\rm a}$ 为接受评价函数，满足对于任意的 x_1，$x_2 \in U$，$v_{\rm a}(x_1) \leqslant v_{\rm a}(x_2) \Leftrightarrow \wedge_{y\in[x_1]_R}\mu_A(y) \leqslant \wedge_{y\in[x_2]_R}\mu_A(y)$。令 $\mu_{L_{\rm a}^+}(v_{\rm a}(x)) = \wedge_{y\in[x]_R}\mu_A(y)$ $(\forall x \in U)$，则 $L_{\rm a}^+$ 是 $v_{\rm a}(U)$ 的一个单调递增模糊子集。$v_{\rm r}$：$U \to L_{\rm r}$ 为拒绝评价函数，满足对于任意的 $x_1, x_2 \in U$，$v_{\rm r}(x_1) \leqslant v_{\rm r}(x_2) \Leftrightarrow \vee_{y\in[x_1]_R}\mu_A(y) \geqslant \vee_{y\in[x_2]_R}\mu_A(y)$。令 $\mu_{L_{\rm r}^-}(v_{\rm r}(x)) = 1-\vee_{y\in[x]_R}\mu_A(y)(\forall x \in U)$，则 $L_{\rm r}^-$ 是 $v_{\rm r}(U)$ 的一个单调递增模糊子集。根据定义 18.4，一个粗糙模糊集 A 可以提供下面的模糊三支决策

$$\begin{aligned}\mu_{\rm POS}(x) &= \min\{\mu_{L_{\rm a}^+}(v_{\rm a}(x)), 1-\mu_{L_{\rm r}^-}(v_{\rm r}(x))\}\\ &= \min\{\wedge_{y\in[x]_R}\mu_A(y), \vee_{y\in[x]_R}\mu_A(y)\}\\ &= \wedge_{y\in[x]_R}\mu_A(y)\\ &= \underline{R}(A)(x)\end{aligned}$$

$$\begin{aligned}\mu_{\rm NEG}(x) &= \min\{1-\mu_{L_{\rm a}^+}(v_{\rm a}(x)), \mu_{L_{\rm r}^-}(v_{\rm r}(x))\}\\ &= \min\{1-\wedge_{y\in[x]_R}\mu_A(y), 1-\vee_{y\in[x]_R}\mu_A(y)\}\\ &= 1-\vee_{y\in[x]_R}\mu_A(y)\\ &= 1-\overline{R}(A)(x)\end{aligned}$$

$$\mu_{\rm BND}(x) = 1-\max\{\mu_{\rm POS}(x), \mu_{\rm NEG}(x)\} = 1-\max\{\underline{R}(A)(x), 1-\overline{R}(A)(x)\}$$

类似地，可以给出基于一般二元关系的广义粗糙模糊集的模糊三支决策模型。

18.4 本章小结

三支决策作为传统二支决策的推广，在实际操作中更实用、有效，它既可以避免二支决策引起的不必要代价，又具有解释性。不论在理论方面，还是在应用方面，三支决策的研究都已经取得了丰硕的成果。本章通过对三支决策的分析研究，表明将 U 划分成三个两两不相交的区域，即正域、负域和边界域，有时显得过于严格；指出了根据决策条件集 C，给出 U 的三个模糊子集，然后利用这三个模糊子集分别表示模糊正域、模糊负域和模糊边界域较为合理。本章主要在如何利用模糊集理论将三支决策的基本理论推广至模糊情形方面做了一些尝试性的工作，提出了模糊三支决策的基本框架。具体给出了几种基于评价函数的模糊三支决策的概念，并阐述了它们之间的关系。给出了模糊三支决策的两个模型，为直觉模糊集提供了一个新的语义解释。如何利用模糊数学的方法，将本章建立的模糊三支决策应用到实际决策问题中，是后续研究中有待解决的首要问题。

致　谢

本章内容是作者在加拿大里贾纳大学访学期间撰写且在姚一豫的精心指导下完成的，感谢姚一豫在研究过程中给予的关心、帮助和建议。本章的研究内容得到了国家自然科学基金项目（项目编号：61473181）和中国博士后基金项目（项目编号：2013M532063）的资助。

参 考 文 献

[1] Yao Y Y. Three-Way decision: An interpretation of rules in rough set theory// Wen P, Li Y, Polkowski L, et al. RSKT 2009, LNCS. Berlin: Springer, 2009: 642-649.

[2] Yao Y Y. An outline of a theory of three-way decisions// Yao J, Yang Y, Slowinski R, et al. RSCTC 2012, LNCS (LNAI). Berlin: Springer, 2012: 1-17.

[3] Pawlak Z. Rough sets. International Journal of Computer and Information Sciences, 1982, 11: 341-356.

[4] Yao Y Y. Three-way decisions with probabilistic rough sets. Information Sciences, 2010, 180: 341-353.

[5] Hu B Q. Three-way decisions space and three-way decisions. Information Sciences, 2014, 281: 21-52.

[6] Liang D, Liu D. Systematic studies on three-way decisions with interval-valued decision-theoretic rough sets. Information Sciences, 2014, 276: 186-203.

[7] Jia X Y, Tang Z M, Liao W H, et al. On an optimization representation of decision-theoretic rough set model. International Journal of Approximate Reasoning, 2014, 55(1): 156-166.

[8] Liu D, Li T R, Ruan D. Probabilistic model criteria with decision-theoretic rough sets. Information

Sciences, 2011, 181: 3709-3722.

[9] Yang X P, Yao J T. Modelling multi-agent three-way decisions with decision-theoretic rough sets. Fundamenta Informaticae, 2012, 115: 157-171.

[10] Yao Y Y. The superiority of three-way decisions in probabilistic rough set models. Information Sciences, 2011, 181(6): 1080-1096.

[11] Zhao X R, Hu B Q. Fuzzy and interval-valued fuzzy decision-theoretic rough set approaches based on fuzzy probability measure. Information Sciences, 2015, 298(20): 534-554.

[12] Weller A C. Editorial Peer Review: Its Strengths and Weaknesses. Medford, NJ: Information Today, Inc., 2001.

[13] Lurie J D, Sox H C. Principles of medical decision making. Spine, 1999, 24: 493-498.

[14] Schechter C B. Sequential analysis in a Bayesian model of diastolic blood pressure measurement. Medical Decision Making, 1988, 8: 191-196.

[15] Sherif M, Hovland C I. Social Judgment: Assimilation and Contrast Effects in Communication and Attitude Change. New Haven: Yale University Press, 1961.

[16] Wald A. Sequential tests of statistical hypotheses. The Annals of Mathematical Statistics, 1945, 16: 117-186.

[17] Goudey R. Do statistical inferences allowing three alternative decision give better feedback for environmentally precautionary decision-making. Journal of Environmental Management, 2007, 85: 338-344.

[18] Woodward P W, Naylor J C. An application of Bayesian methods in SPC. The Statistician, 1993, 42: 461-469.

[19] Deng X F, Yao Y Y. Decision-theoretic three-way approximations of fuzzy sets. Information Sciences, 2014, 279: 21-52.

[20] Ciucci D. Orthopairs in the 1960s: Historical remarks and new ideas// Proceedings of RSCTC 2014, LNCS(LNAI), 2014, 8536:1-12.

[21] She Y H. On determination of thresholds in three-way approximation of many-valued NM-Logic// Proceedings of RSCTC 2014, LNCS(LNAI), 2014, 8536: 136-143.

[22] Yu H, Liu Z G, Wang G Y. An automatic method to determine the number of clusters using decision-theoretic rough set. International Journal of Approximate Reasoning, 2014, 55(1): 101-115.

[23] Zadeh L A. Fuzzy sets. Information Control, 1965, 8: 338-353.

[24] Klement, E P, Mesiar R, Pap E. Triangular Norms. Dordrecht: Kluwer, 2000.

[25] Atanassov K. Intuitionistic fuzzy relations// Proc. Third Internat. Sympos. Automation and Scientific instrumentation, Varna, October, Part II, 1984: 56-57.

[26] Atanassov K. Intuitionistic fuzzy sets. Fuzzy Sets and Systems, 1986, 20: 87-96.

[27] Dubois D, Prade H. Rough fuzzy sets and fuzzy rough sets. International Journal of General Systems, 1990, 17: 191-209.

附录　三支决策理论与应用已有成果文献

关于三支决策理论有关研究工作、研究学者和成果等方面的介绍，读者可以参考三支决策主页：http://www2.cs.uregina.ca/~twd/。本附录收录了与三支决策相关的书籍、期刊学术论文、学术会议论文等，以方便读者查阅。倘若您的研究成果由于编者的疏漏未能收录，敬请谅解。

出 版 书 籍

[1] 于洪，王国胤，李天瑞，等．三支决策：复杂问题求解方法与实践．北京：科学出版社, 2015.

[2] 刘盾，李天瑞，苗夺谦，等．三支决策与粒计算．北京：科学出版社, 2013.

[3] 贾修一，商琳，周献中，等．三支决策理论与应用．南京：南京大学出版社, 2012.

[4] 李华雄，周献中，李天瑞，等．决策粗糙集理论及其研究进展．北京：科学出版社, 2011.

学 位 论 文

[1] 陈红梅．粗糙集中基于粒计算的动态知识更新方法研究．成都：西南交通大学博士学位论文, 2013.

[2] 梁德翠．模糊环境下基于决策粗糙集的决策方法研究．成都：西南交通大学博士学位论文, 2014.

[3] 马希骜．概率粗糙集属性约简理论及方法研究．成都：西南交通大学博士学位论文, 2014.

[4] 罗川．不完备数据的动态知识获取方法研究．成都：西南交通大学博士学位论文, 2015.

[5] 王滢．基于三支决策的重叠聚类方法研究．重庆：重庆邮电大学硕士学位论文, 2013.

[6] 邢航．基于构造性覆盖算法的三支决策模型．合肥：安徽大学硕士学位论文, 2014.

[7] 周清峰 基于簇核和三支决策的聚类集成方法研究．重庆：重庆邮电大学硕士学位论文, 2014.

三支决策基础理论

[1] Deng X F, Yao Y Y. A multifaceted analysis of probabilistic three-way decisions. Fundamenta Informaticae, 2014, 132(3): 291-313.

[2] Hu B Q. Three-way decisions space and three-way decisions. Information Sciences, 2014, 281: 21-52.

[3] Liu D, Li T R, Liang D C. Three-way decisions in dynamic decision-theoretic rough sets// Proceedings of Rough Sets and Knowledge Technology: 8th International Conference, RSKT 2013, Halifax, Canada, 2013: 291-301.

[4] Liu D, Liang D C. An overview of function based three-way decisions// Proceedings of Rough Sets and Knowledge Technology: 9th International Conference, RSKT 2014, Shanghai, China, 2014: 812-823.

[5] Luo C, Li T R. Incremental three-way decisions with incomplete information// Proceedings of Rough Sets and Current Trends in Computing: 9th International Conference, RSCTC 2014, Granada and Madrid, Spain, 2014: 128-135.

[6] Yao Y Y. An outline of a theory of three-way decisions// Proceedings of Rough Sets and Knowledge Technology: 7th International Conference, RSKT 2009, Chengdu, China, 2012: 1-17.

[7] Yao Y Y. Granular computing and sequential three-way decisions// Proceedings of Rough Sets and Knowledge Technology: 8th International Conference, RSKT 2013, Halifax, Canada, 2013: 16-27.

[8] Zhang Y P, Xing H, Zou H J, et al. A three-way decisions model based on constructive covering algorithm//Proceedings of Rough Sets and Knowledge Technology: 8th International Conference, RSKT 2013, Halifax, Canada, 2013: 346-353.

[9] 刘保相, 李言, 孙杰. 三支决策及其相关理论研究综述. 微型机与应用, 2014, 33(12): 1-3.

三支决策与粗糙集理论

[1] Chen H M, Li T R, Luo C, et al. A decision-theoretic rough set approach for dynamic data mining. IEEE Transactions on Fuzzy Systems, 2014, DOI: 10.1109/TFUZZ.2014.2387877.

[2] Jia X Y, Tang Z M, Liao W H, et al. On an optimization representation of decision-theoretic rough set model. International Journal of Approximate Reasoning, 2014, 55(1): 156-166.

[3] Liu D, Li H X, Zhou X Z. Two decades' research on decision-theoretic rough sets. IEEE ICCI, 2010: 968-973.

[4] Liu D, Li T R, Ruan D. Probabilistic model criteria with decision-theoretic rough sets. Information Sciences, 2011, 181(17): 3709-3722.

[5] Liu D, Li T R, Zhang J B, Incremental updating approximations in probabilistic rough sets under the variation of attributes. Knowledge-based Systems, 2015, 73: 81-96.

[6] Liu D, Li T R. Extended probabilistic rough sets under a strict dominance relation. Journal of Multiple-Valued Logic and Soft Computing, 2014, 22: 387-408.

[7] Luo C, Li T R, Chen H M. Dynamic maintenance of three-way decision rules// Proceedings of Rough Sets and Knowledge Technology: 9th International Conference, RSKT 2014, Shanghai, China, 2014: 801-811.

[8] Qian Y H, Zhang H, Sang Y L, et al. Multigranulation decision-theoretic rough sets. International

Journal of Approximate Reasoning, 2014, 55(1): 225-237.

[9] Wang G Y, Ma X A, Yu H. Monotonic uncertainty measures for attribute reduction in probabilistic rough set model. International Journal of Approximate Reasoning, 2015, 59: 41-67.

[10] Yang X P, Yao J T. Modelling multi-agent three-way decisions with decision-theoretic rough sets. Fundamenta Informaticae, 2012, 115(2): 157-171.

[11] Yang X P, Yao J T. Modelling multi-agent three-way decisions with decision-theoretic rough sets. Fundamenta Informaticae, 2012, 115(2): 157-171.

[12] Yao Y Y, Wong S K M. A decision theoretic framework for approximating concepts. International Journal of Man-machine Studies, 1992, 37(6): 793-809.

[13] Yao Y Y. Decision-theoretic rough set models// Proceedings of Rough Sets and Knowledge Technology: 2nd International Conference, RSKT 2007, Toronto, Canada, 2007: 1-12.

[14] Yao Y Y. Three-way decision: An interpretation of rules in rough set theory// Proceedings of Rough Sets and Knowledge Technology: 4th International Conference, RSKT 2009, Gold Coast, Australia, 2009: 642-649.

[15] Yao Y Y. Three-way decisions with probabilistic rough sets. Information Sciences, 2010, 180(3): 341-353.

[16] Yao Y Y. The superiority of three-way decisions in probabilistic rough set models. Information Sciences, 2011, 181(6): 1080-1096.

[17] Yao Y Y, Deng X F. Sequential three-way decisions with probabilistic rough sets// Proceedings of the 10th IEEE International Conference on Cognitive Informatics & Cognitive Computing, Banff, Canada, 2011: 120-125.

[18] Zhao X R, Hu B Q, Fuzzy and interval-valued fuzzy decision-theoretic rough set approaches based on fuzzy probability measure. Information Sciences, 2015, 298: 534-554.

[19] Zhou B. Multi-class decision-theoretic rough sets. International Journal of Approximate Reasoning, 2014, 55(1): 211-224.

[20] 胡明礼, 冯丽姣. 不完备信息下群决策粗糙集模型研究. 统计与决策, 2014, 2: 37-39.

[21] 李华雄, 刘盾, 周献中. 决策粗糙集模型研究综述. 重庆邮电大学学报(自然科学版), 2010, 22(5): 624-630.

[22] 刘盾, 李天瑞, 李华雄. 粗糙集理论: 基于三支决策视角. 南京大学学报(自然科学版), 2013, 49(5): 574-581.

[23] 司彦飞, 刘超, 吴明芬. 双论域上的决策粗糙集模型及其刻画. 五邑大学学报(自然科学版), 2014, 28(2): 19-24.

[24] 张宁, 邓大勇, 裴明华. 基于 F-粗糙集的三支决策模型. 南京大学学报(自然科学版), 2013, 5: 007.

[25] 张智磊, 刘三阳. 基于回溯搜索算法的决策粗糙集属性约简. 计算机工程与应用, 2015.

[26] 赵文清, 朱永利, 高伟华. 一个基于决策粗糙集理论的信息过滤模型. 计算机工程与应用, 2007, 43(7): 185-187.

三支决策与模糊集、阴影集、区间集

[1] Deng X F, Yao Y Y. Decision-theoretic three-way approximations of fuzzy sets. Information Sciences, 2014, 279: 702-715.

[2] Guo M, Shang L. Selecting the appropriate fuzzy membership functions based on user-demand in fuzzy decision-theoretic rough set model. Fuzzy Systems (FUZZ), 2013 IEEE International Conference on, IEEE, 2013: 1-8.

[3] Liang D, Liu D. Systematic studies on three-way decisions with interval-valued decision-theoretic rough sets. Information Sciences, 2014, 276: 186-203.

[4] Liang D C, Liu D, Pedrycz W, et al. Triangular fuzzy decision-theoretic rough sets. International Journal of Approximate Reasoning, 2013, 54(8): 1087-1106.

[5] Liang D C, Liu D. Deriving three-way decisions from intuitionistic fuzzy decision-theoretic rough sets. Information Sciences, 2015, 300: 28-48.

[6] Liu D, Li T R, Liang D C. Fuzzy interval decision-theoretic rough sets. IFSA World Congress and NAFIPS Annual Meeting (IFSA/NAFIPS), 2013 Joint, IEEE, 2013: 1315-1320.

[7] Sun B Z, Ma W M, Zhao H Y. Decision-theoretic rough fuzzy set model and application. Information Sciences, 2014, 283: 180-196.

[8] 刘盾，李天瑞，李华雄. 区间决策粗糙集. 计算机科学, 2012, 39(7): 178-181.

[9] 刘盾，李天瑞，梁德翠. 模糊数决策粗糙集. 计算机科学, 2013, 39(12): 25-29.

[10] 王莉，周献中，李华雄. 基于决策粗糙集的模糊分类模型. 信息与控制, 2014, 43(1): 24-29.

[11] 衷锦仪，叶东毅. 基于模糊数风险最小化的拓展决策粗糙集模型. 计算机科学, 2014, 41(3): 50-54.

三支决策与证据理论、形式概念分析

[1] Qi J J, Wei L, Yao Y Y. Three-way formal concept analysis// Proceedings of Rough Sets and Knowledge Technology: 9th International Conference, RSKT 2014, Shanghai, China, 2014: 732-741.

[2] Wang B L, Liang J Y. A novel intelligent multi-attribute three-way group sorting method based on dempster-shafer theory// Proceedings of Rough Sets and Knowledge Technology: 9th International Conference, RSKT 2014, Shanghai, China, 2014: 789-800.

[3] Xue Z A, Liu J, Xue T Y, et al. Three-way decision based on belief function// Proceedings of Rough Sets and Knowledge Technology: 9th International Conference, RSKT 2014, Shanghai, China, 2014: 742-752.

三支决策与博弈论

[1] Azam N. Formulating three-way decision making with game-theoretic rough sets. 2013 26th Annual IEEE Canadian Conference on Electrical and Computer Engineering (CCECE), Regina, Canada, 2013: 1-4.

[2] Azam N, Yao J T. Analyzing uncertainties of probabilistic rough set regions with game-theoretic rough sets. International Journal of Approximate Reasoning, 2014, 55(1): 142-155.

[3] Herbert J P, Yao J T. Learning optimal parameters in decision-theoretic rough sets. Rough Sets and Knowledge Technology, Gold Coast, 2009: 610-617.

[4] Herbert J P, Yao J T. Game-theoretic risk analysis in decision-theoretic rough sets. Rough Sets and Knowledge Technology, Chengdu, 2008: 132-139.

[5] Zhang Y. Optimizing Gini coefficient of probabilistic rough set regions using game-theoretic rough sets//Proceeding of 26th Annual IEEE Canadian Conference on Electrical and Computer Engineering, CCECE'13, Regina, Canada, 2013:699-702.

代价/风险敏感的三支决策

[1] Jia X Y, Li W W, Shang L, et al. An optimization viewpoint on decision theoretic rough set model. Rough Sets and Knowledge Technology, Banff, 2011: 457-465.

[2] Li H X, Zhou X Z, Zhao J B, et al. Cost-sensitive classification based on decision-theoretic rough set model. Rough Sets and Knowledge Technology, Chengdu, 2012: 379-388.

[3] Li H X, Zhou X Z, Huang B, et al. Cost-sensitive three-way decision: A sequential strategy// Proceedings of Rough Sets and Knowledge Technology: 8th International Conference, RSKT 2013, Halifax, Canada, 2013: 325-337.

[4] Li H X, Zhou X Z. Risk decision making based on decision-theoretic rough set: a three-way view decision model. International Journal of Computational Intelligence Systems, 2011, 4(1): 1-11.

[5] Liang D C, Liu D. A novel risk decision-making based on decision-theoretic rough sets under hesitant fuzzy information. IEEE Transaction on Fuzzy Systems, 2015, 23(2): 237-247.

[6] Liang D C, Pedrycz W, Liu D, et al. Three-way decisions based on decision-theoretic rough sets under linguistic assessment with the aid of group decision making. Applied Soft Computing, 2015, 29: 256-269.

[7] Liao S J, Zhu Q X, Min F. Cost-sensitive attribute reduction in decision-theoretic rough set models. Mathematical Problems in Engineering, 2014: 1-14.

[8] Liu D, Li T R, Liang D C. Three-way government decision analysis with decision-theoretic rough sets. International Journal of Uncertainty, Fuzziness and Knowledge-Based Systems, 2012,

20(supp01): 119-132.

[9] Liu D, Yao Y Y, Li T R. Three-way investment decisions with decision-theoretic rough sets. International Journal of Computational Intelligence Systems, 2011, 4(1): 66-74.

[10] Zhang L B, Li H X, Zhou X Z, et al. Cost-sensitive sequential three-way decision for face recognition. RSEISP 2014, Granada and Madrid, Spain, 2014: 375-383.

[11] Zhang Y P, Zou H J, Chen X, et al. Cost-sensitive three-way decisions model based on CCA// Proceedings of Rough Sets and Current Trends in Computing: 9th International Conference, RSCTC 2014, Granada and Madrid, Spain, 2014: 172-180.

[12] 杜丽娜, 徐久成, 刘洋洋, 等. 基于三支决策风险最小化的风险投资评估应用研究. 山东大学学报(理学版), 2014, 49(08): 66-72.

[13] 李华雄, 周献中, 黄兵, 等. 决策粗糙集与代价敏感分类. 计算机科学与探索, 2013, 7(2): 126-135.

[14] 梁薇. 决策粗糙集风险偏好模型的改进. 广西科学, 2014, 21(2): 183-186.

基于三支决策的聚类/分类

[1] Li F, Ye M, Chen X D. An extension to rough c-means clustering based on decision-theoretic rough sets model. International Journal of Approximate Reasoning, 2014, 55(1): 116-129.

[2] Li W W, Huang Z, Jia X. Two-phase classification based on three-way decisions// Proceedings of Rough Sets and Knowledge Technology: 8th International Conference, RSKT 2013, Halifax, Canada, 2013: 338-345.

[3] Liu D, Li T R, Hu P, et al. Multiple-category classification with decision-theoretic rough sets. Rough Set and Knowledge Technology, Beijing, 2010: 703-710.

[4] Liu D, Li T R, Li H X. A multiple-category classification approach with decision-theoretic rough sets. Fundamenta Informaticae, 2012, 115(2): 173-188.

[5] Wang J, Xu Y L, Yu W D. Two-step classification algorithm based on decision-theoretic rough set theory. TELKOMNIKA Indonesian Journal of Electrical Engineering, 2013, 11(7): 3597-3603.

[6] Yu H, Zhou Q F. A cluster ensemble framework based on three-way decisions// Proceedings of Rough Sets and Knowledge Technology: 8th International Conference, RSKT 2013, Halifax, Canada, 2013: 302-312.

[7] Yu H, Liu Z G, Wang G Y. An automatic method to determine the number of clusters using decision-theoretic rough set. International Journal of Approximate Reasoning, 2014, 55(1): 101-115.

[8] Yu H, Chu S S, Yang D C. Autonomous knowledge-oriented clustering using decision-theoretic rough set theory. Fundamenta Informaticae, 2012, 115(2): 141-156.

[9] Yu H, Zhang C, Hu F. An incremental clustering approach based on three-way decisions// Proceedings of Rough Sets and Current Trends in Computing: 9th International Conference, RSCTC

2014, Granada and Madrid, Spain, 2014: 152-159.
[10] Yu H, Liu Z G, Wang G Y. Automatically determining the number of clusters using decision-theoretic rough set. Rough Sets and Knowledge Technology, Banff, 2011: 504-513.
[11] Yu H, Wang Y. Three-way decisions method for overlapping clustering// Proceedings of Rough Sets and Knowledge Technology: 7th International Conference, RSCTC 2012, Chengdu, China, 2012: 227-286.
[12] Yu H, Chu S S, Yang D C. A semiautonomous clustering algorithm based on decision-theoretic rough set theory. Cognitive Informatics (ICCI), 2010 9th IEEE International Conference on, IEEE, 2010: 477-483.
[13] Yu H, Su T. A three-way decisions clustering algorithm for incomplete data// Proceedings of Rough Sets and Knowledge Technology: 9th International Conference, RSKT 2014, Shanghai, China, 2014: 765-776.
[14] Yu H, Wang Y, Jiao P. A three-way decisions approach to density-based overlapping clustering// Transactions on Rough Sets XVIII. Berlin: Springer, 2014: 92-109.
[15] Yu H, Jiao P, Wang G Y, et al. Categorizing overlapping regions in clustering analysis using three-way decisions// Proceedings of the 2014 IEEE/WIC/ACM International Joint Conferences on Web Intelligence (WI) and Intelligent Agent Technologies (IAT)-Volume 02, Warsaw, Poland, 2014: 350-357.
[16] Zhang Z F, Wang R Z. Applying three-way decisions to sentiment classification with sentiment uncertainty// Proceedings of Rough Sets and Knowledge Technology: 9th International Conference, RSKT 2014, Shanghai, China, 2014: 720-731.
[17] 于洪, 储双双. 一种基于决策粗糙集的自动聚类方法. 计算机科学, 2011, 38(1): 221-224.
[18] 张聪, 于洪. 一种三支决策软增量聚类算法. 山东大学学报(理学版), 2014, 49(08): 40-47.
[19] 张贤勇, 苗夺谦. 决策粗糙集的一种新分类区域及相关比较分析. 系统工程理论与实践, 2014, 34(12): 3204-3211.
[20] 朱灿伟. 一种基于决策粗糙集的两步分类算法. 中国新通信, 2012, 14(20): 72-73.

基于三支决策的属性约简

[1] Jia X Y, Liao W H, Tang Z M, et al. Minimum cost attribute reduction in decision-theoretic rough set models. Information Sciences, 2013, 219: 151-167.
[2] Li H X, Zhou X Z, Zhao J B, et al. Non-monotonic attribute reduction in decision-theoretic rough sets. Fundamenta Informaticae, 2013, 126(4): 415-432.
[3] Li H X, Zhou X Z, Zhao J B, et al. Attribute reduction in decision-theoretic rough set model: A further investigation. Rough Sets and Knowledge Technology, Banff, 2011: 466-475.
[4] Ma X A, Wang G Y, Yu H, et al. Decision region distribution preservation reduction in

decision-theoretic rough set model. Information Sciences, 2014, 278: 614-640.

[5] Yao Y Y, Zhao Y. Attribute reduction in decision-theoretic rough set models. Information Sciences, 2008, 178(17): 3356-3373.

[6] Zhang X Y, Miao D Q. Three-way weighted entropies and three-way attribute reduction// Proceedings of Rough Sets and Knowledge Technology: 9th International Conference, RSKT 2014, Shanghai, China, 2014: 707-719.

[7] Zhang X Y, Miao D Q. Reduction target structure-based hierarchical attribute reduction for two-category decision-theoretic rough sets. Information Sciences, 2014, 277: 755-776.

[8] Zhao Y, Wong S K M, Yao Y Y. A note on attribute reduction in the decision-theoretic rough set model// Transactions on Rough Sets XIII. Berlin: Springer, 2011: 260-275.

[9] 郭敏，贾修一，商琳. 基于模糊化的决策粗糙集属性约简和分类. 模式识别与人工智能，2014, 27(8): 701-707.

[10] 韩丽丽，李龙澍. 基于 Pawlak 的决策粗糙集的属性约简研究. 计算机与现代化，2013, 7: 56-58.

[11] 钱进，吕萍，岳晓冬. 决策粗糙集属性约简算法与属性核研究. 计算机科学与探索，2014, 8(3): 345-351.

[12] 王莉，周献中，李华雄. 模糊决策粗糙集模型及其属性约简. 上海交通大学学报，2013, 47(7): 1032-1042.

基于三支决策邮件过滤

[1] Jia X Y, Zheng K, Li W W, et al. Three-way decisions solution to filter spam email: an empirical study// Proceedings of Rough Sets and Current Trends in Computing: 8th International Conference, RSCTC 2012, Chengdu, China, 2014: 287-296.

[2] Jia X Y, Shang L. Three-way decisions versus two-way decisions on filtering spam email. Transactions on Rough Sets XVIII, LNCS 8449, 2014: 69-91.

[3] Li J L, Deng X F, Yao Y Y. Multistage email spam filtering based on three-way decisions// Proceedings of Rough Sets and Knowledge Technology: 8th International Conference, RSKT 2013, Halifax, Canada, 2013: 313-324.

[4] Zhao W Q, Zhu Y L. An email classification scheme based on decision-theoretic rough set theory and analysis of email security. TENCON 2005 2005 IEEE Region 10, 2005: 1-6.

[5] Zhou B, Yao Y Y, Luo J G. Cost-sensitive three-way email spam filtering. Journal of Intelligent Information Systems, 2014, 42(1): 19-45.

[6] Zhou B, Yao Y Y, Luo J G. A three-way decision approach to email spam filtering// Proceedings of the 23rd Canadian Conference on Advances in Artificial Intelligence, Ottawa, Canada, 2010: 28-39.

[7] 李建林，黄顺亮. 多阶段三支决策垃圾短信过滤模型. 计算机科学与探索，2014, 8(2): 226-233.

[8] 赵春生, 冯林, 何志勇. 基于 DTRS 模型的邮件过滤方法研究. 计算机应用与软件, 2013, 30(5): 152-154.

[9] 赵春生, 冯林, 蒋劢, 等. 一种基于 DTRS 模型与 α-正域的邮件过滤方法. 重庆邮电大学学报(自然科学版), 2013, 25(1): 126-131.

基于三支决策的图像处理

[1] 李峰, 苗夺谦, 刘财辉, 等. 基于决策粗糙集的图像分割. 智能系统学报, 2014, 9(2): 143-147.

[2] 李晓艳, 张倩倩. 基于相容粒模型和三支决策的图像分类算法. 计算技术与自动化, 2014, 4: 021.

[3] 张里博, 李华雄, 周献中, 等. 人脸识别中的多粒度代价敏感三支决策. 山东大学学报(理学版), 2014, 49(08): 48-57.

基于三支决策的其他应用

[1] Liu Y L, Pan L, Jia X Y, et al. Three-way decision based overlapping community detection// Proceedings of Rough Sets and Knowledge Technology: 8th International Conference, RSKT 2013, Halifax, Canada, 2013: 279-290.

[2] Li Y, Zhang Z H, Chen W B, et al. TDUP: an approach to incremental mining of frequent itemsets with three-way-decision pattern updating. International Journal of Machine Learning and Cybernetics, 2015: 1-13.

[3] Yao J T, Azam N. Web-based medical decision support systems for three-way medical decision making with game-theoretic rough sets. IEEE Transactions on Fuzzy Systems, 2014, 23(1): 3-15.

[4] Zhang Z, Li Y, Chen W, et al. A three-way decision approach to incremental frequent itemsets mining. Journal of Information and Computational Science, 2014, 11: 3399-3410.

[5] Zhou Z, Zhao W B, Shang L. Sentiment analysis with automatically constructed lexicon and three-way decision// Proceedings of Rough Sets and Knowledge Technology: 9th International Conference, RSKT 2014, Shanghai, China, 2014: 777-788.

[6] Zhu Y H, Tian H L, Ma J, et al. An integrated method for micro-blog subjective sentence identification based on three-way decisions and naive bayes// Proceedings of Rough Sets and Knowledge Technology: 9th International Conference, RSKT 2014, Shanghai, China, 2014: 844-855.

[7] 黄顺亮, 李建林, 王琦. 客户细分的三支决策方法. 计算机科学与探索, 2014, 8(6): 743-750.

[8] 田海龙, 朱艳辉, 梁韬, 等. 基于三支决策的中文微博观点句识别研究. 山东大学学报(理学版), 2014, 49(8): 58-65.

[9] 谢骋, 商琳. 基于三支决策粗糙集的视频异常行为检测. 南京大学学报: 自然科学版, 2013, 49(4): 475-482.

[10] 徐晓, 翟敬梅. 制造过程质量决策粗糙集模型. 组合机床与自动化加工技术, 2009, 9: 97-101.
[11] 张燕平, 邹慧锦, 邢航, 等. CCA 三支决策模型的边界域样本处理. 计算机科学与探索, 2014, 8(5): 593-600.
[12] 周哲, 商琳. 一种基于动态词典和三支决策的情感分析方法. 山东大学学报(工学版), 2015, 45(1): 19-23.
[13] 张燕平, 邹慧锦, 赵姝. 基于构造性覆盖算法的三支决策模型. 南京大学学报, 2015, 51(2): 447-452.

三个域的确定以及应用

[1] Li P, Shang L, Li H X. A method to reduce boundary regions in three-way decision theory// Proceedings of Rough Sets and Knowledge Technology: 9th International Conference, RSKT 2014, Shanghai, China, 2014: 834-843.
[2] Liu D, Li T R, Liang D C. Incorporating logistic regression to decision-theoretic rough sets for classifications. International Journal of Approximate Reasoning, 2014, 55(1): 197-210.
[3] Shen Y H. On determination of thresholds in three-way approximation of many-valued nm-logic// Proceedings of Rough Sets and Current Trends in Computing: 9th International Conference, RSCTC 2014, Granada and Madrid, Spain, 2014: 136-143.
[4] Zhang Y, Yao J T. Determining three-way decision regions with gini coefficients// Proceedings of Rough Sets and Current Trends in Computing: 9th International Conference, RSCTC 2014, Granada and Madrid, Spain, 2014: 160-171.
[5] 陈刚, 刘秉权, 吴岩. 求三支决策最优阈值的新算法. 计算机应用, 2012, 32(08): 2212-2215.
[6] 贾修一, 商琳. 一种求三支决策阈值的模拟退火算法. 小型微型计算机系统, 2013, 34(11).